“十二五”职业教育国家规划教材 修订版
经全国职业教育教材审定委员会审定
高职高专机电类专业系列教材
机械制造与自动化专业群

机械制造技术

第3版

主　编　王明耀　李海涛
副主编　娄海汇　张晓芳
参　编　刘小凡　田小龙　董建荣　杨志杰
主　审　张兆隆

机械工业出版社

本教材为“十二五”职业教育国家规划教材（修订版）。本教材以机械制造工艺制订与实施为主线，紧密结合机械制造领域内典型产品及零件的生产过程及任务，按照以机械加工工艺制订与实施岗位的专业应用能力培养为核心，以职业技能需要及企业生产需求为重点，以培养学生全面专业素质及综合职业能力为目标的思路，将金属切削机床、金属切削原理及刀具、机床夹具设计、机械制造工艺学、先进制造技术等知识有机地结合起来，形成了新的教学内容体系。教材分为 8 章，重点介绍了机械制造技术基础知识、轴类零件制造、箱体类零件制造、圆柱齿轮制造、变速拨叉制造、机械制造质量分析、机械装配基础、现代制造技术及生产管理。

本教材主要供高职高专机械制造及自动化、机械设计与制造、数控技术、机电一体化技术等专业使用，亦可供从事机械制造岗位工作的工程技术人员参考。

本教材采用双色印刷，并配有电子课件、微课资源、AR 建模文件，凡使用本教材授课的教师可登录机械工业出版社教育服务网 www. cmpedu. com 注册后下载。咨询邮箱:cmpzhaozhi@ sina. com。咨询电话：010-88379375。

图书在版编目（CIP）数据

机械制造技术/王明耀，李海涛主编 .—3 版 .—北京：机械工业出版社，2021. 6（2023. 12 重印）
“十二五”职业教育国家规划教材：修订版
ISBN 978-7-111-68267-7

Ⅰ. ①机…　Ⅱ. ①王…　②李…　Ⅲ. ①机械制造工艺—职业教育—教材
Ⅳ. ①TH16

中国版本图书馆 CIP 数据核字（2021）第 090109 号

机械工业出版社（北京市百万庄大街 22 号　邮政编码 100037）
策划编辑：刘良超　责任编辑：刘良超
责任校对：樊钟英　责任印制：任维东
北京中兴印刷有限公司印刷
2023 年 12 月第 3 版第 5 次印刷
184mm×260mm · 23. 25 印张 · 576 千字
标准书号：ISBN 978-7-111-68267-7
定价：59. 80 元

电话服务　　　　　　　　　　网络服务
客服电话：010-88361066　　机　工　官　网：www. cmpbook. com
　　　　　010-88379833　　机　工　官　博：weibo. com/cmp1952
　　　　　010-68326294　　金　　书　　网：www. golden-book. com
封底无防伪标均为盗版　　机工教育服务网：www. cmpedu. com

前　言

随着科学技术的快速发展及国家产业结构的重大调整，现代产业体系已成为国民经济发展的重点方向，未来产业发展将主要面向高端智能装备制造、航空航天等战略性新兴产业，这给机械制造技术的发展提出了更高的要求。现代生产对高级技术应用性人才的需求呈现逐年扩大趋势，培养拥有先进制造观念、掌握先进制造技术的机械设计制造类专业人才、保证课程教学与企业需求紧密结合，业已成为专业教学的重要任务。

高新技术的机械制造类企业从业人员，需要具有扎实的理论功底、熟练的技术应用能力，还需要具有较强的学习能力和技术创新能力，以适应高科技、高精度、高质量、高效率的发展方向。所以，掌握传统的机械制造工艺知识、先进的机械制造技术及企业管理的知识，熟悉各种机械加工设备及工艺装备，并具有一定组织管理能力的机械制造技术综合应用性人才，更能适应现代制造岗位的需求。

教育部根据社会急需的生产、经营、管理、服务第一线的高级技能型应用性专门人才的要求，聘请教育专家和学者，结合国内外人才培养的先进经验和高职高专教育的实际情况，在机械职业教育教学指导委员会的配合下，制定了机械类专业高级技能型应用性专门人才培养的教学方案，进而制定了教学计划与教学大纲。本教材就是依据该教学方案、教学计划及教学大纲组织编写的，供高职高专机械类专业使用，亦可供从事机械制造岗位工作的工程技术人员参考。

党的二十大报告指出，“推进教育数字化，建设全民终身学习的学习型社会、学习型大国。”为贯彻党的二十大精神，本书在动态修订过程中系统梳理了重点和难点，优化了多媒体教学课件，并将微课资源和AR建模资源以二维码形式附于相应内容中，为信息化教学的开展提供便利。本书以培养学生的全面专业素质及综合职业能力为目标，坚持以人为本，始终贯彻“实际、实用、实效”的原则。内容充实全面且具备较高理论水平，主要包括机械制造技术的基本概念、基本原理、基本方法和基本训练，同时又力求结构合理、文字精炼、深入浅出。教材按照“工学结合”的思路，注重加强学生机械制造工艺能力的培养，使学生掌握机械加工的基本技能，具备机械制造工艺制订与实施的基本能力。本书具有以下特点：

（1）综合性　对机械加工工艺知识理论及技能需求进行了有机的处理，体现了多方位知识的相互交叉和融合，突出综合职业能力的培养。

（2）实用性　本教材面向机械类专业群的岗位和岗位群职业能力的要求，确定课程的结构和内容，所涵盖的知识具有很高的实际应用性，同时又与职业技能鉴定紧密结合。

(3) 先进性　本教材更多地吸纳了当前新知识、新技术、新工艺的内容，有效地拓展了学生的知识空间，有利于学生综合素质的培养。

(4) 创造性　紧密结合企业典型零件案例的工艺过程组织教学内容，重点的工艺制订与实施部分设有综合训练及实例讲解，实现了校企结合、理论与实践的良好结合，有效地引起学生的兴趣，开拓学生的思路，有利于培养学生的实践能力和创新精神。

(5) 广泛性　本教材涵盖了机械加工所涉及的大部分内容，而且具有实用性和有效性，适用于机械加工领域的各种人员参考。

教材分为8章，重点介绍了机械制造技术基础知识、轴类零件制造、箱体类零件制造、圆柱齿轮制造、变速拨叉制造、机械制造质量分析、机械装配基础、现代制造技术及生产管理。

本教材由河北机电职业技术学院王明耀教授任第一主编，李海涛副教授任第二主编，河北机电职业技术学院张兆隆教授任主审。参加编写的有王明耀（前言、绪论）、娄海汇（第2章），张晓芳（第3章），李海涛（第1章、第4章、第5章），刘小凡（第6章、第7章），董建荣（第8章第1节），田小龙（第8章第2、第3节），杨志杰（第8章第4节）。

本教材在编写过程中得到了马丽霞教授、王增春教授等的大力支持和帮助，他们对本教材的编写提出了诸多宝贵的意见及建议，在此表示感谢！

由于编者水平有限，书中缺点和错误在所难免，恳请读者提出宝贵意见，以便今后修改。

编　者

二维码索引

一、微课二维码

（续）

名称	二维码	页码	名称	二维码	页码
2-5　切削用量三要素		100	3-3　主轴箱定位基准及加工方法的选定		148
2-6　机械手指零件的车削准备		104	3-4　卧式万能升降台铣床		158
2-7　车削外圆		105	3-5　麻花钻		184
2-8　车削端面		107	3-6　群钻		188
2-9　尾座钻孔		109	3-7　典型钻模应用分析		203
2-10　倒角和切断		109	4-1　齿轮加工简介		225
3-1　箱体类零件的主要技术要求		146	4-2　滚齿		235
3-2　箱体类零件的毛坯		148	4-3　插齿		248

（续）

二、AR资源二维码

名称	二维码	页码	名称	二维码	页码
传动轴		69	立铣刀（6牙）		166
焊接车刀		84	圆孔拉刀		176
机夹车刀		85	麻花钻		184
可转位车刀		85	麻花钻切削部分		184
主轴箱装配		147	主轴箱孔系		196
立铣刀（4牙）		166	拨叉零件		262

目　录

绪　论

随着现代科学技术在机械制造业的广泛应用，特别是信息化技术的广泛应用，机械制造业产生了革命性的转变。但是，机械制造技术的基础仍然是机械制造的基本知识和基本理论。因此，培养学生工艺制订与实施的基础能力，同时使学生掌握现代制造技术应用的知识是十分重要的。本教材内容选取紧密结合典型零件工艺实施过程案例，注重知识的实用性、先进性，把系统的知识贯穿于典型零件工艺制订与实施过程中，更有助于教学理论联系实际，促进学生专业综合素质的稳步提高。

一、机械制造的概念

任何一种机械都是由许许多多零部件所组成的，从而完成预定的设计功能。这许许多多的零部件不是任意的，必须满足预定的性能、形状、尺寸和精度等要求。因此，一个合格的零部件以及到装配成机器必须经过一系列制造过程，这种从原材料到成品的一系列制造过程称为机械制造。机械制造业是为各产业提供装备的行业，也是我国的支柱产业，它是一个国家制造技术和制造水平的重要标志。

二、金属切削加工及其实现

机械制造中的主要手段是金属切削加工。金属切削加工是：使用刀具，与工件相互接触，并做相对运动，切除工件上多余（或预留）的金属，形成切屑，获得满足预定要求的新表面的过程。

金属切削加工解决的主要问题，一是切屑的形成问题，二是加工质量问题，三是刀具磨损问题。其目的是多、快、好、省地切除工件上多余（或预留）的金属，获得满足预定要求的新表面。

金属切削加工的效果取决于刀具和工件相互作用的状态。欲获得满足预定要求的新表面，刀具和工件必须具有正确的相对运动和相对位置。刀具和工件正确的相对运动和相对位置是由机床和夹具保证的，因此机床、夹具、刀具和工件就组成了金属切削加工的工艺系统。工艺系统的动态精度决定着刀具和工件相互作用的状态，决定着金属切削加工的质量，工艺系统的动态精度越高，加工质量就越高，反之亦然。

三、机械制造技术在国民经济中的地位及发展趋势

机械制造技术是当代科学技术发展的重要领域之一，是产品更新换代、生产发展、市场竞争的重要手段。世界各国，特别是发达国家，均把先进的制造技术列为国家的高新关键技术和优先发展技术项目。机械制造业是国民经济的支柱产业，是其他各产业的基础和支柱。各种产业的发展都赖于制造业提供高技术、高水平的专用和通用机器设备。在激烈的国际国内市场竞争中，各产业是否具有适应市场要求的快速响应能力，并能为市场提供优质的产品，保持市场竞争能力，这主要取决于其制造技术和制造水平。因此，机械制造技术在国民经济中占有重要的地位。机械制造技术的发展更加引起各国，特别是发达国家的高度重视。

由于社会进步和人们物质生活水平提高的速度日益加快，使得机电产品的更新换代周期

越来越短，多品种小批量生产将成为今后生产的主要特征，因而如何实现这种生产的自动化引起人们的特别关注。人们把现代科学技术特别是微电子技术应用到机械制造业中，相继产生了 CNC（计算机数控）、CAD/CAM（计算机辅助设计/计算机辅助制造）、FMS（柔性制造系统）、CIMS（计算机集成制造系统）等，使得生产过程在计算机的控制下不仅实现了自动化，而且也实现了柔性化、智能化和集成化，使产品质量和生产率大大提高，产生了良好的社会效益和经济效益。

随着科学技术的快速发展及国家产业结构的重大调整，现代产业体系已成为国民经济发展的重点方向，未来产业发展将主要面向高端智能装备制造、航空航天等战略性新兴产业，这给机械制造技术的发展提出了更高的要求。培养拥有先进制造观念、掌握先进制造技术的机械设计制造类专业人才、保证课程教学与企业需求紧密结合，业已成为当前专业学习的重要任务。

随着社会的发展，人们对机械产品的精密度要求越来越高，机械加工向着精密加工和超精密加工、亚微米和纳米的方向发展。精密加工、超精密加工及纳米级加工，涉及加工技术、设备、工艺、工装、检测计量等一系列问题，是机械加工的系统工程。

金属切削加工向着高速切削、强力切削的方向发展。目前，数控车床主轴的转速已达 5000r/min，加工中心主轴转速已达 20000r/min 以上，磨削速度已达到 80~120m/s，与原来普通切削机床相比均提高了 5~10 倍。

四、本课程的主要内容与目的

本课程的主要内容有：机械制造技术基础知识及理论、轴类零件制造技术、箱体类零件制造技术、齿轮零件制造技术、变速拨叉制造技术、机械制造质量分析及理论、机械装配基础知识、现代制造技术及企业生产管理新理念等知识。

本课程的目的是：使学生掌握机械制造技术的基本知识和基本技能，为培养学生的综合职业能力、创新精神和实践能力，提高全面素质，增强适应职业岗位变化能力和继续学习的能力打下坚实的基础。

五、本课程学习的方法与要求

本课程是一门综合性的应用科学，从实践中来到实践中去。学习本课程必须理论联系实际，从实践到认识，从认识到实践，循序渐进，不断深入。本课程所涉及的问题往往是复杂的，是由于多种因素的影响而造成的。因此，在分析问题和解决问题中，不能片面地、孤立地去分析某一个问题或追求某一个指标，而应该全面地进行分析，抓住主要矛盾，兼顾其他，才能够采取最有力的措施，达到解决实际问题的目的。

通过学习本课程，同学们应达到以下要求：

1）掌握金属切削原理与刀具、机械制造工艺学、金属切削机床与工艺装备等的基本知识和基本原理。

2）具有编制和实施中等复杂工件工艺规程的能力，具有分析和解决机械制造中质量问题的初步能力。

3）具有选择、使用和维护一般机床和工艺装备的基本能力。

4）具有设计、安装和调试一般工艺装备的能力。

5）掌握典型产品及零件的加工技术及其制造质量的控制技术。

6）具有一定的先进制造、信息化制造技术应用能力和绿色制造、安全文明生产理念及素质的养成。

第1章

机械制造技术基础知识

1.1 机械制造工艺的基本概念

1.1.1 生产过程

机械产品的生产过程是将原材料转变为成品的各有关劳动过程的总和。它包括：

（1）生产和技术准备过程　产品投产前的市场调查、预测、新产品开发鉴定、产品设计、生产组织等。

（2）生产工艺过程　产品的毛坯制造、零件的机械加工、热处理，产品的装配等。

（3）辅助生产过程　为保证生产过程正常进行所必需的辅助生产活动，如工艺装备的制造、能源供应、设备维修等。

（4）生产服务过程　原材料的组织、运输和保管，以及产品的销售和售后服务等。

在现代工业生产组织中，一部机器的生产往往是由许多工厂以专业化生产的方式合作完成的。如汽车制造厂就要利用许多其他工厂的产品来完成整车的生产。这时，某工厂所用的原材料、半成品或部件，就是另一工厂的产品。采用专业化生产有利于零部件的标准化、通用化和产品的系列化，从而能有效地保证质量并提高生产率、降低成本。

工艺过程是在生产过程中，直接改变生产对象的形状、尺寸、相对位置和性质等，使其成为成品或半成品的过程。如毛坯制造、机械加工、热处理、产品的装配过程等。它是生产过程的主体。

机械加工工艺过程是指用机械加工方法改变铸、锻件毛坯或钢材的形状、尺寸、相对位置和性质，使其成为合格零件的过程。

无论哪一种工艺过程，都是按一定顺序逐步进行的。任何一种工艺过程都可划分为一系列工序。

1.1.2 生产类型与工艺特征

1. 生产纲领

生产纲领是指在计划期内企业应当生产的产品产量和进度计划，通常也称为年产量。机器产品中某零件的生产纲领除了该产品在计划期内的产量外，尚需包括一定的备品率和平均废品率。在计划期为一年的零件年生产纲领 N 可按下式计算

$$N=Qn(1+a\%)(1+b\%) \tag{1-1}$$

式中　N——零件的年生产纲领，单位为件/年；

Q——产品的年生产纲领，单位为台/年；

n——每台产品中该零件的数量；

$a\%$——备品的百分率；

$b\%$——废品的百分率。

2. 生产类型

生产类型是企业生产专业化程度的分类。根据产品的特征、年生产纲领、批量以及投入生产的连续性，一般分为单件生产、成批生产和大量生产三种生产类型。

（1）单件生产　指企业生产的同一种零件的数量很少，产品品种多而且很少重复，工作地点的加工对象经常改变。例如重型机器制造、专用设备制造和新产品试制等。

（2）大量生产　指企业生产的同一种产品的数量很大，大多数工作地点长期加工某种零件的某一道工序。例如汽车、轴承、摩托车等产品的制造。

（3）成批生产　指企业按年度分批生产相同的产品，每种产品均有一定的数量，工作地点的加工对象周期性地重复。例如机床制造、电动机制造等，通常企业并不是把全年产量一次投入车间生产，而是根据产品的生产周期、销售以及车间生产的均衡情况，按一定期限分次、分批投产。一次投入或产出的同一产品或零件数量称为生产批量，简称批量。

成批生产中，按照批量不同，可分为小批生产、中批生产和大批生产三种。

生产类型的划分一方面要考虑零件的年生产纲领，另一方面还必须考虑产品本身的大小和结构的复杂性。表 1-1 为各类生产类型与零件年生产纲领的关系。

表 1-1　生产类型与零件年生产纲领的关系

生产类型		生产纲领(台/年或件/台)		
		重型零件(>30kg)	中型零件(4~30kg)	轻型零件(≤4kg)
单件生产		≤5	≤10	≤100
成批生产	小批生产	>5~10	>10~200	>100~500
	中批生产	>100~300	>200~500	>500~5000
	大批生产	>300~1000	>500~5000	>5000~50000
大量生产		>1000	>5000	>50000

3. 工艺特征

生产类型不同，其工艺特征就不同。小批生产的工艺特点与单件生产相似，大批生产的工艺特点与大量生产相似。机械加工就是根据不同生产类型的要求和被加工零件的结构及技术要求选择合理的加工方法、确定合理的加工工艺等。表 1-2 列出了各种生产类型的工艺特征。

表 1-2　各种生产类型的工艺特征

工艺特征	生产类型		
	单件小批生产	中批生产	大批大量生产
产品数量	少	中等	大量
加工对象	经常变换	周期性变换	固定不变
机床设备和布置形式	通用机床，机群式布置，也可用数控机床	部分通用机床，部分专用机床，机床按工件类别分工段布置	广泛采用自动机床，专用机床，按流水线、自动线排列设备
工艺装备	通用刀具、量具和夹具，或组合夹具，找正法装夹工件	广泛采用夹具，部分靠找正装夹工件，较多采用专用量具和刀具	高效专用夹具，多用专用刀具，专用量具及自动检测装置

（续）

工艺特征	生产类型		
	单件小批生产	中批生产	大批大量生产
零件的互换性	用修配法，缺乏互换性	多数互换，部分修配	全部互换，高精度偶件采用分组装配
毛坯情况	锻件自由锻造，铸件木模手工造型，毛坯精度低	锻件部分采用模锻，铸件部分用金属模，毛坯精度中等	广泛采用锻模、机器造型等高效方法生产毛坯，毛坯精度高
对工人的技术要求	高	中等	对调整工人的技术水平要求高，对操作工人技术水平要求低
工艺文件	只编制简单工艺过程卡	工艺过程卡，关键零件需要编制工序卡	详细的工艺文件，如工艺过程卡、工序卡、调整卡等
加工成本	较高	中等	低

1.1.3　工艺过程的组成

零件的机械加工工艺过程是比较复杂的，往往是根据零件的不同结构、不同材料、不同技术要求，采用不同的加工方法、加工设备、加工刀具等，并通过一系列的加工步骤，才能完成由毛坯到零件的转变过程。机械加工工艺过程是由一个或若干个按顺序排列的工序组成。每个工序又可依次细分为安装、工位、工步和走刀。

1. 工序

工序是指一个或一组工人，在一个工作地点对同一个或同时对几个工件所连续完成的那一部分工艺过程。工序是组成工艺过程的基本单元，也是生产计划、成本核算、配备工人和进行质量检验的基本单元。划分工序的依据是工作地点是否变化和工作是否连续。图1-1所示的阶梯小轴，当采用大批量生产时，其工艺过程可划分为表1-3所列的五个工序。因为在车完一批工件的大端外圆和倒角后，再车小端外圆和倒角，对每个工件来讲，两端的加工已不连续，故分为两个工序。如果生产批量较小，车完一个工件的大端外圆和倒角后，立即掉头车小端外圆和倒角，在同一台机床上连续完成大、小端外圆加工，工序2和工序3可合并为一个工序。

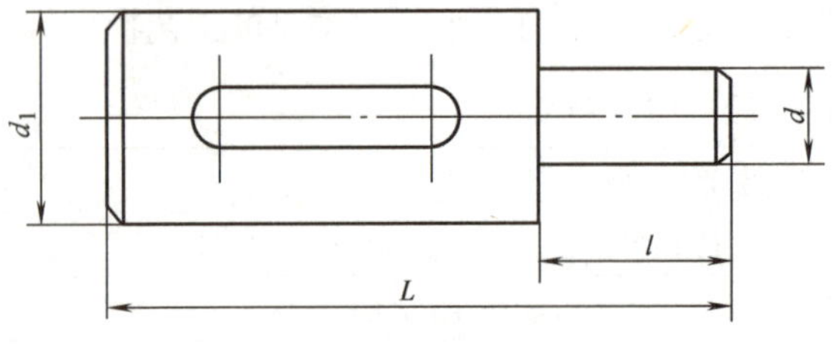

图1-1　阶梯小轴

表1-3　阶梯小轴的工序

工序号	工序名称	加工设备
1	备料	锯床
2	车端面、车大端外圆和倒角	车床
3	车端面、车小端外圆和倒角	车床
4	铣键槽	铣床
5	去毛刺	钳工台

2. 安装

工件在机床上或夹具中定位并夹紧的整个过程称为安装。完成一道工序的工序内容，有时需要多次安装工件。如表 1-3 中，若工序 2 和工序 3 合并为一个工序，则需要进行两次安装：先装夹工件一端，车端面、大端外圆及倒角，称为安装 1；再掉头装夹工件，车另一端面、小端外圆和倒角，称为安装 2。若两个工序不合并，则每个工序只安装一次，称为一次安装。

3. 工位

为完成一定的工序内容，一次安装工件后，工件与夹具或设备的可动部分一起相对刀具或设备的固定部分所占据的每一个位置，称为工位。一个工序中，工件可占据一个位置，也可占据多个位置。如图 1-2 所示，为完成一个工序中的装卸工件、钻孔、扩孔和铰孔四部分工作内容，利用回转工作台在一次安装中，工件在夹具中相对刀具占据四个工位。显然，采用多工位加工可以减少安装次数，减少多次安装带来的安装误差及辅助时间，提高生产率。

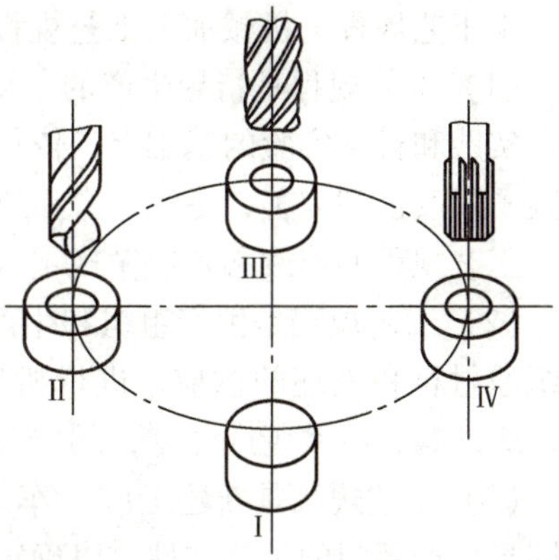

图 1-2　多工位加工

工位Ⅰ—装卸工件　工位Ⅱ—钻孔

工位Ⅲ—扩孔　工位Ⅳ—铰孔

4. 工步

工步是划分工序的单元。在一个工序中，工步是在加工表面（或装配时的连接表面）和加工（或装配）工具不变的情况下，所连续完成的那一部分工序。加工表面和加工工具两个要素中有一个发生变化就是另一个工步。一个工序可以包括几个工步，也可以只有一个工步。如表 1-3 中的工序 2，包括车端面、车外圆、倒角三个工步；工序 4，用键槽铣刀铣槽时，就只有一个工步。对于在一次安装中连续加工的若干相同工步，如图 1-3 所示零件上钻削四个 ϕ15mm 孔，在工艺文件上可写成一个工步，即钻 4×ϕ15mm 孔。

用几把刀具同时切削工件的几个表面时，也把它作为一个工步，称为复合工步。图 1-4 是复合工步的例子。

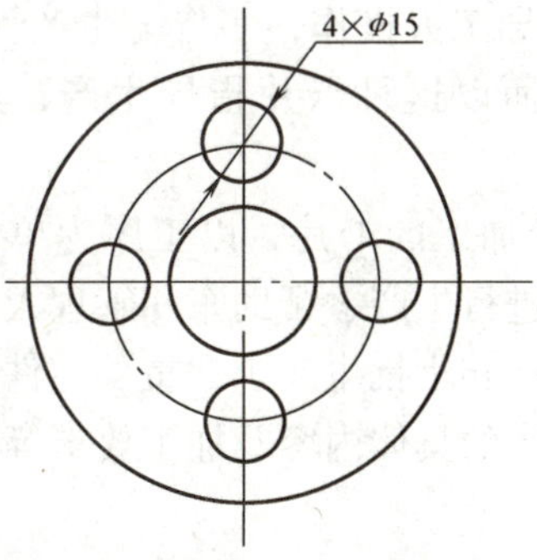

图 1-3　钻四个相同孔的工步

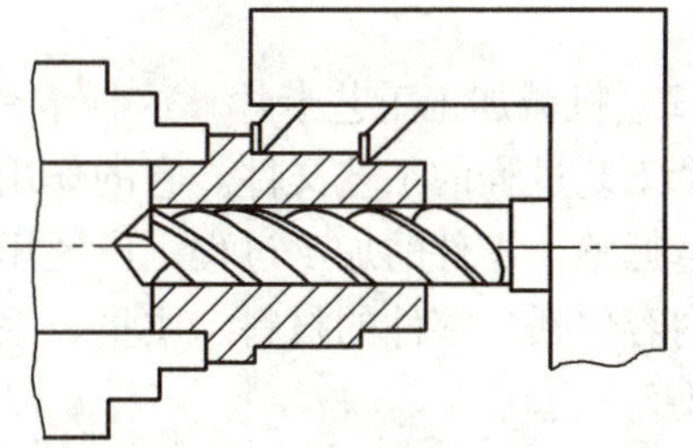
图 1-4　复合工步

5. 走刀

在一个工步内，如果要切除的金属层很厚，需要对同一表面进行多次切削，这时，刀具对工件的每一次切削称为一次走刀。一个工步可包括一次或几次走刀。

1.1.4　机械加工工艺规程

1. 机械加工工艺规程的定义及作用

机械产品的生产中，用来规定产品或零件制造工艺过程和操作方法等的工艺文件称为机械加工工艺规程。机械加工工艺规程有以下作用：

（1）工艺规程是指导生产的主要技术文件　正确的机械加工工艺规程是在总结长期的生产实践和科学实验的基础上，依据科学理论和必要的工艺试验制订的，并通过生产过程的实践不断改进和完善，是保证产品质量和经济效益的指导性文件。生产人员不得违反工艺规程。工艺规程的修改必须遵循规定程序。

（2）工艺规程是生产组织和生产管理工作的依据　在产品投产前，要根据工艺规程来组织原材料和毛坯的供应，进行机床的调整，工艺装备（刀具、夹具、量具等）的设计、制造或外购，编制生产计划，调配劳动力，以及生产成本核算等。

（3）工艺规程是新建工厂（车间）的技术文件　在新建和扩建工厂或车间时，可以参考同类生产部门的工艺文件，以确定机床的种类和数量，工厂的面积，生产工人的工种、数量、技术等级，以及辅助部门的安排等。

（4）便于交流与推广先进经验　工艺规程详细记载了加工的全过程及使用设备、工装及切削用量。工艺规程能直接指导生产，稳定生产，先进经验便于交流与推广。

2. 机械加工工艺规程的内容及格式

零件的机械加工工艺规程包括的内容有：工艺路线，各工序加工内容与要求，采用的机床与工艺装备，工件的检验项目和检验标准，切削用量与工时定额等。

将工艺规程的内容填入一定格式的卡片，即成为指导生产的工艺文件。常用工艺文件的格式如下：

（1）机械加工工艺过程卡片　这种卡片是以工序为单位，简要说明整个零件加工所经过的工艺路线过程（包括毛坯制造、机械加工和热处理）的一种工艺文件。工艺过程卡片中各工序的内容规定得不够具体，所以一般不能直接指导工人操作，多作为生产管理使用。但是在单件小批生产中，由于不编制其他工艺文件，而以这种卡片指导生产，其格式见表1-4。

（2）机械加工工艺卡片　这种卡片是用于普通机床加工的卡片，以工序为单位详细说明整个工艺过程的工艺文件。它的作用是用来指导工人进行生产、帮助车间管理人员和技术人员掌握整个零件的加工过程，广泛用于成批生产的零件和小批生产中的重要零件。工艺卡片的内容包括：零件的材料、质量、毛坯性质、各道工序的具体内容及加工要求等，其格式见表1-5。

（3）机械加工工序卡片　这种卡片是在工艺过程卡片的基础上，按每道工序的工序内容所编制的一种工艺文件。该卡片中一般具有工序简图，并详细说明该工序的每个工步的加工内容、工艺参数、操作要求以及所用的设备和工艺装备等。它是用于具体指导工人在普通机床上进行加工操作的技术文件。多用于大批大量生产的零件和成批生产中的重要零件，其格式见表1-6。

表 1-4　机械加工工艺过程卡片

机械加工工艺过程卡片				产品型号			零（部）件图号					共　页
				产品名称			零（部）件名称					第　页
材料牌号		毛坯种类		毛坯外形尺寸			每毛坯可制件数		每件台数		备注	
工序号	工序名称	工 序 内 容		车间	工段	设备	工艺设备				工时	
											准终	单件
									设　计（日期）	审　核（日期）	会　签（日期）	
标记	处数	更改文件号	签字	日期	标记	处数	更改文件号	签字	日期			

表 1-5　机械加工工艺卡片

机械加工工艺过程卡片					产品型号			零（部）件图号						共　页	
					产品名称			零（部）件名称						第　页	
材料牌号			毛坯种类		毛坯外形尺寸			每毛坯可制件数		每件台数				备注	
工序	装夹	工步	工序内容	同时加工零件数	切削用量				设备名称及编号	工艺装备名称及编号			技术等级	工时定额	
					背吃刀量/mm	切削速度/(m/min)	转速或往复次数/(r/min)	进给量/(mm/r)		夹具	刀具	量具		准终	单件
										设　计（日期）	审　核（日期）	会　签（日期）			
标记	处数	更改文件号	签字	日期	标记	处数	更改文件号	签字	日期						

表1-6　机械加工工序卡片

机械加工工序卡片	产品型号		零（部）件图号		共　页
	产品名称		零（部）件名称		第　页
工序简图	车　间	工序号	工序名称		材料牌号
	毛坯种类	毛坯外形尺寸		每毛坯可制件数	每台件数
	设备名称	设备型号		设备编号	同时加工件数
	夹具编号	夹具名称		切削液	
				工序工时	
				准　终	单　件

工步号	工步内容	工艺装备	主轴转速/(r/min)	切削速度/(m·min)	进给量/(mm/r)	背吃刀量/(mm)	走刀次数	工步工时	
								机动	辅助

										设　计（日期）	审　核（日期）	会　签（日期）	
标记	处数	更改文件号	签字	日期	标记	处数	更改文件号	签字	日期				

（4）数控加工工序卡片　这种卡片是编制加工程序的主要依据，也是操作人员配合数控程序进行数控加工的主要指导性工艺文件。它主要包括：工步顺序、工步内容、各工步所用的刀具及切削用量等。当工序加工内容不十分复杂时，也可把工序图画在工序卡片上。

（5）数控加工刀具卡片　这种卡片是组装刀具和调整刀具的依据。它主要包括刀具号、刀具名称、刀柄型号、刀具的直径和长度等。

（6）数控加工走刀路线图　它主要反映加工过程中刀具的进给轨迹，其作用一方面是方便编程人员编程，另一方面是帮助操作人员了解刀具的进给轨迹，以便确定夹紧位置和控制夹紧元件的高度。

目前，数控加工工序卡片、数控加工刀具卡片及数控加工走刀路线图还没有统一的标准格式，都是由各企业结合本企业的情况自行确定。

1.1.5　机械加工工艺规程的制订

一、制订机械加工工艺规程的原则

在一定的生产条件下，确保加工质量和最低的生产成本是制订工艺规程的基本原则。机械加工工艺规程首先应能够保证加工后工件达到图样上规定的技术要求，其次，该工艺规程应该是在现场生产条件下、在规定的生产批量下最经济的，应能取得最好的经济效益，同时要使工人具有良好而安全的劳动条件。

二、制订工艺规程的原始资料

制订工艺规程时，必须具备下列原始资料：

1）产品装配图和零件工作图。

2）产品（零件）的生产纲领。

3）产品验收的质量标准。

4）现有的生产条件和资料。包括毛坯的生产条件或协作关系、工艺装备及专用设备的制造能力、加工设备和工艺装备的规格及性能、工人技术水平及各种工艺资料和标准等。

5）国内、外同类产品的有关工艺资料等。

三、机械加工工艺规程制订的步骤

制订零件机械加工工艺规程的工作大致可按下述步骤进行：

1）计算零件年生产纲领，确定生产类型。

2）对被加工零件进行工艺分析。

3）确定毛坯的类型和形状。

4）选择定位基准。

5）拟订工艺路线　这是制订工艺规程的核心，其主要内容是：选择零件表面加工方法；划分加工阶段；安排加工顺序和工序组合等。

6）确定加工余量和工序尺寸。

7）确定切削用量及工时定额。

8）确定各工序使用的设备、刀具、夹具、量具和辅助工具。

9）确定主要工序的技术要求及检验方法。

10）填写工艺文件。

四、机械加工工艺路线的拟订

工艺路线的拟订是零件机械加工工艺过程的总体规划，对零件的加工质量、生产效率和加工成本有决定性的影响，是制订工艺规程中的关键。其主要任务是选择各个表面的加工方法和加工方案、确定各个表面的加工顺序及工序集中与分散的程度、合理选用机床和刀具、确定各工序的装夹方案和所用夹具的结构等。

（一）表面加工方案的选择

1. 各种加工方法所能达到的经济精度及表面粗糙度

为了正确选择表面加工方法，首先应了解各种加工方法的特点和加工经济精度的概念。所谓加工经济精度是指在正常的加工条件下（采用符合质量的标准设备、工艺装备和标准技术等级工人不延长加工时间）所能保证的加工精度。

各种加工方法所能达到的经济精度和表面粗糙度，以及各种典型表面的加工方案已制成表格，列在机械加工手册中。其中表1-7～表1-9分别摘录了外圆、内孔和平面等典型表面的加工方法、加工方案以及所能达到的经济精度和表面粗糙度；表1-10摘录了常用加工方法能达到的几何公差经济精度，供选用时参考。但要指出，加工经济精度的数值并不是一成不变的，随着生产技术的发展，工艺技术的改进，加工经济精度会逐步提高。

表1-7　外圆柱面加工方案

序号	加工方法	经济精度（公差等级表示）	表面粗糙度值 $Ra/\mu m$	适用范围
1	粗车	IT11～IT13	10～50	
2	粗车→半精车	IT8～IT10	2.5～6.3	适用于淬火钢以外的各种金属
3	粗车→半精车	IT7～IT8	0.8～1.6	
4	粗车→半精车→精车→滚压（或抛光）	IT7～IT8	0.025～0.2	
5	粗车→半精车→磨削	IT7～IT8	0.4～0.8	主要用于淬火钢，也可用于未淬火钢，但不宜加工有色金属
6	粗车→半精车→粗磨→精磨	IT6～IT7	0.1～0.4	
7	粗车→半精车→粗磨→精磨→超精加工（或轮式超精磨）	IT5	0.012～0.1（或 Rz0.1）	
8	粗车→半精车→精车→精细车（金刚车）	IT6～IT7	0.025～0.4	主要用于要求较高的有色金属加工
9	粗车→半精车→粗磨→精磨→超精磨（或镜面磨）	IT5	0.006～0.025（或 Rz0.05）	极高精度的外圆加工
10	粗车→半精车→粗磨→精磨→研磨	IT5	0.006～0.1（或 Rz0.05）	

表1-8　平面加工方案

序号	加工方法	经济精度（公差等级表示）	表面粗糙度值 $Ra/\mu m$	适用范围
1	粗车	IT11～IT13	12.5～50	端面
2	粗车→半精车	IT8～IT10	3.2～6.3	
3	粗车→半精车→精车	IT7～IT8	0.8～1.6	
4	粗车→半精车→磨削	IT6～IT8	0.2～0.8	
5	粗刨（或粗铣）	IT11～IT13	6.3～25	一般不淬硬平面（端铣表面粗糙度 Ra 值较小）
6	粗刨（或粗铣）→精刨（或精铣）	IT8～IT10	1.6～6.3	

（续）

序号	加工方法	经济精度（公差等级表示）	表面粗糙度值 Ra/μm	适用范围
7	粗刨（或粗铣）→精刨（或精铣）→刮研	IT6~IT7	0.1~0.8	精度要求较高的不淬硬平面批量较大时宜采用宽刃精刨方案
8	以宽刃精刨代替上述刮研	IT7	0.2~0.8	
9	粗刨（或粗铣）→精刨（或精铣）→磨削	IT7	0.2~0.8	精度要求高的淬火硬平面或不淬硬平面
10	粗刨（或粗铣）→精刨（或精铣）→磨削	IT6~IT7	0.025~0.4	
11	粗铣→拉	IT7~IT9	0.2~0.8	大量生产，较小的平面（精度视拉刀精度而定）
12	粗铣→精铣→磨削→研磨	IT5以上	0.006~0.1（或 Rz 0.05）	高精度平面

表1-9 孔加工方案

序号	加工方法	经济精度（公差等级表示）	表面粗糙度值 Ra/μm	适用范围
1	钻	IT11~IT13	12.5	加工未淬火钢及铸铁的实心毛坯，也可用于加工有色金属，孔径小于15~20mm
2	钻→铰	IT8~IT10	1.6~6.3	
3	钻→粗铰	IT7~IT8	0.8~1.6	
4	钻→扩	IT10~IT11	6.3~12.5	加工未淬火钢及铸铁的实心毛坯，也可用于加工有色金属，孔径大于15~20mm
5	钻→扩→铰	IT8~IT9	1.6~3.2	
6	钻→扩→粗铰→精铰	IT7	0.8~1.6	
7	钻→扩→机铰→手铰	IT6~IT7	0.2~0.4	
8	钻→扩→拉	IT7~IT9	0.1~1.6	大批大量生产（精度由拉刀的精度而定）
9	粗镗（或扩孔）	IT11~IT13	6.3~12.5	除淬火钢外各种材料，毛坯有铸出孔或锻出孔
10	粗镗（粗扩）→半精镗（精扩）	IT9~IT10	1.6~3.2	
11	粗镗（粗扩）→半精镗（精扩）→精镗（铰）	IT7~IT8	0.8~1.6	
12	粗镗（粗扩）→半精镗（精扩）→精镗→浮动镗刀精镗	IT6~IT7	0.4~0.8	
13	粗镗（扩）→半精镗→磨孔	IT7~IT8	0.2~0.8	主要用于淬火钢，也可用于未淬火钢但不宜用于有色金属
14	粗镗（扩）→半精镗→粗磨→精磨	IT7~IT8	0.1~0.2	
15	粗镗→半精镗→精镗→精细镗（金刚镗）	IT6~IT7	0.05~0.4	主要用于精度要求高的有色金属
16	钻→（扩）→粗铰→精铰→珩磨；钻→（扩）→拉→珩磨；粗镗→半精镗→精镗→珩磨	IT6~IT7	0.025~0.2	精度要求很高的孔
17	以研磨代替上述方法中的珩磨	IT5~IT6	0.006~0.1	

表1-10　轴线平行的孔的位置精度（经济精度）　（单位：mm）

加工方法	工具的定位	两孔轴线间的距离误差或从孔轴线到平面的距离误差
立钻或摇臂钻上钻孔	用钻模	0.1~0.2
立钻或摇臂钻上钻孔	按划线	1.0~3.0
立钻或摇臂钻上镗孔	用镗模	0.05~0.03
车床上车孔	按划线	1.0~2.0
车床上车孔	用带有滑座的角尺	0.1~0.3
坐标镗床上镗孔	用光学仪器	0.004~0.015
金刚镗床上镗孔		0.008~0.02
多轴组合机床上镗孔	用镗模	0.03~0.05
卧式镗床上镗孔	用镗模	0.05~0.08
卧式镗床上镗孔	按定位样板	0.08~0.2
卧式镗床上镗孔	按定位器的指示读数	0.04~0.06
卧式镗床上镗孔	用块规	0.5~0.1
卧式镗床上镗孔	用内径规或用塞规	0.05~0.25
卧式镗床上镗孔	用程序控制的坐标装置	0.04~0.05
卧式镗床上镗孔	用游标尺	0.2~0.4
卧式镗床上镗孔	按划线	0.4~0.6

2. 选择表面加工方案时考虑的因素

选择表面加工方案，一般是根据经验或查表来确定，再结合实际情况或工艺试验进行修改。表面加工方案的选择，应同时满足加工质量、生产率和经济性等方面的要求，具体选择时应考虑以下几方面的因素：

（1）选择能获得相应经济精度的加工方法　例如加工精度为IT7，表面粗糙度值为*Ra*0.4μm的外圆柱面，通过精细车削是可以达到要求的，但不如磨削经济。

（2）零件材料的可加工性能　例如淬火钢的精加工要用磨削，有色金属圆柱面的精加工为避免磨削时堵塞砂轮，则要用高速精细车或精细镗（金刚镗）。

（3）工件的结构形状和尺寸大小　例如，对于加工精度要求为IT7的孔，采用镗削、铰削、拉削和磨削均可达到要求，但箱体上的孔，一般不宜选用拉孔或磨孔，而宜选择镗孔（大孔）或铰孔（小孔）。

（4）生产类型　大批量生产时，应采用高效率的先进工艺，例如用拉削方法加工孔和平面，用组合铣削或磨削同时加工几个表面，对于复杂的表面采用数控机床及加工中心等；单件小批生产时，宜采用刨削，铣削平面和钻、扩、铰孔等加工方法，避免盲目地采用高效加工方法和专用设备而造成经济损失。

（5）现有生产条件　充分利用现有设备和工艺手段，发挥工人的创造性，挖掘企业潜力，创造经济效益。

（二）加工阶段的划分

1. 划分方法

当零件的加工质量要求较高时，都应划分加工阶段。一般划分为粗加工、半精加工和精加工三个阶段。如果零件要求的精度特别高，表面粗糙度值很小时，还应增加光整加工和超精密加工阶段。各加工阶段的主要任务是：

（1）粗加工阶段　主要任务是切除毛坯上各加工表面的大部分加工余量，使毛坯在形状和尺寸上接近零件成品。因此，应采取措施尽可能提高生产率。同时要为半精加工阶段提供精基准，并留有充分而均匀的加工余量，为后续工序创造有利条件。

（2）半精加工阶段　达到一定的精度要求，并保证留有一定的加工余量，为主要表面的精加工作准备。同时完成一些次要表面的终结加工（如紧固孔的钻削，攻螺纹，铣键槽等）。

（3）精加工阶段　主要任务是保证零件各主要表面达到图样规定的技术要求。

（4）光整加工阶段　对精度要求很高（IT6 以上），表面粗糙度值很小（$Ra<0.2\mu m$）的零件，需安排光整加工阶段。其主要任务是减小表面粗糙度值或进一步提高尺寸精度和形状精度。

2. 划分加工阶段的原因

（1）保证加工质量　零件在粗加工时，由于要切除掉大量金属，因而会产生较大的切削力和切削热，同时也需要较大的夹紧力，在这些力和热的作用下，零件会产生较大的变形。而且经过粗加工后零件的内应力要重新分布，也会使零件发生变形。如果不划分加工阶段而连续加工，就无法避免和修正上述原因所引起的加工误差。加工阶段划分后，粗加工造成的误差，通过半精加工和精加工可以得到修正，并逐步提高零件的加工精度和表面质量，保证了零件的加工要求。

（2）合理使用机床设备　粗加工一般要求功率大，刚性好，生产率高而精度不高的机床设备，而精加工需采用精度高的机床设备，划分加工阶段后就可以充分发挥粗、精加工设备各自性能的特点，避免以粗干精，做到合理使用设备。这样不但提高了粗加工的生产效率，而且也有利于保持精加工设备的精度和延长加工设备的寿命。

（3）及时发现毛坯缺陷　毛坯上的各种缺陷（如气孔、砂眼、夹渣或加工余量不足等），在粗加工后即可被发现，便于及时修补或决定报废，以免继续加工后造成工时和加工费用的浪费。

（4）便于安排热处理等辅助工序　热处理工序使加工过程划分成几个阶段，如精密主轴在粗加工后进行去除应力人工时效处理，半精加工后进行淬火，精加工后进行低温回火和冰冷处理，最后再进行光整加工。这几次热处理就把整个加工过程划分为粗加工——半精加工——精加工——光整加工阶段。

在拟订零件工艺路线时，一般应遵守划分加工阶段这一原则，但具体应用时还要根据零件的情况灵活处理。例如对于精度和表面质量要求较低而工件刚性足够、毛坯精度较高、加工余量小的工件，可不划分加工阶段。又如对一些刚性好的重型零件，由于装夹吊运很费时，也往往不划分加工阶段而在一次安装中完成粗、精加工。还需指出的是，将工艺过程划分成几个加工阶段是对整个加工过程而言的，不能单纯从某一表面的加工或某一工序的性质来判断。例如工件的定位基准，在半精加工阶段甚至在粗加工阶段就需要加工得很准确，而在精加工阶段中安排某些钻孔之类的粗加工工序也是常有的。

（三）工序的集中与分散

工序集中是指零件的加工集中在少数工序内完成，而每一道工序的加工内容比较多；工序分散则相反，整个工艺过程中工序数量多，而每一道工序的加工内容比较少。

1. 工序集中的特点

1）有利于采用高生产率的专用设备和工艺装备，如采用多刀、多轴机床、数控机床和加工中心等。

2）减少了工序数目，缩短了工艺路线，从而简化了生产计划和生产组织工作。

3）减少了设备数量，相应地减少了操作工人和生产面积。

4）减少了工件安装次数，不仅缩短了辅助时间，而且在一次安装下能加工较多的表面，易于保证这些表面间的相对位置精度。

5）专用设备和工艺装备复杂，生产准备工作和投资都比较大，尤其是转换新产品比较困难。

2. 工序分散特点

1）设备和工艺装备结构比较简单，调整方便，对工人的技术水平要求低。

2）可采用最有利的切削用量，减少机动时间。

3）容易适应生产产品的变换。

4）设备数量多，操作工人多，占用生产面积大。

工序集中和工序分散各有特点；在拟订工艺路线时，工序是集中还是分散，即工序数量是多还是少，主要取决于生产规模和零件的结构特点及技术要求。在一般情况下，单件小批生产时，多采用工序集中。大批量生产时，既可采用多刀、多轴等高效率机床将工序集中，也可将工序分散后组织流水线生产。

（四）工序顺序的安排

1. 机械加工工序的安排

机械加工工序的安排应遵循以下原则：

（1）基准先行　零件加工一般多从精基准的加工开始，再以精基准定位加工其他表面。因此，选作精基准的表面应安排在工艺过程起始工序进行加工，以便为后续工序提供精基准。例如轴类零件先加工两端中心孔，然后再以中心孔作为精基准，粗、精加工所有外圆表面。齿轮加工则先加工内孔及基准端面，再以内孔及端面作为精基准，粗、精加工齿形表面。

（2）先粗后精　精基准加工好以后，整个零件的加工工序，应是粗加工工序在前，相继为半精加工、精加工及光整加工。按先粗后精的原则先加工精度要求较高的主要表面，即先粗加工再半精加工各主要表面，最后再进行精加工和光整加工。在对重要表面精加工之前，有时需对精基准进行修整，以利于保证重要表面的加工精度，如主轴的高精度磨削时，精磨和超精磨削前都须研磨中心孔；精密齿轮磨齿前，也要对内孔进行磨削加工。

（3）先主后次　根据零件的功用和技术要求，先将零件的主要表面和次要表面分开，然后先安排主要表面的加工，再把次要表面的加工工序插入其中。次要表面一般指键槽、螺孔、销孔等表面。这些表面一般都与主要表面有一定的相对位置要求，应以主要表面作为基准进行次要表面加工，所以次要表面的加工一般放在主要表面的半精加工以后，精加工以前一次加工结束。也有放在最后加工的，但此时应注意不要碰伤已加工好的主要表面。

（4）先面后孔　对于箱体、底座、支架等类零件，平面的轮廓尺寸较大，用它作为精基准加工孔，比较稳定可靠，也容易加工，有利于保证孔的精度。如果先加工孔，再以孔为基准加工平面，则比较困难，加工质量也受影响。

2. 热处理工序的安排

热处理可用来提高材料的力学性能，改善工件材料的加工性能和消除内应力，其安排主要是根据工件的材料和热处理的目的来进行。常见热处理工序及其位置安排，如图 1-5 所示。

（1）正火、退火　正火和退火是为了改善切削加工性能和消除毛坯的内应力。如碳的质量分数大于 0.5%的碳钢和合金钢，为降低硬度便于切削，常采用退火；碳的质量分数小于 0.3%的低碳钢和低碳合金钢，为避免硬度过低切削时粘刀，一般采用正火以提高硬度；退火和正火常安排在毛坯制造之后粗加工之前。

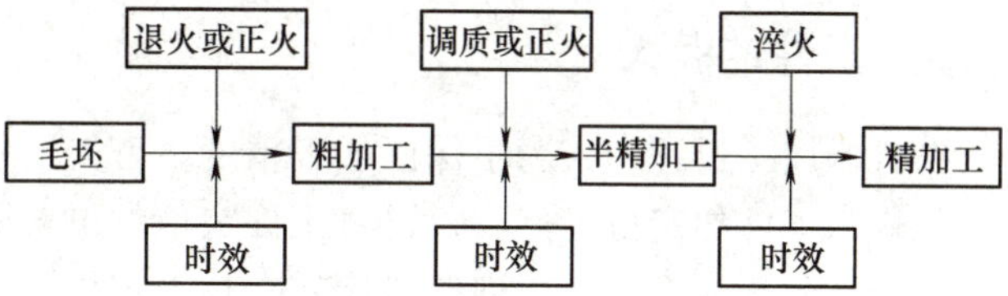

图 1-5　热处理工序的安排

（2）调质　调质处理是工件淬火后进行高温回火的过程。调质后工件能获得均匀细致的索氏体组织，为以后表面淬火和渗氮作组织准备，常安排在粗加工之后半精加工之前进行。

（3）时效处理　时效处理主要用于消除毛坯制造和机械加工中产生的内应力。常安排在粗加工之后进行。对于加工精度要求不高的工件，也可放在粗加工之前进行。

（4）淬火　淬火处理的目的主要是提高零件材料的硬度和耐磨性。淬火工序一般安排在半精加工与精加工之间进行，因淬火后工件硬度很高，且有一定变形，需再进行磨削或研磨加工，以修正热处理工序产生的变形。在淬火工序之前需将铣键槽、车螺纹、钻螺纹底孔、攻螺纹等次要表面的加工进行完毕，以防止零件淬硬后难以加工。

（5）渗碳淬火　渗碳淬火适用于低碳钢和低碳合金钢，其目的是使零件表层含碳量增加，经淬火后使表层获得高的硬度和耐磨性，而心部仍保持其较高的韧性。由于渗碳淬火变形大，且渗碳层深度一般为 0.5~2mm，因此渗碳淬火工序一般安排在半精加工与精加工之间。

（6）渗氮处理　渗氮是使氮原子渗入金属表面而获得一层含氮化合物的处理方法。渗氮层可以提高零件的表面硬度、耐磨性、疲劳强度和抗蚀性。由于渗氮处理温度较低，变形小，且渗氮层较薄（0.6~0.7mm），因此常安排在精加工之后进行。为减小渗氮变形，在切削加工之后一般需进行调质处理。

3. 检验工序的安排

检验工序一般安排在粗加工后，精加工前；送往外车间前后；重要工序和工时长的工序前后；零件加工结束后，入库前。

4. 其他工序的安排

（1）表面强化工序　如滚压、喷丸处理等，一般安排在工艺过程的最后。

（2）表面处理工序　如发蓝、电镀等一般安排在工艺过程的最后。

（3）检测工序　如射线检测、超声检测等多用于零件内部质量的检查，一般安排在工艺过程的开始。磁力检测、荧光检测等主要用于零件表面质量的检验，通常安排在该表面加工结束以后。

（4）平衡工序　包括动、静平衡，一般安排在精加工以后。在安排零件的工艺过程中，不要忽视去毛刺、倒棱和清洗等辅助工序。

此外，在铣键槽、齿面倒角等工序后，应安排去毛刺工序。零件在装配前都应安排清洗工序，特别在研磨等光整加工工序之后，更应注意进行清洗工序，以防止残余的磨料嵌入工件表面，加剧零件在使用中的磨损。

1.2　工件的装夹及定位

1.2.1　工件的装夹

在机械加工过程中，为了保证加工精度，首先要使工件在机床上或夹具中占有正确的位置，此称为工件的定位，然后，再将工件定位的位置固定下来，使其在加工过程中保持定位位置不变，此称为夹紧。工件在机床或夹具上定位、夹紧的过程称为装夹。

工件在机床上的装夹方法一般有三种。

1. 直接装夹

这种装夹方法是利用机床上的装夹面来对工件直接定位的，工件的定位基面只要靠紧在机床的装夹面上并密切贴合，不需找正即可完成定位。此后，夹紧工件，使其在整个加工过程中不脱离这一位置，即可实现工件的装夹，如图1-6所示。

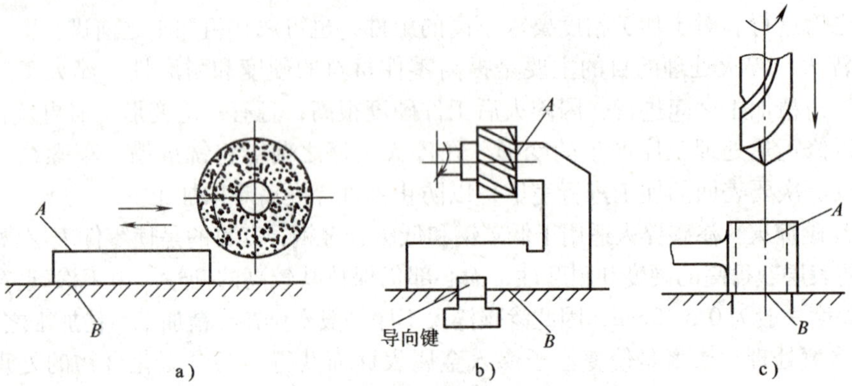

图1-6　直接装夹方法

图1-6a中工件的加工面*A*要求与工件的底面*B*平行，装夹时将工件的定位基准面*B*靠紧并吸牢在磁力工作台上即可。图1-6b中工件为一夹具底座，加工面*A*要求与底面*B*垂直并与底面已装好导向键的侧面平行，装夹时除将底面靠紧在工作台面上之外，还需使导向键侧面与工作台上的T形槽侧面靠紧。图1-6c中工件上孔*A*只要求与工件定位基准面*B*垂直，装夹时将工件的定位基准面靠紧在钻床工作台面上即可。

2. 找正装夹

这种装夹方法，是按工件的有关表面或加工前专门划出的线痕作为找正依据，用百分表、划针等逐个地找正工件相对于刀具及机床的位置，然后把工件夹紧。找正装夹的方法可分为直接找正法和划线找正法两种。图1-7为直接找正法，它是采用百分表、划针或目测在机床上直接找正工件，使其获得正确位置的一种方法。图1-7a为在磨床上磨削一个与外圆表面有同轴度要求的内孔时，加工前将工件装在单动卡盘上，用百分表直接找正外圆表面，即可获得工件的正确位置。图1-7b为在牛头刨床上加工一个同工件底面及侧面有平行度要求的槽时，用百分表找正工件的右侧面，即可使工件获得正确位置，槽与工件底面的平行度由机床的几何精度保证。直接找正法的定位精度与找正快慢，取决于找正精度、找正方法、找正工具及工人技术水平。直接找正法多用于单件小批生产或位置精度要求特别高的工件。

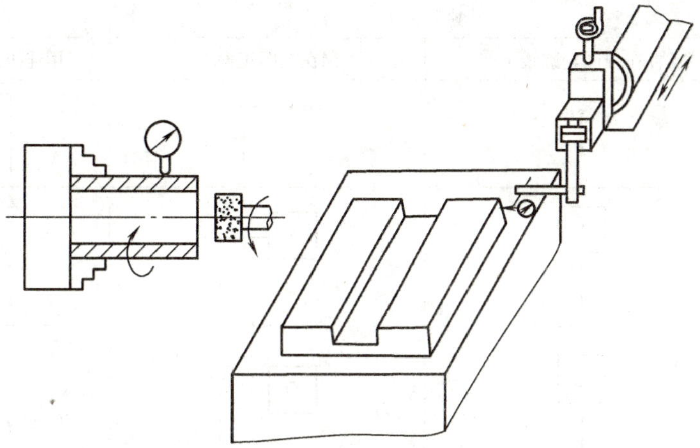

图 1-7　直接找正法

划线找正法是在机床上用划针按毛坯或半成品上所划的线找正工件，使其获得正确位置的一种方法，如图 1-8 所示。由于受到划线精度及找正精度的限制，此法多用于生产批量较小、毛坯精度较低及大型零件等不便于使用夹具的粗加工中。

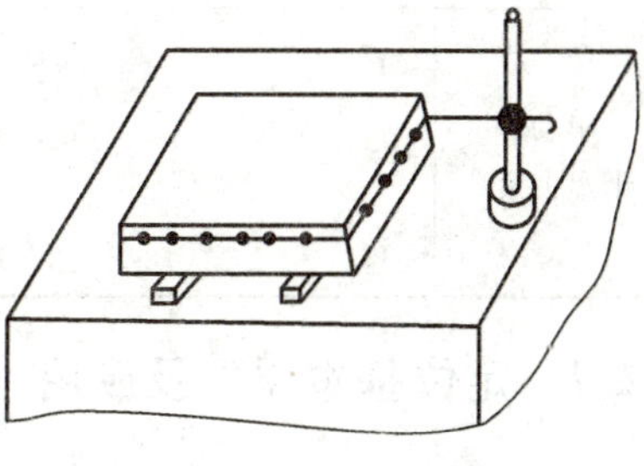

图 1-8　划线找正法

3. 夹具装夹

夹具是根据工件加工某一道工序的具体要求设计的，其上设有专门的定位元件和夹紧装置。采用夹具装夹工件，是在机床上先安装好夹具，靠夹具来保证工件相对于刀具及机床的正确位置。采用夹具装夹工件，易于保证加工精度、缩短辅助时间、提高生产率、减轻工人劳动强度和降低对工人技术水平的要求，故适用于成批和大量生产。

4. 定位与夹紧的标注符号

在工序图绘制时常常需要标注定位夹紧符号，常见标注符号及其意义见表 1-11。

表 1-11　定位夹紧符号

标注位置		独立		联动
		标在视图轮廓线上	标在视图正面上	用连线连接两个符号即可
定位点	固定式	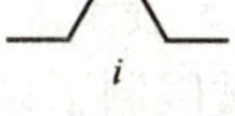	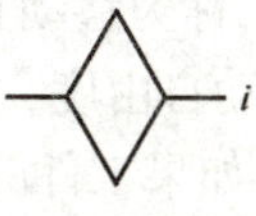	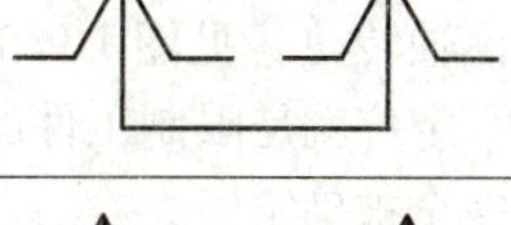
	活动式		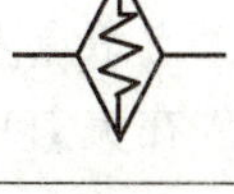	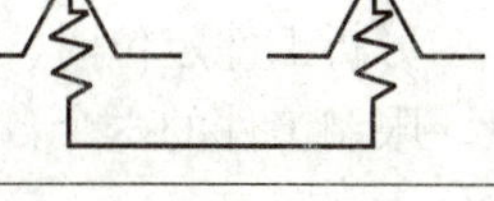

（续）

标注位置	独　立		联　动
	标在视图轮廓线上	标在视图正面上	用连线连接两个符号即可
机械夹紧			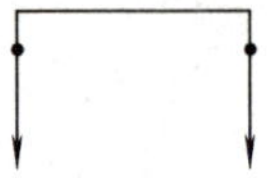
液压夹紧	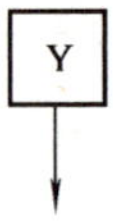	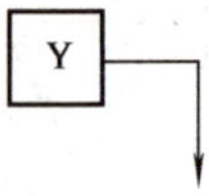	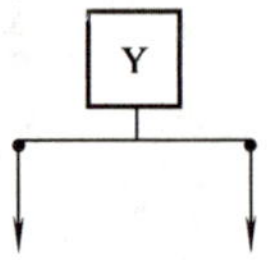
气动夹紧	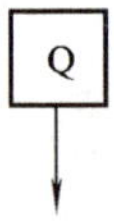	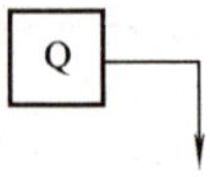	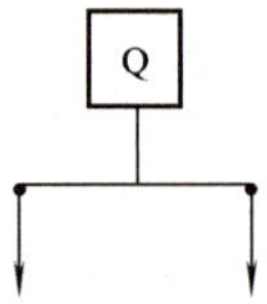
自定心卡盘夹紧	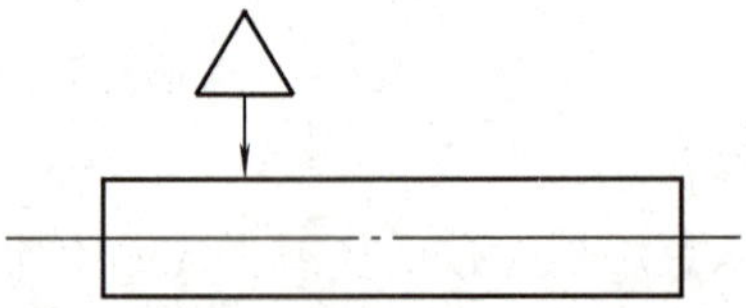		
单动卡盘夹紧	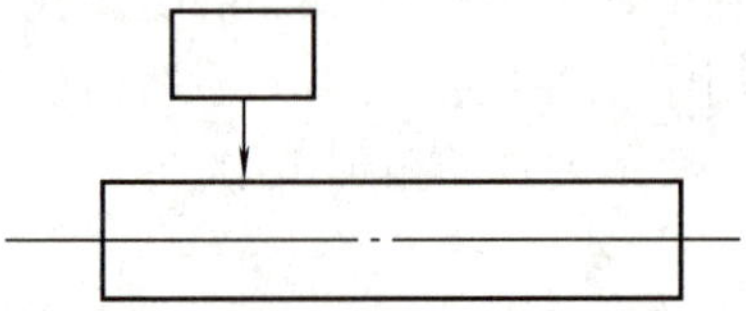		

1.2.2　定位基本原理及应用

在机械加工中，必须使工件、夹具、刀具和机床之间保持正确的相互位置，才能加工出合格的零件。这种正确的相互位置关系，是通过工件在夹具中的定位、夹具在机床上的安装、刀具相对于夹具的调整来实现的。

在研究和分析工件定位问题时，定位基准的选择是一个关键问题。工件的定位基准一旦被选定，则工件的定位方案也基本上被确定。定位方案是否合理，直接关系到工件的加工精度能否保证。

1. 定位基本原理

任何一个工件在夹具中未定位时，可看作是空间直角坐标系中自由状态的物体，具有六个自由度。如图1-9a所示，对长方体工件，它在空间的位置是任意的，即能沿 OX、OY、OZ 三个坐标轴移动（见图1-9b），称为移动自由度，分别用 $\vec{x}$、$\vec{y}$、$\vec{z}$ 表示；又能绕着三个坐标轴转动（见图1-9c），称为转动自由度，分别用 $\widehat{x}$、$\widehat{y}$、$\widehat{z}$ 表示。

定位就是限制工件的自由度。如果工件的六个自由度都被限制了，工件在空间的位置也就完全被确定了。

分析工件定位时，通常是用一个支承点限制工件的一个自由度，用合理设置的六个支承点，限制工件的六个自由度，使工件在夹具中的位置完全确定，这就是工件定位的“六点定位原则”。

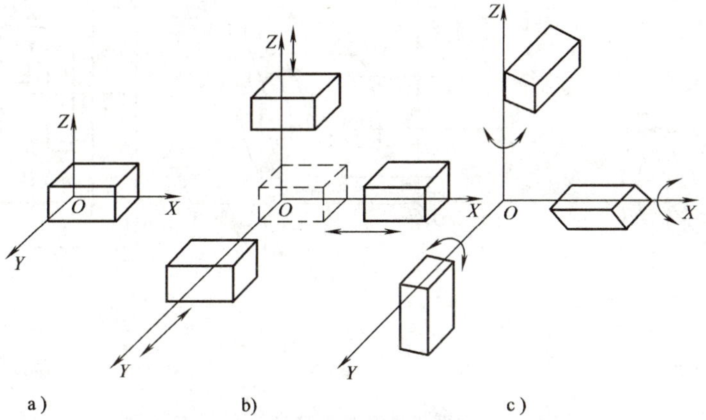

图 1-9　工件的六个自由度

例如，对于长方体工件，欲使其完全定位，可以在其底面设置三个不共线的支承点 1、2、3（见图 1-10a），限制工件的三个自由度：$\overset{\frown}{x}$、$\overset{\frown}{y}$、$\vec{z}$；侧面设置两个支承点 4、5，限制了 $\vec{x}$、$\overset{\frown}{z}$ 两个自由度，端面设置一个支承点 6，限制 $\vec{y}$ 自由度。于是共限制了工件的六个自由度，实现了完全定位。在具体的夹具中，支承点是由定位元件来体现的，如图 1-10b 设置了六个支承钉，每个支承钉与工件的接触面很小，可视为支承点。

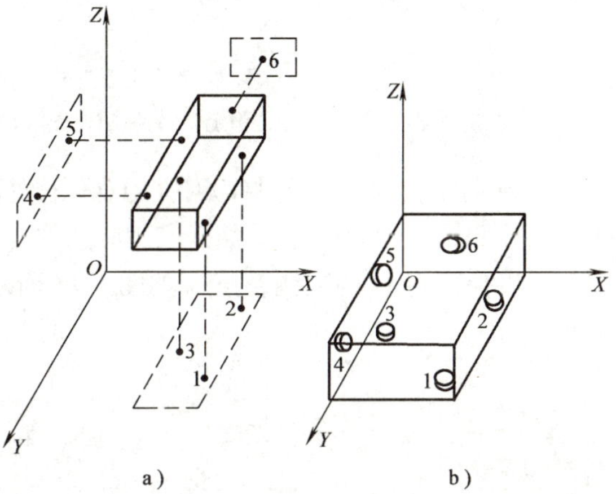

图 1-10　长方体形工件的定位

对于圆盘类工件，也可以采取类似方法定位。如图 1-11 所示，图 1-11a 为在环形工件上钻孔的工序图。图 1-11b 为相应设置的六个支承点，其中支承点 1、2、3，限制 $\vec{x}$、$\overset{\frown}{y}$、$\overset{\frown}{z}$ 三个自由度；工件内孔紧靠支承点 4、5，限制 $\vec{y}$、$\vec{z}$ 两个自由度；键槽侧面靠在支承点 6 上，限制 $\overset{\frown}{x}$ 自由度。图 1-11c 是图 1-11b 中六个支承点所采用定位元件的具体结构，以台阶面 A 代替 1、2、3 三个支承点；短销 B 代替 4、5 两个支承点；键槽中的防转销 C 代替支承点 6。

通过以上分析，可将定位基准按其所限制的自由度数分为：

(1) 主要定位面　如图 1-10 中的 XOY 平面，设置三个支承点，限制了工件的三个自由度，这样的平面称为主要定位面。一般应选择较大的表面作为主要定位面。面积越大，三个支承点布置得越远，所组成的三角形就越大，工件定位就越稳定。在布置三个支承点时，还应注意使三个支承点相对于定位面对称配置。在图 1-12a 中，三点的配置有两种方案：一是形成受力三角形 1′23；二是形成受力三角形 123，此两种三角形面积相同，对定位面是矩形的工件，前一方案的支承点不对称，受力后工件易倾翻，故后一种方案为好。

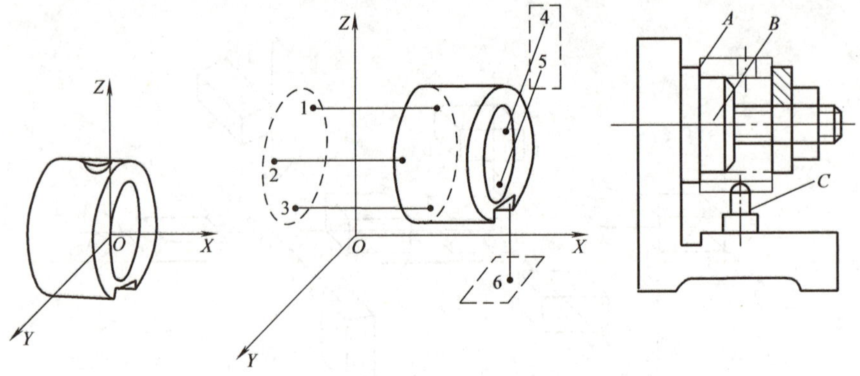

a)　　b)　　c)

图 1-11　圆环工件定位时支承点的分布示例

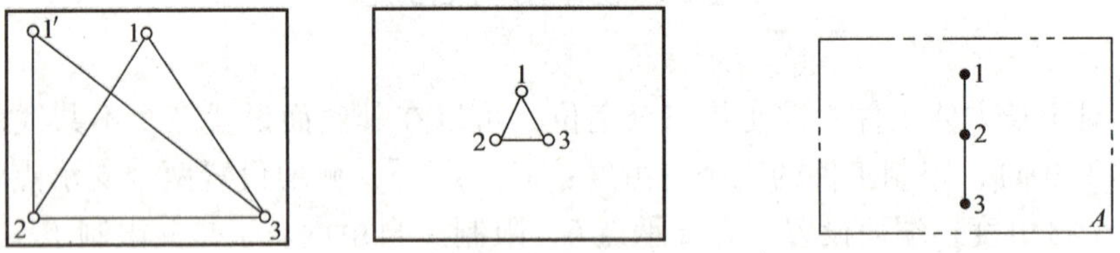

a)　　b)　　c)

图 1-12　共面三支承点位置分布的比较

a）三定位支承点分散，定位稳定　b）三定位支承太近，定位不稳定　c）三个定位支承点分布错误

（2）导向定位面　如图 1-10 中的 *YOZ* 平面，设置两个支承点，限制工件两个自由度的平面或圆柱面，称为导向定位面。该面应选取工件上窄长的表面，且两支承点间的距离应尽量远些，以保证对 $\overset{\frown}{z}$ 的限制精度，如图 1-13 所示。

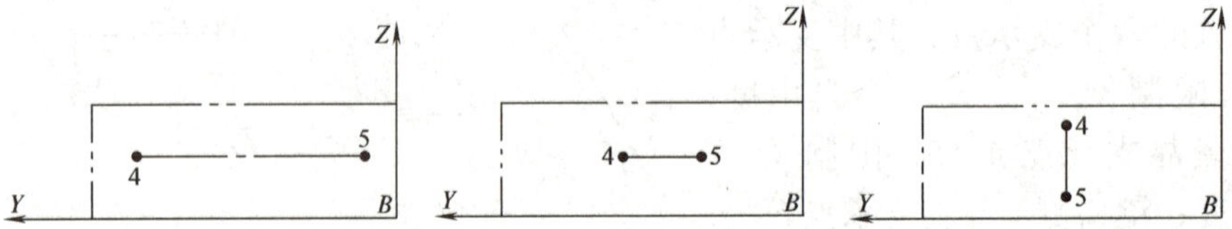

图 1-13　共面二支承点位置分布的比较

（3）止推定位面　限制工件一个自由度的表面，称为止推定位面。如图 1-10 中的 *XOZ* 平面。由于它只和一个支承点接触，在工件加工中，有时还要承受加工过程中的切削力和冲击等，因此，可以选取工件上窄小且与切削力方向相对的表面作为止推定位基准。因为止推定位基准所限制的自由度是导向方向的移动，所以止推支承点的支承方向应平行于导向的方向。

2. 应用“六点定位原则”应注意的问题

1）定位支承点与工件的定位面要始终保持接触，才能起到限制自由度的作用。

2）在分析定位支承点的定位作用时，不要考虑力的影响。工件在某一方向上的自由度被限制，是指工件在该方向有了确定的位置，而不是指工件在受到使工件脱离支承点的外力时，不能运动。使工件在外力作用下不能运动，要靠夹紧装置来完成。所以，不要把“定位”与“夹紧”两个概念相混淆，两者更不能互相取代。

3）定位支承点是由定位元件抽象而来。在夹具中，定位支承点是通过具体的定位元件来体现的。某个具体的定位元件可转化为几个定位支承点，要结合其结构来分析。

3. 限制工件自由度与加工要求的关系

一批工件在夹具中定位时，只有满足以下两条要求，定位方案才是可行的。一是需要限制的自由度，必须都得到恰当地限制；二是保证必要的定位精度和稳定性。

4. 工件定位中的几种情况

（1）完全定位　是指不重复地限制工件的六个自由度的定位，称为完全定位。当工件在 X、Y、Z 三个坐标方向上均有尺寸要求或位置精度要求时，一般采用这种定位方式，如图 1-11 所示。

（2）不完全定位　根据工序的加工要求，限制工件的自由度少于六个的定位，称为不完全定位，如图 1-14 所示。图 1-14a 为在车床上加工通孔，根据加工要求，不需要限制 $\overrightarrow{x}$ 和 $\overset{\curvearrowright}{x}$ 两个自由度，故用自定心卡盘夹持限制其余四个自由度，就可实现四点定位。图 1-14b 为平板工件，工件只有厚度和平行度要求，故只需限制 $\overrightarrow{z}$、$\overset{\curvearrowright}{x}$、$\overset{\curvearrowright}{y}$ 三个自由度。在磨床上采用电磁工作台即可实现三点定位。再如图 1-15 所示，在长方体上铣槽，本工序要求保证尺寸 L 和 H，以及槽侧面和底面与工件侧面和底面的平行度。为保证槽底面与工件底面的距离尺寸 H 及平行度要求，必须限制 $\overrightarrow{z}$、$\overset{\curvearrowright}{x}$、$\overset{\curvearrowright}{y}$ 三个自由度；为保证槽侧面与工件侧面的距离尺寸 L 及平行度要求，必须限制 $\overrightarrow{x}$、$\overset{\curvearrowright}{y}$、$\overset{\curvearrowright}{z}$ 三个自由度；而工件沿 Y 轴方向无尺寸要求，可以不必限制自由度 $\overrightarrow{y}$，因此共需限制工件 $\overrightarrow{x}$、$\overrightarrow{z}$、$\overset{\curvearrowright}{x}$、$\overset{\curvearrowright}{y}$、$\overset{\curvearrowright}{z}$ 五个自由度。

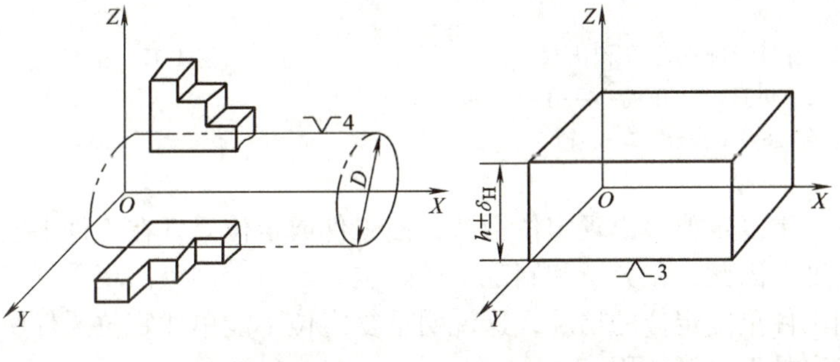

a）　　b）

图 1-14　不完全定位

（3）欠定位　根据工序的加工要求，应该限制的自由度没有完全被限制的定位，称为欠定位。欠定位无法保证加工要求，所以是绝不允许的。图 1-11 中若无防转销 C，工件绕 X 轴转动方向上的位置将不确定，钻出的孔与下面的槽不一定能达到对称要求，使该定位不可采用。

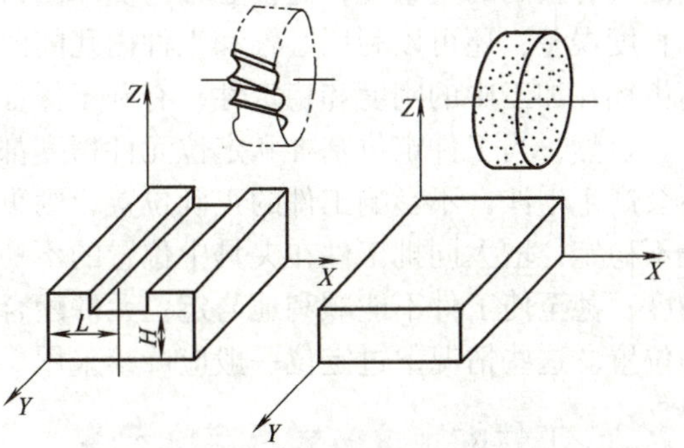

图 1-15　不完全定位示例

（4）过定位　夹具上的两个或两个以上的定位支承点，重复限制工件的同一个或几个自由度的现象，称为过定位。如图 1-16 所示，在滚齿机（或插齿机）上加工齿形时，以工件内孔和一端面作为定位基准面，在夹具的心轴和支承凸台上定位。由图可知，心轴限制工件的 $\vec{x}$、$\vec{y}$、$\overset{\frown}{x}$、$\overset{\frown}{y}$ 四个自由度，支承凸台限制工件的 $\vec{z}$、$\overset{\frown}{x}$、$\overset{\frown}{y}$ 三个自由度，则 $\overset{\frown}{x}$、$\overset{\frown}{y}$ 自由度被重复限制，属过定位。这种过定位状态是否允许采用，主要应从它产生的后果来判断。

图 1-17a 所示为加工连杆孔的正确定位方案，属完全定位。如果用长销代替短销 2，如图 1-17b 所示，将使 $\overset{\frown}{x}$ 和 $\overset{\frown}{y}$ 被重复限制。由于工件孔与端面、长销外圆与凸台面之间均有垂直度误差，若长销刚度很好，将造成工件与平面 1 为点接触，致使定位不稳定或在夹紧力作用下使工件变形；若长销刚度不足，则将弯曲而不能保证定位精度，甚至损坏夹具。

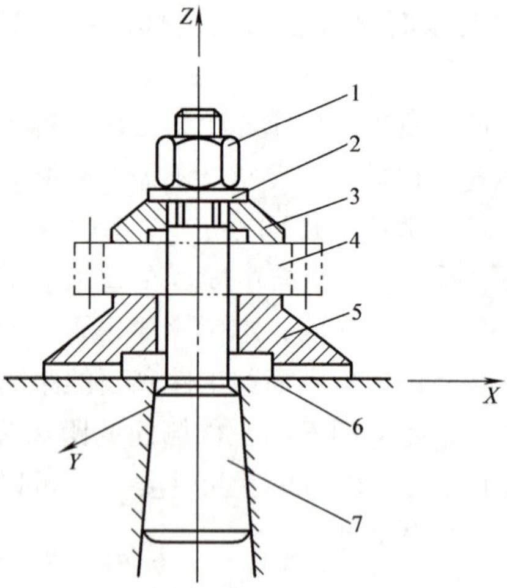

图 1-16　滚齿时齿坯的定位和夹具

1—压紧螺母　2—垫圈　3—压板　4—工件
5—支承凸台　6—工作台　7—心轴

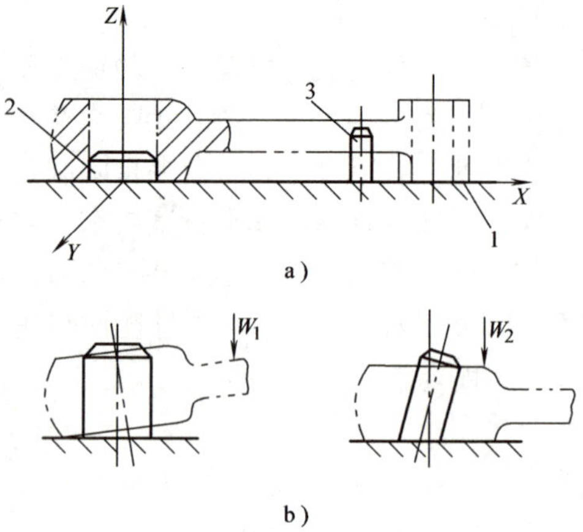

图 1-17　连杆定位简图

一般情况下，重复定位会出现定位干涉，使工件或定位元件在工件夹紧后产生变形，影响工件的定位精度。因此，在分析和制定工件定位方案时应避免出现重复定位。但在生产实际中也常会遇到工件重复定位的情况，这说明重复定位不能单凭定位元件所能转化的定位支承点，简单地确定是否允许使用。

在实际生产中，在采用适当工艺措施的情况下，可采用过定位提高定位刚度，这是过定位的合理应用。仍以图 1-16 为例，如果齿坯加工时工艺上保证了作为定位基准用的内孔和端面具有很高的垂直度，定位心轴与支承凸台之间也保证了很高的垂直度，即使存在极小的垂直度误差，还可以利用心轴和工件内孔间的配合间隙来补偿。这时过定位可使用，且可提高齿坯在加工中的刚度和稳定性，有利于保证加工精度。

显然，当工件定位基准和定位元件精度都较高时，重复限制相同自由度的定位元件之间不会产生干涉，不影响工件的正确位置，则重复定位是允许的。反之，重复定位将使工件定位不稳定，增大同批工件在夹具中位置的不一致性；使工件或定位元件发生变形；降低加工精度；甚至使工件不能顺利地与定位元件配合以致不能装夹，其结果都将破坏工件定位的正确位置。这些情况下过定位一般应严禁采用。

1.2.3　工件的定位方式及定位元件

工件的定位是通过工件上的定位面（用于体现定位基准的表面）与夹具上的定位元件

的配合或接触实现的，作为工件的定位面有多种形式，如平面、外圆和内孔等。对于这些表面，总要采用一定结构的定位元件，以定位元件的定位工作面与工件的定位基面相接触，实现工件的定位。对定位元件的要求是：要有与工件相适应的精度；要有足够的刚度和强度；要有一定的耐磨性；要有良好的结构工艺性；要便于清除切屑。

工件单个典型表面定位的常用定位元件有以下几种：

1. 工件以平面定位

在机械加工中，大多数工件，如箱体、机体、支架、圆盘等零件都以平面作为主要定位基准。工件以平面为基准定位时，常用定位元件如下：

（1）固定支承　常用的固定支承有各种支承钉和支承板。图 1-18 所示为标准支承钉结构（JB/T 8029.2—1999），A 型为平头支承钉，用于定位加工过的精基准；B 型为球头支承钉，用于定位毛坯粗基准；C 型为齿纹头支承钉，常用于侧面定位。一般一个支承钉只限制一个自由度，因此一个毛坯平面只能用三个球头支承钉定位，以保证接触点确定，使其定位稳定。若工件以加工过的平面为定位基准，则可用三个或更多的平头支承钉定位，但必须保证这几个平头支承钉的定位工作面位于同一平面内，否则就会使各支承钉不能与工件全部接触，造成定位不稳定，特别是用三个以上的平头支承钉时情况更严重。各支承钉的高度尺寸要加工得完全相等是很难达到的，通常是按经济精度分别加工各支承钉，预留磨量，当支承钉装配于夹具体后，再磨削各支承钉定位工作面，保证其在同一平面内。

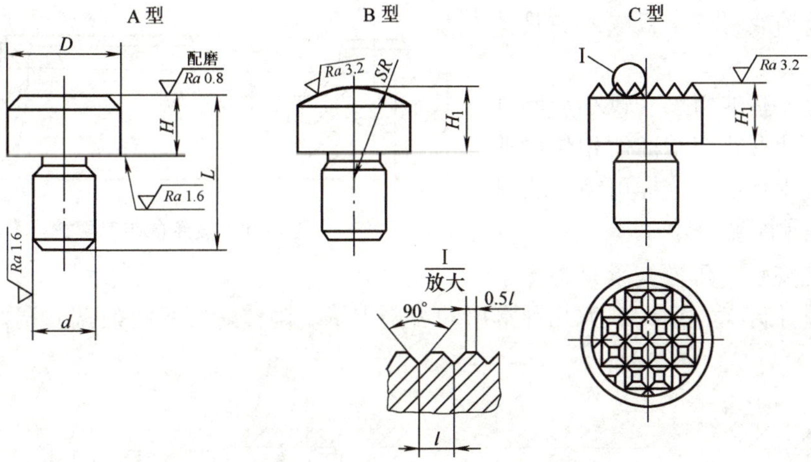

图 1-18　支承钉

图 1-19 所示为标准支承板结构（JB/T 8029.1—1999），它也是用于定位加工过的精基准平面。A 型支承板结构简单，便于制造，但孔边切屑不易清除，故适用于顶面和侧面定位；B 型支承板因开有斜槽，容易清除切屑，则易保证工作表面清洁，故适用于底面定位。用几块支承板同时定位同一平面时，一般也是采用预留磨量，装配好后再同时磨削或对夹具体的高度 H_1 及支承钉或支承板的高度 H 的公差严加控制，如图 1-20 所示。

支承钉与夹具体孔的配合用 H7/r6 或 H7/n6，当支承钉需要经常更换时，应加衬套。衬套外径与夹具体孔的配合一般用 H7/n6 或 H7/r6，衬套内径与支承钉的配合选用 H7/js6。

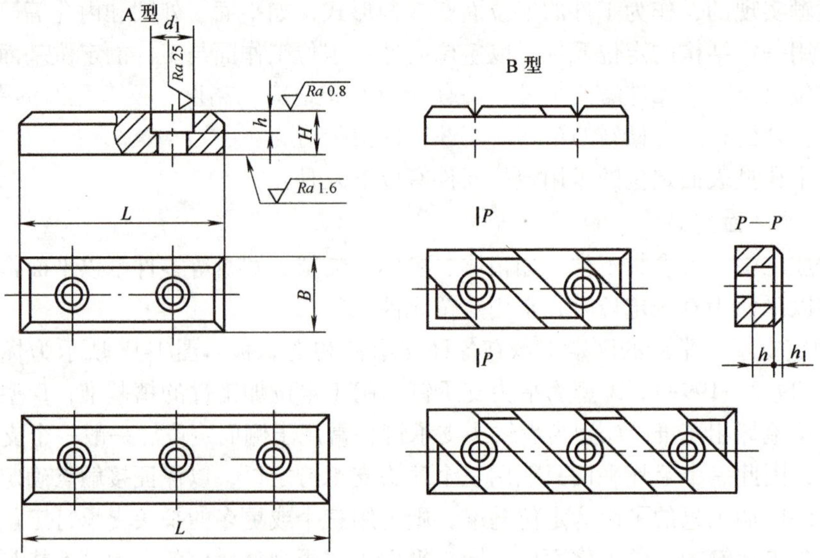

图 1-19　支承板

支承板通常用2个或3个M4～M10的螺钉紧固在夹具体上，当受力较大有移动趋势，或定位板在某一方向有位置尺寸要求时，应装圆锥销或将支承板嵌入夹具体槽内。

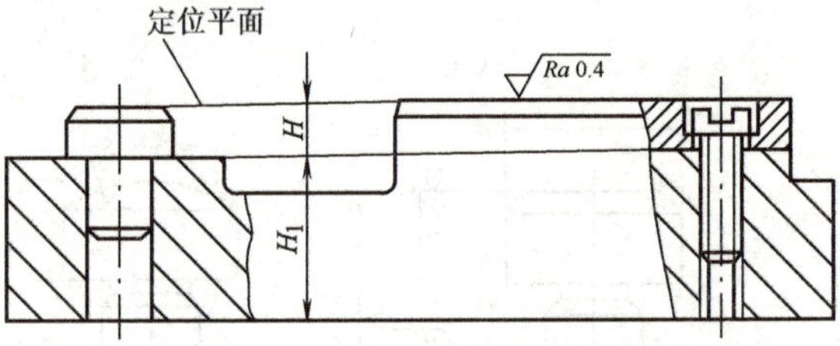

图 1-20　支承的等高要求

当工件定位基准面尺寸较小或刚性较差时，可设计形状与基准面相仿的非标准的整体式支承板，这样可简化夹具结构，提高支承刚度。

（2）可调支承　可调支承是指支承的高度可以进行调节。图1-21为几种常用的可调支承。调整时要先松后调，调好后用防松螺母锁紧。

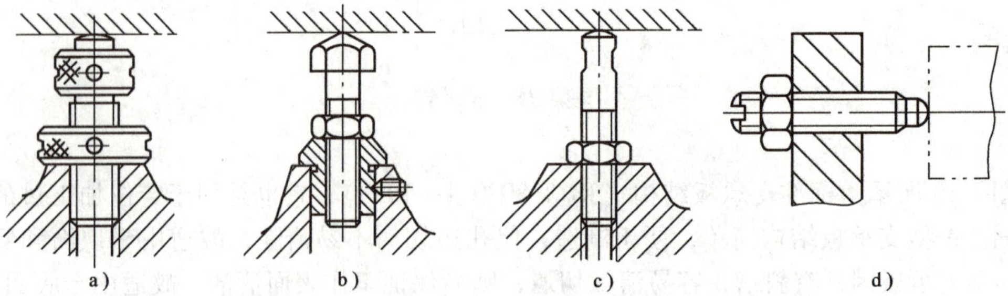

图 1-21　可调支承

可调支承主要用于毛坯质量不高，而又以粗基准定位的场合。不同批毛坯的尺寸往往变化很大，若采用支承钉或支承板在夹具中定位，用调整法加工时，由于各批毛坯尺寸的不同，将引起后序的机械加工余量变化很大，影响加工质量。为了避免这种情况发生，需要用可调支承来定位。如图 1-22 所示箱体零件，第一道工序铣顶面，是以未加工的底面定位，由于毛坯质量不高，对不同批毛坯而言，其底面至毛坯孔中心的尺寸 L 发生的变化量 ΔL 很大，使加工后的各批工件，其顶面至毛坯孔中心的距离发生由 H_1 到 H_2 的变化，其中：

$$H_2-H_1=\Delta L$$

这样，再以顶面定位镗孔时，机械加工余量极不均匀，严重影响镗孔质量，甚至单边没有余量。因此，在加工一批工件前，应先调整好可调支承的高度，使毛坯孔中心至加工后的顶面间的尺寸基本等于 H，从而使镗孔余量均匀，保证加工精度。

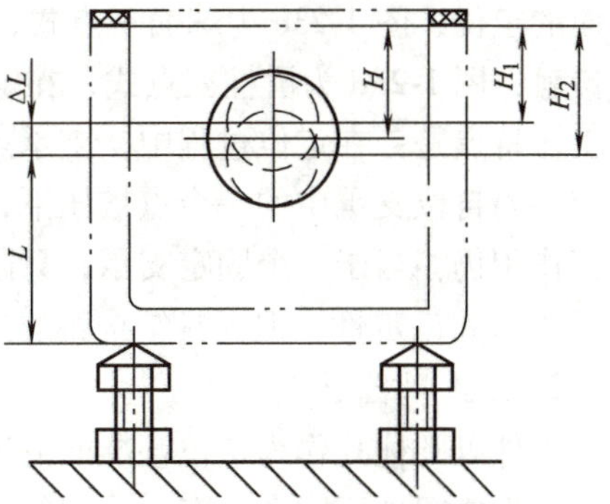

图 1-22　可调支承的应用

应当注意：可调支承在一批工件加工前只调整一次。在同一批工件加工中，它的作用与固定支承相同，可调支承在调整后需要锁紧。

（3）自位支承（或称浮动支承）　自位支承是在工件定位过程中，能随工件定位基准面的位置变化，自动与之适应的多点接触的浮动支承。当既要保证定位副接触良好，又要避免过定位时，常把支承做成浮动或联动结构。图 1-23 所示即为夹具中常用的几种自位支承。由于自位支承可使定位元件绕某个（或两个）坐标轴转动，因此，可消除绕该坐标轴转动自由度的重复限制。

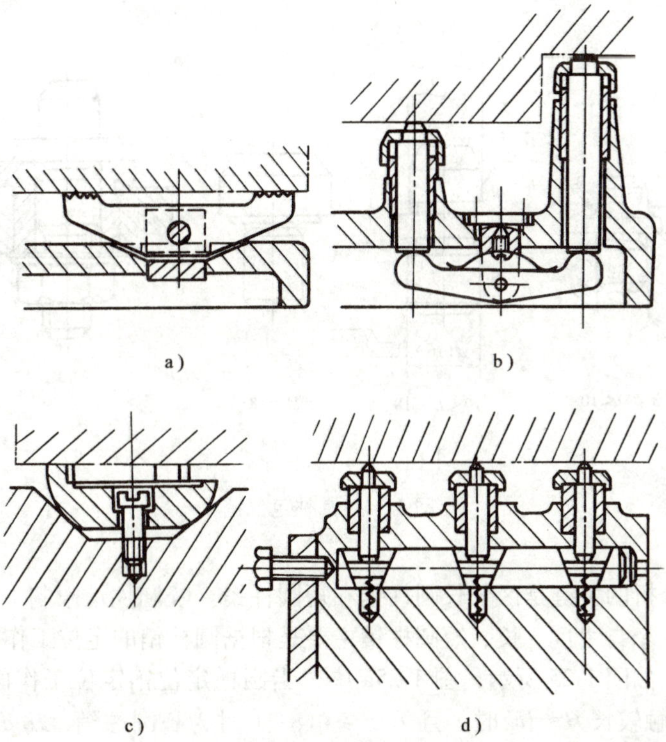

图 1-23　自位支承

图 1-23a 和 b 的结构为两点式自位支承，与工件有两个接触点，可用于断续表面或阶梯表面的定位；图 1-23c 为球面三点式，当定位基面在两个方向上均不平或倾斜时，能实现三点接触；图 1-23d 为滑柱三点式，在定位基面不直或倾斜时，仍能实现三点接触。自位支承的工作特点是：在定位过程中，支承点位置能随工件定位基面位置的变化而自行浮动并与之适应。当自位支承中的一个点被压下，其余点即上升，直至这些点都与定位基面接触为止。而其作用仍相当于一个固定支承，只限制一个自由度。由于增加了接触点数，可提高工件的支承刚度和稳定性，但夹具结构稍复杂，适用于工件以毛面定位或刚度不足的场合。

2. 工件以圆柱孔定位

工件以圆柱孔作为定位基准面的定位方式应用较多。这种定位方式的特点是，定位孔与定位元件之间处于配合状态，采用的定位元件有定位销和定位心轴。孔定位经常与平面定位组合使用。

（1）圆柱定位销　图 1-24 所示为圆柱定位销结构。当工作部分直径小于 ϕ10mm 时，为增加刚度，避免销子因撞击而折断，或热处理时淬裂，通常将根部倒成圆角 R，如图 1-24a 所示。这时夹具体上应有沉孔，使定位销圆角部分沉入孔内，而不妨碍定位。在设计定位销时，圆柱定位销工作表面的直径公称尺寸应与相应的工件定位孔的公称尺寸相同，其精度可根据工件加工精度、定位基准面精度和工件装卸方便按 g5、g6、f7、f8 制造。如图 1-24a、b、c 所示的固定式定位销，可直接用过盈配合（H7/r6 或 H7/n6）装配在夹具体上。

大批大量生产时为了便于更换定位销，可采用图 1-24d 所示带衬套的结构。此时，衬套外径与夹具体的配合为 H7/n6，衬套内径与可换式定位销的配合为 H7/h6 或 H7/h5。

为便于工件顺利装入，定位销的头部应有 15°倒角。定位销已标准化，设计时可查有关手册。

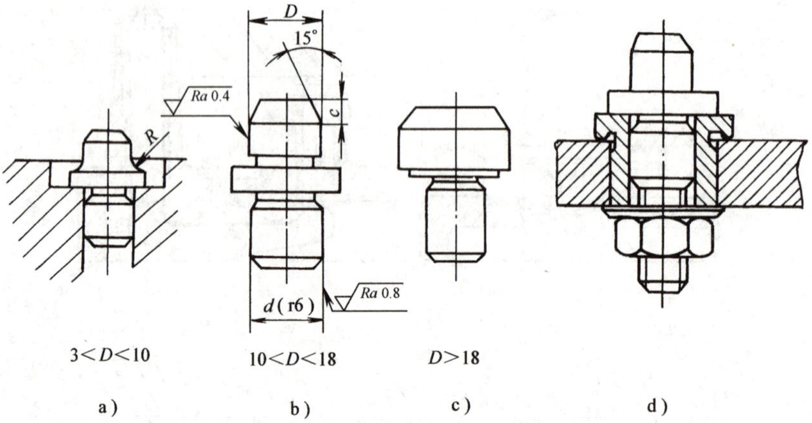

图 1-24　圆柱定位销

圆柱销定位分析的关键是区分长圆柱销和短圆柱销。长圆柱销限制工件四个自由度，短圆柱销限制工件两个自由度。长、短圆柱销主要是根据圆柱销的定位工作面与基准孔接触的相对长度来区分。如图 1-25 所示，图 1-25a 中，当圆柱定位销定位工作面长度 H 与工件基准孔的长度 H_a 接触较长 $H \approx H_a$ 时，且 $H/d \geqslant 0.8 \sim 1$ 时为长圆柱销，$H/d \leqslant 0.4$ 时为短圆柱销。图 1-25b 中，接触面较短 $H \ll H_a$，这时为短圆柱销。

（2）圆柱定位心轴　心轴主要用在车、铣、磨、齿轮加工机床上加工套类和盘类零件。图 1-26 所示为常用圆柱心轴的结构形式。其中图 1-26a 所示为间隙配合心轴，这种心轴装卸工件方便，但定心精度不高。其工作直径一般按 f7、g6 或 h6 制造。为了减小定位时因配合间隙造成的倾斜，常以孔和端面联合定位，故要求孔与端面垂直，一般在一次安装中加工。心轴的定位圆柱面与端面也应在一次安装中加工。为快速装卸工件，可使用开口垫圈，开口垫圈的两端面应互相平行。当工件的内孔与端面垂直度误差较大时，应采用球面垫圈。图 1-26b 所示为过盈配合心轴，由引导部分 1、工作部分 2 和传动部分 3 组成，引导部分的作用是确保工件在压入前迅速套在心轴上，d_3 的公称尺寸为工件孔的下极限尺寸，直径按 e8 制造，长度约为孔长的一半。当工件孔的长度与直径之比 $L/D<1$ 时，工作部分的公称尺寸为孔的上极限尺寸，直径按 r6 制造；当工件孔的长度与直径之比 $L/D>1$ 时，为便于装卸工件，工作部分应带有引导锥度，这时 d_1 的公称尺寸为孔的上极限尺寸，直径按 r6 制造，d_2 的公称尺寸为孔的下极限尺寸，直径按 h6 制造。传动部分由同轴度极高的两顶尖孔及与拨盘配套并传递转矩的扁方组成。这种心轴定心准确，但装卸工件不便，且易损伤工件定位孔，所以多用于定心精度要求高的场合。图 1-26c 为花键心轴，用于加工以内花键为定位基准的工件。

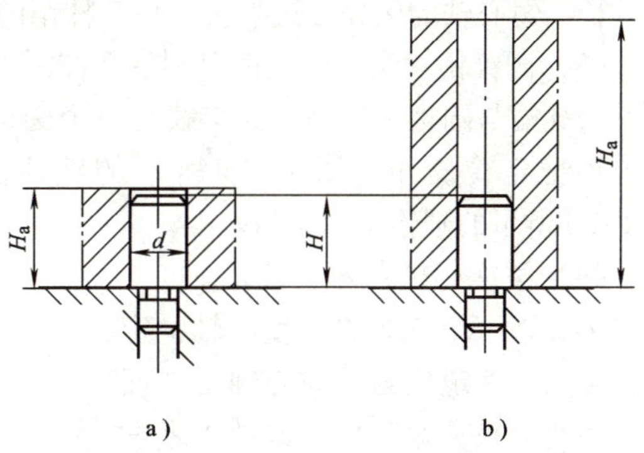

图 1-25　按接触长度区分长、短圆柱销

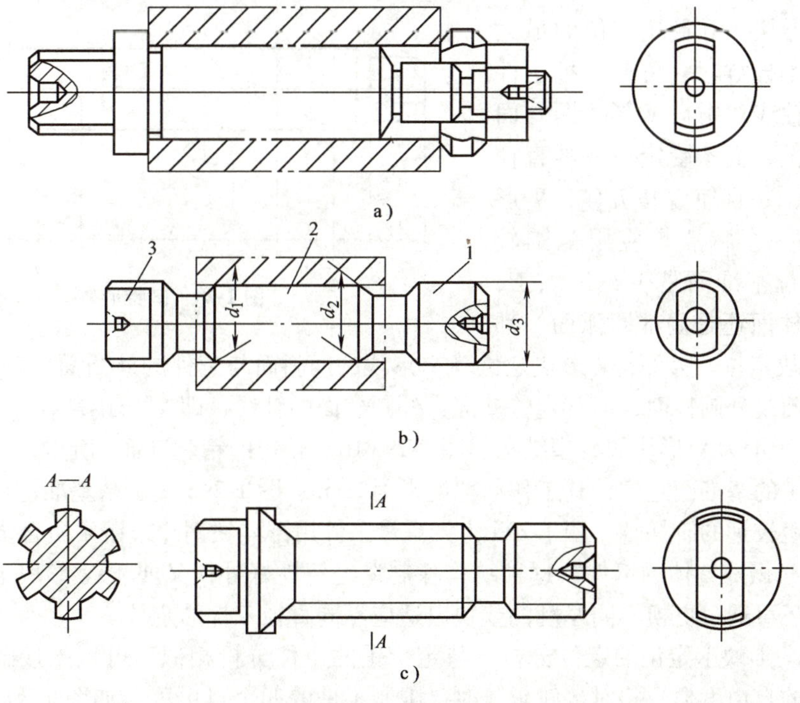

图 1-26　圆柱心轴

对心轴定位分析，首先应考虑配合性质，若采用过盈配合，一般应为长定位心轴，限制工件四个自由度；若采用间隙配合，长心轴限制工件四个自由度，短心轴限制工件两个自由度，长、短心轴的区分方法与长、短圆柱销的区分方法相同。

（3）圆锥销　生产中工件以圆柱孔在圆锥销上定位的情况也是常见的，如图1-27所示。这时为孔端与圆锥销接触，其交线是一个圆，限制了工件的 $\vec{x}$、$\vec{y}$、$\vec{z}$ 三个自由度，相当于三个止推定位支承。图1-27a所示的整体圆锥销适用于加工过的圆孔，用于精基准。图1-27b所示的圆锥销用于粗基准。

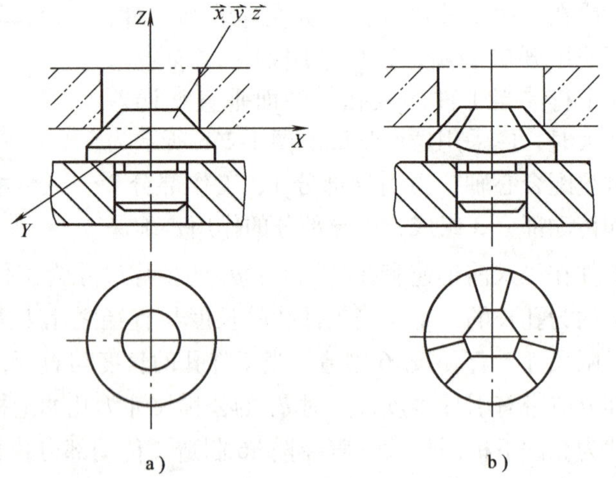

图1-27　圆锥销定位

（4）圆锥心轴（小锥度心轴）　如图1-28所示，工件在锥度心轴上定位，并靠工件定位圆孔与心轴工作面的弹性变形来夹紧工件。这种心轴定心精度高，但轴向位移误差较大，工件易倾斜，传递转矩较小，装卸工件不便，且不能加工端面。一般只用于定位孔精度不低于IT7的精车和精磨加工。

3. 工件以外圆柱表面定位

以外圆柱表面定位的工件有轴类、套类、盘类、连杆类等类零件，常用的定位元件有V形块、定位套、半圆孔等。

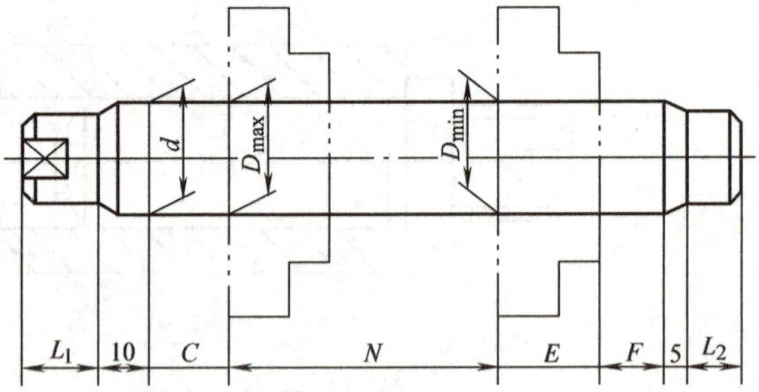

图1-28　圆锥心轴

（1）V形块　V形块定位的最大特点就是对中性好，它可使一批工件的定位基准轴线对中在V形块两斜面的对称平面上，而不受定位基准直径误差的影响，并且使安装方便；V形块定位的另一个特点是应用范围较广，无论定位基准面是否经过加工，是完整的圆柱面还是局部圆弧面，都可采用V形块定位。另外，V形块定位以V形块的两斜面与工件的外圆面接触起定位作用。工件定位基面是外圆柱面，但其定位基准为外圆柱面的轴线，即V形块具有定心作用。

图1-29所示为V形块的典型结构。图1-29a用于较短的精基准面的定位；图1-29b用于较长的未加工的基准面定位，其工作面宽度常为2mm；图1-29c用于精基准定位，也可定位两基准面相距较远的阶梯轴；图1-29d为大重量工件用镶淬硬钢片或镶硬质合金V形块，此时V形块不必做成整体的钢件，这种结构除制造经济性好外，又便于V形块定位工作面磨损后更换，还可通过更换不同厚度的垫块以适应不同直径工件的定位。

工件在V形块上定位的定位分析，与定位销的定位分析相似，可根据接触素线的长度决定所限制的自由度数，相对接触较长时，限制工件的四个自由度，如图1-30a所示；相对接触较短时，限制工件的二个自由度，如图1-30b所示；当采用活动V形块时，限制工件的一个自由度，如图 1-31 所示。

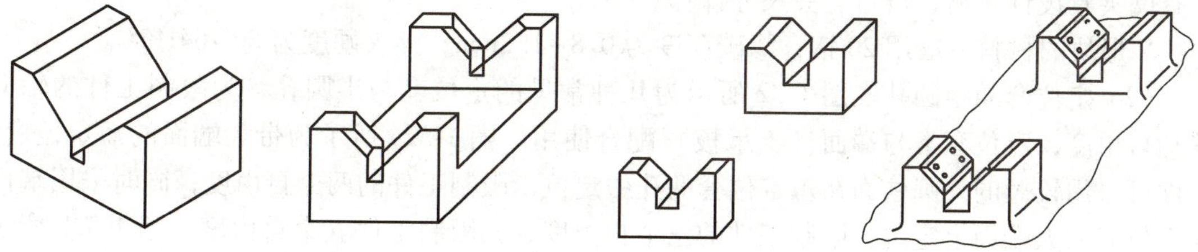

a)　　b)　　c)　　d)

图 1-29　V 形块的典型结构

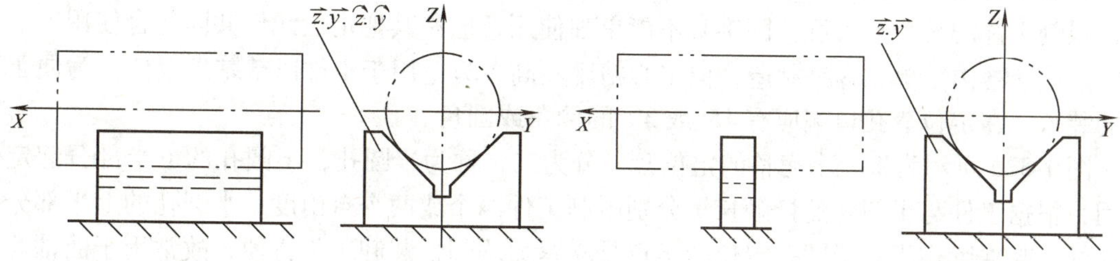

a)　　b)

图 1-30　V 形块的定位分析

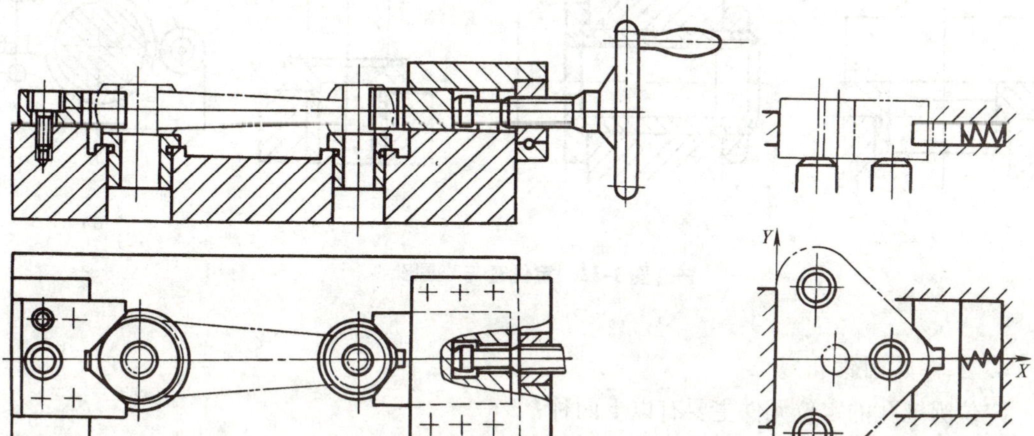

a)　　b)

图 1-31　活动 V 形块的应用

V 形块又可分为固定式和活动式。固定式 V 形块在夹具体上的装配，一般用螺钉和两个定位销连接。活动 V 形块的应用如图 1-31 所示。图 1-31a 为加工连杆孔的定位方式，活动 V 形块用以补偿因毛坯尺寸变化而对定位的影响限制一个转动自由度。图 1-31b 中的活动 V 形块限制工件在 Y 方向上的移动自由度。上述活动 V 形块，除定位外，还兼有夹紧作用。

V 形块上两斜面间的夹角 α，一般选用 60°、90°和 120°，其中 90°应用最多。采用标准

V形块时，可根据工件定位面外圆直径，查阅夹具设计手册选择；设计非标准V形块时，可查阅夹具设计手册，进行有关尺寸计算。

V形块的材料一般用20钢，渗碳深度为0.8~1.2mm，淬火硬度为60~64HRC。

（2）定位套与半圆孔　图1-32所示为几种常见的定位套与半圆孔，为限制工件的轴向移动自由度，定位套常与端面（支承板）配合使用。图1-32a所示为带大端面的短定位套，工件可采用较短的外圆柱面在短定位套的孔中定位，限制工件的两个自由度；同时采用端面在定位套的大端面上定位，限制工件的三个自由度，共限制工件五个自由度。图1-32b所示为带小端面的长定位套，工件可采用较长的外圆柱面在这种长定位套的孔中定位，限制工件的四个自由度；同时工件采用端面在定位套的小端面上定位，限制工件的一个自由度，共限制工件五个自由度。图1-32c所示为锥面定位套，工件通常采用圆柱面的端部在锥孔中定位，限制工件的三个自由度。圆锥套不能单独使用，应和其他定位元件共同配合使用。

定位套结构简单、容易制造，但定心精度不高，只适用于工件以精基准定位。为便于工件的装入，在定位套孔口端应有15°或30°的倒角或圆角。

图1-32d所示为将一个完整的定位套一分为二，称为半圆孔，半圆孔的下半部分起定位作用，根据工件与半圆孔的接触长短分别限制工件四个或两个自由度；半圆孔的上半部分是可动的，起夹紧作用。半圆孔定位的优点是夹紧力均匀，装卸工件方便，故常用于曲轴等不适合以整圆定位的大型轴类零件的定位。

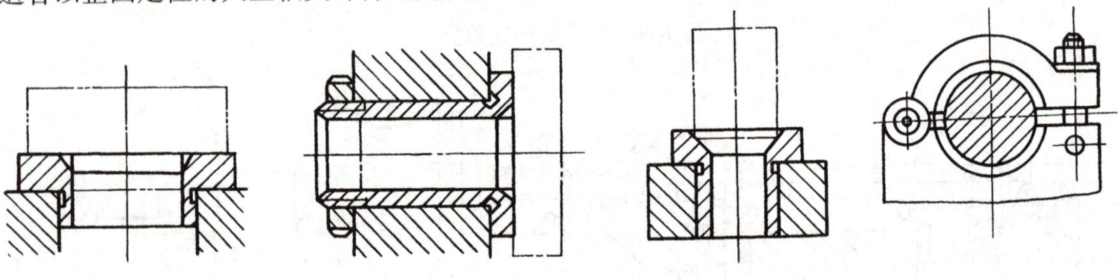

a)　　b)　　c)　　d)

图1-32　定位套与半圆孔

4. 工件以圆锥孔定位

定位圆锥孔的定位元件主要有以下两种：

（1）圆锥心轴　图1-33a所示为采用工件的长圆锥孔在圆锥心轴定位，它限制工件五个方向的自由度。

（2）顶尖　当工件以顶尖孔为基准时，可采用图1-33b所示的固定顶尖实现定位，顶尖限制工件的三个自由度。

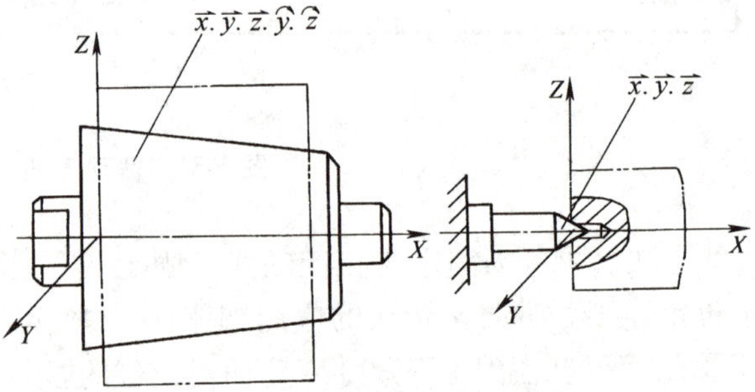

a)　　b)

图1-33　定位圆锥孔时的定位分析

5. 工件以组合表面定位

在实际生产中，通常都是以工件上的两个或两个以上的几何表面作为定位基准，称为组合表面定位。

在分析组合表面定位时，应注意两点：①组合表面定位常把几个定位元件组合到一起，来定位一个工件相应的几个表面。该组合定位元件能限制工件的自由度总数，等于各个定位元件单独定位各自相应定位面所限制自由度的数目之和。它们限制哪些方向的自由度会随定位元件的不同组合情况而改变。②分析组合定位时，应先分析限制工件自由度最多的定位元件所限制的自由度名称，再分析其余定位元件所限制的自由度。下面介绍几种常见组合表面定位方式。

（1）“一面两孔”定位　在成批及大量生产中加工箱体、连杆、盖板等零件时，常采用工件的一个平面和两个与平面垂直的孔作定位基准面，这种组合表面定位称为“一面两孔”定位。采用“一面两孔”定位，易于做到工艺过程中的基准统一，保证工件的相互位置精度。工件采用“一面两孔”定位时，两孔可以是工件结构上原有的，也可以是为定位需要专门设计的工艺孔，相应的定位元件是支承板和两定位销。图 1-34 所示为某箱体镗孔时以一个平面和两个孔构成的组合表面定位。

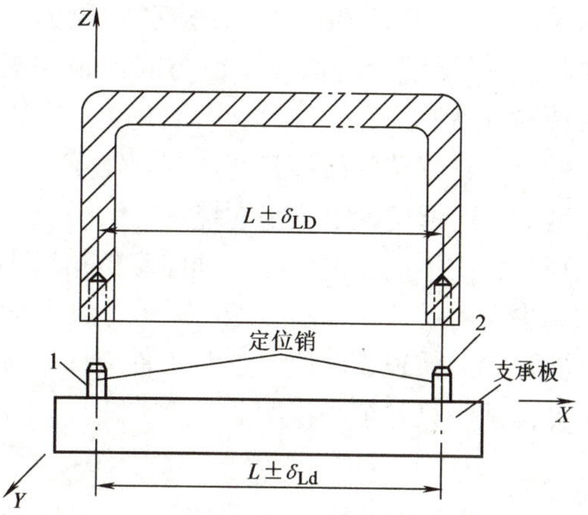

图 1-34　“一面两孔”的组合定位

在图 1-34 中，支承板限制工件 $\vec{z}$、$\overset{\frown}{x}$、$\overset{\frown}{y}$ 三个自由度；短圆柱销 1 限制工件的 $\vec{x}$、$\overset{\frown}{y}$ 两个自由度；短圆柱销 2 限制工件的 $\vec{x}$、$\overset{\frown}{z}$ 两个自由度。可见在两销连心线方向，$\vec{x}$ 方向自由度被两个圆柱销重复限制，产生过定位现象。严重时可产生如图 1-35 所示的干涉而使工件不能安装的现象。

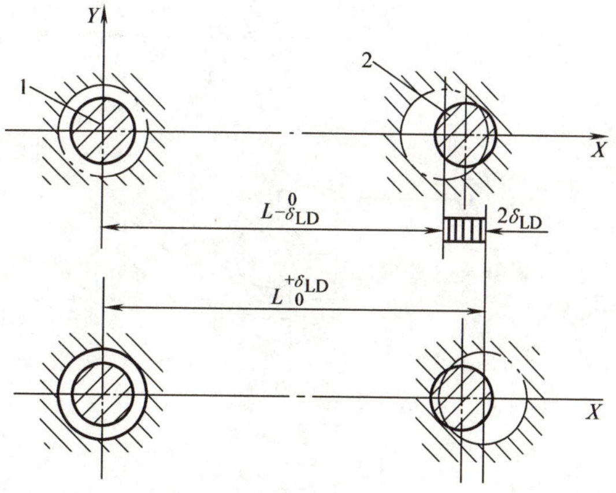

图 1-35　“一面两孔”定位时的干涉现象

为保证一批工件都能顺利定位，可采用下列方法消除过定位。

1）当两孔的定位元件都选用圆柱销时，为避免因过定位所产生的干涉，可采用缩小定位销 2 直径的办法来补偿中心距误差，但会使工件的转角误差增大，影响定位精度。所以，只有在加工要求不高时才使用。

2）为避免因过定位所产生的干涉，还可将其中一定位销做成削边销，如把定位销 2 上与工件孔壁相碰的那部分削去，只留下一部分圆柱面。这样，在连心线的方向上，仍起到缩小定位销 2 的直径作用，使中心距误差得到补偿。但在垂直于连心线的方向上，销子 2 的直径并未减小，所以工件的转角误差没有增大，提高了定位精度，有利于保证加工质量。

为保证削边销的强度，一般多采用菱形结构，故又称为菱形销。常用削边销的结构如图

1-36 所示。在安装削边销时，削边销的削边方向应垂直于两销的连心线方向。

有关削边销的结构尺寸，可查阅夹具设计手册。

(2) 车床前、后顶尖定位　当加工轴类或某些要求准确定心的工件时，在工件上专为定位加工出工艺定位面——中心孔，中心孔为圆锥孔。中心孔与顶尖配合，即为锥孔与锥销配合。

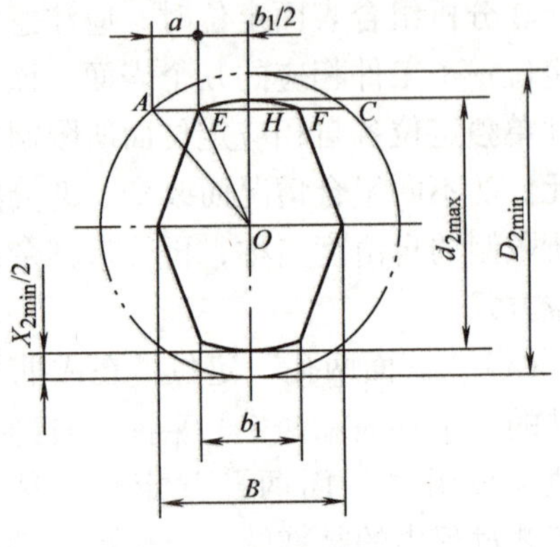

图 1-36　削边销结构

如图 1-37a 所示，左中心孔用轴向固定的前顶尖定位，右中心孔用移动后顶尖定位。固定前顶尖限制 $\vec{x}$、$\vec{y}$、$\vec{z}$ 三个自由度，可移动后顶尖单独定位时限制 $\vec{y}$、$\vec{z}$ 两个自由度，但与固定顶尖组合定位时便转化为限制 $\overset{\frown}{y}$、$\overset{\frown}{z}$ 两个自由度，应特别注意，转化后，移动后顶尖就不再起限制 $\vec{y}$、$\vec{z}$ 方向自由度的作用了。中心孔定位的优点是定心精度高，还可实现定位基准统一。

但是，用顶尖孔定位时，轴向定位精度不高。减少轴向定位误差的办法有：一是严格控制左顶尖孔的尺寸，如图 1-37c 所示，放入标准钢球检验尺寸 a；二是如图 1-37b 所示，改用轴向浮动的前顶尖定位。这时工件端面 C 为轴向定位基准面，在顶尖套 1 的端面上紧贴定位，使前顶尖只起定心作用。

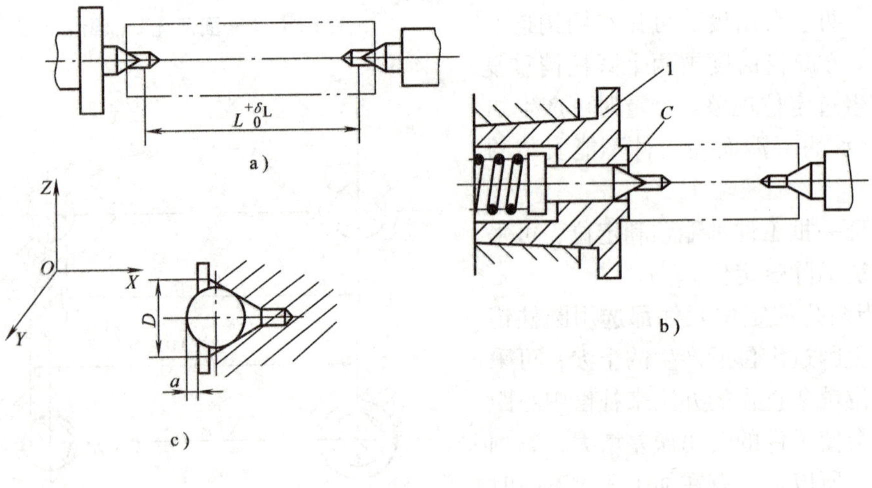

图 1-37　车床前、后顶尖定位

(3) 工件以特殊表面定位　除上述各种典型表面定位外，工件还可以某些特殊的表面（如工件的 V 形导轨面、燕尾导轨面、齿形表面、螺纹表面、花键表面等）为定位基准，具体可查阅夹具手册。

常见定位元件及其组合所能限制的自由度见表 1-12。

表 1-12　常用定位元件及其组合所能限制的自由度

工件定位基准面	定位元件	定位方式简图	定位元件特点	限制的自由度
工件以平面定位	支承钉	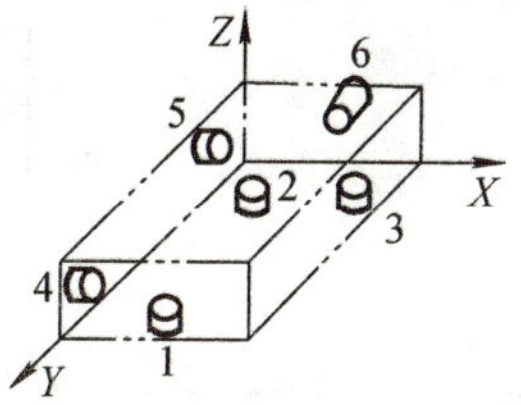		1、2、3—$\vec{z}$、$\overset{\frown}{x}$、$\overset{\frown}{y}$ 4、5—$\vec{x}$、$\overset{\frown}{z}$ 6—$\vec{y}$
	支承板	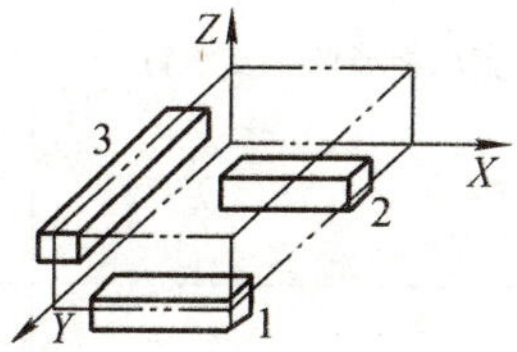	每个支承板也可设计为两个或两个以上小支承板	1、2—$\vec{z}$、$\overset{\frown}{x}$、$\overset{\frown}{y}$ 3—$\vec{x}$、$\overset{\frown}{z}$
工件以圆孔定位	定位销（心轴）	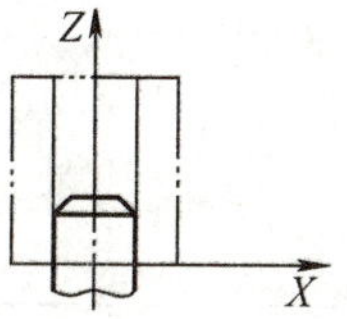	短销（短心轴）	$\vec{x}$、$\vec{y}$
		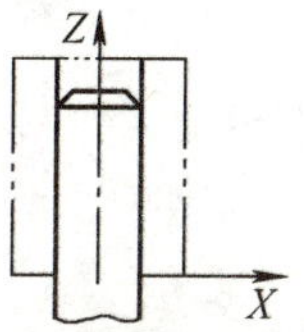	长销（长心轴）	$\vec{x}$、$\vec{y}$ $\overset{\frown}{x}$、$\overset{\frown}{y}$
	短圆锥销	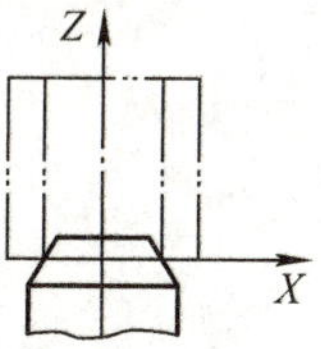		$\vec{x}$、$\vec{y}$、$\vec{z}$
		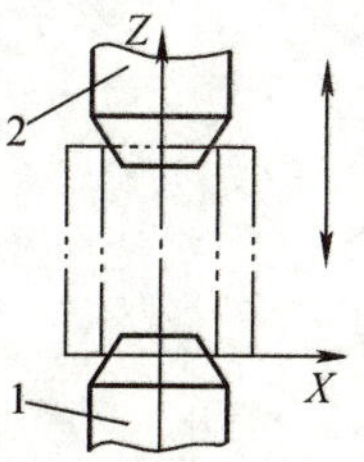	1—固定销 2—活动销	1—$\vec{x}$、$\vec{y}$、$\vec{z}$ 2—$\overset{\frown}{x}$、$\overset{\frown}{y}$

（续）

工件定位基准面	定位元件	定位方式简图	定位元件特点	限制的自由度
工件以外圆柱面定位	支承钉或支承板	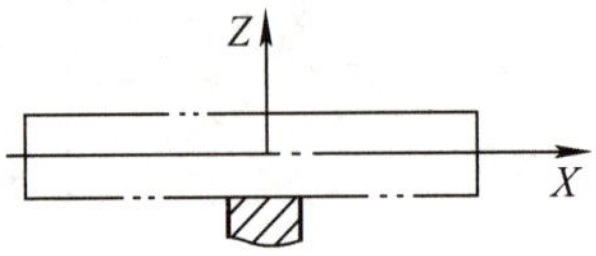		$\vec{z}$
		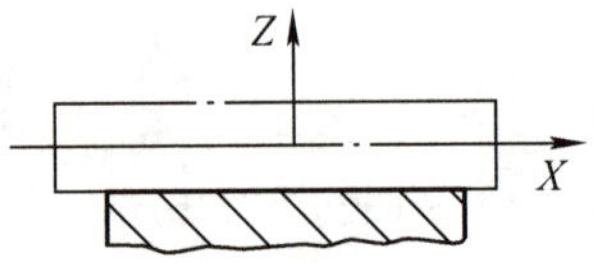	支承板或两个支承钉	$\vec{z}$、$\overset{\frown}{y}$
	V 形块	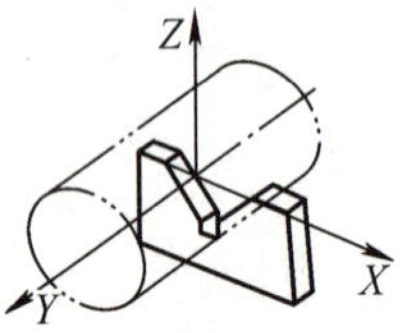	窄 V 形块	$\vec{z}$、$\vec{x}$
		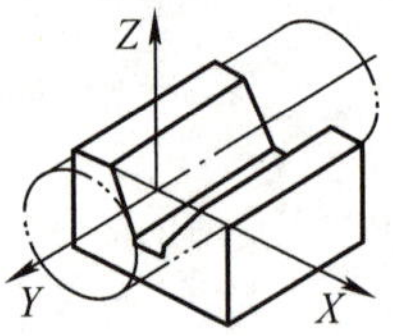	宽 V 形块	$\vec{x}$、$\vec{z}$ $\overset{\frown}{x}$、$\overset{\frown}{z}$
	定位套	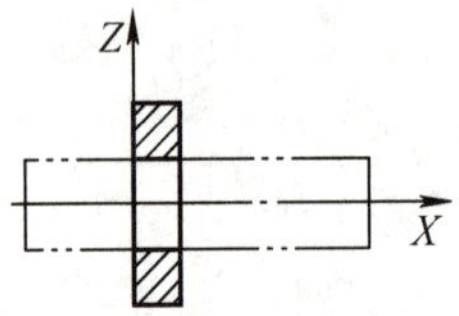	短套	$\vec{z}$、$\vec{y}$
		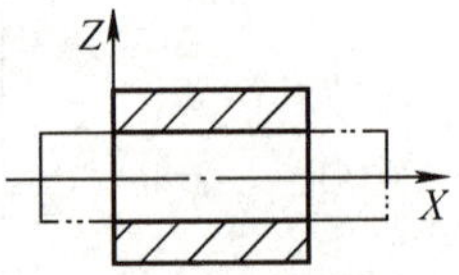	长套	$\vec{y}$、$\vec{z}$ $\overset{\frown}{y}$、$\overset{\frown}{z}$

（续）

工件定位基准面	定位元件	定位方式简图	定位元件特点	限制的自由度
工件以外圆柱面定位	半圆套	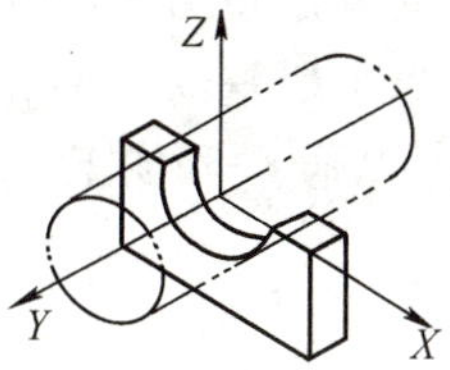	短半圆套	$\vec{x}$、$\vec{z}$
			长半圆套	$\vec{x}$、$\vec{z}$ $\overset{\frown}{x}$、$\overset{\frown}{z}$
	锥套	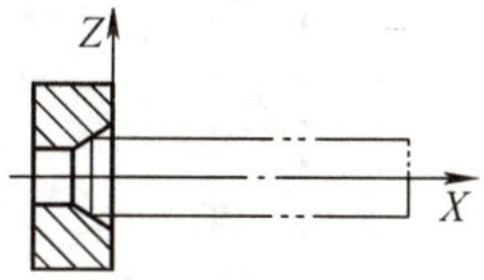		$\vec{x}$、$\vec{y}$、$\vec{z}$
		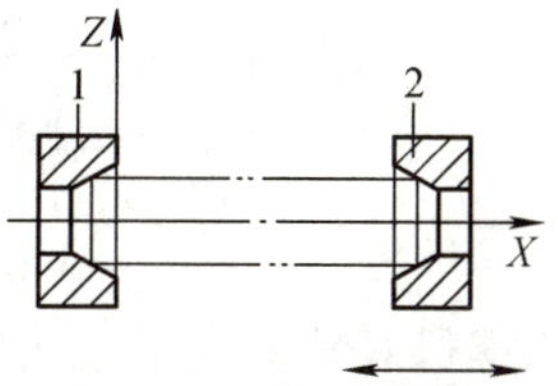	1—固定锥套 2—活动锥套	1—$\vec{x}$、$\vec{y}$、$\vec{z}$ 2—$\overset{\frown}{y}$、$\overset{\frown}{z}$
工件以组合表面定位	平面和定位销	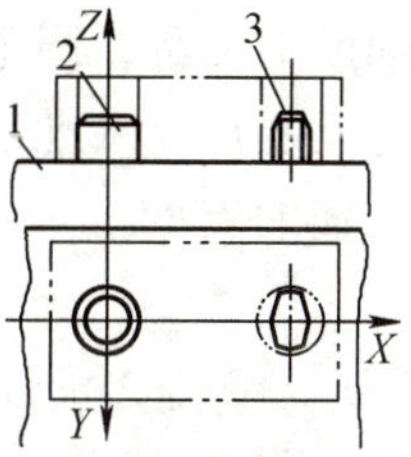	1—大支承板 2—短圆柱销 3—削边销	1—$\vec{z}$、$\overset{\frown}{x}$、$\overset{\frown}{y}$ 2—$\vec{x}$、$\vec{y}$ 3—$\overset{\frown}{z}$

1.2.4 辅助支承

辅助支承是在工件已定位后，为提高工件的定位稳定性和支承刚度等而必须增加的支承，辅助支承在加工中支承工件，但它不起定位作用，不限制工件的自由度。

1. 辅助支承的作用

（1）预定位作用　如图 1-38 所示，当工件的重心超出定位元件所形成的稳定区域时，在重力作用下，将使工件定位面脱离定位元件的定位工作面，无法实现定位。此时，可利用工件重心下方设置的辅助支承 1 实现预定位，使工件尽可能接近其正确定位位置。X_{min} 一般

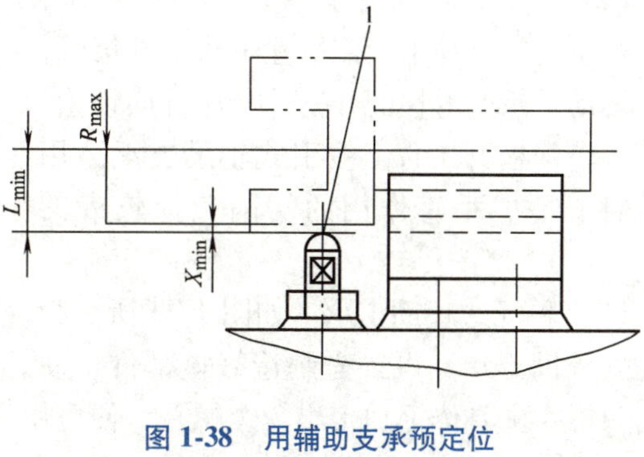

图 1-38　用辅助支承预定位

为0.5~2mm。

（2）提高工件的装夹稳定性　如图1-39所示，在工件上设置辅助支承3，用来提高工件的装夹稳定性。

（3）增强工件的装夹刚度　如图1-40所示的夹具定位方案，工件以“一面两孔”定位，加工凸台面时由于向下切削力的作用，使工件产生严重的变形和振动，无法进行加工。此时，可在工件下部设置辅助支承，增强工件刚性，以便顺利加工。

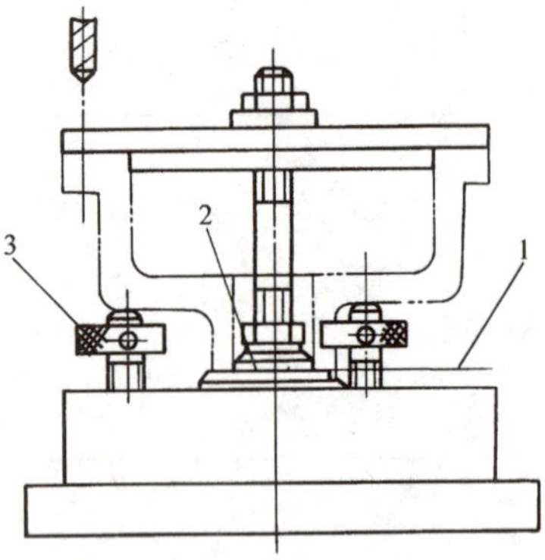

图1-39　提高工件装夹稳定性

1—定位面　2—短圆柱销　3—辅助支承

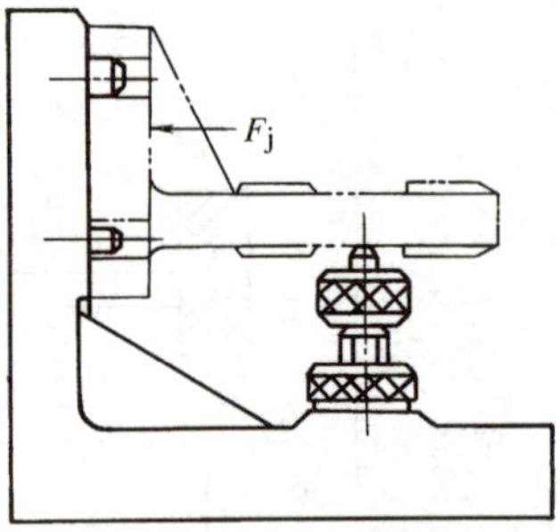

图1-40　辅助支承应用

上述所介绍的辅助支承是结构最简单的螺钉-螺母式辅助支承。使用这类辅助支承加工工件时，应一件一调整。在工件装夹之前，首先调节辅助支承至最低位置，等工件装夹后再向上调节使其与工件接触。加工完毕后，又必须把辅助支承重新调至最低位置，待第二个工件装夹后，再把辅助支承向上调至与工件接触，如此反复直至一批工件加工完毕。这种辅助支承操作麻烦，效率低。下面是几种高效夹具所用的辅助支承。

2. 辅助支承的典型结构

（1）自引式辅助支承　如图1-41所示，松开手柄，弹簧2推动滑柱1与工件接触，弹簧力的大小应能使滑柱弹出，但不能顶起工件，然后反转手柄推动滑块3并锁紧滑柱。自引式辅助支承适用于工件较轻及支承销轴线方向的切削负荷较小的场合。

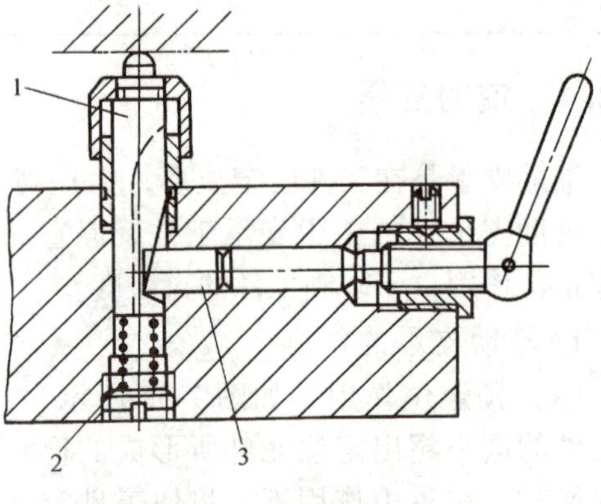

图1-41　自引式辅助支承

1—滑柱　2—弹簧　3—滑块

（2）推引式辅助支承　如图1-42所示，工件定位后，推动手轮使滑柱1与工件接触，然后转动手轮使滑柱的开槽部分胀开而锁紧。反转手轮则松开工件。推引式辅助支承适用于工件较重、垂直作用的切削负荷较大的场合。

（3）单元式辅助支承　如图1-43所示为单元式辅助支承，可预先制造好该部件，使用时只需在夹具体上加工出3个螺孔，便可用螺钉将其紧固在需要设置辅助支承的部位，十分简单方便。

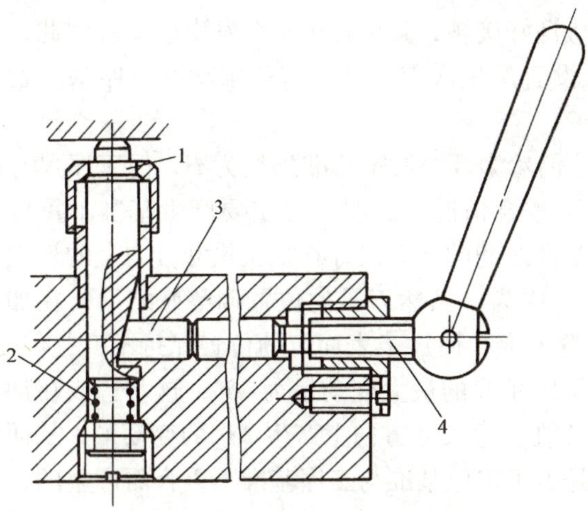

图 1-42　推引式辅助支承

1—滑柱　2—弹簧　3—滑块　4—螺杆

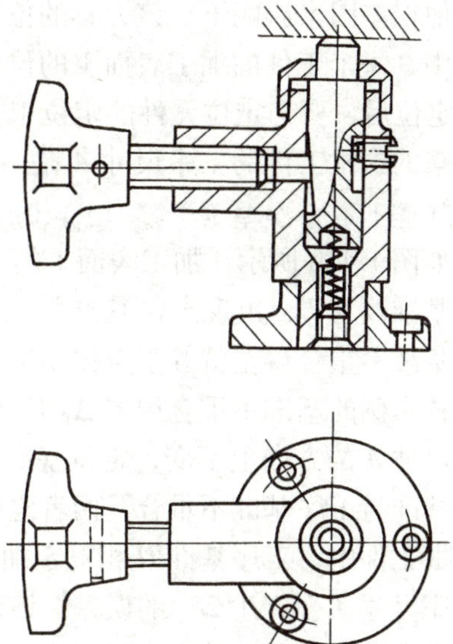

图 1-43　单元式辅助支承

1.2.5　定位误差的分析与计算

一批工件逐个在夹具上定位时，每个工件在夹具上所占的位置不可能完全一样，以致使加工后各工件的工序尺寸存在误差。因工件定位而产生的工序基准在工序尺寸方向上的最大变动量，称为定位误差，用 Δ_D 表示。

在工件加工中，还会因夹具的制造与安装、工件的夹紧、机床的工作精度、刀具的精度、受力变形、热变形等因素而产生误差。定位误差是夹具误差的一部分，定位误差的大小是评价一个夹具设计质量的重要指标，同时也是合理选择定位方案的主要依据。如果工件的定位误差不大于工件加工精度中规定的公差值的 1/3，一般认为该定位方案能满足本工序的加工精度要求。

1. 定位误差产生原因

在采用调整法加工一批工件时，一般情况下，刀具相对于机床或夹具在工序尺寸方向的位置一经调整好后，在加工过程的一定阶段中就不会发生变化。如暂不考虑加工中其他误差因素的影响，可以认为每个工件的加工表面位置是一致的。如果这时每个工件的工序基准的位置也是一致的，没有发生改变，那么，每个工件的加工表面相对于工序基准之间的工序尺寸就是一致的，即没有产生误差。但一批工件在夹具中定位时，往往由于基准不重合误差和基准位移误差的存在，使得工序基准在工序尺寸方向上发生变动，从而使工序尺寸产生定位误差，即定位误差包括基准不重合误差和基准位移误差两部分。

（1）基准不重合误差　由于定位基准与工序基准不重合所导致的工序基准相对定位基准在加工尺寸方向上的最大位置变动量，称为基准不重合误差，用 Δ_B 表示。

如图 1-44a 所示，加工表面 1 的工序尺寸为 A，其工序基准与定位基准均为 D，即基准重合，Δ_B 应等于零。因为按调整法加工表面 1 时，刀具的位置按 A 尺寸调整好后，在不考虑其他误差因素影响下，该刀具的位置在工序尺寸 A 的方向上不会发生改变，即所加工一批工件中，每个工件的加工表面1的位置是一致的；同时，由于定位基准（与工序基准重合）D 在定位后，要与定位元件的定位工作面保持良好接触，其位置也不会发生改变。因此，加工出来的这批工件的工序尺寸 A 是一致的，没有产生误差。即在定位基准与工序基准重合时，基准不重合误差等于零，$\Delta_B=0$。

如图1-44b所示，加工表面1的工序尺寸仍然为 A，工序基准仍然为 D，但工序尺寸的定位基准改为 E，出现定位基准与工序基准不重合情况。此时，必定要产生基准不重合误差，基准不重合误差就等于定位基准与工序基准之间的联系尺寸在加工尺寸方向上的最大变动量，本例的基准不重合误差 Δ_B 应等于 $2\delta_C$。因为，虽然刀具的位置调整好之后，在加工工序尺寸 A 的方向上不变，定位基准 E 的位置不变，使加工表面1的位置保持不变；但是，定位基准与工序基准不重合，两者之间的定位尺寸 C 的最大变动量为 $2\delta_C$，这就造成在加工的一批工件中，工序基准 D 相对于加工表面1在工序尺寸方向上产生 $2\delta_C$ 的变动量，从而引起工序尺寸 A 会产生 $2\delta_C$ 的误差。该误差就是由于定位基准与工序基准不重合而产生的，称为基准不重合误差，其大小为工序基准相对定位基准在加工尺寸方向上的最大位置变动量，$\Delta_B=C_{max}-C_{min}=2\delta_C$。

以上例子是工序基准相对于定位基准，最大变动量的方向与加工尺寸方向同向时的计算，当两者方向不同时，基准不重合误差等于工序基准相对定位基准的最大变动量在加工尺寸方向上的投影，即

$$\Delta_B=\delta_B\cos\alpha \tag{1-2}$$

式中　δ_B——工序基准与定位基准之间联系尺寸（定位尺寸）的公差值，单位为mm；

　　　α——公差 δ 的方向与工序尺寸方向的夹角，单位为（°）。

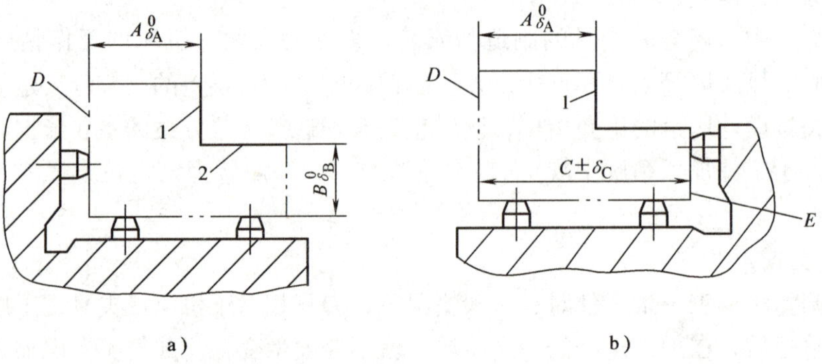

图1-44　基准不重合误差分析实例

（2）基准位移误差　工件在夹具中定位时，由于工件的定位基面与夹具定位元件的工作表面（即定位副）的制造误差和配合间隙的影响，导致定位基准在加工尺寸方向上的最大位置变动量，称为基准位移误差，用 Δ_Y 表示。

如图1-45a所示，一批套筒类工件以内孔在心轴上定位铣槽，要求保证工序尺寸 $h^{\ 0}_{-\delta_h}$（其余表面均已加工）。由图中可看出，尺寸 $h^{\ 0}_{-\delta_h}$ 的工序基准为工件内孔轴线 O'，工件的定位基准也为 O'，定位基准与工序基准重合，所以 $\Delta_B=0$。

在暂不考虑与定位无关的其他误差的情况下，刀具按心轴轴线一次调整位置后，相对与

心轴在工序尺寸 h 方向上的位置是不变的。如果定位副（工件定位内孔与心轴的外圆）没有制造误差，也没有配合间隙，如图 1-45b 所示，则工件的定位基准 O' 与心轴的轴线 O 完全重合。按心轴轴线调整刀具位置，所加工出来的这批工件的工序尺寸 h 保持不变，即不存在定位引起的定位基准位移误差，即 $\Delta_Y=0$。但实际上定位副都存在制造误差，且为了装卸工件方便，工件定位内孔与心轴之间也留有配合间隙，对一批工件来讲，定位基准 O' 相对与定位心轴可能发生如图 1-45c 所示的位置变化，造成工件尺寸 $h_{-\delta_h}^{\ 0}$ 就附加了定位基准相对定位心轴位置变化而引起的误差，出现 h_{max} 和 h_{min}，它是由于工件定位基面及定位元件工作表面的制造误差引起一批工件的定位基准相对定位元件发生位移而造成的定位误差，称为基准位移误差，它的大小是一批工件的定位基准相对定位元件在加工尺寸方向上发生位移的最大变动量。本例中 $\Delta_Y=X_{max}$（最大配合间隙）$=D_{max}-d_{min}$。

以上是定位基准变动方向与加工尺寸方向相同时的计算，基准位移误差等于定位基准的变动范围。当两者变动方向不同时，基准位移误差等于定位基准的最大变动量在加工尺寸方向的投影，即

$$\Delta_Y=\delta_Y\cos\beta \tag{1-3}$$

式中　Δ_Y——定位基准的最大变动量，单位为 mm；

　　β——δ_Y 的方向与工序尺寸方向的夹角，单位为（°）。

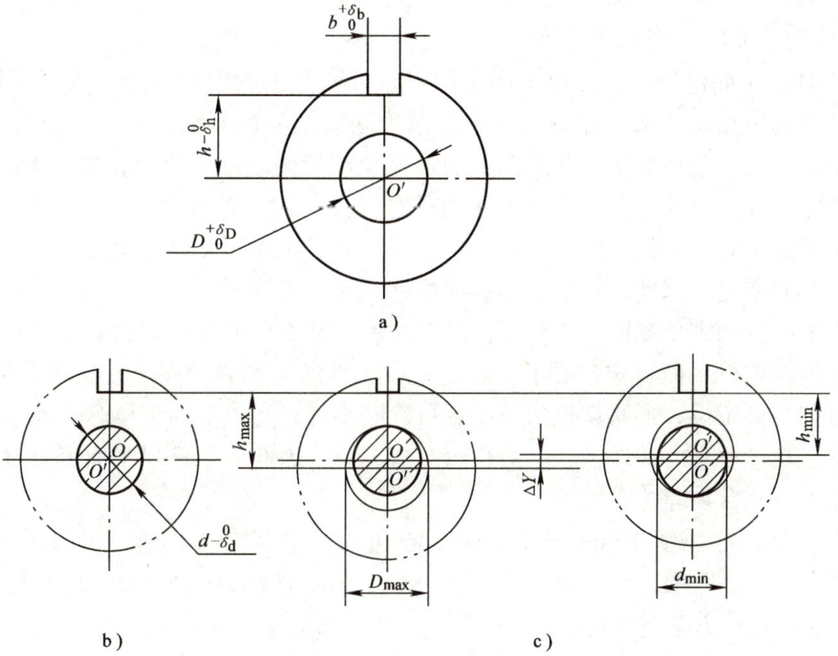

图 1-45　基准位移误差分析

2. 定位误差的计算方法

从上述定位误差产生原因的分析中可以看出，定位误差是由基准不重合误差和基准位移误差两部分组合而成。计算时，先分别计算基准不重合误差 Δ_B 和基准位移误差 Δ_Y，然后按一定规律将二者合成，表示为

$$\Delta_D = \Delta_B \pm \Delta_Y \tag{1-4}$$

合成的方法如下：

（1）两种特殊情况

1）当 $\Delta_B = 0$，$\Delta_Y \neq 0$ 时，$\Delta_D = \Delta_Y$

2）当 $\Delta_B \neq 0$，$\Delta_Y = 0$ 时，$\Delta_D = \Delta_B$

（2）一般情况　当 $\Delta_B \neq 0$、$\Delta_Y \neq 0$ 时，这种情况两者的合成要看工序基准是否在定位基面上。

1）工序基准不在定位基面上，$\Delta_D = \Delta_B + \Delta_Y$

2）工序基准在定位基面上，$\Delta_D = \Delta_B \pm \Delta_Y$

式中"+""-"号的确定可按如下原则判断：当由于基准不重合和基准位移分别引起的加工尺寸作相同方向的变化（即同时增大或同时减少）时，取"+"号；当引起的加工尺寸分别向相反方向变化时，取"-"号。

在分析计算定位误差时应注意以下几个问题：①某工序的定位方案可对本工序的几个不同加工精度参数产生不同的定位误差，因此，应该对这几个加工精度参数逐个分析计算其定位误差。②分析计算定位误差的前提是采用夹具装夹加工一批工件，并采用调整法保证加工要求，而不是采用试切法保证加工要求。③分析计算得出的加工误差值是指加工一批工件时可能产生的最大定位误差范围，它是一个界限值，而不是指某一个工件定位误差的具体值。

3. 常见定位方式的定位误差计算

（1）工件以平面定位　工件以平面定位时，可能产生的定位误差主要是基准不重合误差，分析计算的重点是找出工序基准与定位基准两者之间的联系尺寸，若该尺寸是单一尺寸，则这个尺寸的公差在加工尺寸方向上的最大变动量为基准不重合误差；若为一组尺寸，则各尺寸公差在加工尺寸方向上的最大变动量之和为基准不重合误差。至于基准位移误差，在工件以平面定位时，工件的定位基面与定位元件的工作表面是以平面接触，二者的位置一般不会发生相对变化。因此，一般认为基准位移误差等于零。

但事实上工件的定位基面与定位元件的工作表面都不可能是真正的平面，二者均存在形状误差，工件的定位基面（定位基准）相对定位元件的工作表面还会发生相对位置的变化。当以加工过的平面定位，形状误差值较小，可忽略不计；当以毛面定位时，因采用粗基准平面定位，加工精度要求一般较低，一般也可忽略不计。因此，工件以平面定位时，定位误差只需计算基准不重合误差。

例 1-1　有一批如图 1-46a 所示工件，除通槽外，其余表面均已加工合格。现采用图 1-46b 所示夹具铣通槽，要求保证尺寸(20±0.1)mm、(40±0.05)mm，试分析计算定位误差，并判断这一定位方案是否可行。

解：本工序需保证(20±0.1)mm、(40±0.05)mm 两个加工尺寸，所以，需分别计算该两个尺寸的定位误差。

1）尺寸(40±0.05)mm。加工该尺寸的工序基准为 A 面，定位基准也是 A 面，属基准重合，所以 $\Delta_B = 0$；又因是平面定位，所以 $\Delta_Y = 0$。

因此加工(40±0.05)mm 尺寸的定位误差 $\Delta_D = \Delta_B + \Delta_Y = 0$。

2）尺寸(20±0.1)mm。加工该尺寸的工序基准为 ϕ10H7 孔的轴线，定位基准为 B 面，基准不重合，存在基准不重合误差，其大小为工序基准与定位基准二者之间的联系尺寸

(30±0.02)mm在加工尺寸方向上的最大变动量。所以，$\Delta_B=0.02mm\times2=0.04mm$；又因是平面定位，所以 $\Delta_Y=0$。

因此加工(20±0.1)mm 尺寸的定位误差 $\Delta_D=\Delta_B=0.04mm$。

因 $\Delta_D=0.04mm<\frac{1}{3}\times2\times0.1mm$，所以此定位方案可行。

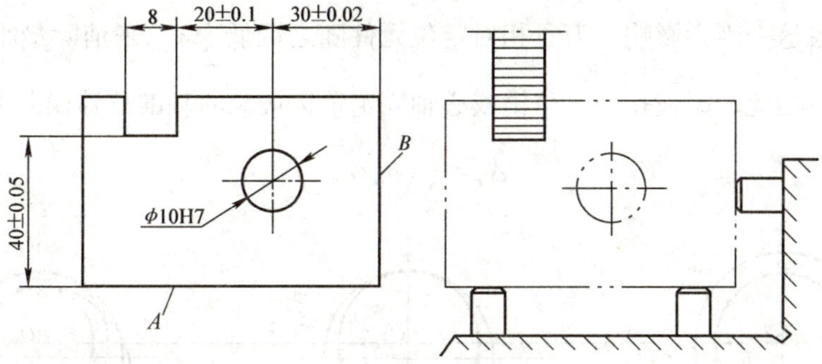

图 1-46　铣通槽定位误差的分析计算

（2）工件以圆柱孔定位　工件以圆柱孔在定位销、心轴上定位，若定位副为过盈配合，不存在径向间隙，则定位基准孔的轴线不会产生移动，没有基准位移误差，$\Delta_Y=0$。如果在此种定位方式中，工序基准与定位基准不重合，定位误差等于基准不重合误差，$\Delta_D=\Delta_B$；如果工件以圆柱孔在定位销、心轴上定位，且定位副采用间隙配合，则定位基准相对定位元件会发生位置变化，存在基准位移误差。按工件的圆柱孔与定位销、心轴的接触情况，基准位移误差的计算分两种。

1）圆柱孔与心轴（或定位销）固定单边接触。工件定位时，若加一固定方向的作用力，如心轴水平放置，在工件重力作用下，圆柱孔始终与心轴保持固定处上母线接触，定位副间只存在单边间隙。图 1-47a 所示为圆柱孔在心轴上间隙配合定位，为装卸工件方便，以最小直径的圆柱孔 D_{min} 与最大直径的心轴 d_{max} 相配合时，出现最小配合间隙 X_{min}。当在外力作用下圆柱孔与心轴上素线处固定接触，如图 1-47b 所示，孔的轴线由 O 变动到 O_1，最大变动量为基准位移误差，$\Delta_Y=X_{min}/2$；当工件以最大的圆柱孔 D_{max} 与最小直径的心轴 d_{min} 相配合时，出现最大配合间隙 X_{max}。如图 1-47c 所示，使孔的轴线从 O_1 变动到 O_2，孔的轴线位置的最大变动量为基准位移误差：

$$
\begin{aligned}
\Delta_Y &= OO_2=\frac{1}{2}X_{max}=\frac{1}{2}(D_{max}-d_{min})\\
&=\frac{1}{2}[(D_{min}+\delta_D)-(d_{max}-\delta_d)]\\
&=\frac{1}{2}[\delta_D+\delta_d+(D_{min}-d_{max})]\\
&=\frac{1}{2}(\delta_D+\delta_d+X_{min})
\end{aligned}
$$

式中 δ_D——工件孔直径 D 的尺寸公差值，单位为 mm；

δ_d——定位心轴直径 d 的尺寸公差值，单位为 mm。

另外，对一批工件定位，两者之间的最小配合间隙 X_{min} 是一不变常量，即同批工件中的任何一件，其定位基准孔的轴线相对心轴轴线至少要下移 $\frac{1}{2}X_{min}$。所以，在调整刀具位置时，应预先考虑这一因素影响，刀具相对定位元件随之调低 $\frac{1}{2}X_{min}$ 来消除最小配合间隙对工序尺寸的影响。因此，圆柱孔与定位销或心轴固定单边接触的基准位移误差可按下式计算：

$$\Delta_Y = \frac{1}{2}(\delta_D + \delta_d) \tag{1-5}$$

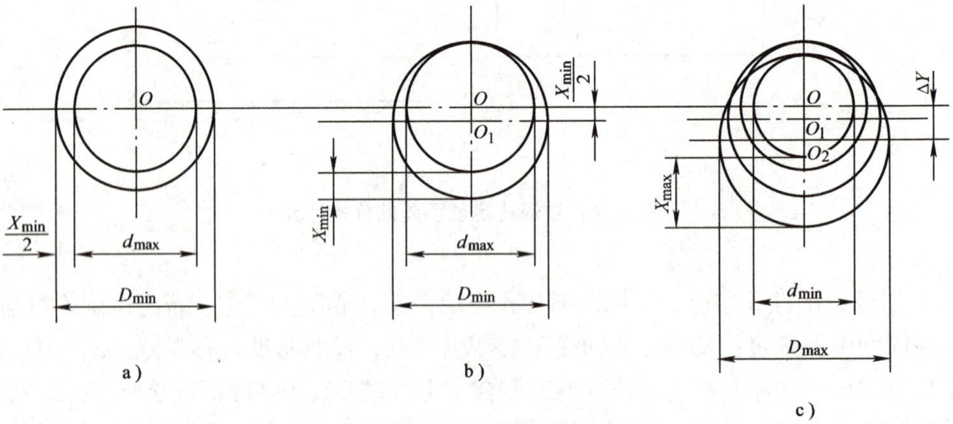

图 1-47 圆柱孔与心轴固定单边接触

2）圆柱孔与心轴（或定位销）任意边接触 定位基准（孔的轴线）相对心轴轴线可以在间隙范围内作任意方向、任意大小的位置变动。如图 1-48 所示，定位基准（孔的轴线）的最大变动量为定位副配合的最大间隙。基准位移误差可按下式计算：

$$\Delta_Y = X_{max} = D_{max} - d_{min} = \delta_D + \delta_d + X_{min} \tag{1-6}$$

例 1-2 已知工件在图 1-49 所示的夹具中定位，本工序加工 ϕ_1 孔，试计算在下面三种情况下，对被加工孔要求的距离尺寸 L_1、L_2、L_3 的定位误差，并分析定位方案是否可行。

解： ①由图 1-49a 可知，尺寸 L_1 的工序基准为 ϕ22mm 内孔轴线，定位基准也是 ϕ22mm 内孔轴线，基准重合，所以

$$\Delta_B = 0$$

由于存在定位副的配合间隙，定位基准将发生相对位置变化，即存在基准位移误差：

$$\begin{aligned}\Delta_Y &= X_{max} = D_{max} - d_{min} = \delta_D + \delta_d + X_{min}\\ &= \text{ES} - \text{ei} = 0.021\text{mm} - (-0.02)\text{mm}\\ &= 0.041\text{mm}\end{aligned}$$

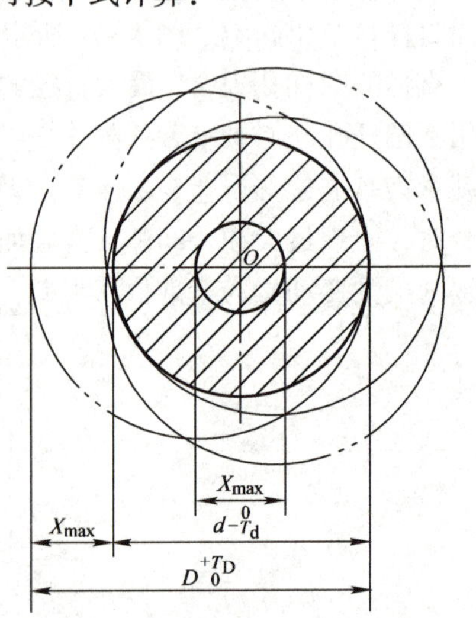

图 1-48 圆柱孔与心轴任意边接触

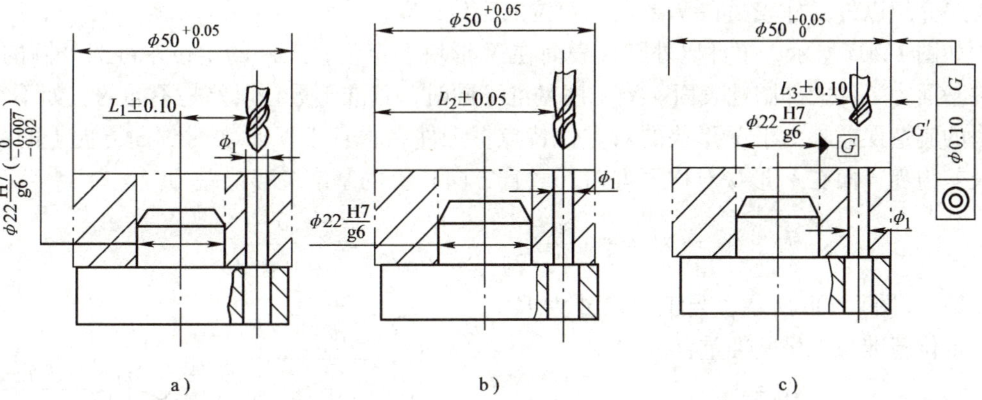

图1-49　心轴定位误差的分析计算

所以，$\Delta_D=\Delta_Y=0.041\text{mm}$。

又因 $\Delta_D=0.041\text{mm}<\frac{1}{3}\times2\times0.1\text{mm}$，所以此定位方案可行。

②由图1-49b可知，尺寸 L_2 的工序基准为 $\phi50\text{mm}$ 外圆左侧素线，定位基准为 $\phi22\text{mm}$ 内孔轴线，基准不重合，工序基准与定位基准以尺寸 $\frac{50^{+0.05}_{\ 0}}{2}$ 相联系，所以

$$\Delta_B=\frac{0.05}{2}\text{mm}=0.025\text{mm}$$

基准位移误差的求解与图1-49a相同：$\Delta_Y=0.041\text{mm}$。

由于工序基准（$\phi50\text{mm}$ 外圆左侧母线）不在工件的定位基面（$\phi22\text{mm}$ 内孔表面）上，所以

$$\Delta_D=\Delta_B+\Delta_Y=0.025\text{mm}+0.041\text{mm}=0.066\text{mm}$$

又因 $\Delta_D=0.066\text{mm}>\frac{1}{3}\times2\times0.05\text{mm}$，所以该定位方案不能满足加工要求，需改进定位方案。

③由图1-49c可知，尺寸 L_3 的工序基准为 $\phi50\text{mm}$ 外圆右侧素线，定位基准为 $\phi22\text{mm}$ 内孔轴线，基准不重合，工序基准与定位基准以尺寸 $\left[\frac{50^{+0.05}_{\ 0}}{2}+(0\pm0.05)\right]$ 相联系，所以

$$\Delta_B=\frac{0.05}{2}\text{mm}+2\times0.05\text{mm}=0.125\text{mm}$$

基准位移误差的求解与前相同：$\Delta_Y=0.041\text{mm}$

由于工序基准不在工件的定位基面上，所以

$$\Delta_D=\Delta_B+\Delta_Y=0.125\text{mm}+0.041\text{mm}=0.166\text{mm}$$

又因 $\Delta_D=0.166\text{mm}>\frac{1}{3}\times2\times0.05\text{mm}$，所以该定位方案不可行。

从此例可看出，计算定位误差是分析比较定位方案，并从中选择合理方案的重要依据。

（3）工件以外圆柱表面定位　工件以外圆柱表面在定位套上定位的定位误差，其分析计算与工件以圆柱孔在定位销或心轴上定位的定位误差分析计算完全相同，不再作介绍。这

里主要介绍以外圆柱表面在V形块上定位的定位误差。

如图1-50a所示，工件以外圆柱表面在V形块上定位，工件的定位基准为外圆的轴线，定位基面为工件的外圆柱表面。当工序基准不同时，基准不重合误差是不同的。如不考虑V形块的制造误差，由于V形块的对中性特点，工件在垂直于V形块对称面方向上的基准位移误差为零，而在V形块对称面方向（竖直方向）上的基准位移误差为

$$\Delta_Y = OO_1 = \frac{d}{2\sin(\alpha/2)} - \frac{d-\delta_d}{2\sin(\alpha/2)} = \frac{\delta_d}{2\sin(\alpha/2)} \tag{1-7}$$

1）如图1-50b所示，当工序尺寸为H_1时，定位基准与工序基准重合，故

$$\Delta_B = 0$$

因此　$\Delta_D = \Delta_Y = \dfrac{\delta_d}{2\sin(\alpha/2)}$

2）如图1-50b所示，当工序尺寸为H_2时，工序基准为外圆下素线，定位基准与工序基准不重合，工序基准与定位基准的联系尺寸为$\dfrac{d_{-\delta_d}^{\ 0}}{2}$，故

$$\Delta_B = \delta_d/2$$

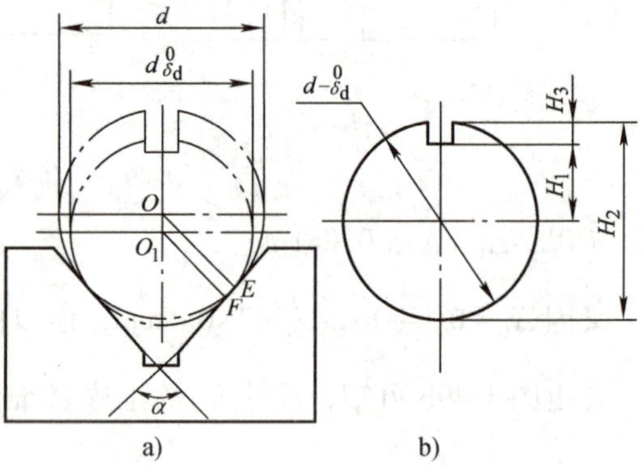

图1-50　工件以外圆柱表面在V形块上定位时的定位误差计算

因工序基准在工件定位基面上，造成基准不重合误差与基准位移的误差是同一因素δ_d。这时，需要分析Δ_B、Δ_Y的合成问题。当定位基面的直径由小变大时，先暂假设定位基准的位置不变，则工序基准随定位基面的直径变大而向下移动，工序尺寸变大；实际上，当定位基面的直径由小变大后，工件在V形块上定位，定位基准（工件外圆轴线）及工序基准也将随之上移，工序尺寸减小，基准不重合和基准位移分别引起加工尺寸的变化方向相反，取“-”号。因此

$$\Delta_D = \Delta_Y - \Delta_B = \frac{\delta_d}{2\sin(\alpha/2)} - \frac{\delta_d}{2} = \frac{\delta_d}{2}\left(\frac{1}{\sin(\alpha/2)} - 1\right)$$

3）如图1-50b所示，当工序尺寸为H_3时，用同样的分析方法，基准不重合和基准位移分别引起的加工尺寸作相同方向的变化，取“+”号。因此

$$\Delta_D = \Delta_Y + \Delta_B = \frac{\delta_d}{2\sin(\alpha/2)} + \frac{\delta_d}{2} = \frac{\delta_d}{2}\left(\frac{1}{\sin(\alpha/2)} + 1\right)$$

例1-3　如图1-51a所示定位方案，加工工件上小孔，已知$d_1 = \phi 20_{-0.013}^{\ 0}$mm，$d_2 = \phi 40_{-0.016}^{\ 0}$mm，两外圆的同轴度公差为$\phi$0.02mm，V形块夹角$\alpha = 90°$，要求保证孔的距离尺寸为$H \pm 0.02$mm。试计算其定位误差，并分析其定位质量。

解： 为便于分析，首先将尺寸标注成图1-51b所示，其中同轴度可标注为$e = (0 \pm 0.01)$mm，

大外圆半径 $r_2=20_{-0.008}^{0}$mm。

由于定位基准为小外圆 d_1 轴线 O_1，工序基准为大外圆 d_2 的下素线 G，属基准不重合，且工序基准与定位基准以尺寸 e、r_2 相联系。所以

$$\Delta_B=2\times0.01\text{mm}+0.008\text{mm}=0.028\text{mm}$$

$$\Delta_Y=\frac{\delta_{d_1}}{2\sin(\alpha/2)}=\frac{0.013}{2\sin\frac{90^\circ}{2}}\text{mm}=0.0092\text{mm}$$

因工序基准 G 不在工件的定位基面小外圆 d_1 上，故有

$$\Delta_D=\Delta_B+\Delta_Y=0.028\text{mm}+0.0092\text{mm}=0.0372\text{mm}$$

又因 $\Delta_D=0.0372\text{mm}<\frac{1}{3}\times2\times0.2\text{mm}$，故此定位方案可行。

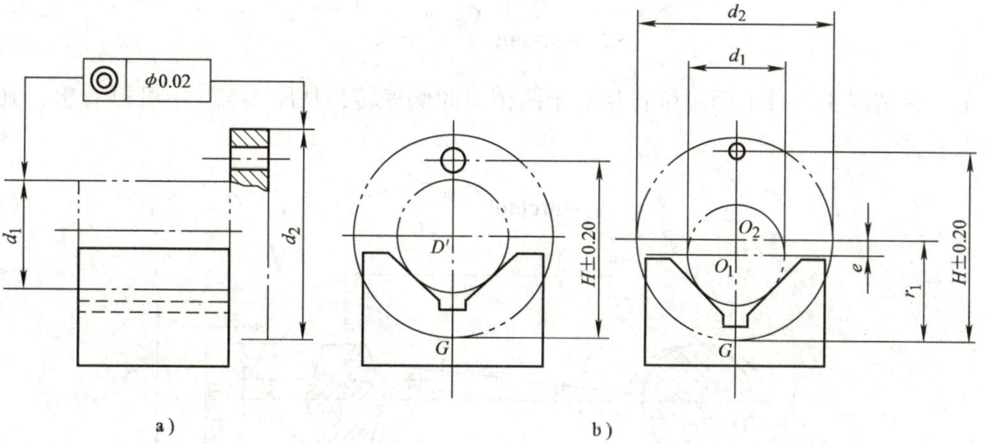

图 1-51　阶梯轴在 V 形块上定位时定位误差的计算

以上所述定位误差的计算均为工件以单一定位基面定位的情况。在实际生产中，为了实现工件的完全定位，经常要以两个或两个以上的表面组合定位，此时亦需要有两个或两个以上定位元件组合使用。下面介绍常见的组合定位方式“一面两孔”定位的定位误差计算。

（4）工件以一面两孔组合定位　工件以一面两孔组合定位时，基准不重合误差的计算与前面介绍的情况相同，即基准不重合误差等于定位基准相对工序基准在加工尺寸方向上的最大位置变动量，计算较简单。一面两孔定位主要是计算基准位移误差，然后根据加工尺寸的标注，通过几何关系转化为定位误差。基准位移误差的计算相对较复杂，一般应从两个方面考虑：

1）工件在两定位孔连心线方向上的基准位移误差。工件在该方向上的移动自由度是由圆柱销限制的，当两定位销竖直放置时，在该方向上工件可能产生的最大移动范围取决于定位孔与圆柱销之间的最大配合间隙。

$$\Delta_Y=X_{1\max}=\delta_{D1}+\delta_{d1}+X_{1\min} \tag{1-8}$$

式中　$X_{1\max}$——圆柱销与定位孔的最大配合间隙，单位为 mm；

δ_{D1}——与圆柱销配合的定位孔直径 D_1 的尺寸公差值，单位为 mm；

δ_{d1}——圆柱销直径 d_1 的尺寸公差值，单位为 mm；

$X_{1\min}$——圆柱销与定位孔的最小配合间隙，单位为mm。

工件以内孔在竖直放置的心轴上定位时，其基准位移误差的计算和与定位销定位的计算是完全相同的。

当两定位销水平放置时，其基准位移误差可根据两定位销连心线的具体位置做具体分析。

2）工件转动产生的基准位移误差，即工件转角误差 Δ_α 造成的基准位移误差。转角误差取决于两定位孔与定位销的最大配合间隙 $X_{1\max}$、$X_{2\max}$、中心距 L 以及工件的偏转方向。

工件的转动有两种情况，一种是工件上两定位孔相对于两销向异侧偏转，消除最大配合间隙位于极限位置。两定位孔中心线逆时针方向转动到极限位置 $O_1'O_2'$，从图1-52a中可以看出 $O_1O_1'=\dfrac{X_{1\max}}{2}$ 和 $O_2O_2'=\dfrac{X_{2\max}}{2}$，其单边转角误差为

$$\Delta_\alpha=\arctan\frac{X_{1\max}+X_{2\max}}{2L} \tag{1-9}$$

第二种情况是工件上两定位孔相对于两销向同侧偏转，从图2-52b中可以看出，其单边转角误差为

$$\Delta_\beta=\arctan\frac{X_{2\max}-X_{1\max}}{2L} \tag{1-10}$$

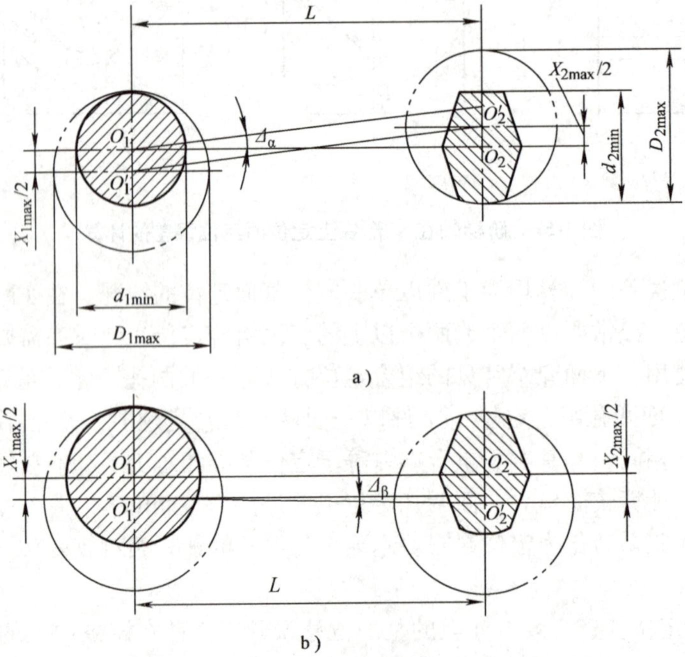

图1-52　一面两孔定位的转角误差

实际上，工件还可能向另一方向偏转 Δ_α 和 Δ_β，所以真正的转角误差应当是 $\pm\Delta_\alpha$ 和 $\pm\Delta_\beta$。即

$$\Delta_\alpha'=2\Delta_\alpha=\arctan\frac{X_{1\max}+X_{2\max}}{L} \tag{1-11}$$

$$\Delta_\beta' = 2\Delta_\beta = \arctan\frac{X_{2\max} - X_{1\max}}{L} \tag{1-12}$$

式（1-8）、式（1-9）、式（1-10）是采用一面两孔定位时的基准位移误差和转角误差的通用计算公式。在具体计算时，当工件加工表面相对于两定位孔的具体位置不同时，上述两种情况下的转角误差对加工精度影响是不同的。

如图 1-53 所示，被加工孔 1、2、3 在工件中的位置如图所示，三个被加工孔的 a_1、a_2、a_3 位置尺寸的基准位移误差均取决于圆柱定位销与定位孔的最大配合间隙，即

$$\Delta_Y(a_1) = \Delta_Y(a_2) = \Delta_Y(a_3) = \delta_{D1} + \delta_{d1} + X_{1\min}$$

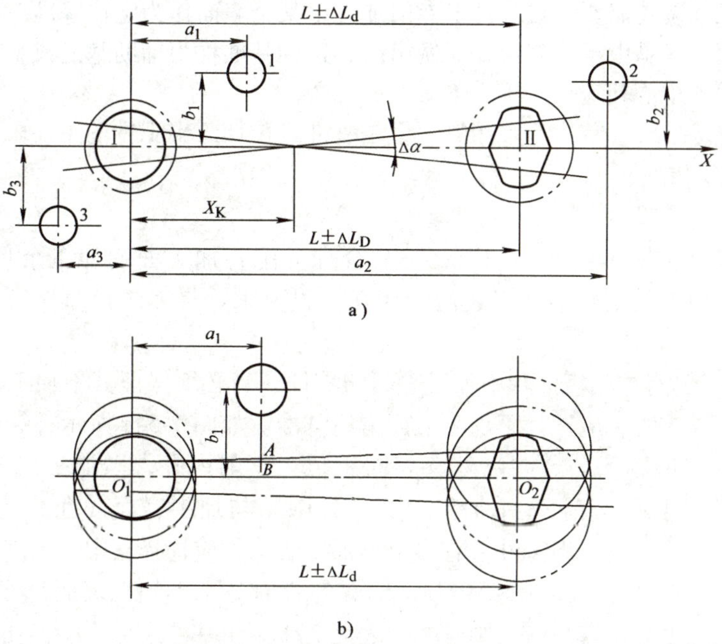

图 1-53　一面两孔定位的定位误差计算

对于尺寸 b_1、b_2、b_3 的基准位移误差，则要看工件的平移和转角谁占优势来确定。由图 1-53 可知，位于两定位孔之间区域的工序尺寸 b_1，工件的同侧偏转的转角误差对定位误差影响最大，而处于两定位孔之外的工序尺寸 b_2 和 b_3，则是工件的异侧偏转的转角误差对定位误差影响最大。

影响距离尺寸 b_1 的基准位移误差为

$$\frac{AB}{\dfrac{X_{2\max} - X_{1\max}}{2}} = \frac{a_1}{L}$$

$$AB = \frac{a_1}{2L}(X_{2\max} - X_{1\max})$$

所以

$$\Delta_Y(b_1) = X_{1\max} + 2AB = X_{1\max} + \frac{a_1}{L}(X_{2\max} - X_{1\max})$$

影响 b_2 的基准位移误差为

$$\Delta_Y(b_2)=2\tan\Delta_\alpha(a_2-X_K)=2(a_2-X_K)\tan\Delta_\alpha$$

影响 b_3 的基准位移误差为

$$\Delta_Y(b_3)=2\tan\Delta_\alpha(a_3+X_K)=2(a_3+X_K)\tan\Delta_\alpha$$

式中 X_K——两定位孔连心线倾斜后与两销连心线交点 K 至基准孔中心 O_1 的距离。

1.2.6 定位基准的选择

定位基准分为粗基准和精基准。在零件加工的第一道工序，只能用毛坯上未经加工的表面作为定位基准，这种定位基准称为粗基准。利用已加工过的表面作为定位基准，称为精基准。有时为了工件装夹需要，在工件上专门加工出某个表面作为定位基准，这些表面不是零件上的工作表面，只是由于工艺需要而做出的，这种基准称为辅助基准或工艺基准。例如轴加工过程中使用的中心孔定位及零件的工艺凸台等。

在选择定位基准时，首先考虑用哪一组精基准定位加工出工件的主要表面，然后确定用怎样的粗基准加工出精基准。

一、粗基准的选择

粗基准的选择主要考虑两个问题：一是合理分配各加工面的加工余量；二是保证工件上加工表面与不加工表面的相互位置要求。具体选择时应遵循以下原则：

1）对于同时具有加工表面和不加工表面的零件，当必须保证其不加工表面与加工表面的相互位置精度要求时，应选择不加工表面为粗基准。如图1-54a所示，铸件毛坯的外圆与内孔不同轴，其壁厚不均匀。如以外圆表面定位，车削内孔，则加工出的孔与不加工表面（外圆）同轴，也就是保证了不加工表面（外圆）与加工表面（孔）的相互位置要求，经加工后工件壁厚均匀了。当零件上有多个不加工表面，应选择其中与加工表面相互位置精度要求高的表面为粗基准。如图1-54b所示，该零件有三个不加工表面，若表面4与表面2所组成的壁厚均匀度要求较高时，则应选择表面2作为粗基准来加工阶梯孔。

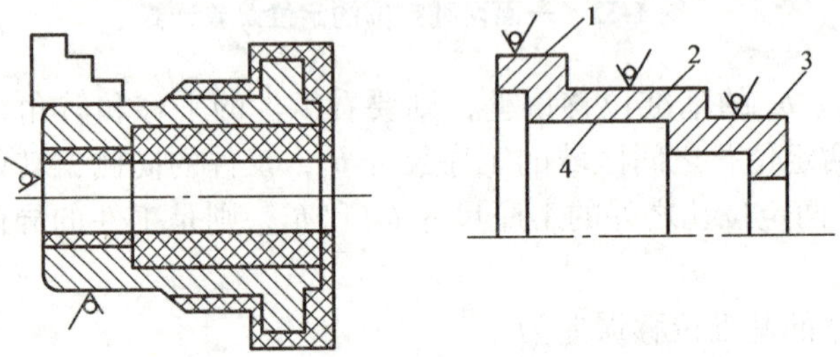

a)　　　　b)

图1-54 粗基准的选择

再如图1-55所示拨杆，其上有多个不加工表面，但保证加工面 ϕ20mm 孔与不加工面 ϕ40mm 的同轴度要求（即壁厚均匀）是主要的，因此加工 ϕ20mm 孔时应选择 ϕ40mm 外圆为粗基准。

2）对于有多个加工表面的工件，粗基准的选择应能合理分配加工余量。合理分配加工余量是指：

①应保证各加工表面都有足够的余量。为满足此要求，应选择毛坯余量最小的表面作粗基准，如图 1-56 所示阶梯轴，应选择 ϕ55mm 外圆表面作粗基准。

②对于工件上的某些重要表面（如导轨和重要孔等），为尽可能使其加工余量均匀，应选择该重要表面为粗基准。如图 1-57 所示床身的加工，床身上的导轨面是重要表面，要求导轨面的加工余量均匀，所以选择导轨面为粗基准定位，加工床身底面，然后以底面定位加工导轨面，就可以保证导轨面加工余量均匀。

3）作为粗基准的表面应尽量平整，不应有飞边、浇口、冒口及其他缺陷，这样可减少定位误差，并使零件夹紧可靠。

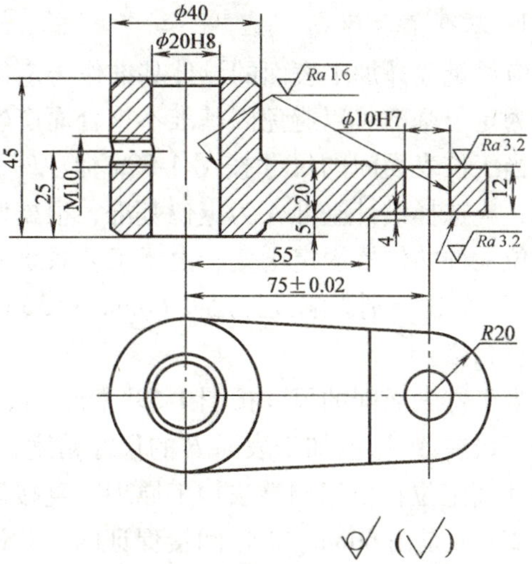

图 1-55　拨杆粗基准的选择

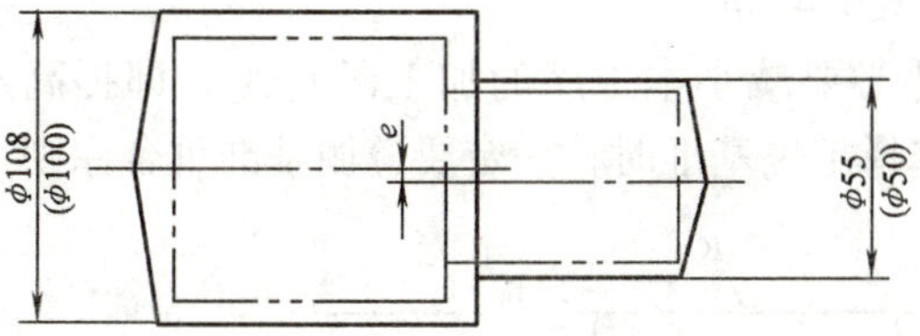

图 1-56　阶梯轴的锻件毛坯

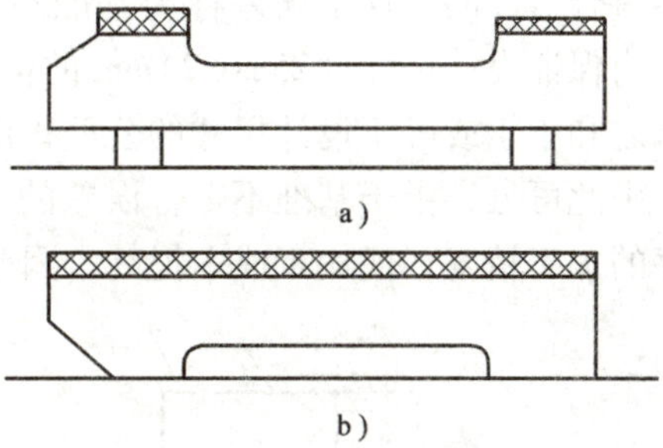

图 1-57　床身的加工

4）应避免重复使用粗基准，在同一尺寸方向上粗基准只准使用一次。因为粗基准是毛坯表面，定位误差大，两次以同一粗基准安装加工出的各表面之间会有较大的位置误差。如图 1-58 所示零件加工中，如第一次用不加工表面 ϕ30mm 定位，分别车削 ϕ18H7mm 和端面，第二次仍用不加工表面 ϕ30mm 定位，钻 4×ϕ8mm 孔，则会使 ϕ18H7mm 孔的轴线与 4×ϕ8mm 孔位置（即 ϕ46mm）的中心线之间产生较大的同轴度误差，有时可达 2~3mm 左右。因此，这样的定位方案是错误的。正确的定位方法应以精基准 ϕ18mm 孔和端面定位，钻 4×ϕ8mm 孔。

在上述粗基准选择的四个原则中，常常不能同时满足，实际应用中有时会出现相互矛盾的情况，这就要求综合考虑，分清主次，解决主要矛盾。

二、精基准的选择

选择精基准主要应从保证工件的加工精度出发，同时考虑装夹方便，夹具结构简单。精基准的选择一般遵循以下

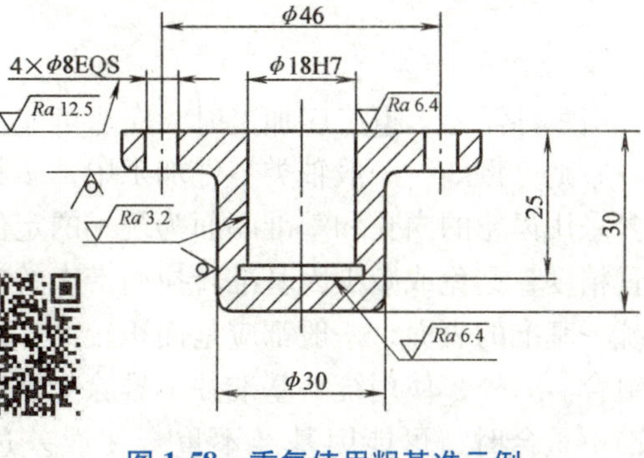

图 1-58　重复使用粗基准示例

原则。

1. 基准重合原则

应尽量选择加工表面的设计基准作为定位基准，这一原则称为基准重合原则。用设计基准作为定位基准可以避免因基准不重合而产生的定位误差，如图1-59所示。

当工件表面间的尺寸按图1-59a标注时，表面 B 和表面 C 的加工，根据“基准重合”原则，应选择设计基准 A 为定位基准，根据调整法加工的原理，一批工件加工过程中，刀具与定位元件的位置固定不变，由于工艺系统一系列因素影响，一批零件加工后会存在加工误差 Δ_b 和 Δ_c，分别影响设计尺寸60mm和35mm，但只要 $\Delta_b \leqslant \pm 0.1$mm 和 $\Delta_c \leqslant \pm 0.2$mm，加工零件就合格。

当工件表面间的尺寸按图1-59b标注时，先以表面 A 定位加工表面 B，基准重合，仅存在加工误差 Δ_b 影响加工表面 B 的尺寸精度；加工表面 C 时，C 面的设计基准是 B 面，如果采用 A 面定位，根据调整法加工原理，直接调整的工序尺寸是 C 面至 A 面的尺寸 A_x，设计尺寸25mm是由60mm和 A_x 间接保证的，对设计尺寸25mm不仅包含加工 C 面时的加工误差 Δ_c，而且还包括加工 B 面时的加工误差 Δ_b，Δ_b 这项误差对设计尺寸25mm的影响是由于基准不重合造成的，这个误差称为基准不重合误差。基准不重合误差将在后续内容中详细介绍。为保证设计尺寸（25±0.2）mm的精度要求，必须保证本工序的加工误差与基准不重合误差之和小于或等于设计尺寸的公差，即 $\Delta_b+\Delta_c \leqslant 0.4$mm。

由此可见，由于基准不重合误差的出现，势必要减小本工序的加工误差 Δ_c，即提高本工序的加工精度，使加工成本提高，因此，在选择定位基准时，一定要遵循基准重合原则。

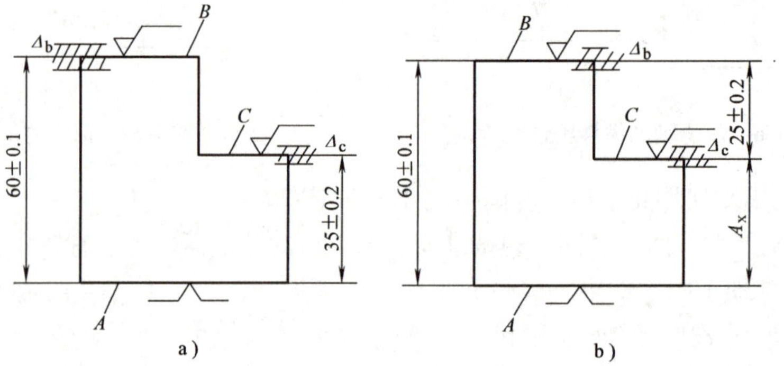

图1-59　定位基准与设计基准重合

2. 基准统一原则

当零件需要多道工序加工时，应尽可能在多数工序中选择同一组精基准定位，称为基准统一原则。例如，一般轴类零件加工中，多数工序以中心孔定位；带孔齿轮的齿坯和齿形加工多采用齿轮的内孔和基准端面为统一的定位基准。基准统一有利于保证工件各加工表面的位置精度，避免或减少因基准转换而带来的加工误差，同时可以简化夹具的设计和制造。选作统一基准的表面，一般都应是面积较大、精度较高的平面、孔以及其他距离较远的几个面的组合。另外，使用统一基准并不排除个别工序采用其他基准，特别是当统一的基准与设计基准不重合时，可能因基准不重合使误差过大而超差，这时应直接用设计基准作为定位基准。

3. 自为基准原则

以加工表面本身作为定位基准，称为自为基准原则。某些精加工或光整加工工序要求余量小而均匀，其主要目的是用来提高表面的形状精度和减小表面粗糙度值，应采用自为基准原则。如图 1-60 所示，磨削床身导轨面时，应以半精加工后的导轨面做定位基准，为避免夹具过于复杂，可在磨头上装百分表，床身下装可调支承，用导轨面本身为精基准以直接找正的方法装夹。图 1-61 所示为镗连杆小头孔时以本身为精基准的夹具，工件除以大头孔和端面为定位基准外，还以小头孔中心为定位基准。定位后，在小头两侧用浮动平衡夹紧装置在原处夹紧，然后拔除定位插销，伸入镗杆对小头孔进行加工。另外拉孔、铰孔、研磨、无心磨等加工，均采用了自为基准原则。

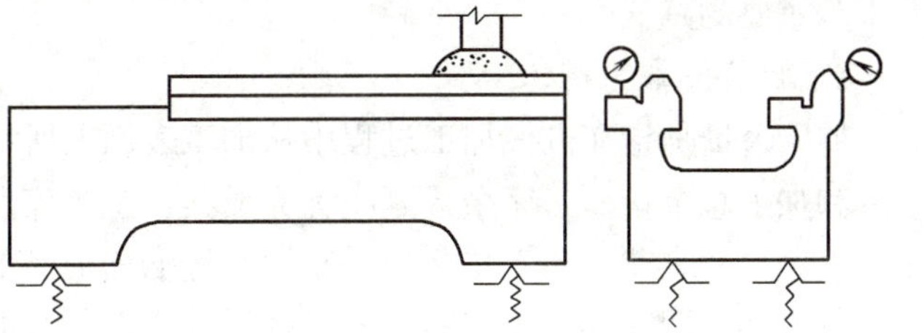

图 1-60　以床身导轨自为基准

4. 互为基准原则

若某个工件上有两个相互位置精度要求很高的表面，采用工件上的这两个表面互相作为定位基准，反复加工另一表面，称为互为基准原则。互为基准可使两加工表面间获得高的相互位置精度，且加工余量小而均匀。如加工精密齿轮中的磨齿工序，先以齿面为基准定位，磨孔；然后以孔定位，磨齿面。使加工余量均匀，又能保证齿面与孔之间的较高的相互位置精度。

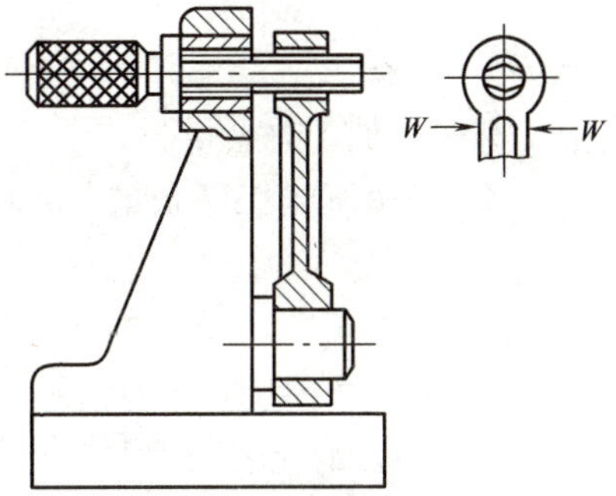

图 1-61　以加工表面本身为基准

所选精基准应能保证工件定位准确，装夹方便，夹具结构简单适用。为此，精基准的面积与被加工面相比，应有较大的长度和宽度，以提高其位置精度。

在实际生产中，精基准的选择要完全符合上述原则，有时很难做到。例如，统一的定位基准与设计基准不重合时，就不可能同时遵循基准统一原则和基准重合原则。在这种情况下，若采用统一的定位基准，尺寸精度能够保证，则应遵循基准统一原则；若不能保证尺寸精度，则可在粗加工和半精加工时遵循基准统一原则，在精加工时遵循基准重合原则。所以，应根据具体的加工对象和加工条件，从保证主要的技术要求出发，灵活选用有利的精基准。

1.3　工艺尺寸链的计算及应用

1.3.1　加工余量的确定

一、加工余量

在选择了毛坯，拟订出加工工艺路线之后，需确定加工余量，计算各工序的工序尺寸。加工余量大小与加工成本有密切关系，加工余量过大不仅浪费材料，而且增加切削工时，增大刀具和机床的磨损，从而增加成本；加工余量过小，会使前一道工序的缺陷得不到纠正，造成废品，从而也使成本增加，因此，合理地确定加工余量，对提高加工质量和降低成本都有十分重要的意义。

1. 加工余量的概念

加工余量是指在机械加工过程中从加工表面上所切除的金属层厚度。加工余量分为工序余量和加工总余量。工序余量是指为完成某一道工序所必须切除的金属层厚度，即相邻两工序的工序尺寸之差；加工总余量是指由毛坯变为成品的过程中，在某加工表面上所切除的金属层总厚度，即毛坯尺寸与零件图设计尺寸之差。由于毛坯尺寸和各工序尺寸均有公差，因此无论是加工总余量还是工序余量实际上是个变值。因而加工余量又有基本余量、最大余量和最小余量之分，通常所说的加工余量是指基本余量。加工余量、工序余量的公差标注遵循“入体原则”，即“毛坯尺寸按双向标注上、下极限偏差；被包容表面尺寸上极限偏差为零，公称尺寸为上极限尺寸（如轴）；包容面尺寸下极限偏差为零，公称尺寸为下极限尺寸（如内孔）。加工过程中，工序完成后的工件尺寸称为工序尺寸。由于存在加工误差，各工序加工后的尺寸也有一定的公差，称为工序公差。工序公差带的布置也采用“入体原则”。图1-62是加工余量及其公差的关系。从图中可见，不论是被包容面还是包容面，其加工总余量均等于各工序余量之和。

即
$$Z_D = \sum_{i=1}^{n} Z_i$$

式中 Z_D——加工总余量；

Z_i——第 i 道工序余量，n 为工序数。

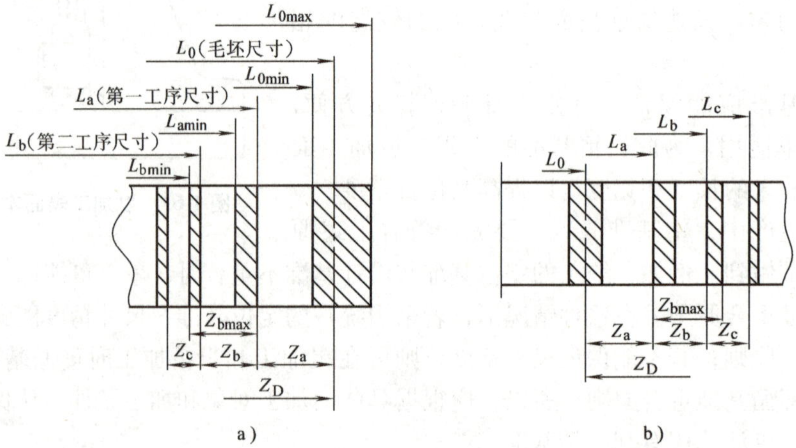

图1-62 加工余量及公差

a）被包容面加工余量及公差 b）包容面加工余量及公差

1）对于被包容面，如图1-62a所示。

本工序的基本余量 $Z_b = L_a - L_b$

本工序的最大余量 $Z_{bmax} = Z_b + T_b$

本工序的最小余量 $Z_{bmin} = Z_b - T_a$

本工序余量公差 $T_z = T_b + T_a$

式中　L_a、T_a——上工序的公称尺寸和尺寸公差；

L_b、T_b——本工序的公称尺寸和尺寸公差。

2）对于包容面，如图 1-62b 所示。

本工序的基本余量　$Z_b = L_b - L_a$

本工序的最大余量　$Z_{bmax} = Z_b + T_b$

本工序的最小余量　$Z_{bmin} = Z_b - T_a$

本工序余量公差　$T_z = T_b + T_a$

式中　L_a、T_a——上工序的公称尺寸和尺寸公差；

L_b、T_b——本工序的公称尺寸和尺寸公差。

加工余量还有双边余量和单边余量之分，平面加工余量是单边余量，它等于实际切削的金属层厚度。对于外圆和孔等回转表面，加工余量是指双边余量，即以直径方向计算，实际切削的金属为加工余量数值的一半。由图 1-63 可知：

对于外表面的单边余量：　$Z_b = a - b$

对于内表面的单边余量：　$Z_b = b - a$

对于轴：　$2Z_b = D_a - D_b$

对于孔：　$2Z_b = D_b - D_a$

式中　Z_b——本工序的基本余量；

D_a——上工序的公称尺寸；

D_b——本工序的公称尺寸。

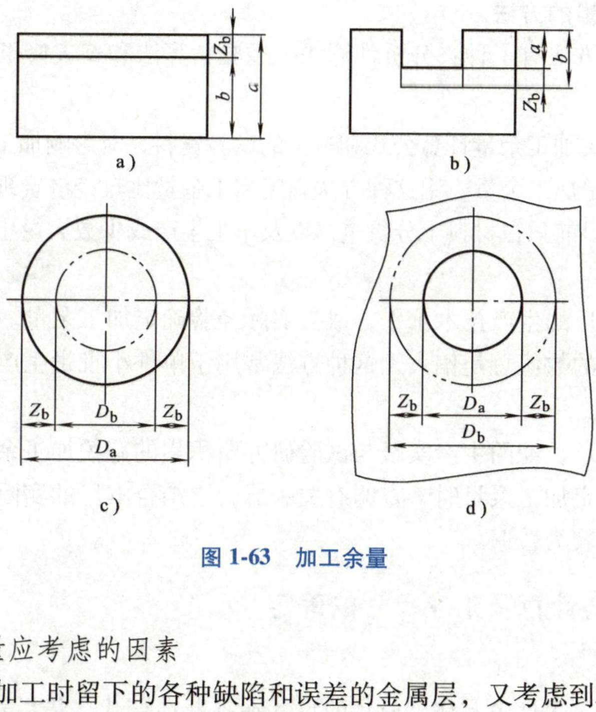

图 1-63　加工余量

2. 确定加工余量应考虑的因素

为切除前工序在加工时留下的各种缺陷和误差的金属层，又考虑到本工序可能产生的安装误差而不致使工件报废，必须保证一定数值的最小工序余量。为了合理确定加工余量，首先必须了解影响加工余量的因素，其主要因素有：

（1）前工序的尺寸公差　由于工序尺寸有公差，上工序的实际工序尺寸有可能出现极限尺寸。为了使上工序的实际尺寸在极限尺寸的情况下，本工序也能将上工序留下的表面和缺陷层切除，本工序的加工余量应包括上工序的公差。

（2）前工序的形状和位置公差　当工件上有些形状和位置偏差不包括在尺寸公差的范围内时，这些误差又必须在本工序加工纠正，在本工序的加工余量中必须包括它。

（3）前工序的表面和表面缺陷　为了保证加工质量，本工序必须将上工序留下的表面和缺陷层切除。

（4）本工序的安装误差　安装误差包括工件的定位误差和夹紧误差，若用夹具装夹，还应有夹具在机床上的装夹误差。这些误差会使工件在加工时的位置发生偏移，所以加工余量还必须考虑安装误差的影响。如图1-64所示，用自定心卡盘夹持工件外圆加工孔时，若工件轴线偏移机床主轴回转轴线一个e值，造成内孔切削余量不均匀，为使上工序的各项误差和缺陷在本工序切除，应将孔的加工余量加大$2e$。

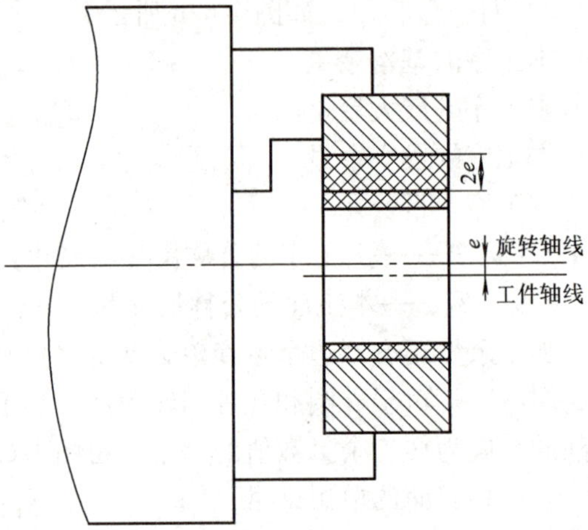

图1-64　工件的安装误差

二、确定加工余量的方法

确定加工余量的方法有三种：分析计算法、经验估算法和查表修正法。

1. 分析计算法

本方法是根据有关加工余量计算公式和一定的试验资料，对影响加工余量的各项因素进行分析和综合计算来确定加工余量。用这种方法确定加工余量比较经济合理，但必须有比较全面和可靠的试验资料。目前只在材料十分贵重，以及军工生产或少数大量生产的工厂中采用。

2. 经验估算法

本方法是根据工厂的生产技术水平，依靠实际经验确定加工余量。为防止因余量过小而产生废品，经验估计的数值总是偏大，这种方法常用于单件小批量生产。

3. 查表修正法

此法是根据各工厂长期的生产实践与试验研究所积累的有关加工余量数据，制成各种表格并汇编成手册，确定加工余量时，查阅有关手册，再结合本厂的实际情况进行适当修正后确定，目前此法应用较为普遍。

1.3.2　工艺尺寸链计算及工序尺寸的确定

一、工艺尺寸链

机械加工过程中，工件由毛坯到成品的尺寸在不断地变化，最后达到设计要求的尺寸。这些尺寸之间存在一定的联系，所以需要应用尺寸链理论揭示它们之间的内在关系，并合理确定工序尺寸及其公差。

（一）工艺尺寸链的概念

1. 尺寸链的定义

在零件的加工过程中，由相互联系的尺寸组成封闭的尺寸图形称为工艺尺寸链。如图 1-65 所示的阶台零件，该零件先以 A 面定位加工 C 面，得到尺寸 L_c；再加工 B 面，得到尺寸 L_a；这样该零件在加工时并未直接保证的尺寸 L_b 就随之确定。尺寸 L_c、L_a、L_b 就构成一个封闭的尺寸组合，即形成了一个尺寸链。

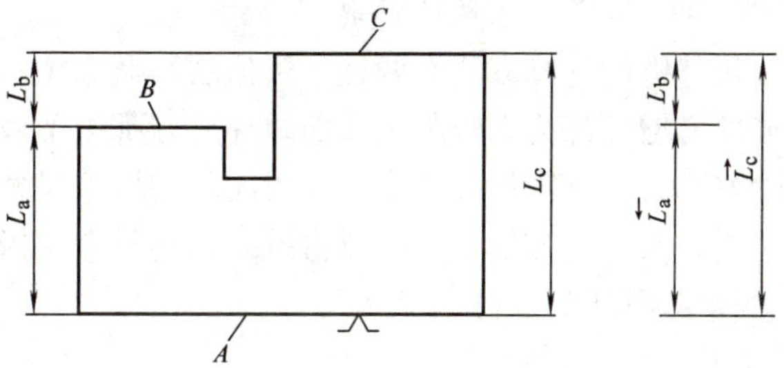

图 1-65　尺寸链

2. 工艺尺寸链的组成

（1）环　组成工艺尺寸链的各个尺寸都称为工艺尺寸链的环。图 1-65 中的尺寸 L_a、L_b、L_c。

（2）封闭环　工艺尺寸链中间接得到的环称为封闭环。如图 1-65 中的尺寸 L_b，是加工后间接获得的，因此是封闭环。封闭环以下角标“0”表示，如 L_0。

（3）组成环　除封闭环以外的其他环都称为组成环。如图 1-65 中的尺寸 L_a 和 L_c。组成环分为增环和减环两种。

1）增环。当其余各组成环保持不变，某一组成环增大，封闭环也随之增大，该组成环即为增环。一般在该环尺寸的代表符号上，加一向右的箭头表示，如 $\overrightarrow{L_c}$，图 1-65 中尺寸 L_c 为增环。

2）减环。当其余各组成环保持不变，某一组成环增大，封闭环反而减小，该组成环即为减环。一般在该尺寸的代表符号上，加一向左的箭头表示，如 $\overleftarrow{L_a}$，图 1-65 中尺寸 L_a 为减环。

3. 工艺尺寸链的特征

（1）关联性　组成工艺尺寸链的各尺寸之间必然存在着一定的关系，相互无关的尺寸不组成工艺尺寸链。工艺尺寸链中每一个组成环不是增环就是减环，其尺寸发生变化都要引起封闭环的尺寸变化。对工艺尺寸链中的封闭环尺寸没有影响的尺寸，就不是该工艺尺寸链的组成环。

（2）封闭性　尺寸链必须是一组首尾相接并构成一个封闭图形的尺寸组合，其中应包含一个间接得到的尺寸。不构成封闭图形的尺寸组合不是尺寸链。

4. 建立工艺尺寸链的步骤

（1）确定封闭环　即加工后间接得到的尺寸。

（2）查找组成环　从封闭环一端开始，按照尺寸之间的联系，首尾相连，依次画出对封闭环有影响的尺寸，直到封闭环的另一端，形成一个封闭图形，就构成一个工艺尺寸链。如图 1-65 中，从尺寸 L_b 上端开始，沿 L_b-L_c-L_a 到 L_b 下端就形成了一个封闭的尺寸组合，即构成了一个工艺尺寸链。

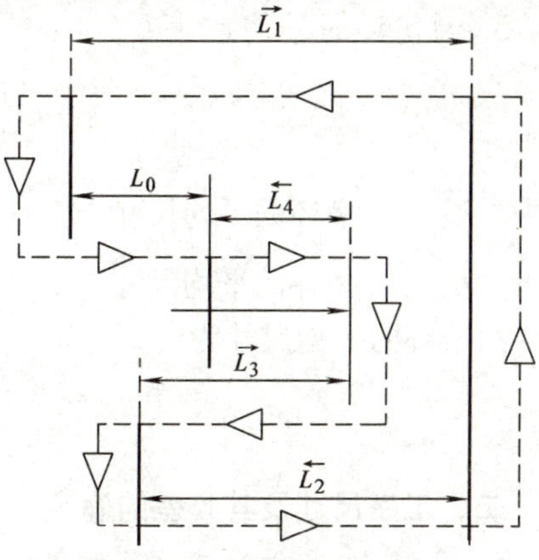

图 1-66　增环、减环的判断

L_0—封闭环　L_1、L_3—增环　L_4、L_2—减环

（3）确定增环或减环　确定增环或减环可用图 1-66 所示的方法：先给封闭环任意规定一个方向，然后沿此方向，绕工艺尺寸链依次给各组成环画出箭头，凡是与封闭环箭头方向相同的就是减环，相反的就是增环。

（二）工艺尺寸链的计算

尺寸链的计算方法有两种：极值法与概率法。极值法是从最坏情况出发来考虑问题的，即当所有增环都为上极限尺寸而减环恰好都为下极限尺寸，或所有增环都为下极限尺寸而减环恰好都为上极限尺寸，来计算封闭环的极限尺寸和公差。概率法解尺寸链，主要用于装配尺寸链，其计算方法在第六章讲授。这里只介绍极值法解工艺尺寸链的基本计算公式。

1. 封闭环的公称尺寸 L_0

$$L_0 = \sum_{i=1}^{k} \overrightarrow{L_i} - \sum_{i=k+1}^{m} \overleftarrow{L_i} \tag{1-13}$$

式中　k——增环的环数；

m——组成环的环数（下同）。

2. 封闭环的极限尺寸

$$L_{0\max} = \sum_{i=1}^{k} \overrightarrow{L_{i\max}} - \sum_{i=k+1}^{m} \overleftarrow{L_{i\min}} \tag{1-14}$$

$$L_{0\min} = \sum_{i=1}^{k} \overrightarrow{L_{i\min}} - \sum_{i=k+1}^{m} \overleftarrow{L_{i\max}} \tag{1-15}$$

3. 封闭环的极限偏差

$$\mathrm{ES}_0 = \sum_{i=1}^{k} \overrightarrow{\mathrm{ES}_i} - \sum_{i=k+1}^{m} \overleftarrow{\mathrm{EI}_i} \tag{1-16}$$

$$\mathrm{EI}_0 = \sum_{i=1}^{k} \overrightarrow{\mathrm{EI}_i} - \sum_{i=k+1}^{m} \overleftarrow{\mathrm{EI}_i} \tag{1-17}$$

4. 封闭环的公差 T_0

$$T_0 = \mathrm{ES}_0 - \mathrm{EI}_0 = \sum_{i=1}^{m} T_i \tag{1-18}$$

5. 封闭环的平均尺寸 L_{0m}

$$L_{0m} = \sum_{i=1}^{k} \overrightarrow{L_{im}} - \sum_{i=k+1}^{m} \overleftarrow{L_{im}} \tag{1-19}$$

式中　$\overrightarrow{L_{im}}$——增环的平均尺寸；

$\overleftarrow{L_{im}}$——减环的平均尺寸。

组成环的平均尺寸为

$$L_{im} = \frac{L_{i\max} + L_{i\min}}{2} \tag{1-20}$$

二、工序尺寸及其公差的确定

（一）基准重合时工序尺寸及公差的确定

当零件定位基准与设计基准（工序基准）重合时，零件工序尺寸及其公差的确定方法是：先根据零件的具体要求确定其加工工艺路线，再通过查表确定各道工序的加工余量及其公差，然后计算出各工序尺寸及公差。计算顺序是：先确定各工序余量的公称尺寸，再由后往前逐个工序推算，即由工件上的设计尺寸开始，由最后一道工序向前工序推算直到毛坯尺寸。

例 1-4　直径为 ϕ30h6，长度为 50mm 的短轴，材料为 45 钢，需经表面淬火，其表面粗糙度值为 *Ra*0. 8μm，试查表确定其工序尺寸和毛坯尺寸。

解：（1）根据技术要求，确定加工路线　由表 1-7 取外圆的工艺路线为：粗车→半精车→粗磨→精磨。

（2）查表确定各工序加工余量及各工序公差　由相关机械制造工艺手册查得毛坯余量及各工序加工余量为：毛坯 4. 5mm，精磨 0. 1mm，粗磨 0. 30mm，半精车 1. 10mm。

由总余量公式可知：粗车余量为 3. 0mm。

查得各工序公差：精磨 0. 013mm，粗磨 0. 021mm，半精车 0. 033mm，粗车 0. 52mm，毛坯 0. 8mm。

（3）确定工序尺寸及公差

由于精磨工序尺寸为精磨后工件的尺寸，所以精磨工序尺寸为 $\phi30_{-0.013}^{\ 0}$mm。

粗磨工序尺寸为粗磨后精磨前工件的尺寸，因此粗磨工序尺寸为

粗磨工序尺寸 = 精磨工序尺寸 + 精磨余量，即 $\phi30.1_{-0.021}^{\ 0}$mm。

半精车工序尺寸为半精车后粗磨前的工件尺寸，因此半精车的工序尺寸为

半精车工序尺寸 = 粗磨工序尺寸 + 粗磨余量，即 $\phi30.4_{-0.033}^{\ 0}$mm。

粗车工序尺寸为粗车后半精车前的工序尺寸，因此粗车工序尺寸为

粗车工序尺寸 = 半精车工序尺寸 + 半精车余量，即 $\phi31.5_{-0.52}^{\ 0}$mm。

毛坯直径为 ϕ(34. 5±0. 4)mm。

（二）基准不重合时工序尺寸及其公差的确定

定位基准与设计基准或工序基准不重合时，工序尺寸及其公差的确定比较复杂，需用工艺尺寸链来进行分析计算。

1. 测量基准与设计基准不重合时工序尺寸及其公差的计算

在加工中，有时会遇到某些加工表面的设计尺寸不便测量，甚至无法测量的情况，为此需要在工件上另选一个容易测量的测量基准，通过对该测量尺寸的控制来间接保证原设计尺寸的精度。这就产生了测量基准与设计基准不重合时，测量尺寸及公差的计算问题。

例 1-5　如图 1-67 所示零件，加工时要求保证尺寸（6±0. 1)mm，但该尺寸在加工时不便测量，只好通过测量尺寸 *L* 来间接保证，试求工序尺寸 *L* 及其上、下偏差。

解：确定封闭环。在图 1-67a 中尺寸 6mm±0. 1mm 是间接得到的，即为封闭环。工艺尺寸链图如图 1-67b 所示，其中尺寸 *L*、26mm ± 0. 05mm 为增环，尺寸 $36_{-0.05}^{\ 0}$mm 为减环。

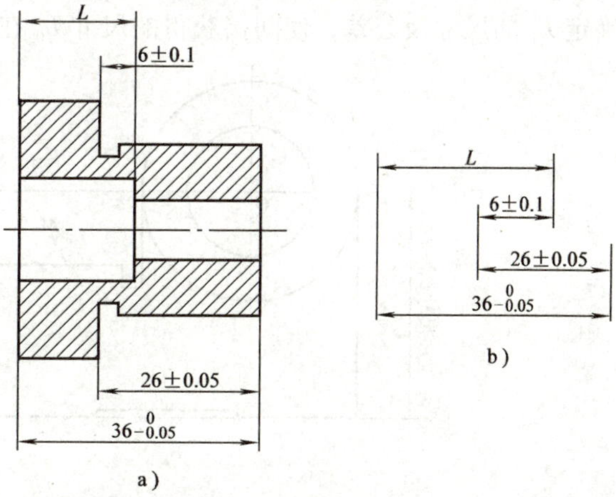

图 1-67　测量基准与设计基准不重合的尺寸换算

由式（1-13）得
$$6\text{mm}=L+26\text{mm}-36\text{mm}$$
$$L=16\text{mm}$$
由式（1-16）得
$$0.1\text{mm}=ES_L+0.05\text{mm}-(-0.05\text{mm})$$
$$ES_L=0\text{mm}$$
由式（1-17）得
$$0.1\text{mm}=EI_L+(-0.05\text{mm})-0\text{mm}$$
$$EI_L=-0.05\text{mm}$$
因此
$$L=16_{-0.05}^{\ 0}\text{mm}$$
极值法的计算也可以用竖式法，清晰方便，一目了然，计算如表1-13所示。

表1-13　竖式（极值法）解工艺尺寸链　（单位：mm）

环的名称	公称尺寸	上极限偏差(ES)	下极限偏差(EI)	公差 T_i
增环$\overrightarrow{L}$	(16)	(0)	(−0.05)	(0.05)
增环	26	0.05	−0.05	0.1
减环	−36	0.05	0	0.05
封闭环L_0	6	0.1	−0.1	0.2

因而$L=16_{-0.05}^{\ 0}$mm。

竖式法是利用极值法的公式式（1-13）、式（1-16）、式（1-17）、式（1-18）来求解工艺尺寸链，为了计算方便，将减法运算变为加法运算。因此在表中凡是减环将上、下极限偏差对调后变号，即正值改为负值，负值变为正值。注意，当利用竖式法求解某减环的尺寸及公差时，求出的结果，应将表中所示的数值上、下极限偏差对调、变号。竖式法常用以验算计算法的结果是否正确。

2. 定位基准与设计基准不重合时工序尺寸计算

在零件加工过程中，有时为方便定位或加工，选用不是设计基准的几何要素作定位基准，在这种定位基准与设计基准不重合的情况下，需要通过尺寸换算，改注有关工序尺寸及公差，并按换算后的工序尺寸及公差加工，以保证零件的原设计要求。

例1-6　如图1-68a所示，零件以底面N为定位基准镗O孔，确定O孔位置的设计基准是M面（设计尺寸100mm±0.15mm），用镗夹具镗孔时，镗杆相对于定位基准N的位置（即L_1尺寸）预先由夹具确定。这时设计尺寸L_0是在L_1、L_2尺寸确定后间接得到的。试确定L_1的尺寸及公差，使间接获得的尺寸L_0在规定的公差范围之内。

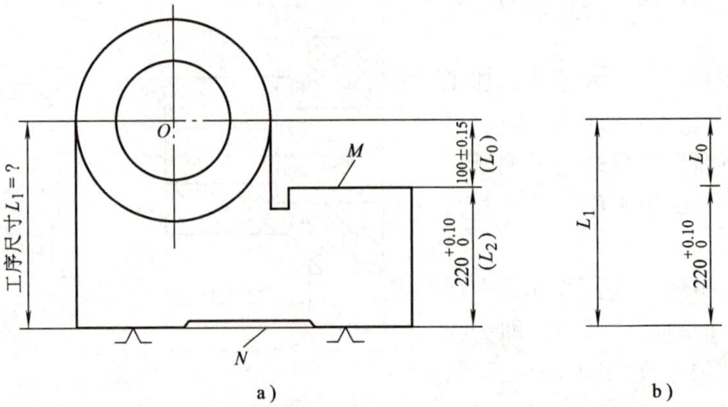

图1-68　定位基准与设计基准不重合的尺寸换算

解： 根据题意可看出尺寸 100mm±0.15mm 是封闭环。

工艺尺寸链，如图 1-68b 所示，其中尺寸 $220^{+0.10}_{0}$mm 为减环，L_1 为增环。

按公式计算工序尺寸，由式（1-13）得

$$100\text{mm}=L_1-220\text{mm}$$

$$L_1=320\text{mm}$$

由式（1-16）得
$$+0.15\text{mm}=ES_1-0\text{mm}$$

$$ES_1=+0.15\text{mm}$$

由式（1-17）得
$$-0.15\text{mm}=EI_1-0.10\text{mm}$$

$$EI_1=-0.05\text{mm}$$

因此
$$L_1=320^{+0.15}_{-0.05}\text{mm}$$

3. 中间工序的工序尺寸及其公差的计算

在工件加工过程中，有时一个基面的加工会同时影响两个设计尺寸的数值。这时，需要直接保证其中公差要求较严的一个设计尺寸，而另一设计尺寸需由该工序前面的某一中间工序的合理工序尺寸间接保证。为此，需要对中间工序尺寸进行计算。

例 1-7　如图 1-69a 所示，齿轮内孔，孔径设计尺寸为 $\phi40^{+0.06}_{0}$mm，键槽设计深度 $43.2^{+0.36}_{0}$mm，内孔及键槽加工顺序为①镗内孔至 $\phi39.6^{+0.10}_{0}$mm；②插键槽至尺寸 L_1；③淬火热处理；④磨内孔至设计尺寸 $\phi40^{+0.06}_{0}$mm，同时要求保证键槽深度为 $43.2^{+0.36}_{0}$mm。试确定镗孔后的插键槽深度 L_1 的尺寸及公差。

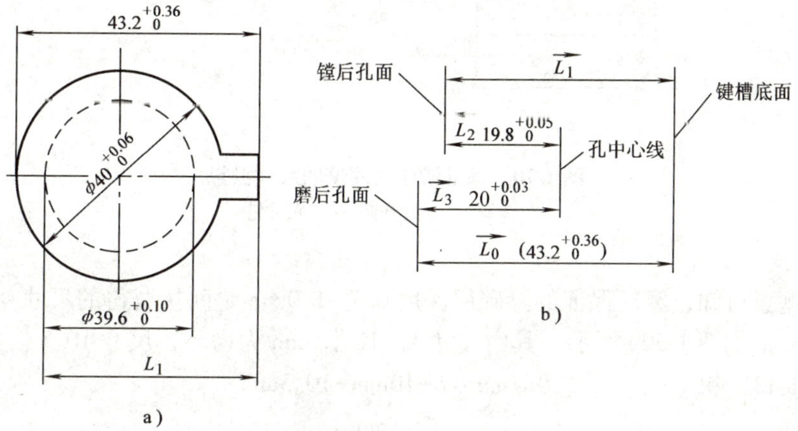

图 1-69　加工内孔键槽的工艺尺寸链

解： 由加工过程可知，尺寸 $43.2^{+0.36}_{0}$mm 的一个尺寸界限——键槽底面，是在插槽工序时按尺寸 L_1 确定的；另一尺寸界限——孔表面，是在磨孔工序时由尺寸 $\phi40^{+0.06}_{0}$mm 确定的，故尺寸 $43.2^{+0.36}_{0}$mm 是一个间接得到的尺寸，为封闭环。

工艺尺寸链，如图 1-69b 所示，其中 L_1、尺寸 $\phi40^{+0.06}_{0}$mm 为增环，尺寸 $\phi39.6^{+0.10}_{0}$mm 为减环。

由式(1-13)得
$$43.2\text{mm}=(L_1+20\text{mm})-19.8\text{mm}$$

$$L_1=43\text{mm}$$

由式(1-16)得
$$0.36\text{mm}=(ES_1+0.03\text{mm})-0\text{mm}$$

$$ES_1 = 0.33\text{mm}$$

由式（1-17）得 $$0\text{mm} = (EI_1 + 0\text{mm}) - 0.05\text{mm}$$

$$EI_1 = 0.05\text{mm}$$

因此 $$L_1 = 43^{+0.33}_{+0.05}\text{mm}$$

4. 保证渗碳或渗氮层深度时工艺尺寸及其公差的计算

零件渗碳或渗氮后，表面一般要经磨削保证尺寸精度，同时要求磨后保留有规定的渗层深度。这就要求渗碳或渗氮热处理时按一定渗层深度及公差进行（用控制热处理时间保证），并对这一合理渗层深度及公差进行计算。

例 1-8　一批圆轴工件如图 1-70 所示，其加工过程为：车外圆至 $\phi20.6^{\ 0}_{-0.04}$mm；渗碳淬火；磨外圆至 $\phi20^{\ 0}_{-0.02}$mm。试计算保证磨后渗碳层深度为 0.7～1.0mm 时，渗碳工序的渗入深度及其公差。

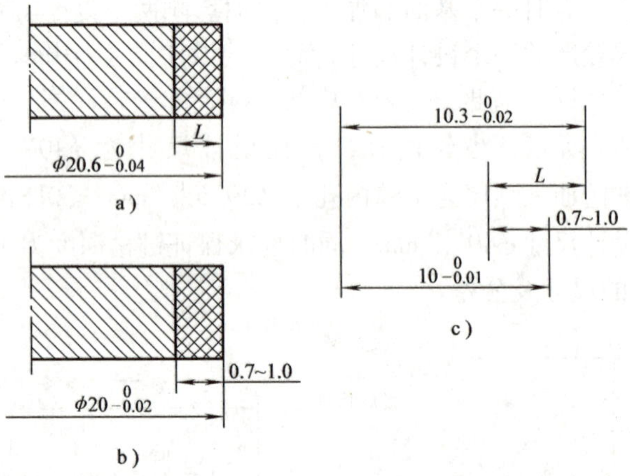

图 1-70　保证渗碳层深度的尺寸换算

a）渗碳　b）磨外圆　c）尺寸链

解： 由题意可知，磨后保证的渗碳层深度 0.7～1.0mm 是间接获得的尺寸，为封闭环。工艺尺寸链如图 1-70c 所示，其中尺寸 L、$10^{\ 0}_{-0.01}$mm 为增环，尺寸 $10.3^{\ 0}_{-0.02}$mm 为减环。

由式（1-13）得 $$0.7\text{mm} = L + 10\text{mm} - 10.3\text{mm}$$

$$L = 1\text{mm}$$

由式（1-16）得 $$0.3\text{mm} = ES_L + 0\text{mm} - (-0.02)\text{mm}$$

$$ES_L = 0.28\text{mm}$$

由式（1-17）得 $$0\text{mm} = EI_L + (-0.01\text{mm}) - 0\text{mm}$$

$$EI_L = 0.01\text{mm}$$

因此 $$L = 1^{+0.28}_{+0.01}\text{mm}$$

习　题

1-1　什么是生产过程和工艺过程？试举例说明机械加工工艺过程。

1-2　何为生产纲领？单件生产和大量生产各有哪些主要特点？

1-3 生产类型有哪几种？根据什么划分生产类型？

1-4 什么是工序、安装、工位、走刀？

1-5 如图 1-71 所示，单件小批量生产时，其机械加工工艺过程如下所述，试分析其工艺过程的组成（包括工序、工步、安装）。

在刨床上分别刨削六个表面，达到图样要求；粗刨导轨面 A，分两次切削；刨两越程槽；精刨导轨面 A；钻孔；扩孔；铰孔；去毛刺。

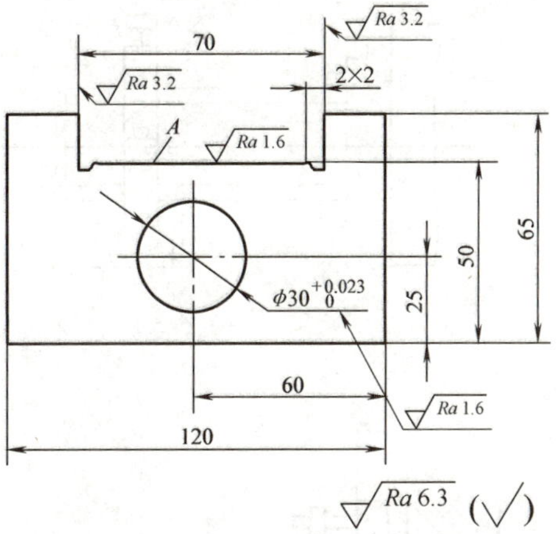

图 1-71

1-6 试述工艺规程的作用及制订工艺规程的基本原则。

1-7 粗基准选择原则是什么？举例说明。

1-8 精基准选择原则是什么？举例说明。

1-9 何谓“六点定位原则”？工件的合理定位是否应当要限制其在夹具中的六个自由度？

1-10 为什么说夹紧不等于定位？

1-11 试举例说明何谓工件在夹具中的“完全定位”“不完全定位”“欠定位”和“过定位”。

1-12 根据工件定位原理，分析图 1-72 所示各定位方案中各定位元件所限制的工件自由度。如果出现过定位或欠定位，请指出可能造成的不良后果，并提出改进方案。

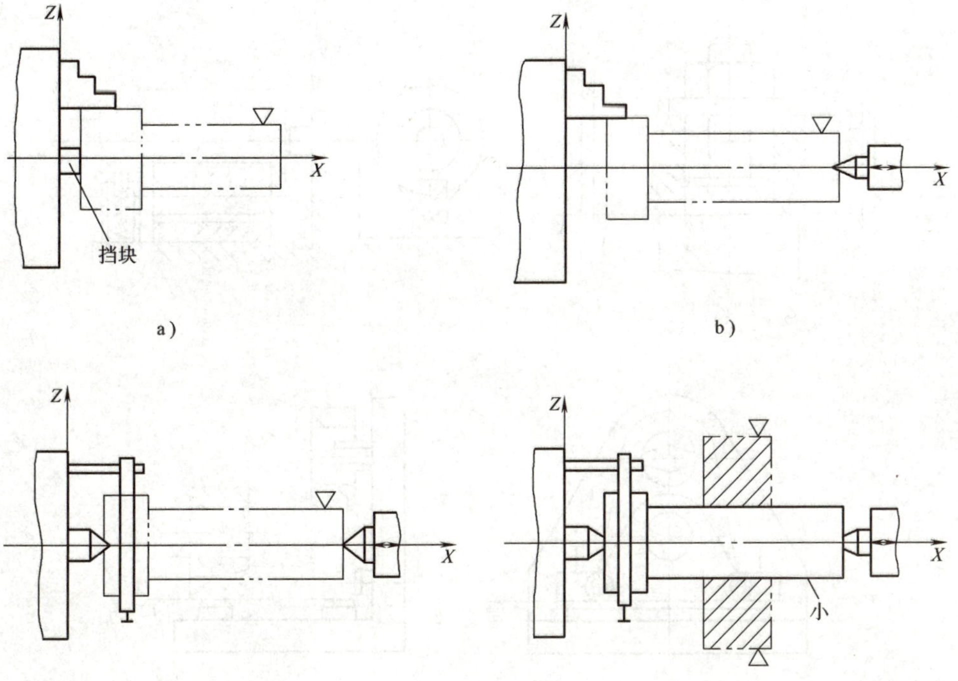

图 1-72

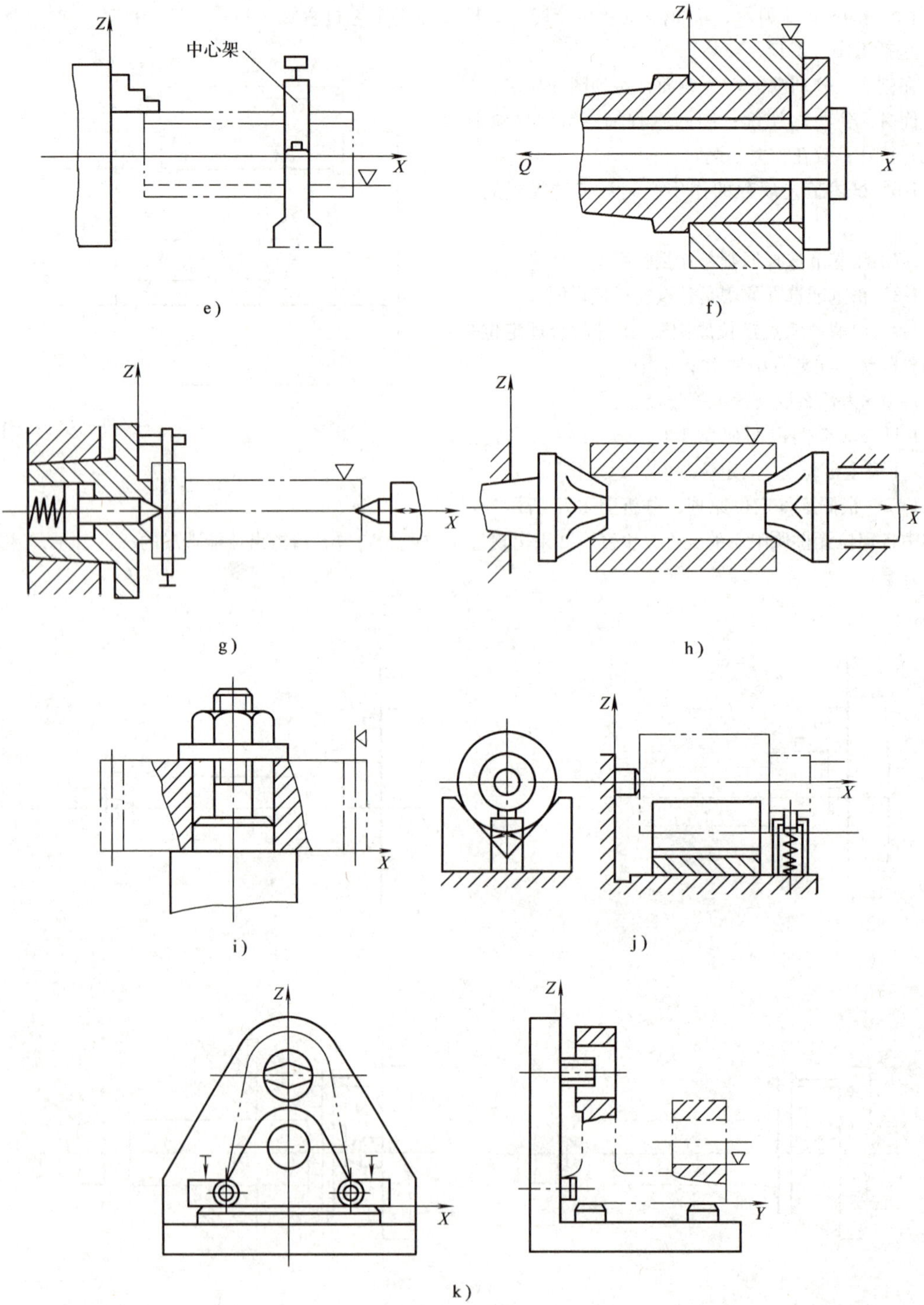

图　1-72（续）

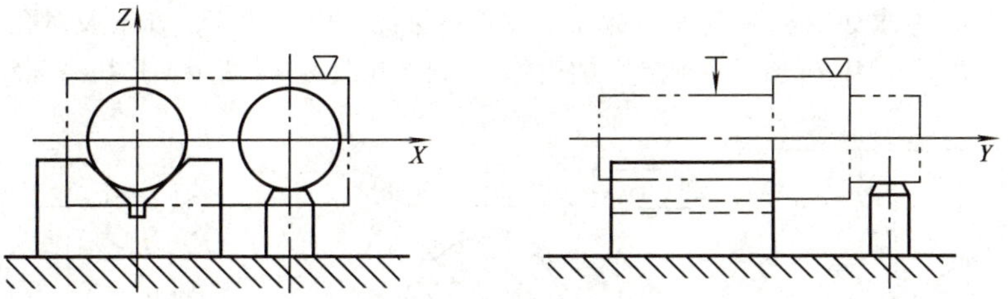

l)

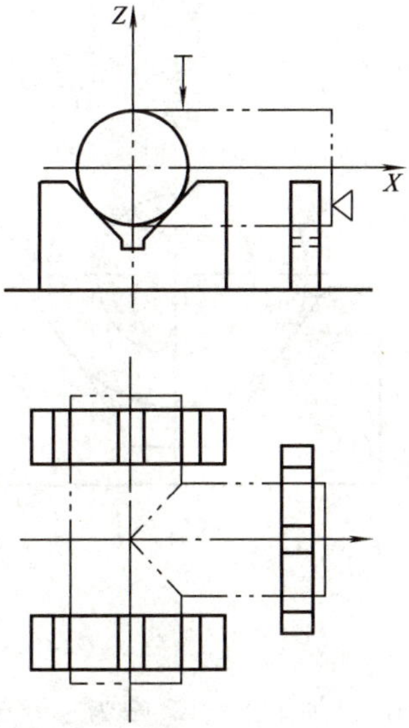

m)

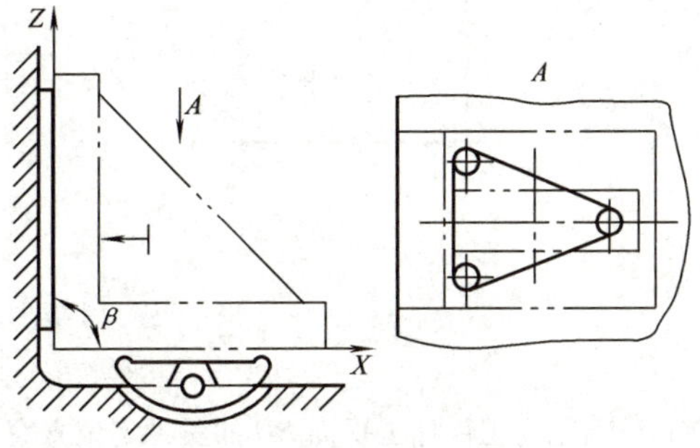

n)

图　1-72（续）

1-13　固定支承有哪几种形式？各适用什么场合？自位支承有何特点？

1-14　什么是可调支承？什么是辅助支承？它们有什么区别？

1-15　如图 1-73 所示工件的各加工表面除 ϕ12H7 孔外均已加工，试选择加工 ϕ12H7 孔的最佳定位基准，并说明理由；选择合适的定位元件；在此定位方案下，试计算工序尺寸（35±0.2）mm 和（40±0.2）mm 的定位误差，并初步判断是否能满足加工精度的要求。

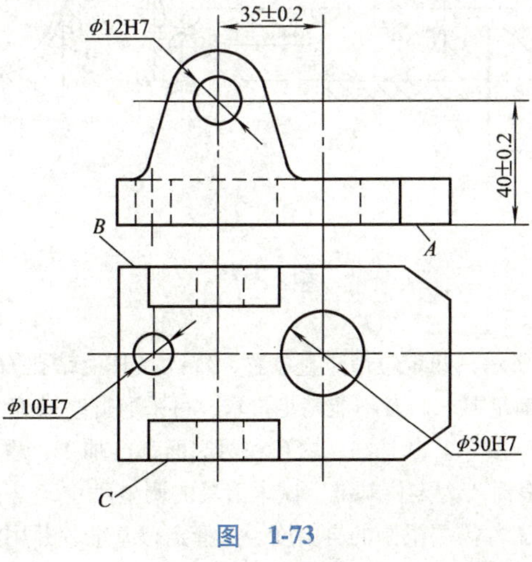

图　1-73

1-16　工序尺寸及要求如图 1-74 所示，欲加工键槽并保证工序尺寸 $45_{-0.2}^{\ 0}$mm 及对孔中心的对称度 0.05mm，试分别计算图 1-74b～e 所示各种定位方案的定位误差（图 1-74e 所示 V 形块夹角为 90°）。

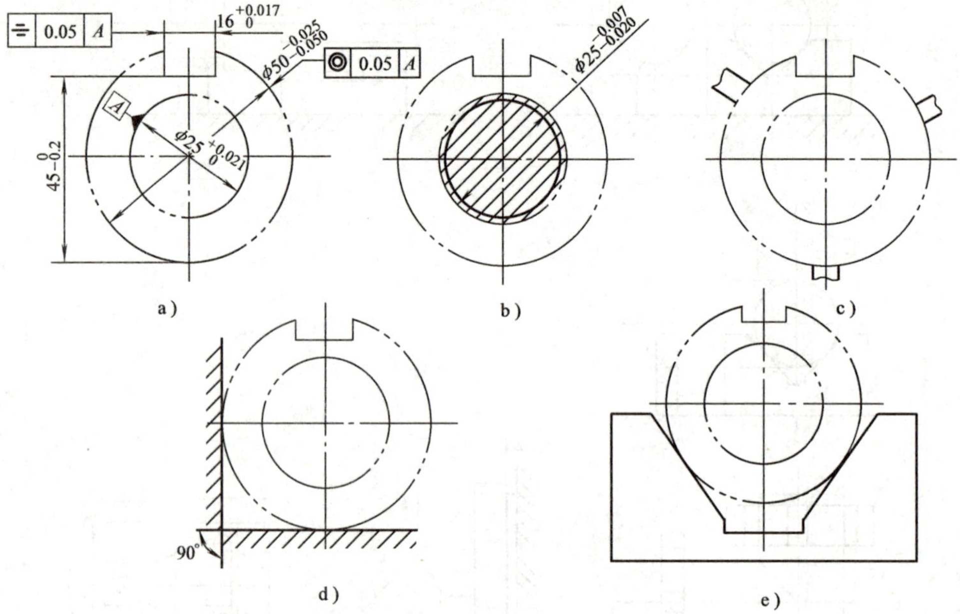

图　1-74

1-17　图 1-75 所示为工件加工平面 *BD* 的三种定位方案，孔 O_1 已加工，1、2、3 为三个支承钉，试分析计算工序尺寸 *A* 的定位误差，并提出更好的定位方案。

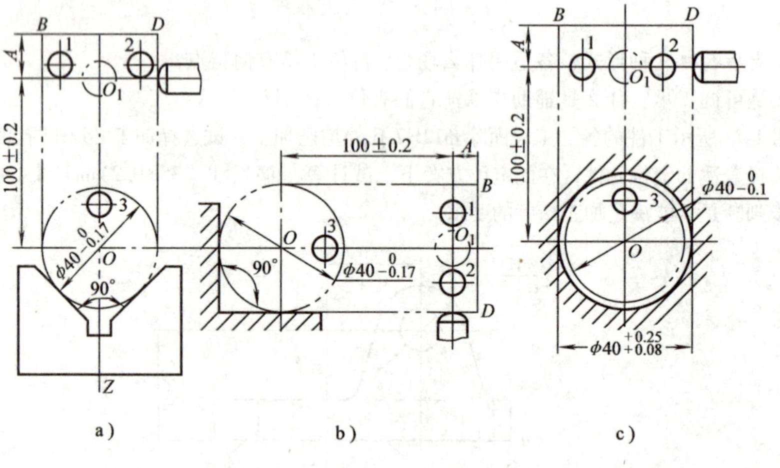

图　1-75

1-18　工件定位如图 1-76 所示，两定位销竖直放置，现欲在其上钻孔 O_1 和 O_2。试通过计算判断两孔 O_1 和 O_2 的位置尺寸精度能否满足要求。若不能满足要求，可采取哪些措施？

1-19　有一轴套，如图 1-77 所示。其外圆、内孔和两端面都已加工，现在轴套右端铣出台阶面，必须保证尺寸 $8_{\ 0}^{+0.26}$mm。加工时以表面 *A* 为定位基准，试求刀具的调整尺寸 *x*。

1-20　试分析图 1-78 中各工件需要限制的自由度、选择定位基准，并用定位符号在图上表示。

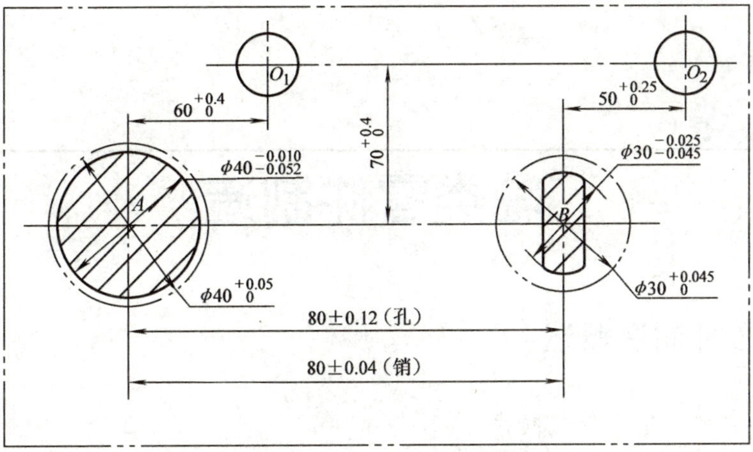

图　1-76

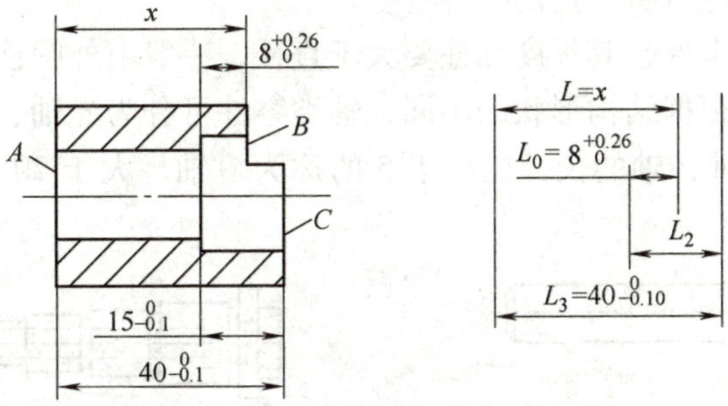

图　1-77

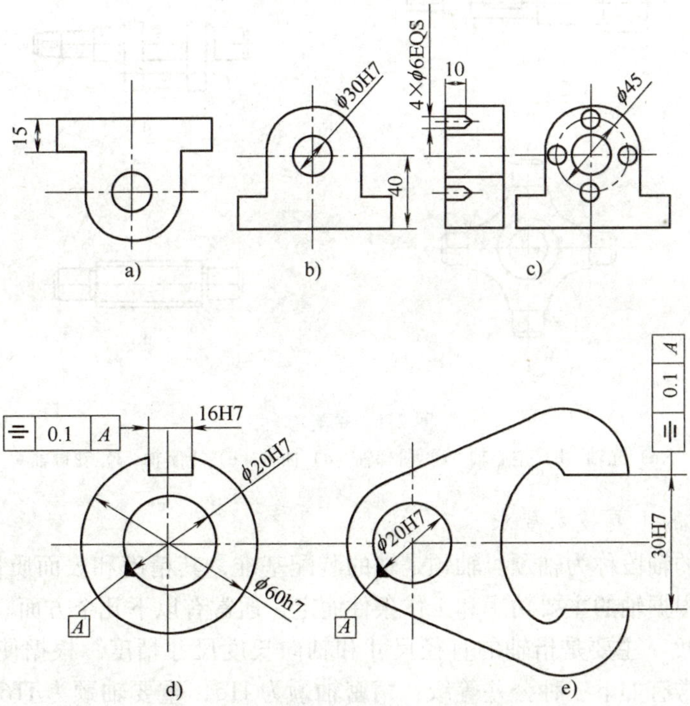

图　1-78

第 2 章

轴类零件制造

2.1 轴类零件制造概述

1. 轴类零件的功能与结构特点

轴类零件是机械产品中的典型零件之一，主要用来支承传动零件，传递转矩、承受载荷，并保证装在轴上零件具备一定的回转精度。

轴类零件是回转体零件，其长度往往要大于直径，一般由外圆柱面、圆锥面、内孔、螺纹及相应的端面组成。根据结构形状的不同，轴类零件可分为光轴、阶梯轴、空心轴和曲轴等，如图 2-1 所示。此外，轴的长径比小于 5 的称为短轴，大于 20 的称为细长轴，大多数轴介于两者之间。

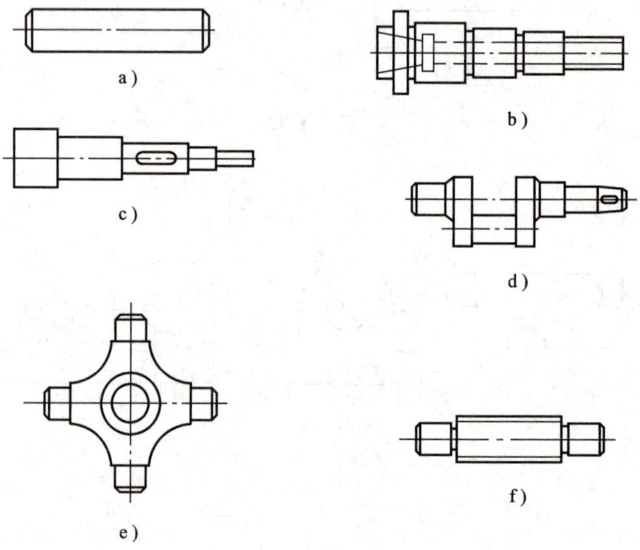

图 2-1 轴类零件

a）光轴 b）空心轴 c）阶梯轴 d）曲轴 e）十字轴 f）花键轴

2. 轴类零件的主要技术要求

与轴承配合的轴段称为轴颈。轴颈是轴的装配基准，其精度和表面质量一般要求较高，其技术要求一般根据轴的主要功用和工作条件而定，通常有以下几个方面。

（1）尺寸精度 主要是指轴的直径尺寸和轴向长度尺寸精度。根据使用要求，主要轴颈的尺寸精度通常有如下三种公差等级：精密轴颈为 IT5，重要轴颈为 IT6～IT8，一般轴颈为 IT9。

轴向长度尺寸通常规定公称尺寸即可。当阶梯轴的各阶梯长度尺寸要求精度较高时，也要标注相应公差。当要求很高时，公差约为 0.005~0.01mm。

（2）几何形状精度　主要是指轴颈的几何形状精度（圆度、圆柱度等），一般应限制在直径公差范围内。对几何形状精度要求较高时，可在零件图上另行规定公差。

（3）相互位置精度　主要是指装配传动件的配合轴颈相对于装配轴承的支承轴颈的同轴度。通常是用配合轴颈对支承轴颈的径向圆跳动来表示。普通精度的轴，配合轴颈对支承轴颈的径向圆跳动一般为 0.01~0.03mm，高精度轴为 0.001~0.005mm。

（4）表面粗糙度　根据表面工作部位的不同，可有不同的表面粗糙度值。一般来说，支承轴颈的表面粗糙度值 *Ra* 为 0.63~0.16μm，配合轴颈的表面粗糙度值 *Ra* 为 1.6~0.63μm，一般轴颈的表面粗糙度值 *Ra* 为 6.3~1.6μm。必须指出，随着机器运转速度和精密程度的提高，轴类零件表面粗糙度值要求也将越来越小。

2.2　传动轴零件工艺分析

减速器是常见的机械传动部件，往往需要进行批量生产。图 2-2 所示为某减速器中的一根传动轴，其表面主要包括外圆柱面、端面、螺纹、键槽等，基本具备轴类零件的主要结构特征，其加工制造工艺也有广泛的代表性，下面来共同认识此轴机械制造工艺制订的方法，分析确定其一般的加工工艺路线。

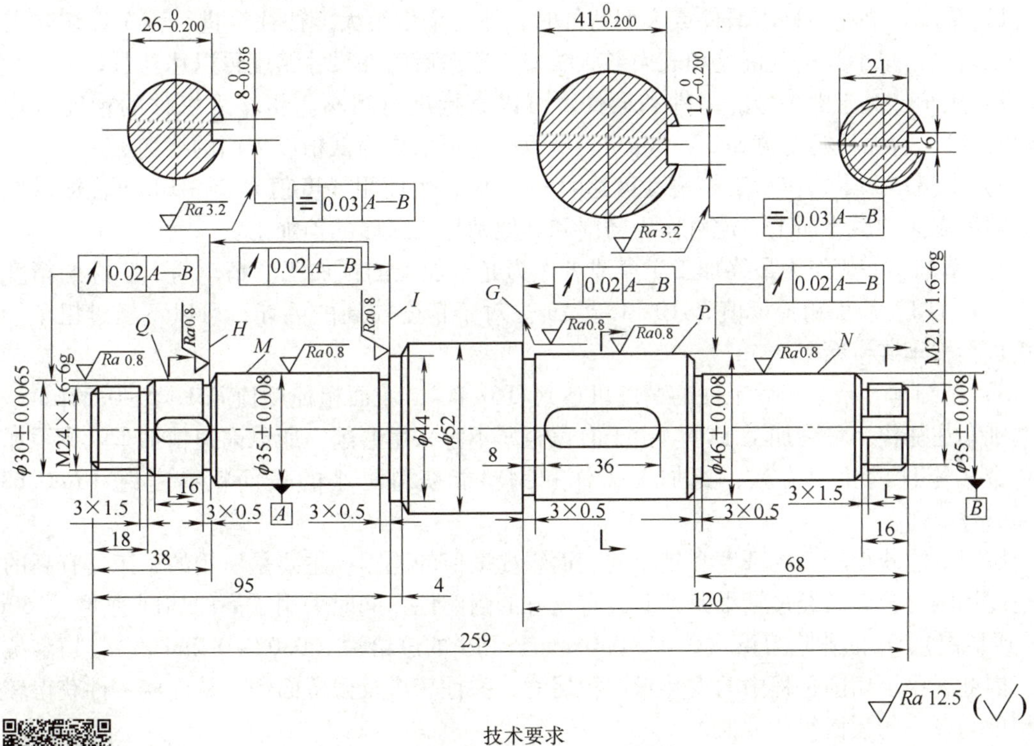

技术要求

1. 45 钢调质。
2. 未注圆角 R0.5，未注倒角 C1。

图 2-2　减速器传动轴

传动轴

1. 传动轴加工精度分析

观察零件图，获取零件精度的相关信息，主要包括尺寸精度、形状和位置精度、表面粗糙度以及其他精度要求。其主要加工表面及精度要求如下：

1）左右两端面及中心孔，加工后保证轴长259mm，未注公差精度。

2）重点轴段有四个：与轴承配合的轴段（*M*、*N*）$\phi35\pm0.008$有两段；与大齿轮配合的轴段（*P*）$\phi46\pm0.008$；与减速器箱体外部小齿轮配合的轴段（*Q*）$\phi30\pm0.0065$。其表面粗糙度要求都是*Ra*0.8μm，相对于公共轴线*A*—*B*的径向圆跳动不超0.02mm。

3）三个重要的装配定位面（*H*、*G*、*I*）。其表面粗糙度要求都是*Ra*0.8μm，相对于公共轴线*A*—*B*的轴向圆跳动不超0.02mm。

4）螺纹轴段有两个，均为细牙普通螺纹，中径和顶径公差等级为6级，连接用。

5）键槽有两个，传动用（工作面*Ra*3.2μm）；止动垫圈槽一个，螺母防松用。

6）若干倒角、退刀槽及非配合轴段加工精度要求不高，如图2-2所示。

2. 传动轴加工工艺规程

显然，轴线为此零件的设计基准，同时也被选为定位的粗、精基准，体现了基准重合原则。在加工各个表面时可以选择双顶尖装夹方式或一夹一顶的装夹方式，前者定位精度较高。本零件大部分加工任务由车削加工完成，因此首先认识一下车削工艺范围。

（1）车削的工艺范围　外圆车削工艺范围很广，可以划分为荒车、粗车、半精车、精车和精细车，分别达到不同的表面粗糙度与精度。

1）荒车。毛坯为自由锻件或大型铸件时，加工余量很大，往往需进行荒车以切除大部分加工余量，减小其位置偏差和表面形状误差。荒车后工件尺寸精度可以达到IT15~IT18。

2）粗车。对于中小型的铸件和锻件，可以直接进行粗车。粗车后工件的精度可达到IT10~IT13，表面粗糙度值*Ra*30~20μm。所以粗车可以作为低精度表面的终加工。

3）半精车。半精车后工件精度可达IT9~IT10，表面粗糙度值*Ra*20~10μm，可以作为中等精度表面的最终加工，也可作为磨削和其他精加工工序的预加工。

4）精车。一般作为最终加工工序或者作为光整加工的预加工。精车后，工件的精度可达到IT7~IT8，表面粗糙度值*Ra*10~1.25μm。对于精度较高的毛坯，可以不经过粗车，而直接进行精车或半精车。

5）精细车。精细车后工件的精度可达到IT6~IT7，表面粗糙度值*Ra*1.25~0.32μm，因此精细车往往作为最终加工工序。由于有色金属不宜采用磨削，所以高速精细车就成了加工有色金属零件的主要方法，比加工铸铁和钢料能获得更小的表面粗糙度值（*Ra*0.63~0.16μm）。

精细车能获得较高的精度和较小的表面粗糙度值的原因，主要是所用的车床具有高的几何精度和刚度，刀具经过精细研磨并具有良好的耐磨性，同时采用了高的切削速度（160m/min或更高）、小的背吃刀量（0.03~0.05mm）和小的进给量（0.02~0.2mm/r），切削抗力小，因此减小了切削过程中的发热量、积屑瘤、弹性变形及残留面积，从而使零件获得较高的精度与较小的表面粗糙度值。

（2）根据表1-7确定各重要表面的加工方案

1）重要的四个轴段（*M*、*N*、*P*、*Q*）及三个定位端面（*H*、*G*、*I*）均采用：粗车→半精车→磨削的方案，可以达到精度要求。

2）螺纹、键槽、中心孔等精度要求高的表面从工艺上要分成粗加工及精加工工步。

3）未注公差要求的表面，粗加工为最终工序。

4）调质热处理工序放在粗加工之后，保证一定的硬度要求。

5）在加工过程中为了保证热处理后精基准变形影响加工定位，需要修研中心孔。

6）中间可以在适当的位置增加钳工去毛刺及半成品检验工序。

（3）确定传动轴的工艺过程（见表 2-1）

表 2-1　减速器传动轴加工工艺过程

工序号	工序名称	工 序 内 容	加工设备
1	下料	ϕ60mm×265mm	
2	粗车	自定心卡盘夹持工件，车端面，钻中心孔。用尾座顶尖顶住，粗车三个台阶外圆	
		调头，自定心卡盘夹持另一端，车端面，保证总长 259mm，钻中心孔。用尾座顶尖顶住，粗车另一端四个台阶外圆	
3	热处理	调质处理	
4	修中心孔	修研两端中心孔	
5	半精车	双顶尖装夹半精车三个台阶，长度达到尺寸要求。车螺纹大径，切三个退刀槽及倒角	
		调头，双顶尖装夹，半精车余下的五个台阶。ϕ44mm、ϕ52mm 车到规定尺寸。车螺纹大径，切三个退刀槽及倒角	
6	车螺纹	双顶尖装夹车一端螺纹 M24×1.6-6g。调头车另一端螺纹	车床
7	划线	划两键槽及止动垫圈槽加工线	
8	铣削	铣两键槽及止动垫圈槽	
9	修中心孔	修研两端中心孔	车床
10	磨削	磨外圆 Q、M，并用砂轮端面靠磨台肩 H、I。调头磨外圆 N、P，靠磨台肩 G	外圆磨床
11	检验	检验各部分精度	

2.3　传动轴加工机床及刀具的选用

2.3.1　加工用车刀的选定

要选好车刀，必须了解车刀的结构、材料及分类，根据具体工艺要求适当选择，即保证加工工艺要求的前提下尽量提高刀具寿命，降低刀具成本的消耗。同时，掌握车刀刀具角度对机械加工精度及效率的影响，熟练掌握车刀磨削技巧及基本理论知识，保证选择和磨出合理的刀具。

（一）车刀结构及其角度

1. 车刀的组成

外圆车刀是由刀杆和刀头组成，如图 2-3 所示。刀杆的作用是装夹和支承，刀头的作用是切削，所以也称为切削部分，切削部分的组成如下。

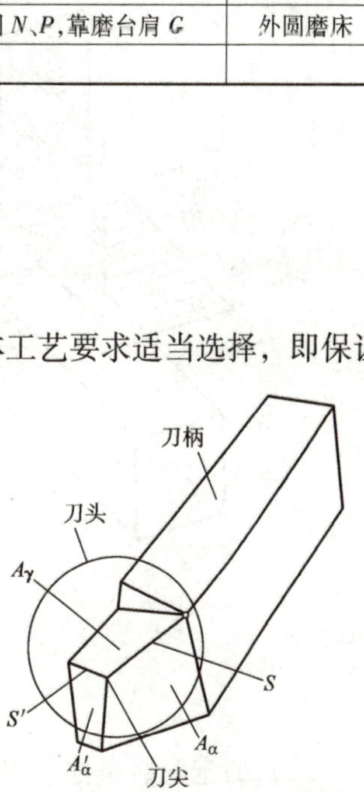

图 2-3　刀具的组成

（1）刀面

前刀面 A_γ：前刀面是与切削层金属相互作用，切屑流动所经过的表面。

主后刀面 A_α：主后刀面是刀具与工件上过渡表面相对的表面。它与前刀面相交组成主切削刃。

副后刀面 A_α'：副后刀面是刀具与工件上已加工表面相对的表面。它与前刀面相交组成副切削刃。

（2）切削刃

主切削刃 S：前刀面与主后刀面的交线（实际是个区域）。

副切削刃 S'：前刀面与副后刀面的交线（实际是个区域）。

（3）刀尖　主切削刃与副切削刃的交点（实际是个区域）。

显然，理想的外圆车刀是由一个刀尖、两个切削刃、三个刀面所组成。不同类型的刀具，其刀面和切削刃的数量也不完全相同，要具体分析。

2. 刀具静态坐标参考系

为了确定刀具切削部分各几何要素（切削刃和刀面）的位置，需要建立平面参考系，组成坐标系的基准。刀具静态参考系是刀具设计、制造、刃磨和测量几何参数时使用的参考系。由于刀具的几何参数是在切削过程中起作用的参数，因此，建立刀具静态坐标参考系，应以切削运动为依据，预先给出假定条件，即假定运动条件和假定安装条件。在该坐标系中确定的几何参数（角度）称为刀具静态参数（角度），即标注参数（角度）。

（1）假定运动条件　以主运动代替合成运动，忽略进给运动，如图 2-4 所示。

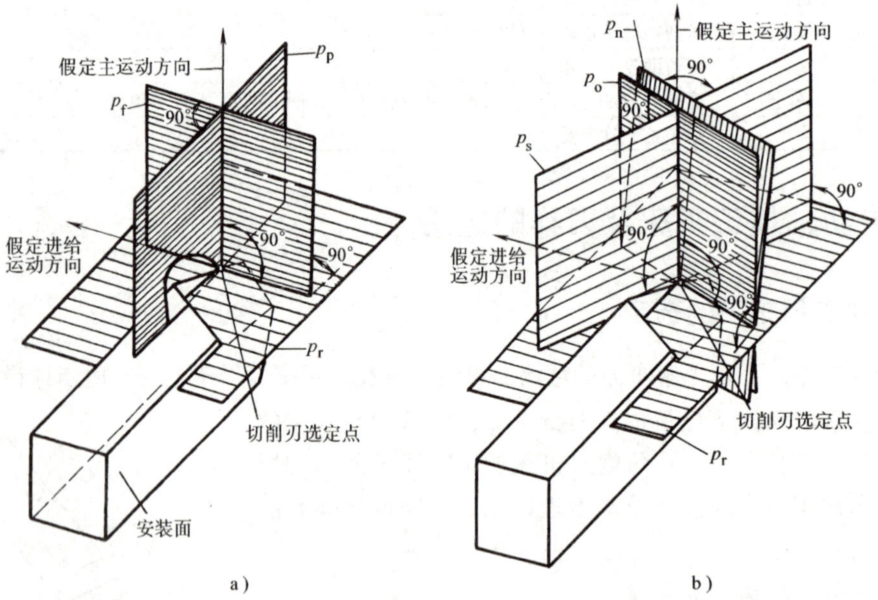

图 2-4　假定条件和假定平面

（2）假定安装条件　刀具的设计、制造基准与安装基准重合，即刀具的底面或轴线与组成参考系的辅助平面平行或垂直。

（3）刀具静态参考系的辅助平面

1）基面 p_r 是过切削刃上选定点垂直于假定主运动方向的平面。

2）切削平面 p_s 是过切削刃上选定点与主切削刃相切并垂直于基面的平面，如图 2-4 所示。

（4）刀具静态角度参考系

1）正交平面参考系（p_r-p_s-p_o）。正交平面 p_o 是过切削刃选定点垂直于切削刃在基面上投影的平面，即垂直于基面和切削平面的平面。如图 2-4 所示，p_r-p_s-p_o 组成正交平面参考系。

2）法平面参考系（p_r-p_s-p_n）。法平面 p_n 是过切削刃选定点垂直于切削刃的平面。如图 2-4 所示，p_r-p_s-p_n 组成法平面参考系。

3）工作平面和背平面参考系（p_r-p_s-p_f，p_p）。工作平面 p_f 是过切削刃选定点平行于进给运动方向，并垂直于基面的平面。背平面 p_p 是过切削刃选定点垂直于进给运动方向，并垂直于基面的平面。如图 2-4 所示，p_r-p_s-p_f 和 p_r-p_s-p_p 组成工作平面和背平面参考系。

3. 刀具静态角度

（1）正交平面参考系中的角度（见图 2-5）

1）前角 γ_o 是切削刃上选定点的基面与前刀面的夹角，在正交平面中的度量值。

2）后角 α_o 是切削刃上选定点的切削平面与后刀面的夹角，在正交平面中的度量值。

3）主偏角 κ_r 是切削刃上选定点的切削平面与进给平面间的夹角，在基面中的度量值。

4）刃倾角 λ_s 是切削刃上选定点的基面与主切削刃间的夹角，在切削平面中的度量值。

5）副后角 α_o' 是副切削刃上选定点的副切削平面与副后刀面的夹角，在副正交平面中的度量值。

6）副偏角 κ_r' 是副切削刃上选定点的副切削平面与进给平面的夹角，在基面中的度量值。

由于车刀上主、副切削刃公共一个前刀面，所以，主切削刃上的四个基本角度确定后，副切削刃上的前角 γ_o' 和副刃倾角 λ_s' 也随之确定，图样上也不必标注。因此，一把外圆车刀有 6 个独立的基本角度，即主切削刃 4 个，副切削刃 2 个。

（2）法平面参考系中的角度　如图 2-6 所示，法前角 γ_n 是切削刃上选定点的基面与前刀面的夹角，在法剖面中的度量值；法后角 α_n 是切削刃上选定点的切削平面与主后刀面的夹角，在法剖面中的度量值；其他角度与上相同。

（3）工作平面和背平面中的角度（见图 2-7）

1）工作前角 γ_f 是切削刃上选定点的基面与前刀面的夹角，在工作平面中的度量值。

2）工作后角 α_f 是切削刃上选定点的切削平面与主后刀面的夹角，在工作平面中的度量值。

3）背前角 γ_p 是切削刃上选定点的基面与前刀面的夹角，在背平面中的度量值。

4）背后角 α_p 是切削刃上选定点的切削平面与主后刀面的夹角，在背平面中的度量值；其他角度同主剖面参考系。

（4）刀具其他角度（见图 2-8）

1）楔角 β_o 是切削刃上选定点的前刀面与后刀面的夹角，在正交平面中的度量值。显然有

$$\gamma_o+\alpha_o+\beta_o=90°$$

2）刀尖角 ε_r 主、副切削刃的夹角，在基面中的度量值。显然有

$$\kappa_r + \kappa_r' + \varepsilon_r = 180°$$

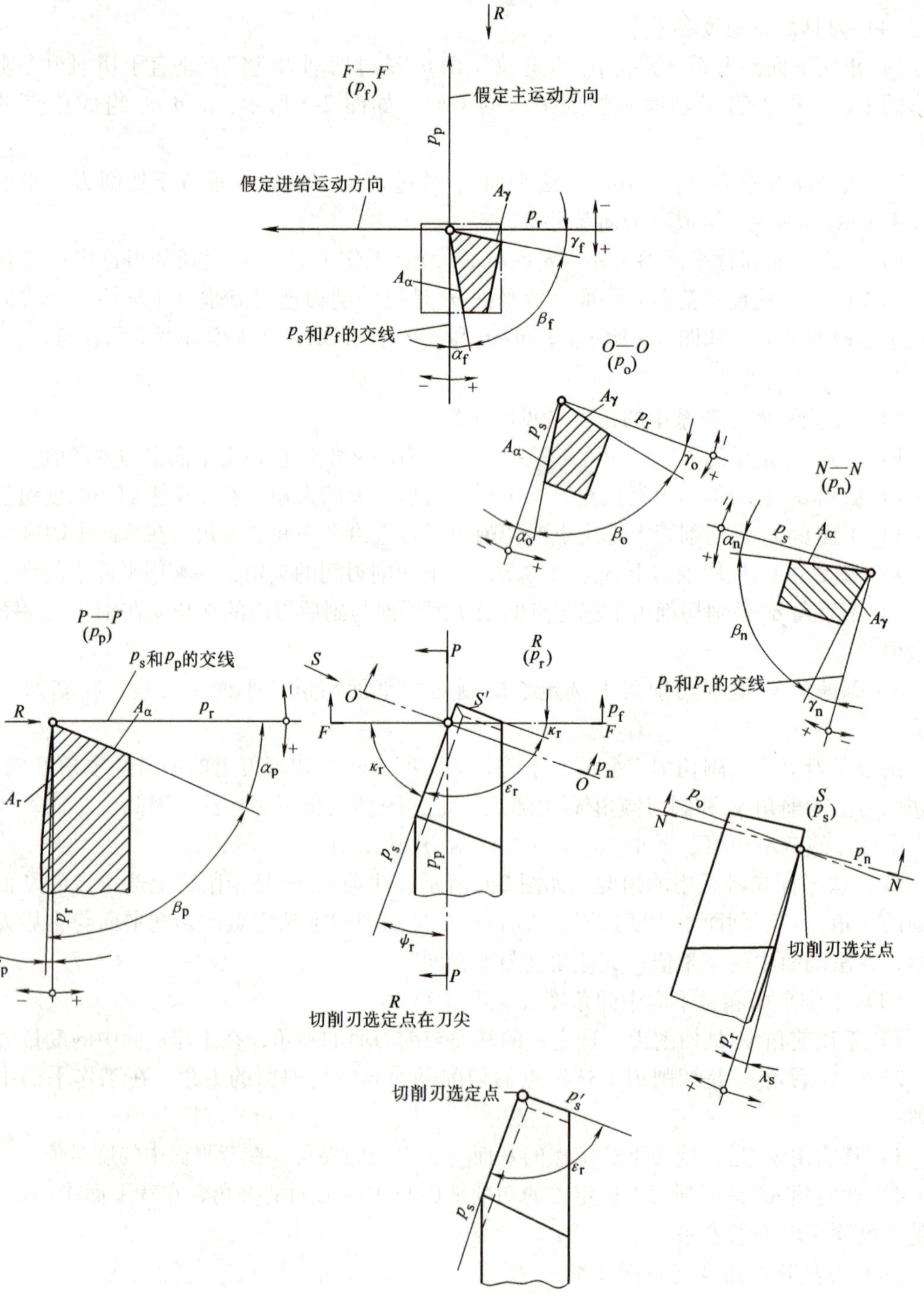

图 2-5　刀具的静态角度

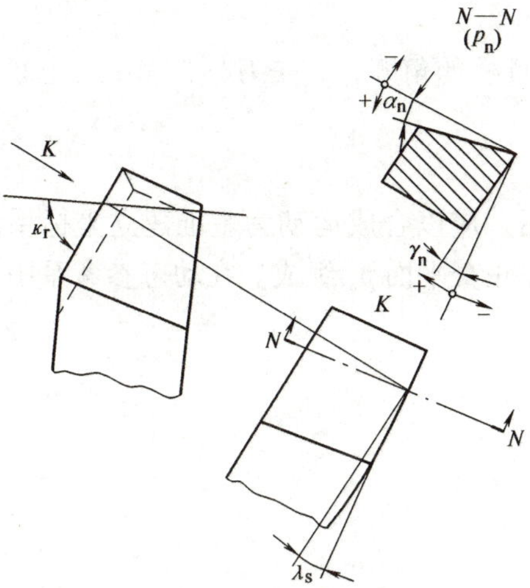

图 2-6　法平面参考系中的角度

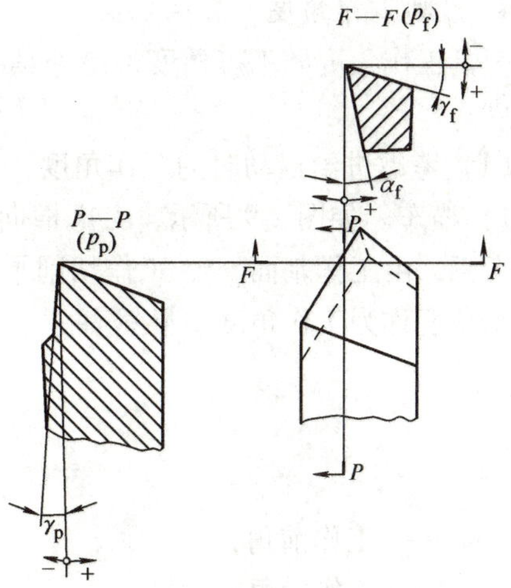

图 2-7　工作平面和背平面中的角度

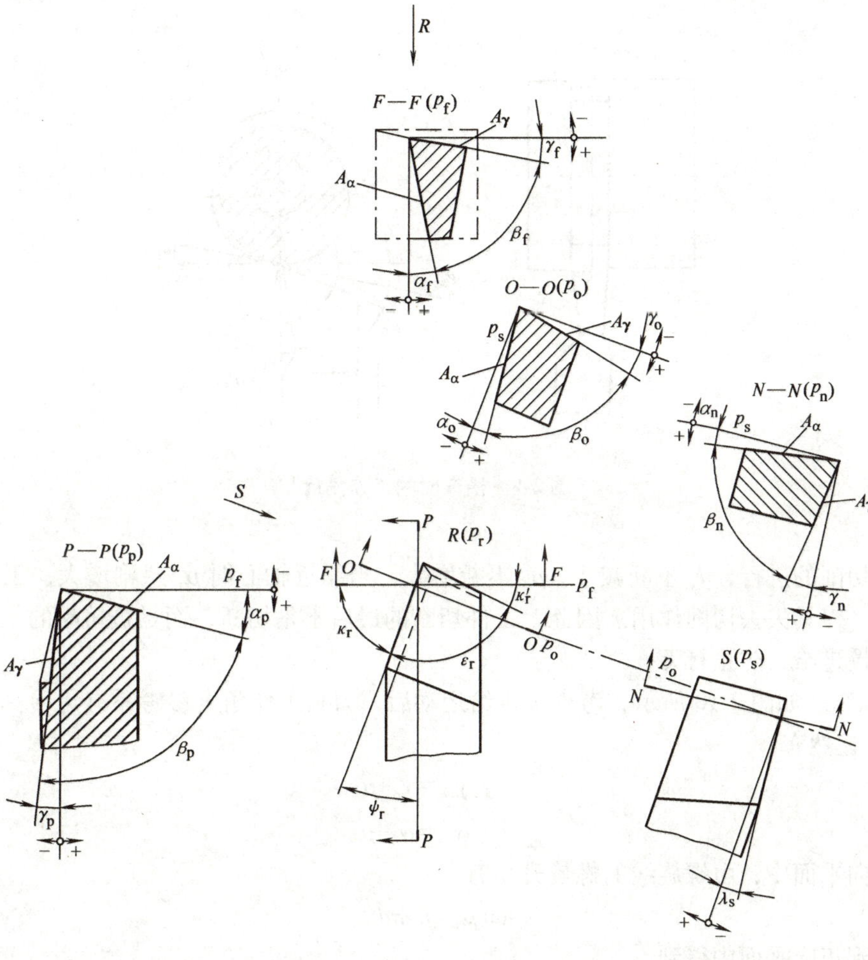

图 2-8　刀具其他角度

4. 刀具工作角度

刀具工作角度即动态角度，是刀具去除假设条件后的角度，它是刀具工作中真正起作用的角度。

（1）考虑进给运动时的工作角度

1）横车。如图2-9所示，考虑横向进给运动后，应以合成运动为基准建立坐标系即动态参考系，由工作基面p_{re}、工作切削平面p_{se}、工作正交平面p_{oe}组成。在动态参考系中确定的刀具角度称为工作角度。显然有

$$\gamma_{fe}=\gamma_f+\mu_f$$

$$\alpha_{fe}=\alpha_f-\mu_f$$

$$\tan\mu_f=f/\pi d_x$$

式中　γ_{fe}——工作前角；

α_{fe}——工作后角；

μ_f——角度变化值；

d_x——工件不同点处的直径。

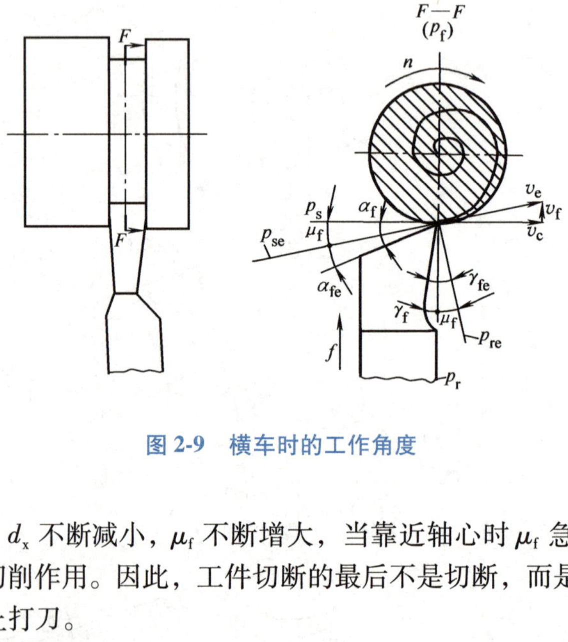

图2-9　横车时的工作角度

随着切削的进行，d_x不断减小，μ_f不断增大，当靠近轴心时μ_f急剧增大，工作后角将变成负值，刀具失去切削作用。因此，工件切断的最后不是切断，而是被挤断的。这时一定注意要缓慢进给，防止打刀。

2）纵车。如图2-10所示，考虑了进给运动后，刀具工作角度参考系（p_{re}-p_{se}-p_{oe}）倾斜了μ_o角。显然有

$$\gamma_{oe}=\gamma_o+\mu_o$$

$$\alpha_{oe}=\alpha_o-\mu_o$$

在纵向平面中，由螺旋线的螺旋升角有

$$\tan\mu_f=f/\pi d_w$$

换算到正交平面中得到

$$\tan\mu_o=f\sin\kappa_r/\pi d_w$$

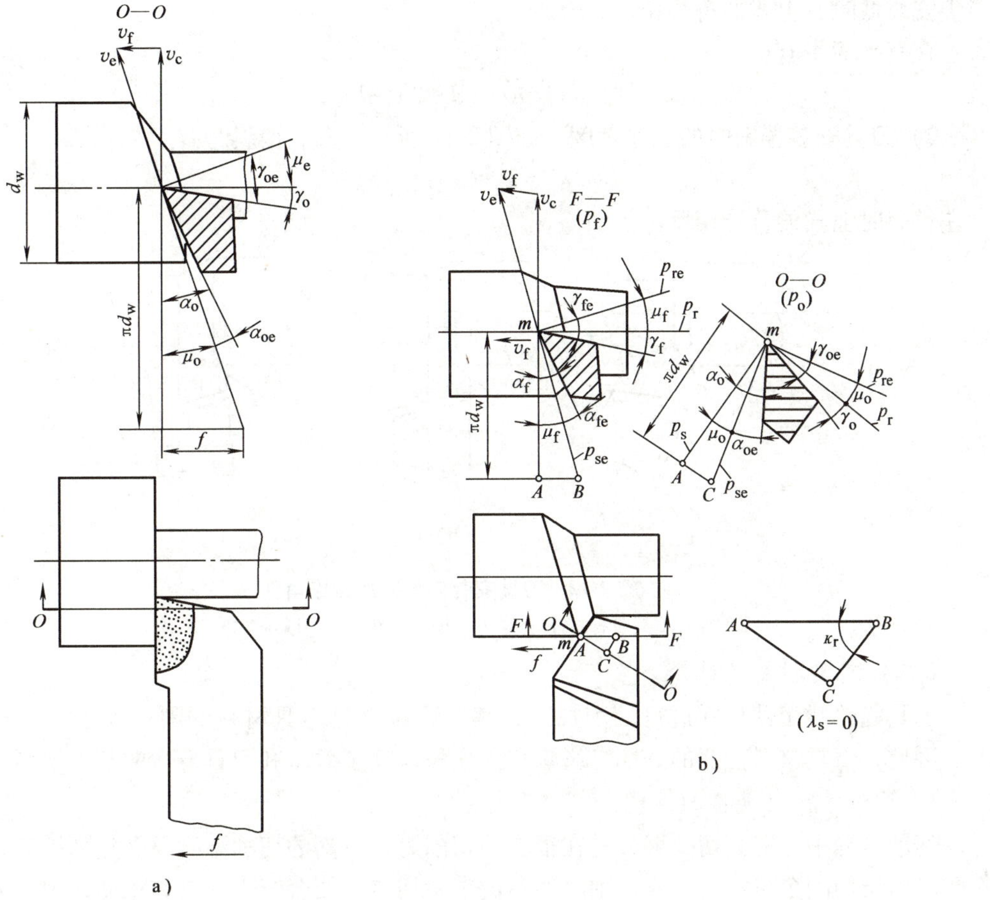

图 2-10　纵车时刀具工作角度

在一般外圆车削中，μ_o 值在 0.3°~0.4°，因此，可以忽略不计。但在车螺纹和大走刀，尤其是多线螺纹时，μ_o 值很大，必须进行工作角度的计算，且注意螺纹车刀左右两切削刃的 μ_o 对工作角度的影响相反。

（2）考虑安装不准确时的工作角度

1）刀尖安装高、低时的工作角度。如图 2-11 所示，刀尖安装高时有

$$\gamma_{oe}=\gamma_o+\theta,\ \alpha_{oe}=\alpha_o-\theta$$

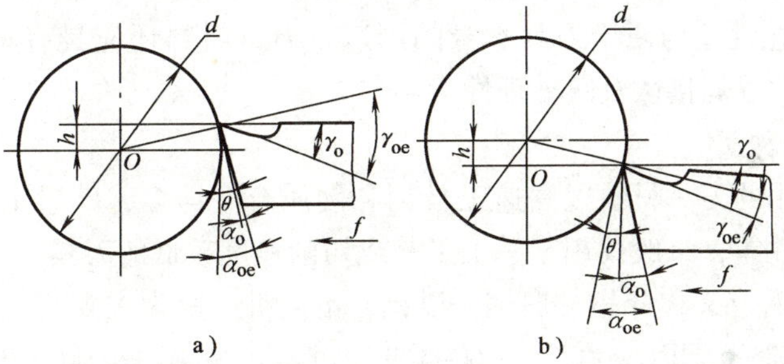

图 2-11　刀尖安装高、低时的工作角度

a）刀尖安装高时　b）刀尖安装低时

刀尖安装低时，上式的符号相反。

在背平面中有

$$\tan\theta = h / [(d_w/2)^2 - h^2]^{1/2}$$

2）刀具安装偏斜时的工作角度。如图2-12所示，向右偏斜时有

$$\kappa_{re} = \kappa_r + G,\ \kappa_{re} = \kappa_r' - G$$

向左偏斜时上式的符号相反。

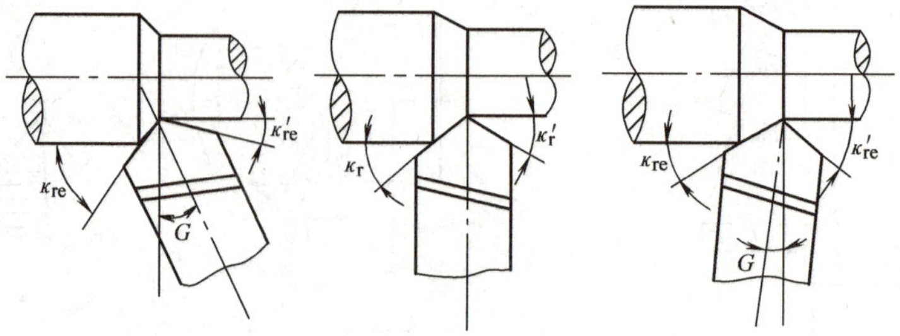

a）　　　　b）　　　　c）

图2-12　刀具安装偏斜时的工作角度

a）刀具向右偏斜　b）刀具正常位置　c）刀具向左偏斜

（二）刀具材料及选择

刀具能够对工件材料进行切削加工，其必要条件是刀具材料的硬度大于工件材料的硬度。因此，刀具材料性能的好坏是影响加工质量、切削效率和刀具寿命的基本要素。

1. 刀具材料应具备的性能

切削过程中，刀具切削部分是在很大的切削力、较高的切削温度及剧烈摩擦等条件下工作的。由于切削余量不均匀或切削时形不成带状切屑，便会产生冲击和振动，因此刀具切削部分的材料应具备以下几种性能：

（1）高硬度　硬度是刀具材料最基本的性能，其硬度必须高于工件材料的硬度，以便刀具切入工件。在常温下刀具材料的硬度应在60HRC以上。

（2）高耐磨性　高耐磨性是刀具抵抗磨损的能力，在剧烈的摩擦下刀具磨损要小。一般来说，硬度越高，耐磨性越好。

（3）高耐热性　是指刀具在高温下仍能保持原有的硬度、强度、韧性和耐磨性等性能。

（4）足够的强度和韧性　强度主要指抗弯强度，韧性是指冲击韧性。刀具只有具备足够的强度和韧性，才能承受较大的切削力和切削时产生的振动，以防刀具脆性断裂和崩刃。

（5）良好的工艺性　为便于刀具本身的制造，刀具材料还应具有良好的工艺性能，如可加工性、可刃磨性、焊接性及热处理性等。

2. 刀具材料的种类

目前生产中所用的刀具材料以高速工具钢和硬质合金居多，碳素工具钢、合金工具钢因耐热性差，一般仅用于手工工具或切削速度较低的刀具。

（1）高速工具钢　又称锋钢、白钢，以钨、铬、钒、钼为主要合金元素，热处理后硬度可达62～67HRC，在550～600℃时仍能保持常温下的硬度和耐磨性，有较高的抗弯强度和冲击韧度，并易磨出锋利的切削刃。因此，特别适宜制造形状复杂的切削刀具，如钻头、丝锥、铣刀、拉刀、齿轮刀具等，其允许切削速度一般为$v<30\text{m/min}$。常

用的牌号有 W18Cr4V 和 W6Mo5Cr4V2。可以加工碳钢、合金钢、铸铁、有色金属等多种材料。如果提高其碳含量，或再添加一些其他合金元素（钴、钼），其硬度可达 68～70HRC，600～650℃时仍能保持正常的切削性能，刀具寿命可提高 1.3～3 倍，如 W6Mo2Cr4V2Co8。

（2）硬质合金　硬质合金是用难熔的金属碳化物（WC、TiC）粉末作基体，以金属 Co 为粘结剂，经高压压制后烧结而成。硬质合金具有较高的耐磨性和耐热性，能耐 850～1000℃ 的高温，硬度可达 74～82HRC，允许使用的切削速度可达 100～300m/min，刀具寿命比高速工具钢高十几倍，因此得到广泛的应用。但硬质合金的抗弯强度低，冲击韧度差，使用中很少制成整体刀具，一般制成各种形状的刀片焊接或夹固在刀体上。

常用的硬质合金分为三类，其牌号见表 2-2。

表 2-2　切削用硬质合金的牌号与用途分组代号

用途分组代号	硬质合金牌号	用途分组代号	硬质合金牌号	用途分组代号	硬质合金牌号
P01	YT30、YT10	M10	YW1	K01	YG3X
P10	YT15	M20	YW2	K10	YG6X、YG6A
P20	YT14			K20	YG6、YG3N
P30	YT5			K30	YG8N、YG8

1）钨钴类 YG（K）：成分碳化钨（WC）+钴（Co），耐热温度 800～900℃，硬度 74～80HRC，强度和韧度相对钨钛钴类较好，主要用于加工有色金属、铸铁等脆性材料。常用牌号有，YG3 含钴 3%（质量分数，下同），用于精加工；YG6 含钴 6%，用于半精加工；YG8 含钴 8%，用于粗加工。含钴量越多硬度、耐磨性和耐热性越差，强度和韧度越好。

2）钨钛钴类 YT（P）：成分碳化钨（WC）+碳化钛（TiC）+钴（Co），耐热温度 900～1000℃，硬度 75～82HRC，强度和韧度相对较差，主要用于加工钢、合金钢等塑性材料。常用牌号有：YT5 含 TiC5%，用于粗加工；YT15 含 TiC15%，用于半精加工；YT30 含 TiC30%，用于精加工。其中含 TiC 越多，硬度、耐磨性和耐热性越好，强度和韧度越差。

3）钨钛钽钴类硬质合金 YW（M）：成分是碳化钨(WC)+碳化钛(TiC)+碳化钽(碳化铌)[TaC(NbC)]+钴(Co)。由于加入了稀有金属碳化物，提高了抗弯强度和韧度，也提高了耐热性、高温硬度和抗氧化能力，是一种即能加工钢，又能加工铸铁和有色金属及其合金，通用性好的刀具材料，常用牌号有 YW1、YW2。

4）其他类硬质合金，主要有：

钨钽钴类硬质合金（YA）：成分是碳化钨（WC）+碳化钽（碳化铌）[TaC（NbC）]+钴（Co）。由于加入了稀有金属碳化物，使其具有较高的常温硬度和耐磨性，同时细化晶粒，提高了高温硬度、高温强度和抗氧化能力，因此，是一种优质的钨钴类硬质合金。

碳化钛基硬质合金（YN）：是以碳化钛（TiC）为基体，镍（Ni）、钼（Mo）为粘结剂，并加入少量其他碳化物的硬质合金。

表面涂层硬质合金：是采用韧性较好的基体，通过化学气相沉积和真空溅射等方法，在硬质合金刀片表面喷涂一层厚度为 5～12μm 的碳化钛（TiC）、氮化钛（TiN）或三氧化二铝（Al_2O_3）等材料而成。

合理地选择不同类型的硬质合金，对于发挥其效能具有特别重要的意义，表 2-3 列出不同硬质合金的应用范围。

表 2-3 不同硬质合金的应用范围

代号	加工材料	适应的加工条件
P01	钢、铸钢	高切削速度、小切削截面、无振动条件下的精车、精镗
P10	钢、铸钢	高切削速度、中等或小切屑截面条件下的车削、仿形车削，车螺纹和铣削
P20	钢、铸钢、可锻铸铁	中等切削速度和中等切削条件下的车削、仿形车削和铣削，小切屑截面的刨削
P30	钢、铸钢、可锻铸铁	中或低等切削速度、中等或大切屑截面条件下的车削、铣削、刨削和不利条件下的加工
P40	钢、含砂眼和气孔的铸钢件	低切削速度、大切削角、大切削截面、以及不利条件下的车削、刨削、切槽和自动车床的加工
P50	钢、含砂眼和气孔的中、低强度钢铸件	用于要求硬质合金有高韧性的工序：在低切削速度、大切削角、大切削截面及不利条件下的车削、刨削、切槽、和自动车床上加工
M10	钢、铸钢、锰钢、灰铸铁和合金铸铁	中等或高切削速度、小或中等切削条件小的车削、铣削
M20	钢、铸钢、奥氏体钢、锰钢、灰铸铁	中等切削速度、中等切削截面条件下的车削、铣削
M30	钢、铸钢、奥氏体钢、灰铸铁、耐高温合金	中等切削速度、中等或大切削条件下的车削、铣削、刨削
M40	低碳易切钢、低强度钢、有色合金和轻合金	车削、切断，特别适于自动机床的加工
K01	特硬灰铸铁、冷硬铸铁、高硅铝合金、淬硬钢、高耐磨塑料、硬纸板、陶瓷	车削、精车、镗削、铣削、刮削

3. 其他刀具材料

（1）陶瓷　它是以人造的化合物（Al_2O_3、Si_3N_4）为原料，加入少量添加剂，在高温和高压下烧结而成的。它有很高的硬度和耐磨性，耐热温度达1200℃以上，化学稳定性好，切削速度可提高3~5倍。但最大的弱点是抗弯强度低，冲击韧性差，因此，主要用于钢、铸铁、有色金属等材料的精加工和半精加工。

（2）金刚石　金刚石分天然和人造两种，是碳的同素异构体，人造金刚石是在高温、高压条件下由石墨转化而成，硬度为10000HV。金刚石能够切削高硬度的耐磨材料，精密切削有色金属及其合金。由于金刚石与铁原子的亲和力很强，因此，不能切削钢铁等黑色金属。

（3）立方氮化硼　它是由软的六方氮化硼在高温、高压条件下，加入催化剂转变而成，其硬度达8000~9000HV，耐磨性好，耐热温度达1400℃，与铁元素的亲和力不大，因此，可对高温合金、淬硬钢、冷硬铸铁进行半精加工和精加工。

（三）车刀几何参数的合理选择

1. 前角的选择

（1）前角的功用　前角影响切削变形、切削刃的锋利性、强度和受力性质、刀具的散热、切屑的形态和加工质量等。前角增大使变形减小，切削刃锋利、强度降低、散热体积减小，提高加工质量等。

（2）合理前角的选择　工件材料的强度、硬度高时，选较小的前角；特别硬的工件，选很小的前角甚至是负值。加工塑性材料，尤其是加工硬化严重的材料，应取较大的前角。

粗加工，特别是断续切削，承受冲击性载荷，或切削有硬皮的工件，为保证刀具的强度，应选择较小的前角；反之精加工要选择较大的前角。成形刀具为防止切削刃畸变，常取较小的前角。刀具材料的强度低、韧性差时，应取较小的前角。工艺系统的刚性差和机床动力不足时，要选择较大的前角。对于数控机床、自动机床和自动线用刀具，考虑刀具的尺寸及工作的稳定性，常取较小的前角。具体数值可参考金属切削手册。

2. 后角 α_o 的选择

（1）后角 α_o 的功用　后角影响切削刃的强度、散热和锋利性，刀具的寿命，切削中的摩擦力。后角增大使切削刃强度和散热性降低，增加切削刃的锋利性，使摩擦减小。

（2）合理后角 α_o 的选择　粗加工、承受冲击载荷的刀具，为保证切削刃强度，应取较小的后角；精加工时，为提高刀具寿命和加工质量，选择较大的后角。工件材料强度、硬度高时，取较小的后角；工件材料硬度低、塑性大或易加工硬化时，为减小摩擦，提高加工质量，应选择较大的后角。加工脆性材料，由于变形小，切削力集中在刃区附近，宜取较小的后角。工艺系统刚性差时，会出现振动，应取较小的后角；定尺寸刀具，为保证刀具刃磨后的尺寸变化小，精度保持性好，宜取较小的后角。

3. 副后角 α_o' 的选择

副后角的值通常等于后角；切断刀、切槽刀、锯片铣刀的副后角受刀具切削部分强度的限制，只能取很小的值，通常取 1°~2°。

4. 主偏角 κ_r 的选择

（1）主偏角 κ_r 的功用　影响切削残留面积的高度，即加工表面粗糙度。主偏角 κ_r 增大残留面积的高度，即表面粗糙度值增大；影响切削层公称截面的形状、切削刃的长度和单位切削刃上的载荷，主偏角 κ_r 增大时，切削层公称截面宽度减小，切削层公称截面厚度增加，单位切削刃上的载荷增大；影响三个切削分力的比例关系，主偏角 κ_r 增大，切削力和背向力减小，进给力增大；影响刀尖的强度和散热，主偏角 κ_r 增大，刀尖强度和散热降低；影响排屑方向和断屑效果，增大主偏角 κ_r，形成窄而厚的切屑，容易折断，且在孔加工时有利于沿轴向排除。

（2）合理主偏角 κ_r 的选择　粗加工和半精加工，一般选择较大的主偏角，以减小振动、提高刀具寿命和采用较大的背吃刀量；加工硬材料时，如冷硬铸铁、淬硬钢等，为减小单位切削刃上的载荷，改善散热，提高刀尖强度和寿命，选取较小的主偏角；工艺系统刚性好时，减小主偏角可提高刀具寿命，刚性差时，应取大的主偏角，甚至大于等于 90°，以减小背向力，减小变形和振动；对单件小批生产，由于一把刀需要加工多个表面，取通用性好的 45°或 90°。

5. 副偏角 κ_r' 的选择

（1）副偏角 κ_r' 的功用　影响切削残留面积的高度，副偏角 κ_r' 减小，切削残留面积的高度减小；影响三个切削分力的比例关系，副偏角 κ_r' 增大，背向力减小；影响刀尖强度和散热，减小副偏角 κ_r'，可提高刀尖强度和散热。

（2）合理副偏角 κ_r' 的选择　一般刀具在不引起振动的情况下，可取较小的数值（5°~10°）；精加工刀具取较小值，必要时可取一段 0° 的修光刃，但修光刃的长度应大于进给量

f，通常取 $(1.2\sim1.5)f$；加工高强度、高硬度材料或断续切削时，应取教小的副偏角（4°~6°）；切断刀、锯片铣刀等取很小的副偏角（1°~2°）。

6. 刃倾角 λ_s 的选择

（1）刃倾角的功用　影响切削刃的锋利性，刃倾角增大使切削刃钝圆半径减小，锋利性增加；影响切屑流出方向、刀尖强度和散热；影响切入的平稳性、切削刃的工作长度和切削分力的比例。

（2）合理刃倾角的选择　加工一般钢材和灰铸铁粗车取0°~-5°，精车取0°~5°，有冲击振动时取-5°~-15°，冲击特别大时可取-30°~-45°；车淬硬钢取-5°~-12°；工艺系统刚性不足时，一般不用副刃倾角；微量切削、精车孔和精刨时，常采用大刃倾角45°~75°。

7. 刃形的选择

（1）刃形的种类及功用　在基面上常见的刃形如图2-13所示，有直线刃、折线刃、圆弧刃、波形刃等。不同的刃形在切削中的作用也不同，折线刃（过渡刃）可增强刀尖强度和散热，提高刀具寿命；圆弧刃可提高刀具寿命和改善加工表面质量；波形刃可提高刀具的抗振性，改善切屑形态等。在正交平面上常见的刃形如图2-14所示，有锋刃、倒圆刃、负倒棱刃、消振棱刃、刃带等。倒圆刃、负倒棱刃增加切削刃的强度和散热；消振棱刃主要是减小振动，增强切削刃；刃带主要是减小刀具的径向磨损量，保持刀具的尺寸精度，增强切削刃，还具有支承、导向和消振的作用。

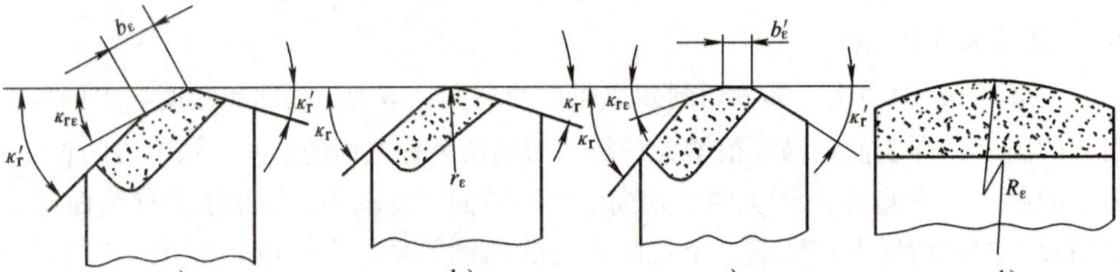

图2-13　基面上常见切削刃的形式

a）直线刃　b）折线刃　c）圆弧刃　d）波形刃

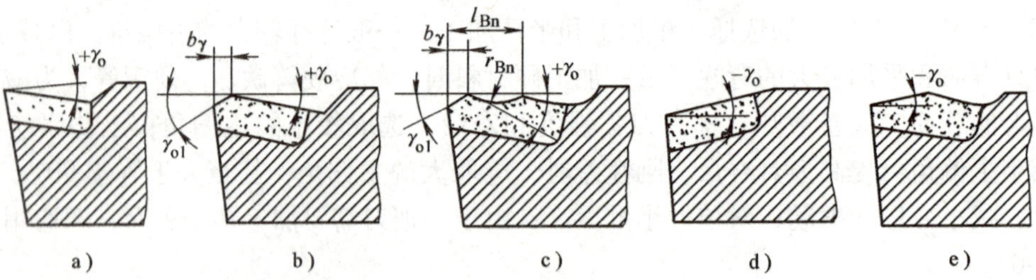

图2-14　正交平面上常见切削刃的形式

a）锋刃　b）倒圆刃　c）负倒棱刃　d）消振棱刃　e）刃带

（2）合理刃形的选择　选择基面上的刃形，通常为了刃磨简便多用直线刃。在刀尖强度和散热较差时，一般为粗加工，由于刀尖处的切削力和切削热比较集中，为了提高刀具寿命，常采用折线刃，以强化刀尖，一般折线刃偏角近似为主偏角的1/2，折线刃长度为0.5~2mm或取 $(1/5\sim1/4)a_p$。在精加工时，为了提高加工质量又增强刀尖强度和散热，常磨出修光刃，即在副切削刃上靠近刀尖处磨出一小段副偏角等于零的切削刃，取 $b_{\varepsilon}'=(1.2\sim1.5)f$。

选择正交平面上的刃形，为了简单方便通常采用锋刃；粗加工时，为增强切削刃强度和散热，可采用倒圆刃或负倒棱刃，一般倒圆刃 $r_n<f/3$，轻型倒圆 $r_n=0.02\sim0.03$mm，一般型倒圆 $r_n=0.05\sim0.1$mm，重型倒圆 $r_n=0.15$mm；负倒棱刃一般取 $b_{\gamma1}=(0.3\sim0.8)f$，$\gamma_{o1}=-10°\sim-15°$。消振棱刃是沿切削刃在后刀面上磨出负后角的窄棱面，一般取 $b_{\alpha1}=0.1\sim0.3$mm，$\alpha_{o1}=-5°\sim-20°$。刃带是在靠近切削刃的后刀面上磨出后角等于零的窄棱面，其参数与刀具的类型有关，一般铣刀取 0.02～0.03mm，铰刀取 0.05～0.03mm，拉刀取小于等于 0.05mm。

刀具合理几何参数是相对的，它取决于实际的加工条件，不同的加工条件有不同的数值，且各参数之间存在着相互依赖、相互制约的关系。因此，选择刀具合理几何参数时，要联系实际，认真分析各参数之间的关系，以及对加工过程的影响，初步确定各参数匹配的方案，通过几次反复的实验、修订后才能确定。决不能孤立地、片面地去追求某一个指标，否则会产生相反的效果。

（四）车刀结构类型及选定

1. 车刀的种类

车刀种类很多，一般按用途和结构进行分类。

（1）按用途分类　车刀可分为外圆车刀、内孔车刀、端面车刀、切断车刀、螺纹车刀等，如图 2-15 所示。

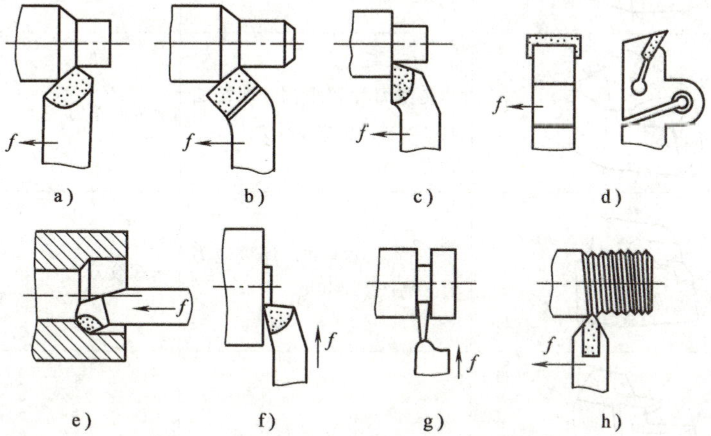

图 2-15　正交平面上常见切削刃的形式

a）直头外圆车刀　b）弯头外圆车刀　c）90°外圆车刀　d）宽刃精车外圆车刀
e）内孔车刀　f）端面车刀　g）切断车刀　h）螺纹车刀

（2）按结构分类　车刀可分为整体车刀、焊接车刀、机夹车刀和可转位车刀。

2. 整体车刀

早期使用的车刀，多半是整体式车刀，随着硬质合金刀具材料的出现，逐步被焊接车刀所取代。目前主要在结构比较复杂的成形车刀中应用。

3. 焊接车刀

在碳钢（一般采用 45 钢）刀杆上按刀具几何角度的要求开出刀槽，用焊料（如黄铜、纯铜或特制的焊片）将硬质合金刀片焊接在刀槽内，并按所选择的几何参数刃磨后再使用的车刀，如图2-16所示。焊接车刀质量的好坏与刀片的合理使用、刀片牌号和型号的合理选择、刀槽的形状尺寸以及焊接工艺等都有密切的关系。

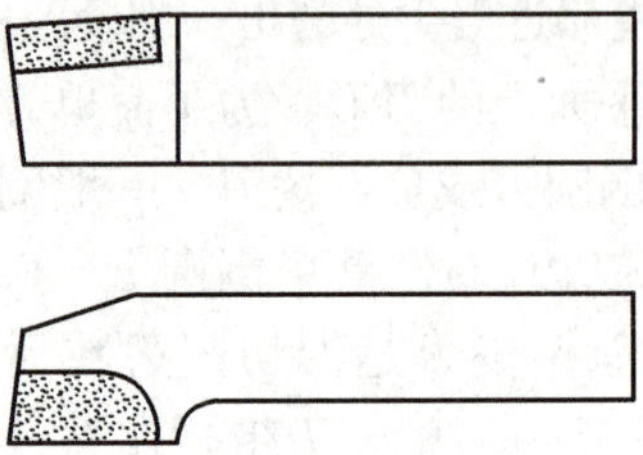

图 2-16　焊接车刀

焊接车刀

（1）车刀刀杆截面形状及选择　车刀刀杆截面形状有矩形、方形和圆形三种。一般用矩形较多，切削力较大时用方形，圆形多用于内孔车刀。刀杆高度 *H* 可按车床中心高选择。

（2）刀槽形状及选择　刀槽形状应根据车刀类型、刀片型号选择。表2-4所列为焊接车刀常用刀槽形状。刀槽形状的选择原则是，在保证焊接强度的前提下，尽量减少焊接面数和焊接面积，以降低焊接应力。在确定刀槽尺寸时，刀槽尺寸应比刀片尺寸小0.5~1.5mm，以使刀片焊接后能稍露出槽外，便于刃磨。

表 2-4　焊接车刀常用刀槽形状

名称	简　图	特　点	适用刀具	配用刀片
开口槽	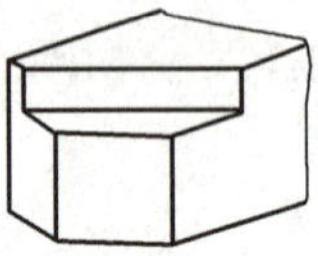	制造简单，焊接面最少，刀具应力小	外圆刀、弯头刀、切槽刀	A1、C3、C4、B1、B2
半封闭槽		夹持刀片较牢固，焊接面大，容易产生焊接应力	外圆车刀	A2、A3、A4、A5、A6、B3、D1
封闭槽	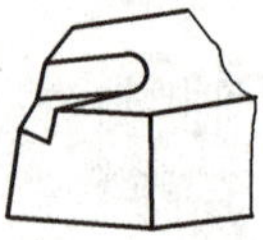	夹持刀片牢固，焊接应力大，易产生裂纹	螺纹刀	C1
嵌入槽				
V形槽	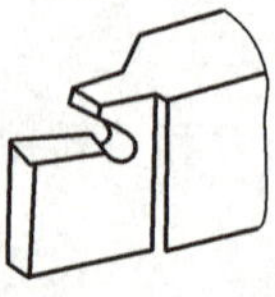	用于底面积较小的刀片，增加焊接面，提高结合强度	切断刀 切槽刀	A1、C3
燕尾槽				

（3）硬质合金刀片及选择

1）刀片牌号。指车刀切削部分的刀具材料。一般根据工件材料选择刀片牌号（参见金属切削手册）。

2）刀片型号。指刀片形状和规格尺寸。刀片型号由一个字母和三位数字来表示，字母和第一位数字表示刀片的形状，后两位数字代表刀片的主要尺寸参数。例如：A106，其中前两位 A1 代表刀片形状，后两位 06 代表刀片的长度为 6mm。若为左切刀片，在末尾标以“Z”。

我国目前将刀片分为 A、B、C、D、E、F 六种型式，各型式又有多种形状。其中，A、B、C 型主要用于制造各种车刀，D、E 型用于制造铣刀，F 型用于制造工具。常用的硬质合金焊接刀片型号可参阅金属切削手册。

焊接车刀的结构简单、紧凑、刚性好，而且灵活性较大，可根据加工条件和加工要求选择几何参数，故应用十分普遍。然而，焊接车刀的硬质合金刀片，在焊接和刃磨时，易出现焊接和刃磨裂纹，因而切削性能下降，对提高生产率是一个障碍。

机夹车刀

4. 机夹车刀

是用机械夹固的方法，将刀片夹持在刀杆上使用的车刀，如图 2-17 所示。刀片磨损后，将刀片卸下，经过刃磨，再重新装上继续使用。

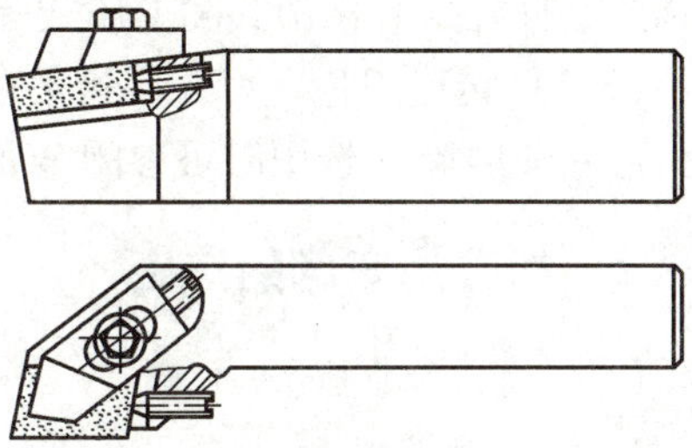

图 2-17　压板式机夹车刀

机夹车刀的特点：

1）刀片不经过焊接，避免了因焊接而引起的刀片硬度下降、产生裂纹等缺陷，延长了刀具寿命。

2）因为刀具寿命高，使用时间长，换刀时间缩短，提高了生产效率。

3）刀杆可以多次重复使用，节省了制造刀杆的钢材。也可提高刀片的利用率，刀片使用到允许的最小尺寸限度后，可以装到小一号的刀杆上继续使用，最后由刀片制造厂回收再制，提高了经济效益，降低了刀具成本。

4）刀片重磨后，尺寸会逐渐缩小，为了恢复刀片的工作位置，往往在车刀刀杆的结构上设有刀片的调整机构，并可增加刀片的重磨次数。

5）压紧刀片所用的压板端部，可以镶上硬质合金，起断屑作用；并且，调整压板可以改变压板端部至切削刃间的距离，扩大断屑范围。

但是，因为刀片用钝后仍需刃磨，裂纹并不能完全避免。

机夹车刀的刀槽形状有敞开式、半封闭式和封闭式三种，可以根据刀片的形状和尺寸、车刀的类型和使用要求进行合理选择。

可转位车刀

5. 可转位车刀

可转位车刀由刀杆、刀片和夹紧元件组成，如图 2-18 所示。

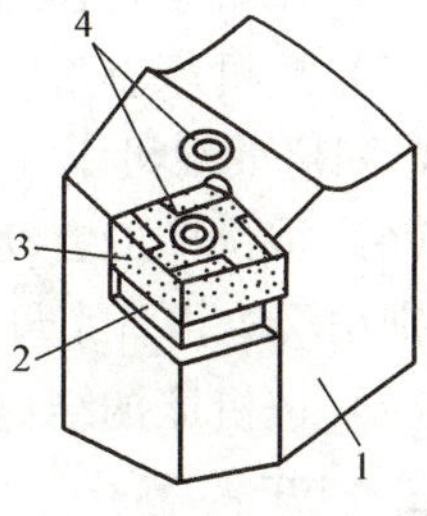

图 2-18　可转位车刀的组成

1—刀杆　2—刀垫　3—刀片　4—夹紧元件

（1）可转位车刀的特点　可转位车刀除了具有机夹车刀的优点外，还具有如下特点：

1）因刀片不经焊接和刃磨，可以避免热应力和裂纹，硬质合金材料保持了原有的力学性能、切削性能、硬度和抗弯强度，在相同的条件下，提高了刀具寿命。

2）刀片上的一个切削刃用钝后，可将刀片转位换成另一个新切削刃继续切削，不会改变切削刃与工件的相对位置，几条切削刃全用钝后，可更换相同规格的新刀片。刀片转位和更换迅速、准确、方便，因此，在专用机床、数控机床、加工中心和自动线上使用可转位车刀，可以缩减停机时间，提高生产效率。

3）由于刀片不需重磨，有利于涂层、陶瓷等新型刀片材料的推广使用。

4）可转位车刀的几何角度，完全由刀片和刀槽的几何角度组合而成，刀片和刀杆可以标准化设计和大量生产，因此，可以获得先进的、合理的刀具几何参数，切削性能稳定。

5）刀杆可以长期使用，节省大量钢材；由于不需刃磨，减少了硬质合金的额外削耗，刀具费用降低。

（2）可转位车刀的夹紧机构　对夹紧机构的要求是：夹紧可靠，重复定位精确，操作方便，结构简单，制造容易，而且夹紧元件不应妨碍切屑流出。常用的夹紧机构有偏心式、杆销式、杠杆式、楔销式和上压式等（选用时可参阅金属切削手册）。

（3）可转位刀片　刀片形状很多，常用的有三角形、偏8°三角形、凸三角形、正方形、五角形和圆形等（选用时可参阅金属切削手册）。

2.3.2　加工用车床的选定

（一）机床的型号

1. 机床的分类

（1）按照机床的加工方式、使用的刀具和用途　分为12类：车床、钻床、镗床、齿轮加工机床、螺纹加工机床、磨床、铣床、刨插床、拉床、特种加工机床、锯床和其他机床。其中磨床的品种较多，故将其分为三个类别，类别代号用1、2、3表示。

（2）按加工精度的不同　分为相对精度等级和绝对精度等级两种。大部分车床、磨床、齿轮加工机床有三种精度产品，即三个相对精度等级，在机床型号中用汉语拼音字母P（普通精度级，在型号中可省略）、M（精密级）、G（高精度级）表示。有些用于高精度精密加工的机床，要求加工精度等级很高，即使是普通精度级产品，其绝对精度级也超过Ⅳ级，这些机床通常称为高精度精密机床，如坐标镗床、坐标磨床、螺纹磨床等。

（3）按使用范围　分为通用机床、专门化机床和专用机床三种。

（4）按自动化程度　分为手动机床、机动机床、半自动机床和自动机床。

（5）按机床重量　分为仪表机床、中小型机床、大型机床（10~30t）、重型机床（30~100t）和超重型机床（100t以上）。

（6）按机床的自动控制方式　可分为仿形机床、数控机床、加工中心等，在机床型号中分别用汉语拼音字母F、K、H表示。

（7）按机床的结构布局型式　可分为立式、卧式、龙门式等。

2. 机床的型号

机床的型号是用来表示机床的类别、主要参数和主要特征的代号。根据标准（GB/T 15375—2008），通用机床的型号表示方法，如图2-19所示（本标准不适用于组合机床及特种加工机床）。

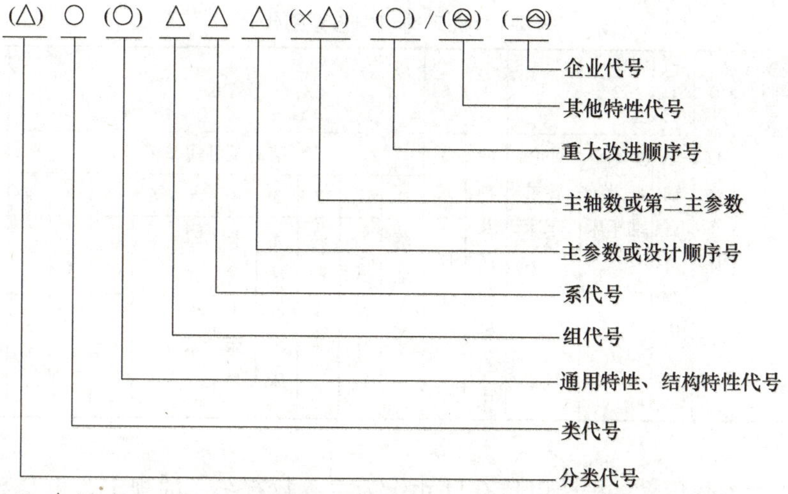

注：△表示数字；○表示大写汉语拼音或英文字母；括号中表示可选项，当无内容时不表示，有内容时则不带括号；⊖表示大写汉语拼音字母、或阿拉伯数字、或两者兼有之。

图 2-19　机床型号的组成

（1）机床的类、组、系代号

1）机床的类别代号。表 2-5 列出了我国机床的 11 个类别（其中未列特种加工机床）。类别代号按机床名称，以汉语拼音字首（大写）表示，并按名称读音。

表 2-5　通用机床分类代号

类别	车床	钻床	镗床	磨床			齿轮加工机床	螺纹加工机床	铣床	刨插床	拉床	锯床	其他机床
代号	C	Z	T	M	2M	3M	Y	S	X	B	L	G	Q
读音	车	钻	镗	磨	二磨	三磨	牙	丝	铣	刨	拉	割	其

2）机床的通用特性代号。机床通用特性代号列入表 2-6。通用特性代号用汉语拼音字首（大写）表示，列在类别代号之后。如 CK6140 中“K”表示该车床具有程序控制特性。

表 2-6　机床的通用特性代号

通用特性	高精度	精密	自动	半自动	数控	加工中心（自动换刀）	仿形	轻型	加重型	简式或经济型	柔性加工单元	数显	高速
代号	G	M	Z	B	K	H	F	Q	C	J	R	X	S
读音	高	密	自	半	控	换	仿	轻	重	简	柔	显	速

3）结构特性代号。为了区别主参数相同而结构不同的机床，在型号中增加了结构特性代号。结构特性代号在不同的型号中可以有不同的含义。若某机床既具有通用特性，又具有结构特性，则结构特性代号应排在通用特性代号之后。如 CA6140 中“A”是结构特性代号，表示 CA6140 与 C6140 车床主参数相同，但结构不同。

4）机床的组别与系别代号。每类机床划分为 10 个组，每个组又划分为 10 个系，见表 2-7。机床型号中，在类别代号和特性代号之后，第一位阿拉伯数字表示组别，第二位阿拉伯数字表示系别。

表 2-7　机床的组别与系别代号

<table>
<tr><th>组别</th><th>系别</th><th>0</th><th>1</th><th>2</th><th>3</th><th>4</th><th>5</th><th colspan="10">6</th><th>7</th><th>8</th><th>9</th></tr>
<tr><td rowspan="3">I 车床</td><td rowspan="3">C</td><td rowspan="3">仪表车床</td><td rowspan="3">单轴自动车床</td><td rowspan="3">多轴自动、半自动车床</td><td rowspan="3">回轮、转塔车床</td><td rowspan="3">曲轴及凸轮轴车床</td><td rowspan="3">立式车床</td><td colspan="10">落地及卧式车床</td><td rowspan="3">仿形及多刀车床</td><td rowspan="3">轮、轴、锭、辊及铲齿车床</td><td rowspan="3">其他车床</td></tr>
<tr><td>0</td><td>1</td><td>2</td><td>3</td><td>4</td><td>5</td><td>6</td><td>7</td><td>8</td><td>9</td></tr>
<tr><td>落地车床</td><td>卧式车床</td><td>马鞍车床</td><td>无丝杠车床</td><td>卡盘车床</td><td>球面车床</td><td></td><td></td><td></td><td></td></tr>
</table>

(2) 机床主参数代号　机床以什么尺寸作为主参数有统一的规定。主参数代表机床的规格，主参数代号代表主参数的折算值，排在组、系代号之后。表 2-8 列出了常见机床的主参数及其折算系数。

表 2-8　机床主参数代号

机床名称	主参数/mm	主参数折算系数	机床名称	主参数/mm	主参数折算系数
卧式车床	床身上最大回转直径	1/10	立式升降台铣床	工作台面宽度	1/10
摇臂钻床	最大钻孔直径	1/1	卧式升降台铣床	工作台面宽度	1/10
卧式坐标镗床	工作台面宽度	1/10	龙门刨床	最大刨削宽度	1/100
外圆磨床	最大磨削直径	1/10	牛头刨床	最大刨削长度	1/10

(3) 机床重大改进顺序号　当机床的性能及结构有重大改进时，按其设计改进的次序，用汉语拼音字母 A、B、C……表示，写在机床型号的末尾。如 M1432A 中“A”表示第一次重大改进后的万能外圆磨床，最大磨削直径为 320mm。随着机床工业的发展，我国机床型号编制方法至今已变动多次。按照有关规定，对过去已定型号，目前仍在生产的机床，其型号一律不变。

(二) CA6140 车床

车削加工是在车床上利用工件的旋转运动和刀具的直线移动来加工工件，常见的车床有卧式车床、立式车床、转塔车床、仿形车床、自动车床以及各种专用车床等。

1. CA6140 型卧式车床的组成

CA6140 型卧式车床适用范围很广，其外形如图 2-20 所示。

(1) 床身　床身 4 固定在左、右床腿上，是车床的支承部件，用以支承和安装车床的各个部件，如主轴箱、进给箱、溜板箱、尾座等，并保证各部件之间具有正确的相对位置和相对运动。床身上面有两组平行导轨——床鞍导轨和尾座导轨。

(2) 主轴箱　主轴箱 1 安装在床身 4 的左上部，箱内有主轴部件和主运动变速机构。调整变速机构可以获得合适的主轴转速。主轴的前端可以安装卡盘或顶尖等以装夹工件，实现主运动。主轴是空心的，中间可以穿过棒料，是主运动的执行件。

（3）进给箱　进给箱 10 安装在床身 4 的左前侧，箱内装有进给运动变速机构。主轴箱的运动可以通过交换齿轮变速机构 11 将运动传给进给箱。进给箱通过光杠 6 或丝杠 7 将运动传给床鞍或刀架。

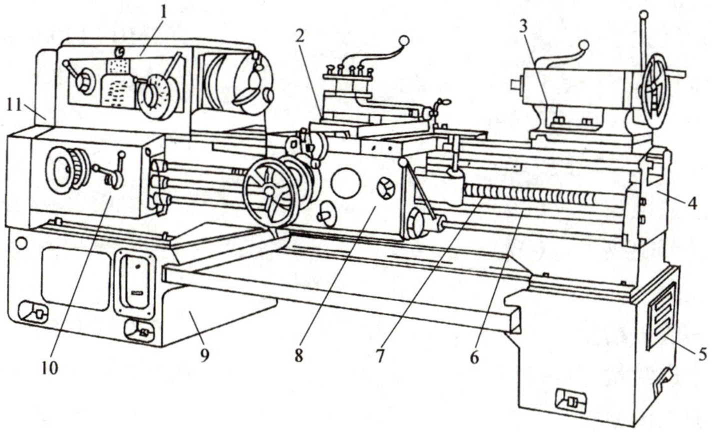

图 2-20　CA6140 型卧式车床外形图

1—主轴箱　2—刀架部件　3—尾座　4—床身　5—右床腿　6—光杠　7—丝杠
8—溜板箱　9—左床腿　10—进给箱　11—交换齿轮变速机构

（4）溜板箱　溜板箱 8 安装在刀架部件底部，并通过光杠或丝杠接受进给箱传来的运动，将运动传给刀架部件，实现纵、横向进给或车螺纹运动。床身前方床鞍导轨下安装有长齿条，溜板箱中的小齿轮与其啮合，可带动溜板箱纵向移动。

（5）刀架部件　刀架部件 2 装在床身 4 的刀架导轨上，由小滑板、中滑板、床鞍、方刀架组成。方刀架处于最上层，用于夹持刀具。小滑板在方刀架与中滑板之间，与中滑板以转盘相连，可在水平面内任意转动一个角度，调好方向后带动刀架实现斜向手动进给，用于加工锥体。中滑板处于小滑板与床鞍之间，可沿床鞍上面的导轨作横向自动或手动进给，当把丝杠螺母机构脱开后，用靠模法可自动加工锥体。床鞍处于中滑板与床身之间，可沿床身上床鞍导轨纵向移动，以实现纵向自动或手动进给。

（6）尾座　尾座 3 通常安装在床身右上部，并可沿床身上的尾座导轨调整其位置，通过顶尖支承不同长度的工件。尾座可在其底板上做少量横向移动，通过调整位置，可以在用前、后顶尖支承的工件上车锥体。

（7）交换齿轮变速机构　交换齿轮变速机构 11 装在主轴箱 1 与进给箱 10 的左侧，其内部的交换齿轮连接主轴箱和进给箱，当车削寸制螺纹、径节螺纹、精密螺纹、非标准螺纹时需调换交换齿轮。

（8）丝杠与光杠　丝杠与光杠的左端装在进给箱 10 上，右端装在床身 4 右前侧的挂角上，中间穿过溜板箱。通常光杠用于一般车削工件，丝杠主要用于车螺纹。

2. CA6140 型卧式车床的主要技术参数

床身上最大工件回转直径	400mm
中滑板上最大工件回转直径	210mm

工件最大长度（四种规格）	750mm；1000mm；1500mm；2000mm
主轴中心高度	205mm
主轴内孔直径	48mm
主轴前端锥孔的锥度	莫氏6号锥度
主轴　正转（24级）	10~1400r/min
反转（12级）	14~1580r/min
车削螺纹范围　普通螺纹螺距（44）	1~192mm
寸制螺纹螺距(20)	2~24牙/in
模数螺纹　(39)	0.25~48mm
径节螺纹　(37)	1~96牙/in
进给量　纵向	64级
一般进给量	0.08~1.59mm/r
小进给量	0.028~0.054mm/r
加大进给量	1.71~6.33mm/r
横向	64级
一般进给量	0.04~0.79mm/r
小进给量	0.014~0.027mm/r
加大进给量	0.86~3.16mm/r
主电动机功率/转速	7.5kW 1450r/min
快速电动机功率/转速	0.25kW 2800r/min
尾座顶尖套锥孔锥度	莫氏5号锥度
机床工作精度	
圆度	0.002~0.005mm
精车端面平面度	0.005~0.01mm
表面粗糙度	*Ra*3.2~0.8μm

3. 机床的传动系统

CA6140型卧式车床的传动系统由主运动传动链、纵横向进给运动传动链，车螺纹运动传动链和刀架的快速移动传动链组成，如图2-21所示。

（1）主运动　运动源是7.5kW、1450r/min的电动机，经V带传动使轴Ⅰ获得旋转运动。为了控制主轴的起动、停止及变换旋转方向，在轴Ⅰ上装有双向片式摩擦离合器M_1。M_1左边的摩擦片被压紧时，主轴正转。右边的摩擦片被压紧时，主轴反转。两边的摩擦片均不被压紧时，轴Ⅰ空转，主轴停止转动。轴Ⅰ的运动经M_1和双联滑移齿轮变速组传至轴Ⅱ，使轴Ⅱ获得两种正转转速；经M_1和$\frac{50}{34}\times\frac{34}{30}$传至轴Ⅱ，使轴Ⅱ获得1种反转转速。由此可知，反转转速级数为正转转速级数的一半。轴Ⅱ的运动经三联滑移齿轮变速组使轴Ⅲ获得6种正转转速，然后分两路传给主轴：当主轴上带内齿轮（作M_2用）的$z=50$的滑移齿轮处于图示位置时，轴Ⅲ的运动经$\frac{63}{50}$齿轮副直接传给主轴，使主轴获得6级高档转速；当$z=50$齿轮处于右边位置使M_2接合时，轴Ⅲ的运动经双联滑移齿轮变速组传至轴Ⅳ，再经另一

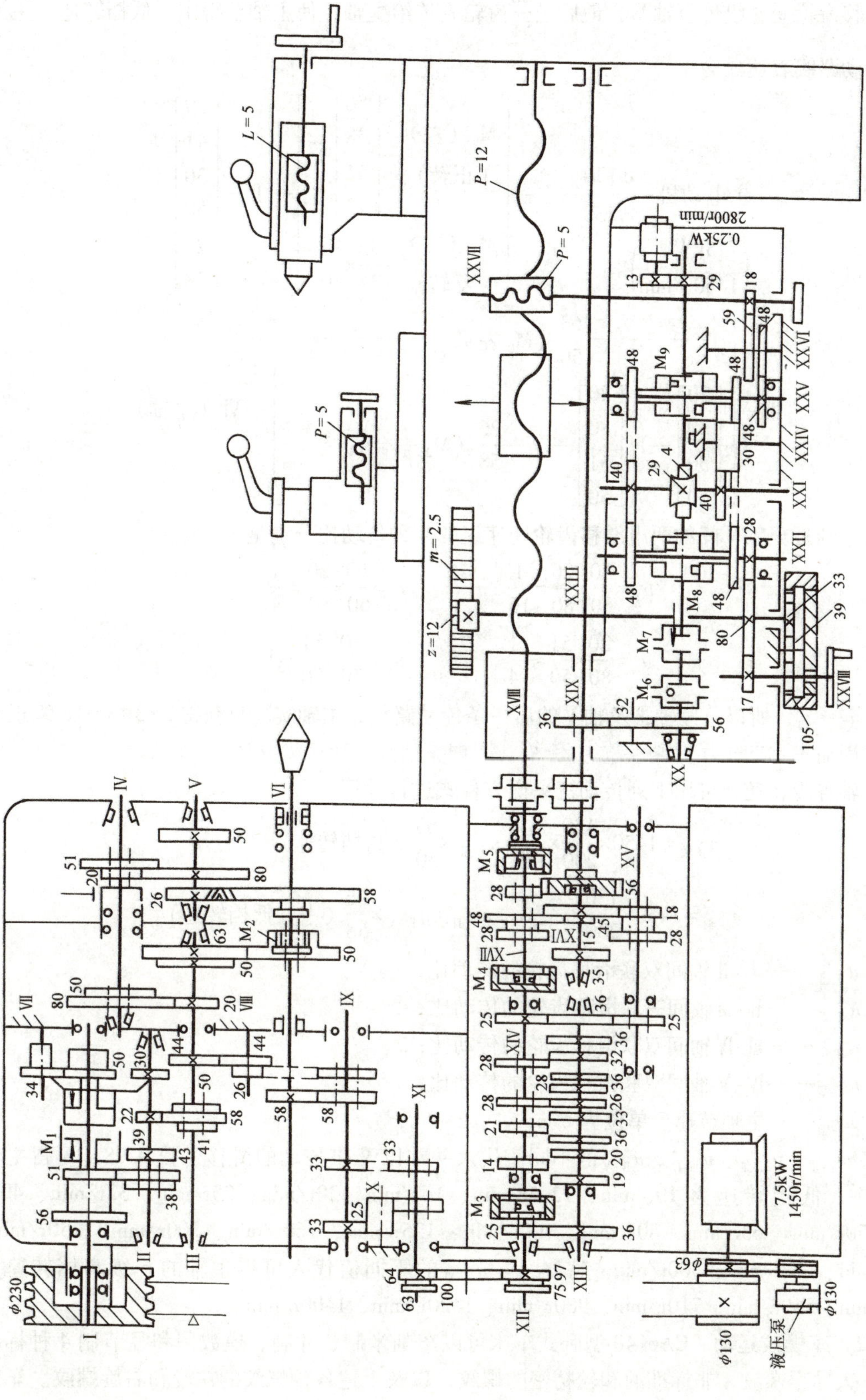

图 2-21　CA6140 型卧式车床传动系统图

双联滑移齿轮变速组传至轴V，最后经$\frac{26}{58}$齿轮副传给主轴，使主轴获得中、低档转速。主运动的传动路线表达式为

$$\text{主电动机}\begin{pmatrix}7.5\text{kW}\\ 1450\text{r/min}\end{pmatrix}-\frac{\phi130}{\phi230}-\text{I}-\begin{bmatrix}\text{M}_1\text{（左）（正转）}-\begin{bmatrix}\frac{56}{38}\\ \frac{51}{43}\end{bmatrix}-\\ \text{M}_1\text{（右）（反转）}-\frac{50}{34}\times\frac{34}{30}\end{bmatrix}-\text{II}-\begin{bmatrix}\frac{39}{41}\\ \frac{30}{50}\\ \frac{22}{58}\end{bmatrix}-$$

$$\text{III}-\begin{bmatrix}\frac{63}{50}\text{（M}_2\text{左离）}\\ \begin{bmatrix}\frac{20}{80}\\ \frac{50}{50}\end{bmatrix}-\text{IV}-\begin{bmatrix}\frac{20}{80}\\ \frac{51}{50}\end{bmatrix}-\text{V}-\frac{26}{58}\text{（M}_2\text{右合）}\end{bmatrix}-\text{VI（主轴）}$$

由于轴Ⅲ至轴V间的两组滑移齿轮变速组的4种传动比分别是

$$u_1=\frac{20}{80}\times\frac{20}{80}=\frac{1}{16}\qquad u_2=\frac{50}{50}\times\frac{20}{80}=\frac{1}{4}$$

$$u_3=\frac{20}{80}\times\frac{51}{50}\approx\frac{1}{4}\qquad u_4=\frac{50}{50}\times\frac{51}{50}\approx1$$

其中，$u_2\approx u_3$，所以，经轴Ⅲ及轴V的后一条传动路线，主轴实际只获得2×3×3=18级正转转速，因而主轴的实际转速级数为24级。同理主轴反转转速级数为12级。

主轴各级转速，可用下列传动链平衡方程式进行计算：

$$n_{主轴}=1450\times\frac{130}{230}\times u_{\text{I-II}}u_{\text{II-III}}\times\frac{63}{50}\ \text{（高档转速）}$$

及

$$n_{主轴}=1450\times\frac{130}{230}\times u_{\text{I-II}}u_{\text{II-III}}u_{\text{III-IV}}u_{\text{IV-V}}\times\frac{26}{58}\ \text{（中、低档转速）}$$

式中　$u_{\text{I-II}}$——Ⅰ-Ⅱ轴间双联滑移齿轮的传动比；

$u_{\text{II-III}}$——Ⅱ-Ⅲ轴间三联滑移齿轮的传动比；

$u_{\text{III-IV}}$——Ⅲ-Ⅳ轴间双联滑移齿轮的传动比；

$u_{\text{IV-V}}$——Ⅳ-V轴间双联滑移齿轮的传动比；

$n_{主轴}$——主轴转速，单位为r/min。

将$u_{\text{I-II}}$、$u_{\text{II-III}}$、$u_{\text{III-IV}}$、$u_{\text{IV-V}}$的不同值代入并乘以V带传动的滑移系数0.98，可得主轴18级中、低档转速为10r/min、12.5r/min、16r/min、20r/min、25r/min、32r/min、40r/min、50r/min、63r/min、80r/min、100r/min、125r/min、160r/min、200r/min、250r/min、320r/min、400r/min、500r/min。将$u_{\text{I-II}}$、$u_{\text{II-III}}$的不同值代入可得主轴的6级高档转速为450r/min、560r/min、710r/min、900r/min、1120r/min、1400r/min。

（2）车螺纹运动　CA6140型卧式车床可以车削米制、寸制、模数制和径节制4种标准螺纹，大导程螺纹，非标准的和较精密的螺纹，以及上述各种螺纹的左旋和右旋螺纹。车螺

纹运动传动链的两端件是主轴和刀架，它们之间必须保持严格的运动关系，即主轴每转一转，刀具移动一个工件螺纹的导程。

不同制度的螺纹，用不同的参数来表示。米制螺纹以导程 P_h（mm）、寸制螺纹以每英寸长度上的牙数 a、模数螺纹以模数 m、径节螺纹以径节数 DP 来表示。因为 CA6140 型卧式车床的传动丝杠采用米制螺纹，在进行传动链的调整计算时，必须把各种制度的螺纹参数转化成用米制螺距 P（mm）或导程 P_h（mm）来表示，以使传动链平衡方程式两端的计量单位统一。其换算关系见表 2-9。

表 2-9　各种螺纹参数的换算关系

螺纹种类	螺纹参数	螺距 P/mm	导程 T/mm
米　制	螺距 P/mm	$P=P$	$P_h=kP$
模数制	模数 m/mm	$P_m=\pi m$	$P_{hm}=kP_m=k\pi m$
英　制	每英寸牙数 a/(牙·in^{-1})	$P_a=25.4/a$	$P_{ha}=kP_a=25.4k/a$
径节制	径节 DP/(牙·in^{-1})	$P_{DP}=25.4\pi/DP$	$P_{hDP}=kP_{DP}=25.4\pi k/DP$

注：表中 k 为螺纹线数。

1）车米制螺纹。米制螺纹是应用最广泛的一种螺纹，在国家标准中规定了标准螺距值。表 2-10 列出了 CA6140 型卧式车床能车削的常用米制螺纹标准导程值（$k=1$）。

表 2-10　CA6140 型卧式车床车削米制螺纹导程表　（单位：mm）

$u_{基}$		$\frac{26}{28}$	$\frac{28}{28}$	$\frac{32}{28}$	$\frac{36}{28}$	$\frac{19}{14}$	$\frac{20}{14}$	$\frac{33}{21}$	$\frac{36}{21}$
$u_{倍}$	$\frac{18}{45}\times\frac{15}{48}=\frac{1}{8}$	—	—	1	—	—	1.25	—	1.5
	$\frac{28}{35}\times\frac{15}{48}=\frac{1}{4}$	—	1.75	2	2.25	—	2.5	—	3
	$\frac{18}{45}\times\frac{35}{28}=\frac{1}{2}$	—	3.5	4	4.5	—	5	5.5	6
	$\frac{28}{35}\times\frac{35}{28}=1$	—	7	8	9	—	10	11	12

车米制螺纹时如图 2-21 所示，进给箱中离合器 M_3、M_4 脱开，M_5 结合。运动由主轴Ⅵ经齿轮副$\frac{58}{58}$，轴Ⅸ—Ⅺ间换向机构，交换齿轮组要用$\frac{63}{100}\times\frac{100}{75}$，然后再经齿轮副$\frac{25}{36}$，轴ⅩⅢ—ⅩⅣ间滑移齿轮变速机构，齿轮副$\frac{25}{36}\times\frac{36}{25}$，轴ⅩⅤ—ⅩⅦ间的两组滑移齿轮变速机构及离合器 M_5 传动丝杠。丝杠通过开合螺母将运动传至溜板箱，带动刀架纵向进给。车制米制螺纹进给运动的传动路线表达式为

$$\text{主轴Ⅵ}—\frac{58}{58}—\text{Ⅸ}—\begin{bmatrix}\frac{33}{33}\\\text{（右旋螺纹）}\\\frac{33}{25}\times\frac{25}{33}\\\text{（左旋螺纹）}\end{bmatrix}—\text{Ⅺ}—\frac{63}{100}\times\frac{100}{75}—\text{Ⅻ}—\frac{25}{36}—\text{ⅩⅢ}—u_{基}—$$

$$\text{XIV}-\frac{25}{36}\times\frac{36}{25}-\text{XV}-u_{倍}-\text{XVII}-\text{M}_5-\text{XVIII}（丝杠）—刀架$$

运动平衡式为

$$P_h=kP=1_{主轴}\times\frac{58}{58}\times\frac{33}{33}\times\frac{63}{100}\times\frac{100}{75}\times\frac{25}{36}\times u_{基}\times\frac{25}{36}\times\frac{36}{25}\times u_{倍}\times12\ (P_{h丝})$$

式中　P_h——螺纹导程（mm）；

P——螺纹螺距（mm）；

k——螺纹线数；

$u_{基}$——基本组传动比；

$u_{倍}$——增倍组传动比。

整理后可得

$$P_h=7u_{基}\,u_{倍}$$

该滑移齿轮变速机构由固定在轴XIII上八个齿轮及安装在轴XIV上四个单联滑移齿轮构成。每个滑移齿轮可分别与轴XIII上的两个固定齿轮相啮合，其啮合情况分别为：$\frac{26}{28}$、$\frac{28}{28}$、$\frac{32}{28}$、$\frac{36}{28}$、$\frac{19}{14}$、$\frac{20}{14}$、$\frac{33}{21}$及$\frac{36}{21}$，相应的八种传动比为：$\frac{6.5}{7}$、$\frac{7}{7}$、$\frac{8}{7}$、$\frac{9}{7}$、$\frac{9.5}{7}$、$\frac{10}{7}$、$\frac{11}{7}$及$\frac{12}{7}$。这八个传动比近似按等差数列排列。该变速机构是获得各种螺纹导程的基本变速机构，通常称为基本螺距机构，或简称为基本组，其传动比以 $u_{基}$ 表示。

$u_{倍}$ 其值按倍数排列，用来配合基本组，扩大车削螺纹的螺距值大小，故称该变速机构为增倍机构或增倍组。增倍组有四种传动比，分别为

$$u_{倍1}=\frac{28}{35}\times\frac{35}{28}=1$$

$$u_{倍2}=\frac{18}{45}\times\frac{35}{28}=\frac{1}{2}$$

$$u_{倍3}=\frac{28}{35}\times\frac{15}{48}=\frac{1}{4}$$

$$u_{倍4}=\frac{18}{45}\times\frac{15}{48}=\frac{1}{8}$$

通过 $u_{基}$ 和 $u_{倍}$ 的不同组合，就可得到表2-10中所列全部米制螺纹的导程值（$k=1$）。

2）车模数螺纹。模数螺纹的螺距参数为模数 m，螺距值为 $m\pi$（mm），主要用于车削米制蜗杆。

车模数螺纹时，交换齿轮组要用$\frac{64}{100}\times\frac{100}{97}$，其余传动路线与车米制螺纹完全一致。车削模数螺纹的运动平衡式为

$$P_{hm}=k\pi m=1_{主轴}\times\frac{58}{58}\times\frac{33}{33}\times\frac{64}{100}\times\frac{100}{97}\times\frac{25}{36}\times u_{基}\times\frac{25}{36}\times\frac{36}{25}\times u_{倍}\times12\ (P_{h丝})$$

式中　P_{hm}——模数螺纹导程（mm）；

m——模数螺纹的模数值（mm）；

k——螺纹线数。

整理后得

$$P_{hm}=k\pi m=\frac{7\pi}{4}u_{基}\ u_{倍}$$

$$m=\frac{7}{4k}u_{基}\ u_{倍}$$

改变 $u_{基}$ 和 $u_{倍}$，就可车削各种模数螺纹（$k=1$）的模数值，见表 2-11。

表 2-11 CA6140 型卧式车床车削模数螺纹模数表 （单位：mm）

$u_{基}$		$\frac{26}{28}$	$\frac{28}{28}$	$\frac{32}{28}$	$\frac{36}{28}$	$\frac{19}{14}$	$\frac{20}{14}$	$\frac{33}{21}$	$\frac{36}{21}$
$u_{倍}$	$\frac{18}{45}\times\frac{15}{48}=\frac{1}{8}$	—	—	0.25	—	—	—	—	—
	$\frac{28}{35}\times\frac{15}{48}=\frac{1}{4}$	—	—	0.5	—	—	—	—	—
	$\frac{18}{45}\times\frac{35}{28}=\frac{1}{2}$	—	—	1	—	—	1.25	—	1.5
	$\frac{28}{35}\times\frac{35}{28}=1$	—	1.75	2	2.25	—	2.5	2.75	3

3）车寸制螺纹。寸制螺纹的螺距参数为螺纹每英寸长度上的牙数 a。标准的 a 值也是按分段等差数列规律排列的。寸制螺纹的螺距值为 $1/a$ 时，折算成米制为 $25.4\text{mm}/a$。可见标准寸制螺纹螺距值的特点是：分母按分段等差数列排列，且螺距值中含有 25.4 特殊因子。因此，车削寸制螺纹传动路线与车米制螺纹传动路线相比，应有两处不同：

①基本组中主、从动传动关系应与车米制螺纹时相反，即运动应由轴XIV传至轴XIII。这样，基本组的传动比分别为$\frac{7}{6.5}$、$\frac{7}{7}$、$\frac{7}{8}$、$\frac{7}{9}$、$\frac{7}{9.5}$、$\frac{7}{10}$、$\frac{7}{11}$及$\frac{7}{12}$，形成了分母成近似等差数列排列，从而适应寸制螺纹螺距值的排列规律。

②改变传动链中部分传动副的传动比，以引入 25.4 的因子。车制寸制螺纹时，交换齿轮组要用$\frac{63}{100}\times\frac{100}{75}$，进给箱中轴XII的滑移齿轮 $z=25$ 右移，使 M_3 结合，轴XV上滑移齿轮 $z=25$ 左移与轴XIII上固定齿轮 $z=36$ 啮合。此时，离合器 M_4 脱开，M_5 保持结合。运动由交换齿轮组传至轴XII后，经离合器 M_3、轴XIV及基本组机构传至轴XIII，传动方向正好与车米制螺纹时相反，其基本组传动比 $u'_{基}$与车米制螺纹时的 $u_{基}$ 互为倒数，即 $u'_{基}=1/u_{基}$。然后运动由齿轮副$\frac{36}{25}$，增倍机构，M_5 传至丝杠。车寸制螺纹的运动平衡式为

$$P_{ha}=\frac{25.4k}{a}=1_{主轴}\times\frac{58}{58}\times\frac{33}{33}\times\frac{63}{100}\times\frac{100}{75}\times u'_{基}\times\frac{36}{25}\times u_{倍}\times 12\ (P_{h丝})$$

平衡式中，$\frac{63}{100}\times\frac{100}{75}\times\frac{36}{25}\approx\frac{25.4}{21}$，包含了 25.4 因子，$u'_{基}=1/u_{基}$，代入上式整理后得

$$P_{ha}=\frac{25.4k}{a}=\frac{4}{7}\times 25.4\ \frac{u_{倍}}{u_{基}}$$

$$a=\frac{7ku_{基}}{4\ u_{倍}}$$

当头数 $k=1$ 时，a 值与 $u_{基}$、$u_{倍}$ 的关系见表2-12。

表2-12 CA6140型卧式车床车削寸制螺纹 a 值表 （单位：牙·in^{-1}）

$u_{基}$		$\frac{26}{28}$	$\frac{28}{28}$	$\frac{32}{28}$	$\frac{36}{28}$	$\frac{19}{14}$	$\frac{20}{14}$	$\frac{33}{21}$	$\frac{36}{21}$
$u_{倍}$	$\frac{18}{45}\times\frac{15}{48}=\frac{1}{8}$	—	14	16	18	19	20	—	24
	$\frac{28}{35}\times\frac{15}{48}=\frac{1}{4}$	—	7	8	9	—	10	11	12
	$\frac{18}{45}\times\frac{35}{28}=\frac{1}{2}$	$3\frac{1}{4}$	$3\frac{1}{2}$	4	$4\frac{1}{2}$	—	5	—	6
	$\frac{28}{35}\times\frac{35}{28}=1$	—	—	2	—	—	—	—	3

4）车径节螺纹。径节螺纹用于寸制蜗杆，其螺距参数以径节 DP（牙/in）来表示。标准径节的数列也是分段等差数列。径节螺纹的螺距为 $25.4\pi/DP$，可见径节螺纹的螺距值与寸制螺纹相似，即分母是分段等差数列，且螺距值中含有25.4因子，所不同的是径节螺纹的螺距值中还具有 π 因子。由此可知，车削径节螺纹可采用车寸制螺纹传动路线，但交换齿轮组应与加工模数螺纹时相同，为 $\frac{64}{100}\times\frac{100}{97}$。车径节螺纹时的运动平衡式为

$$P_{hDP}=\frac{25.4k\pi}{DP}=1_{主轴}\times\frac{58}{58}\times\frac{33}{33}\times\frac{64}{100}\times\frac{100}{97}\times u'_{基}\times\frac{36}{25}\times u_{倍}\times 12\ (P_{h丝})$$

平衡式中，$\frac{64}{100}\times\frac{100}{97}\times\frac{36}{25}\approx\frac{25.4\pi}{84}$，$u'_{基}=1/u_{基}$，代入整理后得

$$P_{hDP}=\frac{25.4k\pi}{DP}=\frac{25.4\pi u_{倍}}{7u_{基}}$$

$$DP=7k\frac{u_{基}}{u_{倍}}$$

当加工头数 $k=1$ 的标准 DP 值径节螺纹时，$u_{基}$ 和 $u_{倍}$ 的关系见表2-13。

表2-13 CA6140型卧式车床车削径节螺纹 DP 值表 （单位：牙·in^{-1}）

$u_{基}$		$\frac{26}{28}$	$\frac{28}{28}$	$\frac{32}{28}$	$\frac{36}{28}$	$\frac{19}{14}$	$\frac{20}{14}$	$\frac{33}{21}$	$\frac{36}{21}$
$u_{倍}$	$\frac{18}{45}\times\frac{15}{48}=\frac{1}{8}$	—	56	64	72	—	80	88	96
	$\frac{28}{35}\times\frac{15}{48}=\frac{1}{4}$	—	28	32	36	—	40	44	48
	$\frac{18}{45}\times\frac{35}{28}=\frac{1}{2}$	—	14	16	18	—	20	22	24
	$\frac{28}{35}\times\frac{35}{28}=1$	—	7	8	9	—	10	11	12

由上述可见，CA6140型卧式车床通过两组不同传动比的交换齿轮、基本组、增倍组以及轴Ⅻ、轴ⅩⅤ上两个滑移齿轮 $z=25$ 的移动（通常称这两个滑移齿轮及有关的离合器为移

换机构）加工出四种不同的标准螺纹。表 2-14 列出了加工四种螺纹时，进给传动链中各机构的工件状态。

表 2-14　CA6140 型卧式车床车制各种螺纹的工作调整

螺纹种类	螺距/mm	交换齿轮机构	离合器状态	移换机构	基本组传动方向
米制螺纹	P	$\frac{63}{100}\times\frac{100}{75}$	M_5 结合 M_3、M_4 脱开	轴Ⅻ $\overleftarrow{z}_{25}$ XV $\overrightarrow{z}_{25}$	轴XIII→XIV
模数螺纹	$P_m=\pi m$	$\frac{64}{100}\times\frac{100}{97}$			
寸制螺纹	$P_a=\frac{25.4}{a}$	$\frac{63}{100}\times\frac{100}{75}$	M_3、M_5 结合 M_4 脱开	轴Ⅻ $\overrightarrow{z}_{25}$ XV $\overleftarrow{z}_{25}$	轴XIV→XIII
径节螺纹	$P_{DP}=\frac{25.4\pi}{DP}$	$\frac{64}{100}\times\frac{100}{97}$			

5）车大导程螺纹运动传动链。车削导程更大的螺纹时，可将轴Ⅸ上的滑移齿轮 $z=58$ 右移，与轴Ⅷ上的齿轮 $z=26$ 啮合。这是一条扩大导程的传动路线。

$$
\text{主轴VI}-\frac{58}{26}-\text{V}-\frac{80}{20}-\text{IV}-\begin{bmatrix}\frac{50}{50}\\\frac{80}{20}\end{bmatrix}-\text{III}-\frac{44}{44}-\text{VIII}-\frac{26}{58}-\text{IX}\cdots
$$

轴Ⅸ以后的传动路线与前文传动路线表达式相同。从主轴Ⅵ至轴Ⅸ之间的传动比为

$$
u_{扩1}=\frac{58}{26}\times\frac{80}{20}\times\frac{50}{50}\times\frac{44}{44}\times\frac{26}{58}=4
$$

$$
u_{扩2}=\frac{58}{26}\times\frac{80}{20}\times\frac{80}{20}\times\frac{44}{44}\times\frac{26}{58}=16
$$

在正常螺纹导程时，主轴Ⅵ与轴Ⅸ间的传动比为 $u=\frac{58}{58}=1$。扩大螺纹导程机构的传动齿轮就是主运动传动链的传动齿轮，所以：①只有当主轴上的 M_2 右合，即主轴处于低速传动路线时，才能用扩大导程。②当主轴转速确定后，螺纹导程扩大 4 倍或 16 倍。③当轴Ⅲ—Ⅳ—Ⅴ之间的传动比为$\frac{50}{51}\times\frac{50}{50}$时，并不准确地等于 1，所以不能用扩大导程。

6）车制非标准螺纹及精密螺纹。车制非标准螺纹或精密螺纹时，不能用车制标准螺纹的传动路线。这时，可将离合器 M_3、M_4、M_5 全部啮合，把轴Ⅻ、XIV、XVII和丝杠（XVIII）联成一体，使运动由交换齿轮直接传动丝杠。螺纹的导程 P_h 依靠调整交换齿轮架的传动比 $u_挂$ 来实现。

（3）纵、横向进给运动传动链　CA6140 型卧式车床做机动进给时，从主轴Ⅵ至进给箱轴XVII的传动路线与车削螺纹时的传动路线相同。轴XVII上滑移齿轮 $z=28$ 处于左位，使 M_5 脱开，从而切断进给箱与丝杠的联系。运动由齿轮副$\frac{28}{56}$及联轴器传至光杠XIX，再由光杠通过溜板箱中的传动机构，分别传至齿轮齿条机构或横向进给丝杠XXVII，使刀架做纵向或横向机动进给。纵、横向机动进给的传动路线表达式为

$$主轴\ \text{VI}—\begin{bmatrix}米制螺纹传动路线\\寸制螺纹传动路线\end{bmatrix}—\text{XVII}—\frac{28}{56}—\text{XIX}(光杠)—$$

$$—\frac{36}{32}\times\frac{32}{56}—M_6(超越离合器)—M_7(安全离合器)—\text{XX}—\frac{4}{29}—\text{XXI}$$

$$—\begin{cases}\begin{pmatrix}\frac{40}{48}—M_9\uparrow\\\frac{40}{30}\times\frac{30}{48}—M_9\downarrow\end{pmatrix}—\text{XXV}—\frac{48}{48}\times\frac{59}{18}—\text{XXVII}(丝杠)—刀架(横向进给)\\\begin{pmatrix}\frac{40}{48}—M_8\uparrow\\\frac{40}{30}\times\frac{30}{48}—M_8\downarrow\end{pmatrix}—\text{XXII}—\frac{28}{80}—\text{XXIII}—z=12/齿条—刀架(纵向进给)\end{cases}$$

溜板箱内的双向齿式离合器 M_8 及 M_9 分别用于纵、横向机动进给运动的接通、断开及控制进给方向。CA6140 型卧式车床可以通过四种不同的传动路线来实现机动进给运动，从而获得纵向和横向进给量各 64 种。当运动由主轴经正常导程的米制螺纹传动路线时，可获得正常进给量。这时的运动平衡式为

$$f_{纵}=1_{主轴}\times\frac{58}{58}\times\frac{33}{33}\times\frac{63}{100}\times\frac{100}{75}\times\frac{25}{36}\times u_{基}\times\frac{25}{36}\times\frac{36}{25}\times u_{倍}\times\frac{28}{58}\times$$
$$\frac{36}{32}\times\frac{32}{56}\times\frac{4}{29}\times\frac{40}{30}\times\frac{30}{48}\times\frac{28}{80}\times\pi\times2.5\times12$$

化简后可得

$$f_{纵}=0.71u_{基}\ u_{倍}$$

改变 $u_{基}$ 和 $u_{倍}$ 可得到从 0.08～1.22mm/r 的 32 种正常进给量。其余 32 种进给量可分别通过寸制螺纹传动路线和扩大螺纹导程机构得到。横向机动进给量同样通过传动计算获得，横向机动进给量是纵向机动进给量的一半。

（4）刀架快速移动　为了减轻工人劳动强度和缩短辅助时间，刀架可以实现纵向和横向机动快速移动。刀架的纵、横向快速移动由装在溜板箱右侧的快速电动机（0.25kW，2800r/min）传动。快速电动机的运动是由齿轮副$\frac{13}{29}$传至轴 XX，然后沿机动进给传动路线，传至纵向齿轮齿条副或横向进给丝杠。轴 XX 左端的超越离合器 M_6 保证了刀架快速移动与工作进给不发生运动干涉。

2.4　车削加工工艺参数的选定及计算

2.4.1　传动轴毛坯及车削加工余量的确定

1. 毛坯材料的选定

（1）轴类零件的材料与热处理　一般轴类零件常选用 45 钢，根据不同的工作条件和力学性能要求应采用不同的热处理方法（如正火、调质、淬火等），以获得一定的强度、韧度

和耐磨性。

对于中等精度而转速较高的轴类零件可选用 40Cr 等合金结构钢，这类钢经调质和表面淬火处理后，具有较高的综合力学性能。精度较高的轴，有时还用轴承钢 GCr15 和弹簧钢 65Mn 等材料，它们通过调质和表面淬火处理后，具有更高的耐磨性和耐疲劳性能。

对于在高速、重载荷等条件下工作的轴，可选用 20CrMnTi、20MnVB、20Cr 等合金渗碳钢或 38CrMoAlA 渗氮钢。合金渗碳钢经渗碳淬火处理后，具有很高的表面硬度、冲击韧度和心部强度，但热处理变形较大。而渗氮钢经调质和渗氮处理后，具有很高的心部强度、优良的耐磨性和疲劳性能，热处理变形也很小。

（2）轴类零件的毛坯　轴类零件最常用的毛坯是圆棒料和锻件，只有某些大型的、结构复杂的轴才采用铸件。由于毛坯经过加热锻造后，能使金属内部纤维组织沿表面均匀分布，从而可以获得较高的抗拉、抗弯及扭转强度，故一般比较重要的轴，大都采用锻件。光滑轴和直径相差不大的阶梯轴，一般可采用热轧或冷拉棒料。

根据生产规模的不同，毛坯的锻造方式有自由锻造和模锻两种。自由锻造设备简单，但毛坯精度较低，加工余量大，而且不易锻造形状复杂的毛坯，多用于中小批生产。模锻的毛坯精度高，加工余量小，生产率高，可以锻造形状复杂的毛坯，而且材料经模锻后，纤维组织的分布更有利于提高零件的强度。但模锻需要昂贵的设备和专用锻模，成本高，因而只适用于大批大量生产。

本零件选择 45 钢棒料。

2. 毛坯尺寸及加工余量的确定

根据零件最大直径 52mm 处未注公差，选定直径总余量为粗车一般余量 4~6mm（双边余量），所以毛坯可选 56~58mm，可以定一个好找的棒料直径为 60mm。此外，长度方向上，左右两边各留下粗车及半精车余量各 3mm，则下料长至少为 265mm。所以最终选定 ϕ60mm×265mm 的棒料。

2.4.2　计算传动轴车削加工要素

一、切削运动

切削运动是切削加工中刀具与工件之间的相对运动。如图 2-22 所示，车削加工中，工件的旋转运动和刀具的直线运动的正确结合，实现了外圆柱表面的加工。因此，这两种运动就组成了切削运动。通常按运动在切削中起的作用不同分为主运动和进给运动。

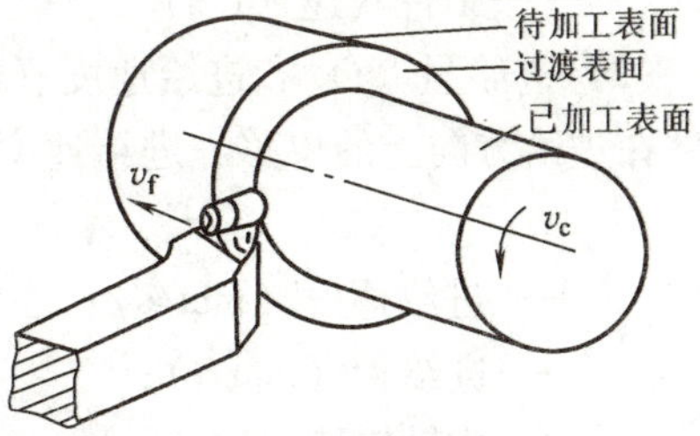

图 2-22　车削运动和切削表面

（1）主运动　主运动是由机床或人提供的，直接切除工件上多余（或预留）的金属，使其变为切屑，形成新表面的运动，如图 2-23 所示。主运动是切削中速度最高、消耗功率最大的运动。车削中工件的旋转运动，钻削中刀具的旋转运动，铣削中刀具的旋转运动，刨削中刀具的直线运动，磨削中砂轮的旋转运动等均是主运动。

（2）进给运动　进给运动是由机床或人提供的，使刀具与工件之间产生的，保证切削连续进行的相对运动。通常进给运动的速度较低、消耗的功率较小。如图 2-23 所示，车削中刀具的直线运动，钻削中钻头的轴向运动，刨削中工件的间歇直线运动，铣削中工件的直线运动，磨削中工件的旋转和往复直线运动等均是进给运动。

(3) 合成运动　合成运动是主运动和进给运动的合成运动。

在各种不同的切削加工中，都具有特定的切削运动，但运动的形式不外乎有旋转运动、直线运动、连续运动、间歇运动等。一般在切削中主运动只有一个，进给运动可以有一个或有多个。主运动和进给运动可由刀具和工件分别完成，也可由刀具单独完成。

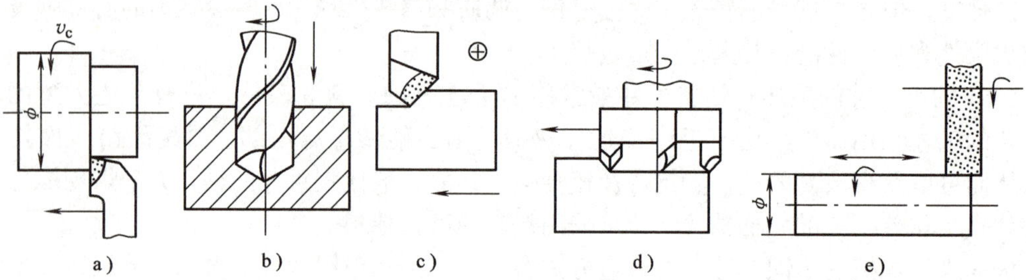

图 2-23　切削运动

二、切削时的表面

切削时工件上存在着三个不断变化的表面，如图 2-22 所示。

(1) 待加工表面　工件上有待切除的表面。

(2) 已加工表面　工件上经刀具加工后形成的表面。

(3) 过渡表面　工件上由切削刃形成的既正在切削的表面。它是一个变化的表面，在下一个切削行程或下一个切削刃将被切除。

三、切削用量

(1) 切削速度 (v_c)　切削速度是刀具相对工件的最大线速度。它是衡量主运动大小的量。由下式计算：

$$v_c = \pi dn/1000$$

式中　v_c——切削速度 (m/s)；

d——工件待加工表面直径 (mm)；

n——工件转速 (r/s)。

(2) 进给量 (f) 和进给速度 (v_f)　进给量是主运动转一转或往复一个行程，刀具相对工件在进给方向上的位移。进给速度是单位时间内刀具相对工件在进给方向上的位移。

$$v_f = fn$$

式中　v_f——进给速度 (mm/s)；

f——进给量 (mm/r)；

n——主轴转速 (r/s)。

(3) 背吃刀量 (a_p)　背吃刀量是已加工表面与待加工表面之间的距离 (mm)。车外圆时有

$$a_p = (d_w - d_m)/2$$

式中　d_w——工件待加工表面的直径 (mm)；

d_m——工件已加工表面直径 (mm)。

切削速度 v_c、进给量 f、背吃刀量 a_p 称为切削用量三要素。

四、合理切削用量的选择

合理选择切削用量对提高切削效率，保证加工质量、刀具寿命和经济性，都具有重要的意义。在切削加工中，为了提高生产效率，应尽可能增大切削用量（v_c、f、a_p）。但在提高生产效率时，必然要受到切削力、切削功率、刀具寿命和加工质量等因素的限制。因此，选择切削用量的原则是，在保证加工质量和工艺系统刚性允许的前提下，充分利用机床功率和发挥刀具的切削效力，取尽量大的值。

（一）粗加工时切削用量的选择

粗加工的任务是尽快地切除工件上的粗加工余量，解决的主要问题是生产率，但也要考虑经济性和加工成本。

1. 背吃刀量 a_p 的选择

粗加工时背吃刀量 a_p 根据加工余量确定。除留下半精加工和精加工工序余量外，其于的余量尽可能一次切除，以使走刀次数最少。当粗车余量过大或工艺系统刚性差时，可分两次或多次走刀切除，通常为

第一次走刀的背吃刀量　$a_{p1}=(2/3\sim3/4)A$

第二次走刀的背吃刀量　$a_{p2}=(1/3\sim1/4)A$

式中　A——单边粗加工余量（mm）。

2. 进给量 f 的选择

背吃刀量 a_p 确定后，进给量的大小，直接影响切削力的大小。因此，粗加工选择进给量的原则是，在机床功率、刀具（刀片、刀杆）、进给机构刚强度和工件刚性允许的条件下，进给量尽量取大值。硬质合金车刀及高速钢车刀粗车外圆和端面的进给量见表 2-15。

表 2-15　硬质合金车刀及高速钢车刀粗车外圆和端面的进给量

加工材料	车刀刀杆尺寸 $\frac{B}{mm}\times\frac{H}{mm}$	工件直径/mm	背吃刀量 a_p/mm				
			≤3	>3~5	>5~8	>8~12	12 以上
			进给量 $f/(mm\cdot r^{-1})$				
碳素结构钢和合金结构钢	16×25	20	0.3~0.4	—	—	—	—
		40	0.4~0.5	0.3~0.4	—	—	—
		60	0.5~0.7	0.4~0.6	0.3~0.5	—	—
		100	0.6~0.9	0.5~0.7	0.5~0.6	0.4~0.5	—
		400	0.8~1.2	0.7~1.0	0.6~0.8	0.5~0.6	—
	20×30	20	0.3~0.4	—	—	—	—
		40	0.4~0.5	0.3~0.4	—	—	—
		60	0.6~0.7	0.5~0.7	0.4~0.6	—	—
	25×25	100	0.8~1.0	0.7~0.9	0.5~0.7	0.4~0.7	—
		600	1.2~1.4	1.0~1.2	0.8~1.0	0.6~0.9	0.4~0.6
铸铁及铜合金	16×25	40	0.4~0.5	—	—	—	—
		60	0.6~0.8	0.5~0.8	0.4~0.6	—	—
		100	0.8~1.2	0.7~1.0	0.6~0.8	0.5~0.7	—
		400	1.0~1.4	1.0~1.2	0.8~1.0	0.6~0.8	—

（续）

加工材料	车刀刀杆尺寸 $\frac{B}{mm}\times\frac{H}{mm}$	工件直径/mm	背吃刀量 a_p/mm				
			≤3	>3~5	>5~8	>8~12	12以上
			进给量 $f/(mm \cdot r^{-1})$				
铸铁及铜合金	20×30 25×25	40	0.4~0.5	—	—	—	—
		60	0.6~0.9	0.5~0.8	0.4~0.7	—	—
		100	0.9~1.3	0.8~1.2	0.7~1.0	0.5~0.8	—
		600	1.2~1.8	1.2~1.6	1.0~1.3	0.9~1.1	0.7~0.9

注：1. 加工断续表面及有冲击的加工时，表内的进给量应乘系数 $K=0.75\sim0.85$。

2. 加工耐热钢及其合金时，不采用大于1.0mm/r的进给量。

3. 加工淬硬钢时，表内进给量应乘系数 $K=0.8$（当材料硬度为44~56HRC时）或 $K=0.5$（当硬度为57~62HRC时）。

3. 切削速度 v_c 的选择

背吃刀量 a_p 和进给量 f 确定后，切削速度 v_c 可按已知的刀具寿命用公式进行计算。

$$v_c = [C_v / (T^m a_p^{x_v} f^{y_v})] K_v$$

式中　v_c——切削速度（m/s）；

T——刀具寿命（min）；

m——刀具寿命指数；

C_v——切削速度系数；

x_v、y_v——分别是 a_p 和 f 对 v_c 的影响系数；

K_v——切削速度修正系数。

计算工件转速 n：根据 $v_c=\pi d_w n/1000$ 有

$$n=1000v_c/(\pi d_w)$$

式中　d_w——工件待加工表面直径。

根据机床说明书选择相近的机床转速即实际转速 n，然后根据实际转速 n 计算实际的切削速度 v_c。

4. 校验机床功率 P_E

首先计算切削功率 P_c　　$P_c=F_c v_c\times10^{-3}$

式中　P_c——切削功率（kW）；

F_c——切削力（N）；

v_c——切削速度（m/s）。

切削功率 P_c 应小于机床功率，即

$$P_c\leqslant P_E\eta_m$$

式中　P_E——机床功率（kW）；

η_m——机床传动效率，一般 $\eta_m=0.75\sim0.85$。

（二）半精加工和精加工时切削用量的选择

半精加工和精加工中解决的主要问题是加工质量。因此，选择切削用量的原则是，在保证加工质量的前提下，为提高生产率和降低成本，尽量选择较大的切削用量。

1. 背吃刀量 a_p 的选择

半精加工的余量一般很小，大约1~2mm，精加工的更小，因此，原则上一次走刀切除全部的余量。

2. 进给量 f 的选择

半精加工和精加工的背吃刀量较小，产生的切削力较小，所以，进给量的大小不再受机床功率和刚度、强度的限制，而主要受加工表面质量的限制。选择时，在已知的切削速度和刀尖圆弧半径条件下，根据加工要求的表面粗糙度，利用计算的方法或手册资料来确定进给量，然后对照机床说明书上的进给量，选择相等或相近的进给量数值，见表2-16。

表2-16　硬质合金外圆车刀半精加工的进给量

工件材料	表面粗糙度值 Ra/μm	切削速度范围 /(m·min^{-1})	刀尖圆弧半径 r_ε/mm		
			0.5	1.0	2.0
			进给量 f/(mm·r^{-1})		
铸铁、青铜和铝合金	0.2	不限	0.25~0.40	0.40~0.50	0.50~0.60
	3.2		0.12~0.25	0.25~0.40	0.40~0.60
	1.6		0.10~0.15	0.15~0.20	0.20~0.35
碳素结构钢和合金结构钢	6.3	≤50	0.30~0.50	0.45~0.60	0.55~0.70
		>80	0.40~0.55	0.55~0.65	0.65~0.70
	3.2	≤50	0.20~0.25	0.25~0.30	0.30~0.40
		>80	0.25~0.30	0.30~0.35	0.35~0.40
	1.6	≤50	0.10~0.11	0.11~0.15	0.15~0.20
		>80	0.10~0.20	0.16~0.25	0.25~0.35

注：1. 加工耐热钢及其合金、钛合金，切削速度大于0.8m/s时，表中进给量应乘系数0.7~0.8。
2. 带修光刃的大进给切削法，在进给量1.0~1.5mm/r时可获表面粗糙度值 Ra3.2~1.6μm；宽刃精车刀的进给量还可更大些。

3. 切削速度 v_c 的选择

半精加工和精加工的背吃刀量 a_p 和进给量 f 一般较小，切削速度 v_c 的大小主要受刀具寿命的限制，可利用与粗加工相同的公式进行计算。然后计算机床主轴转速 n，对照机床说明书选择相近的转速，再计算实际的切削速度。

$$v_c=[C_v/(T^m a_p^{x_v} f^{y_v})]K_v$$

由于半精加工和精加工的背吃刀量 a_p 和进给量 f 较小，切削力小，因此，不必校验机床刚强度，但机动时间 t_m 还是需要计算的。

（三）机械加工时间定额的组成

1. 时间定额的概念

所谓时间定额是指在一定生产条件下，规定生产一件产品或完成一道工序所需消耗的时间。它是安排作业计划、核算生产成本、确定设备数量、人员编制以及规划生产面积的重要依据。

2. 时间定额的组成

（1）基本时间 T_j　基本时间是指直接改变生产对象的尺寸、形状、相对位置以及表面状态或材料性质等工艺过程所消耗的时间。对于切削加工来说，基本时间就是切除金属所消耗的时间（包括刀具的切入和切出时间在内）。

（2）辅助时间 T_f 辅助时间是为实现工艺过程所必须进行的各种辅助动作所消耗的时间。它包括：装卸工件，开停机床，引进或退出刀具，改变切削用量，试切和测量工件等所消耗的时间。基本时间和辅助时间的总和称为作业时间。它是直接用于制造产品或零部件所消耗的时间。辅助时间的确定方法随生产类型而异。大批大量生产时，为使辅助时间规定得合理，需将辅助动作分解，再分别确定各分解动作的时间，最后予以综合；中批生产则可根据以往统计资料来确定；单件小批生产常用基本时间的百分比进行估算。

（3）布置工作地时间 T_b 布置工作地时间是为了使加工正常进行，工人照管工作地（如更换刀具、润滑机床、清理切屑、收拾工具等）所消耗的时间。它不是直接消耗在每个工件上的，而是消耗在一个工作班内的时间，再折算到每个工件上的。一般按作业时间的2%~7%估算。

（4）休息与生理需要时间 T_x 休息与生理需要时间是工人在工作班内恢复体力和满足生理上的需要所消耗的时间。T_x 是按一个工作班为计算单位，再折算在每个工件上的。对机床操作工人一般按作业时间的2%估算。

以上四部分时间的总和称为单件时间 T_d，即

$$T_d = T_j + T_f + T_b + T_x$$

（5）准备与终结时间 T_e 准备与终结时间是指工人为了生产一批产品或零部件，进行准备和结束工作所消耗的时间。在单件或成批生产中，每当开始加工一批工件时，工人需要熟悉工艺文件，领取毛坯、材料、工艺装备，安装刀具和夹具，调整机床和其他工艺装备等所消耗的时间以及加工一批工件结束后，需拆下和归还工艺装备，送交成品等所消耗的时间。T_e 既不是直接消耗在每个工件上的，也不是消耗在一个工作班内的时间，而是消耗在一批工件上的时间。因而分摊到每个工件的时间为 T_e/n，其中 n 为批量。故单件和成批生产的单件工时定额的计算公式 T_c 应为

$$T_c = T_d + T_e/n$$

大批大量生产时，由于 n 的数值很大，$T_e/n \approx 0$，故不考虑准备终结时间，即

$$T_c = T_d$$

2.5 传动轴的普通车削加工

2.5.1 外圆、端面、退刀槽的车削

（一）外圆的车削

根据工件表面的加工精度和表面粗糙度的要求，车外圆一般分粗车和精车两个部分。

1. 粗车

粗车的目的是要尽快地切去大部分余量。为精加工留0.5~1mm余量。常用的外圆粗车刀有主偏角45°、75°、和90°等几种，如图2-24所示。

2. 精车

精车的目的是切出余下的少量金属层，以获得图样的精度和表面粗糙度。精车时应采用

有圆弧过渡刃的精车刀。车刀的前后面须用油石打光。因此要求车刀锋利，切削刃平直光洁，刀尖处必要时还可磨出修光刃。精车时背吃刀量 a_p 和进给量 f 较小，以减少残留面积，使 Ra 值减小。切削用量一般为：a_p = 0.1 ~ 0.2mm，f = 0.05 ~ 0.2mm/r，$v \geqslant$ 60m/min。精车的尺寸公差等级一般为 IT8 ~ IT6，半精车一般为 IT10 ~ IT9；精车的表面粗糙度值 Ra 为 3.2~0.8μm。

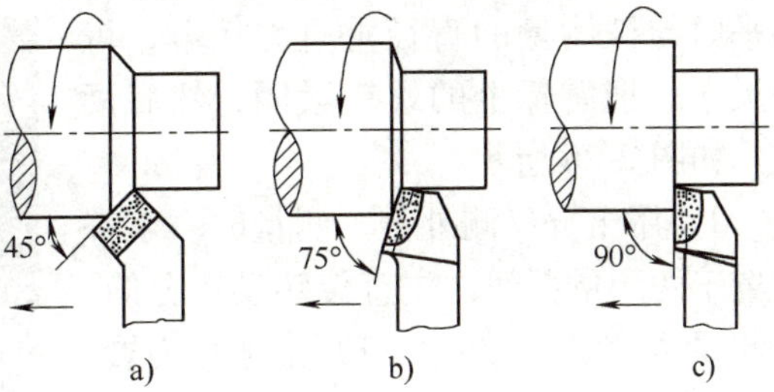

图 2-24　外圆切削车刀

a) 45°车刀　b) 75°车刀　c) 90°车刀

3. 车外圆的操作步骤

(1) 车削步骤

1) 根据图样要求检验毛坯是否合格，表面是否有缺陷。

2) 检查车床是否运转正常，操纵手柄是否灵活。

3) 装夹工件并校正。

4) 安装车刀。车刀装夹在刀架上的伸出部分应尽量短，约为刀柄厚度的 1~1.5 倍；车刀刀尖应与主轴中心等高。

5) 试切。试切的目的是为了控制切削深度，保证工件的加工尺寸。车刀在进刀后，纵向进给切削工件 2mm 左右时，纵向快速退出车刀，停车测量。如果尺寸符合要求，就可以继续切削，如尺寸大，就需加大背吃刀量；若尺寸过小，则应减小背吃刀量，试切的方法与步骤，如图 2-25 所示。

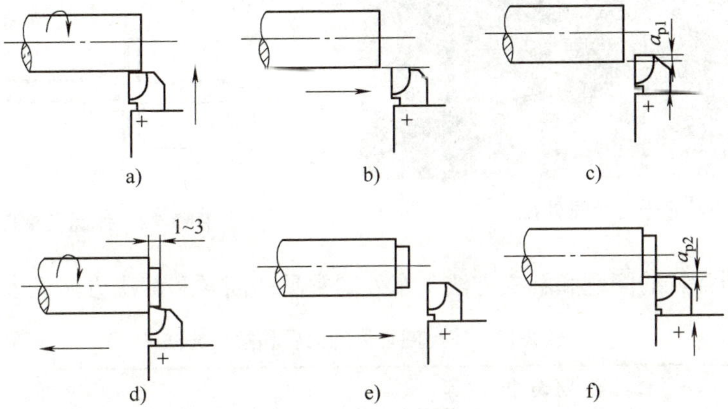

图 2-25　试切的方法与步骤

a) 开车对刀，使车刀与工件表面轻微接触　b) 向右退出车刀　c) 横向进刀　d) 切削 1~3mm　e) 退出车刀，进行度量　f) 如果尺寸不到位，再进刀

6) 切削。在试切的基础上，调整好背吃刀量后，扳动自动进给手柄进行自动走刀。当车刀进给到距尺寸末端 3~5 mm时，应提前改为手动进给，以免走刀超长或将车刀碰到卡盘爪上。如此循环直至尺寸合格，然后退出车刀，最后停车。

(2) 外圆面检验　外圆表面的加工，一方面要保证零件图上要求的尺寸精度和表面粗糙度，另一方面还应保证形状和位置精度的要求。检查时，可采用钢直尺、游标卡尺、千分尺或百分表等工具。

1）用游标卡尺测外径。测量前，使卡口宽度大于被测量尺寸，然后推动游标，使测量脚平面与被测量的直径垂直并接触，得到尺寸后把游标上的螺钉紧固，然后读数，如图 2-26 所示。

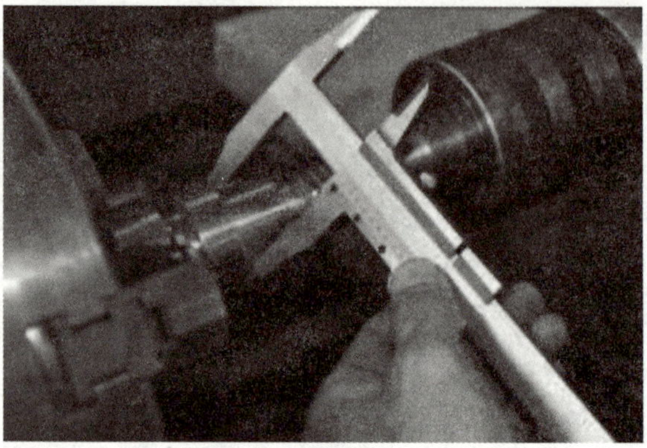

图 2-26　游标卡尺测外径

2）用千分尺测外径。测量时，工件放置于两测量面间，先直接转动微分筒，当测量面接近工件时，改用测力装置，直到发出“咔、咔”声，此时，应锁紧测微螺杆，进行读数。用千分尺测量小零件时，测量方法如图 2-27 所示。

3）外圆长度尺寸的检测。外圆加工结束后，一般使用钢直尺、内卡钳、游标卡尺和深度游标卡尺来测量长度，对于批量大、精度较高的工件可用样板测量，如图 2-28 所示。

图 2-27　千分尺测外径

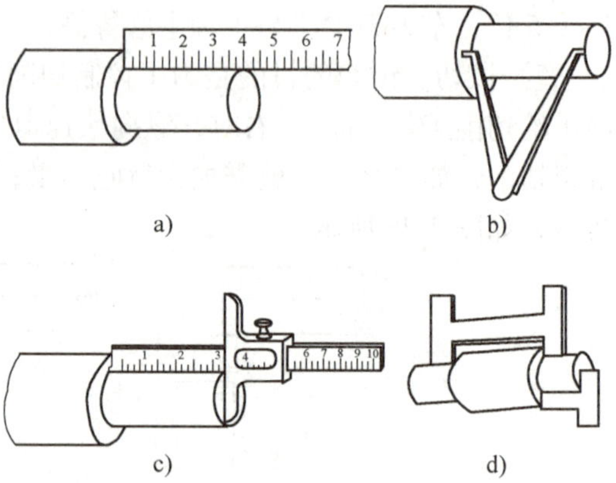

图 2-28　外圆长度尺寸检测

（3）车外圆常见的问题和解决方法　车外圆常见的问题和解决方法见表 2-17。

表 2-17　车外圆常见的问题和解决方法

常见问题	问 题 分 析	解 决 办 法
尺寸精度达不到要求	操作者粗心大意看错图样或刻度盘使用不当；车削时盲目进给没有进行试切削；没有校对量具或测量不正确；由于切削热的影响尺寸发生变化；机动进给没有及时关闭，使车刀进给长度超过台阶长度	车削前必须看清图样尺寸要求，正确使用刻度盘；根据余量算出切削深度，进行试切削，然后修正切削深度；量具使用前必须仔细检查和校对零位；不能在工件温度较高时测量，如要测量，应先掌握工件的收缩情况，或在车削时浇注切削液，降低工件的温度；注意及时关闭机动进给
产生锥度	一夹一顶装夹时，后顶尖不在主轴轴线上；用小滑板车外圆，小滑板的基准刻线没跟中滑板的“0”刻线对准；床身导轨与主轴轴线不平行；车削过程中让刀、车刀中途逐渐磨损；顶尖装夹时，两顶尖孔接触不良或后顶尖顶得过松，前顶尖跳动	车削前调整尾座找正锥度；检查小滑板基准刻线与中滑板的“0”刻线是否对准；调整车床主轴与床身导轨的平行度；尽量减少工件的伸出长度，选择合适的刀具材料，或降低切削速度

（续）

常见问题	问题分析	解决办法
圆度超差	车床主轴间隙大；毛坯余量不均匀，在切削过程中切削深度发生变化	调整主轴间隙；工件分粗、精车，顶尖的松紧程度要适当或更换新顶尖，把前顶尖圆锥面精车一刀后再安装工件
表面粗糙度达不到要求	车床刚性不足，传动零件不平衡或主轴太松引起振动；车刀刚性不足或伸出太长引起振动；工件刚性不足引起振动；车刀几何参数不合理；切削用量选择不合理	消除车床刚性不足而引起的振动，调整车床的各部间隙；增加车刀的刚性和正确安装车刀；合理选择车刀的几何参数；用油石研磨切削刃，降低其表面粗糙度值；合理选择切削用量

（二）端面的车削

在精车端面时，一般用偏刀由外向中心进刀（背吃刀量要很小），因为这时切屑是流向待加工表面的，故加工出来的表面较光滑。45°车刀利用主切削刃进行切削，工件表面粗糙度值较小，而且45°车刀的刀尖角等于90°，刀头强度比偏刀高，适于车削较大的端面。

1. 车端面时应注意的事项

1）车刀的刀尖应对准工件的中心，以免车出的端面留有凸台。

2）端面的直径从外到中心是变化的，切削速度也是变化的，端面的表面粗糙度不易得到保证，因此，工件的转速可比车外圆时选择得高一些。

3）车削直径较大的端面，若出现凹心或凸台时，应检查车刀和刀架是否紧固，以及床鞍的松紧度。为使车刀准确地横向进给而无纵向松动，应将床鞍紧固在床身上，此时可用小滑板调整背吃刀量。

2. 端面车削用量的选择

（1）背吃刀量 a_p　粗车时，$a_p=2\sim5$mm；精车时，$a_p=0.2\sim1$mm。

（2）进给量 f　粗车时，$f=0.3\sim0.74$mm/r；精车时，$f=0.08\sim0.1$mm/r。

（3）切削速度 v_c　车端面时，切削速度随刀具横向的切入而变化，选用时应根据工件最大直径来确定。

3. 车端面的注意事项

1）测量毛坯的长度，确定端面应车去的余量，一般先车的一面尽可能车，其余余量在另一面车去，车端面前可先倒角，尤其是铸铁表面有一层硬皮，如先倒角可以防止刀尖损坏。

2）双手控制中滑板车端面，手动进给速度要保持均匀。当车刀刀尖车到端面中心时，车刀即退回。

3）精车端面时要防止车刀横向退出时将端面拉毛，可以移动小滑板使车刀离开端面后再横向退出。

端面加工最主要的要求是平直、光洁。用刀口直尺做透光检查，如图 2-29 所示。

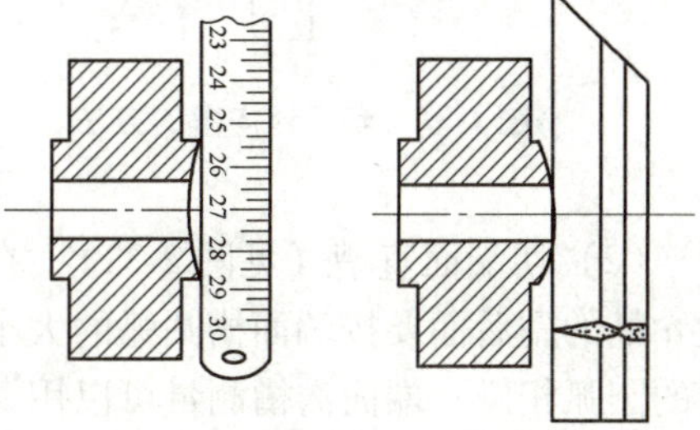

a)　　b)

图 2-29　检查端面的平面度

a）用钢直尺　b）用刀口直尺

(三) 切槽和切断

车削加工中，当工件的毛坯是棒料且很长时，需根据零件长度进行切断后再加工，或车削完后把工件从原材料上切下来，这称为切断。沟槽是在工件的外圆、内孔或端面上切削出的各种形式的槽。沟槽的作用一般是为了退刀或装配时保证零件有一个正确的轴向位置。

1. 切槽

(1) 切外沟槽　切槽刀的形状和结构如图2-30所示。切槽刀前面的切削刃是主切削刃，两侧切削刃是副切削刃。切槽刀安装后刀尖应与工件轴线等高，主切削刃平行于工件轴线，两副偏角相等（一般为1°~2°）。

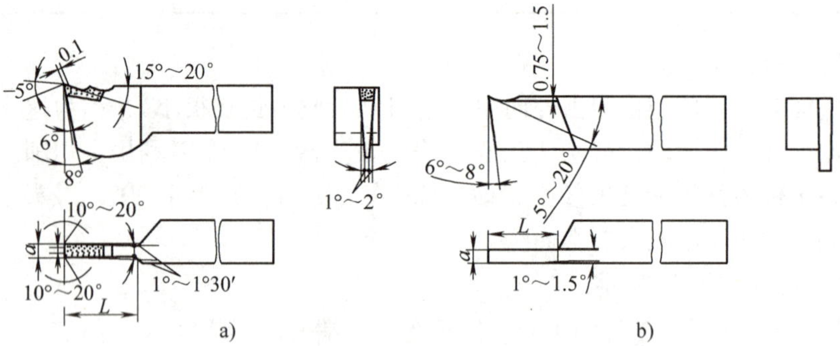

图2-30　切槽刀

a) 硬质合金刀　b) 高速钢刀

切削宽度不大的外沟槽，可以用主切削刃宽度等于槽宽的车刀一次横向进给车出。较宽的沟槽，用切槽刀分几次进刀，先把槽的大部分余量切出，在槽的两侧和底部留出精车余量，如图2-31所示，最后一次横向进给粗车后，根据槽的尺寸精度一次走刀完成精车。

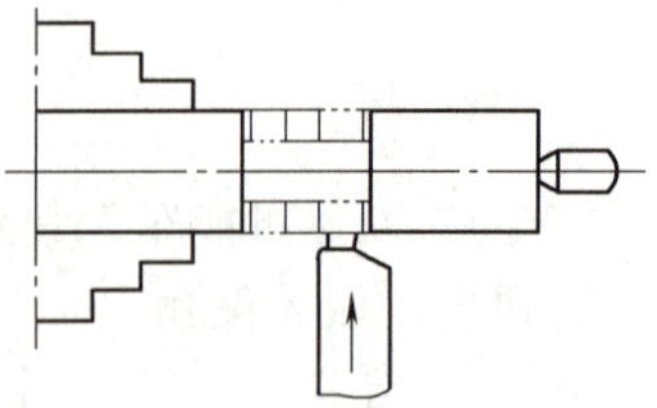

图2-31　车宽外沟槽的方法

图2-32　端面切直槽

(2) 切端面直槽（见图2-32）　在端面上切直槽时，如图2-33所示，切槽刀的一个刀尖a处的副后面要按端面槽圆弧的大小刃磨成圆弧形，并磨有一定的后角，可避免副后面与槽的圆弧相碰。端面沟槽测量可以用深度千分尺，如图2-34所示。

(3) 切内沟槽　内沟槽车刀与切断刀的几何形状基本相似，仅是安装方向相反。因为是在内孔中切槽，所以磨有两个后角。若在小孔中加工槽，则刀具做成整体式；直径稍大时，可采用刀杆装夹式。

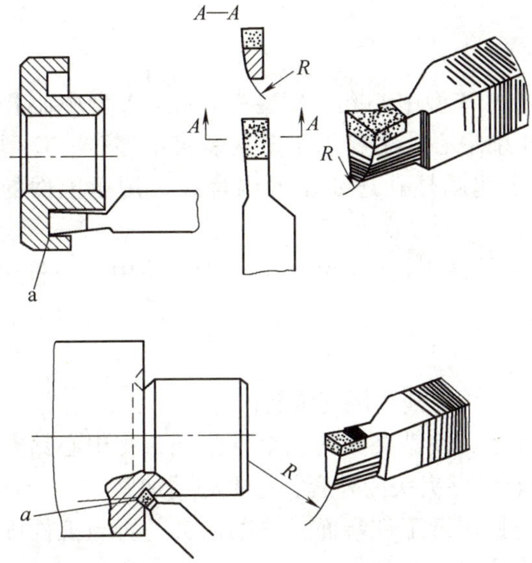

图 2-33　端面切断刀的几何形状及车削

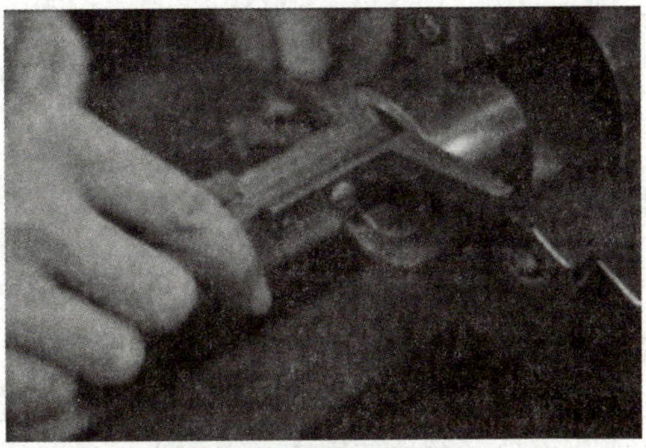

图 2-34　端面沟槽的测量

内沟槽车刀在安装时，应使主切削刃与内孔中心等高或略高于内孔中心，两侧副偏角须对称。采用装夹式内沟槽车刀时，刀头伸出的长度应大于槽深 h，如图 2-35 所示，同时要求：

$$d+L<D$$

式中　D——内孔直径；

d——刀杆直径；

L——刀头在刀杆上伸出的长度。

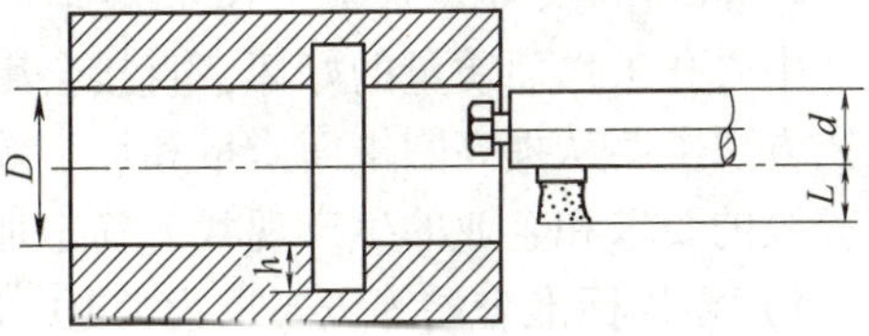

图 2-35　内沟槽车刀的尺寸

车内沟槽与车外沟槽的方法相似，关键在于尺寸的控制。狭槽直接用主切削刃宽度等于槽宽的内沟槽车刀横向进刀来保证；宽槽可用大滑板刻度盘来控制尺寸；沟槽深度可用中滑板刻度掌握。

2. 切断

切断刀形状与切槽刀相似，但刀头窄长，厚度大，且主切削刃两边要磨出斜刃以利于排屑。刀具安装时，主切削刃必须对准工件的旋转中心，过高、过低均会使工件中心部位形成凸台并损坏刀头。切削时，刀具径向进刀直至工件中心。

切断时应注意：

1）切断毛坯表面，最好先用外圆车刀先把工件车圆，或开始时尽量减小走刀量，防止“扎刀”而损坏车刀。

2）手动进刀时，摇动手柄应连续、均匀，避免因切断刀与工件表面摩擦，使工件表面产生冷硬现象而迅速磨损刀具，在即将切断时要放慢进给速度，以免突然切断而使刀头折断。

3）用卡盘装夹工件时，切断位置应尽可能靠近卡盘，以防止引起振动；由一夹一顶装夹工件时，工件不完全切断，应取下工件后再敲断。

4）切断过程中如需要停车，应先退刀再停车。

2.5.2 打中心孔

中心孔又称顶尖孔，一般可分为A型中心孔、B型中心孔、C型中心孔。A型中心孔适用于不需多次装夹或不保留中心孔的零件；B型中心孔主要用于多次装夹的零件；C型中心孔外端形似B型中心孔，不过在里端有一个比圆柱孔还要小的内螺纹，用于工件的吊运。

中心孔是轴类零件的基准，中心孔在轴类零件的加工及测量中经常作为定位用，是非常重要的。中心孔有60°、75°、90°。

1. 中心钻的安装

1）先擦拭钻头尖柄部和尾座锥孔，再将钻夹头用力插入尾座锥孔内。

2）用钻夹头扳手逆时针方向旋转钻夹头的外套，使钻夹头的三个爪张开，将中心钻安装在钻夹头上，然后用钻夹头扳手以顺时针方向转动钻夹头的外套，把中心钻加紧。

3）起动车床使工件旋转，推动尾座，使中心钻接近工件端面，观察钻头是否与工件旋转中心一致，并校正尾座中心使之一致，然后紧固尾座。

中心钻直径小，钻削时应取较高的转速（800~900r/min），进给量应小而均匀，切勿用力过猛。当中心钻钻入工件后，应及时加注切削液进行冷却润滑。当钻到中心孔外圆 ϕ7~ϕ8mm时，中心钻在孔中应稍作停留，以便提高中心孔的形状精度和表面质量，然后退出。

2. 根据精度等级确定中心孔加工的工艺方法

中心孔工作面质量的好坏，直接会影响到轴类零件的外圆加工质量。中心孔加工时，其工艺方法主要从提高圆锥面质量和加工效率两个方面进行编制，所以根据轴类零件的不同精度等级的要求和企业的生产现状，确定加工中心孔的工艺方法如下。

1）零件标准公差等级要求为IT10~IT12时，其标准公差值为0.04~0.12mm。中心孔的加工工艺为：车外圆→车端面→钻中心孔。

2）零件标准公差等级要求为IT8~IT9时，其标准公差值为0.014~0.036mm，中心孔的加工工艺为：车外圆→车端面→钻中心孔→热处理→研中心孔圆锥面。

3）零件标准公差等级要求为IT6~IT7时，其标准公差值为0.006~0.012mm，中心孔的加工工艺为：车外圆→车端面→钻中心孔→粗研中心孔圆锥面→热处理→精研中心孔圆锥面。

采用以上工艺方法时，一方面应确保零件两端中心孔轴线同轴度误差控制在公差要求范围之内，另一方面应确保中心孔圆锥面的几何形状误差和表面粗糙度控制在允许的范围之内，以达到提高加工效率、降低加工成本的目的。

3. 加工中的注意事项

1）中心钻轴线必须与工件旋转轴线一致。

2）工件端面必须车平，不允许留有凸台，以免钻孔时中心钻折断。

3）及时注意中心钻的磨损状况，磨损后不能强行钻入工件，以避免中心钻折断。

4）及时进退，以便排除切屑，并及时加注切削液。

2.5.3 螺纹车削

梯形螺纹在技能考核及比赛中经常出现，所以在此重点介绍梯形螺纹车削方法。

梯形螺纹是常用的传动螺纹，精度要求比较高，如车床的丝杠和中、小滑板的丝杠等。梯形螺纹有两种，国家标准规定梯形螺纹牙型角为 30°。寸制梯形螺纹的牙型角为 29°，在我国较少采用。此外，梯形螺纹加工（见图 2-36）在车工技能鉴定及大赛实践操作比赛中占有较大比重。

图 2-36　梯形螺纹车削

梯形螺纹的标记由螺纹代号、公差带代号及旋合长度代号组成。梯形螺纹代号用字母 Tr 及公称直径×螺距与旋向表示，左旋螺纹旋向为 LH，右旋不标。例如：Tr22×5—7h 表示梯形螺纹，公称直径为 22mm，螺距为 5mm，中径公差带代号为 7h。梯形螺纹各部分尺寸计算方法见表 2-18。

表 2-18　梯形螺纹各部分名称、代号及计算公式

名　　称		代　号	计 算 公 式			
牙型角		α	$\alpha=30°$			
螺距		P	由螺纹标准确定			
牙顶间隙		a_c	P	1.5~5	6~12	14~44
			a_c	0.25	0.5	1
外螺纹	大径	d	公称直径			
	中径	d_2	$d_2=d-0.5P$			
	小径	d_3	$d_3=d-2h_3$			
	牙高	h_3	$h_3=0.5p+a_c$			
内螺纹	大径	D_4	$D_4=d+2a_c$			
	中径	D_2	$D_2=d_2$			
	小径	D_1	$D_1=d-P$			
	牙高	H_4	$H_4=h_3$			
牙顶宽		f、f'	$f=f'=0.366P$			
牙槽底宽		W、W'	$W=W'=0.366P-0.536a_c$			

1. 梯形螺纹车刀

梯形螺纹车刀分粗车刀和精车刀两种。

（1）梯形螺纹车刀的角度（见图 2-37、图 2-38）

1）两刃夹角：粗车刀应略小于牙型角，精车刀应等于牙型角。

2）刀尖宽度：粗车刀的刀尖宽度应为 1/3 螺距宽。精车刀的刀尖宽度应等于牙底宽减 0.05mm。

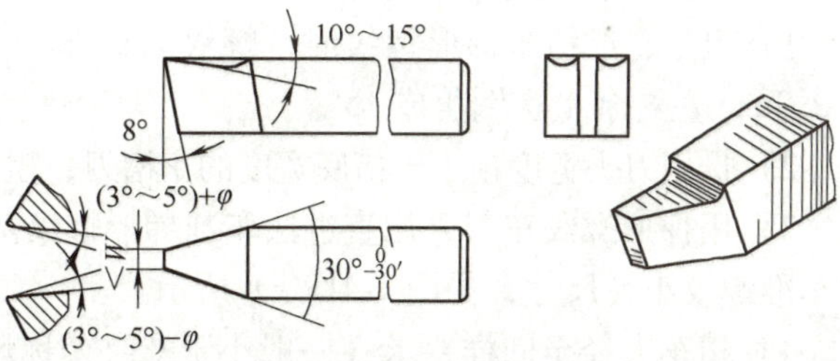

图 2-37　梯形螺纹粗车刀

3）纵向前角：粗车刀一般为15°左右；精车刀为了保证牙型角正确，前角为0°，但实际生产时取5°~10°。

4）纵向后角：一般为6°~8°。

（2）梯形螺纹的刃磨要求 用样板校对刃磨两切削刃夹角，如图2-39所示。车刀刃口要光滑、平直、无虚刃，两侧副切削刃必须对称刀头，不能歪斜。用油石研磨掉各切削刃的毛刺。

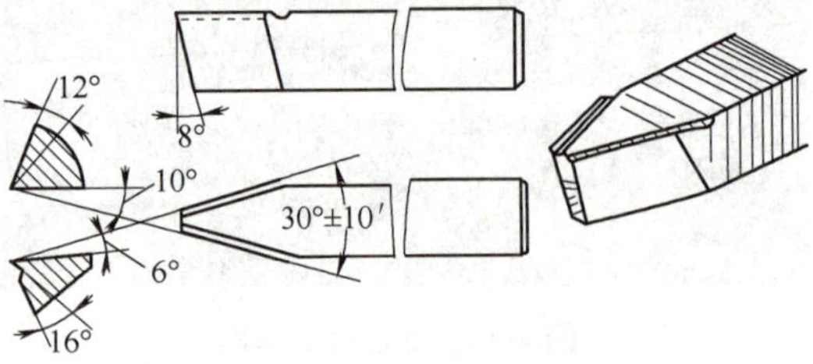

图2-38 梯形螺纹精车刀

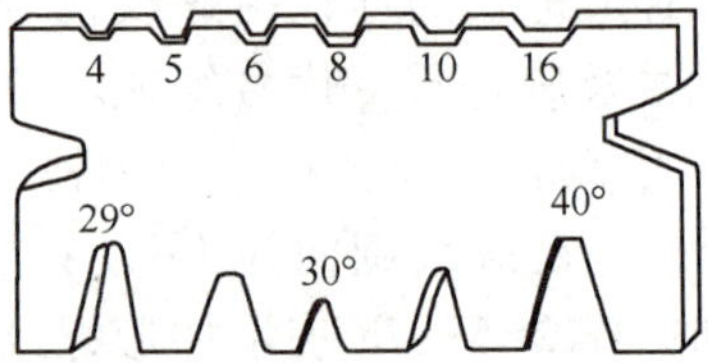

图2-39 磨刀样板

2. 车床的调整

选择精度较高、磨损较少的机床。正确调整机床各处间隙，对床鞍、中小滑板的配合部分进行检查和调整，注意控制机床主轴的轴向窜动。选用磨损较少的交换齿轮。

3. 工件的装夹

可以采用卡盘直接装夹、两顶尖装夹或一夹一顶装夹。粗车较大螺距的梯形螺纹时，可用四爪卡盘一夹一顶，以保证装夹牢固，同时使工件的台阶靠在卡爪端面上，固定工件的轴向位置，以免因切削力过大，使工件移位而车坏螺纹。

4. 梯形螺纹车刀的装夹

1）车刀切削刃必须与工件轴线等高（用弹性刀杆应高于轴线约0.2mm），同时应和工件轴线平行。

2）刀头的角平分线要垂直于工件轴线。一般用样板找正装夹（见图2-40），以免产生螺纹半角误差。

图2-40 梯形螺纹车削对刀

5. 梯形螺纹的车削方法

螺距小于4mm和精度要求不高的工件，可用一把梯形螺纹车刀，并用少量的余量从左右进给车削。

螺距大于4mm和精度要求较高的梯形螺纹，一般采用分刀车削的方法，步骤如下：

1）粗车、半精车梯形螺纹时，螺纹大径留0.3mm左右余量且倒角成15°。

2）选用刀头宽度稍小于槽底宽度的车槽刀，粗车螺纹（每边留0.25~0.35mm的余量）。

3）用梯形螺纹车刀采用直进法车削梯形螺纹两侧面，每边留0.1~0.2mm的精车余量，并车准螺纹小径尺寸，如图2-41a、b所示。

4）精车大径至图样要求（一般小于螺纹公称尺寸）。

5）选用精车梯形螺纹车刀，采用左右切削法完成螺纹加工，如图2-41c、d所示。

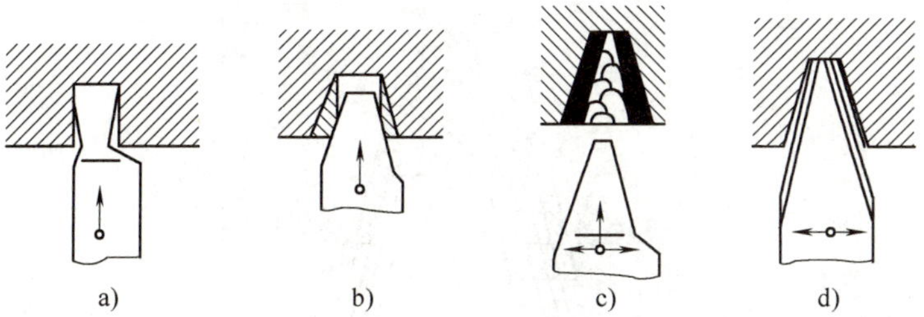

图 2-41　梯形螺纹车削方法

梯形内螺纹的车削与车削三角形内螺纹基本相同。车削梯形内螺纹时，进刀深度不易掌握，可先车准螺纹孔径尺寸，然后粗车，最后精车时应不进刀车削 2~3 次，以消除刀杆的弹性变形，保证螺纹的精度要求。梯形螺纹车刀两侧副切削刃应平直，否则工件牙型角不正；精车时切削刃应保持锋利，要求螺纹两侧表面粗糙度值要小。调整小滑板的松紧，以防车削时车刀移位。车梯形螺纹时为防止“扎刀”，建议用弹性刀杆。

现以车 Tr42×6-7h 螺纹来介绍如何车削梯形螺纹，其车削步骤如下：

1）将螺纹大径（略小 0.15mm 左右）及两端倒角（2mm×15°）车好，然后将梯形螺纹粗车刀对到工件外圆上，再将中滑板调至零位，同时小滑板朝前进方向消除间隙后对零。

2）以直进法车螺纹。由于粗车切削刃磨得锋利又耐用，可加大切削深度。例如，Tr42×6 螺纹的牙型高度 $h_3=0.5P+A_c$，A_c 为间隙量，取 $A_c=0.5$mm，则 $h_3=3.5$mm；直径方向为 7mm，可第一刀进 1.5mm，第二刀进 1mm，第三刀进 0.5mm，共计 3mm，如图 2-42 所示。

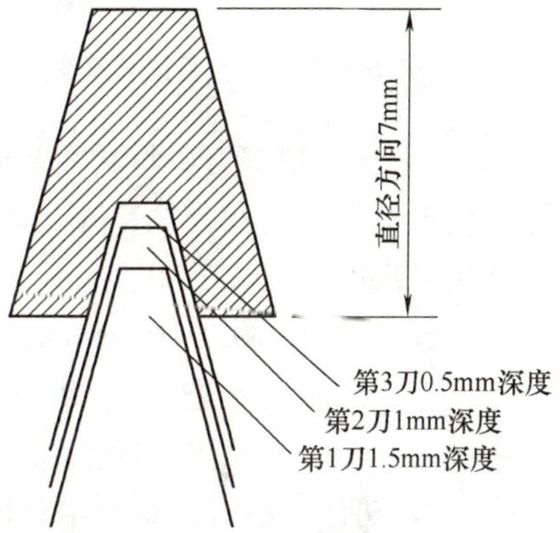

图 2-42　直进法车螺纹第一次

3）用游标卡尺测量此时牙顶宽，将测量牙顶宽减去理论牙顶宽（$W=2.196$mm≈2.2mm），再减去所留两侧精车余量（0.2~0.4）mm。精车余量以两侧面表面粗糙情况而定，表面光洁时取 0.2mm，表面粗糙时取 0.4mm，这就是借刀的余量。再将这个余量除以 2，就是每侧借刀的量。例如：现测得牙顶宽为 4.4mm，则应向左边借刀的量是[(4.4−2.2)−0.3]mm/2=0.95mm。当仍以进刀深度为 3mm，向左借刀量为 0.95mm 车削时，梯形螺纹刀只有左侧刃在切削，这个时候只有两条切削刃在受力，切削力不会太大。车完左边借刀的一刀，将小滑板先退后进（消除空行程）对应地在零线右边借刀 0.95mm 车一刀（也可分两至三刀将借刀量 0.95mm 车完），如图 2-43 所示。车完后，将小滑板再次对零，此时刀具就落在车宽了的槽中间。

4）再以直进法车螺纹。由于刀头宽度 1.5mm<W($W=1.93$mm)，故可再如前 2 步分三次进刀将螺纹再车深 3mm，如图 2-44 所示。然后又一次先向左借刀。此时应目测确定借刀量，并通过在螺纹头部试切，看切屑宽度（如车到前一次的侧面，则切屑会变宽），最后确定借刀量。将左侧车好后，以相同借刀量再车右侧面，车到前一次的侧面。左右两边车完后，再次将小滑板对零，如图 2-45 所示。

5）最后又以直进法车螺纹。第一刀进刀深度为 0.5mm，第二刀为 0.3mm，第三刀为 0.2mm，第四刀为 0.1mm，至此粗车完成。

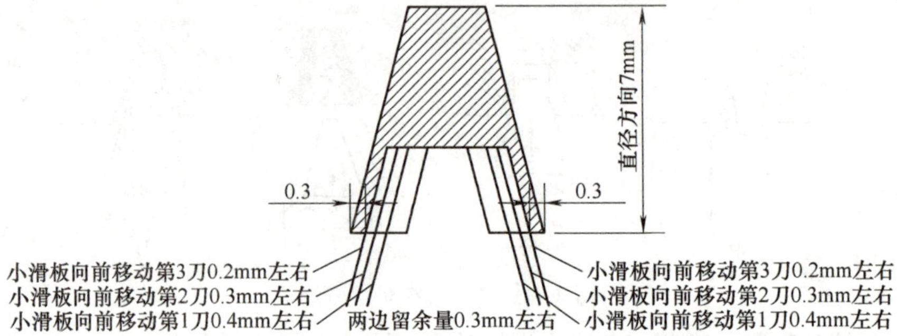

图 2-43　左右车削法车螺纹第一次

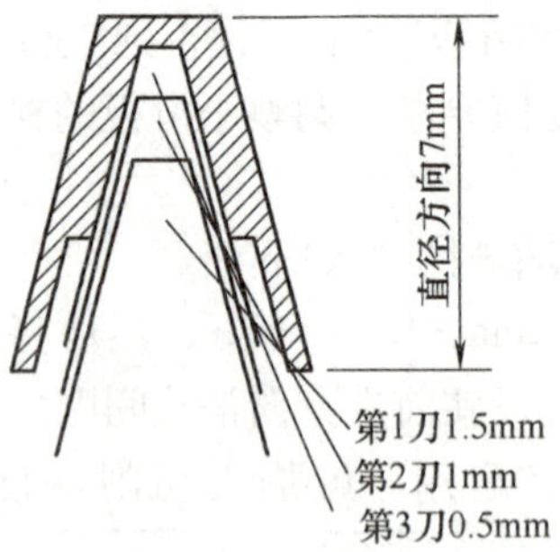

图 2-44　第二次直进法车削

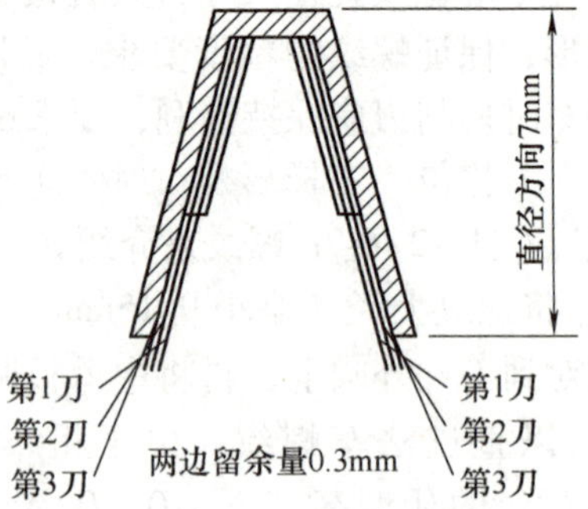

图 2-45　第二次左右进刀车削

6）换上螺纹精车刀，将它在螺纹大径上对刀，并将中滑板刻度盘对零。由于精车刀刀头宽度仍小于牙槽底宽，故精车刀可落到槽底。目测使精车刀处于槽中间，看此时刻度盘值，然后以每次进刀 0.1~0.2mm，将总进刀深度控制为 7~7.4mm。当牙底车好、车平后，又向左侧赶刀，每次 0.1~0.05mm，至将左侧面全部车好、车平；然后以低速进 0.02mm 或走空刀（中、小板均不进刀），将左侧车至表面粗糙度达到要求，再将螺纹刀直接退至右边车右侧面，每车一刀就用游标卡尺量一量牙顶宽，当牙顶宽接近 2.2mm 时，再用三针测量其 M 值。当 M 值合格时，螺纹中径即合格。

6. 梯形螺纹的测量方法

（1）综合测量法　综合测量法是用标准螺纹量规对螺纹各主要参数进行综合性测量。

（2）三针测量法　这种方法是测量外螺纹中经的一种比较精密的方法，适用于测量一些精度要求较高、螺纹升角小于 4°的螺纹工件。测量时，把三根直径相等的量针放在螺纹相对应的螺旋槽中，用千分尺量出两边量针顶点之间的距离 M，如图 2-46 所示；然后再与计算值比较。

车 Tr32×6 梯形螺纹，用三针测量螺纹中径。

量针直径：$d_0=0.518P=3.1\text{mm}$

千分尺读数计算值：$M=d_2+4.864d_0-1.866P=(29+4.864\times3.1-1.866\times6)\text{mm}\approx32.88\text{mm}$

（3）单针测量法　这种方法的特点是只需用一根量针（直径为 d_0）并将其放置在螺旋槽中，用千分尺量出螺纹大径与量针顶点之间的距离 A，如图 2-47 所示；然后再与计算值比较。

$$A=(M+d)/2$$

式中　A——单针测量值；

M——三针测量法距离计算值；

d——螺纹大径实际值。

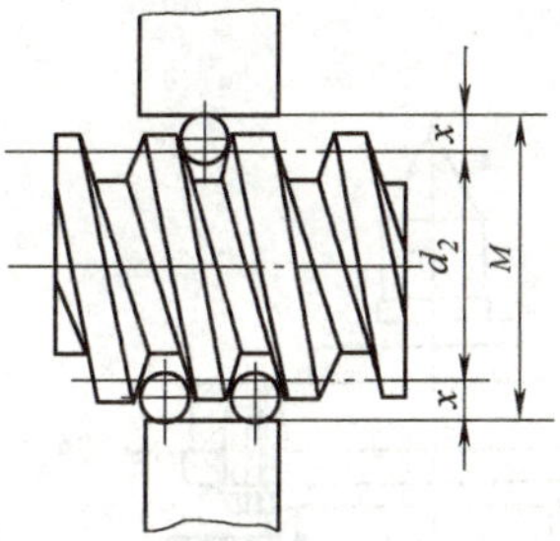

图 2-46　螺纹三针法测量

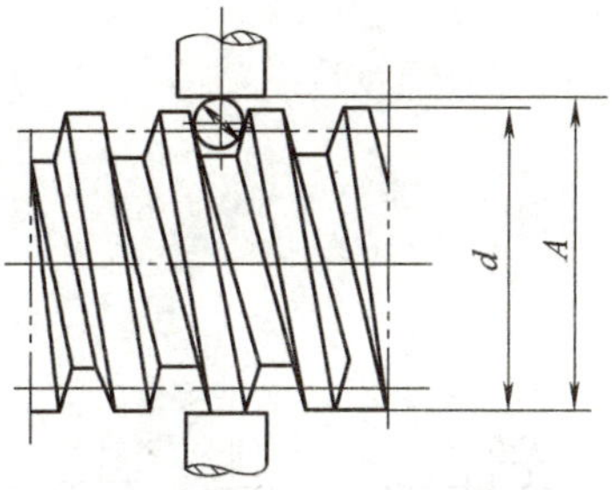

图 2-47　螺纹单针法测量

2.5.4　CA6140 型卧式车床主要部件及操纵机构

1. 主轴箱

主轴箱主要由主轴部件、传动机构、开停与制动装置、操纵机构及润滑装置等组成。为了便于了解主轴箱内各传动件的传动关系，传动件的结构、形状、装配方式及其支承结构，常采用展开图的形式表示。图 2-48 所示为 CA6140 型卧式车床主轴箱展开图。展开图中有些有传动关系的轴在展开后被分开了，如轴Ⅲ和轴Ⅳ、轴Ⅳ和轴Ⅴ等，从而使有的齿轮副也被分开了，在读图时应予以注意。下面介绍主轴箱内主要部件的结构、工作原理及调整。

（1）卸荷式带轮　主电动机通过带传动使轴Ⅰ旋转，为提高轴Ⅰ旋转的平稳性，轴Ⅰ上的带轮采用了卸荷结构。如图 2-48 所示，带轮 1 通过螺钉与内花键 2 联成一体，支承在法兰 3 内的两个球轴承上。法兰 3 则用螺钉固定在主轴箱体 4 上。当带轮 1 通过内花键 2 的内花键带动轴Ⅰ旋转时，带的拉力经轴承、法兰 3 传至箱体，这样使轴Ⅰ免受带的拉力，减少轴的弯曲变形，提高了传动平稳性。

（2）双向式多片摩擦离合器及制动机构　轴Ⅰ上装有双向式多片摩擦离合器（见图 2-49），用以控制主轴的起动、停止及换向。轴Ⅰ右半部为空心轴，在其右端安装有可绕圆柱销 11 摆动的元宝形摆块 12。元宝形摆块 12 下端弧形尾部卡在拉杆 9 的缺口槽内。当拨叉 13 由操纵机构控制，拨动滑套 10 右移时，元宝形摆块 12 绕顺时针方向摆动，其尾部拨动拉杆 9 向左移动。拉杆通过固定在其左端的长销 6，带动压套 5 和螺母 4 压紧左离合器的内、外摩擦片 2、3，从而将轴Ⅰ的运动传至空套其上的齿轮 1，使主轴得到正转。当滑套 10 向左移动时，元宝形摆块 12 绕逆时针方向摆动，从而使拉杆 9 通过压套 5、螺母 7，使右离合器内外摩擦片压紧，并使轴Ⅰ运动传至齿轮 8，再经由安装在轴Ⅶ上的中间轮 $z=34$，将运动传至轴Ⅱ，从而使主轴反向旋转。当滑套处于中间位置时，左右离合器的内外摩擦片均松开，主轴停转。

为了在摩擦离合器松开后，克服惯性作用，使主轴迅速制动，在主轴箱轴Ⅳ上装有图 2-50 所示的制动装置。制动装置由通过花键与轴Ⅳ连接的制动轮 7、制动钢带 6、杠杆 4 及调整装置等组成。制动带内侧固定一层铜丝石棉以增大制动摩擦力矩。制动带一端通过调节螺钉 5 与箱体 1 连接，另一端固定在杠杆上端。当杠杆 4 绕轴 3 逆时针方向摆动时，拉动制动带，使其包紧在制动轮上，并通过制动带与制动轮之间的摩擦力使主轴得到迅速制动。制动摩擦力矩的大小可用调节装置中的螺钉 5 进行调整。

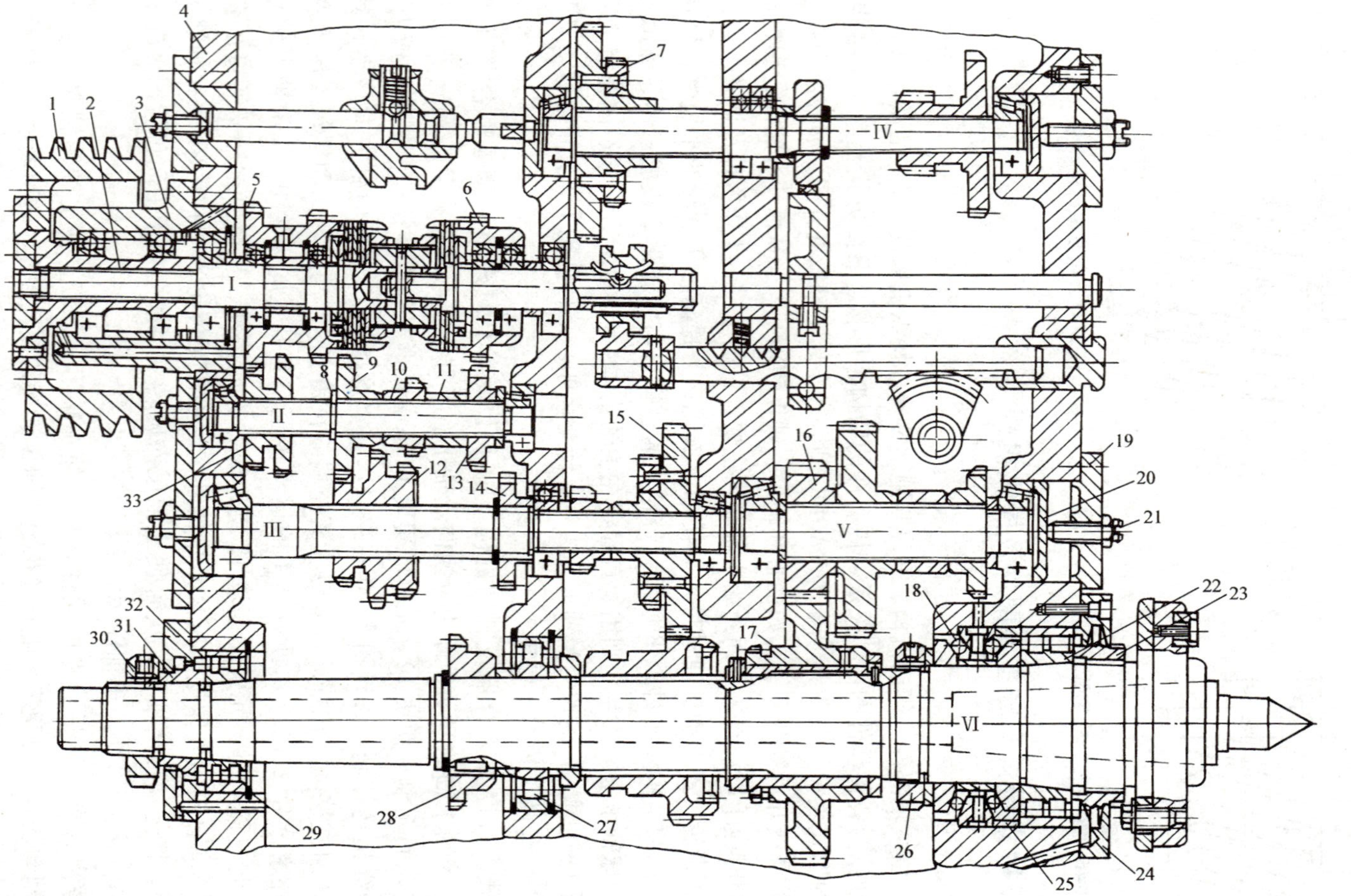

图 2-48　CA6140 型卧式车床主轴箱展开图

1—带轮　2—内花键　3—法兰　4—主轴箱体　5—双联空套齿轮　6—空套齿轮　7、33—双联滑移齿轮　8—平圆环　9、10、13、14、28—固定齿轮　11、25—隔套　12—三联滑移齿轮　15—双联固定齿轮　16、17—斜齿轮　18—双向推力角接触球轴承　19—盖板　20—轴承压板　21—调整螺钉　22、29—双列圆柱滚子轴承　23、26、30—螺母　24、32—轴承端盖　27—圆柱滚子轴承　31—套筒

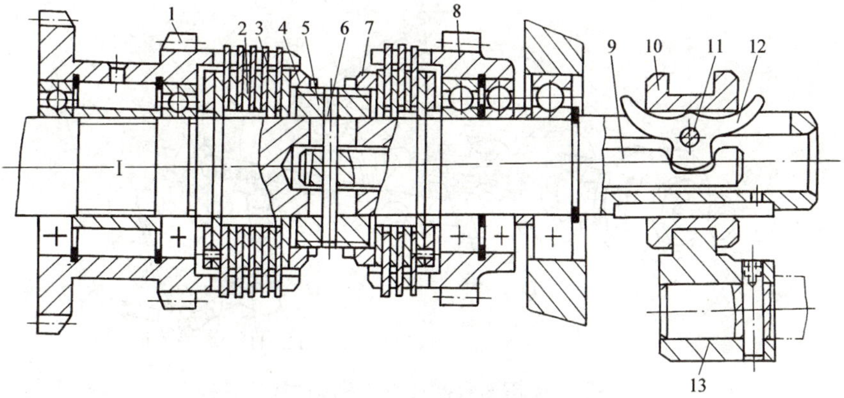

图 2-49　双向式多片摩擦离合器

1、8—齿轮　2—内摩擦片　3—外摩擦片　4、7—螺母　5—压套　6—长销　9—拉杆　10—滑套　11—圆柱销　12—元宝形摆块　13—拨叉

摩擦离合器和制动装置必须得到适当的调整。如摩擦离合器中摩擦片间的间隙过大，压紧力不足，不能传递足够的摩擦力矩，会使摩擦片间发生相对打滑，这样会使摩擦片磨损加剧，导致主轴箱内温度升高，严重时会使主轴不能正常转动；如间隙过小，不能完全脱开，也会使摩擦片间相对打滑和发热，而且还会使主轴制动不灵。制动装置中制动带松紧程度也应适当，要求停车时，主轴能迅速制动；开车时，制动带应完全松开。

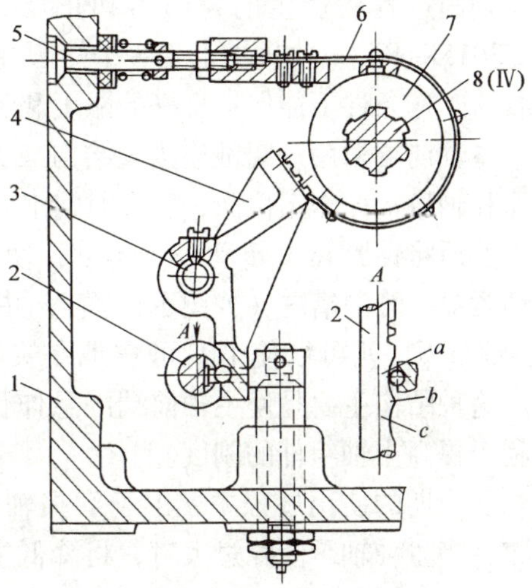

图 2-50　制动装置

1—箱体　2—齿条轴　3—轴　4—杠杆　5—螺钉　6—制动钢带　7—制动轮　8—轴Ⅳ

双向式多片摩擦离合器与制动装置采用如图 2-51 所示的操纵机构来协调两机构的工作。当抬起或压下手柄 7 时，通过曲柄 9、拉杆 10、曲柄 11 及扇形齿轮 13，使齿条轴 14 向右或向左移动，再通过元宝形摆块 3、拉杆 16 使左边或右边离合器结合（见图 2-49），从而使主轴正转或反转。此时，杠杆 5 下端位于齿条轴圆弧形凹槽内，制动带处于松开状态。当操纵手柄 7 处于中间位置时，齿条轴 14 和滑套 4 也处于中间位置，摩擦离合器左、右摩擦片组都松开，主轴与运动源断开。这时，杠杆 5 下端被齿条轴两凹槽间凸起部分顶起，从而拉紧制动带，使主轴迅速制动。

（3）主轴部件　主轴部件是车床的关键部分。工作时，工件装夹在主轴上，并由其直接带动旋转做主运动，因此主轴的旋转精度、刚度、抗振性等对工件的加工精度和表面粗糙度有直接影响。

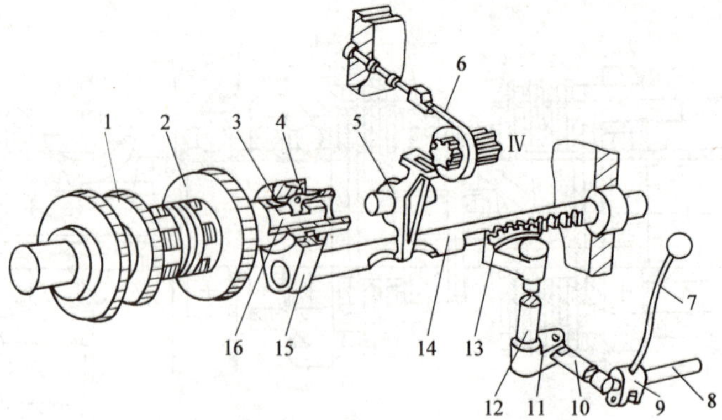

图 2-51 摩擦离合器及制动装置的操纵机构

1—双联齿轮 2—齿轮 3—元宝形摆块 4—滑套 5—杠杆 6—制动带 7—手柄 8—操纵杆 9、11—曲柄 10、16—拉杆 12—轴 13—扇形齿轮 14—齿条轴 15—拨叉

图 2-48 所示的主轴部件采用前、中、后三个支承，前支承用一个短圆柱滚子轴承 22（NN3021K/P5）和一个 60°角接触的双列推力调心球轴承 18（51120/P5）的组合方式，承受切削过程中产生的背向力和正反方向的进给力。后支承用一个短圆柱滚子轴承 29（NN3015K/P6）。主轴中部用一个短圆柱滚子轴承 27（NN216）作为辅助支承。这种结构在重载荷工作条件下能保持良好的刚度和工作平稳性。

主轴前端采用短圆锥连接盘结构（见图 2-52），用来装夹卡盘或其他夹具。它以短圆锥表面和轴肩端面作定位面，装夹时，卡盘座 4 上的四个螺钉 5 通过主轴轴肩 3 及锁紧盘 2 的孔，然后将锁紧盘 2 转动一个角度，使螺钉 5 处于锁紧盘 2 的沟槽内（如图示位置），并拧紧螺钉 1 及螺母 6，就可以使卡盘可靠地装夹在主轴前端。这种结构主要是使主轴前端的悬伸长度较短，有利于提高主轴组件的刚度。

图 2-52 主轴前端结构

1、5—螺钉 2—锁紧盘 3—主轴轴肩 4—卡盘座 6—螺母

在长期的使用过程中，由于磨损轴承会产生间隙，当主轴轴承间隙过大时，将降低主轴刚度，切削时产生径向圆跳动或轴向窜动，容易产生振动。间隙太小，则会造成主轴高速旋转时发热过高而损坏。如图 2-48 所示，主轴前轴承 22 的间隙可用螺母 26 和 23 调整。调整时，先拧松螺母 23 和 26 上的锁紧螺钉，然后拧紧螺母 26，使轴承的内圈相对主轴锥形轴颈向右移动。由于锥面作用，轴承内圈产生径向弹性膨胀，将滚子与内、外圈之间的间隙减小。调整适当后，应将螺母 26 上的锁紧螺钉和螺母 23 拧紧。后轴承 29 的间隙可用螺母 30 调整。调整后，应该检查轴承间隙，转动主轴，感觉应灵活，无阻滞现象。一般用外力旋转时，主轴转动在 3~5 圈内自动平稳地停止。

（4）变速操纵机构 轴Ⅱ上的双联滑移齿轮和轴Ⅲ上的三联滑移齿轮用一个手柄操纵，

如图 2-53 所示。变速手柄每转一转，变换全部 6 种转速，故手柄共有均布的 6 个位置。

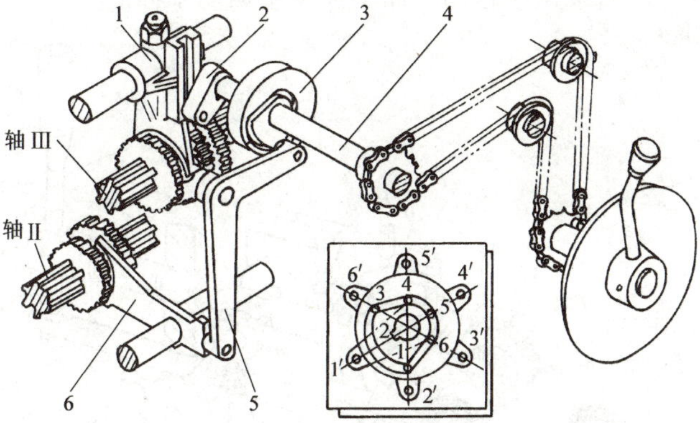

图 2-53 变速操纵机构

1、6—拨叉 2—曲柄 3—盘形凸轮 4—轴 5—杠杆

变速手柄装在主轴箱的前壁上，通过链传动至轴 4。轴 4 上装有盘形凸轮 3 和曲柄 2。盘形凸轮 3 上有一条封闭的曲线槽，由两段不同半径的圆弧和直线组成。盘形凸轮上有 1~6 六个变速位置。如图 2-53 所示，在 1、2、3 位置时，杠杆 5 上端的滚子处于凸轮槽曲线的大半径圆弧处，杠杆 5 经拨叉 6 将轴Ⅱ上的双联滑移齿轮移向左端位置。在 4、5、6 位置时，则将双联滑移齿轮移向右端位置。

曲柄 2 随轴 4 转动，带动拨叉 1 拨动轴Ⅲ上的三联滑移齿轮，使它处于左、中、右三个位置。顺次地转动手柄，就可使两个滑移齿轮的位置实现 6 种组合，使轴Ⅲ得到 6 种转速。

滑移齿轮到位后应定位。如图 2-48 所示，轴Ⅰ正上方的轴上有拨叉的定位钢球可实现定位。

2. 溜板箱

溜板箱内包含以下机构：实现刀架快慢移动自动转换的超越离合器，起过载保护作用的安全离合器，接通、断开丝杠传动的开合螺母机构，接通、断开和转换纵、横向机动进给运动的操纵机构，以及避免运动干涉的互锁机构等。

（1）纵、横向机动进给操纵机构 图 2-54 所示为纵、横向机动进给操纵机构。纵、横向机动进给的接通、断开和换向由一个手柄集中操纵。手柄 1 通过销轴 2 与轴向固定的轴 23 相连接。向左或向右扳动手柄 1 时，手柄下端缺口通过球头销 4 拨动轴 5 轴向移动，然后经杠杆 11、连杆 12、偏心销使圆柱形凸轮 13 转动。凸轮上的曲线槽通过圆销 14、拨叉轴 15 和拨叉 16，拨动离合器 M_8 与空套在轴 XXII 上两个空套齿轮之一啮合，从而接通纵向机动进给，并使刀架向左或向右移动。

向前或向后扳动手柄 1 时，通过手柄方形下端部带动轴 23 转动，并使轴 23 左端凸轮 22 随之转动，从而通过凸轮上的曲线槽推动圆销 19，并使杠杆 20 绕销轴 21 摆动。杠杆 20 上另一圆销 18 通过拨叉轴 10 上缺口，带动拨叉轴 10 轴向移动，并通过固定在轴上的拨叉，拨动离合器 M_9，使之与轴 XXV 上两空套齿轮之一啮合，从而接通横向机动进给。

纵、横向机动进给机构的操纵手柄扳动方向与刀架进给方向一致，给使用带来方便。手柄在中间位置时，两离合器均处于中间位置，机动进给断开。按下操纵手柄顶端的按钮 S，接通快速电动机，可使刀架按手柄位置确定的进给方向快速移动。由于超越离合器的作用，即使机动进给时，也可使刀架快速移动，而不会发生运动干涉。

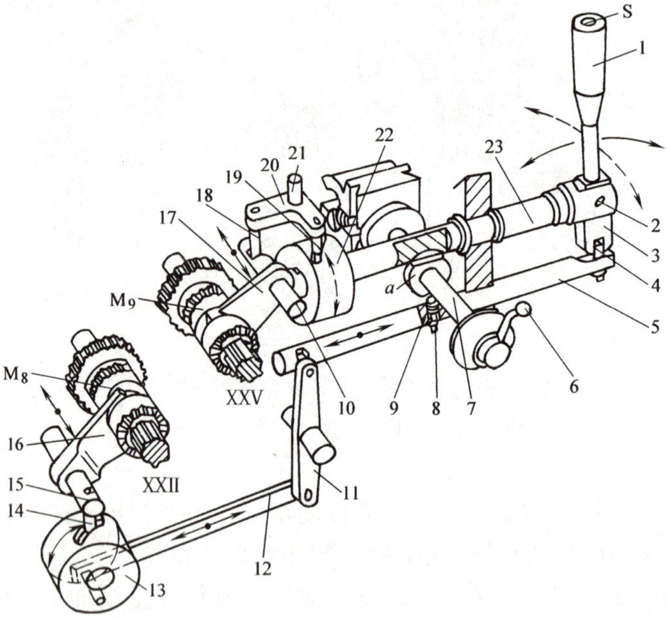

图2-54　纵、横向机动进给操纵机构

1、6—手柄　2、21—销轴　3—手柄　4、9—球头销　5、7、23—轴　8—弹簧销　10、15—拨叉轴　11、20—杠杆　12—连杆　13、22—凸轮　14、18、19—圆销　16、17—拨叉

（2）开合螺母机构　开合螺母机构的作用是接通或断开从丝杠传来的运动。如图2-55所示，开合螺母是由上、下两个半螺母1和2组成，装在燕尾形导轨中可上下移动。上、下半螺母的背面各装有一个圆柱销3，其伸出端分别嵌在槽盘4的两条槽中。扳动手柄6，经轴7使槽盘逆时针方向转动时，曲线槽迫使两圆柱销3互相靠近，带动上、下半螺母合拢，与丝杠啮合。反向扳动手柄6时，两半螺母互相分开，与丝杠分离。

开合螺母与镶条要调整适合，不然就会影响螺纹的加工精度，或者使开合螺母操纵手柄自动跳位。开合螺母与燕尾导轨的配合间隙一般应小于0.03mm，调整时可用螺钉8支紧或放松镶条5进行调整，调整后用螺母9锁紧。

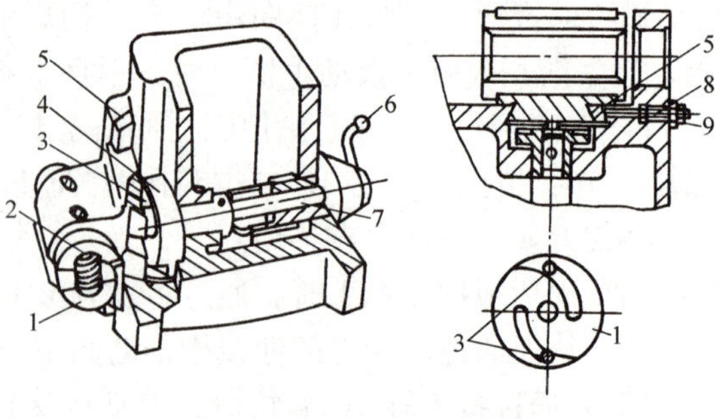

图2-55　开合螺母机构

1—下半螺母　2—上半螺母　3—圆柱销　4—槽盘　5—镶条　6—手柄　7—轴　8—螺钉　9—螺母

（3）互锁机构　溜板箱内的互锁机构是为了保证纵、横向机动进给和车螺纹进给运动不同时接通，以避免机床损坏而设置的，其工作原理如图2-56所示。操纵手柄轴7的凸肩a上带有一削边和一V形槽如图2-54、图2-56所示。轴23上铣有能与凸肩相配的键槽；轴5的小孔内装有弹簧销8。在手柄轴7凸肩与支承套之间有一球头销9。当纵、横向进给

及车螺纹运动均未接通时，凸肩 a 未进入轴 23 的键槽中，球头销 9 头部与凸肩 a 的 V 形槽相切。球头销 9 与弹簧销 8 的接触界面正好位于支承套与轴 5 相切之处。因而此时可根据加工要求转动手柄轴 7 或通过进给操纵手柄转动轴 23 或移动轴 5，以便接通三种进给运动中的一种。

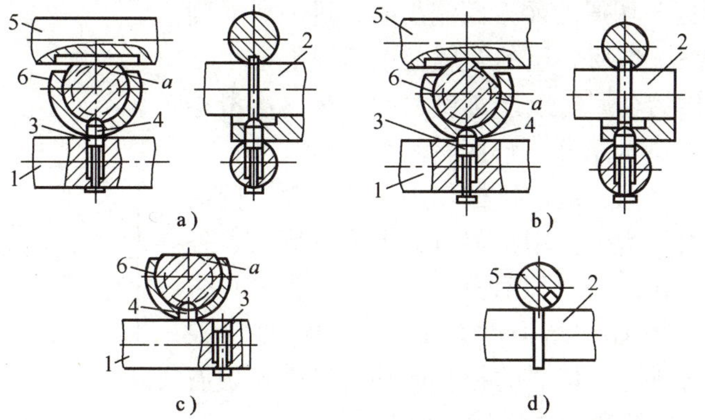

图 2-56　互锁机构工作原理

1、5—轴　2—手柄轴　3—弹簧销　4—球头销　6—支承套

如转动手柄轴 7，合上开合螺母，由于手柄轴 7 上的凸肩 a 进入轴 23 的键槽之中，使轴 23 不能转动。另外，凸肩的圆周部分将球头销 9 下压，使其一部分在支承套内，一部分压缩弹簧销 8 进入轴 5 的小孔中，使轴 5 不能移动。这样就保证了接通车螺纹运动后，不能再接通纵、横向机动进给。如移动轴 5 接通纵向进给运动，轴 5 小孔中的弹簧销 8 与球头销 9 脱离接触。球头销 9 被轴 5 的圆周表面顶住，其上端又卡在凸肩 a 的 V 形槽中，因此操纵手柄 7 被锁住，无法转动使开合螺母合拢。如转动轴 23，接通横向进给运动，这时轴 23 上键槽不再对准凸肩 a，于是凸肩 a 被轴 23 顶住，操纵手柄 7 无法转动，不能使开口螺母合拢。由此可见，由于互锁机构的作用，合上开合螺母后，不能再接通纵、横向进给运动，而接通了纵向或横向进给运动后，就无法再接通车螺纹运动。

操纵进给方向手柄的面板上开有十字槽，以保证手柄向左或向右扳动后，不能前后扳动；总之，向前或向后扳动后，不能左右扳动。这样就实现了纵向与横向机动进给运动之间的互锁。

2.6　传动轴车削加工过程的控制

金属切削过程就是刀具与工件相互作用，形成切屑，获得新表面的过程。在切削过程中，将出现切削变形、切削力、切削热、刀具磨损等物理现象。这些现象产生的原因和变化规律，是控制切削过程，保证加工质量，提高生产率和降低成本的基础知识。

2.6.1　切屑的控制

1. 变形区的划分

金属切削过程实质上是一个变形的过程。被切削金属的质点在切削过程中的变形，可大致分为三个区域，如图 2-57 所示。

（1）第Ⅰ变形区　从 *OA* 线开始变形到 *OM* 线晶粒的剪切滑移基本完成，这一区域（Ⅰ）称为第Ⅰ变形区。其变形特征是：刀具前刀面挤压切削层金属，切削层金属剪切滑移，切削层金属被切削刃切离母体。

（2）第Ⅱ变形区　切屑沿前刀面流出时，进一步受到前刀面的挤压和摩擦，切屑底层的金属在前刀面上产生粘结而滞留，切屑底层的金属与上层金属之间产生二次滑移变形，该区域（Ⅱ）称为第Ⅱ变形区。其变形特征是：刀具前刀面与切屑挤压摩擦，由于机械作用将前刀面上的油膜和氧化膜磨掉，由于冶金作用将前刀面上的峰磨去、谷填平，形成新的面接触，切屑与前刀面在高温高压下产生粘结，切屑产生滞留。如粘结强度大于材料的强度极限时，由于切削的继续进行，切屑的相对运动将发生在切屑底层和上层金属之间，这称为二次滑移变形。

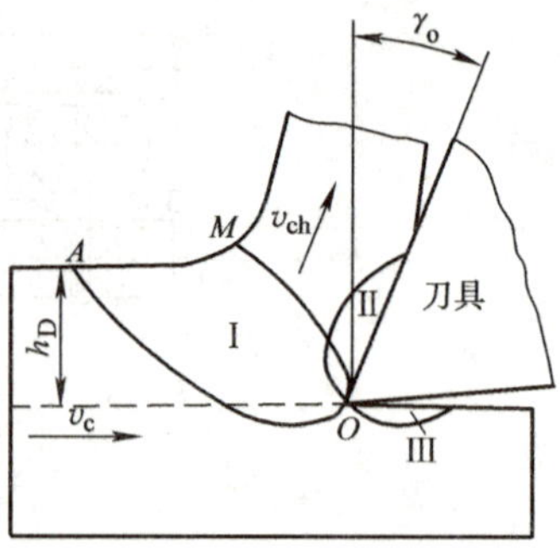

图 2-57　切削变形区的划分

（3）第Ⅲ变形区　已加工表面受到切削刃钝圆部分和后刀面的挤压、摩擦与回弹，造成纤维化与加工硬化，该区域（Ⅲ）称为第Ⅲ变形区。

2. 切屑的形态

切削过程中，由于工件材料、刀具参数、切削用量等的不同，切削层金属被切下后，将形成四种不同形态的切屑，如图 2-58 所示。

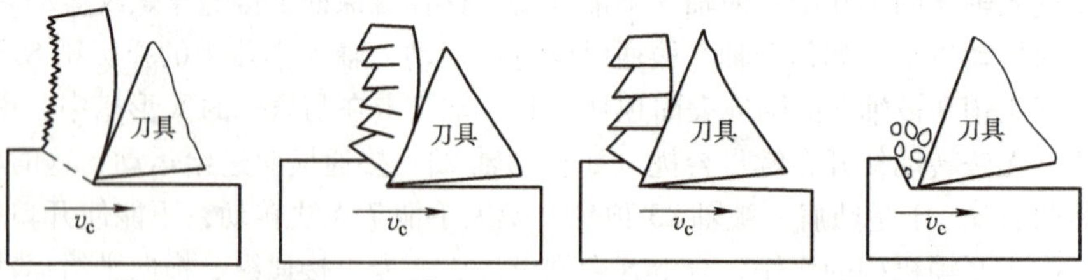

a)　b)　c)　d)

图 2-58　切屑的形态

a）带状切屑　b）节状切屑　c）单元切屑　d）崩碎切屑

（1）带状切屑　切屑连续不断成带状，底面光滑，背面无明显裂纹，呈微小锯齿形。一般加工塑性材料、刀具前角较大、切削厚度较小时形成，如图 2-58a 所示。这时，切削过程比较平稳，切削力波动较小，加工表面质量较高。

（2）节状切屑　切屑背面有较深的裂纹，呈较大的锯齿形。这是由于前角较小、切削深度大、速度低，局部切应力达到材料强度极限的原因造成的，如图 2-58b 所示。这时，切削变形较大，切削力较大且有波动，加工质量相对较差。

（3）单元切屑　切削中，整个剪切面上的应力都超过了材料的强度极限，产生的裂纹贯穿切削的断面，形成一个个变形单元，如图 2-58c 所示。

（4）崩碎切屑　切削铸铁、青铜等脆性材料时，切削层金属发生弹性变形后，未发生塑形变形就突然崩碎，形成不规则的粒、片或针状切屑，如图 2-58d 所示。这时，切削力和切削热都集中在切削刃和刀尖附近，刀具易磨损，产生振动，因此加工质量较差。

切屑的形态随着切削条件的变化而改变。因此，可根据要求，采取不同的措施控制切屑的形态，以满足加工的要求。

3. 工件材料的加工性

工件材料的加工性是指工件材料被切削加工的难易程度。难切削的工件材料，其加工性差，反之亦然。衡量工件材料加工性的指标与加工的性质、要求和条件有关，有刀具寿命指标、加工表面质量指标、切削控制难易程度指标、切削温度和切削力指标等，其中刀具寿命指标最常用。

刀具寿命指标用相对加工性 K_r 表示。相对加工性 K_r 是以 45 钢（170～229HBW，σ_b = 0.637GPa）、刀具寿命为 60min 所允许的切削速度 v_{60} 为基准（记作 v_{o60}），其他材料的 v_{60} 与 v_{o60} 的比值，即

$$K_r = v_{60} / v_{o60}$$

显然，K_r>1 时，该材料比 45 钢易加工；K_r<1 时，该材料相对 45 钢难加工。在生产中，对于难加工材料，常采用热处理，合理选择刀具材料、刀具几何参数、切削用量等措施来改善其切削加工性。

切削层金属在刀具前刀面的作用下，产生剪切滑移变形后在前刀面上流动。如图 2-59 所示，切屑在前刀面上流动时，由于第Ⅱ变形区的变形，切屑底层的金属变形最严重，因而被拉长，于是切屑在流动的同时便向上卷曲，其应力为 σ_{I}，半径用 R_{ch} 表示。

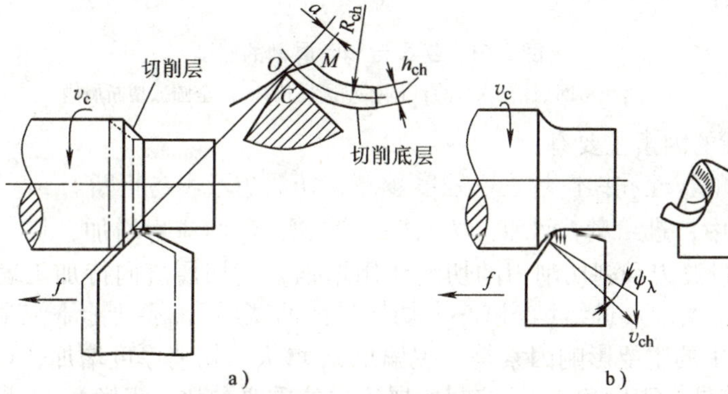

图 2-59　切屑的卷曲

在切削过程中，切削层金属经过严重的塑性变形，其塑性降低、硬度提高、脆性增大，为切屑的折断在内部做了准备。

4. 切屑的折断

切削层金属经切削变形后，产生的变形应力 σ_{I} 称为第一阶段的变形应力。对于塑性材料来说，第一阶段的变形应力 σ_{I} 一般达不到材料的强度极限，即切屑不会断裂。如图 2-60 所示，如果切屑在流出的过程中碰到障碍物，使其产生一个附加力矩，其产生的应力 σ_{II} 称为第二阶段的变形应力。如果 $\sigma_{\mathrm{I}} + \sigma_{\mathrm{II}} \geqslant \sigma_b$，切屑将折断或处于临界状态。

任意的断屑不是我们的目的，我们的目的是按我们的要求去断，即按我们要求的形状、尺寸、时间等去断屑。这就要求我们控制好第二阶段的变形应力 σ_{II}，使 $\sigma_{\mathrm{I}} + \sigma_{\mathrm{II}} = \sigma_b$，切屑处于临界状态，然后碰到障碍物或由于自重的增加而折断。控制 σ_{II} 是通过断屑台或断屑槽来实现的，断屑槽的形式如图 2-61 所示。

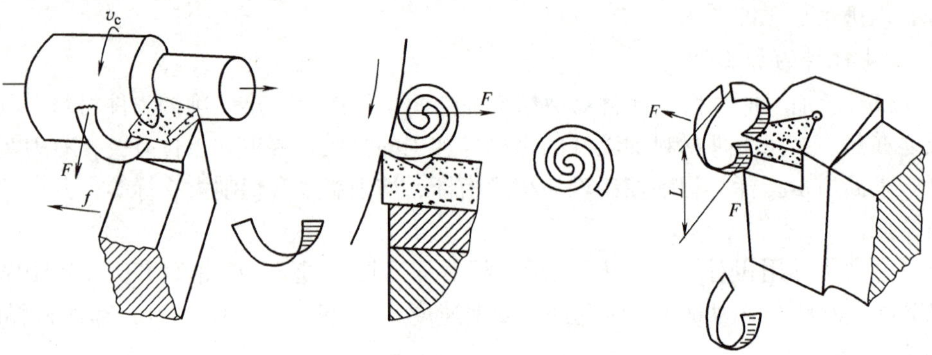

图 2-60 切屑的折断

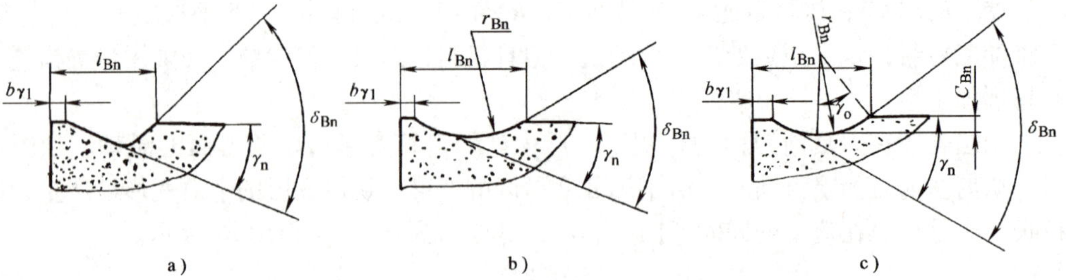

图 2-61 断屑台和断屑槽的槽型

a）折线型断屑槽 b）直线圆弧型断屑槽 c）全圆弧型断屑槽

影响切屑折断的因素主要有：

1）工件材料的塑性和韧性越大、强度越高，切屑越不容易折断。

2）切削用量中，进给量 f 增加，切屑厚度增加，弯曲应力增加，切屑折断较容易；背吃刀量 a_p 减小，过渡刃和副切削刃的切削作用增强，使切屑流向待加工表面而相碰撞易折断，如背吃刀量 a_p 增大、进给量 f 减小，切屑呈薄而宽形状，切屑折断较困难。

3）刀具参数中的主要影响因素是，主偏角 κ_r 增大，切屑厚度增加，切屑卷曲的应力增加，切屑折断较容易；刃倾角 λ_s 是控制切屑流向的重要参数，刃倾角 λ_s 是正值时，切屑流向待加工表面，或背离工件后与刀具的主后刀面相碰，形成“C”状切屑，也可能呈螺卷形切屑而后甩断；刃倾角 λ_s 是负值时，切屑流向已加工表面或过渡表面，然后碰撞折断，呈“C”或“6”状切屑。

4）断屑槽尺寸参数中宽度和反屑角是影响断屑的主要因素。宽度减小、反屑角增大，均使切屑的卷曲半径减小，弯曲应力增大而易折断，但宽度过小或反屑角过大，容易造成闷屑，使切削力和切削温度增加，且会引起振动，通常宽度按下式取：

$$l_{Bn}=(10\sim13)h_D$$

式中 l_{Bn}——断屑槽法平面内宽度；

h_D——切削层公称截面厚度。

反屑角 δ_{Bn} 按槽型选，折线型 $\delta_{Bn}=60°\sim70°$，直线圆弧型 $\delta_{Bn}=40°\sim50°$，全圆弧型 $\delta_{Bn}=30°\sim40°$，一般断屑槽的圆弧半径 $r_{Bn}=(0.4\sim0.7)l_{Bn}$。

2.6.2 切削液及其选择

切削液又称为冷却润滑液，主要是用来减少切削过程中的摩擦和降低切削温度。合理使用切削液，对提高刀具寿命和加工质量具有重要的作用。

（一）切削液的作用

1. 冷却作用

切削液通过不同的流动方式进入切削区域后，通过切削热的传导、对流和汽化，使切屑、刀具和工件上的部分热量被带走，使切削区的温度降低而起到冷却作用。

切削液冷却作用的效果取决于其本身的性质（导热系数、热容、汽化热和汽化速度等）和冷却的方法。冷却的方法有：浇注法、喷雾法、内冷法等。浇注法由于受切屑排除的影响，切削液很难进入切削区，冷却效果不好，但由于方法简单，使用方便，应用较广泛。喷雾法是使高速喷射到切削区的液体雾化，由于切削热的作用使之汽化而吸收大量的热量，具有较好的冷却作用，但此方法需要另加额外的设备，较为复杂，通常较少使用。内冷法是使切削液通过刀体上的通道流向切削刃部位，此方法需要特殊的刀体结构，一般也较少用。

2. 润滑作用

切削液的润滑作用是通过切削液渗透到刀具与切屑和工件之间形成润滑膜而达到的。由于切削时各接触表面间具有高速、高温、高压和粘结等特点，切削液的渗透作用是很困难的。因此，切削液润滑作用的好坏，取决于切削液的渗透性、油性和油膜强度。渗透性决定着切削液能否进入切削区，如进不去，就很难谈润滑效果；油性决定着进入的切削液形成油膜的能力，进入切削区了形不成油膜，润滑效果也很差；油膜强度决定着进入切削区的切削液形成油膜的强度，如油膜强较低，在高温、高压下很容易破裂，在刀具与切屑和工件之间形不成连续的润滑膜，其润滑效果也较差。

3. 清洗作用

切削液在流动过程中将冲走切削中留下的细碎切屑和磨粒等污物，从而起到清洗的作用。

4. 防腐作用

切削液中加有防腐添加剂，如亚硫酸钠、磷酸三钠、三乙醇胺等，使金属表面形成保护膜，防止机床和工件受空气、水分和酸等介质的腐蚀，起到防腐蚀的作用。

（二）常用切削液及其选择

切削加工中常用的切削液有水溶液、乳化液和油液。

1. 水溶液

水溶液是在水中加入防腐剂、清洗剂，有时也加入油性添加剂以增加润滑的性能。常用的水溶液有碳酸钠水溶液、亚硝酸钠水溶液和磷酸三钠水溶液。

2. 乳化液

乳化液是在水中加入乳化油搅拌而成的乳白色液体。乳化油是由矿物油与表面活性乳化剂配置而成的。表面活性剂的分子有两个头，一头与水结合，另一头与油结合，从而使油和水均匀地混合。

按乳化液中加入乳化油量的多少，可配置成不同浓度的乳化液。低浓度的乳化液主要起冷却作用，适用于磨削和粗加工；高浓度的乳化液主要起润滑作用，适用于精加工和复杂工序的加工。加工普通碳钢时，可根据加工要求，参考切削手册选配乳化液的浓度。

乳化油中也常加入防腐添加剂、极压添加剂，来提高乳化液的性能。加入防腐添加剂的称为防腐乳化油，加入极压添加剂的称为极压乳化油。

3. 油液

油液有切削油和极压切削油两种。

切削油包括矿物油（全损耗系统用油、轻柴油、煤油等）、动植物油（豆油、菜油、蓖麻油、棉子油、猪油等）、动植物混合油等。由于动植物油为食用油，且易变质，所以较少使用。

普通车削、攻螺纹等可采用机油；精加工有色金属和铸铁时，为保证加工表面质量，常采用黏度小、润滑性好的煤油或煤油与矿物油的混合油；普通孔或深孔精加工可使用煤油或煤油与机油的混合油；轻柴油具有冷却和润滑作用，其黏度小、流动性好，在自动机床上兼有自身润滑和切削液双重作用。

极压切削油是在切削油中加入硫、磷和氯等极压添加剂后形成的，能够显著提高润滑效果和冷却作用，特别是在精加工、关键工序和难加工材料的切削时尤为重要。

由于硫化油在高温时能够形成牢固的吸附膜，润滑和冷却作用非常显著，因此在生产中被广泛使用。硫化油是在矿物油中加入动植物油和硫化鲸油或硫化棉子油配置而成，常用于拉孔、齿轮加工等。对不锈钢的车削、铣削、钻削和螺纹加工，也能提高刀具寿命和减小表面粗糙度值。

2.6.3 积屑瘤及控制

当切削塑性材料、切削速度较低时，刀具靠近切削刃的前刀面上黏附着硬度很高的金属团块，如图2-62所示，其硬度一般是母体金属的2.5~3倍，它包围了切削刃和靠近切削刃的前刀面，代替切削刃切削，这块金属称为积屑瘤。积屑瘤在切削中是不稳定的，时大时小，对切削过程有较大的影响。

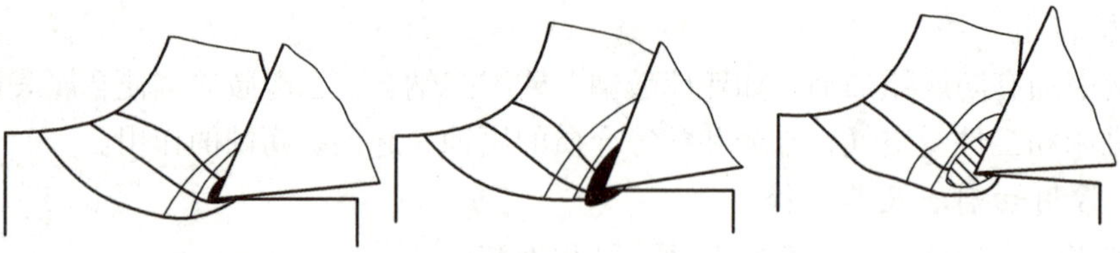

a) b) c)

图2-62 积屑瘤

1. 积屑瘤的形成

切屑与前刀面在高温高压下剧烈摩擦，由于机械和冶金的作用，很快擦掉油膜和氧化膜，形成新表面的面接触，由于分子间的亲和力和表面吸附力等，使切屑底层金属与前刀面产生粘结，当粘结强度大于材料的强度极限时，切屑底层金属将滞留在靠近切削刃的前刀面上，形成积削瘤。由于这种作用反复进行，积屑瘤将不断长大。由于积屑瘤比较尖凸，强度较低，在切削力的作用下长到一定程度就会打掉，打掉后再长，反复进行。所以，积削瘤是一个不稳定的因素。

2. 积屑瘤的作用

1）代替切削刃切削，保护切削刃。

2）增大前角，减小变形，降低切削力。

3）增大切削厚度，且不稳定，加工精度降低。

因此，粗加工时积屑瘤有利，精加工时就必须避免积屑瘤的产生。

3. 影响积屑瘤的因素

1）工件材料的硬度低、塑性好，变形就大，易形成积屑瘤。

2）切削速度快，切削温度高，如高于材料的再结晶温度，就不产生加工硬化，粘结在前刀面金属的硬度就不会高于母体，也就不能代替切削刃切削，就形不成积屑瘤。

3）实践证明，积屑瘤形成的最大前角为 30°，刀具的前角大于等于 30°时，就不会产生积屑瘤。

4）使用切削液，可以降低切削温度和减小摩擦，都可抑制积屑瘤的产生。

2.6.4　切削力的控制

切削过程是刀具作用于切削层金属，使之变形、脱离母体，并形成切屑和新表面。因此，切削力定义为工件给刀具的反作用力。

（一）切削力的来源

切削中作用于刀具上的力主要有以下两个方面：

1）三个变形区的弹性变形、塑性变形产生的变形抗力。

2）刀具与切屑、工件之间的摩擦阻力。

（二）切削力的分解

切削力 F 是一个空间力，为了便于测量和计算，将切削力分解为相互垂直的三个分力，如图 2-63 所示。

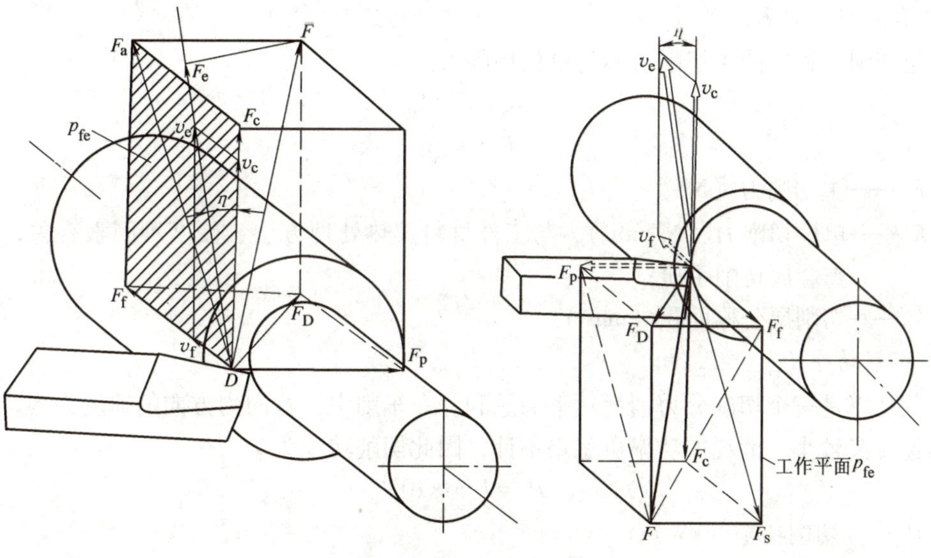

a)　　b)

图 2-63　切削力的分解

1）主切削力 F_c：切削力在切削速度方向上的分力。

2）进给力 F_f：切削力在进给方向上的分力。

3）背向力 F_p：切削力垂直于假定工作平面的分力。

根据力学向量计算的原理，显然有

$$F=(F_c^2+F_f^2+F_p^2)^{1/2}$$

在车削中，主切削力最大，它是计算机床动力和校核刚强度的主要依据；进给力消耗的功率较小，作用于机床进给机构，是较验机床进给机构强度的依据；背向力不消耗功率，作用于工件的径向，易使工件和机床主轴在水平面上产生变形，直接影响加工精度，并引起振动。因此，对刚度差的工件必须引起重视。

（三）切削力的计算

由于切削过程是非常复杂的，影响切削力的因素很多，所以很难精确计算，通常用实验公式进行近似计算。

1. 指数公式

主切削力 $$F_c=C_{Fc}a_p^{x_{Fc}}f^{y_{Fc}}v^{n_{Fc}}K_{Fc}$$

进给力 $$F_f=C_{Ff}a_p^{x_{Ff}}f^{y_{Ff}}v^{n_{Ff}}K_{Ff}$$

背向力 $$F_p=C_{Fp}a_p^{x_{Fp}}f^{y_{Fp}}v^{n_{Fp}}K_{Fp}$$

式中 C_{Fc}、C_{Ff}、C_{Fp}——系数，其值决定于切削条件和工件材料；

x_{Fc}、y_{Fc}、n_{Fc}，x_{Ff}、y_{Ff}、n_{Ff}，x_{Fp}、y_{Fp}、n_{Fp}——分别为三公式中的指数；

K_{Fc}、K_{Ff}、K_{Fp}——分别为三个分力计算中，当实际加工条件与公式的实验条件不符时，各因素对切削力影响系数的乘积。

以上的系数和指数可查阅金属切削手册或有关金属切削原理的书籍。

2. 单位切削力 K_c

单位切削面积上的主切削力称为单位切削力。

$$K_c=F_c/A_D$$

由此得 $$F_c=K_cA_D$$

式中 F_c——主切削力（N）；

K_c——单位切削力（N/mm^2），与工件材料、热处理方法、硬度等因素有关，数值可查金属切削手册；

A_D——切削层公称面积（mm^2）。

3. 切削功率 P_m

切削功率是三个切削分力消耗功率的总和。在车削中，背向力方向的速度为零，进给力和进给速度又较小，消耗的功率可忽略不计，因此切削功率为

$$P_m=F_cv_c\times10^{-3}$$

式中 P_m——切削功率（kW）；

F_c——主切削力（N）；

v_c——切削速度（m/s）。

机床电动机的功率为 $$P_E=P_m/\eta$$

式中 P_E——电动机功率（kW）；

η——机床效率，一般 $\eta=0.75\sim0.85$。

（四）影响切削力的因素

1. 工件材料

它是影响切削力的主要因素。

1）工件材料的强度和硬度越高，变形抗力越大，切削力也越大。

2）工件材料的塑性和韧性越大，切削变形越大，加工硬化程度越高，切削力也越大。

2. 切削用量

它是影响切削力的重要因素。

（1）背吃刀量 背吃刀量增加时，切削层公称截面积 A_D 将按比例增加，由于背吃刀量增加对变形无形响，所以切削力也按比例增加。

（2）进给量 进给量增加，切削层公称截面积 A_D 也按比例增加，由于进给量增加，切削层公称截面厚度增加，使平均切削变形减小，所以切削力不按比例增加，为 70%~80%。

（3）切削速度 切削速度对切削力的影响较为复杂。速度很小时（<20m/min），切削速度增加，积屑瘤由小变大，使前角增大，切削刃锋利，变形减小，切削力降低；速度较小时（20~50m/min），切削速度增加，积屑瘤由大变小，切削力增大；速度较大时（>50m/min），随着切削速度的增加，切削温度升高，切削力有所下降。

显然，在切削用量对切削力的影响因素中，背吃刀量最大，进给量次之，切削速度最小。因此，从切削力的角度出发，选择切削用量的原则是：大的切削速度，较大的进给量，小的背吃刀量。

3. 刀具几何参数

（1）前角 γ_o 前角对切削力的影响较大，前角增大，切削刃锋利性增大，变形减小，切削力下降。

（2）主偏角 κ_r 随着主偏角 κ_r 的增大，切削层公称截面厚度增加，变形减小，主切削力减小，在 65°~75°之间最小；然后再增大时，由于刀尖处切削的圆弧刃增加，而圆弧刃上的变形较大，所以主切削力又有所增加，但总的变化范围不太大。主偏角 κ_r 增大，进给力 F_f 增大，背向力 F_p 减小。

（3）刃倾角 λ_s 刃倾角变化时，将影响合力的方向。刃倾角增大，进给力增大，背向力减小，但对主切削力的影响不大。

（4）刀尖圆弧半径 r_ε 刀尖圆弧半径增大时，参加切削的圆弧刃增长，即在整个切削刃上的比重增大；由于圆弧刃上的主偏角小于直线刃上的主偏角，且越靠近刀尖越小，参加切削的圆弧刃越长，整个切削刃上的平均主偏角越小，因此背向力增大，进给力减小。由于圆弧刃处的变形较大，所以刀尖圆弧半径增大时，主切削力也增大，但幅度不太大。

4. 其他因素的影响

（1）刀具磨损 刀具磨损后，刀具钝化，摩擦加剧，切削力增大。

（2）切削液 使用润滑性能好的切削液，可减小摩擦，降低切削力。以冷却为主的切削液，对切削力的影响较小。

（3）刀具材料 由于不同的刀具材料与工件材料的摩擦系数不同，因此对切削力有一定的影响，但影响不大。

2.6.5　切削热的控制

切削中所消耗的能量几乎转化成等量的切削热。切削热和由此产生的切削温度，直接影响着刀具的磨损和寿命及加工质量。

（一）切削热的来源与传导

1. 切削热的来源

切削热来源于切削中的变形能和摩擦功。切削塑性材料时，切削热主要由剪切区变形和前刀面摩擦形成；切削脆性材料时，切削热主要由后刀面上的摩擦形成。

2. 切削热的传导

在切削过程中，切削热分别传入切屑、刀具、工件和周围的介质。切削热传至各部分的比例为：切屑最多，占50%~86%，工件次之，占40%~10%，刀具较少，占9%~3%，介质最少，占1%。显然传入刀具的热量很少，但由于刀具切削部分的体积很小，所以，切削部分的温度是很高的，要引起高度重视；传入工件的热量，使工件温度升高，尺寸膨胀，等加工完冷却后，使加工尺寸减小，精度降低。

（二）切削温度

1. 切削温度的概念

切削温度一般指切削区的平均温度。切削温度可采用自然热电偶法、人工热电偶法或红外线测量法来测量。通过实验可获得在一定条件下切削温度的指数计算公式，即

$$\theta = C_\theta a_p^{x_\theta} f^{y_\theta} v_c^{z_\theta} K_\theta$$

式中　θ——切削温度；

C_θ——与实验条件有关的影响系数；

K_θ——切削条件改变后的修正系数；

x_θ、y_θ、z_θ——分别表示切削用量 a_p、进给量 f、切削速度 v_c 对切削温度影响程度的指数，其数值可查金属切削手册。

2. 影响切削温度的因素

（1）工件材料　强度、硬度高，消耗的功率增大，导热系数和热容小，散热能力降低，所以，切削温度升高。

（2）切削用量　切削速度影响最大，切削速度增加，消耗的功率成倍增加，产生的热量成倍增加，而散热条件未变；进给量次之，因为进给量增加，消耗的功率增加70%~80%；背吃刀量影响最小，背吃刀量增加，切削功率成倍增加，但切削刃参加工作的长度即散热也成倍增加，所以影响很小。显然，从切削温度的角度出发，既要提高生产率，又使切削温度不过于升高，所以，选择切削用量的原则是：大的背吃刀量，较大的进给量，小的切削速度。

（3）刀具参数　前角 γ_o 增大，变形和摩擦减小，切削功率降低，产生的热量减小，切削温度下降；当前角 γ_o>15°后再增大，由于楔角 β_o 减小，散热体积减小，切削温度升高。主偏角 κ_r 增大，切削刃工作长度减小，散热面积减小，切削温度升高。

（4）其他因素　使用切削液可带走热量，使切削温度下降；刀具磨损后，切削刃变钝，变形和摩擦增大，使切削温度升高。

2.6.6　刀具磨损及寿命

在切削过程中，刀具在高温和高压状态下与工件相互作用，并作相对运动，使刀具磨损而变钝。刀具磨钝后，使加工质量降低，切削温度升高，产生振动和噪声。这时必须重磨或更换刀具。

（一）刀具磨损的形式

1. 正常磨损

（1）前刀面磨损　如图 2-64 所示，前刀面磨损是，在前刀面上靠近切削刃的部位出现月牙洼形的磨损，月牙洼处是切削温度最高的地方。随着切削的进行，月牙洼逐渐加深加宽，当接近刃口时，使切削刃的强度下降，会造成突然的崩刃。前刀面磨损的程度用月牙洼的深度和宽度来衡量，深度越深、宽度越宽，则磨损程度越大。

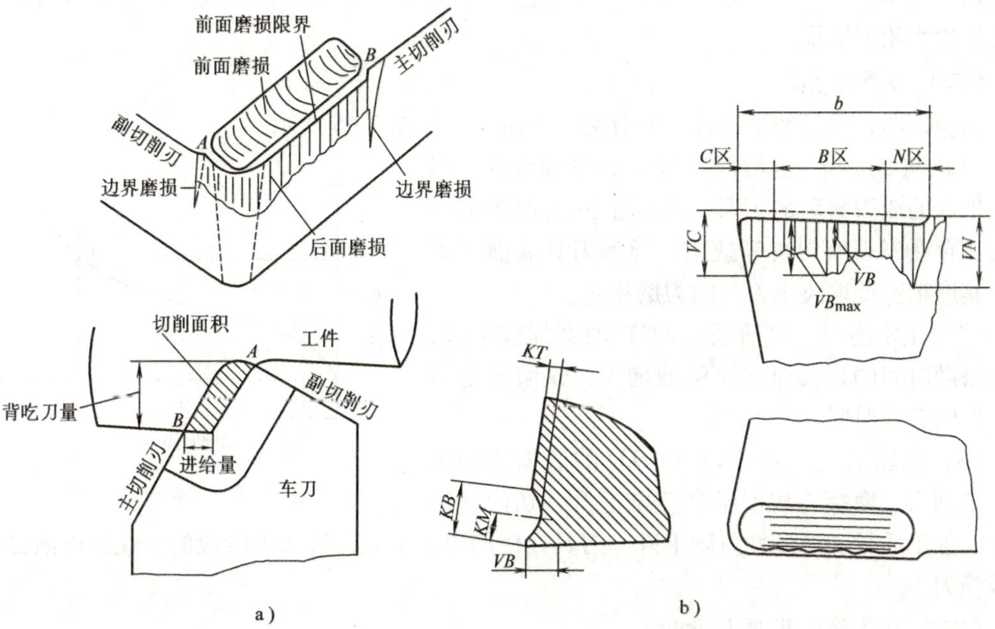

图 2-64　前、后刀面磨损

（2）后刀面磨损　如图 2-64 所示，后刀面磨损是，在后刀面上靠近切削刃的部位磨出后角为零的窄棱面的磨损。后刀面上的磨损是不均匀的，在刀尖的部位（*C* 区），由于散热条件差和强度低，磨损量较大；在切削刃靠近工件表面处（*N* 区），由于工件表面的硬皮和加工硬化，磨损量也较大；在切削刃的中间部位（*B* 区），磨损较均匀。通常用后刀面切削刃中间磨损带的平均值 *VB* 衡量刀具的磨损程度。

（3）前、后刀面同时磨损　切塑性材料时，前、后刀面会同时出现磨损，磨损的形式同上。

2. 非正常磨损

非正常磨损是指刀具在切削中突然失效的现象，主要形式有卷刃、崩刃、破碎（打刀）、裂纹等。

（二）刀具磨损的原因

（1）机械磨损　在工件材料中存在一些硬质点或粘附有积屑瘤碎片，切削时在刀面上进行刻划，从而使刀具磨损。在低速切削时，机械磨损是造成刀具磨损的主要原因。

（2）粘结磨损　工件或切削表面与刀具表面的粘结点，由于切削运动将刀面上的微粒带走，从而造成刀具磨损。粘结磨损的程度与温度、压力和材料之间的亲和力有关。

（3）氧化磨损　当温度较高（700～800℃）时，空气中的氧与刀具材料中的碳化物、钴等产生化学反应，使刀具材料的硬度、耐磨性降低，从而使刀具磨损加剧，这种现象称为氧化磨损。

（4）扩散磨损　刀具和工件材料中由于各种元素的浓度不同，在高温900～1000℃下，刀具材料中Ti、W、Co等元素向工件和切屑中扩散，工件中的Fe、C等元素向刀具中扩散，从而改变了刀具材料的成分，使硬度、耐磨性降低，加剧刀具的磨损。这种现象称为扩散磨损。

（5）相变磨损　当切削温度大于等于刀具材料的相变温度时，刀具材料的金相组织发生变化，刀具表面的马氏体组织将转化为托氏体或索氏体组织，使硬度降低而造成磨损，这种磨损称为相变磨损。

（三）刀具磨损过程

实验证明，刀具磨损过程一般分为三个阶段，如图2-65所示。

（1）初期磨损　这阶段（AB）的磨损较快。因为一把新的或刃磨后的刀具，刀面上的表面粗糙度值大，存在着刃磨裂纹等缺陷，导致刀具表面不耐磨。其磨损速度取决于刀具的刃磨质量。

（2）正常磨损　这阶段（BC）的磨损较平缓，磨损量随时间的延长而成比例地增大，这阶段是刀具工作的有效时间。

（3）急剧磨损　这阶段（CD）的磨损急剧增加，切削力、摩擦、切削温度急剧上升，切削状态恶化，加工质量和经济性急剧下降，刀具在使用中是不允许进入该阶段的，在这以前必须磨刀或换刀。

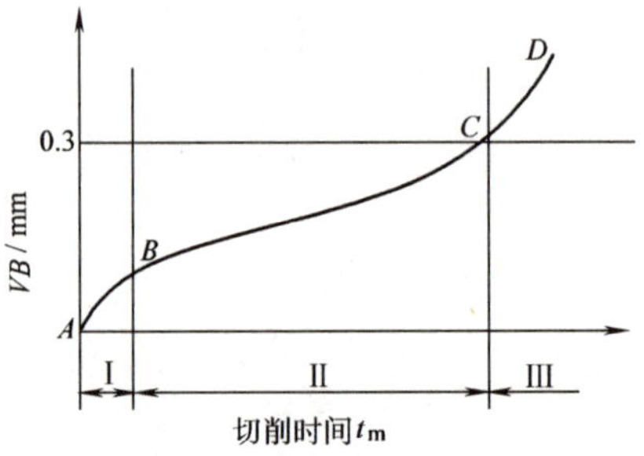

图2-65　刀具磨损过程

（四）刀具磨损限度与寿命

（1）刀具磨损限度　是指刀具规定的磨损量所允许的最大值，或称为磨钝标准。刀具磨损限度一般规定在后刀面上，以中间磨损带的平均值VB表示。这是因为后刀面的磨损都明显存在，且便于测量。

（2）刀具寿命　刀具寿命是指一把新刀或新刃磨后的刀具，从开始切削至达到磨钝限度的纯切削时间，用T表示。

刀具寿命除用时间表示外，还可以用相同的工件数量或走刀次数表示。但是，它们的依据或衡量的仍然是刀具的磨损限度。由此可见，影响刀具磨损的因素均影响刀具的寿命。

（五）影响刀具寿命的因素

分析刀具寿命的影响因素其目的是，调整各因素间的相互关系，使刀具寿命保持合理的最佳数值。由刀具磨损的原因可知，各因素对刀具寿命的影响，主要是通过它们对切削温度的影响而起作用的。因此，凡是影响切削温度升高的因素，均影响刀具寿命。凡是使切削温度升高的，均使刀具寿命降低，反之亦然。

2.7　传动轴的键槽铣削加工

轴上键槽有通槽、半通槽（也称半封闭槽）和封闭槽三种。轴上的通槽和槽底一端是圆弧形的半通槽，一般选用盘形槽铣刀铣削，轴槽的宽度由铣刀宽度保证。半通槽一端的槽底圆弧半径由铣刀半径保证。轴上的封闭槽和槽底一端是直角的半通槽，用键槽铣刀铣削，并按轴槽的宽度尺寸来确定键槽铣刀的直径。

1. 轴上键槽的技术要求

轴上键槽的两侧面为工作面，在连接中起周向定位和传递转矩的作用，是主要工作面，因此，轴槽宽度的尺寸精度要求较高（IT9），轴槽两侧面的表面粗糙度值较小（$Ra1.6 \sim 3.2\mu m$），轴槽两侧面关于轴的轴线对称度要求也较高。其他如轴槽的深度、长度尺寸精度要求较低，槽底面的表面粗糙度值较大。

2. 工件的装夹

轴类工件的装夹，不但要保证工件的稳定可靠，还需保证工件的轴线位置不变，以保证轴槽的中心平面通过轴线。常用的装夹方法有以下几种：

1）用平口钳装夹工件，特点是简便、稳固，但当工件直径有变化时，工件的轴线位置在左右（水平位置）和上下方向都会发生变动，在采用定距切削时，会影响轴槽的深度和对称度。因此，一般适用于单件生产。但是，对轴的外圆已经精加工的工件，由于一批轴的直径变化很小，用平口钳装夹时，各轴的轴线位置变动很小，在此条件下，可适用于成批生产。

2）用 V 形垫铁装夹，即把圆柱形工件放置在 V 形垫铁内，并用压板固定的装夹方法，是铣削轴上键槽的常用装夹方法之一。其特点是工件的轴线位置只在 V 形槽的对称平面内随工件直径变化而上下变动，因此，当盘形槽铣刀的对称平面或键槽铣刀的轴线与 V 形槽的对称平面重合时，能保证一批工件上轴槽的对称度。虽然一批工件的直径因加工误差而有变化会对轴槽的深度有影响，但变化量一般不会超过精度要求不高的槽深尺寸公差。

3）直径在 $\phi20 \sim \phi60$mm 范围内的长轴工件，可将其直接放在工作台的中央 T 形槽上，用压板压紧后铣削轴上键槽。此时，中央 T 形槽槽口的倒角斜面起 V 形槽的定位作用，如图 2-66 所示。

使用两个 V 形垫铁装夹长轴工件时，两 V 形垫铁应成对制造并有标记。两 V 形垫铁安装时，应选用标准的量棒放入 V 形槽内，用百分表校正其上素线与工作台台面平行，其侧素线与工作台纵向进给方向平行，如图 2-67 所示。

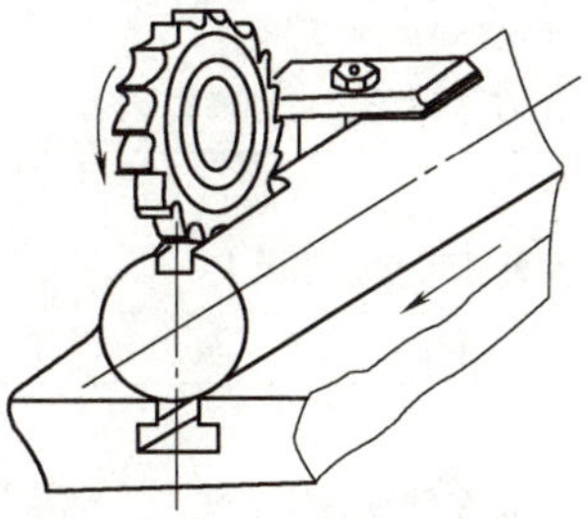

图 2-66　用 T 形槽定位铣键槽

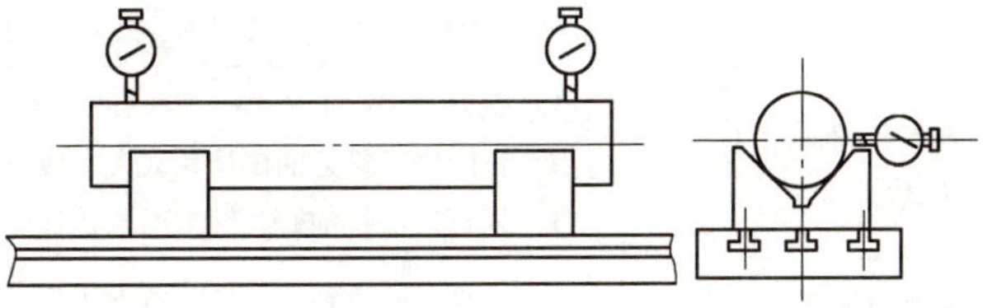

图 2-67　用百分表找正 V 形垫铁

4）用分度头定中心装夹。用分度头主轴与尾座的两顶尖或用自定心卡盘和尾座顶尖的一夹一顶方法装夹工件。安装分度头和尾座时，也应用标准量棒在两顶尖间或一夹一顶方法装夹，用百分表校正量棒的上素线与工作台台面平行，其侧素线与工作台纵向进给方向平行。

3. 铣刀切削位置的调整

为保证轴上键槽对称于工件轴线，必须调整铣刀的切削位置，使键槽铣刀的轴线或盘形槽铣刀的对称平面通过工件的轴线（俗称对中心）。

常用的调整方法有：

（1）按切痕调整对中心　这种方法对中心精度不高，但使用简便，是最为常用的一种方法。

（2）用杠杆百分表调整对中心　这种方法对中心精度高，适合在立式铣床上采用，可对用分度头装夹的工件（借助两宽座角尺或三角形角尺）、装夹工件的平口钳、V形垫铁进行对中心调整。调整时，将杠杆百分表固定在立铣头主轴上，用手转动主轴，观察百分表在紧靠工件两侧的宽座角尺工作面、钳口两侧、V形垫铁两侧的读数，横向移动工作台使两侧读数相同。

4. 键槽的加工方法

（1）分层铣削法　用符合键槽槽宽尺寸的键槽铣刀分层铣削键槽。铣削时，每次的铣削深度 a_p 约为0.5～1.0mm，进给由轴槽的一端铣向另一端，然后将工件退至原位，再吃深，重复铣削。铣削时应注意轴槽两端应各留长度方向余量0.2～0.5mm。铣削抗力小，铣削时不会产生明显的“让刀”现象。

（2）扩刀铣削法　先用直径比槽宽尺寸小0.5mm左右的键槽铣刀进行分层往复粗铣至接近槽深，槽深留余量0.1～0.3mm，槽长两端各留余量0.2～0.5mm，再用符合轴槽长宽度尺寸的键槽铣刀精铣。精铣时，由于铣刀的两个侧切削刃的径向力能相互平衡，所以铣刀的偏让量较小，轴上键槽的对称性好。

5. 影响轴槽加工精度的因素

影响键槽加工精度的因素有很多，见表2-19所示。

表2-19　影响轴槽加工精度的因素

加工精度	影响因素
宽度尺寸	1）铣刀的宽度或直径尺寸不合适，未经过试铣检查就直接铣削工件，造成轴槽宽度尺寸不合适 2）铣刀有摆差，用键槽铣刀铣轴槽，铣刀径向圆跳动太大 3）用盘形槽铣刀铣轴槽，铣刀端面圆跳动太大，导致将轴槽铣宽 4）铣削时，吃刀深度过大，进给量过大，产生“让刀”现象，将轴槽铣宽
轴槽两侧面对工件轴线对称度	1）铣刀对中心不准 2）铣削中，铣刀的偏让量太大。成批生产时，工件外圆尺寸公差太大 3）用扩刀法铣削时，轴槽两侧扩铣余量不一致
轴槽两侧面与工件轴线平行度	1）工件外圆直径不一致，有大小头 2）用平口钳或V形垫铁装夹工件时，固定钳口或V形垫铁没有校正好
轴槽槽底面与工件轴线平行度	1）工件装夹时，上素线未校正水平 2）选用的平行垫铁平行度差，或选用的成组V形垫铁不等高

2.8　传动轴的磨削加工

（一）磨削

磨削是内外圆柱表面精加工的主要方法，它还可以加工圆锥表面和平面，也可用来加工螺纹、花键、齿轮等特殊、复杂的成形表面。它可进行各种材料，包括淬火钢、高强度合金钢、硬质合金等坚硬材料的加工。磨削加工可以经济地达到尺寸精度 IT6 和表面粗糙度值 Ra 为 1.25~0.32μm 。磨削的工艺范围很广，可以划分为粗磨、精磨、精密磨及镜面磨削。粗磨后工件精度可达 IT8~IT9，表面粗糙度值 Ra 为 10~1.25μm；精磨后工件精度可达 IT6~IT8，表面粗糙度值 Ra 为 1.25~0.63μm；精密磨后工件精度可达 IT5~IT6，表面粗糙度值 Ra 为 0.63~0.16μm；镜面磨削的表面粗糙度值 Ra 可达 0.01μm。由此可见，磨削加工能够有效地提高零件的加工精度和获得较小的表面粗糙度值。随着科学技术的迅速发展，磨削在一定条件下，还可作为高效率的加工手段之一。所以，磨削已逐步成为从粗加工到超精密加工，范围十分广阔的加工方法，在机械制造业中的地位日益重要。

1. 磨削运动

不同种类的磨削加工，运动的数目和形式也有所不同，如图 2-68 所示。

（1）主运动　砂轮的高速旋转运动称为主运动。砂轮的圆周线速度称磨削速度，用 v_s 表示，单位为 m/s，可按下式计算：

$$v_s = \pi d_s n_s / 1000$$

式中　d_s——砂轮直径（mm）；

n_s——砂轮转速（r/s）。

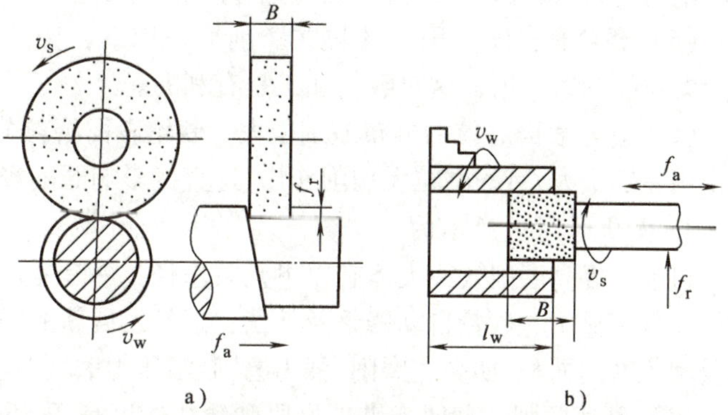

图 2-68　磨削时的运动

（2）径向进给运动　砂轮相对工件沿径向的运动，称为径向进给运动。工作台每双（单）行程内工件相对砂轮径向移动的距离，称径向进给量，用 f_r 表示，单位为 mm/(d · str)（当工作台每单行程作进给时，单位为 mm/str）。当作连续进给时，用径向进给速度 v_r 表示，单位为 mm/s。f_r 通常又称为磨削背吃刀量 a_p。一般情况下，f_r = 0.005 ~ 0.02mm/(d · str)。

（3）轴向进给运动　工件相对于砂轮沿轴向的运动，称为轴向进给运动。工件每转一转，工件相对于砂轮的轴向移动距离，称为轴向进给量，以 f_a 表示，单位为 mm/r。有时还用轴向进给速度 v_a 表示，单位为 mm/s。一般情况下 f_a = 0.2~0.8mm/r。

（4）工件圆周进给运动　内外圆磨削时工件的回转运动，称为工件圆周进给运动。工件回转外圆线速度为圆周进给速度，用 v_w 表示，单位为 m/s。可用下式计算：

$$v_w = \pi d_w n_w / 1000$$

式中　d_w——工件直径（mm）；

n_w——工件转速（r/s）。

外圆磨削时，若 v_s、v_w、f_a 同时具有且连续运动，则为纵向磨削。若无轴向进给运动，即 $f_a=0$，则砂轮相对于工件做连续径向进给，称为横向磨削（或切入磨削）。

内圆磨削与外圆磨削运动相同，但因砂轮的直径受工件孔径尺寸的限制，砂轮轴刚性较差，切削液也不易进入磨削区，因而磨削用量较小，磨削效率不如外圆磨削高。

2. 磨削特点

（1）磨削速度高　一般在30~50m/s，是车削、铣削速度的10~20倍。磨削区短时间内，大量地发热，温度很高，瞬时温度可达1000℃，将引起加工表面物理力学性能改变，甚至产生烧伤和裂纹。

（2）冷硬程度大、能量消耗大　磨粒的切削刃和前后（刀）面的形状极不规则，顶角在105°左右，前角为很大的负值，且后角小，钝圆半径也较大，会使工件表面材料经受强烈挤压变形。特别是磨粒磨钝后和进给量很小时，金属变形更为严重，因而磨削单位面积时削耗的能量较一般切削加工高得多，约是其他加工方法的10~30倍，冷硬程度也大。

（3）单个磨粒的切削厚度极小　磨削时，磨粒的切削厚度可小到几个微米，故易于获得较高的加工精度和较小的表面粗糙度。

（4）背向磨削力大　由于多数磨粒切削刃具有极大的负前角和较大的刃口钝圆半径，致使背向磨削力远大于切向磨削力，加剧工艺系统的变形，造成实际磨削背吃刀量常小于名义磨削背吃刀量，影响加工精度和磨削过程的稳定性。

（5）磨粒有自砺作用　磨粒在磨削力作用下，会产生开裂和脱落，形成新的锐利刃，称为磨粒的自砺作用，这对磨削加工是有利的。

（6）砂轮表面磨粒的分布差别很大　砂轮表面磨粒分布是随机的,各磨粒在磨削过程中的作用差别很大,有的磨粒无切削作用,这直接影响磨削表面质量,且使磨削过程复杂化。

3. 提高磨削生产率的方法

目前，提高磨削效率大体有以下几条途径：一是缩短辅助时间，如自动装卸工件、自动测量及数字显示、砂轮自动修整及补偿；二是发展新的磨料,提高砂轮寿命;三是改变磨削用量及增大磨削面积,如高速磨削、强力磨削、恒压力磨削、宽砂轮磨削以及多片砂轮磨削等。

（1）高速磨削　一般来讲，只要砂轮线速度高于45m/s时都可称为高速磨削。高速磨削是提高磨削生产率和加工质量的重要途径之一。如果使高速磨削与宽砂轮、多片砂轮等高效能磨削工艺相结合，效率将更高。高速磨削有以下特点：

1）生产率高。砂轮速度提高后，单位时间内进入磨削区的磨粒数目成比例地增加，此时如果保持每颗磨粒切去的切削厚度与普通磨削时一样，则进给量可以成比例地增加，磨削时间就可以相应缩短。

2）砂轮寿命高。砂轮速度提高后，如果进给量仍与普通磨削相同，则每颗磨粒切去的切削厚度减小，每颗磨粒所承受的切削负荷也就减小。这样每颗磨粒的切削能力可相对地提高，从而使每次修整砂轮后可以磨去更多的金属。

3）加工精度高。由于每颗磨粒的切削厚度变薄，表面切痕深度减小，表面粗糙度值可以减小。另外作用在工件上的法向磨削力也相应减小，故可提高加工精度。

高速磨削时砂轮的速度提高，作用在砂轮上的离心力将与砂轮速度的平方成比例地增加，因此，必须增加砂轮本身的强度，以防破裂，这是实现高速磨削的重要条件。

（2）强力磨削　强力磨削是采用较高的砂轮速度，较大的磨削背吃刀量（一次可达

6mm以上）和较小的进给量，直接从毛坯或实体材料上磨出加工表面的方法。它可以代替车削和铣削，而效率比车削和铣削要高得多。强力磨削的特点是磨削力和磨削热比高速磨削显著增加，因此对机床的要求除了增加电动机功率、加固砂轮防护罩、增加冷却液供应和防止飞溅、合理选择砂轮外，机床还必须有足够的刚性。

（3）宽砂轮磨削　一般圆周磨削砂轮宽度仅在50mm左右，而宽砂轮磨削是通过加大砂轮宽度（根据工件的长度决定）来成倍地提高生产率。

图2-69所示为高速宽砂轮磨削示意图，砂轮线速度60m/s，砂轮宽279mm，用切入磨削法，完成磨削时间4.5min，尺寸公差0.025mm。砂轮与工件倾斜15°，可以减少转角处砂轮的磨损。

（4）多片砂轮磨削　它也是利用增加磨削面积，以提高磨削效率的一种有效措施。在一台机床上安装几片砂轮可根据零件形状而定。图2-70所示为采用多片砂轮磨削曲轴轴颈的示意图，其优点是减少了零件的安装次数，增大了磨削面积，还能减少机床数量，节省劳动力，提高零件轴颈的同轴度。

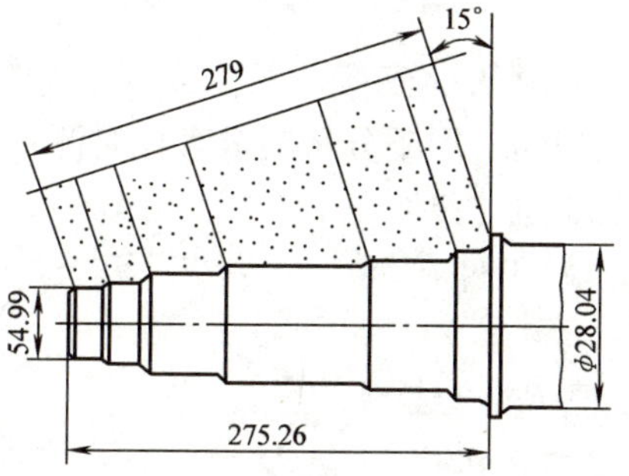

图2-69　宽砂轮磨削

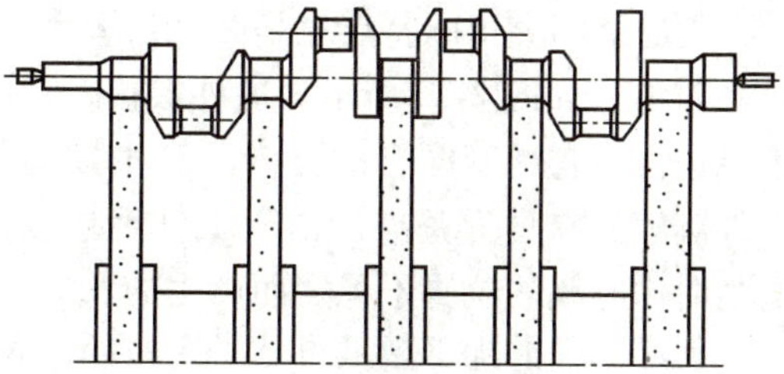

图2-70　多片砂轮磨削曲轴

（5）砂带磨削　砂带磨削是用粘满砂粒的环形带状布（即砂带）作为切削工具的一种加工方法。它也是多刀多刃连续进行切削的一种加工方式。其主要优点是，磨粒几乎垂直基底排列，排列均匀，容屑空间大，砂带周长较砂轮大得多，因而散热时间长，受空气冷却作用强，因此生产率特别高；一般砂带磨床都有快速更换砂带装置，也不像砂轮磨削存在砂轮易磨损问题，还可省去修整砂轮的时间；砂带磨削比较安全，即使断裂也不会造成人身事故。但是砂带磨削的精度目前还略低于砂轮磨削的精度，对于阶梯孔和不通孔也不能加工。

4. 无心磨削

无心磨削是对外圆柱表面进行精加工的一种方法。其工作原理如图2-71所示。图2-71a是无心磨床简图，图2-71b是工作原理图。无心磨削时，工件处于磨轮与导轮之间，下面用托板支承。磨轮轴线水平放置，导轮的轴向截面轮廓通常修整成双曲线，轴线倾斜一个不大的角度λ。这样，导轮的圆周速度v_d可以分解为两个分量，即带动工件旋转的分量v_w和使工件做轴向（纵向）进给运动的分量v_a。

$$v_w = v_d \cos\lambda$$

$$v_a = v_d \sin\lambda$$

式中　λ——导轮和磨轮交叉角，一般粗磨时$\lambda = 3° \sim 6°$；精磨时$\lambda = 1° \sim 3°$。

无心磨削的方法主要有贯穿法（纵向进给磨削，工件从砂轮与导轮之间通过）和切入

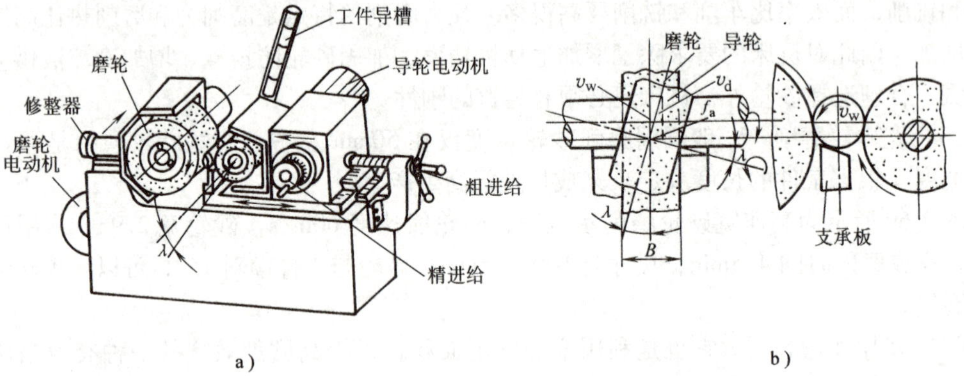

图 2-71　无心磨削原理

法（横向进给磨削）。

无心磨削突出的特点就是圆度误差大，易产生棱圆形状（三棱、五棱或其他奇数棱圆形）误差，如图 2-72 所示。这种形状因它各处的直径相同，用千分尺测量直径时测不出来，不能进入与它精密配合的孔内。产生棱圆的主要原因是加工时以外圆表面本身为基准，由于工件毛坯表面的不圆，使工件在磨削时中心线的位置不稳定而产生的。

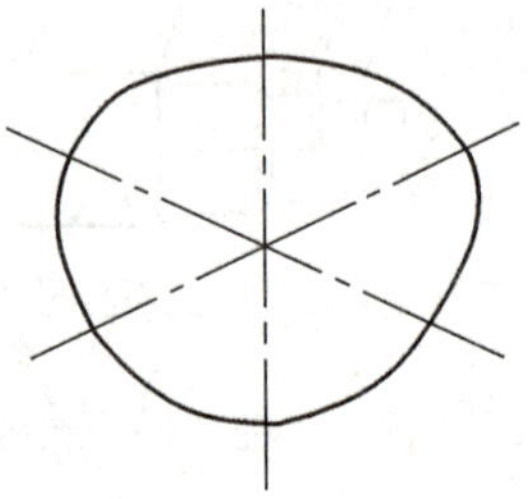

图 2-72　三棱圆形

无心磨削的加工精度可达 IT5～IT6，表面粗糙度值 *Ra* 可达 1.25～0.32μm，生产率很高，对于大量生产，容易将多台机床连接起来，实现自动化。但是无心磨削对工件相互位置精度（如同轴度、垂直度）不能提高，当圆度要求高于 0.002～0.003mm 时也不易达到，此外有键槽或带有纵向平面的轴也不能用无心磨削加工，一般主要用于加工批量较大的细长轴、无中心孔的短轴及特定的锥销和台阶轴等。

（二）磨床

所有以磨料磨具（如砂轮、砂带、油石、研磨剂等）为工具进行切削加工的机床，都属于磨床类机床。

1. M1432B 型万能外圆磨床

（1）机床的用途　图 2-73 所示为 M1432B 型万能外圆磨床，主要用于磨削圆柱或圆锥的外圆和内孔，也能磨削阶梯轴的轴肩和端平面。工件最大磨削直径为 320mm。这种磨床属于普通精度级，精度可达圆度 5μm，表面粗糙度值 *Ra* 可达 0.16～0.32μm，通用性较强，但自动化程度不高，磨削效率较低，适用于工具车间、机修车间和单件、小批生产车间。

（2）机床的运动　图 2-74a～d 分别表示在万能外圆磨床上磨削外圆柱面、长圆锥面、切入式磨削短圆锥面和磨削内锥孔的情况。由图可知，为了实现磨削加工，机床应具有以下运动：

1）砂轮旋转运动。这是磨削加工的主运动，用转速 n_s 或线速度 v_s 表示。

2）工件旋转运动。这是工件的圆周进给运动，用工件的转速 n_w 或线速度 v_w 表示。

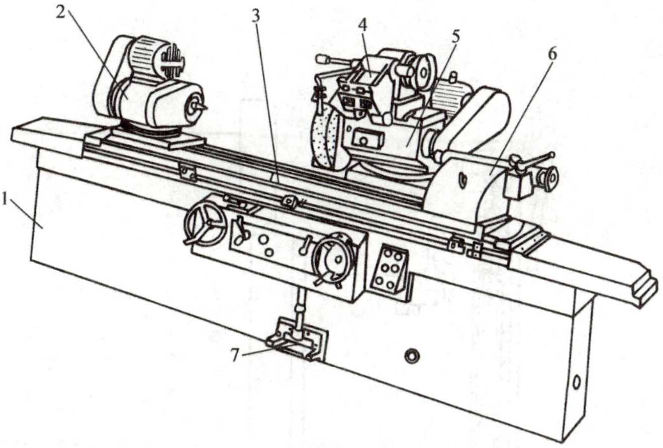

图 2-73　M1432B 型万能外圆磨床的外形图

1—床身　2—头架　3—工作台　4—内圆磨头　5—砂轮架
6—尾座　7—脚踏操纵板

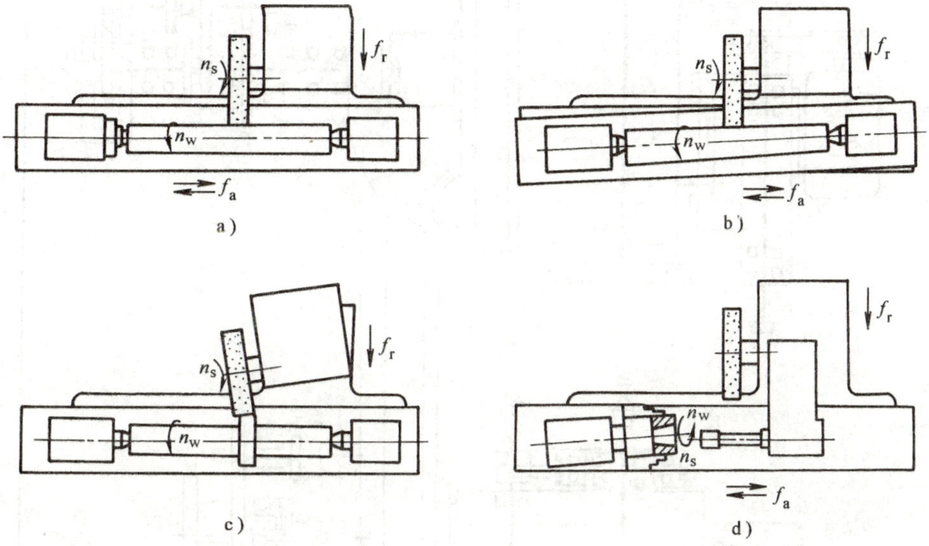

图 2-74　万能外圆磨床上典型加工示意图

3）工件纵向往复运动。工件沿砂轮轴向的进给运动，是磨出全长所需要的运动，用 f_a 表示。

4）砂轮横向进给运动。沿砂轮径向的切入进给运动，用 f_r 表示。

（3）机床的机械传动系统　M1432B 型万能外圆磨床的运动由机械和液压联合传动。工作台的纵向往复运动、砂轮架的快速进退和周期自动切入进给及尾座顶尖套筒的缩回为液压传动，液压传动具有运动和换向平稳、无级调速、易于实现自动化控制等优点，其余运动都是机械传动。其机械传动系统图如图 2-75 所示。

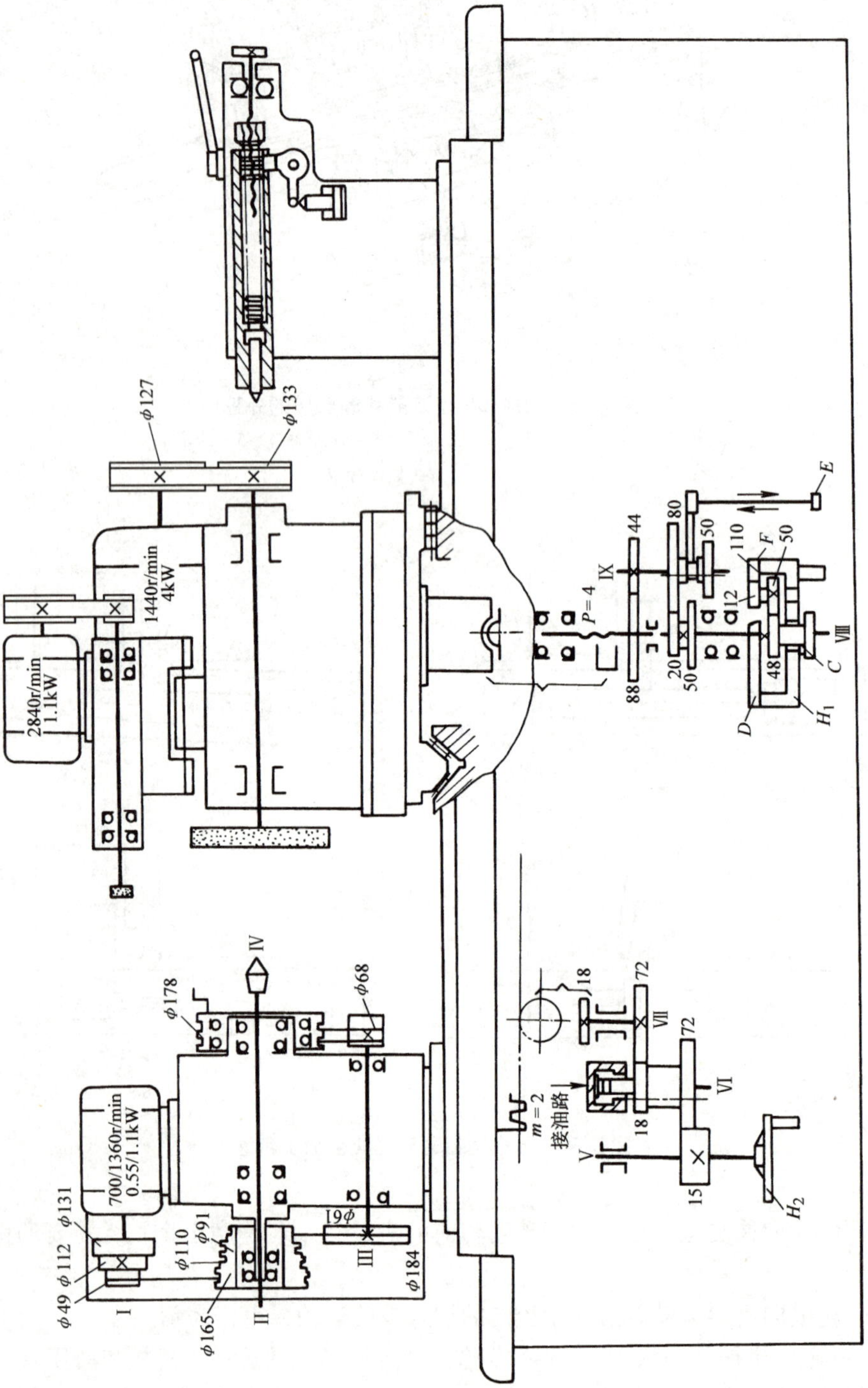

图 2-75 M1432B 型万能外圆磨床机械传动系统图

2. 无心外圆磨床

无心外圆磨削示意图，如图 2-76 所示。

无心磨削的特点是：工件 2 不用顶尖支承或卡盘夹持，置于磨削砂轮 1 和导轮 3 之间并用托板 4 支承定位，工件中心略高于两轮中心的连线，并在导轮摩擦力作用下带动旋转。导轮为刚玉砂轮，它以树脂或橡胶为结合剂，与工件间有较大的摩擦系数，线速度在 10~50m/min 左右，工件的线速度基本上等于导轮的线速度。磨削砂轮 1 采用一般的外圆磨砂轮，通常不变速，线速度很高，一般为 35m/s 左右，所以在磨削砂轮与工件之间有很大的相对速度，这就是磨削工件的切削速度。

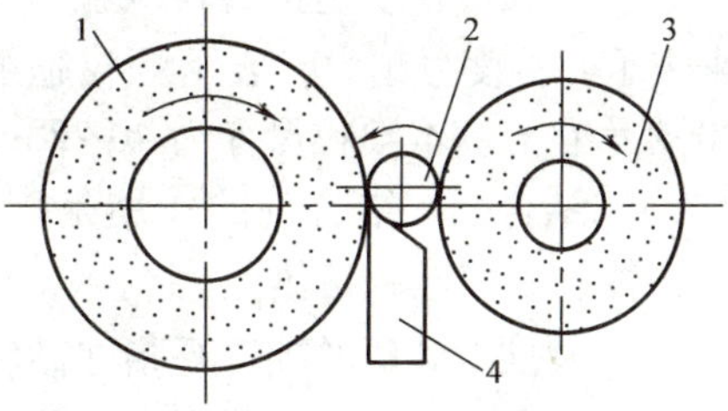

图 2-76　无心外圆磨削示意图

1—磨削砂轮　2—工件　3—导轮　4—托板

为了避免磨削出棱圆形工件，工件中心必须高于磨削砂轮和导轮的连心线。这样，使工件在多次转动中逐步被磨圆。

3. 内圆磨床

内圆磨床有普通内圆磨床、无心内圆磨床和行星内圆磨床等多种类型，用于磨削圆柱孔和圆锥孔。按自动化程度分，有普通、半自动和全自动内圆磨床三类。

内圆磨削一般采用纵磨法，如图 2-77 所示。头架安装在工作台上，可随同工作台沿床身导轨做纵向往复运动，还可在水平面内调整角度位置以磨削圆锥孔。工件装夹在头架上由主轴带动做圆周进给运动。内圆磨砂轮由砂轮架主轴带动做旋转运动，砂轮架可由手动或液压传动沿床鞍做横向进给，工作台每往复一次，砂轮架做横向进给一次。

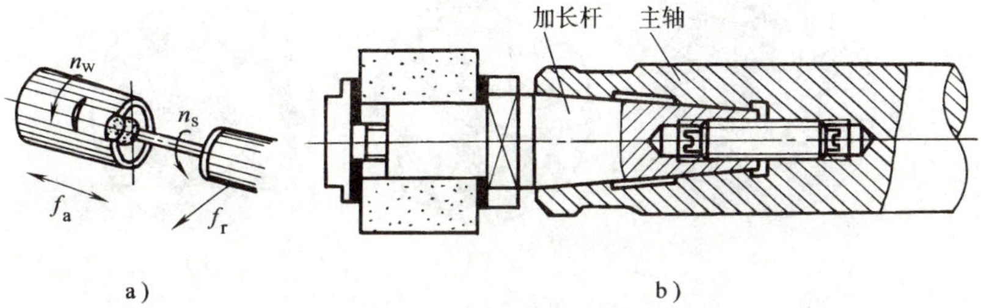

图 2-77　纵磨法

砂轮装在加长杆上，加长杆锥柄与主轴前端锥孔相配合，如图 2-77b 所示，可根据磨孔的不同直径和长度进行更换。砂轮的线速度通常在 15~25m/s 左右。这种磨床适用于单件小批生产。

（三）砂轮

砂轮是磨削加工使用的切削工具，它是由很多磨粒用粘结材料结合在一起经烧结而成的多孔体，如图 2-78 所示。砂轮的特性由磨料、粒度、结合剂、硬度及组织等参数决定。

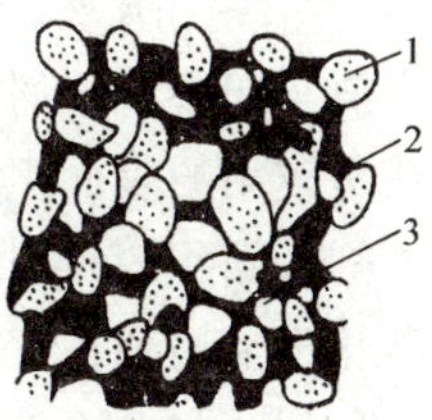

图 2-78　砂轮的结构

1—磨粒　2—结合剂　3—气孔

（1）磨料　磨料是构成砂轮的基本材料，必须具有高硬度、耐热性、耐磨性和相当的韧性，还应有比较锋利的棱角。

常用的磨料有氧化物系、碳化物系、高硬磨料系三大类。

氧化物系磨料的主要成分为氧化铝（Al_2O_3）。碳化物系磨料的主要成分有碳化硅（SiC）、碳化硼（B_4C）。高硬磨料系主要有人造金刚石（TR）和立方氮化硼（CBN）等。

（2）粒度　粒度是指磨料颗粒尺寸的大小程度。粒度号以每英寸筛网长度上筛孔的数目来表示。粒度号越大，表示颗粒越细。微细磨粒（微粉）用实际尺寸表示粒度粗细，如W40表示它的基本颗粒尺寸为40~28μm，"W"表示微粉。

（3）结合剂　结合剂的作用是将磨粒粘合在一起。结合剂的性能决定了砂轮的强度、耐冲击性、耐蚀性和耐热性。

（4）硬度　砂轮的硬度是指在砂轮的磨粒磨削时从砂轮表面脱落的难易程度。硬度高，磨粒不易脱落；硬度低，磨粒容易脱落。

砂轮的硬度取决于结合剂的粘结能力与其在砂轮中所占比例的大小，而与磨料的硬度无关。同一种磨料，可以做出不同硬度的砂轮。

砂轮的硬度应根据工件材料的性质及磨削要求来选择。磨削硬材料时，磨粒容易磨钝，应选择较软的砂轮；磨削软材料时，磨粒不易变钝，应采用较硬的砂轮，以充分利用磨粒的切削能力，延长砂轮的寿命；磨削导热性差的材料（如不锈钢、硬质合金）及薄壁、薄片零件时，为避免工件烧伤或变形，应选较软砂轮；精磨或成形磨削时，为了在较长时间内，能保持砂轮的形状，应选择较硬的砂轮。

（5）组织　砂轮的组织是指砂轮中磨粒、结合剂和孔隙三者体积的比例关系。磨粒在砂轮总体积中所占比例越大，孔隙越小，砂轮的组织越紧密；反之，则组织疏松，如图2-79所示。

a)　　b)　　c)

图2-79　砂轮的组织

a）紧密　b）中等　c）疏松

砂轮组织的疏密，影响磨削加工的生产效率和工件表面质量。组织紧密的砂轮，磨粒之间的容屑空间小，排屑困难，砂轮易被堵塞，但砂轮单位面积上磨粒数目多，易保持形状，并可获得较小的表面粗糙度值，适用于成形磨削和精密磨削。

磨削区面积大（如端磨）或薄壁件磨削时，应选择组织疏松的砂轮，因为其容屑空间大，砂轮不易堵塞，工件表面不容易烧伤，也不易变形。当所磨材料软而韧（如银钨合金）或硬而易裂（硬质合金）时，最好采用大孔隙砂轮。

（6）砂轮的形状、用途　为了适应在不同类型的磨床上磨削各种不同形状和尺寸工件的需要，砂轮需制成不同的形状和尺寸。表2-20列出了砂轮的名称、代号、断面简图和用途。

表 2-20　常用砂轮的名称、代号、断面简图和用途

砂轮名称	代号	断面简图	基本用途	砂轮名称	代号	断面简图	基本用途
平形砂轮	1	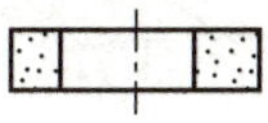	根据不同尺寸，分别用于外圆磨、内圆磨、平面磨、无心磨、工具磨、螺纹磨和砂轮机上	筒形砂轮	2	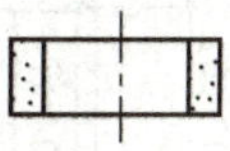	用于立式平面磨床上
双斜面砂轮	4	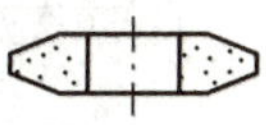	主要用于磨齿轮齿面和磨单线螺纹	杯形砂轮	6	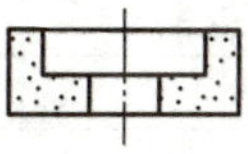	主要用其端面刃磨刀具，也可用圆周磨平面和内孔
双面凹砂轮	7	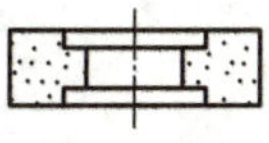	主要用于外圆磨削和刃磨刀具，还用作无心磨的磨轮和导磨	碗形砂轮	11	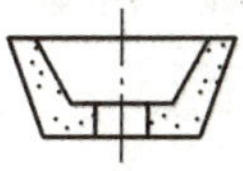	通常用于刃磨刀具，也可用于导轨磨上磨机床导轨
薄片砂轮	41	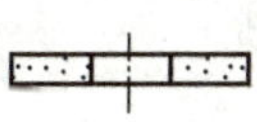	主要用于切断和开槽等	碟形一号砂轮	12a	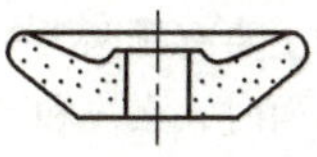	适于磨铣刀、铰刀、拉刀等，大尺寸的砂轮一般用于磨齿轮的齿面

2.9　综合训练

一、题目

图 2-80 所示为综合轴类零件工作图样，材料为 45 钢，试根据图样要求完成此轴车削加工质量分析及其加工工艺规程，并在课程实训中实施加工。

二、任务

1）编制综合轴零件的切削工艺规程（每个学生编制一份）。

2）在黑板上展出两种有代表性的工艺规程进行优化分析与讨论。

3）计算、编制和完善粗加工、半精加工和精加工工序设计：包括工件的定位、夹紧方案、切削用量的选择确定。

4）汇总编写工件的完整加工工艺规程。

5）分析工件主要精加工表面的表面质量难点，讨论可能出现的误差情况及其解决方案。

6）在课程实训中加工，并总结提高加工精度及效率的方法。

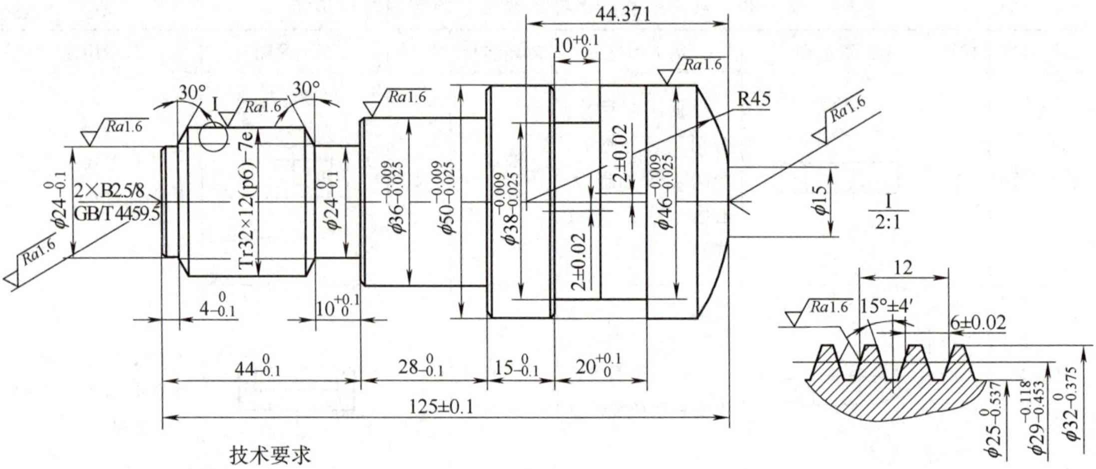

技术要求

1. 未注倒角 $C1$，锐边倒角。
2. 未注公差尺寸精度按照 GB/T1804-m 加工。
3. 偏心部分加工可用自定心卡盘加垫片的形式。

$\sqrt{Ra\ 3.2}$ ($\sqrt{}$)

图 2-80　偏心蜗杆轴零件

习　　题

2-1　轴的主要功用是什么？合理的轴结构应满足哪些基本要求？

2-2　机床的运动主要有哪两类？指出车削端面与钻孔时所需的成形运动。

2-3　车削外圆锥面时，素线和导线是如何形成的？

2-4　常用的传动机构有哪些？简述摆移齿轮变速机构的工作过程。

2-5　机夹式车刀有何优缺点？

2-6　外圆车刀主要几何角度的选择原则是什么？如何选择切削用量？

2-7　用 CA6140 型卧式车床车削下列螺纹时，列出其传动路线表达式。

（1）米制螺纹　$P=2.5$mm。

（2）寸制螺纹　$a=8$ 牙/in。

（3）模数螺纹　$m=1.75$mm。

（4）径节螺纹　$DP=10$ 牙/in。

2-8　简述六级变速操纵机构的工作过程。

2-9　根据开合螺母的作用说明开合量过大、过小对传动有什么影响，简述其调整方法。

2-10　为什么在机动进给时开合螺母合不上？

2-11　砂轮的特性由哪几方面决定？为什么砂轮在磨削前应进行平衡、修整？

2-12　M1432A 型万能外圆磨床有哪些运动？说明头架的工作原理。

2-13　在 M1432A 型万能外圆磨床上磨外圆时，有几种磨削方法？各有何特点？

2-14　中心磨削与无心磨削有何异同？

2-15　中心孔在轴类零件的加工中起什么作用？有哪些技术要求？在什么情况下需修研中心孔？有哪些修研方法？

2-16　车床床身在垂直平面内与水平平面内的直线度对车削内外圆表面的加工误差有什么影响？各影响程度有什么不同？

2-17　在磨削加工中，造成工件表面烧伤的原因是什么？应如何防止？

2-18　计算梯形螺纹 Tr36×6 的几何参数。

第 3 章

箱体类零件制造

3.1 箱体类零件制造概述

箱体零件是机器的基础件之一，是构成机器的一类重要零件，广泛应用在机床、发动机、泵、减速器等典型设备及部件中。箱体零件上包括许多尺寸精度及相互位置精度要求较高的平面和孔，它们的机械加工精度及质量会直接影响到机器的装配精度。箱体零件的加工质量对机器使用性能和使用寿命都有直接的影响，故箱体类零件制造在典型零件制造工艺中占有非常重要的地位。

3.1.1 箱体类零件的功能与结构特点

箱体零件的功能主要是将一些轴、轴承、套和齿轮等零件组装在一起，使其保持正确的相互位置关系，并且能按照一定的传动要求传递动力和运动。

图 3-1 所示为几种常见的箱体的结构形式。由图可见，箱体的结构一般都比较复杂，壁薄且不均匀，刚性差，内部呈腔形；在箱壁上既有许多精度要求较高的支承孔和平面需要加工，特别是主轴支承孔和基准平面，也有许多精度较低的平面、紧固孔需要加工。因此，一般说来，箱体不仅需要加工的部位多，而且加工的难度也较大。

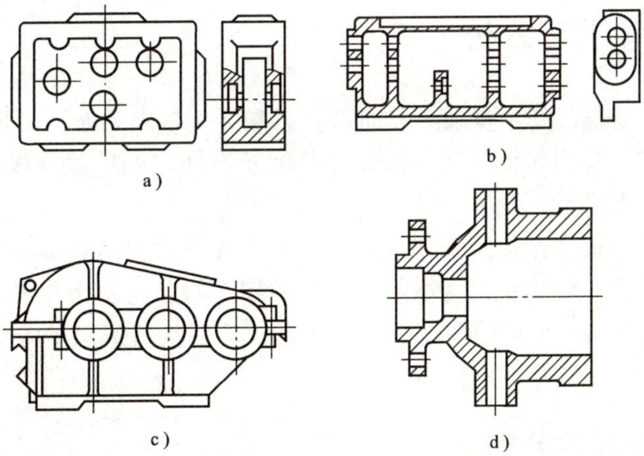

图 3-1 几种箱体结构的简图

a）组合机床主轴箱 b）车床进给箱 c）分离式减速箱 d）泵壳

3.1.2 箱体类零件的主要技术要求

箱体零件的技术要求是根据其用途、机床的加工精度等因素制订的，主要包括重要平面和孔的尺寸精度、几何精度和表面粗糙度几个方面。

（1）主要平面的形状、相互位置精度和表面粗糙度　箱体主要平面多是装配基准面或加工中的定位面，直接影响箱体与机器总装时的相互位置精度及接触刚度，影响箱体加工中的定位精度，因而对主要平面的平面度、平行度、垂直度和表面粗糙度都有较高的要求：平面度一般为0.04~0.1mm，平行度一般为在全长上取0.04~0.2mm，垂直度一般为0.1mm/300mm，表面粗糙度值 Ra 为2.5~0.63μm，其他平面 Ra 为10~2.5μm。

（2）支承孔的尺寸精度、几何精度和表面粗糙度　箱体上轴承孔的尺寸精度、形状精度及表面粗糙度等都有严格要求。如果达不到规定的要求，将影响轴承与箱体的配合质量，工作时产生振动和噪声，特别是主轴支承孔，还会影响主轴旋转精度，从而影响机床的工作精度。因而对支承孔的尺寸精度、几何精度和表面粗糙度都有较高的要求：孔径尺寸精度一般为IT6~IT8，表面粗糙度值 Ra 为1.25~0.32μm，圆度公差不超过孔径公差的一半。

（3）支承孔之间的孔距尺寸精度及相互位置精度　箱体上有齿轮啮合关系的相邻孔之间，应有一定的孔距尺寸精度、平行度及同轴度要求，否则会影响齿轮的啮合精度，工作时将产生振动和噪声，并降低齿轮的使用寿命。同轴线孔的同轴度误差会使轴装配困难，且使轴的运转情况恶化，轴承磨损加剧，温度增高，影响机器设备的精度和正常运转。箱体支承孔之间的孔距尺寸精度及相互位置精度主要是根据齿轮、蜗轮与蜗杆等传动零件啮合精度的要求确定的。一般箱体孔间距及轴心线至基面的尺寸精度为0.05~0.2mm。各支承孔轴线的平行度为在全长上取0.03~1mm。同轴线上的孔的同轴度为其最小孔径的公差值的一半。

具有主轴支承孔的箱体零件，如车床主轴箱、铣床立铣头与磨削头等，这类箱体的许多尺寸直接列入了确定工具或刀具位置的尺寸链，影响机床的加工精度，所以技术要求较高。

3.2　主轴箱零件工艺分析

箱体零件的结构复杂，其主要加工表面是孔系和装配基准平面。如何保证这些表面的加工精度和表面粗糙度，如何保证各孔间及孔与装配基准面之间的尺寸精度和相互位置精度，是箱体零件加工的主要工艺问题。

箱体零件的加工部位多，加工工作量大，加工路线一般为：平面加工—孔系加工—次要表面加工。本节以典型主轴箱箱体为载体讲述箱体零件的工艺设计方法。

图3-2所示为某车床主轴箱箱体简图，请认真分析后制订此“车床主轴箱”零件的机械加工工艺规程，生产批量为4000件/年。

3.2.1　主轴箱加工精度分析

车床主轴箱箱体的主要作用是支承和固定。主轴箱的主要任务是将主电动机传来的旋转运动经过一系列的变速机构，使主轴得到所需的正、反两向多种不同转速，同时主轴箱分出部分动力给进给箱以满足切削进给需要。

车床主轴箱箱体件的主要加工部位为平面和孔系，其结构复杂，精度要求较高。其装配基面的平面度影响主轴箱与床身连接时的接触刚度，且加工过程中作定位基面会影响到主要孔的加工精度。该零件上需要加工的孔较多，孔径的尺寸误差和几何形状误差会造成轴承和孔的配合不良。孔径过大，配合过松，会使主轴回转轴线不稳定，并降低了支承刚度，易产生振动和噪声；孔径过小，会使配合过紧，轴承将因外环变形而不能正常运行，寿命缩短。安装轴承的孔不圆，也会使轴承外环变形而引起主轴径向跳动，因此对孔的要求高。同一轴线上各孔的同轴度误差和孔端面对轴线垂直度误差会使轴和轴承装配到箱体内时出现歪斜，从而造成主轴径向圆跳动和轴向窜动，也加剧了轴的磨损，因此孔系之间的相互位置精度要求较高。

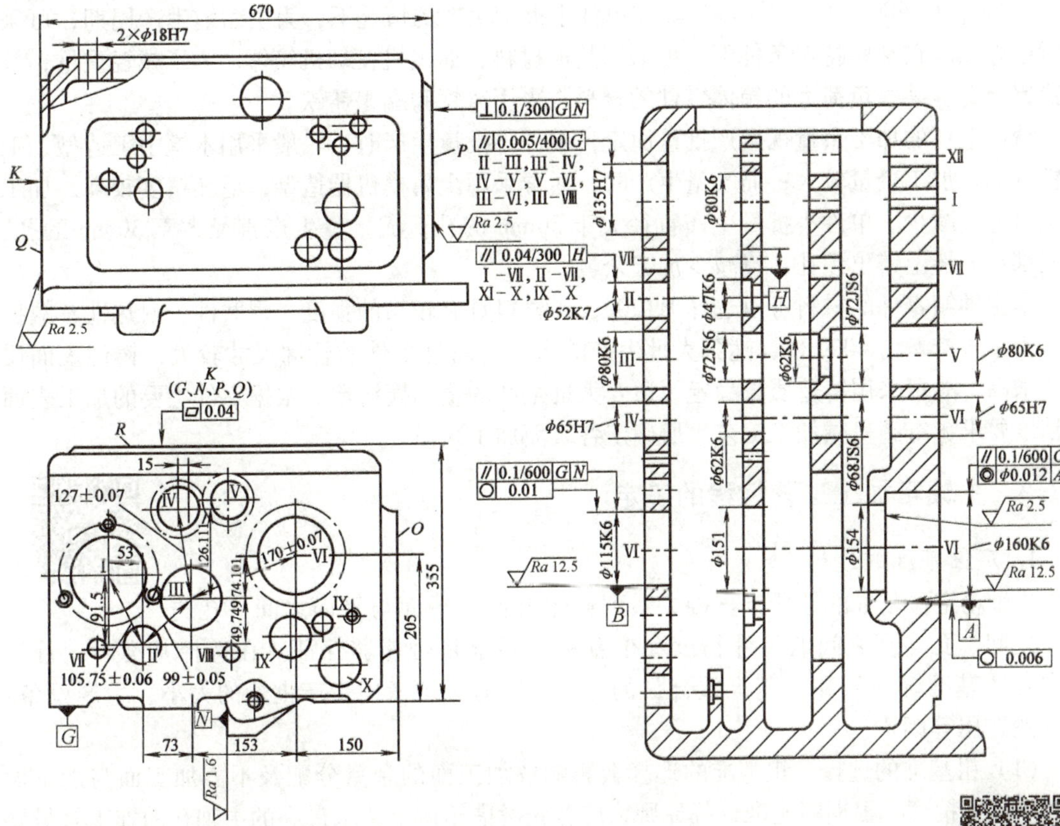

图 3-2　车床主轴箱箱体简图

主轴箱装配

其主要技术参数如下：

1）底面（G）、定位面（N）表面粗糙度值 Ra 均为 1.6μm，上面（R）、左（Q）和右端面（P）表面粗糙度值 Ra 均为 2.5μm。

2）G、N、R、O、P、Q 各面平面度公差 0.04mm。

3）P 面对底面（G）、定位面（N）垂直度公差为 0.1mm/300mm。

4）Ⅵ轴上 ϕ115K6 孔圆度公差 0.01mm，线相对于底面（G）、定位面（N）的平行度公差 0.1mm/600mm。

5）Ⅵ轴上 ϕ160K6 孔圆度公差 0.006mm，孔轴线对基准 A-B 同轴度公差 ϕ0.012mm，轴线相对于底面（G）、定位面（N）的平行度公差 0.1mm/600mm。

6）Ⅰ轴上的孔 ϕ135H7 对底面（G）的平行度公差 0.005mm/400mm，Ⅱ-Ⅲ、Ⅲ-Ⅳ、

Ⅳ-Ⅴ、Ⅴ-Ⅵ、Ⅲ-Ⅳ、Ⅲ-Ⅷ的孔轴线之间也有此平行度要求。

7）Ⅱ轴上的孔 $\phi52K7$ 对Ⅶ孔轴线的平行度公差 0.04mm/300mm，Ⅰ-Ⅶ、Ⅱ-Ⅶ、Ⅺ-Ⅹ、Ⅸ-Ⅹ的孔轴线之间也有此平行度要求。

3.2.2　主轴箱零件的材料与毛坯

由于灰铸铁容易成形，切削性能较好，价格低廉，且抗振性和耐磨性也比较好，因此，一般箱体零件的材料大都采用灰铸铁，其牌号可根据需要选用 HT200 至 HT400（常用 HT200）。在单件小批量生产的情况下，为了缩短生产周期，可采用钢板焊接。在某些特定条件下，可采用其他材料，如飞机发动机箱体，为了减轻重量，常用镁铝合金。某些负荷大的箱体零件的材料常采用铸钢和蠕墨铸铁。

铸件毛坯的加工余量视生产批量而定，单件小批量生产时，一般采用木模手工造型，毛坯精度低，加工余量较大；而大量生产时，通常采用金属模机器造型，毛坯精度较高，加工余量可适当减少。单件小批量生产直径大于 50mm 的孔，成批量生产直径大于 30mm 的孔，一般都在毛坯上铸出预孔，以减少加工余量。

本主轴箱零件的材料可以选择 HT200，该材料具有较高的强度、耐磨性、耐热性及减振性。由于年产量为 4000 件，达到大批生产的水平，而且零件的轮廓尺寸较大，铸件表面质量要求高，故可采用铸造质量稳定、适合大批生产的金属模铸造。根据零件主要的加工表面的精度要求，查阅机械加工工艺手册确定各表面加工余量。

3.2.3　主轴箱加工工艺规程的确定

1. 定位基准的选择

主轴箱定位基准的选择，直接关系到箱体上各个平面与平面之间、孔与平面之间、孔与孔之间的尺寸精度和位置精度要求是否能够保证。在选择基准时，首先要遵守“基准统一”和“基准重合”的原则，同时必须考虑生产批量的大小、生产设备、夹具的选用等因素。

（1）粗基准的选择　粗基准的选择会影响各加工面的余量分配及不需加工面与加工面之间的位置精度。根据粗基准选择原则，应首先考虑箱体上要求最高的主轴孔的加工余量要均匀，防止加工时由于余量不均而引起刀具振动，影响加工精度和表面质量，并要兼顾其余加工表面都有适当的余量。其次要纠正箱体内壁非加工表面与加工表面之间的相对位置偏差，防止加工出的轴承孔端面与箱体内壁之间的距离尺寸相差太大，致使齿轮安装时与箱体内壁发生干涉。基于这种情况，应选内壁为粗基准，但是这将使装夹极为困难。由于各轴孔和内腔的砂芯是一个整体，所以实际生产中选主轴孔和一个相距较远的轴孔作为粗基准。

（2）精基准的选择　为了遵循精基准的选择原则，选择箱体装配基准面即箱体底面为精基准，其优点是装配基准面是许多孔系和平面的设计基准，所以能使定位基准、设计基准和装配基准重合，不会产生基准不重合误差，而且箱体开口向上，故调整刀具、观察加工和测量孔径均方便。

该零件为大批量生产，采用“一面两孔”作为定位基准。“一面两孔”定位方式很简便地限制了工件六个自由度，定位稳定可靠，在一次安装下可以加工除了定位面以外的所有五个及其以上的孔或平面，也可以作为从粗加工到精加工的大部分工序的定位基准。又由于底

面 G 是主轴箱的装配基准，是主轴孔的设计基准，实现“基准统一”，这样消除了主轴孔加工时的基准不重合误差。此外，这种定位方式夹紧方便，工件的夹紧变形小，易于实现自动定位和自动夹紧。

2. 加工方法选择

(1) 平面加工方法的选择　由于上表面 R、底面 G、导向面 N 和左端面 Q、右端面 P 以及 O 面的表面粗糙度要求均比较小，为 $Ra1.6\mu m$、$Ra2.5\mu m$ 等，可选择“粗铣—精铣—磨”方案。

(2) 孔系加工方法的选择　孔加工前为便于钻头引正，先用中心钻加工中心孔，然后再钻孔。对于精度较高、表面粗糙度值 Ra 较小的孔内表面，一般不能一次加工到规定尺寸，而要划分加工阶段逐步进行；在攻螺纹前，为便于丝锥引入，先加工螺纹底孔的孔口倒角。

1) 直径大于 50mm 的各纵向孔，选择“粗镗—精镗”的加工方案。

2) 主轴Ⅵ孔精度较高，选择“粗镗—精镗—精细镗”的加工方案。

3) 直径小于 50mm 的各横向孔，以及上表面 R 上的 $2\times\phi18H7$ 的孔，选择“钻—扩—铰”的加工方案。

4) 底面 G、导向面 N 和左端面 Q、右端面 P 上的孔，选择“钻—扩”的加工方案。

5) 螺纹孔，采用先钻底孔、后攻螺纹的加工方案。

3. 制订工艺路线

箱体零件的机械加工工艺过程主要决定于箱体零件的结构特点、生产规模和技术要求。表 3-1 为图 3-2 所示车床主轴箱大批量生产时的加工工艺过程。为便于分析比较，列出车床主轴箱小批量生产时的加工工艺过程，见表 3-2。

表 3-1　车床主轴箱大批量生产工艺过程

序号	工序内容	定位基准
1	铸造	
2	时效	
3	涂底漆	
4	铣顶面 R	Ⅵ轴和Ⅰ轴铸孔
5	钻、扩、铰 $2\times\phi18H7$，钻、攻 R 面上孔和 M8 螺孔	顶面 R、Ⅵ轴孔内壁一端
6	铣 G、N、R、O、P、Q 各面	一面两孔
7	磨顶面 R	G 面
8	粗镗纵向孔	一面两孔
9	精镗纵向孔	一面两孔
10	精、细镗Ⅵ轴孔	R 面、Ⅲ、Ⅴ轴孔
11	钻、扩、铰各横向孔	一面两孔
12	钻、扩 G、P、Q 面上孔	一面两孔
13	磨 G、N、O、P、Q 面	一面两孔
14	钳工去毛刺、清洗	
15	检验	

表3-2 车床主轴箱小批量生产工艺过程

序号	工序内容	定位基准
1	铸造	
2	时效	
3	涂底漆	
4	划线、保证主轴孔加工余量均匀；划 *G*、*R*、*P* 及 *O* 面加工线	
5	粗、精加工顶面 *R*	按线找正
6	粗、精加工 *G*、*N* 面及侧面 *O*	顶面 *R* 并校正主轴面
7	粗、精加工两端面 *P*、*Q*	*G*、*N* 面
8	粗、半精加工各纵向孔	*G*、*N* 面
9	精加工各纵向孔	*G*、*N* 面
10	粗、精加工横向孔	*G*、*N* 面
11	加工螺孔及次要孔	
12	钳工去毛刺、清洗	
13	检验	

3.3 主轴箱平面加工

平面的加工方法有刨削、铣削、拉削、磨削等。刨削和铣削常用作平面的粗加工和半精加工，而磨削则用作平面的精加工。此外还有刮研、研磨、超精加工、抛光等光整加工方法。采用哪种加工方法较合理，需根据零件的形状、尺寸、材料、技术要求、生产类型及工厂现有设备来决定。

3.3.1 平面加工机床及刀具的选择

一、刨削、刨床与刨刀

（一）刨削

1. 刨削原理与特点

刨削加工是以刨刀（或工件）的直线往复运动为主运动，以方向与之垂直的工件（或刨刀）的间歇移动为进给运动的切削加工方法。按照切削时主运动方向的不同，刨削可分为水平刨削和垂直刨削。水平刨削一般称为刨削，垂直刨削则称为插削。

刨削加工是平面加工的基本方法之一。刨削时，刨刀刀尖与工件之间的相对直线往复运动形成直母线，刀具与工件的相对移动使直母线沿直等线运动，形成平面。

图3-3a、b所示分别为在牛头刨床、龙门刨床上刨削平面时的切削运动。

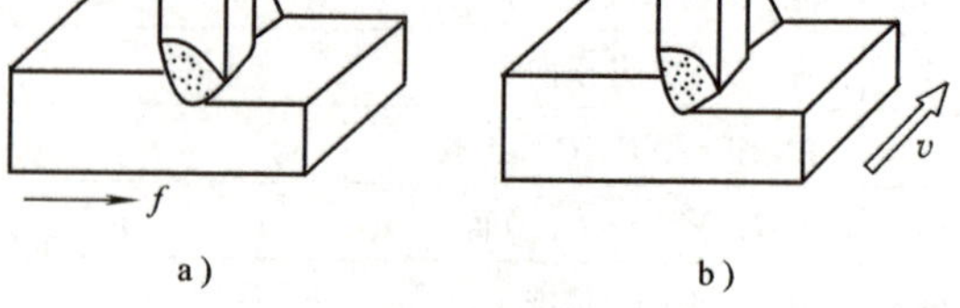

图3-3 刨削

a）牛头刨床刨削 b）龙门刨床刨削

刨削所用的机床、夹具和刀具结构都比较简单，调整、加工方便，适用范围广泛。刨削的主运动为直线往复运动，刀具向前直线移动时进行切削，称为工作行程。回程时不能切削，称为空行程。由于换向时必须克服运动件的惯性，而且在每次工作行程开始，刀具刚碰到工件时，都要发生冲击。因此，刨削的切削速度及换向速度不能太高，以免机床振动，损伤刀具，影响工件的加工精度和表面粗糙度。所以刨削生产率不高。刨削适用于单件、小批量生产和修配加工，特别是加工窄长平面。

2. 刨削的工艺范围

刨削主要用于平面和沟槽的粗加工、半精加工。在精度高、刚性好的龙门刨床上也可以用宽刃大刨刀作精细刨以代替刮研。通常刨削加工的经济精度为IT8~IT9，表面粗糙度值*Ra*为12.5~1.6μm。

（二）刨床

刨床类机床主要用于加工各种平面（如水平面、垂直面及斜面等）和沟槽（如T形槽、燕尾槽、V形槽等），此外，还可以在刨床上加工一些简单的成形曲面。插床主要用于加工工件的内表面，如内孔键槽及多边形孔等。

刨床类机床主要有牛头刨床、龙门刨床和插床三种类型。

1. 牛头刨床

牛头刨床因其滑枕刀架形似“牛头”而得名，它主要用于加工中小型零件。牛头刨床主要由床身、滑枕、刀架、工作台、横梁等组成，如图3-4所示。

滑枕3由床身4内部的摆杆带动，沿床身顶部的导轨做直线往复运动，运动速度可通过变速手轮5调整。行程长度可通过滑枕行程调节柄6调节。刀具安装在刀架2前端的抬刀板上。转动刀架上方的手轮，可使刀架沿滑枕前端垂直导轨上下移动。刀架还可以沿水平轴偏转，用以刨削侧面和斜面。滑枕回程时，抬刀板可将刨刀朝上方抬起，以避免刀具擦伤已加工表面。安装夹具或工件的工作台1可沿横梁8上的导轨做横向移动，实现切削过程的进给运动。工作台的横向移动可以是机械传动，也可由横向进给手轮7作手动移动。

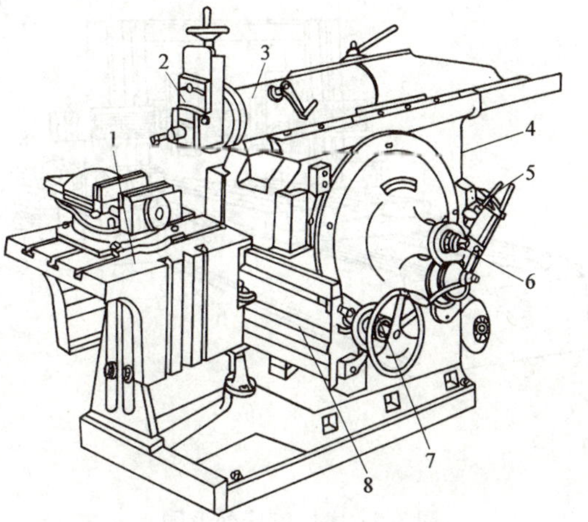

图3-4 B665型牛头刨床外形图

1—工作台 2—刀架 3—滑枕 4—床身 5—变速手轮
6—滑枕行程调节柄 7—横向进给手柄 8—横梁

2. 龙门刨床

大型工件的刨削加工应在龙门刨床上进行。图3-5所示为龙门刨床的外形图。龙门刨床是由于有一个由顶梁4及固定在床身10两侧的左右立柱3和7组成“龙门”式框架而得名的。加工时，工件装夹在工作台9上，工作台在床身的纵向导轨上做直线往复运动以实现主运动。装在横梁2上的立刀架5、6可沿导轨间歇运动，用以刨削工件的水平面，刀架可随溜板上下移动做吃刀运动或刨削垂直平面。溜板还能够绕水平轴偏转一定的角度，用以加工斜面。装在左右立柱上的侧刀架1和8可沿立柱导轨做垂直方向的间歇进给，以刨削工件两侧面。横梁还可沿立柱导轨升降，以便根据工件的高度调整刀具的位置。另外，各刀架都有自动抬刀装置，在工作台回程时，自动将刀板抬起，避免刨刀擦伤已加工表面。

龙门刨床的工作台一般都采用直流电动机驱动或液压传动，运动平稳，可以无级调速。

龙门刨床主要用于大平面，尤其是窄长平面的加工，也可以串列加工几个中小型工件，以提高生产效率。龙门刨床的刚性很好，应用它进行宽刃细刨可获得较小的表面粗糙度值（*Ra*1.6~0.8μm）和较高的精度（直线度0.02mm/m）。现代龙门刨床往往还备有铣头和磨头等附件，以扩大其使用范围，完成平面的刨、铣、磨等工作。

3. 插床

插床实质上是立式牛头刨床，如图3-6所示。滑枕2可沿滑枕导轨座上的导轨做上下方向的往复运动，使刀具实现主运动，向下为工作行程，向上为空行程。滑枕导轨座3可以绕销轴4在小范围内调整角度，以便加工倾斜的内外表面。床鞍6和溜板7可分别做横向及纵向进给，回转工作台1可绕垂直轴线旋转，完成圆周进给或进行分度。回转工作台在上述各方向的进给运动均在滑枕空行程结束后的短时间内进行。分度装置5用于完成对工件的分度。

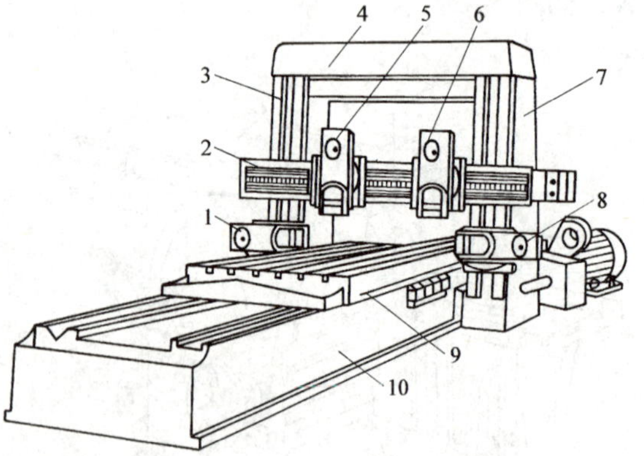

图3-5　龙门刨床外形图

1、8—侧刀架　2—横梁　3、7—立柱　4—顶梁　5、6—立刀架　9—工作台　10—床身

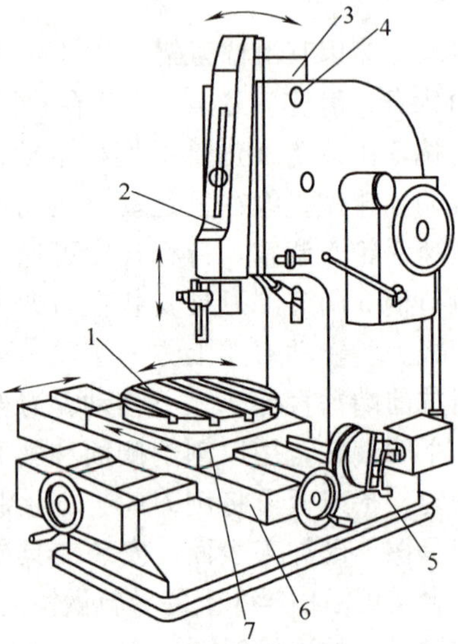

图3-6　插床

1—回转工作台　2—滑枕　3—滑枕导轨座　4—销轴　5—分度装置　6—床鞍　7—溜板

（三）刨刀

1. 常用刨刀

图3-7所示为常用刨刀，分别可在刨床上刨削平面、台阶面、T形槽、燕尾槽。此外，在刨床上还可以刨削成形表面。

图3-8所示为直头和弯头刨刀。刨刀往往制成弯头的，因为弯头刨刀在受到较大的切削阻力时刀杆会产生弯曲变形，使刀尖向后上方弹起，而不会像直头刨刀那样扎入工件，破坏工件表面和损坏刀具。

2. 宽刃刨刀

用宽刃刨刀细刨平面能够代替刮研，加工精度可达到 IT7，表面粗糙度值 $Ra0.2 \sim 0.8\mu m$，生产效率高。宽刃细刨适用于在工艺系统刚性较好的条件下进行。加工时，将工件安装在精度高，刚性好的龙门刨床上，以很低的切削速度从工件表面上切去很薄的一层金属。一般切削速度为 2～3m/min，刨削余量：预刨余量 0.08～0.12mm，终刨余量 0.03～0.05mm。工件受热变形小，所以能获得高的加工质量。

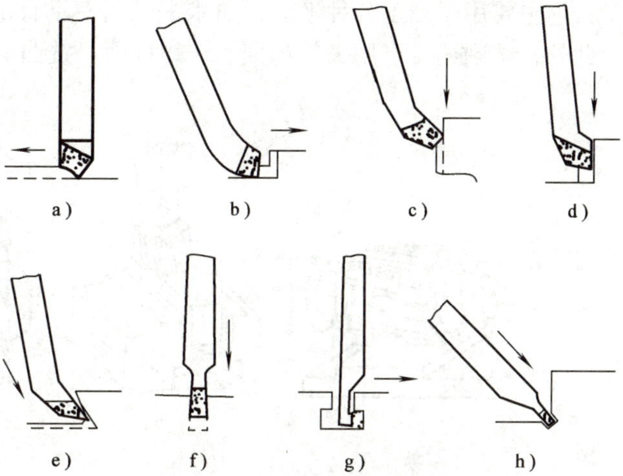

图 3-7　常用刨刀及其应用

a）平面刨刀　b）台阶刨刀　c）普通偏刀　d）台阶偏刀　e）角度刀　f）切刀　g）弯切刀　h）割槽刀

图 3-9 所示为宽刃刨刀。宽刃细刨时常用的刨刀前角为负值，有挤光作用，后角较小，可以增强后面的支承作用，防止振动。刨削铸铁工件时，工作液通常采用煤油，刨削前先将加工面均匀润湿，或在加工中连续喷注于刨刀的切削刃附近。

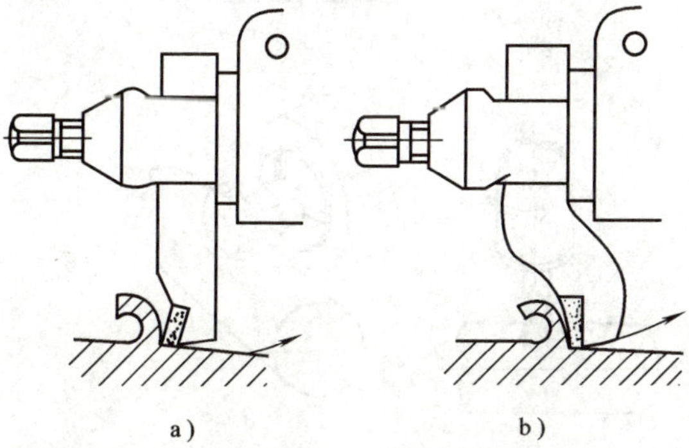

图 3-8　直头刨刀和弯头刨刀

a）直头刨刀　b）弯头刨刀

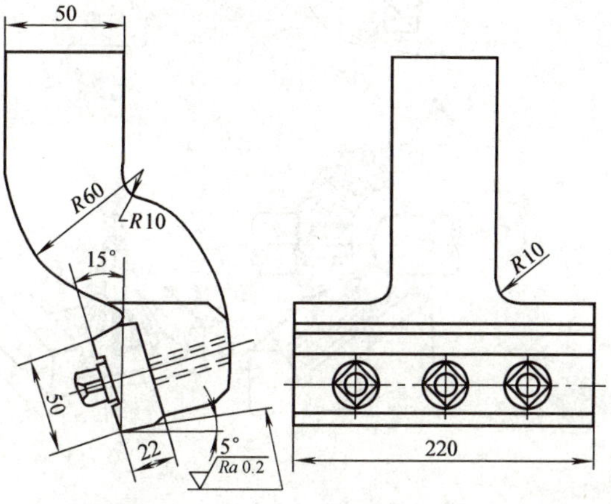

图 3-9　宽刃刨刀

细刨的零件材料要求组织均匀，硬度一致，预刨和精刨须用两把刨刀。

二、铣削、铣床与铣刀

（一）铣削

1. 铣削加工的原理及特点

铣削是以铣刀的旋转作为主运动，工件或铣刀作进给运动的切削加工方法。

铣削和刨削一样用于平面和沟槽的粗加工、半精加工。铣刀是多刃刀具，在铣削加工中同时几个刀齿参与切削，所以铣削的生产率一般比刨削高。但铣削有时是断续切削，刀具容易振动，影响加工精度。铣削尺寸精度一般可达到IT9~IT7，表面粗糙度值 Ra 为6.3~1.6μm。

2. 铣削的工艺范围

铣削主要用于加工各种平面，如水平平面、垂直平面、台阶面、V形槽、T形槽、键槽等。此外，铣削还可以用来铣齿面、铣螺旋面、铣曲面及立体成形面等，如图3-10所示。

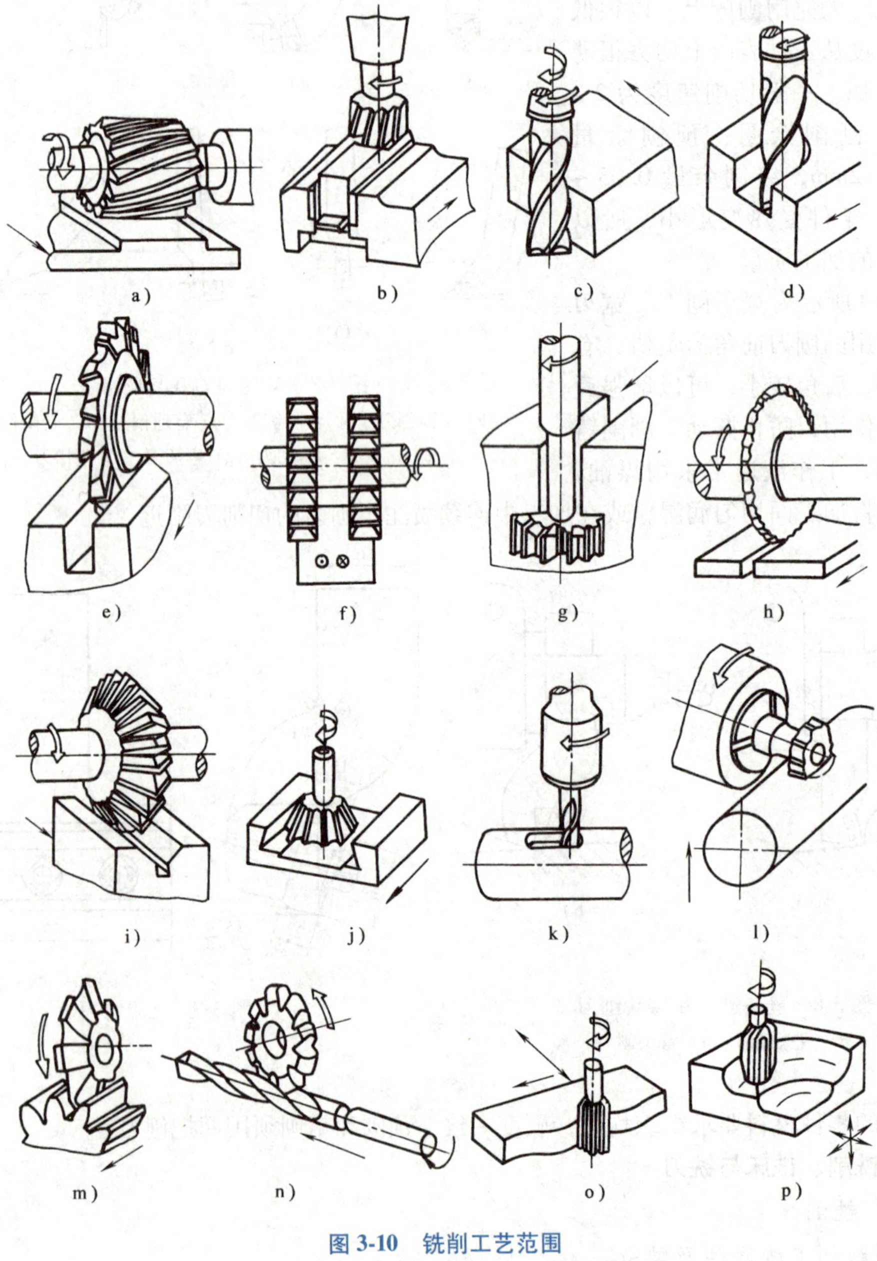

图3-10 铣削工艺范围

a)~c) 铣平面 d)、e) 铣沟槽 f) 铣台阶 g) 铣T形槽 h) 铣窄槽 i)、j) 铣角 k)、l) 铣键槽 m) 铣齿面 n) 铣螺旋面 o) 铣曲面 p) 铣立体曲面

随着铣床性能的提高，刀具结构和材料的改进，加工质量有很大的改善，铣削所具有的优越性使其在切削加工中应用越来越广泛。

3. 铣削方式

（1）周铣和端铣　用铣刀的圆周刀齿进行切削称为周铣；用铣刀的端面齿加工垂直于铣刀轴线的表面称为端铣，如图 3-11 所示。

周铣对被加工表面形状的适应性较强，从图 3-11 可以看出，周铣不但适于铣窄长平面，还能铣台阶面和沟槽、成形面等。周铣时，由于是圆周切削刃进行切削，已加工表面由无数浅的圆沟组成，表面粗糙度较差，如图 3-12 所示。此外，由于同时参加切削的刀齿数较少，切削过程中切削力波动较大，切削平稳性较差；刀齿在刚进入切削区时，切削厚度为零，刀尖与工件表面产生强烈摩擦（用圆柱铣刀逆铣时十分突出），降低了刀具寿命。这些都同时影响周铣加工表面质量。

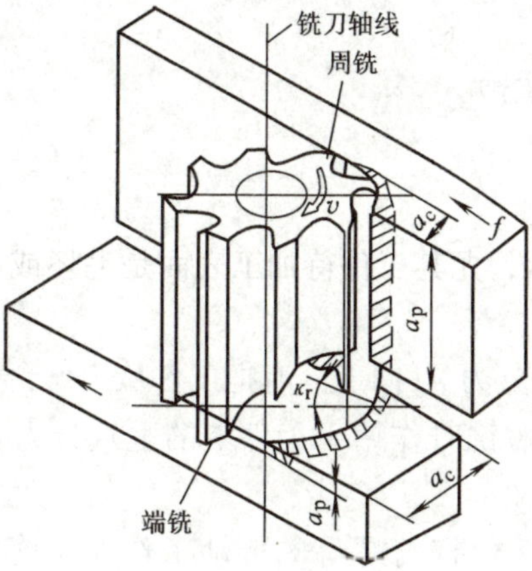

图 3-11　周铣和端铣

a_p—背吃刀量　a_c—侧吃刀量

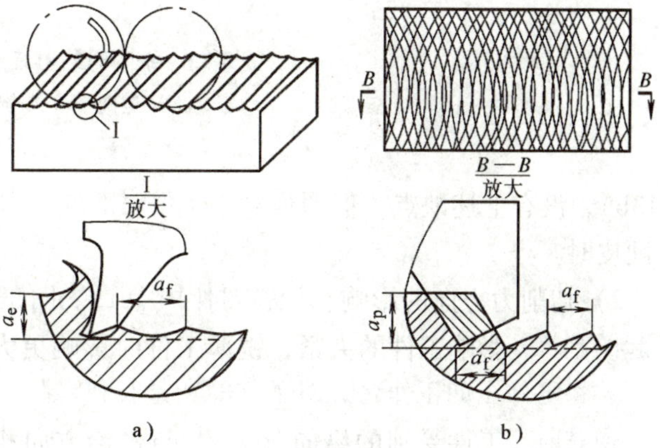

图 3-12　周铣和端铣表面特征

a）周铣　b）端铣

端铣时，由于同时参加切削的刀齿数较多，切削过程中切削力的波动较小，切削比较平稳。从刀齿的工作条件来看，端铣的刀齿刚进入切削区时，切削厚度虽小，但不等于零，这就可以减轻刀尖与工件表面的强烈摩擦，因此端铣可提高刀具寿命。同时端铣有负切削刃参加切削，当偏角 κ_r' 较小时对加工表面有修光作用。故加工质量好，生产效率高。所以在平面铣削中，尤其是大平面的铣削中，大多采用端铣。

（2）顺铣和逆铣　铣削时，工件的进给方向与铣削力 F 的水平分力 F_x 方向相同称为顺铣，工件的进给方向与铣削力 F 的水平分力 F_x 方向相反称为逆铣，如图 3-13 所示。顺铣和逆铣的切削过程有不同的特点，现以周铣分析它们的区别。图 3-13 中，δ 为间隙，$\delta_{左}$ 为由螺纹副传动时的螺纹间隙，$\delta_{右}$ 为当切削水平分力 F_x 大于工作台移动阻力时，铣刀带动工作台窜动使螺纹传动工作面脱离接触后产生的间隙。

1）铣削厚度的变化。逆铣时，刀齿的背吃刀量是由薄变厚（图 3-13a），开始时背吃刀量几乎为零，刀齿不能立刻切入工件，而是在已加工表面上滑行，待切削深度达到一定数值后，才能切入工件。由于刀齿在滑行时对已加工表面有挤压作用，使该表面的硬化现象严重，影响了表面质量，也使刀齿的磨损加剧。顺铣时，刀齿的背吃刀量则是从厚到薄（图

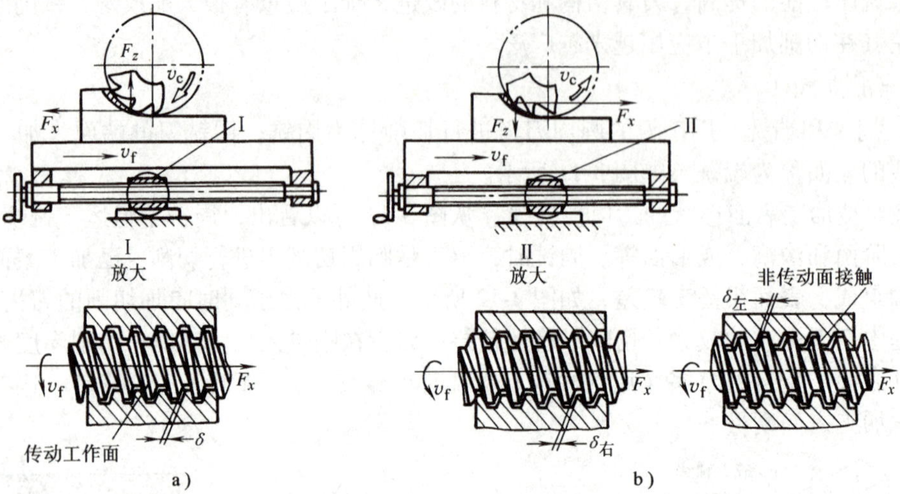

图 3-13 铣削时的丝杠螺母间隙

a）逆铣 b）顺铣

3-13b)，没有上述缺点，但刀齿切入工件时的冲击力较大，尤其工件待加工表面是毛坯或者有硬皮时。

2）切削力方向的影响。逆铣时作用于工件上的垂直分力 F_z 向上，有把工件从工作台上挑起的趋势，影响工件的夹紧，铣薄工件时影响更大。顺铣时作用于工件上的垂直分力 F_z 向下，将工件压向工作台，对工件的夹紧有利。

逆铣时，工件受到的纵向分力 F_x 与进给方向相反，丝杠与螺母的传动工作面始终接触（图 3-13a），由螺纹副推动工作台运动。顺铣时，工件受到的纵向分力 F_x 与进给方向相同（图 3-13b），而一般情况主运动的速度 v_c 大于进给速度 v_f，因此，纵向分力有使螺纹传动螺纹面分离的趋势，当铣刀切到材料上硬点或因切削厚度变化等原因，引起纵向分力 F_x 增大，超过工作台进给摩擦阻力时，原是螺纹副推动的运动形式变成了由铣刀带动工作台窜动的运动形式，引起进给量突然增加。这种窜动现象不但会引起“啃刀”，损坏加工表面，严重时还会使刀齿折断、刀杆弯曲，或使工件夹具移位，甚至损坏机床。

综上所述，若切削用量较小，工件表面没有硬皮，或者机床有间歇调整装置，能将螺母、丝杠之间的间隙调整到很小，以采用顺铣有利。但在一般情况下，由于很多铣床没有间隙调整装置，还是采用逆铣法为宜。

（3）对称铣削和不对称铣削　端铣时，根据铣刀与工件相对位置的不同，可以分为以下两种铣削方式：

1）不对称铣削。铣削时铣刀轴线与工件铣削宽度对称中心线不重合称为不对称铣削。如图 3-14a、b 所示，根据铣刀偏移位置不同，可分为不对称顺铣和不对称逆铣。

当顺铣部分大于逆铣部分时，这种铣削方式称为不对称顺铣，如图 3-14a 所示。这种铣削方式的特点是刀齿以最大的切削厚度切入，而以最小的切削厚度切出。这样可以减少逆铣时刀齿在工件表面上的滑行、挤压现象和加工表面的冷硬程度，有利于提高刀具寿命。在其他条件一定时，只要偏置距离选取合适，刀具寿命比对称铣削可提高两倍。适合于加工不锈钢等中等强度和高塑性材料。

当逆铣部分大于顺铣部分时，这种铣削方式称为不对称逆铣，如 3-14b 所示。这种铣削方式的特点是刀齿以最小的切削厚度切入，而以最大的切削厚度切出，切入冲击较小。这种铣削方式其刀具寿命比对称端铣可提高一倍以上。此外，由于刀齿接触角度较大，同时参加切削的刀齿较多，切削力变化小，切削过程较平稳，加工表面粗糙度值较小。适合于加工普通碳钢和高强度低碳合金钢。

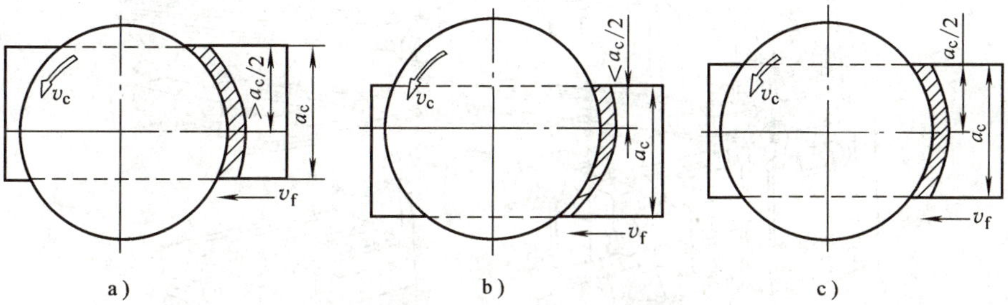

图 3-14　不对称、对称端铣

a）不对称顺铣　b）不对称逆铣　c）对称端铣

2）对称端铣。如图 3-14c 所示，工件相对于铣刀回转中心处于对称位置，称为对称端铣。采用这种铣削方式时，由于铣刀直径大于铣削宽度，刀齿切入和切出工件时切削厚度均大于零，这样可避免下一个刀齿在前一个刀齿切过的冷硬层上切削，有利于提高刀具寿命。一般端铣多用这种铣削方式。

（二）铣床

1. 铣床简介

铣床的种类很多，最常用的是通用铣床，通用铣床的基本类型有升降台式铣床、无升降台式铣床、龙门铣床和工具铣床等。

（1）升降台式铣床　这类铣床最大的特点是，铣床的工作台安装在能作垂直升降的升降台上，使工作台能在相互垂直的三个方向上调整位置或完成进给运动，升降台结构刚性较差，工作台上不能安装过重的工件，因此这类铣床只适用于加工中小型工件。它是应用较广的一类铣床。

1）卧式升降台铣床。其主轴呈水平布置，在主轴上可安装铣刀、铣刀杆或镗杆。

在铣刀杆上可安装圆柱铣刀、盘铣刀、成形铣刀和组合铣刀等，以加工平面、各种沟槽和具有直导线的曲面等。在镗杆上可安装镗刀加工孔。图 3-15 所示为卧式升降台铣床的外形图，它由床身 1、悬梁 2、主轴 3、刀杆支架 4、工作台 5、床鞍 6、升降台 7 和底座 8 组成。床身 1 固定在底座 8 上，悬梁 2 安装在床身顶部，并可沿燕尾导轨调整前后位置。悬梁上的刀杆支架 4 用以支承刀杆，以提高刀杆刚性。升降台 7 安装在床身前面垂直导轨上，以使升降台沿着垂直导轨做上升或下降移动。床鞍 6 装在升降台顶面的矩形水平导轨上，可沿矩形水平导轨上做横向移动。工作台安装在床鞍顶面的燕尾导轨上，工作台可沿燕尾导轨做纵向移动。

2）卧式万能升降台铣床。这种铣床的结构与卧式升降台铣床基本相同，只是在工作台和床鞍之间增加了回转台 7，如图 3-16 所示，使工作台可绕回转盘轴线做±45°的偏转，改变工作台移动方向，扩大了机床的工艺范围，从而可较方便地加工斜面、斜槽和螺旋槽等，此外还可以换用立式铣头、插头等附件，扩大机床的使用范围。

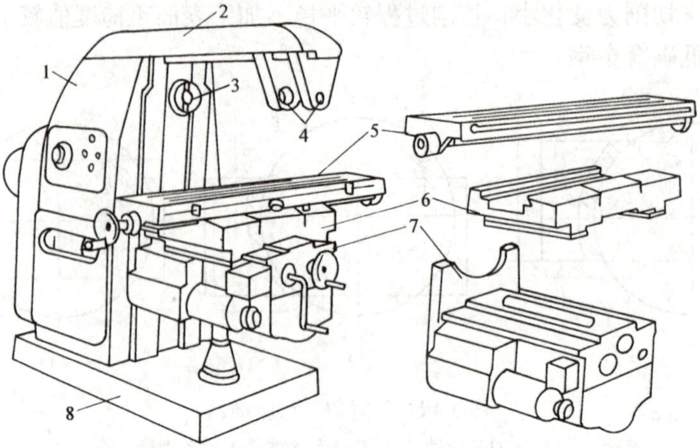

图 3-15　卧式升降台铣床

1—床身　2—悬梁　3—主轴　4—刀杆支架　5—工作台　6—床鞍　7—升降台　8—底座

3）立式铣床。这种铣床与卧式升降台铣床区别在于机床主轴垂直于工作台台面，如图 3-17 所示。立式升降台铣床如图 3-17a 所示，主轴 2 安装在立铣头 1 内，可沿其轴线方向进给或用手动调整位置。立铣头 1 可根据加工要求，在垂直平面内向左或向右偏转 45°，使主轴与工作台面倾斜成所需要的角度，扩大机床的使用范围。万能回转头铣床的立铣头可做任意方向的偏转，如图 3-17b 所示，当工件不同角度位置需加工时，可在一次装夹中只改变铣刀轴线倾斜方向就能完成加工。在立式铣床上主要用面铣刀或立式铣刀进行铣削。

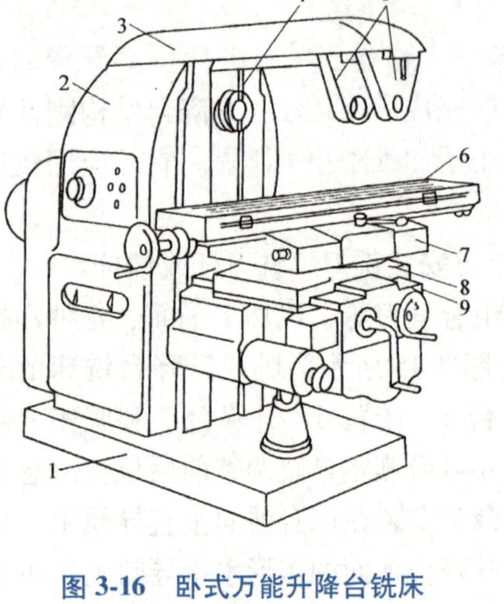

图 3-16　卧式万能升降台铣床

1—底座　2—床身　3—悬梁　4—主轴　5—刀杆支架　6—工作台　7—回转台　8—床鞍　9—升降台

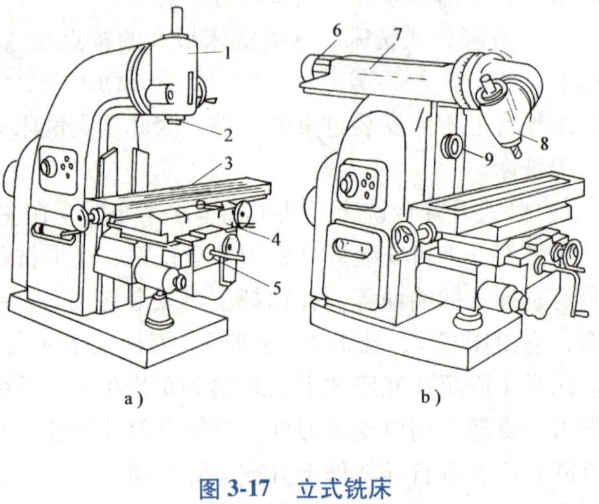

图 3-17　立式铣床

a）立式升降台铣床　b）万能回转头铣床

1—立铣头　2—主轴　3—工作台　4—床鞍　5—升降台　6—电动机　7—滑座　8—万能立铣头　9—水平主轴

（2）无升降台铣床　这种铣床的工作台只能固定在台座上做纵、横向移动（矩形工作台）或绕垂直轴线转动（圆形工作台），垂直方向的进给或调整运动由机床主轴箱完成。它的刚性和抗振性比升降台铣床好，适用于采用较大的切削用量加工。图 3-18 所示为无升降台铣床。

（3）龙门铣床　龙门铣床是由床身两侧有两立柱和横梁组成的门式框架而得名，如图 3-19 所示。工作台在床身水平导轨上做纵向进给运动，在立柱和横梁上都装有铣头，每个铣头都是独立的部件，由各自的电动机驱动主轴做主运动。

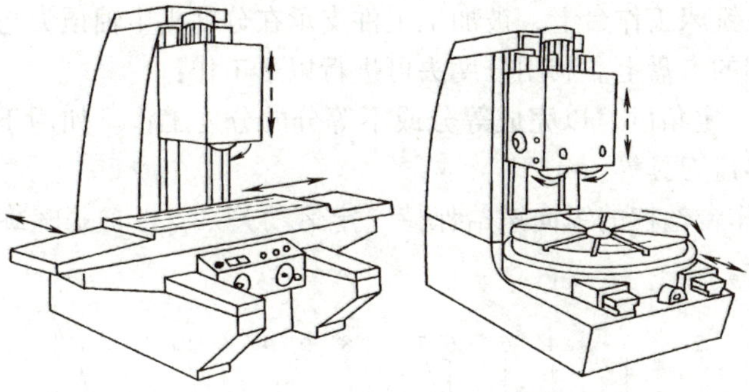

a）　　　　b）

图 3-18　无升降台铣床

a）工作台移动　b）工作台转动

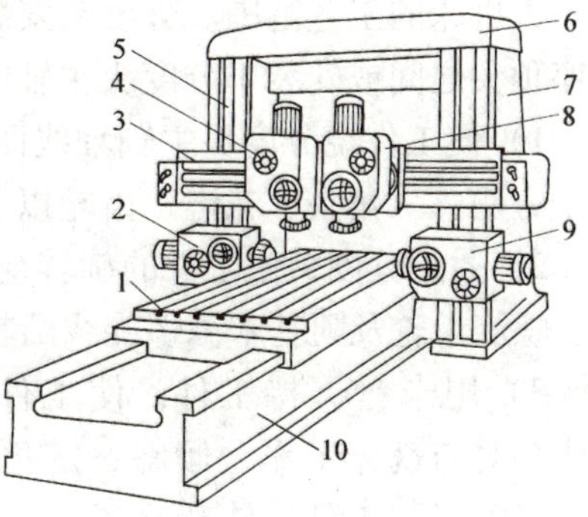

图 3-19　龙门铣床

1—工作台　2、9—水平铣头　3—横梁　4、8—垂直铣头　5、7—立柱　6—顶梁　10—床身

横梁可沿立柱上的导轨做垂直位置调整，横梁上的垂直铣头可沿横梁上水平导轨做位置调整，立柱上的两个水平铣头可沿立柱上的导轨做垂直方向位置调整。各铣刀的背吃刀量均由铣头主轴移动来实现。

龙门铣床的刚度和精度都很好，可用几把铣刀同时铣削，所以生产率和加工精度都很高。龙门铣床在大批和大量生产中得到广泛应用，特别适用于加工大中型或重型工件。

（4）万能工具铣床　万能工具铣床有可以置换的水平主轴、垂直主轴和插头，能担负万能卧式铣床、立式铣床和插床的部分工作。它还带有一系列的附件，如图 3-20 所示。图 3-20a 所示为万能工具铣床，机床安装有主轴及固定工作台 2，此时的机床功能与卧式升降台铣床相似，只是横向进给运动由主轴座 1 的水平移动来

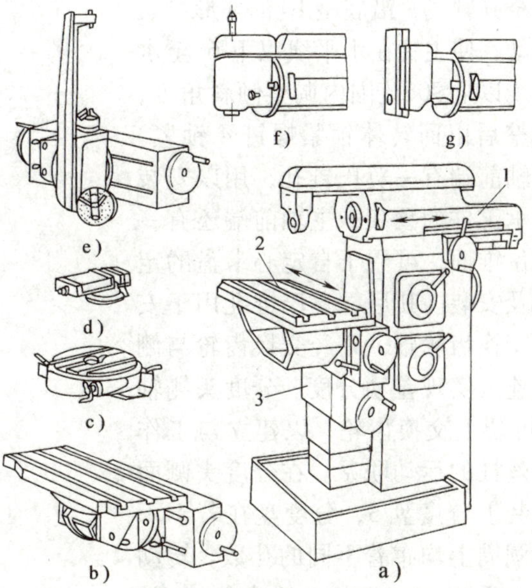

图 3-20　万能工具铣床

a）万能工具铣床　b）可倾斜工作台　c）回转工作台　d）平口钳　e）分度装置　f）立铣头　g）插铣头

1—主轴座　2—固定工作台　3—升降台

实现，纵向进给运动与垂直进给运动仍分别由工作台2及升降台3来实现。根据加工需要，机床还可以安装其他附件，图3-20b所示为可倾斜工作台，图3-20c所示为回转工作台，图3-20d所示为平口钳，图3-20e所示为分度装置，图3-20f所示为立铣头，图3-20g所示为插铣头。由于机床本身的多功能性再配合以上附件，就能使工件一次装夹实现多工位加工。这种机床常用于工具车间，加工各种形状较复杂的刀具、量具、辅具、夹具及模具零件。

2. 铣床附件——万能分度头

（1）分度头的用途和传动系统　万能分度头是升降台铣床所配备的重要附件之一，用来扩大机床的工艺范围。分度头安装在铣床工作台上，被加工工件支承在分度头主轴顶尖与尾座顶尖之间或安装于分度头主轴前端的卡盘上。利用分度头可进行以下工作：

1）使工件绕分度头主轴轴线回转一定角度，以完成等分或不等分的分度工作。如用于加工方头、六角头、花键、齿轮以及多齿刀具等。

2）通过分度头使工件的旋转与工作台丝杠的纵向进给保持一定运动关系，以加工螺旋槽、螺旋齿轮及阿基米德螺旋线凸轮等。

3）用卡盘夹持工件，使工件轴线相对与铣床工作台倾斜一定角度，以加工与工件轴线相交成一定角度的平面、沟槽及直齿锥齿轮等。

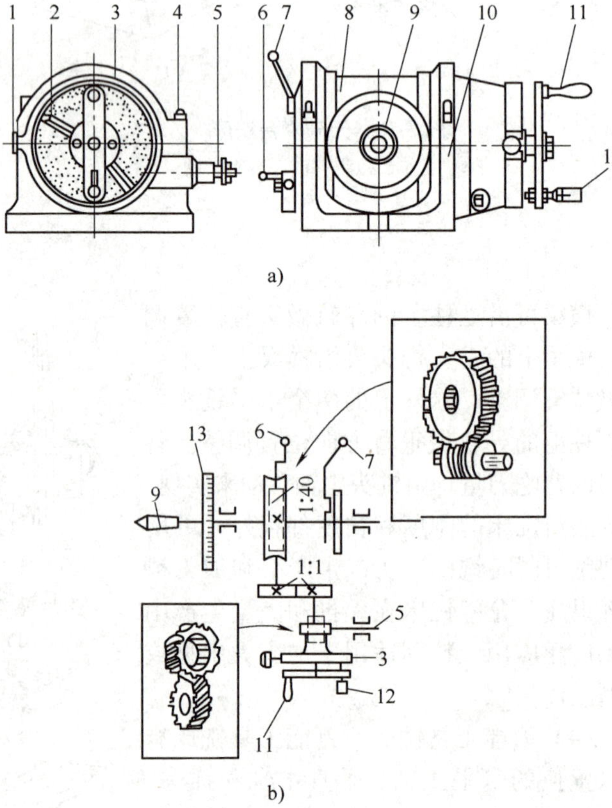

图3-21　FW250型万能分度头

a）外形　b）传动系统

1—紧固螺钉　2—分度叉　3—分度盘　4—锁紧螺钉　5—侧轴　6—蜗杆脱落手柄　7—主轴锁紧手柄　8—回转体　9—主轴　10—底座　11—分度手柄　12—分度定位销　13—刻度盘

图3-21所示为FW250型万能分度头的外形及传动系统。分度头主轴9安装在回转体8内，回转体8以两侧轴颈支承在底座10上，并可绕其轴线，沿底座10的环形导轨转动，使主轴在水平线以下6°至水平线以上90°范围内调整倾斜角度，调整后由回转体锁紧螺钉4锁紧。主轴前端有一莫氏锥孔，用以安装支承工件的顶尖；主轴前端还有一定位锥面，可用于自定心卡盘的定位及安装。其后端莫氏锥孔用于安装交换齿轮轴，并经交换齿轮与侧轴连接实现差动分度。分度头侧轴5可装上交换齿轮，以建立与工作台丝杠的运动联系。在分度头侧面可装上分度盘3，分度盘在若干不同圆周上均布着不同的孔数。转动分度手柄11，经传动比为1：1的螺旋齿轮副和1：40的蜗杆副，带动主轴9回转。通过分度手柄11转过的转数及装在手柄槽内分度定位

销 12 插入分度盘上孔的位置，就可使主轴转过一定角度，进行分度。FW250 型万能分度头备有两块分度盘，供分度时选用，每块分度盘前后两面皆有孔，正面 6 圈孔，反面 5 圈孔。它们的孔数分别为

第一块：正面每圈孔数：24、25、28、30、34、37

反面每圈孔数：38、39、41、42、43

第二块：正面每圈孔数：46、47、49、51、53、54

反面每圈孔数：57、58、59、62、66

（2）分度方法　万能分度头常用的分度方法有直接分度法、简单分度法及差动分度法等。

1）直接分度法。首先松开主轴锁紧手柄 7，并用蜗杆脱落手柄 6 使蜗杆与蜗轮脱开啮合，然后用手直接转动主轴，并按刻度盘 13 控制主轴的转角，最后用锁定手柄 7 锁紧主轴，铣削工件表面。

直接分度法用于对分度精度要求不高，且分度次数较少的工件。

2）简单分度法。直接利用分度盘进行分度的方法称简单分度法。这种方法适用于图样上给定的是齿数、节距等工件，如直齿圆柱齿轮、链轮、花键等。用于加工工件的分度数与分度头传动系统中的 40 可相约的场合。分度时用分度盘紧固螺钉 1 锁定分度盘，拔出分度定位销 12，转动分度手柄 11，通过传动系统使分度主轴转过所需的角度，然后将分度定位销插入分度盘相应的孔中。

设被加工工件所需分度数为 z（即在一周内分成 z 个等分），每次分度时分度头主轴应转过 $1/z$ 转，根据传动关系，这时手柄对应转过的转数可按下式求得

$$n_{手}=\frac{1}{z}\times\frac{1}{40}\times\frac{1}{1}=\frac{40}{z}转$$

为使分度时容易记忆，可将上式写成如下形式

$$n_{手}=\frac{40}{z}=a+\frac{p}{q}$$

式中　a——每次分度时手柄所转过的整数转$\left(当\frac{40}{z}<1\text{ 时，}a=0\right)$；

q——所用分度盘中孔圈的孔数；

p——手柄转过整数转后，在 q 个孔的孔圈上转过孔的间距数。

在分度时，q 值应尽量取分度盘上能实现分度的较大值，可使分度精度高些。为防止由于记忆出错而导致分度操作失误，可调整分度叉 2 的夹角，使分度叉以内的孔数在 q 个孔的孔圈上包含（p+1）个孔，即包含的实际孔数比所需要转过孔的间距多一个孔，在每次分度定位销插入孔中时可清晰地识别。

例 3-1　在铣床上加工直齿圆柱齿轮，齿数 $z=28$，求用 FW250 型万能分度头分度每次分度手柄应转过的整数转与转过的孔间距数。

解：

$$n_{手}=\frac{40}{z}=\frac{40}{28}=1+\frac{3}{7}=1+\frac{12}{28}=1+\frac{18}{42}=1+\frac{21}{49}$$

计算时应将分数部分化为最简分数，然后分子、分母同乘以一个整数使分母等于 FW250 分度盘上具有的孔数。计算结构表明每次分度时，手柄转过 10/7 转，即在手柄转过

整数转后，应在孔数为 28 的孔圈上再转过 12 个孔间距，或在孔数为 42、49 的孔圈上分别转过 18、21 个孔间距。

3）差动分度法。当需分度的工件其分度数不能与 40 相约，或由于分度盘的孔圈有限，使得分度盘上没有所需分度数的孔圈，因而无法用简单分度法进行分度，例如 73、83、113 等，此时应用差动分度法进行分度。

用差动分度法进行分度时，须用交换齿轮 z_1、z_2、z_3、z_4 将分度头主轴与侧轴 5 联系起来，经一对螺旋齿轮副传动使分度盘回转，补偿所需的角度。此时应松开分度盘紧固螺钉 1。中间轮用于改变分度盘转动的方向。其安装形式如图 3-22 所示。

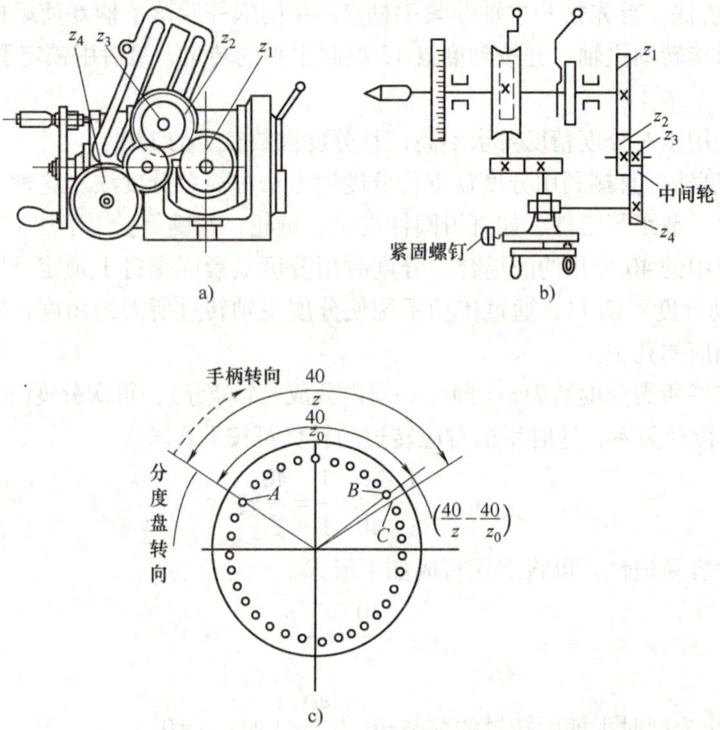

图 3-22　差动分度法

差动分度法的基本思路是：要实现需分度工件的分度数 z（假定 $z>40$），手柄应转过 $40/z$ 转，其分度定位销相应从 A 点到 C 点（见图 3-22c），但 C 点处没有相应的孔供定位，分度定位销无法插入，故不能用简单分度法分度。为了在分度盘现有孔数的条件下实现所需的分度数 z，并能准确定位，可选择一个在现有分度盘上可实现分度，同时非常接近所需分度数 z 的假定分度数 z_0，并以假定分度数 z_0 进行分度，手柄转 $40/z_0$ 转，分度定位销相应从 A 点转到 B 点，离所需分度数 z 的定位点 C 的差值为 $\frac{40}{z}-\frac{40}{z_0}$。为了补偿这一差值，只要将分度盘上的 B 点转到 C 点，以使分度定位销插入准确定位，就可实现分度数为 z 的分度。实现补差的传动由手柄经分度头的传动系统，再经连接分度头主轴与侧轴的交换齿轮传给分度盘。分度时手柄按所需分度数转 $\frac{40}{z}$ 转时，经上述传动使分度盘转 $\frac{40}{z}-\frac{40}{z_0}$ 转，分度定位销准确

插入 C 点定位。因此，分度时手柄轴与分度盘之间的运动关系如下：

手柄轴转$\frac{40}{z}$转——分度盘转$\frac{40}{z}-\frac{40}{z_0}$转

这条差动传动链的运动平衡式为

$$\frac{40}{z}\times\frac{1}{1}\times\frac{1}{40}\times\frac{z_1}{z_2}\times\frac{z_3}{z_4}\times\frac{1}{1}=\frac{40}{z}-\frac{40}{z_0}=40\ (z_0-z)\ /zz_0$$

化简得换置公式

$$\frac{z_1}{z_2}\times\frac{z_3}{z_4}=\frac{40\ (z_0-z)}{z_0}$$

式中　z——所需分度数；

z_0——假定分度数。

选取的 z_0 应接近于 z，并能与 40 相约，且有相应的交换齿轮，以使调整计算易于实现。当 $z_0>z$ 时，分度盘旋转方向与手柄转向相同；当 $z_0<z$ 时，分度盘旋转方向与手柄转向相反。分度盘方向的改变通过在 z_3 与 z_4 间加一介轮实现（见图 3-22a）。

FW250 型万能分度头所配备的交换齿轮：25（两个）、30、35、40、50、55、60、70、80、90、100，共 12 个。

例 3-2　在铣床上加工齿数为 77 的直齿圆柱齿轮，用 FW250 型万能分度头进行分度，试进行调整计算。

解：因 77 无法与 40 相约，分度盘上又无 77 孔的孔圈，故用差动分度法。

取假定分度数 $z_0=75$

1）确定分度盘孔圈孔数及分度定位销应转过的孔间距数

$$n_{手}=\frac{40}{z_0}=\frac{40}{75}=\frac{8}{15}=\frac{16}{30}$$

即选孔数为 30 的孔圈，使分度手柄转过 16 个孔距。

2）计算交换齿轮齿数

$$\frac{z_1}{z_2}\times\frac{z_3}{z_4}=\frac{40\ (z_0-z)}{z_0}=\frac{40\times\ (75-77)}{75}=-\frac{80}{75}=-\frac{16}{15}=-\frac{4\times4}{3\times5}=-\frac{80\times40}{60\times50}$$

因 $z_0<z$，所以分度盘旋转方向应与手柄转向相反，需 z_3、z_4 间加一惰轮。

（3）铣螺旋槽的调整计算　在万能升降台铣床上利用万能分度头铣削螺旋槽时，应做以下调整计算：

1）工件支承在工作台上的分度头与尾座顶尖之间，扳动工作台绕垂直轴线，偏转角度 β（β 为工件的螺旋角），使铣刀旋转平面与工件螺旋槽方向一致（见图 3-23a）。铣右旋工件时工作台应绕垂直轴线逆时针方向旋转，铣左旋工件时工作台应顺时针方向旋转。

2）在分度头侧轴 5（见图 3-21）与工作台丝杠间装上交换齿轮架及一组交换齿轮（见图 3-23b），以使工作台带动工件做纵向进给的同时，将丝杠运动经交换齿轮组、侧轴 5 及分度头内部的传动系统使主轴带动工件做相应回转。此时，应松开紧固螺钉 1（见图 3-21），并将分度定位销插入分度盘孔内，以便通过锥齿轮，将运动传至手柄。

3）加工多头螺旋槽或螺旋齿轮等工件时，加工完一条螺旋槽后，应将工件退离加工位置，然后通过分度头使工件分度。

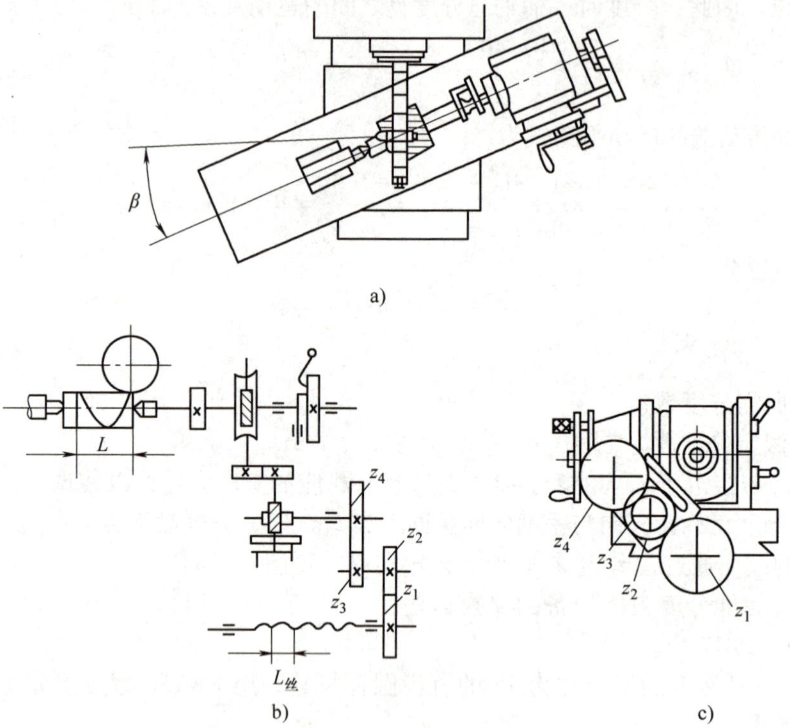

图 3-23　铣螺旋槽的调整及传动联系

可见，为了在铣螺旋槽时，保证工件的直线移动与其绕自身轴线回转之间保持一定运动关系，由交换齿轮组将进给丝杠与分度头主轴之间的运动联系起来，构成了一条内联系传动链。该传动链的两端件及运动关系为：工作台纵向移动一个工件螺旋槽导程 L——工件旋转一周。由此根据图 3-23 所示传动系统，可列出运动平衡式为

$$\frac{L}{L_{丝}}\times\frac{z_1}{z_2}\times\frac{z_3}{z_4}\times\frac{1}{1}\times\frac{1}{1}\times\frac{1}{40}=1$$

式中　$L_{丝}$——工作台纵向进给丝杠导程（$L_{丝}=6\text{mm}$）；

L——工件螺旋槽导程；

z_1、z_2、z_3、z_4——配换交换齿轮组的齿数。

化简后可得换置公式为

$$\frac{z_1}{z_2}\times\frac{z_3}{z_4}=\frac{40L_{丝}}{L}=\frac{240}{L}$$

螺旋槽的导程 L 由图 3-24 可知

$$L=\frac{\pi D}{\tan\beta}$$

式中　L——螺旋槽的导程（mm）；

D——工件计算直径（mm）；

β——螺旋角。

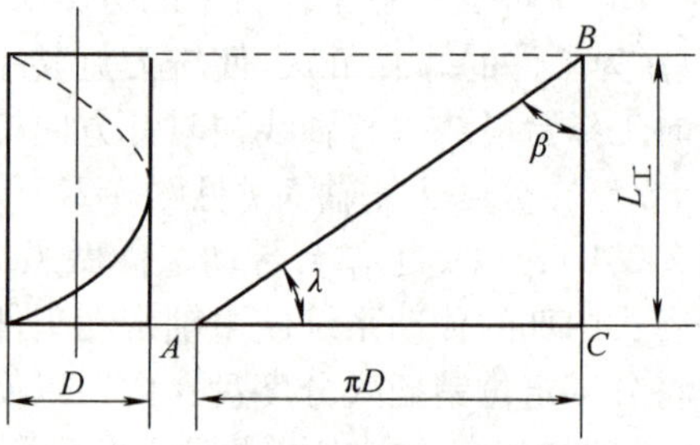

图 3-24　螺旋槽的导程

对于螺旋角为β，法向模数为m_n，端面模数为m_s，齿数为z的螺旋齿轮的螺旋导程为

$$L=\frac{\pi m_s z}{\tan\beta}$$

因为 $m_s=\dfrac{m_n}{\cos\beta}$

所以 $L=\dfrac{\pi m_n z}{\sin\beta}$

例 3-3　利用 FW250 型万能分度头铣削一个右旋斜齿轮，齿数$z=30$，法向模数$m_n=4\text{mm}$，螺旋角$\beta=18°$，所用铣床工作台纵向丝杠的导程$L_{丝}=6\text{mm}$，试进行调整计算。

解： 1）铣床工作台应按图 3-23a 逆时针旋转 18°。

2）工件导程　$$L=\frac{\pi m_n z}{\sin\beta}=\frac{\pi\times4\times30}{\sin18°}\text{mm}=1219.97\text{mm}$$

故　$$\frac{z_1}{z_2}\times\frac{z_3}{z_4}=\frac{40L_{丝}}{L}=\frac{40\times6}{1219.97}\approx\frac{11}{56}=\frac{55\times25}{70\times100}$$

交换齿轮齿数也可查工件导程与交换齿轮齿数表直接获得（见表 3-3）。

3）分度时手柄转的转数与转过的孔间距数

$$n_{手}=\frac{40}{z}=\frac{40}{30}=1+\frac{1}{3}=1+\frac{10}{30}$$

即分度手柄转一整转，再在孔数为 30 的孔圈上转过 10 个孔距。

表 3-3　工件导程与交换齿轮齿数表

导程 L/mm	交换齿轮传动比	交换齿轮				导程 L/mm	交换齿轮传动比	交换齿轮			
		z_1	z_2	z_3	z_4			z_1	z_2	z_3	z_4
400.00	0.60000	100	50	30	100	1163.64	0.20625	55	80	30	100
403.20	0.59524	100	60	25	70	1188.00	0.20202	40	55	25	90
405.00	0.59259	80	60	40	90	1200.00	0.20000	60	90	30	100
407.27	0.58929	60	70	55	80	1206.88	0.19886	35	55	25	80
410.66	0.58442	90	55	25	70	1209.62	0.19841	50	70	25	90
411.43	0.58333	100	60	35	100	1221.81	0.19643	55	70	25	100
412.50	0.58182	80	55	40	100	1228.80	0.19531	25	40	25	80
418.91	0.57292	55	60	50	80	1232.00	0.19481	30	55	25	70
419.05	0.57273	90	55	35	100	1234.31	0.19444	70	90	25	100
420.00	0.57143	100	70	40	100	1256.74	0.19097	55	80	25	90
422.40	0.56818	100	55	25	80	1257.14	0.19091	35	55	30	100
424.28	0.56566	80	55	35	90	1260.00	0.19048	40	70	30	90
426.67	0.56250	90	80	50	100	1267.23	0.18939	25	55	25	60
…						1280.00	0.18750	60	80	25	100

（三）铣刀

1. 铣刀的种类

铣刀是多齿刀具，其每一个刀齿都相当于一把车刀固定在铣刀的回转表面上。铣刀种类很多，按其用途可分为加工平面用铣刀、加工沟槽用铣刀、加工成形面用铣刀三类。通用规格的铣刀已经标准化，一般均由专业工具厂生产。现介绍几种常用铣刀的特点及其使用范围。

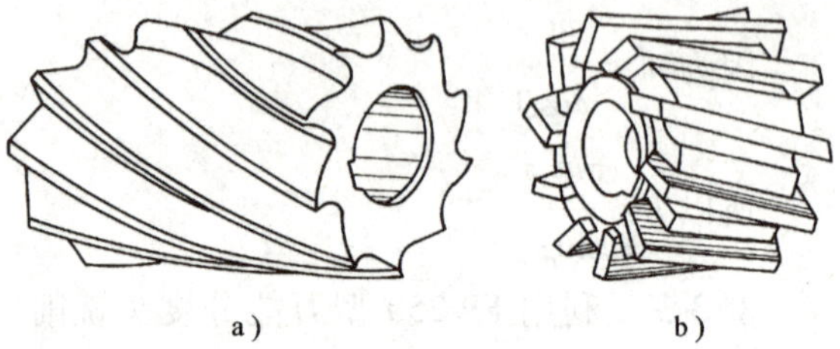

图 3-25　圆柱铣刀

a）整体式　b）镶齿式

（1）圆柱铣刀　圆柱铣刀如图 3-25 所示，一般都是用高速工具钢制成整体，螺旋形切削刃分布在圆柱表面，没有副切削刃，主要用在卧式铣床上铣平面。螺旋形的刀齿切削时是逐渐切入和脱离工件的，所以切削过程较平稳，一般用于加工宽度小于铣刀长度的狭长平面。

根据加工要求不同，铣刀有粗齿、细齿之分，粗齿铣刀容屑槽大，用于粗加工，细齿铣刀用于精加工。铣刀外径较大时，常制成镶齿的。

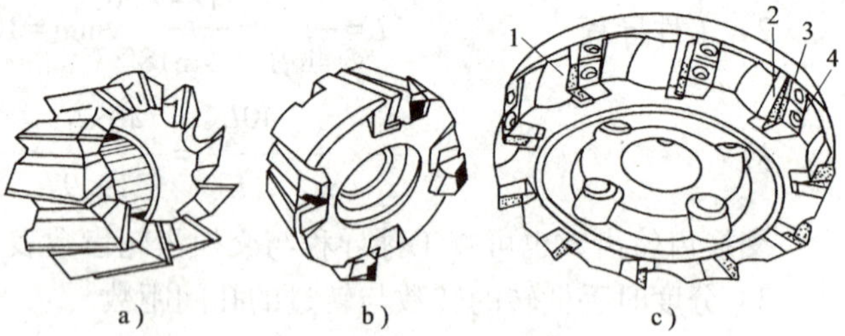

图 3-26　面铣刀

a）整体式刀片　b）镶焊接式硬质合金刀片

c）机械式固定式可转位硬质合金刀片

1—刀体　2—定位套　3—定位座夹板　4—刀片夹板

（2）面铣刀　面铣刀如图 3-26 所示，主切削刃位于圆柱或圆锥表面上，副切削刃位于圆柱或圆锥的端面上。铣刀的轴线垂直于被加工表面，因此非常适合在立式铣床上加工平面。用面铣刀加工平面，同时参加切削的刀齿数较多，又有副切削刃的修光作用，已加工表面的表面粗糙度值小，因此可以用较大的切削用量。在大平面铣削时都采用面铣刀铣削，生产率高。

小直径的面铣刀一般用高速工具钢制成整体，大直径的面铣刀是在刀体上装焊接式硬质合金刀，或采用机械加固式可转位硬质合金刀片。

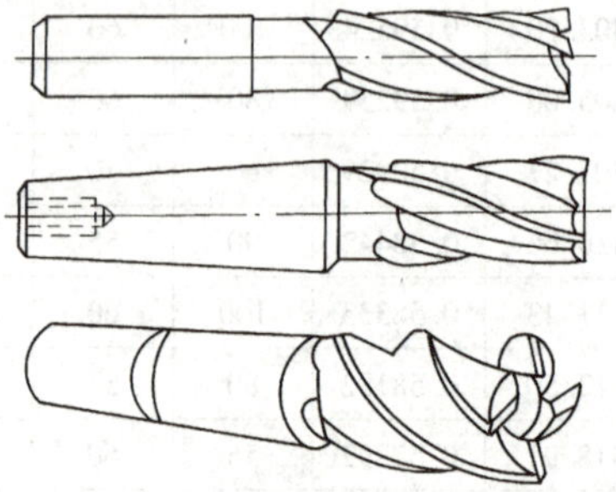

图 3-27　立铣刀

（3）立铣刀　立铣刀相当于带柄的小直径圆柱铣刀，圆柱上的切削刃是主切削刃，端面上分布着副切削刃，工作时不能沿铣刀轴线方向做进给运动。它主要用于加工台阶面、平底槽以及利用靠模加工成形面等。另外，还有粗齿大螺旋角立铣刀、玉米铣刀、硬质合金波形刃立铣刀等，它们的直径较大，可以采用大的进给量，生产率很高。图 3-27 所示为各种立铣刀的外形。

立铣刀（4 牙）　立铣刀（6 牙）

（4）三面刃铣刀　三面刃铣刀又称为盘铣刀，如图 3-28 所示。在刀体的圆周上及两侧环形端面上均有切削刃，所以称为三面刃铣刀。它主要用在卧式铣床上加工台阶面和一端或两端贯穿的浅沟槽。

三面刃铣刀的圆周切削刃为主切削刃，侧面切削刃是副切削刃，只对加工侧面起修光作用。

三面刃铣刀有直齿和交错齿两种，后者能改善两侧的切削性能。直径较大的三面刃铣刀常采用镶齿结构。

（5）锯片铣刀　如图 3-29 所示，锯片铣刀本身很薄，只在圆周上有刀齿，它用于切断工件和铣窄槽。为了避免夹刀，其厚度由边缘向中心减薄，使两侧形成副偏角。

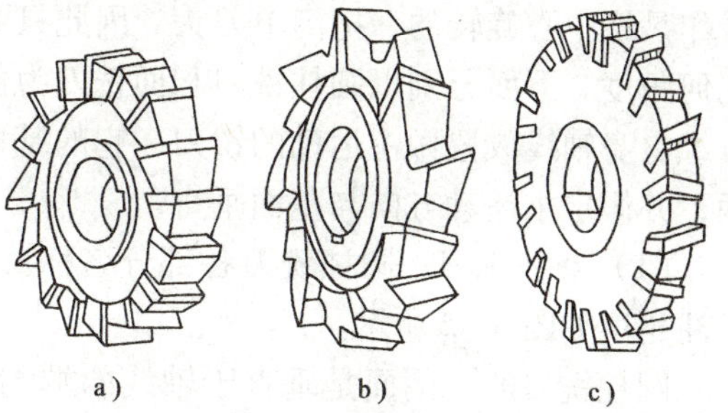

图 3-28　三面刃铣刀

a）直齿　b）交错齿　c）镶齿

（6）键槽铣刀　如图 3-30 所示，键槽铣刀主要用来铣轴上的键槽。它的外形与立铣刀相似，不同的是它在圆周上只有两个螺旋刀齿，其端面刀齿的切削刃延伸至中心，因此在铣两端不通的键槽时，可以做适量的轴向进给。还有一种半圆键槽铣刀，专用于铣轴上的半圆键槽。

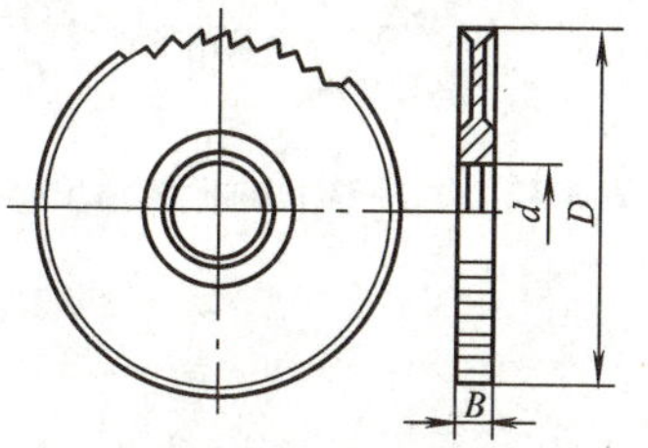

图 3-29　锯片铣刀

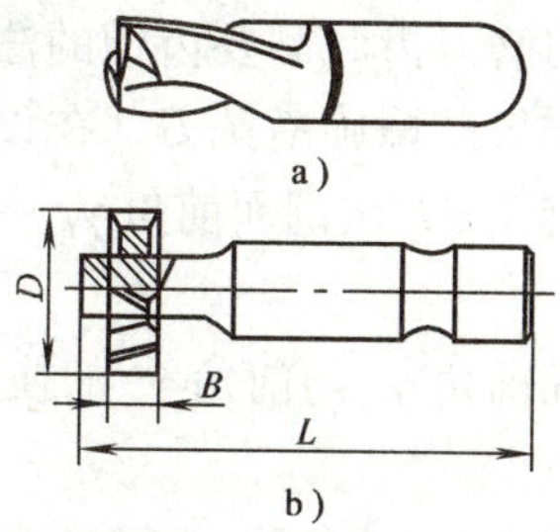

图 3-30　键槽铣刀

a）键槽铣刀　b）半圆键槽铣刀

（7）其他铣刀　其他还有角度铣刀、成形铣刀、T 形槽铣刀、燕尾槽铣刀、仿形铣用的指形齿轮铣刀等，如图 3-31 所示。

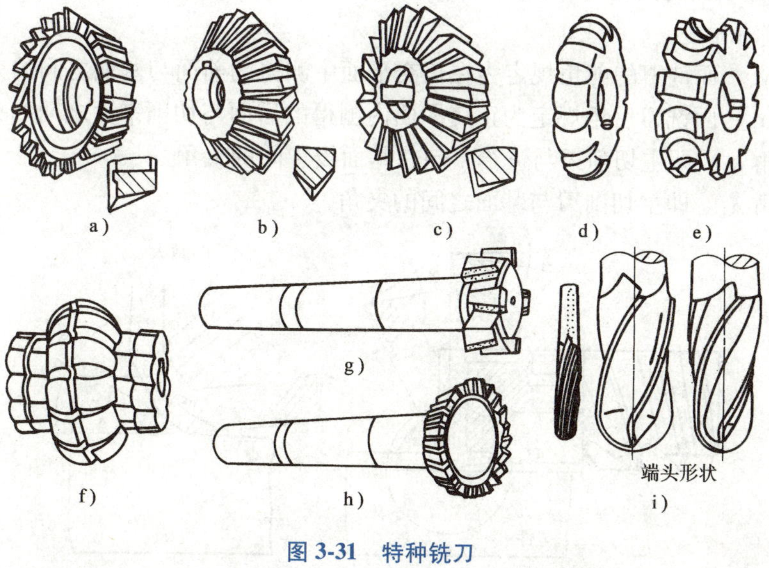

图 3-31　特种铣刀

a）~c）角度铣刀　d）~f）成形铣刀　g）T 形槽铣刀　h）燕尾槽铣刀　i）指形齿轮铣刀

2. 铣刀的几何参数

铣刀的种类、形状虽多，但都可归纳为圆柱铣刀或面铣刀两种基本形式，每个刀齿可以看作是绕中心旋转的一把简单刀头。因此只要通过一个刀齿的分析，就可以了解整个铣刀的几何角度。下面分别以圆柱铣刀和面铣刀为例介绍它们的主要几何参数（标注角度）。对于以绕自身轴线放置做主运动的铣刀，它的基面 P_r 是通过切削刃选定点并包含铣刀轴线的平面，并假定主运动方向与基面垂直。

（1）圆柱铣刀　圆柱铣刀各部分名称及标注角度如图 3-32 所示。

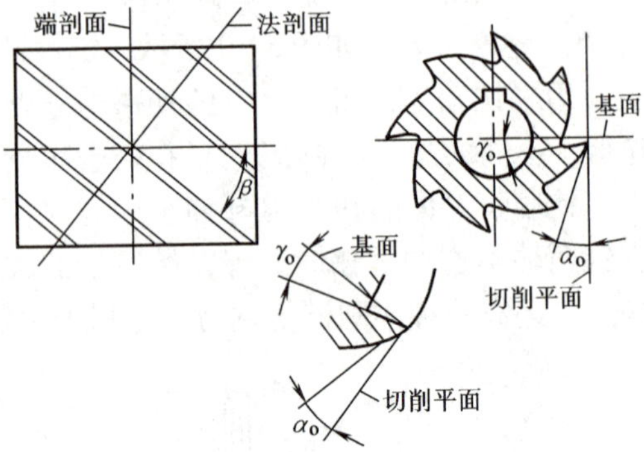

图 3-32　圆柱铣刀的标注角度

圆柱铣刀的主剖面是垂直于轴线的端剖面，切削平面是通过切削刃选定点的圆柱切平面，因此刀齿的前角 γ_o 和后角 α_o 都标注在端剖面上。螺旋角 β 相当于刃倾角 λ_s，当 $\beta=0$ 时，就是直齿圆柱铣刀。由于加工铣刀齿槽时及刃磨刀齿时需要齿槽的法向剖面形状，因此如果是螺旋槽铣刀，在设计图上还要标注螺旋角 β、法剖面前角 γ_n 和法后角 α_n 三个参数。

法剖面前角 γ_n 与前角 γ_o 的换算关系为

$$\tan\gamma_n=\tan\gamma_o\cos\beta$$

法后角 α_n 与后角 α_o 之间换算的关系为

$$\tan\alpha_n=\frac{\tan\alpha_o}{\cos\beta}$$

（2）面铣刀　面铣刀的标注角度如图 3-33 所示。面铣刀的一个刀齿，可以看作一把刀尖向下倒立着镗平面时的镗刀，因此面铣刀每个刀齿都有前角 γ_o、后角 α_o、主偏角 κ_r 和刃倾角 λ_s 四个基本角度。

1）前角 γ_o。面铣刀的前角规定为在正交平面中测得的前面与基面之间的夹角。

2）后角 α_o。面铣刀后角规定为正交平面内测得的后面与切削平面之间的夹角。

3）主偏角 κ_r。即主切削刃与进给方向在基面投影间的夹角。

4）刃倾角 λ_s。即主切削刃与基面之间的夹角。

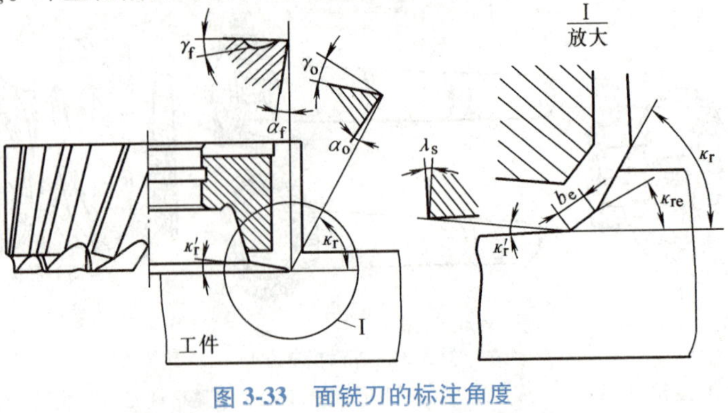

图 3-33　面铣刀的标注角度

3. 铣刀几何参数的选择

（1）前角的选择　铣刀前角的选择应根据刀具和工件的材料来确定，高速钢圆柱铣刀加工塑性材料时，切屑变形较大，切屑与前刀面摩擦较大，应取较大的前角。硬质合金面铣刀切入时冲击力大，且硬质合金脆性大，强度较低，故应减小前角。当铣削强度大、硬度高的材料时，可采用负前角。具体数值可参考表 3-4。

表 3-4　铣刀前角推荐值

工件材料抗拉强度/MPa		高速钢铣刀	硬质合金铣刀
钢　材	<600	20°	15°
	600～1000	15°	−5°
	>1000	12°～10°	−（10°～15°）
铸　铁		5°～15°	−5°～5°

（2）后角的选择　在铣削过程中，由于铣刀刀齿切削厚度比较小，一般磨损主要发生在后刀面上，采用较大后角可以减小磨损；当采用较大的负前角时，可适当增加后角，具体数值可参考表 3-5。

表 3-5　铣刀后角推荐值

铣　刀		后角值
高速钢铣刀	精齿	12°
	细齿	16°
高速钢锯片铣刀	粗齿、细齿	20°
硬质合金铣刀	粗齿	6°～8°
	细齿	12°～15°

（3）刃倾角的选择　立铣刀和圆柱铣刀的外圆螺旋角 β 就是刃倾角 λ_s。它可以增加同时工作的齿数，使铣削平稳，并使铣刀具有切削刃锋利、实际前角增大等特点，可改善铣刀的工作性能。铣削宽度较窄的铣刀，增大 β 意义不大，故一般取 $\beta=0$ 或较小的值。螺旋角 β 的具体数值可参考表 3-6。

表 3-6　铣刀的外圆螺旋角推荐值

铣刀类型	螺旋齿圆柱铣刀		立铣刀	三面刃、两面刃圆盘铣刀
	粗齿	细齿		
螺旋角	45°～60°	25°～30°	30°～45°	15°～20°

（4）主偏角与副偏角的选择　面铣刀主偏角的作用及其对铣削过程的影响，与车刀主偏角在车削中的作用和影响相同。常用的主偏角取 $\kappa_r=45°$、60°、75°、90°。工艺系统的刚性好，取小值；反之取大值。副偏角 $\kappa_r'=5°\sim10°$。

圆柱铣刀只有主切削刃，没有副切削刃，故没有副偏角。主偏角 $\kappa_r=90°$。

4. 铣削要素及切削层参数

（1）铣削要素　铣削时调整机床用的参量称为铣削要素，也称为铣削用量要素，包括铣削速度、进给量、背吃刀量、侧吃刀量四要素。

1）铣削速度 v_c。铣削时，铣刀旋转运动是主运动。铣削速度是指铣刀刀齿切削处的线速度，单位为m/s。即

$$v_c = \frac{\pi d_0 n}{1000}$$

式中 d_0——铣刀直径（mm），周铣时为圆柱铣刀外圆直径；

n——铣刀转速（r/s）。

2）进给量。铣削进给量有三种表示形式：

每齿进给量 f_z：铣刀每转过一个刀齿工件与铣刀的相对位移，单位为mm/z。

每转进给量 f：铣刀每转一转，工件与铣刀的相对位移，单位为mm/r。

进给速度 v_f：单位时间内工件与铣刀的相对位移，单位为mm/s、mm/min。

三种进给量的关系为

$$v_f = nf = nzf_z$$

铣削加工规定三种进给量是由于生产需要，其中进给速度 v_f 用于机床调整及计算机加工工时；每齿进给量 f_z 则用来计算铣削力、验算刀齿强度。一般铣床铭牌上只标进给速度 v_f。

3）背吃刀量 a_p。在通过切削刃基点并垂直于工作平面的方向上测量的吃刀量，如图3-34所示，单位为mm。

4）侧吃刀量 a_e 在平行于工作平面并垂直于切削刃基点的进给运动方向上测量的吃刀量，单位为mm。

按上述定义，a_p 与 a_e 两个参量均为瞬时值，实际使用不便。所以，在实际工作中常用铣削深度（在平行于铣刀轴线方向测量）和铣削弧深度（在垂直于铣刀轴线方向测量）两个参量，仍采用 a_p 和 a_e 两个符号。

（2）切削层参数 和车削类似，在铣削时铣刀相邻的两个刀齿在工件上分别形成的两过渡表面之间的一层金属称为切削层。切削过程中的一些机理，经常通过切削层参数来说明。

1）切削厚度 h_D。在同一瞬间的切削层横截面积与其切削宽度之比，单位为mm。从图3-35可以看出，在铣削过程中，切削宽度是不断变化的，即不同瞬间切削刃上选定点的切削层局部厚度 h_i 是不等的。我们把切削层局部厚度 h_i 定义为：在给定瞬间和选定点，沿法平面与工作基面的交线所测量的切削层厚度，单位为mm。h_i 可按下式计算

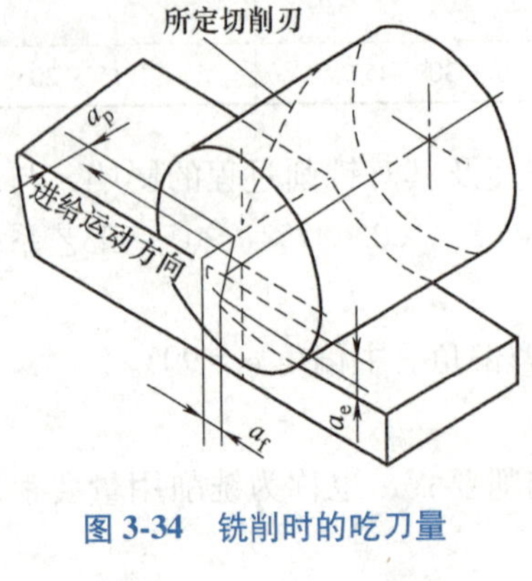

图3-34 铣削时的吃刀量

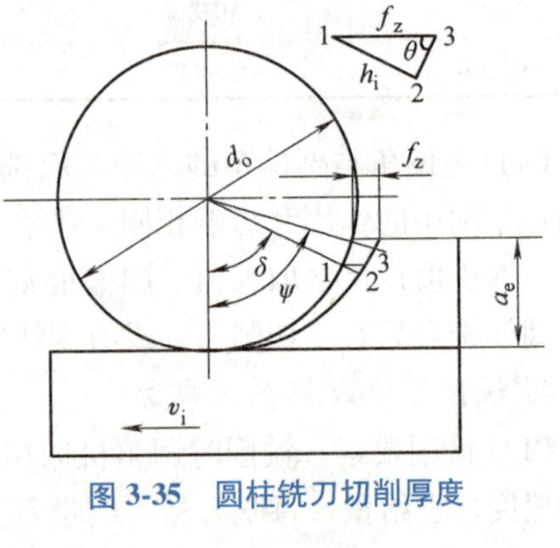

图3-35 圆柱铣刀切削厚度

$$h_i = f_z \sin\theta$$

式中　θ——铣刀切削刃转角，即某一刀齿主切削刃上任一点所在位置的半径与垂直方向的中心线之间的夹角。

面铣刀铣削时，其切削厚度 h_i 可从图 3-36 中求出

$$h_i = f_z \cos\theta \sin\kappa_r$$

2）切削宽度 b_D　在给定瞬间，作用在主切削刃截形上两个极限点的距离，在切削层平面内测量，单位为 mm。直齿圆柱铣刀的切削宽度等于背吃刀量，即 $b_D = a_p$。面铣刀的切削宽度为

$$b_D = \frac{a_p}{\sin\kappa_r}$$

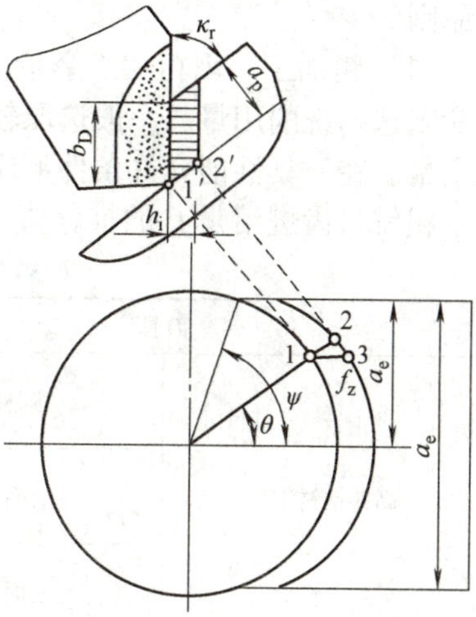

图 3-36　面铣刀的切削厚度

螺旋齿圆柱铣刀的一个刀齿，不仅其切削厚度是不断变化的，而且其切削宽度也是随刀齿的不同位置而变化。图 3-37 所示螺旋齿圆柱铣刀同时切削的齿数有 3 个。h_{i1}、h_{i2}、h_{i3} 为三个刀齿同时切得的最大切削厚度；b_{D1}、b_{D2}、b_{D3} 表示三个不同的切削宽度。从图中可知，对一个刀齿而言，在刀齿切入工件后，切削宽度 b_D 由零逐渐增加到最大值，然后又逐渐减小到零，即无论刀齿切入工件还是切离工件，都有一个平缓的量变过程，所以螺旋齿比直齿圆柱铣刀的铣削过程平稳。

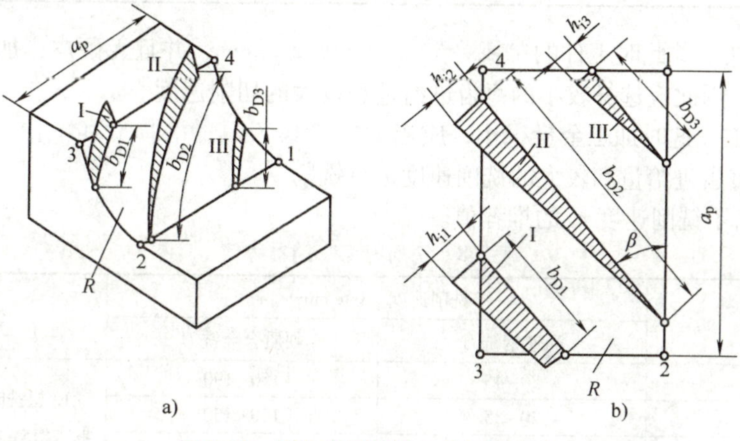

图 3-37　螺旋齿圆柱铣刀的切削宽度

3）切削层横截面积 A_D　铣刀每一个刀齿的切削层横截面积 $A_D = h_i b_D$，单位为 mm^2。铣刀的总切削层横截面积等于同时工作的各刀齿切削层横截面积之和。由于铣削时切削厚度、切削宽度和同时工作的齿数都在随时变化，因此总切削面积 $A_{D\Sigma}$ 也是随时变化的，使得计算更加复杂。为计算简便，常采用平均切削面积 A_{dav} 这一参数，其计算公式如下

$$A_{dav} = \frac{Q}{v_c} = \frac{a_e\ a_p v_f}{\pi d_0 n} = \frac{a_e\ a_p f_z z}{\pi d_0}$$

式中　Q——材料切除率，单位为 mm^3/s。

由上可知，由于总切削面积是随时变化的，使得铣削过程的切削力不断变化。尤其是直齿圆柱铣刀的切削力变化情况要比螺旋齿圆柱铣刀严重得多，因此圆柱铣刀、立铣刀一般都制成螺旋齿。

5. 铣削用量选择

铣削用量的选择应当根据工件的加工精度，铣刀寿命及机床的刚性，首先选定铣削深度，其次是每齿进给量，最后确定铣削速度。下面给出按加工精度不同来选择铣削用量的一般原则。

（1）粗加工　因粗加工余量较大，精度要求不高，此时应当根据工艺系统刚性及刀具寿命来选择铣削用量。一般选取较大的背吃刀量和侧吃刀量，使一次进给尽可能多地切除毛坯余量。在刀具性能允许条件下应以较大的每齿进给量进行切削，以提高生产率。表3-7列出了粗铣每齿进给量 f_z 的推荐值。

表3-7　粗铣每齿进给量 f_z 的推荐值

刀具		材料	推荐进给量/(mm/z)
高速钢铣刀	圆柱铣刀	钢	0.1~0.5
		铸铁	0.12~0.20
	面铣刀	钢	0.04~0.06
		铸铁	0.15~0.20
	三面刃铣刀	钢	0.04~0.06
		铸铁	0.15~0.25
硬质合金铣刀		钢	0.1~0.20
		铸铁	0.15~0.30

（2）半精加工　此时工件的加工余量一般在0.5~2mm，并且无硬皮，加工时主要降低表面粗糙度值，因此应选择较小的每齿进给量和较大的切削速度。

（3）精加工　这时加工余量很小，应当着重考虑刀具的磨损对加工精度的影响，因此宜选择较小的每齿进给量和较大的铣削速度进行铣削。

表3-8列出了铣削速度 v_c 的推荐值。

表3-8　铣削速度 v_c 的推荐值

工件材料	铣削速度/（m/min）		说　明
	高速钢铣刀	硬质合金铣刀	
20	20~45	150~190	1. 粗铣时取小值，精铣时取大值 2. 工件材料强度和硬度高取小值，反之取大值 3. 刀具材料耐热性好取大值，耐热性差取小值
45	20~35	120~150	
40Cr	15~25	60~90	
HT150	14~22	70~100	
黄铜	30~60	120~200	
铝合金	112~300	400~600	
不锈钢	16~25	50~100	

三、拉削、拉床与拉刀

（一）拉削

1. 拉削加工原理及特点

拉削是用拉刀对工件表面进行切削加工的方法。拉削时，工件与拉刀的相对运动为主运动，一般为直线运动。拉刀是多齿刀具，后一刀齿比前一刀齿高，拉削的进给运动就靠齿升量（前后刀齿高度差）来实现的，如图 3-38 所示。拉刀的齿形与工件加工表面完全吻合，在拉床上经一次行程，即可切除加工表面的全部余量，获得要求的加工表面。拉削加工精度等级为 IT8~IT7，表面粗糙度值 Ra3. 2~0. 4μm。

拉刀是一种多齿刀具，同时参加切削工作的刀齿多，能够在一次行程中完成加工表面的粗加工、半精加工及精加工，因此拉削加工生产效率高。由于拉削的速度较低，每一刀齿切除的金属层很薄，切削负荷小，因此加工质量好，拉刀的寿命也很长。但拉刀结构复杂，制造困难，成本高，而且每拉削一种表面需要一种拉刀。所以拉削主要应用在成批、大量生产的场合。

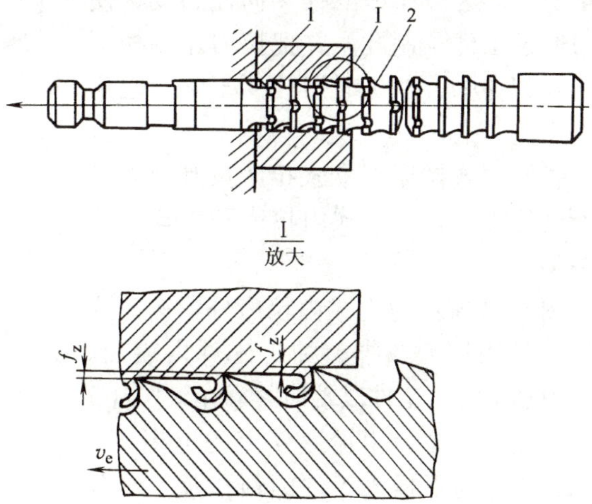

图 3-38　拉削过程

1—工件　2—拉刀

2. 拉削的工艺范围

拉削的加工范围很广，在不同的拉床上利用不同的拉刀，可加工各种贯通的内表面和外表面，如图 3-39 所示。

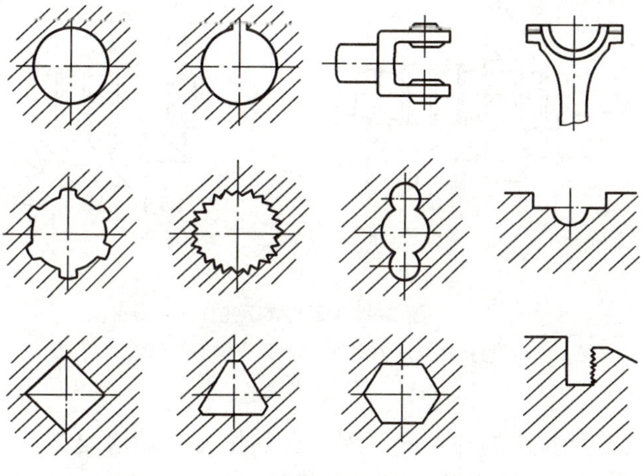

图 3-39　拉削的典型表面形状

（二）拉床

拉床按其加工的表面所处位置分类，可分为内表面拉床（内拉床）和外表面拉床（外拉床）；按拉床的结构和布局形式，又可分为立式拉床、卧式拉床和连续式拉床等。

（1）卧式内拉床　图 3-40 所示为卧式内拉床的外形图。在床身 1 的内部有水平安装的液压缸 2，通过活塞杆带动拉刀做水平移动，实现拉削的主运动。拉削时，工件可直接以其端面紧靠在支座上定位（见图 3-41a），这种定位方式对工件基准端面与孔轴线的垂直度要求较高，一般由前道工序保证。也可采用球面垫圈定位（见图 3-41b），这种直接定位方式不受工件端面与孔轴线的垂直度误差影响。

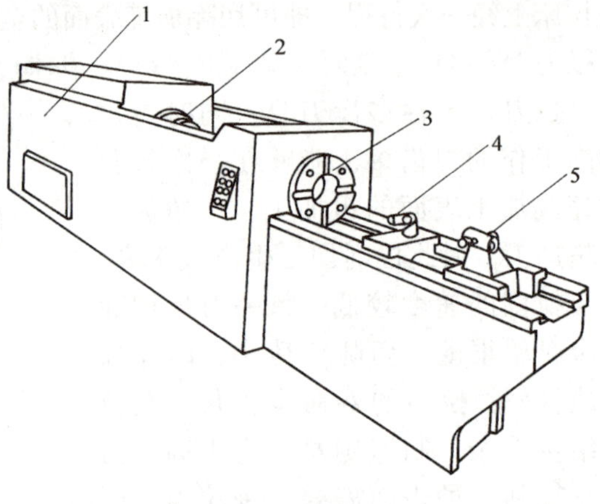

图 3-40 卧式内拉床

1—床身 2—液压缸 3—支承座 4—滚柱 5—护送夹头

护送夹头 5 及滚柱 4 用以支承拉刀。开始拉削前，护送头 5 和滚柱 4 向左移动，使拉刀通过工件预制孔，并把拉刀左端柄部插入拉刀夹头。加工时滚柱 4 下降只起定位作用。

（2）立式拉床 立式拉床按其加工表面所处位置可分为立式内拉床和立式外拉床两类。

图 3-42 所示为立式内拉床外形图，这种拉床可用拉刀或推刀加工工件内表面。用拉刀加工时，工件以端面紧靠在工作台 2 的上平面上，拉刀由滑座 4 上的上支架 3 支承，自上向下插入工件的预孔及工作台的孔中，将其下端刀柄夹持在滑座 4 的下支架 1 上，滑座 4 由液压缸驱动向下移动进行拉削加工。用推刀加工时，工件也是装在工作台的上表面上，推刀刀支架在上支架 3 上，自上向下移动进行加工。

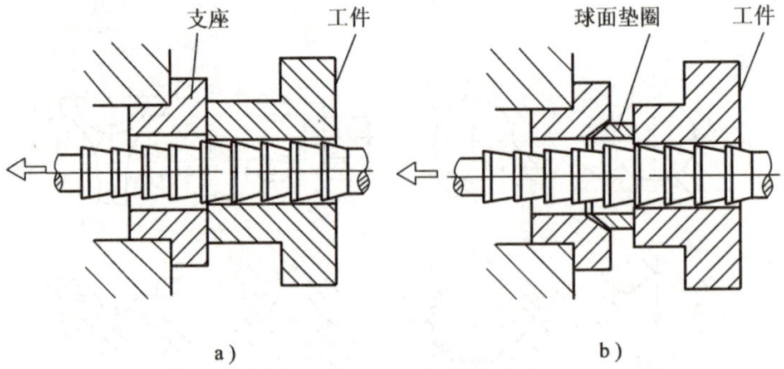

图 3-41 工件的定位

a）直接在支座上定位 b）采用球面垫圈定位

图 3-43 所示为立式外拉床的外形图。固定有外拉刀 3 的滑块 2 可沿床身 4 的垂直导轨移动。工件装夹在工作台 1 的夹具中，拉刀随滑块向下移动完成工件外表面的拉削加工。工作台可作横向移动，以调整切削深度，并在刀具回程时退离工件。

（3）连续式拉床（链条式拉床） 图 3-44 所示为连续式拉床的工作原理图。链轮 4 带动链条 7 以拉削速度移动。链条上装有多个随行夹具 6。工件 1 在位置 *A* 处装夹在夹具中，工件随夹具沿床身导轨 2 滑动，经过固定在上方的拉刀 3 时表面被拉削，移至 *B* 处时夹具夹爪自动松开，工件落入成品收集箱 5 内。由于这种拉床可连续加工，因而生产率高。常用于大批量生产中的中小型零件的外表面加工，如汽车、拖拉机连杆的连接平面及半圆凹面等。

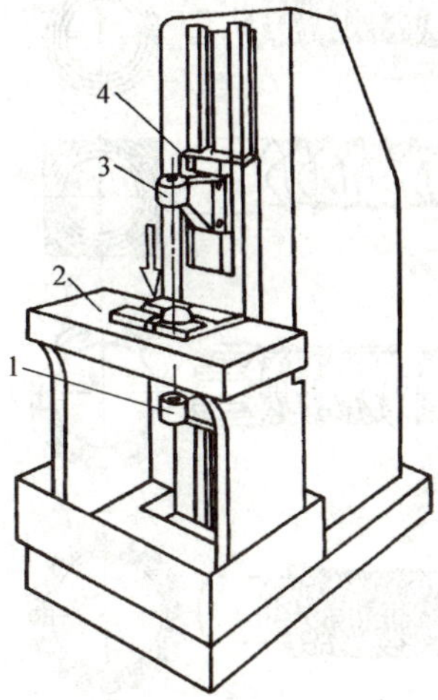

图 3-42　立式内拉床

1—下支架　2—工作台　3—上支架　4—滑座

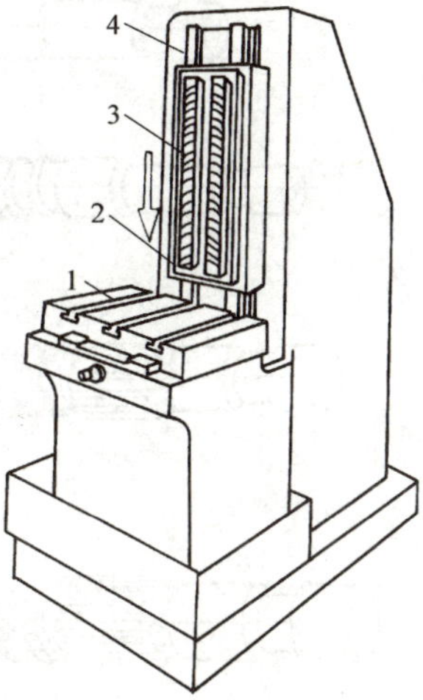

图 3-43　立式外拉床

1—工作台　2—滑块　3—外拉刀　4—床身

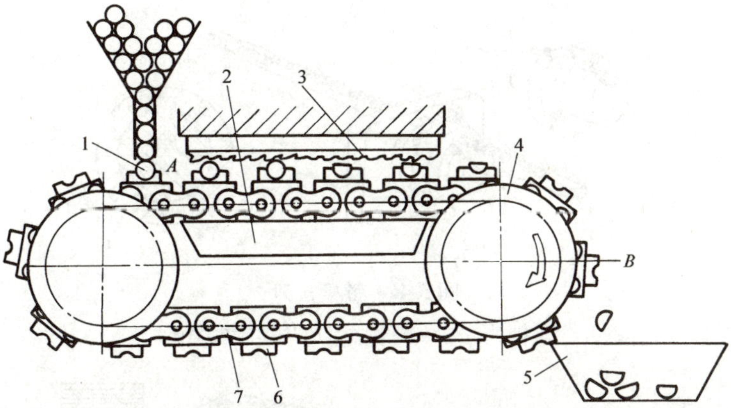

图 3-44　连续式拉床工作原理

1—工件　2—导轨　3—拉刀　4—链轮　5—成品收集箱　6—夹具　7—链条

（三）拉刀

1. 拉刀的种类

拉刀的种类很多，根据加工表面位置不同可分为内拉刀与外拉刀两类。内拉刀用于加工工件的内表面，常用的有圆孔拉刀、方孔拉刀、花键拉刀、渐开线拉刀等，如图 3-45 所示。

图 3-46 所示为拉削内孔中的键槽用的拉刀。拉削时将工件 2 套在导向心轴 3 上定位，拉刀 1 在心轴槽中移动。在拉刀和槽底间放置垫片 4 用以调节槽深度。

外拉刀用来加工工件的外表面，有平面拉刀、齿槽拉刀、直角拉刀等，如图 3-47 所示。

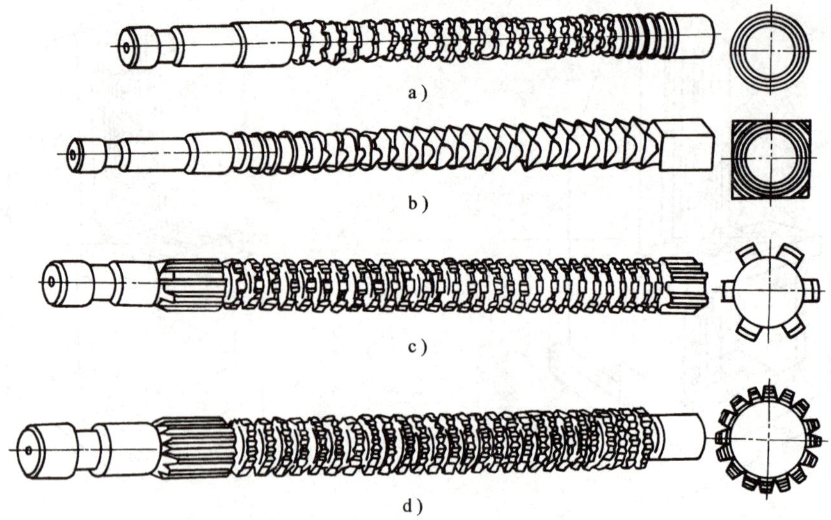

图 3-45　内拉刀

a）圆孔拉刀　b）方孔拉刀　c）花键拉刀　d）渐开线拉刀

圆孔拉刀

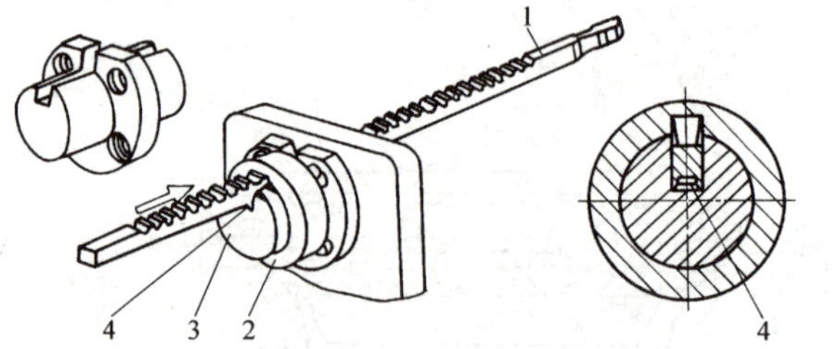

图 3-46　键槽拉刀

1—拉刀　2—工件　3—导向心轴　4—垫片

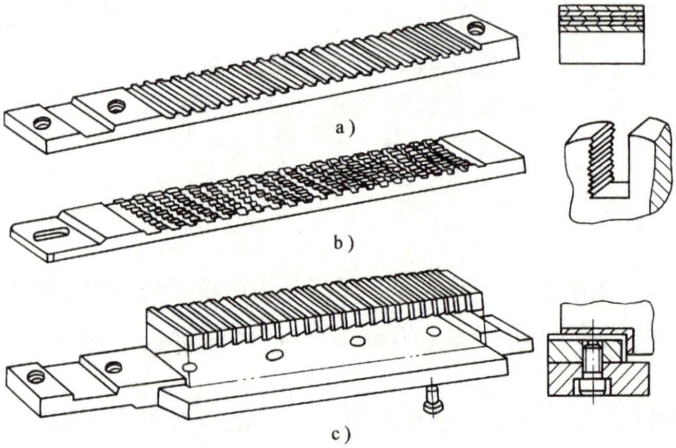

图 3-47　外拉刀

a）平面拉刀　b）齿槽拉刀　c）直角拉刀

2. 拉刀的结构

拉刀的种类很多，但其组成部分基本相同，下面以图 3-48 所示的圆孔拉刀为例，说明拉刀的组成部分及其作用。

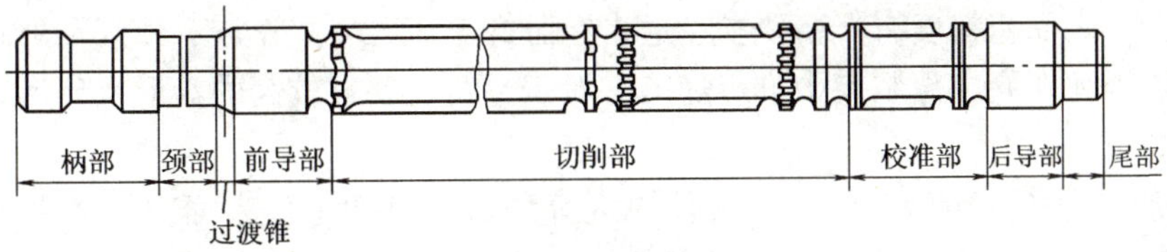

图 3-48 圆孔拉刀结构

（1）柄部 与拉床连接，传递动力和运动。

（2）颈部 连接柄部与过渡锥。

（3）过渡锥 引导拉刀逐渐进入工件孔内。

（4）前导部 在切削部进入工件前，引导拉刀正确进入孔内，防止拉刀歪斜。

（5）切削部 该部分齿担负拉刀的切削工作。它由粗切齿、精切齿组成，各齿直径依次递增，在拉削过程中，切除加工表面的全部加工余量。

（6）校准部 该部刀齿起修光和校准作用，并可做切削齿的后备部，各齿形状及尺寸完全一致，用以提高加工精度和减小表面粗糙度值。

（7）后导部 保持拉刀最后的正确位置，并防止拉刀在即将离开工件时，工件下垂损坏加工表面。

（8）尾部 对于大尺寸的拉刀可起承托作用，防止拉刀下垂。

3.3.2 主轴箱平面加工工艺的制定

1. 平面的分类及其主要加工方法

将平面进行分类的目的，在于了解其工艺特征，以便正确的选择平面加工方法。根据平面的结构特征及精度要求，可将平面分为七类（对于不同的产品，其分类方法有可能不同）。

（1）非工作平面 不与任何零件接触或配合，一般没有加工精度要求，但为了防腐或美观等原因需要进行加工的表面。这类表面通常可采用粗刨、粗铣、粗车等加工方法。

（2）固定连接平面 如车床主轴箱、进给箱等零件与床身的连接面，一般要求中等精度和表面粗糙度（*Ra*10~1.25μm），这类平面可采用精刨、精铣或粗磨等加工方法。

（3）剖分面 如分离式箱体、箱体与箱盖的连接面，这类平面通常面积较小，但形状精度及表面粗糙度要求较高（*Ra*1.25~0.32μm），一般在粗加工时采用铣削，精加工采用磨削，生产规模较大时可采用拉削。

（4）导向平面 互相配合的零件之间有往复运动，为了保证机器各部件间相对运动的精度要求和耐磨性，作为导向面的这类平面的形状精度、相互位置精度及表面粗糙度（*Ra*1.25~0.32μm）要求都比较高。一般可根据零件形状、生产规模和热处理等因素分别采用细刨、精磨和刮研等方法进行加工。

（5）槽形平面　起定位或导向等作用的T形槽、键槽等表面，其精度与表面粗糙度的要求，由于使用条件不同其变化范围较大。这类表面通常根据生产规模及精度要求可分别采用刨、插、铣、拉等方法加工。

（6）端平面　如各种轴类、套类、盘类等与旋转轴线垂直的表面。这类平面往往对垂直度或平行度、表面粗糙度有严格要求。通常在卧式车床、立式车床、镗床及外圆磨床上与零件的外圆或内孔在同一次装夹中进行加工。对于平行度要求较高的盘形及环形零件，可利用平面磨床加工。

（7）精密平面　如精密平板、平尺及块规等测量工具的工作表面。这类平面的形状精度和表面粗糙度要求极高，除了大型精密平面采用刮研之外，通常利用研磨和抛光等方法加工。

2. 平面加工方案的选择

平面的加工方法很多，基本方法有车、铣、刨、磨、拉、刮和研等。

平面粗加工方法的选择，主要根据毛坯种类及毛坯精度、加工表面的形状及生产类型来选择。

平面的终加工和光整加工的选择，则根据零件的精度要求、材料性能及热处理、平面的形状精度、表面粗糙度和生产类型来选择。

根据平面的加工方法，平面加工可组合出很多的加工方案。表3-9列出了平面加工的几种典型方案。在正常的生产条件下，加工方案的选择主要根据零件的生产类型、技术要求，同时还要考虑现场实际情况，如设备的精度情况、设备的负荷以及工艺装备和工人技术水平等。表中所列加工精度是指终加工后可获得的精度和表面粗糙度。

表3-9　平面加工方案

序号	加工方法	经济精度（公差等级表示）	表面粗糙度值 $Ra/\mu m$	适用范围
1	粗车	IT11～IT13	12.5～50	端面
2	粗车—半精车	IT8～IT10	3.2～6.3	
3	粗车—半精车—精车	IT7～IT8	0.8～1.6	
4	粗车—半精车—磨削	IT6～IT8	0.2～0.8	
5	粗刨（或粗铣）	IT11～IT13	6.3～25	一般不淬硬平面（端铣表面粗糙度值 *Ra* 较小）
6	粗刨（或粗铣）—精刨（或精铣）	IT8～IT10	1.6～6.3	
7	粗刨（或粗铣）—精刨（或精铣）—刮研	IT6～IT7	0.1～0.8	精度要求较高的不淬硬平面，批量较大时宜采用宽刃精刨方案
8	以宽刃精刨代替上述刮研	IT7	0.2～0.8	
9	粗刨（或粗铣）—精刨（或精铣）—磨削	IT7	0.2～0.8	精度要求高的淬火硬平面或不淬硬平面
10	粗刨（或粗铣）—精刨（或精铣）—磨削	IT6～IT7	0.025～0.4	
11	粗铣—拉削	IT7～IT9	0.2～0.8	大量生产，较小的平面（精度视拉刀精度而定）
12	粗铣—精铣—磨削—研磨	IT5以上	0.006～0.1	高精度平面

3.4　主轴箱孔加工

孔的加工方法有：钻孔、扩孔、铰孔、镗孔、拉孔和磨孔等。对于精度要求高的孔，还要进行珩磨、研磨和滚压等精密加工。

3.4.1　孔加工机床及刀具的选择

一、钻削、钻床与钻头

（一）钻削

钻孔和扩孔统称为钻削加工。钻孔是用钻头在实体材料上加工孔的一种方法；扩孔是用扩孔刀具扩大工件孔径的加工方法。钻削加工一般是在钻床上加工。单件小批生产的中小型工件上的小孔，常用台式钻床加工；中小型工件上直径较大的孔，常用立式钻床加工；大中型工件上的孔则采用摇臂钻床加工；回转体工件上的孔，多在车床上加工。在成批大量生产中，为了保证加工精度、提高生产率、降低成本，广泛使用钻模在组合机床上进行孔的加工。

钻孔属于粗加工，可作为攻螺纹、扩孔、铰孔和镗孔的预备加工；扩孔属于半精加工，也可作为孔的终加工，或作为铰孔、磨孔前的预加工。两者均适合于加工小直径孔。钻孔精度可达到 IT11～IT12，表面粗糙度值 Ra 可达到 12.5～6.3μm；扩孔精度可达到 IT11～IT9，表面粗糙度值 Ra 可达到 6.3～3.2μm。

1. 钻削特点

钻削内孔与车削外圆相比，工作条件要困难得多，因为钻削时钻头工作部分大都处在已加工表面的包围中，从而引起一些特殊问题，例如钻头的刚度和强度、容屑和排屑、导向和冷却润滑等。因此，钻削特点可以概括如下：

（1）刀具的刚性差　这是因为一方面钻头的直径受到所加工孔的限制，并且钻头一般较长，因而刚性较差；另一方面，钻削本身又要求在钻头上有尽可能大的容屑槽以利排屑，这样就使钻心变细，又大大地削弱了钻头的刚性。加上钻头只有两条很窄的棱边与孔壁接触，导向作用也较差。因此，在钻削力的作用下，钻头容易发生“引偏”，致使所钻孔的轴线歪斜或孔径扩大、不圆等。

（2）排屑困难　钻孔时，由于切屑较宽，容屑槽尺寸又受到限制，因而，在排屑过程中，往往与孔壁发生较大的摩擦，挤压、拉毛和刮伤已加工表面。有时切屑可能阻塞在钻头的排屑槽里，卡死钻头，甚至将钻头扭断。

（3）切削热不易传散　由于钻削是一种半封闭式的切削，钻削时所产生的热量，虽然也由切屑、工件、刀具和周围介质传出，但它们之间的比例却和车削时大不相同。如用标准麻花钻，不加切削液钻削钢料时，工件吸收的热量约占 52.5%，钻头约占 14.5%，切屑约占 28%，而介质仅占 5%左右。

钻削时，大量切屑不能及时排出，切削液难以注入到切削区，切屑、刀具与工件之间的摩擦很大，从而导致切削温度很高，刀具磨损加剧，加工表面质量下降。另外，也限制了钻削速度和钻削生产率的提高。

2. 钻削方式

钻削方式一般有两种：

1）钻头旋转，工件不转。如在钻床、镗床上钻孔等。

2）工件旋转，钻头不转。如在车床上钻孔等。

在第一种钻削方式中钻头容易引偏，使被加工孔的轴线发生歪斜，而孔径并无显著的变化（见图3-49a）；相反，用工件旋转，钻头不转的方式钻孔时，钻头的引偏仅仅引起孔径的变化，发生锥度、腰鼓形等缺陷，而被加工孔的轴线仍是直的，并且与工件回转轴线一致（见图3-49b）。这时由于工件的回转，有使钻头回复到中心位置的趋势。

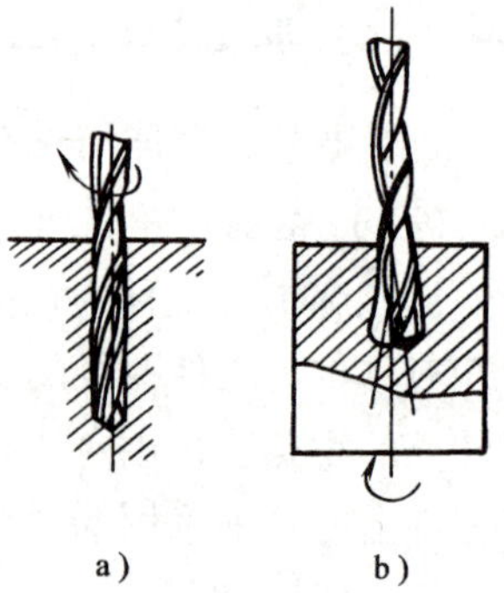

图3-49 两种钻孔方式钻头引偏产生的加工误差

3. 减少钻头引偏的措施

无论是孔轴线的歪斜还是孔径的变化，都是应尽量消除的，特别是孔轴线的歪斜，往往在以后的加工中很难纠正，当孔较深时更是如此。因此，在钻孔时，常采取以下措施来减少钻头的引偏。

1）先加工孔的端平面，后加工孔，可减轻钻头引偏。

2）用小顶角（$2\phi=90°\sim100°$）大直径短麻花钻预钻一个锥形坑，如图3-50所示，然后再用所需的钻头钻孔。由于预钻钻头刚性好，锥形坑不易偏，当钻孔时，这个锥形坑就可起到定心作用。

3）刃磨时，尽量把钻头的两个主切削刃磨得对称一致，使两主切削刃的径向切削力互相抵消，从而减小钻头的引偏。

4）用钻套为钻头导向，如图3-51所示。这样可以减少钻头开始时的引偏，特别是在斜面或曲面上钻孔时，更为必要。

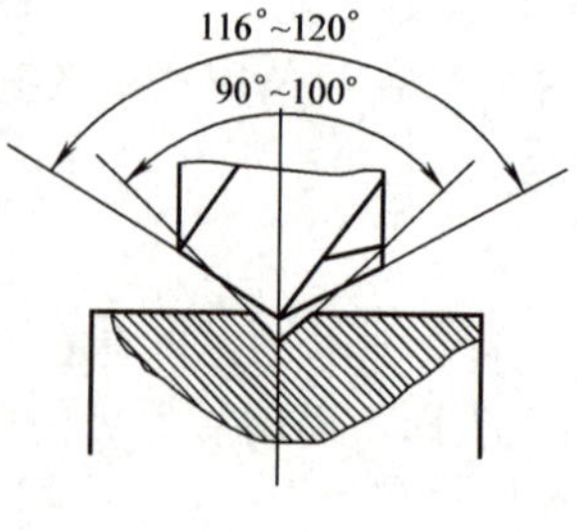

图3-50 预钻锥形坑

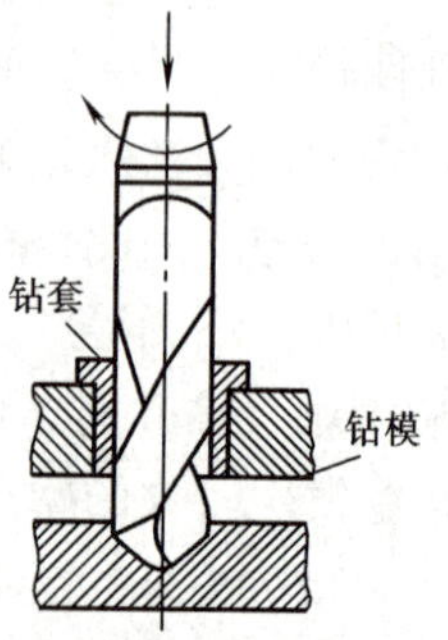

图3-51 利用钻模钻孔

5）采用工件旋转的钻削方式。

另外，采用较小的进给量、注意排屑和切削液的合理使用等，都可减少钻头的引偏。

（二）钻床

钻床是一种用途广泛的孔加工机床。钻削加工时，工件一般固定不动，刀具既做旋转主运动，又沿轴线做进给运动。除钻孔外，在钻床上还可完成扩孔、铰孔、锪平面以及攻螺纹等工作。其加工方法如图 3-52 所示。

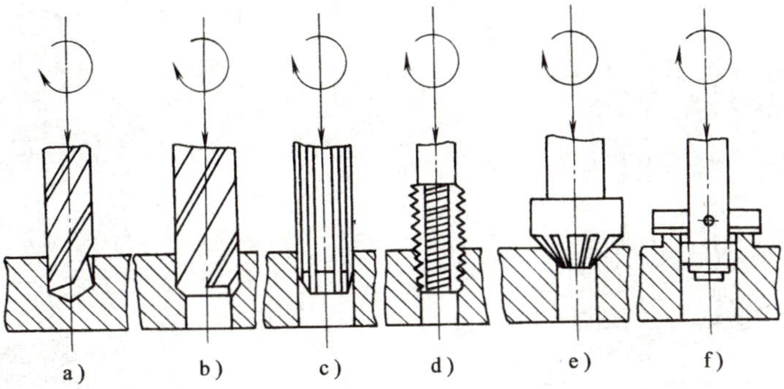

图 3-52　钻床的加工方法

a）钻孔　b）扩孔　c）铰孔　d）攻螺纹　e）钻埋头孔　f）锪平面

钻床根据用途和结构的不同，可分为立式钻床、摇臂钻床、深孔钻床和其他钻床等。

1. 立式钻床

立式钻床是一种将主轴箱和工作台安置在立柱上，主轴垂直布置的钻床。图 3-53 所示为立式钻床的外形图。加工时，工件直接或通过夹具装夹在工作台上，主轴的旋转运动由电动机经主轴箱传动，又做轴向的进给运动。工作台和进给箱可沿立柱上的导轨调整其上下位置，以适应在不同高度的工件上进行钻削加工。由于在立式钻床上是通过移动工件位置的方法，使被加工孔的中心与主轴中心对中，因而操作很不方便，不适于加工大型零件，生产率也不高。此外立式钻床的自动化程度一般均较低，故常用于单件、小批生产中加工中小型工件，在大批大量生产中通常为组合钻床所代替。

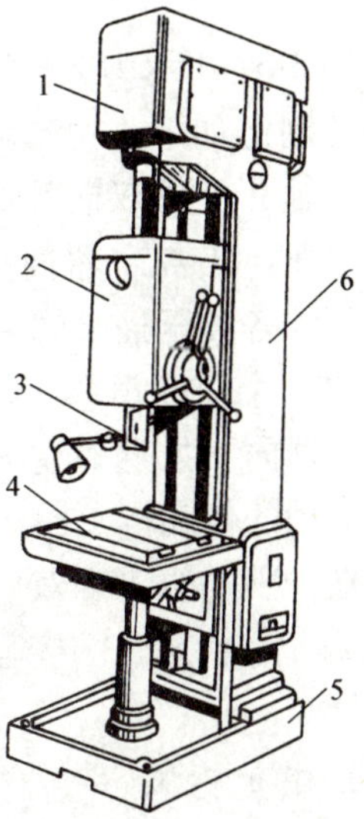

图 3-53　立式钻床

1—主轴箱　2—进给箱　3—主轴　4—工作台　5—底座　6—立柱

立式钻床的另一种类型是立式排钻床，如图 3-54 所示。它是一种在床身上排列两个或两个以上装有主轴箱和立柱的立式钻床。它的各个主轴用于顺次地加工同一工件的不同孔径或分别进行钻、扩、铰、攻螺纹等各种孔加工工序。由于节省换刀时间，所以它主要用于小型工件的中批或小批生产加工中。图 3-55 所示是可调多轴立式钻床，它具有多个主轴且轴间距离可根据加工需要进行调整。加工时，由主轴箱带动全部主轴转动，进给运动由进给箱带动。这种机床是多孔同时加工，生产率较高，适用于成批生产中。

2. 摇臂钻床

摇臂钻床是一种摇臂可绕立柱回转和升降，主轴箱又可在摇臂上作水平移动的钻床。图 3-56 所示为摇臂钻床外形图。工件固定在底座 1 的工作台上，主轴 8 的旋转和轴向进给运动是由电动机通过主轴箱 7 来实现的。主轴箱可在摇臂 3 的导轨上移动，摇臂借助电动机

5 及丝杠 4 的传动，可沿立柱 2 上下移动。立柱 2 由内立柱和外立柱组成，外立柱可绕内立柱在±180°范围内回转。因此，主轴很容易地被调整到所需的加工位置上，这就为在单件、小批生产中加工大而重的工件上的孔带来了很大的方便。

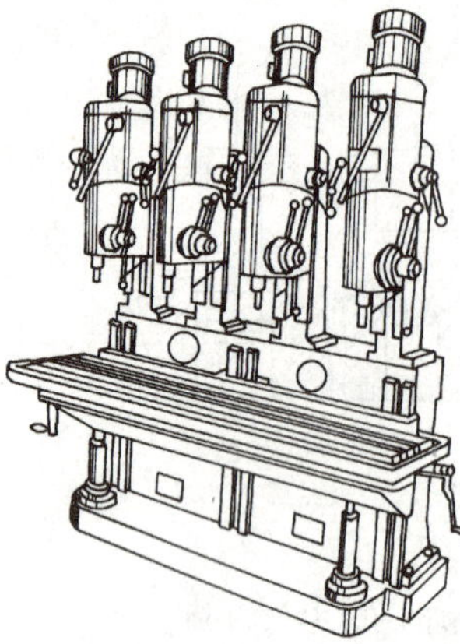

图 3-54　立式排钻床

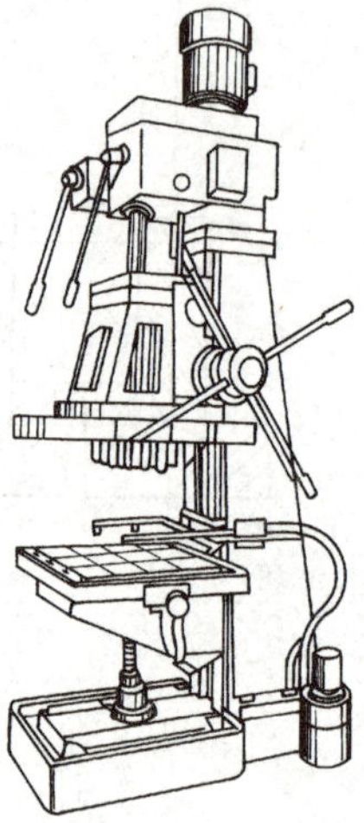

图 3-55　可调多轴立式钻床

图 3-57 所示为 Z3040 型摇臂钻床的传动系统图。主运动传动链如下：功率为 3kW 的主电动机将运动传入主轴箱，轴Ⅱ上的双向片式摩擦离合器可使主轴正转、反转或停车。当离合器向上接通时，主轴正转。通过液压预选阀和各液压缸（图中从略）分别操纵轴Ⅲ、Ⅳ、Ⅴ、Ⅵ上的 4 个双联滑移齿轮，主轴Ⅶ便可得到 16 级转速。当离合器向下接通时主轴即得到 16 级较高的反向转速。进给运动的传动链是：运动由主轴传出，经过轴Ⅸ、Ⅹ、Ⅺ、Ⅻ、XIII上的 4 个双联滑移齿轮，内齿离合器 38、蜗杆副 2/77、齿轮 13 传至套筒齿条，带动主轴实现 16 级进给量。

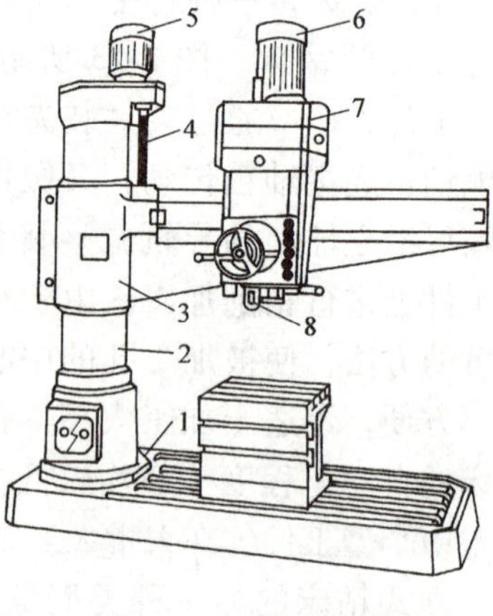

图 3-56　摇臂钻床

1—底座　2—立柱　3—摇臂　4—丝杠　5、6—电动机　7—主轴箱　8—主轴

3. 其他钻床

（1）深孔钻床　图 3-58 所示的是用特制的深孔钻头专门加工深孔的钻床。深孔一般指长径比（L/D）大于 5 的孔，如加工炮筒、枪管和机床主轴等零件的深孔。为减少孔中心线的偏斜，通常是由工件转动作为主运动，钻头只做直线进给运动而不旋转。为避免机床过高和便于排除切屑，深孔钻床一般采用卧式布局，与卧式车床的布局类似。为保证获得好的冷却效果及避免切屑的排出对工件表面质量的影响，在深孔钻床上配有排屑装置及切削液输送装置，使切削液由刀具内部输入至切削部位。目前，已开发出三种深孔钻系统，它们是喷吸钻（双管系统）、单管钻和枪钻系统。喷吸钻适合在镗床、车床上使用；单管钻适合在专用深孔钻床上批量生产时使用；枪钻适合加工难断屑材料和小直径工件。

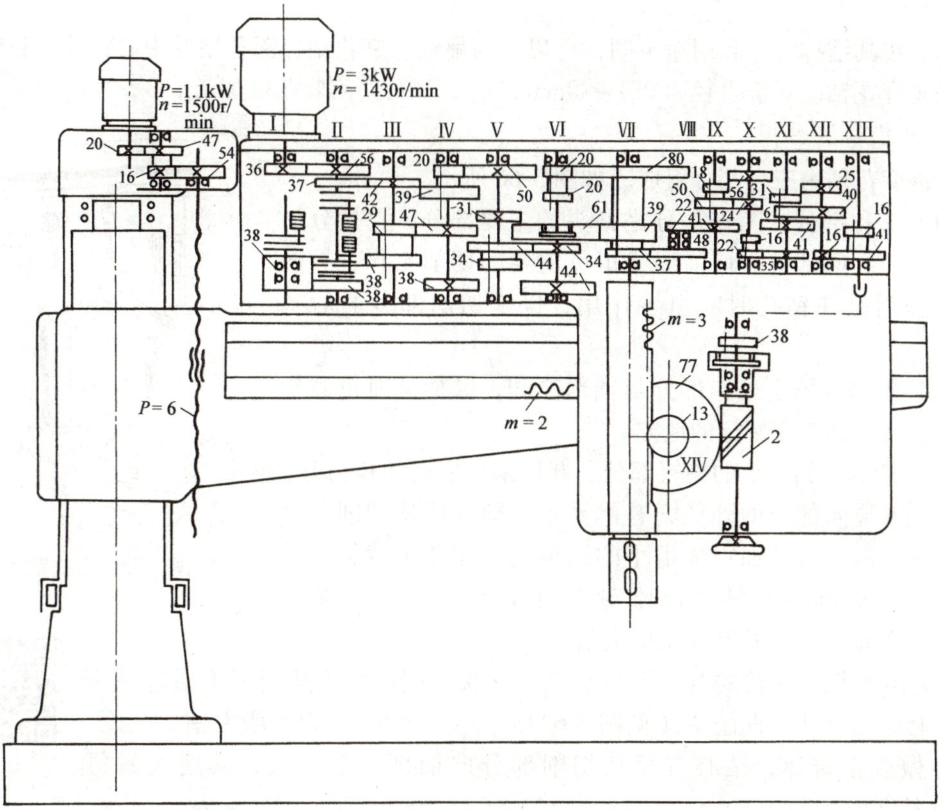

图 3-57　Z3040 型摇臂钻床的传动系统图

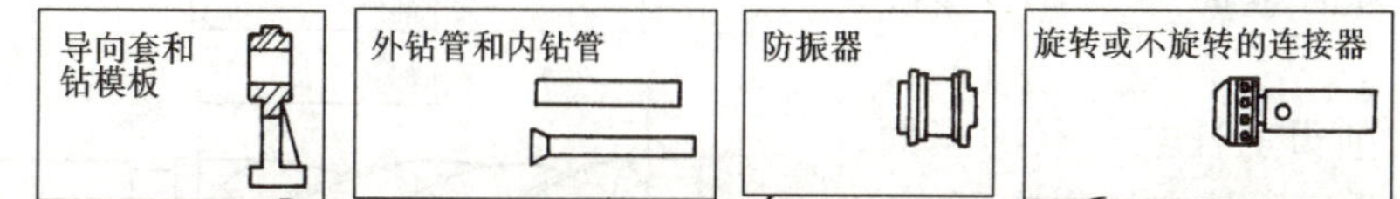

图 3-58　深孔钻床系统

（2）台式钻床　图 3-59 所示为一种主轴垂直布置的小型钻床，钻孔直径一般在 ϕ15mm 以下。由于加工孔径较小，主轴的转速可以很高。台式钻床小巧灵活，使用方便，但一般自动化程度较低，适用于单件、小批生产中加工小型零件上的各种孔。

（三）钻头

钻头按其结构特点和用途不同，可以分为扁钻、麻花钻、深孔钻及中心钻等，目前使用最多的是麻花钻。对于直径为0.1~80mm的孔，都可使用麻花钻加工。

1. 麻花钻的结构

标准麻花钻由三大部分组成，如图3-60所示。

（1）工作部分　工作部分是钻头的主要部分，它又分为切削部分和导向部分。切削部分担负主要的切削工作；导向部分的作用是在钻孔时起引导作用，也是切削部分的后备部分。

（2）颈部　位于工作部分与柄部之间，磨柄部时供砂轮退刀用，又是钻头打标记的地方。

（3）柄部　钻头上的夹持部分，并用来传递运动和动力。

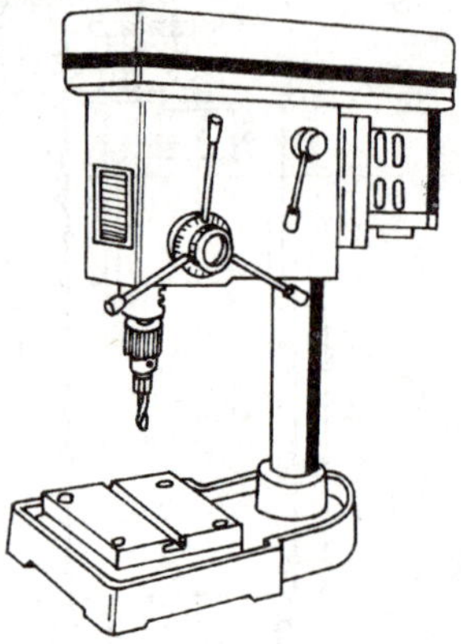

图3-59　台式钻床

麻花钻导向部分的外径磨有倒锥量，即外径从切削部分向柄部逐渐减小，从而形成很小的副偏角，能减小棱边与孔壁的摩擦。标准麻花钻的倒锥量是每100mm长度上减小0.03~0.12mm，大直径麻花钻取大值。

标准高速钢麻花钻的两个刀齿靠钻心连接，因此两主切削刃不通过钻头中心，相距一个钻心直径 d_c（见图3-62），$d_c=0.125d_0$。为了增大钻头强度，把钻心做成正锥体，钻心直径从切削部分向柄部逐渐增大，其增大量每100mm长度为1.4~1.8mm。

2. 麻花钻的几何参数

在分析麻花钻几何参数时，首先必须弄清楚钻头的基面与切削平面的含义。

基面：切削刃上任意一点的基面，是通过该点，垂直于该点切削速度方向的平面（见图3-61）。在钻削时，如果忽略进给运动，钻头就只有圆周运动，主切削刃上每一点都绕钻头轴线做圆周运动，它的速度方向就是该点所在圆的切线方向，如图3-62中1点的切削速度 v_1 垂直于1点的半径方向，2点的切削速度 v_2 垂直于2点的半径方向。不难看出，切削刃上任意一点的基面就是通过该点而又包括钻头轴线的平面（见图3-61）。由于切削刃上各点的切削速度方向不同，所以基面也就不同。

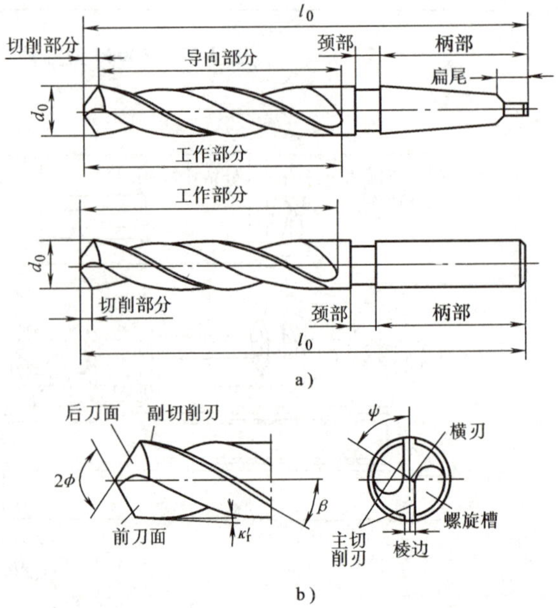

图3-60　麻花钻的结构

麻花钻

麻花钻切削部分

切削平面：切削刃上任意一点的切

削平面，是包括该点切削速度方向，而又相切于该点过渡表面的平面，如图 3-61 所示。切削刃上各点的切削平面与基面在空间相互垂直，且位置是变化的。

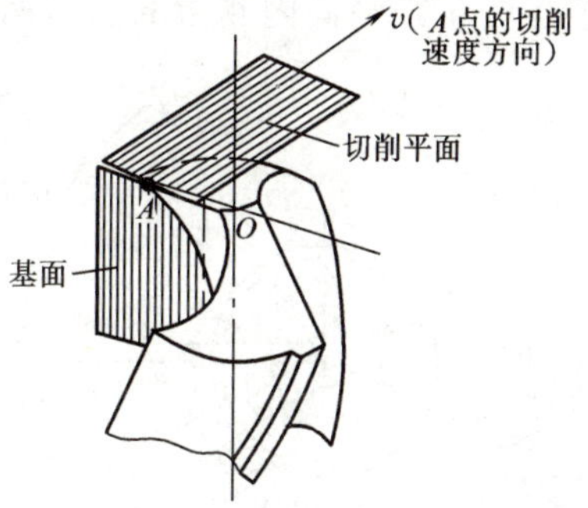

图 3-61 钻头的基面与切削平面

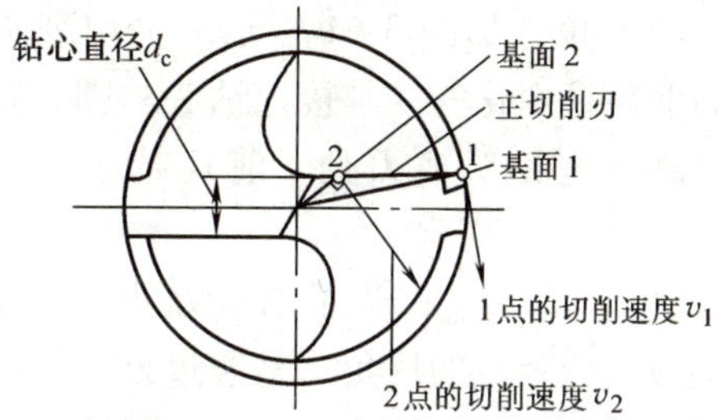

图 3-62 钻头切削刃上切削速度与基面的关系

（1）螺旋角 β 钻头外缘表面与螺旋槽的交线为螺旋线，螺旋线与钻头轴线的夹角为螺旋角。螺旋角的大小由螺旋槽的导程 P 和钻头直径 d_0 决定。图 3-63 所示为螺旋槽的展开图，由图可知：

$$\tan\beta=\pi d_0/P$$

由于螺旋槽上各点的导程 P 相等，故在不同直径处，螺旋角就不相等了，切削刃上任意一点 m 处的螺旋角为

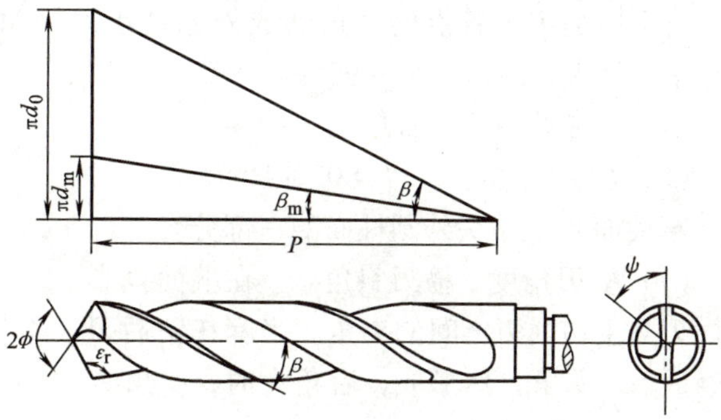

图 3-63 标准麻花钻的螺旋角

$$\tan\beta_m=\pi d_m/P=d_m/d_0\tan\beta$$

从上式可知，钻头不同直径处的螺旋角不同，越靠近钻头中心螺旋角越小。螺旋角不仅影响排屑，而且影响切削刃强度，故标准麻花钻的螺旋角 $\beta=18°\sim30°$，大直径取大值，螺旋槽的方向一般为右旋。

（2）顶角 2ϕ 钻头两条主切削刃在与它们平行的平面上投影的夹角（见图 3-63）为顶角。顶角是钻头在刃磨时测量的几何角度。标准麻花钻的顶角 $2\phi=118°$，此时主切削刃是直线，切削刃上各点顶角不变，顶角与基面无关。

减小顶角，可以增加切削刃长度，使切削刃单位长度上的负荷减轻，轴向力小，定心作用也较好，且刀尖角 ε_r 增加，如图 3-63 所示，有利于散热和提高刀具寿命。若顶角过小，则使钻头强度减弱，切屑变薄，切削平均变形增加，转矩增大，钻头易折断，故应根据加工材料的强度和硬度来刃磨合理的顶角。

（3）主偏角 κ_{rm} 主偏角是主切削刃选定点 m 的切线在基面上投影与进给方向的夹角，如图 3-64 所示。由于主切削刃各点基面位置不同，故主切削刃各点的主偏角也就不同。

2ϕ 与主切削刃上选定点 m 的主偏角 κ_{rm} 存在下列关系

$$\tan\kappa_{rm}=\tan\phi\cos\lambda_{stm}$$

由于主偏角与顶角之间有密切关系，顶角之半角在数值上与主偏角很接近，为方便起见，可以用顶角代替主偏角来分析问题。

（4）前角 γ_{om}　主切削刃上选定点的前角，是在该点的正交平面内测量的前刀面与基面之间的夹角，如图 3-64 所示。主切削刃上各点的前角是变化的，越接近钻头外圆，前角越大，越接近钻头横刃处，前角越小，一般在 $-30°\sim30°$之间变化。

（5）后角 α_{fm}　为了测量方便，麻花钻主切削刃上选定点的后角，是通过该点柱剖面中的进给后角 α_{fm} 来表示的。柱剖面是过主切削刃选定点 m，作与钻头轴线平行的直线，该直线绕钻头轴线旋转所形成的圆柱面，如图 3-65 所示。α_{fm} 沿主切削刃也是变化的，刃磨后角时，将主切削刃上各点的后角磨成外缘处小，接近中心处大。通常钻头几何参数中给定的后角，是指外缘处的名义后角 α_f（约 $8°\sim14°$）。

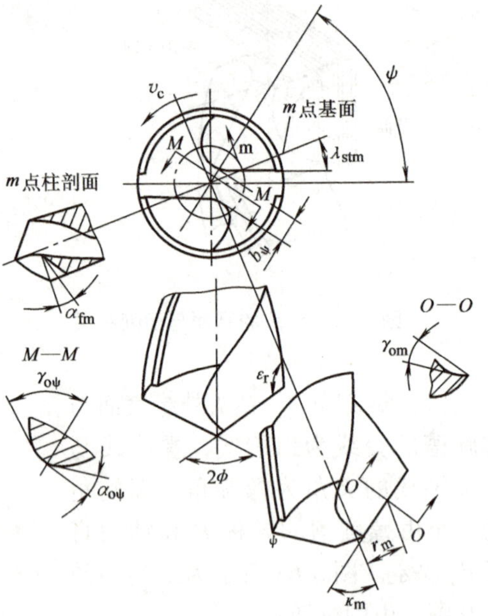

图 3-64　麻花钻的几何参数

（6）副后角 α_o'　$\alpha_o'=0°$，因为副后刀面（窄棱面）是钻头外圆柱面的一部分。

（7）横刃角度　横刃斜角 ψ：在端面投影中横刃与主切削刃之间的夹角。当麻花钻后刀面磨成后，ψ 角自然形成，后角大时，ψ 角减小，一般 $\psi=50°\sim55°$。

横刃前角 $\gamma_{o\psi}$ 和横刃后角 $\alpha_{o\psi}$ 均在横刃正交平面内测量。$\gamma_{o\psi}=-54°$，$\alpha_{o\psi}=90°-|\gamma_{o\psi}|$。由于 $\gamma_{o\psi}$ 是很大负值，横刃处会造成很严重的挤压，产生很大轴向力。

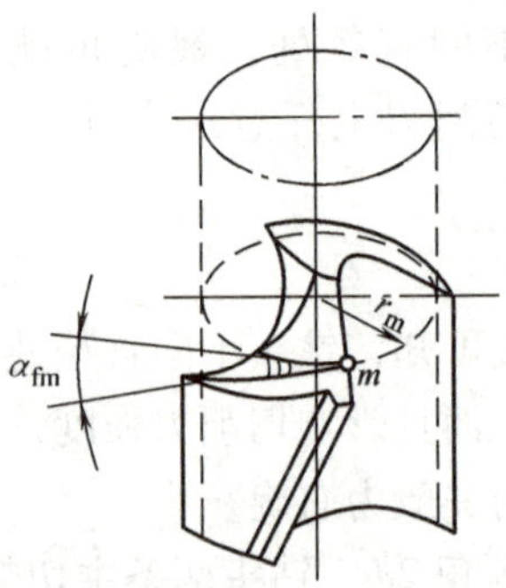

图 3-65　钻头的后角

3. 钻削用量

（1）钻削速度 v_c　钻削速度指切削刃外缘处的线速度，单位为 mm/s。

$$v_c=n\pi d_0/1000$$

式中　n——钻头或工件的转速（r/s）；

d_0——钻头外缘处直径（mm）。

（2）进给量

1）每转进给量 f。每转进给量是指钻头或工件每转一转，它们之间的相对轴向位移，单位为 mm/r。

2）每齿进给量 f_z。钻头有两个刀齿，钻头或工件每转过一个刀齿，它们之间相对轴向位移，单位为 mm/z。

3）进给速度 v_f。进给速度是指钻头或工件在每秒钟内，它们之间的相对轴向位移，单位为 mm/s。

三者之间的关系为

$$v_f = nf = 2nf_z$$

（3）钻削背吃刀量 a_p　钻削背吃刀量是指在基面内垂直于钻头轴线测量的切削层尺寸，如图 3-66 所示，单位为 mm。

$$a_p = 0.5d_0$$

式中　d_0——钻头外缘处直径（mm）。

4. 切削层参数

（1）切削层公称厚度 h_D　切削层公称厚度是指垂直于主切削刃在基面上投影测量的切削层尺寸，如图 3-66 所示，单位为 mm。

$$h_D = f_z \sin\kappa_r = 0.5f\sin\phi$$

（2）切削层公称宽度 b_D　切削层公称宽度是指在基面内测量的主切削刃参加工作的长度如图 3-66 所示，单位为 mm。

$$b_D = a_p / \sin\kappa_r = 0.5d_0 / \sin\phi$$

（3）切削层公称横截面面积 A_D　切削层公称横截面面积是指每个刀齿切下的切削层面积，单位为 mm^2。

$$A_D = h_D b_D = f_z a_p = fd_0/4$$

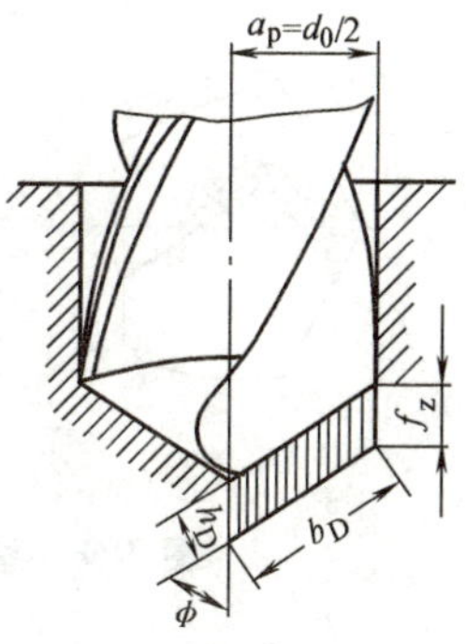

图 3-66　钻削要素

5. 标准麻花钻的修磨与群钻

（1）标准麻花钻的缺陷

1）主切削刃上各点的前角是变化的，从外缘到钻心处，数值相差悬殊，约由 30°减到 −30°。结果使钻头外缘处前角偏大一些，而靠近钻心处前角却减为相当大的负值，切削条件很差。

2）横刃前角是很大的负值（约−60°~−54°），切削条件极差，造成工作不稳定，并产生很大的轴向力。

3）主切削刃长，切削宽度大，各点切屑流出的速度相差很大，切屑占空间大，排屑不顺利，切削液很难注入到切削区。

4）棱边处后角为零，摩擦大；转角处刀尖角 ε_r 较小，散热条件较差，而此处切削速度最高，产生热量多，所以磨损快。

5）横刃的前、后角与主切削刃的后角不能分别控制。

（2）麻花钻的修磨方法　为了克服标准麻花钻的缺陷，生产中常通过各种修磨方法来改善其切削性能。

1）修磨过渡刃。在钻头主切削刃与副切削刃相连接的转角处磨出过渡刃（$2\phi=70°\sim75°$），如图 3-67 所示。由于经修磨后的刀尖角增大，从而强化了刀尖并改善了转角处的散热条件；同时减小了顶角，使轴向力减小。一般将钻头磨成双重顶角，在直径较大时，也可磨成三重顶角。

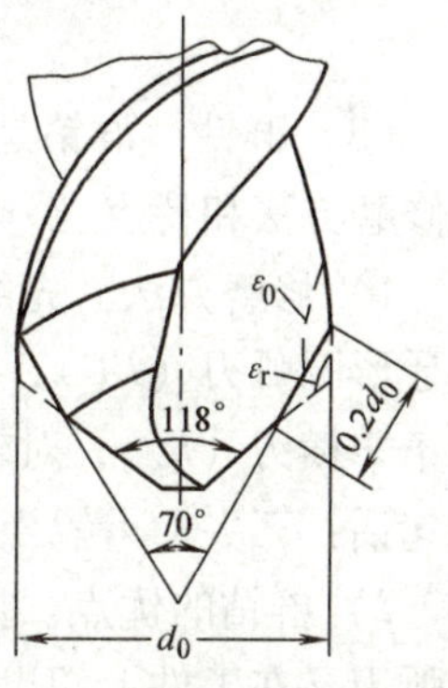

图 3-67　修磨过渡刃

2）修磨横刃。如图 3-68 所示，沿钻头后刀面的背棱刃磨至钻心，将原来的横刃磨成两条内直刃加一条窄横刃。这样，既能缩短横刃，加大修磨处内刃前角，有利于分屑和断屑，而且增大了钻心部分的容屑空间，但不能保持钻心有一定的强度。

3）修磨棱边。标准麻花钻在棱边上的副后角为0°，在加工较软的材料和孔的半精加工时，为了减轻棱边与加工孔壁的摩擦，降低加工表面的表面粗糙度值，减小钻头磨损，在直径大于12mm的钻头上，可按图3-69的方法磨出副后角 $\alpha_1=6°\sim8°$，并留一条宽为0.1~0.2mm的刃带。经修磨后的钻头寿命约可提高一倍。应该指出，表面有硬皮的工件不能采用此方法，因此方法使棱边强度减弱，很容易损坏。

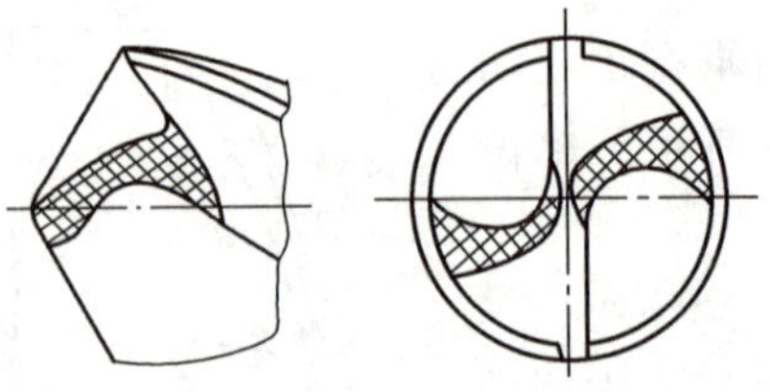

图3-68　修磨横刃

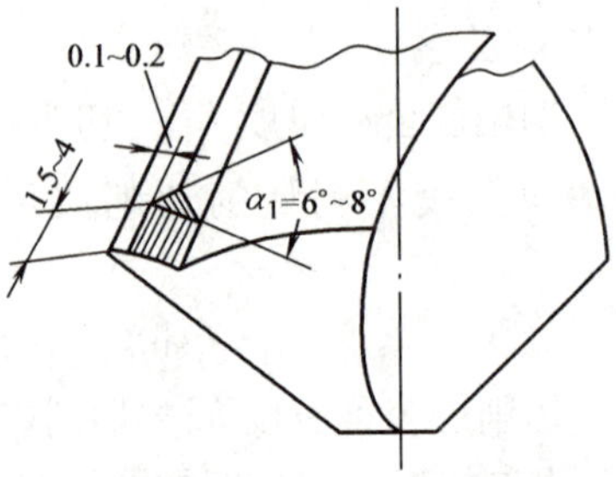

图3-69　修磨棱边

4）修磨分屑槽。在钻削大而深的孔或钻削韧性材料时，排屑困难，切屑挤压在螺旋槽内，易划伤已加工表面，且切削液也不易进入切削区，有时甚至引起钻头折断。如在钻头切削刃上开分屑槽，把宽的切屑分割成窄的切屑，切屑变形减小，且排屑方便，切削液容易进入切削区，改善了切削条件。分屑槽可开在钻头前刀面上，也可开在后刀面上，如图3-70所示，但两条切削刃上分屑槽位置必须错开。分屑槽开在前刀面上，重磨后不需再开分屑槽，但因开槽困难，一般适用于扭制钻头。在后刀面上开分屑槽比较方便，但重磨若干次后要重新开槽，其槽深要大于进给量。

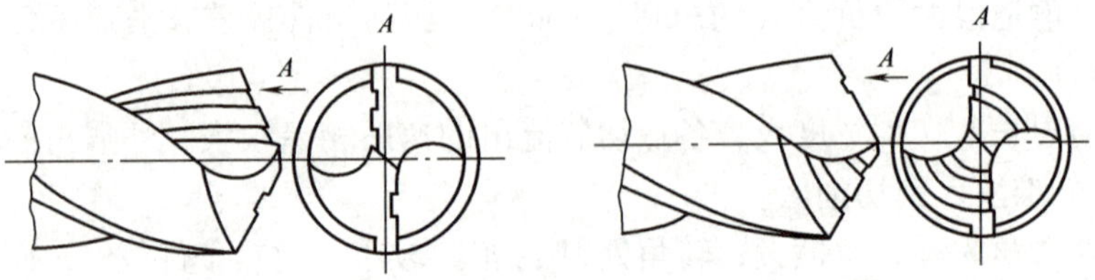

图3-70　修磨分屑槽

（3）群钻　群钻是用标准麻花钻修磨而成的，现以基本群钻（见图3-71）为例说明它的修磨方法和特点。

1）修磨方法。先磨两条外刃（AB），然后在两个后刀面上分别磨出对称的半径为 R 的月牙形圆弧刃（BC），最后修磨横刃，使之变短、变低、变尖，以形成两条内刃（CD）和一条窄横刃（b_ψ），对较大直径钻头在一边外刃上可再磨出分屑槽。其结构特点可以概括为四句话：三尖七刃锐当先，月牙弧槽分两边，一侧外刃再开槽，横刃磨低窄又尖。

2）群钻的优点。群钻有良好的定心和导向作用，因为三个刀尖增加了定心的稳定性，圆弧刃又在工件上切出了凸形环肋，从而限制了钻头的偏摆；由于磨出了月牙形圆弧槽，增大了该段切削刃处的前角，改善了小前角刃段的切削性能；磨出了分屑槽，能起到良好的分屑作用；横刃磨短，仅为原来的1/7~1/5，使轴向力大大减小；横刃一部分磨成了内刃，修磨了横刃前刀面，使得横刃处前角有所增大，改善了横刃处切削条件。

二、铰削与铰刀

（一）铰削

铰削是对未淬硬孔进行精加工或半精加工的一种方法。铰孔时，由于加工余量小，切削厚度薄，切削速度低，铰刀刀齿数多，心部直径大，导向性与刚性好，铰刀制造精确，加之排屑冷却润滑条件较好等，铰孔后孔的本身质量得到提高。孔径尺寸精度一般为IT7~IT9，手铰可达IT6，表面粗糙度值 Ra 可达1.6~0.4μm。

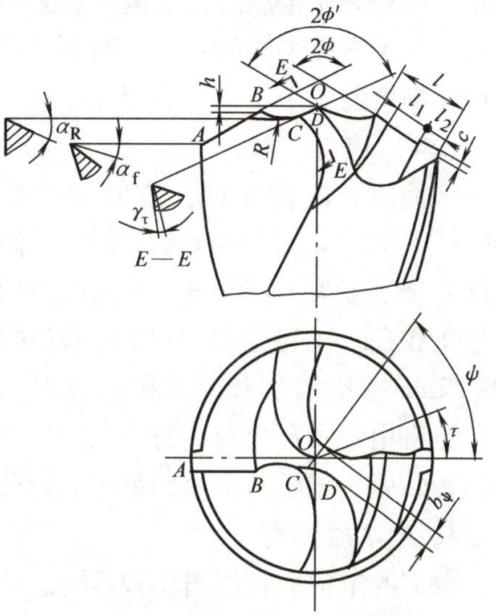

图3-71 基本群钻

铰孔主要用于加工中小尺寸的孔，孔的直径范围一般为 $\phi3\sim\phi150$mm。铰孔对于纠正孔的位置误差的能力很差，因此，孔的有关位置精度应由铰孔前的预加工工序保证。此外，铰孔不宜用于加工短孔、深孔和断续孔。

铰孔时易出现孔径扩大和表面粗糙度值较大等缺陷，为了保证铰孔质量，应注意下列几个方面的问题：

1. 正确选用和使用铰刀

（1）正确选择铰刀直径　铰刀直径的选择，首先要考虑孔的尺寸及公差，然后再结合工件材料、铰孔加工余量的大小以及切削液的使用情况等予以确定。

（2）注意铰刀的切削刃质量　为了保证铰孔后表面光洁，铰刀刃口应锋利光洁、没有缺口、裂纹、残留切屑和毛刺等。铰刀的棱边和前后刀面以及切削部分与校准部分交界处的过渡刃都要有较小的表面粗糙度值。

（3）正确安装铰刀　为了保证铰刀的中心线和被加工孔中心线一致，防止出现孔径扩大或喇叭口现象，生产中多采用“浮动夹头”装夹铰刀。

2. 合理选择铰孔加工余量和切削规范

铰孔加工余量视孔径而定，在孔径为 $\phi5\sim\phi30$mm 时，通常粗铰加工余量为0.15~0.35mm，精铰加工余量为0.04~0.15mm，孔径较小或精度要求高的孔取较小值。加工余量大小对铰孔质量有一定影响，加工余量过小时，不能切除前工序加工的痕迹，同时由于刀齿不能连续切削而沿孔壁打滑使孔的表面粗糙度值变大。加工余量太大时会因切削力大、发热多引起铰刀直径及振摆的增大，从而使孔径扩大。

合理选择切削用量，能减少铰孔的扩张量，表面粗糙度值变小。为防止切削区温度增高后产生刀瘤，表面粗糙度值变大，切削速度和进给量不能太大。高速钢铰刀铰孔速度一般低于5m/min。

铰孔的进给量也不能太小，因为进给量过小会使切屑太薄，以致切削刃不易切入金属而发生打滑和啃刮现象。这样，不仅使表面粗糙度值变大，还会引起振动，使孔径扩大和铰刀迅速磨损。

为提高铰孔精度，铰孔时最好是工件旋转，铰刀只做进给运动。在机床上铰孔时，为了消除铰孔轴线与机床主轴轴线的不同轴而引起铰孔时振动与孔的不应有的扩大，铰刀最好采用浮动装夹，并使铰刀在有精密导向的情况下进行工作。

3. 正确选择切削液

铰孔时切削液对铰孔质量有显著影响。用高速钢铰刀铰削中碳钢时，使用的切削速度范围正好是积屑瘤生成的速度范围，必须采用较合适的切削液来消除积屑瘤，以降低表面粗糙度值。对于钢质零件的孔，一般多选择乳化液，对铸铁零件的孔，一般不加注切削液，为使表面粗糙度值变小，也可选用煤油。

（二）铰刀

按使用方法的不同，铰刀分为手用铰刀和机用铰刀。手用铰刀多数用合金工具钢（9CrSi）或高速工具钢（W18Cr4V）制造，但也有用硬质合金制造的。手用铰刀多为直柄，铰削直径范围为1~50mm。手用铰刀的工作部分较长，锥角2ϕ较小，导向作用好，可以防止手工铰孔时铰刀歪斜。机用铰刀又有带柄机用铰刀（直径在1~20mm为直柄，直径在10~32mm为锥柄）和套式机用铰刀（直径为25~80mm）。机用铰刀一般用高速工具钢制造，也有用硬质合金制造的。机用铰刀多为锥柄，铰削直径范围为10~80mm。机用铰刀可安装在钻床、车床、铣床和镗床上铰孔。

1. 铰刀的种类

铰刀的结构形状如图3-72所示。

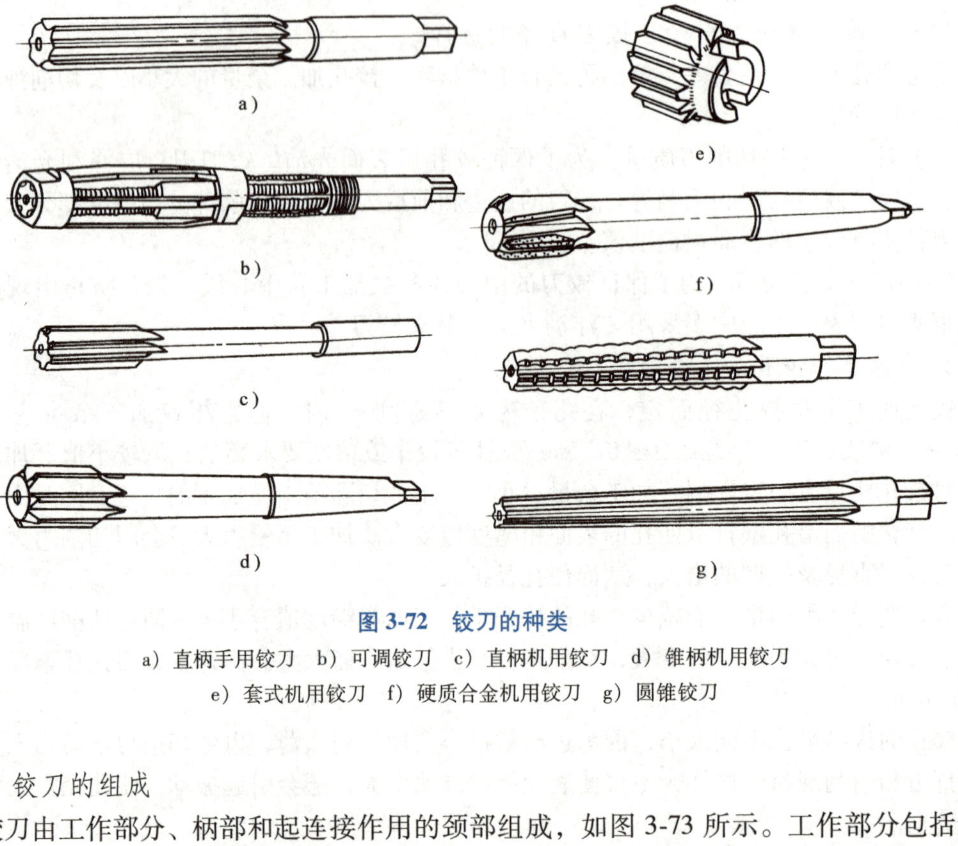

图3-72 铰刀的种类

a）直柄手用铰刀 b）可调铰刀 c）直柄机用铰刀 d）锥柄机用铰刀 e）套式机用铰刀 f）硬质合金机用铰刀 g）圆锥铰刀

2. 铰刀的组成

铰刀由工作部分、柄部和起连接作用的颈部组成，如图3-73所示。工作部分包括切削部分和修光部分。切削部分呈锥形，担负主要的切削工作。修光部分用于矫正孔径、修光孔壁和导向。修光部分的后部具有很小的倒锥，以减少与孔壁之间的摩擦和防止铰削后孔径扩大。

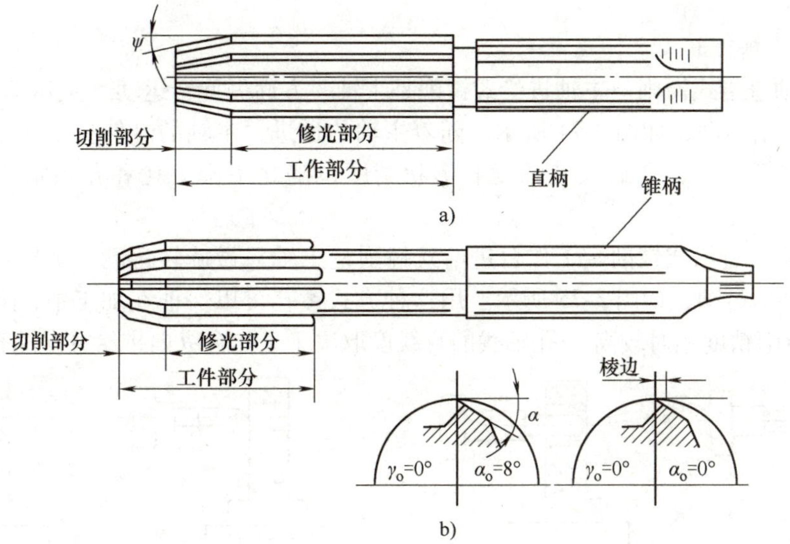

图 3-73 铰刀

a）手用铰刀 b）机用铰刀

铰刀有 6~12 个刀齿，刃带与刀齿数相同。切削槽浅，刀心粗壮。因此，铰刀的刚度和导向性比扩孔钻还要好得多。

铰刀的锥角 2ϕ 相当于麻花钻的锋角。半锥角 ϕ 过大，则切削层公称宽度较小，轴向力较大，刀具定位精度低；半锥角 ϕ 过小，则切削层公称宽度较大，不利于排屑。手用铰刀 ϕ 为 0.5°~1.5°，机用铰刀 ϕ 为 5°~15°。铰削塑性、韧性材料时，ϕ 取较大值；铰削脆性材料时，ϕ 取较小值。

铰刀的前角一般为 0°，加工韧性材料的粗铰刀，前角可取 5°~10°。后角大小主要影响刀齿强度和表面粗糙度，在保证质量的条件下，应选较小的后角，切削部分的后角一般为 5°~8°，修光部分的后角为 0°。图 3-73b 所示左局部视图是切削部分刀齿的前、后角，而右局部视图是修光部分刀齿的前、后角。

三、镗削

（一）镗削

镗削加工是用镗刀在已加工孔或铸出孔的工件上使孔径扩大并达到加工精度要求和表面粗糙度要求的加工方法。

1. 镗孔的工艺范围

1）镗孔常用于铰孔、磨孔前的预加工和孔的终加工。加工精度可达到 IT8~IT6，表面粗糙度值 Ra 达 6.3~0.8μm。

2）适合于加工大直径孔，特别对于大于 100mm 的较大直径孔，镗孔几乎是唯一的加工方法。

3）镗孔具有较强的误差修正能力，不但能修正上道工序所造成的孔中心线偏斜误差，而且能够保证被加工孔和其他表面（或中心要素）保持一定的位置精度，所以非常适合平行孔系、同轴孔系和垂直孔系的加工。但镗轴采用浮动连接时，孔的尺寸精度和位置精度则由镗模来保证。

2. 孔的镗削方式

（1）主轴进给式镗削　主轴进给式镗削是主轴一方面做旋转运动（主运动），同时主轴沿其轴线做进给运动，如图3-74所示。随着主轴的送进，主轴的悬伸长度和变形将不断增大，使主轴刚性下降，孔的尺寸精度和形状精度也随之下降，孔和孔系轴线的几何公差增大。

（2）工作台进给式镗削　工作台进给式镗削是主轴只做旋转运动，工作台带动工件沿机床导轨做进给运动，如图3-75所示。用这种方式镗孔可以保证在加工中，镗刀杆的悬伸长度不变，镗削精度相对较高。孔轴线的直线度取决于工作台纵向进给方向的直线度。

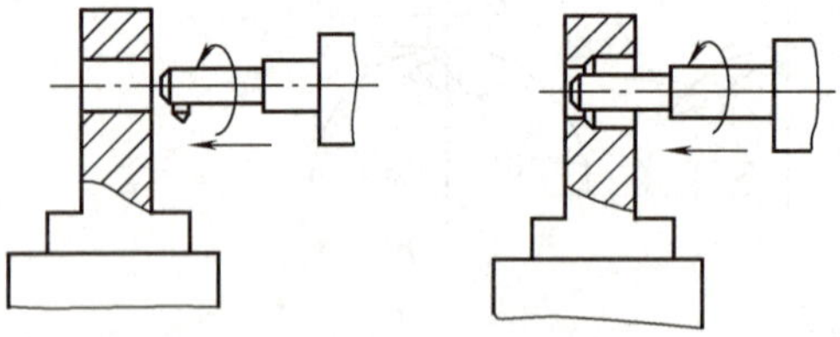

a）　　b）

图3-74　主轴进给式镗孔

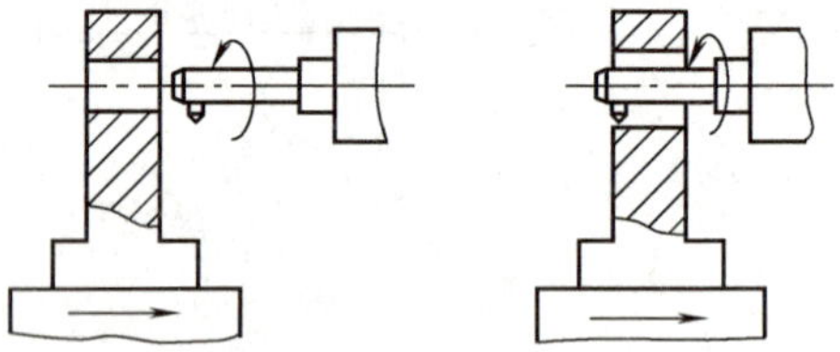

a）　　b）

图3-75　工作台进给式镗孔

工作台进给式镗削适用于精度要求较高的孔加工。但必须说明，上述两种方式镗孔各有利弊，可根据机床精度、工件结构形状、工艺要求和系统刚度进行选用。

（3）悬伸镗杆镗削　镗杆前端（靠近后立柱一端）没有支承的镗杆为悬伸镗杆，用这种镗杆进行孔的镗削加工，就是悬伸镗杆镗削，如图3-76所示。用悬伸镗杆镗削时，镗杆悬伸长度应尽量短，以提高系统刚度。悬伸镗杆镗削广泛应用于大直径浅孔及端面孔的加工。

（4）通镗杆镗削　镗杆前端有支承的镗杆为通镗杆，用通镗杆进行孔的镗削加工，就是通镗杆镗孔，如图3-77所示。当工件同一轴线上的孔相距较远，用悬伸镗杆镗削困难或难以保证质量时，则可将镗杆支承在后立柱的导套上进行通镗杆镗削，使系统刚度大大增加。所以，通镗杆镗削在镗削深孔或同轴孔间距离较大的工件时普遍采用。

悬伸镗杆镗削和通镗杆镗削各有所长。在工艺系统刚度较好的条件下，应尽可能采用悬伸镗杆镗孔。由于悬伸镗杆的旋转速度不受镗杆支承轴承的限制，可以提高镗削速度，从而提高生产率。用悬伸镗杆镗削大部分是端面孔，调整刀具、测量等都很方便。通镗杆镗削，在加工大直径深孔和孔间距较大的同轴孔系时，能发挥良好的作用，获得较高的精度，但装卸、调整时间长，而且不能采用端镗工具，影响了使用范围。

（二）镗床

常用的镗床有普通镗床、坐标镗床、专用镗床、数控镗床等。

1. 普通镗床

普通镗床通常包括普通卧式镗床、普通立式镗床、普通铣镗床、转塔式镗床等。图3-78

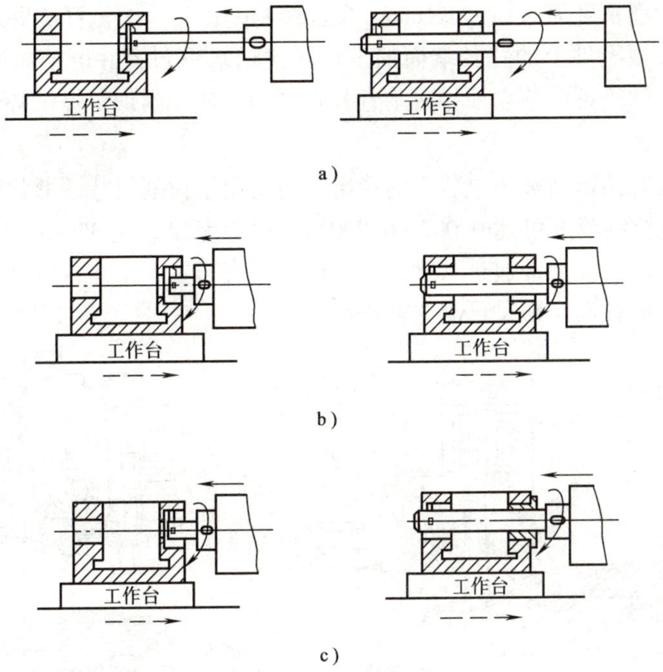

图 3-76　悬伸镗杆镗削

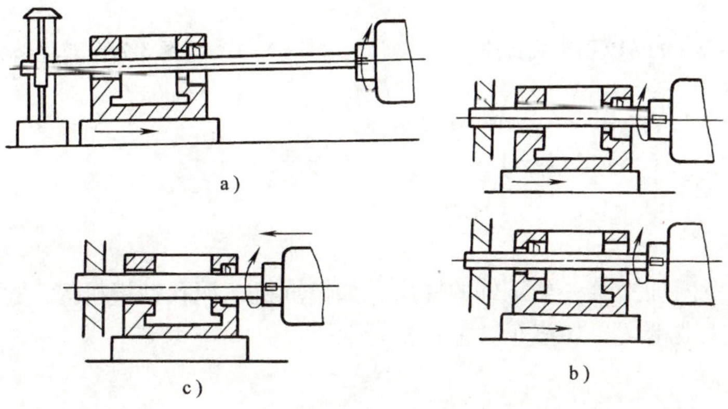

图 3-77　通镗杆镗削

所示为最常用的 TP619 型卧式镗床的外形。加工时，镗轴 4 和平旋盘 5 的旋转为主运动，刀具安装在主轴箱 8 的镗轴 4 或平旋盘 5 上，由主轴箱 8 可获得各种转速和进给量。主轴箱可沿着前立柱 7 的导轨上下移动。工件安装在工作台 3 上，可与工作台一起随下滑座 11 或上滑座 12 做纵、横向移动。此外，工作台 3 还可以绕上滑座 12 的圆导轨在水平面内调整至一定角度，以便加工互成一定角度的孔或平面。装在镗轴上的镗刀还可以随镗轴做轴向移动，实现轴向进给或者调整刀具轴向位置。当镗杆或刀杆伸出较长时，可用后立柱 2 上的后支承架 1 来支承其左端，以增加刚性。当刀具装在平旋盘 5 的径向刀架上时，径向刀架可带动刀具做径向进给，切削端面。

普通镗床的镗削精度为0.02~0.1mm，坐标控制是由百分表测杆装置及块规实现的，通常用于对箱体等大型零件上的孔及端面加工。其镗轴水平布置并可轴向进给，工作台可纵向、横向移动，主轴箱可沿前立柱导轨垂直升降，为完成切削加工提供必要的运动。

2. 坐标镗床

坐标镗床是具有精密坐标定位装置的镗床。主要用于镗削尺寸、形状和位置精度要求较高的孔系。其坐标控制精度可达0.002~0.0001mm，角度误差在3″~10″之间。图3-79所示为双柱坐标镗床，两立柱上部通过顶梁连接，镗轴垂直布置，工作台可沿床身纵向移动，主轴箱可沿横梁做横向移动，横梁可沿立柱垂直升降。

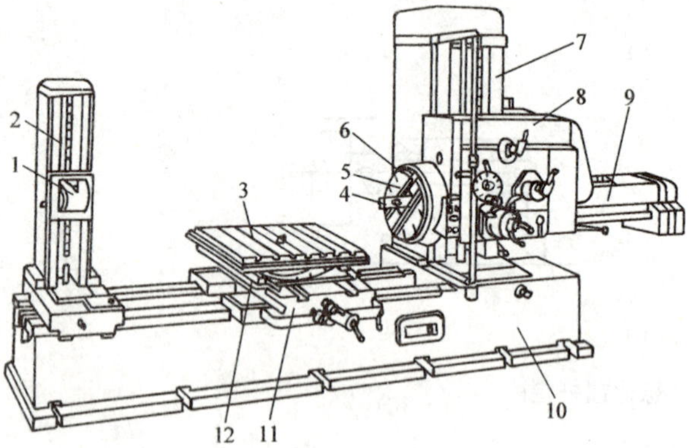

图3-78　TP619型卧式镗床

1—支承架　2—后立柱　3—工作台　4—镗轴　5—平旋盘　6—刀具径向溜板　7—前立柱　8—主轴箱　9—后尾筒　10—底座　11—下滑座　12—上滑座

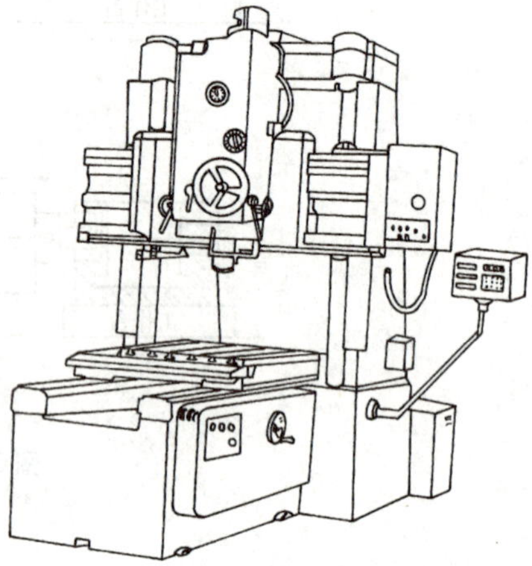

图3-79　双柱坐标镗床

3. 专用镗床

专用镗床是专门加工某一类工件的镗床。如镗缸机、深孔钻镗机等。这类镗床主要用于大批大量生产的工业部门，如汽车、拖拉机行业等。

4. 数控镗床

数控镗床是一种由计算机控制的镗床，具有加工精度高、效率高、自动化程度高等特点。自动换刀数控镗铣机床（也称为加工中心），具有自动换刀和程序控制功能，能自动完成转位及定位、主轴转速和进给量的变换，工件一次装夹就可完成多面的铣削及钻、扩、铰、镗等各种工序的加工。

（三）镗刀

镗刀的种类较多，按切削刃的数量可分为单刃镗刀和双刃镗刀；按用途可分为内孔镗刀、端面镗刀；按结构可分为整体式单刃镗刀、镗刀头、固定式镗刀块、浮动镗刀块等。

（1）整体式单刃镗刀　整体式单刃镗刀由切削部分和刀柄组成。其切削部分是采用合金工具钢整体制成，或采用硬质合金刀片焊接而成。刀柄有圆柱直柄和圆锥柄两种，如图3-80所示。整体式单刃镗刀结构紧凑、体积小，可以镗削小直径孔、不通孔、台阶孔，利用万能刀架或平旋盘滑座可以镗削大直径孔、切削端面及槽等。

（2）镗刀头　镗刀头是采用一小段整体合金工具钢材料或用硬质合金刀片焊接而成。镗刀头的截面有圆形和方形两种，如图 3-81 所示，插入镗杆中的圆形和方形孔中进行镗削加工。镗刀头的用途很广，箱体的孔系加工，特别是同轴度要求较高的孔系加工，大都采用通镗杆及镗刀头来镗削，适于镗通孔、台阶孔和刮削端面等。

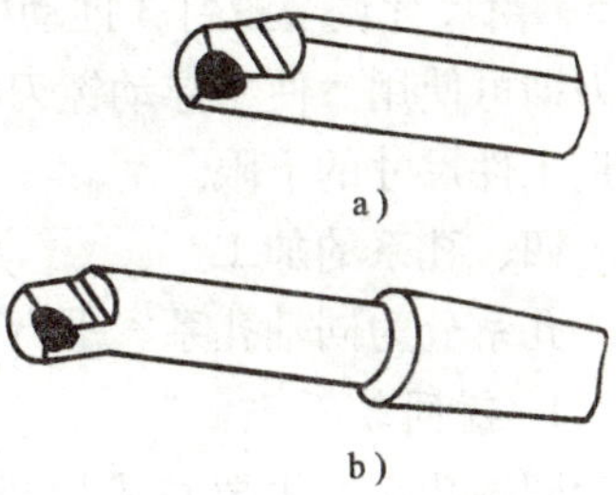

图 3-80　整体式单刃镗刀

（3）固定式镗刀块　镗刀块是用硬质合金刀片焊接而成，其直径尺寸需预先刃磨好，如图 3-82 所示。镗刀块属定尺寸刀具，能满足孔的各种尺寸公差要求。工作时将镗刀块紧固在镗杆上，由于镗刀块和镗刀杆的配合要求较高，制造比较困难，一旦刃口磨损，便无法调整，所以使用上受到一定限制，主要适用于成批生产中孔的粗镗，生产效率较高。

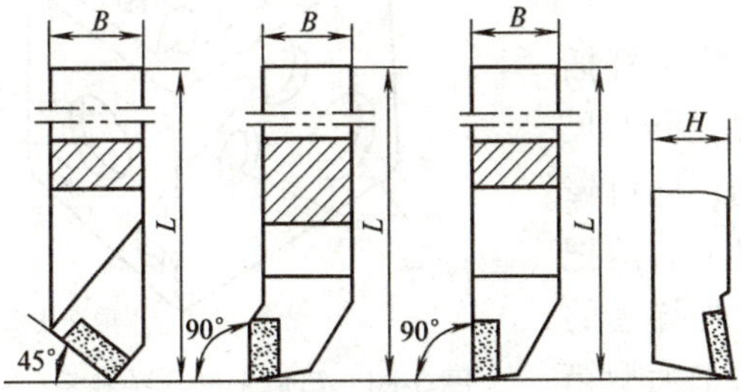

图 3-81　方形截面镗刀头

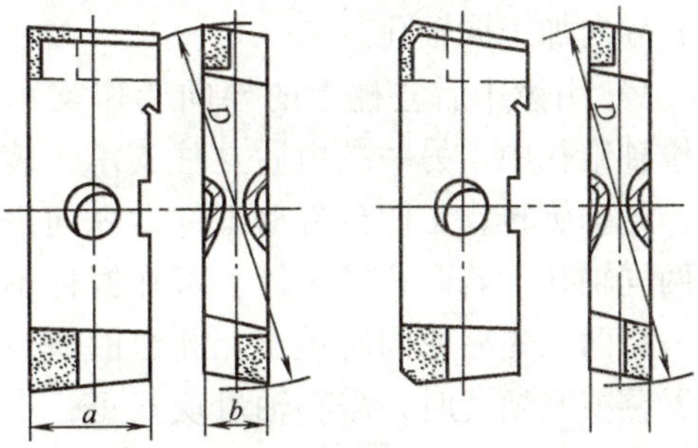

图 3-82　固定式镗刀块

（4）浮动镗刀块　浮动镗刀是一种与镗刀杆精密配合，并可在镗杆孔中自由滑动、直径尺寸可以调整的镗刀块，如图 3-83 所示。工作时镗刀块不紧固在镗杆上，而是在刀杆上长方孔内自由滑动，使镗刀块处于“浮动”状态。切削时由两对称切削刃所受的切削力自动平衡浮动镗刀的径向位置，使刀块自动对中，这样可以自动补偿因刀具安装、镗杆的径向跳动而引起的加工误差。浮动镗刀除了切削作用外，还可对已加工表面起挤压和修光作用，是一种精镗孔刀具。

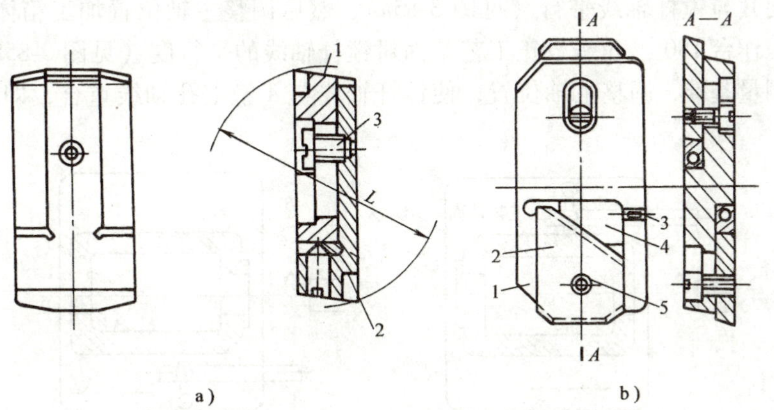

图 3-83　浮动镗刀块

1—刀体　2—刀片　3—调节螺钉　4—楔块　5—夹紧螺钉

浮动镗刀一般都做成装配形式，如图3-83b所示。在刀体1中装有刀片2，松开夹紧螺钉5，由尺寸调节螺钉3推动楔块4调节镗刀尺寸，待尺寸调整好后，由夹紧螺钉5紧固，镗刀即可使用。使用浮动镗刀时，因镗削时孔径稍有扩大，故一般将镗刀的直径尺寸调整到接近工件尺寸的下限。

主轴箱孔系

四、孔系的加工

孔系分为同轴孔系、平行孔系和垂直孔系，如图3-84所示。

1. 镗同轴孔系

同轴孔系的主要技术要求为同轴线上各孔的同轴度，生产中常采用以下几种方法加工：

（1）导向法　单件小批生产时，箱体孔系一般在通用机床上加工，镗杆的受力变形会影响孔的同轴度，可采用导套导向加工同轴孔。

1）用镗床后立柱上的导向套作支承导向。将镗杆插入镗轴锥孔中，另一端由后立柱支承，装上镗刀，调好尺寸，镗轴旋转，工作台带动工件做纵向进给运动，即可镗出两同轴孔。若两孔径不等，可在镗杆不同位置上装两把镗刀将两孔先后或同时镗出。此法的缺点是后立柱导套的位置调整麻烦费时，需心轴量块找正，一般适用于大型箱体的加工。

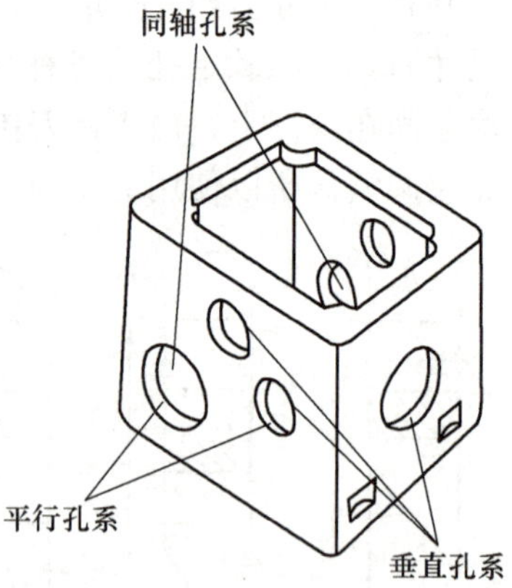

图3-84　箱体上的几种孔系

2）用已加工孔作支承导向。当箱体前壁上的孔加工完毕，可在孔内装一导向套，以支承和引导镗杆加工后面的孔，来保证两孔的同轴度。此法适用于箱壁相距较近的同轴孔加工。

（2）找正法　找正法是在工件一次安装镗出箱体一端的孔后，将镗床工作台回转180°，再对箱体另一端同轴线的孔进行找正加工。找正后保证调头后镗杆轴线与已加工孔轴线位置精确重合。

如图3-85所示，镗孔前用装在镗杆上的百分表对箱体上与所镗孔轴线平行的工艺基面进行校正，使其与镗杆轴线平行（见图3-85a），然后调整主轴位置加工箱体 *A* 壁上的孔。镗孔后回转工作台180°，重新校正工艺基面对镗杆轴线的平行度（见图3-85b），再以工艺基面为统一测量基准，调整主轴位置，使镗杆轴线与 *A* 壁上孔轴线重合，即可加工箱体 *B* 壁上的孔。

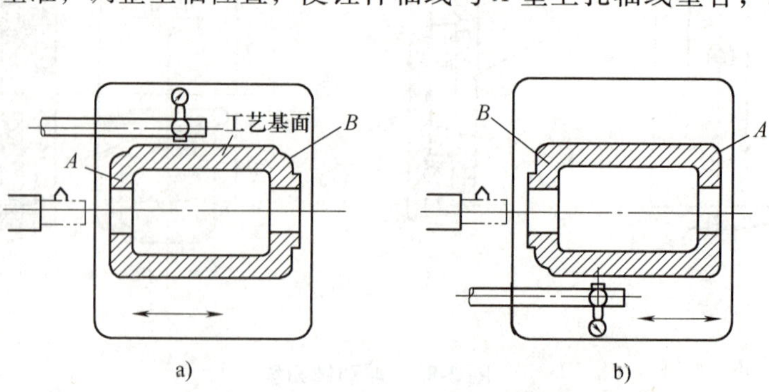

图3-85　找正法加工同轴孔系

（3）镗模法　在成批大量生产中，一般采用镗模加工，其同轴度由镗模保证。如图 3-86 所示，工件装夹在镗模上，镗杆支承在镗套的前后导向孔中，由导向套引导镗杆在工件的正确位置上镗孔。

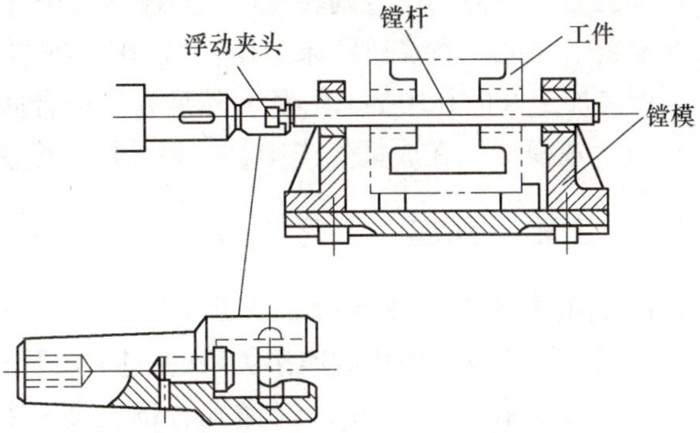

图 3-86　用镗模加工同轴孔系

用镗模镗孔时，镗杆与机床主轴通过浮动夹头与镗杆采用浮动连接，保证孔系的加工精度不受机床精度的影响。图 3-86 中孔的同轴度主要取决于镗模的精度，因而可以在精度较低的机床上加工精度较高的孔系。同时有利于多刀同时切削，且定位夹紧迅速，生产率高。但是，镗模的精度要求高，制造周期长，生产成本高。因此镗模法加工孔系适用于成批大量生产，对一些精度要求较高，结构复杂的箱体孔系，单件小批生产往往也采用镗模法加工。

用镗模法加工孔系，既可在通用机床上加工，也可在专用机床或组合机床上加工。

2. 镗平行孔系

平行孔系的主要技术要求是各平行孔中心线之间及孔中心线与基准面之间的距离尺寸精度和相互位置精度。生产中常采用以下几种方法：

（1）坐标法　坐标法镗孔是将被加工孔系间的孔距尺寸换算成两个相互垂直的坐标尺寸，然后按此坐标尺寸精确地调整机床主轴和工件在水平与垂直方向的相对位置，通过控制机床的坐标位移尺寸和公差来保证孔距尺寸精度。

（2）找正法　找正法加工是在通用机床上镗孔时，借助一些辅助装置去找正每一个被加工孔的正确位置。常用的找正方法有：

1）划线找正法。加工前按图样要求在毛坯上划出各孔的位置轮廓线，加工时按划线找正，同时结合试切法进行加工。划线需手工操作，难度较大，加工精度受工人技术水平影响较大，加工孔距精度低，生产率低，因此，一般适用于孔距精度要求不高，生产批量较小的孔系加工。

2）量块心轴找正法。如图 3-87 所示，将精密心轴分别插入机床主轴孔和已加工孔中，然后组合一定尺寸的量块来找正主轴的位置。找正时，在量块心轴间要用塞尺测定间隙，以免量块与心轴直接接触而产生变形。此法可达到较高的孔距精度，但生产率低，适用于单件小批生产。

（3）镗模法　在成批大量生产中，一般采用镗模加工，其平行度由镗模来保证。

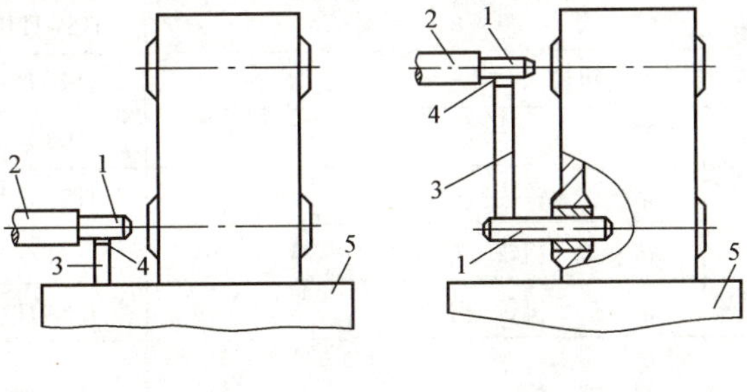

图 3-87　用量块心轴找正法

a）第一工位　b）第二工位

1—心轴　2—镗床主轴　3—量块　4—塞规　5—镗床工作台

3. 镗垂直孔系

垂直孔系的主要技术要求为各孔间

的垂直度。生产中常采用以下两种方法：

（1）找正法　单件小批生产中，一般在通用机床上加工。镗垂直孔系时，当一个方向的孔加工完毕可将工作台调转90°，再镗第二个孔。孔系的垂直度精度靠镗床工作台的90°对准装置来保证。当普通镗床工作台的90°对准装置精度不高时，可用心棒与百分表进行找正，即在加工好的孔中插入心棒，然后将工作台回转，摇动工作台用百分表找正。

（2）镗模法　在成批生产中，一般采用镗模法加工，其垂直度由镗模保证。

3.4.2　主轴箱孔加工工艺的制订

1. 孔的分类及其主要加工方法

按照孔与其他零件相对连接关系的不同，可分为配合孔与非配合孔；按其几何特征的不同，可分为通孔、不通孔、阶梯孔、锥孔等；按其几何形状不同，可分为圆孔、非圆孔等。

在机械加工中，根据孔的结构和技术要求的不同，可采用不同的加工方法，这些方法归纳起来可以分为两类：一类是对实体工件进行孔加工，即从实体上加工出孔；另一类是对已有的孔进行半精加工和精加工。非配合孔一般是采用钻削加工，在实体工件上直接把孔钻出来；对于配合孔则需要在钻孔的基础上，根据被加工孔的精度和表面质量要求，采用铰削、镗削、磨削等精加工的方法做进一步的加工。铰削、镗削是对已有孔进行精加工的典型切削加工方法。要实现对孔的精密加工，主要的加工方法就是磨削。当孔的表面质量要求很高时，还需要采用精细镗、研磨、珩磨、滚压等表面光整加工方法；对非圆孔的加工则需要采用插削、拉削以及特种加工等方法。

2. 孔加工方案的选择

根据孔的加工方法，孔加工可组合出很多的加工方案。表3-10是孔加工的几种典型方案。

表3-10　孔加工的几种典型方案

序号	加工方法	经济精度（公差等级表示）	表面粗糙度值 $Ra/\mu m$	适用范围
1	钻	IT11～IT13	12.5	加工未淬火钢及铸铁的实心毛坯，也可用于加工有色金属，孔径小于15～20mm
2	钻—铰	IT8～IT10	1.6～6.3	
3	钻—粗铰	IT7～IT8	0.8～1.6	
4	钻—扩	IT10～IT11	6.3～12.5	加工未淬火钢及铸铁的实心毛坯，也可用于加工有色金属，孔径大于15～20mm
5	钻—扩—铰	IT8～IT9	1.6～3.2	
6	钻—扩—粗铰—精铰	IT7	0.8～1.6	
7	钻—扩—机铰—手铰	IT6～IT7	0.2～0.4	
8	钻—扩—拉	IT7～IT9	0.1～1.6	大批大量生产（精度由拉刀的精度而定）
9	粗镗（或扩孔）	IT11～IT13	6.3～12.5	除淬火钢外各种材料，毛坯有铸出孔或锻出孔
10	粗镗（粗扩）—半精镗（精扩）	IT9～IT10	1.6～3.2	

（续）

序号	加工方法	经济精度（公差等级表示）	表面粗糙度值 $Ra/\mu m$	适用范围
11	粗镗（粗扩）—半精镗（精扩）—精镗（铰）	IT7～IT8	0.8～1.6	除淬火钢外各种材料，毛坯有铸出孔或锻出孔
12	粗镗（粗扩）—半精镗（精扩）—精镗—浮动镗刀精镗	IT6～IT7	0.4～0.8	
13	粗镗（扩）—半精镗—磨孔	IT7～IT8	0.2～0.8	主要用于淬火钢，也可用于未淬火钢，但不宜用于有色金属
14	粗镗（扩）—半精镗—粗磨—精磨	IT7～IT8	0.1～0.2	
15	粗镗—半精镗—精镗—精镗—精细镗（金刚镗）	IT6～IT7	0.05～0.4	主要用于精度要求高的有色金属
16	钻—（扩）—粗铰—精铰—珩磨；钻—（扩）—拉—珩磨；粗镗—半精镗—精镗—珩磨	IT6～IT7	0.025～0.2	精度要求很高的孔
17	以研磨代替上述方法中的珩磨	IT5～IT6	0.006～0.1	

3.5　箱体加工夹具选用及设计

3.5.1　铣床专用夹具设计

铣床夹具主要用于加工零件上的平面、凹槽、花键及各种成形面。

按照铣削时的进给方式，通常将铣床夹具分为直线进给式、圆周进给式和靠模式三种。

（一）铣床夹具实例

1. 直线进给式铣床夹具

图3-88所示为铣槽的直线进给铣床夹具。工件以一面两孔定位，夹具上相应的定位元件为支承板、一个圆柱销和一个菱形销。工件的夹紧是使用螺旋压板夹紧机构来实现的。卸工件时，松开压紧螺母，螺旋压板在弹簧作用下抬起，转离工件的夹紧表面。使用定位键7和对刀块2，确定夹具与机床、刀具与夹具正确的相对位置。

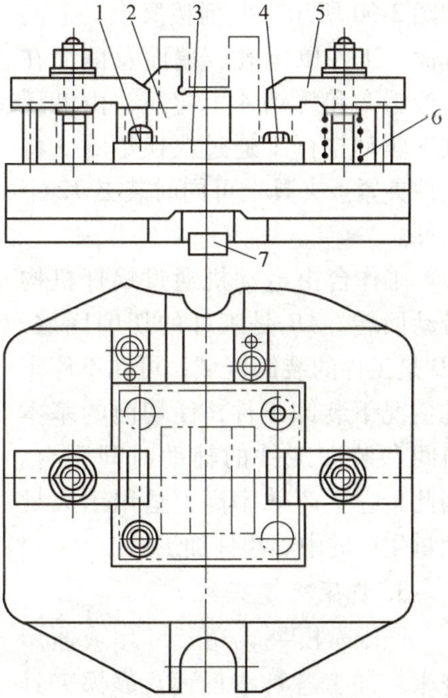

图3-88　铣槽夹具

1—圆柱销　2—对刀块　3—支承板　4—菱形销　5—螺旋压板　6—弹簧　7—定位键

图3-89所示为带料框的直线进给铣床夹具。夹具由两部分组成：一部分是可装卸的装料框（见图3-89b）；另一部分固定在机床工作台上。前者有定位元件，后者有夹紧装置。工件在支架12的左端面、圆柱销11和菱形销10上定位，拧紧螺母1，通过压板2、压块3将工件压紧。为提高效率，减少安装工件的辅助时间，一个夹具应准备两个以上装料框，操作者利用切削的基本时间装好工件，与装料框一起装到夹具体上。

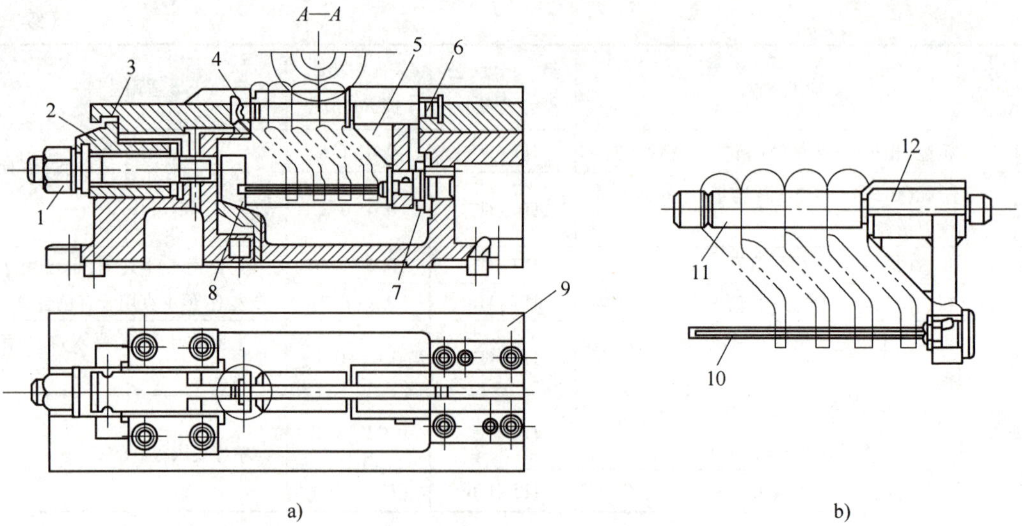

图 3-89　带装料框的铣床夹具

1—螺母　2—压板　3—压块　4—定位孔　5—装料框　6—定位孔
7、8—定位槽　9—夹具体　10—菱形销　11—圆柱销　12—支架

2. 圆周进给式铣床夹具

圆周进给式铣床夹具一般在有回转工作台的专用铣床上使用，在通用铣床上使用时，应进行改装，增加一个回转工作台。如图 3-90 所示，铣削拨叉上、下两端面。工件以圆孔、端面及侧面在定位销 2 和挡销 4 上定位，由液压缸 6 驱动拉杆 1 通过快换垫圈 3 将工件夹紧。夹具上可同时装夹 12 个工件。

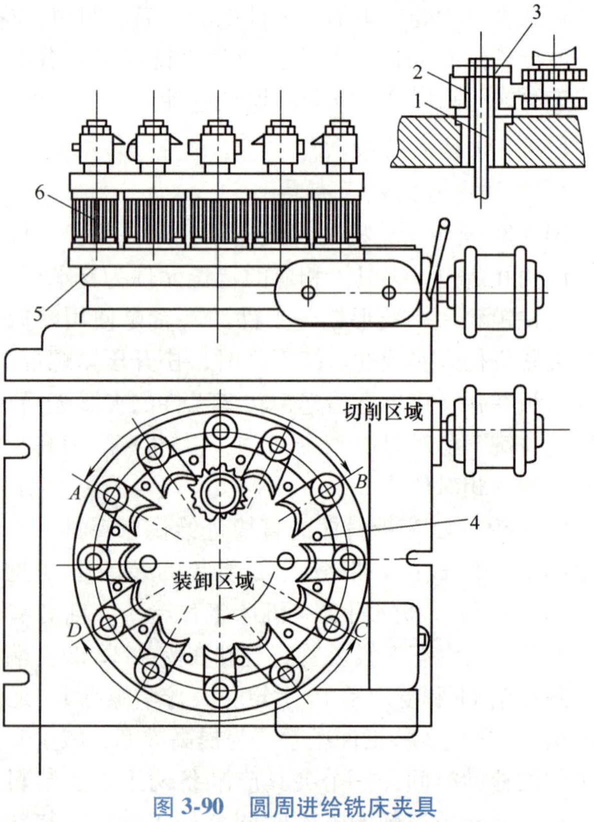

图 3-90　圆周进给铣床夹具

1—拉杆　2—定位销　3—快换垫圈　4—挡销
5—回转工作台　6—液压缸

工作台由电动机通过蜗杆机构带动回转。*AB* 是工件的切削区域，*CD* 是工件的装卸区域，可在不停车的情况下装卸工件，使切削的基本时间和装卸工件的辅助时间重合。因此，它生产效率高，适用于大批大量生产的中、小件加工。

3. 铣床靠模夹具

铣床靠模夹具用于专用或通用铣床上加工各种成形面。靠模夹具的作用是使主进给运动和靠模获得的辅助运动合成加工所需要的仿形运动。按照主进给运动的运动方式，铣床靠模夹具可分为直线进给和圆周进给两种。

（1）直线进给铣床靠模夹具　图 3-91a 所示为直线进给铣床靠模夹具示意图。靠模板 2 和工件 4 分别装在夹具上，滚柱滑座 6 和铣刀滑座 5 连成一体，它们的轴线距离 k 保持不变。滑座 5、6 在强力弹簧或重锤拉力作用下沿导轨滑动，使滚柱始终压在靠模板上。当工作台做纵向进给时，滑座即获得一横向辅助运动，使铣刀仿照靠模板的曲线轨迹在工件上铣出所需的成形表面。此种加工方法一般在靠模铣床上进行。

（2）圆周进给铣床靠模夹具　图 3-91b 所示为装在普通立式铣床上的圆周进给靠模夹具。靠模板 2 和工件 4 装在回转台 7 上，回转台由蜗杆蜗轮带动，做等速圆周运动。在强力弹簧的作用下，滑座带动工件沿导轨相对于刀具做辅助运动，从而加工出与靠模外形相仿的成形面。

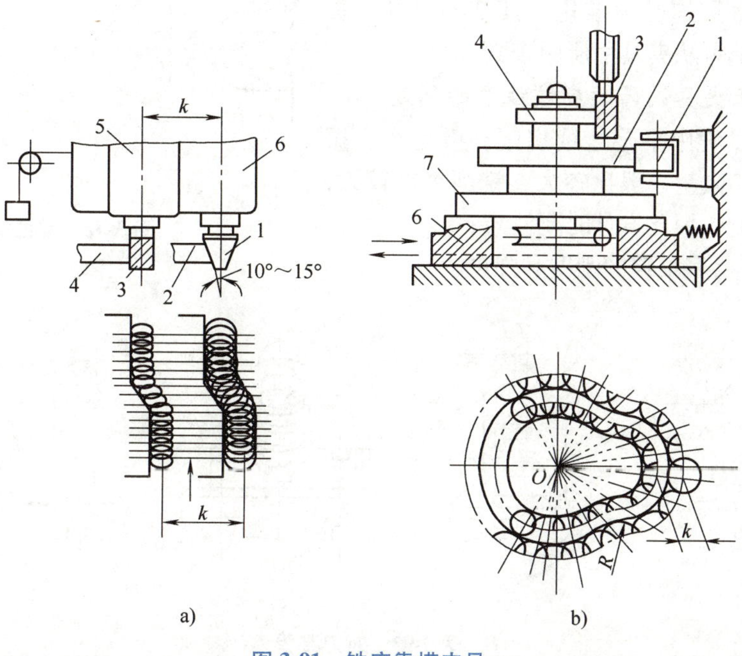

图 3-91　铣床靠模夹具

1—滚柱　2—靠模板　3—铣刀　4—工件　5—铣刀滑座　6—滚柱滑座　7—回转台

（二）铣床夹具的结构特点

铣床夹具除了具有定位元件、夹紧机构和夹具体以外，和其他机床夹具不同的是还具有对刀装置（对刀块与塞尺）和定位键。

1. 定位键

铣床夹具常用装在夹具体底面上的定位键来确定夹具相对于机床进给方向的正确位置。图 3-92 所示为常用定位键的结构及使用实例。为了提高定向精度，定位键上部与夹具体底面的槽配合，下部与机床工作台的 T 形槽配合。两定位键，在夹具允许范围内应尽量布置得远些，以提高夹具的安装精度。

定向精度要求高的铣床夹具，常不放置定位键，而在夹具体的侧面加工出一窄长平面作为夹具安装时的找正基面，通过找正获得较高的定向精度。

矩形定位键已经标准化，其规格尺寸、材料和热处理等可从夹具手册中查到。

2. 对刀装置

图3-88中的对刀块2用来确定夹具与刀具的相对位置。对刀装置的结构形式取决于工件加工表面的形状，图3-93所示为几种常见的对刀装置。图3-93a用于铣平面，图3-93b用于铣槽，图3-93c、d用于铣削成型面。

对刀时，在刀具与对刀块之间加一塞尺，使刀具与对刀块不直接接触，以免损坏切削刃或造成对刀块过早磨损。塞尺有平塞尺和圆柱形塞尺两种，其厚度或直径一般为3~5mm。

对刀块与塞尺均已标准化，其结构尺寸、材料、热处理等都可从夹具手册中查到。

(三) 铣床夹具设计时应该注意的问题

由于铣削过程中不是连续切削，极易产生振动，铣削的加工余量一般比较大，铣削力也较大，且方向是变化的，因此设计时要注意：

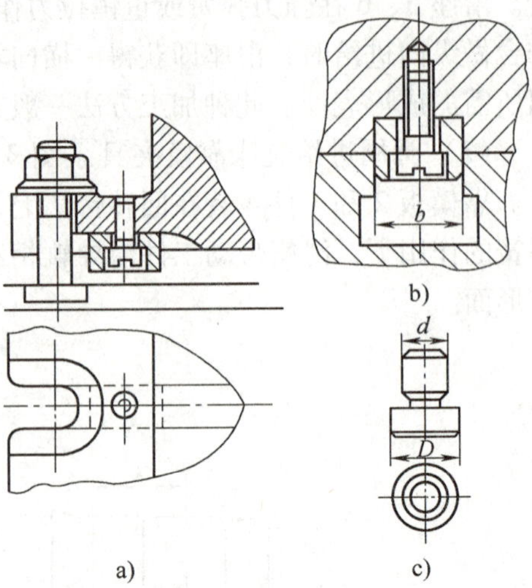

图3-92　定位键

1) 夹具体要有足够的刚度和强度。

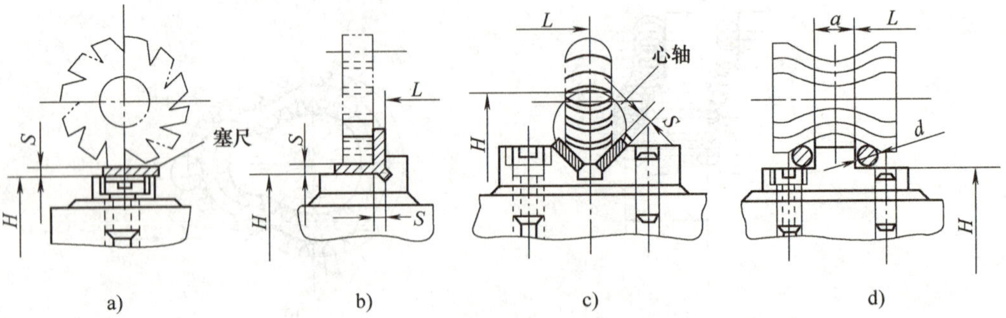

图3-93　对刀装置

2) 夹具要有足够的夹紧力，夹紧装置自锁性要好。

3) 夹紧力应作用在工件刚度较大的部位上，且着力点和施力方向要恰当。

4) 夹具的重心应尽量低，高度与宽度之比不应大于1~1.25。

5) 要有足够的排屑空间。切屑和切削液能顺利排出，必要时可设计排屑孔。

此外，为方便铣床夹具在铣床工作台上的固定，夹具体上应设置耳座。常见的耳座结构如图3-92a所示，其结构尺寸可参考夹具手册。小型夹具体一般两端各设置一个耳座，夹具体较宽时，可在两端各设置两个耳座，两耳座的距离应与工作台上两T形槽的距离一致。对于重型铣床夹具，夹具体两端还应设置吊装孔或吊环等。

3.5.2　钻床专用夹具设计

在钻床上进行孔的钻、扩、锪、攻螺纹加工时所用的夹具称为钻床夹具，又称为钻模。

（一）钻模的主要类型

钻模的种类繁多，常用的有固定式、回转式、移动式、翻转式、盖板式、滑柱式等。

1. 固定式钻模

固定式钻模的特点是在加工中钻模固定不动，用于在立式钻床上加工单孔或在摇臂钻床上加工位于同一方向上的平行孔系。如图 3-94 所示，钻模板 3 用若干个螺钉 2 和两个圆柱定位销 1 固定在夹具体上。除用上述连接方法外，钻模板和夹具体还可以采用焊接结构或直接铸造成一体。固定式钻模结构简单，制造方便，定位精度高，但有时装卸工件不便。

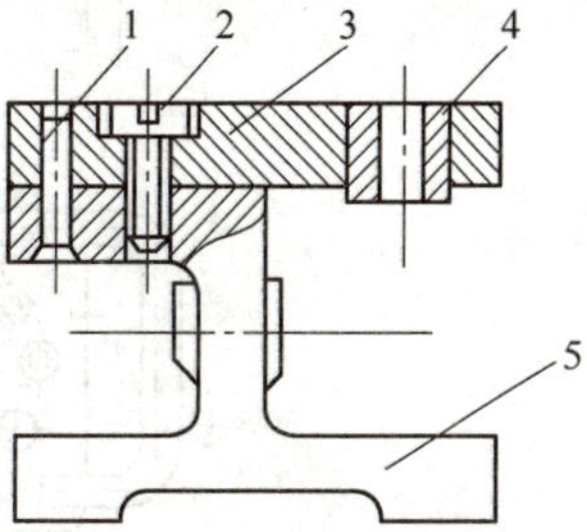

图 3-94　固定式钻模

1—定位键　2—螺钉　3—钻模板　4—钻套　5—夹具体

2. 回转式钻模

回转式钻模用于加工工件上围绕某一轴线分布的轴向或径向孔系。工件一次安装，经夹具分度机构转位而顺序加工各孔。图 3-95 所示为加工套筒上三圈径向孔的回转式钻模。工件以内孔和一个端面在定位轴 3 和分度盘 2 的端面 A 上定位，用螺母 5 夹紧工件。钻完一排孔后，将分度销 6 拉出，松开螺母 1，即可转动分度盘 2 至另一位置，再插入分度销，拧紧螺母 5，即进行另一排孔的加工。

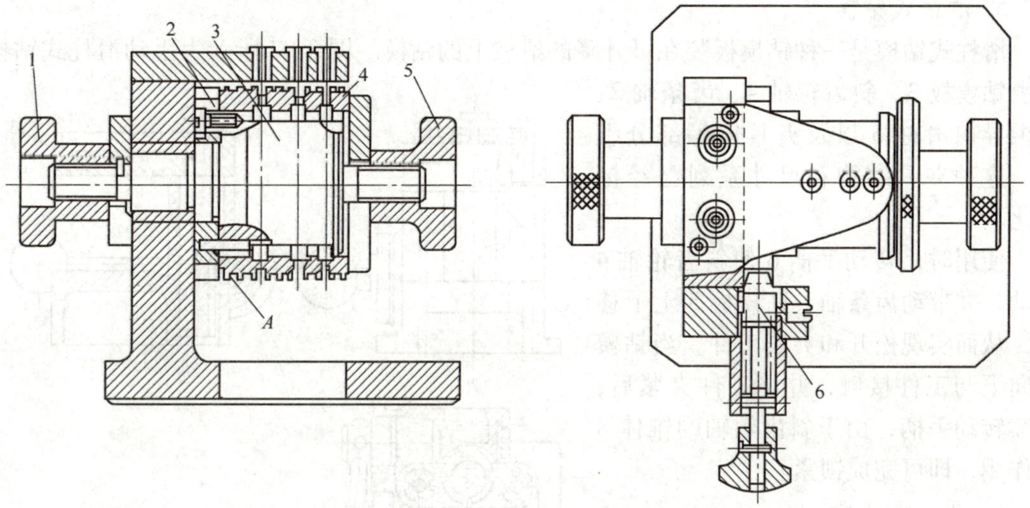

图 3-95　回转式钻模

1—螺母　2—分度盘　3—定位轴　4—工件　5—螺母　6—分度销

3. 移动式钻模

移动式钻模用在立式钻床上，先后钻削工件同一表面上的多个孔，属于小型夹具。移动方式有两种：一种是自由移动；另一种是定向移动，用专门设计的导轨和定程机构来控制移动的方向和距离。

4. 盖板式钻模

盖板式钻模无夹具体，其定位元件和夹紧装置直接安装在钻模板上。图 3-96 所示为加工车床溜板箱上多个小孔的盖板式钻模。在钻模板上装有钻套和定位元件等。它的主要特点是钻模在工件上定位，夹具结构简单、轻便、易清除切屑。盖板式钻模适合在体积大而笨重的工件上加工小孔。但是，盖板式钻模每次需从工件上装卸，比较费时。

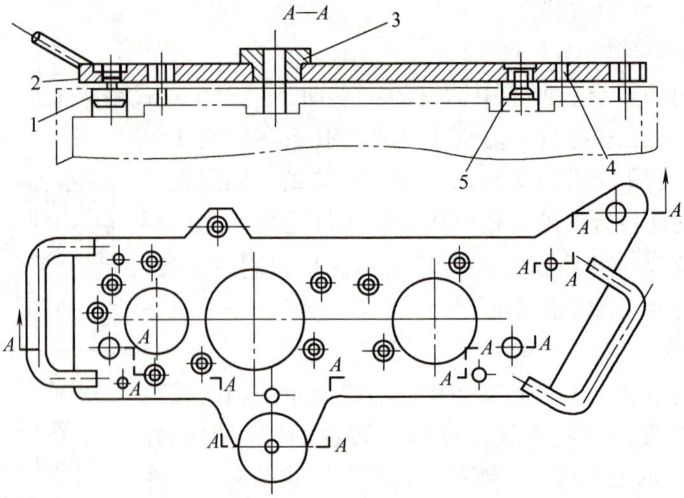

图 3-96 盖板式钻模

1、5—定位销 2—钻模板 3—钻套 4—支承钉

5. 滑柱式钻模

滑柱式钻模是一种钻模板装在可升降的滑柱上的钻模。图 3-97 所示为手动滑柱式钻模，它由钻模板 3、斜齿轮轴 4、齿条轴 2、两根导向滑柱 5 以及夹具体等部分组成。这种夹具结构和尺寸系列已经标准化。

使用时，转动手柄 6 使斜齿轮轴 4 转动，并带动齿条轴、钻模板 3 上下移动，从而实现松开和夹紧工件。当钻模板向下与工件接触，并将工件夹紧后，继续转动手柄，由于斜齿轮轴的锥体 *A* 的作用，即可完成锁紧。

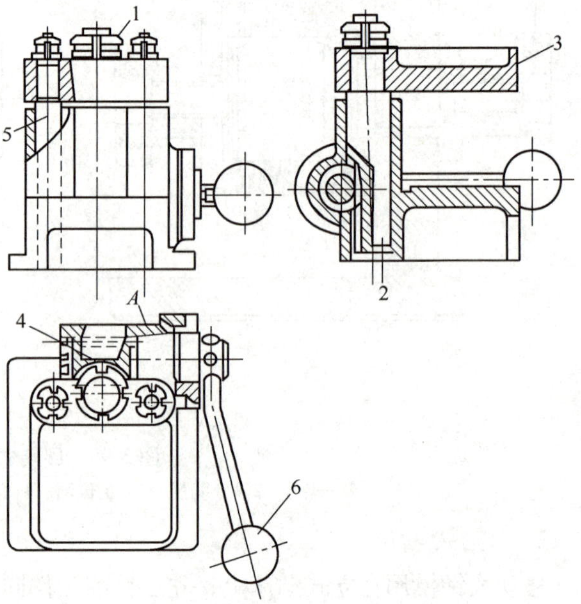

图 3-97 滑柱式钻模

1—螺母 2—齿条轴 3—钻模板 4—斜齿轮轴 5—导向滑柱 6—手柄

6. 翻转式钻模

翻转式钻模主要用于加工中、小型工件分布在不同表面上的孔。图 3-98 所示为加工套筒上四个径向孔的翻转式钻模。工件以内孔及端面在台肩和定位轴的圆柱面上定位，用快换垫圈 2 和螺母 3 夹紧。钻完一组孔后，翻转 60°，钻另一组孔。该夹具的结构比较简单，但每次钻孔都需找正钻套相对钻头的位置，所以辅助时间较长，且手动翻转费力，因此工件连同夹具总重量不能太重，生产批量不宜过大。

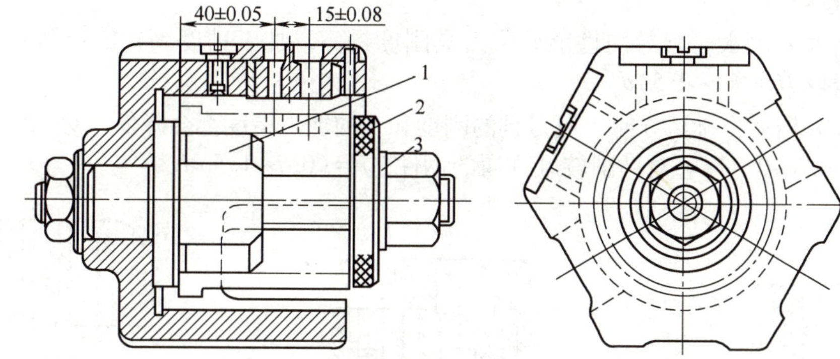

图 3-98　翻转式钻模

1—定位轴　2—快换垫圈　3—螺母

（二）钻模的结构特点

钻模除了具有定位元件、夹紧装置和夹具体以外，还有钻模板和钻套。

1. 钻套

图 3-99 所示为固定钻套，钻套直接压装在钻模板上，固定钻套结构简单、钻孔精度高，但磨损后不能更换。固定钻套适用于单一钻孔工序的小批生产。

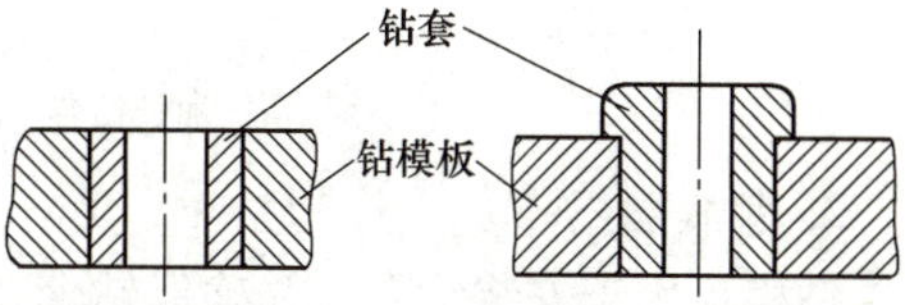

图 3-99　固定钻套

图 3-100 所示为可换钻套，钻套装在衬套中，衬套压装在钻模板上，由螺钉将钻套压紧，以防止钻套转动或退刀时脱出。钻套磨损后，将螺钉松开可迅速更换。适用于大批量生产时的单一钻孔工序。

图 3-101 所示为快换钻套，其结构与可换钻套相似。当一个工序中工件同一孔须经多种方法加工（如孔经钻、扩、铰或攻螺纹等）时，能快速更换不同孔径的钻套。更换时，将钻套缺口转至螺钉处，即可取出。

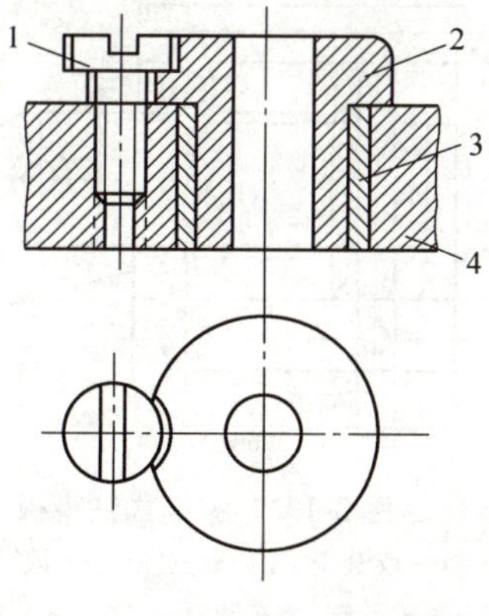

图 3-100　可换钻套

1—螺钉　2—钻套　3—衬套　4—钻模板

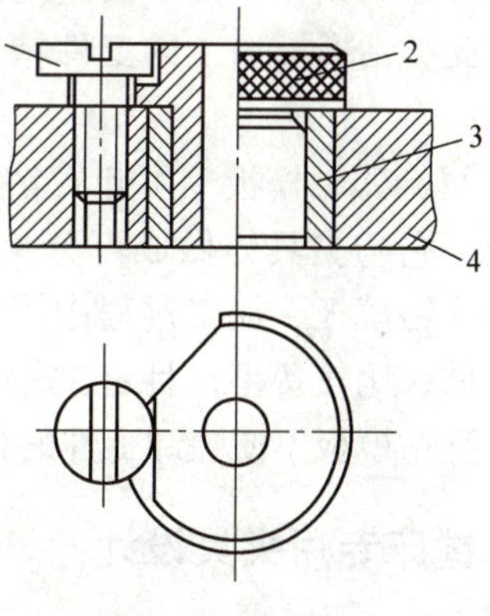

图 3-101　快换钻套

1—螺钉　2—钻套　3—衬套　4—钻模板

图 3-102 所示为特殊钻套，当工件的结构形状不适合采用标准钻套时，可自行设计与工

件相适应的特殊钻套。

钻套的高度 H 增大，则导向性能好，刀具刚度提高，加工精度高，但钻套与刀具的磨损加剧，一般取 $H=(1\sim2.5)d$。

排屑空间 h 增大，排屑方便，但刀具的刚度和孔的加工精度都会降低。对钻削较易排屑的铸铁，$h=(0.3\sim0.7)d$；对钻削较难排屑的钢件，$h=(0.7\sim1.5)d$。

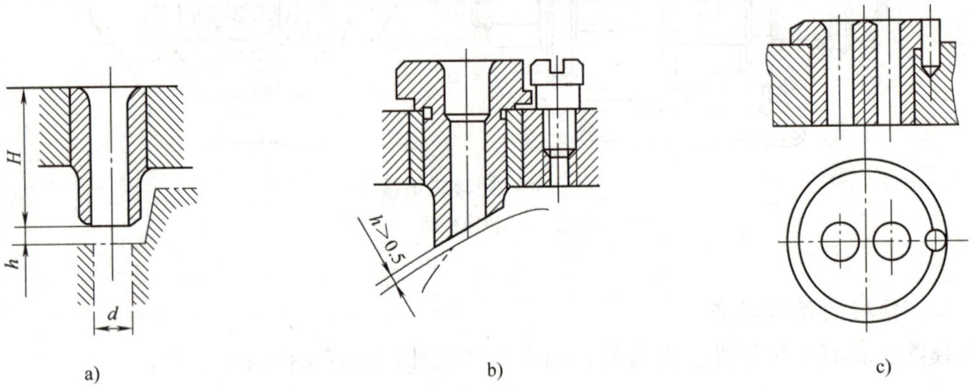

图 3-102　特殊钻套

a）加长钻套　b）斜面钻套　c）小孔距钻套

2. 钻模板

钻模板用于安装钻套，并确保钻套在钻模上的正确位置。钻模板多装配在夹具体或支架上，常见的钻模板有以下几种：

（1）固定式钻模板　如图 3-94 所示。

（2）铰链式钻模板　当钻模板妨碍工件装卸或钻孔后需攻螺纹时，可采用图 3-103 所示的铰链式钻模板。钻套导向孔与夹具安装面的垂直度可通过调整两个支承钉 4 的高度来保证。加工时，钻模板 5 由菱形螺母 6 锁紧。由于铰链销孔之间存在配合间隙，用此类钻模板加工的工件精度比固定式钻模板低。

（3）可卸式钻模板　可卸式钻模板又称为分离式钻模板，它与夹具体做成可分离的。图 3-104 所示为可卸式钻模板，加工过程中需将钻模板卸下才能装卸工件，比较费事，且定位精度低，一般多用于其他类型钻模板不便装卸工件的情况。

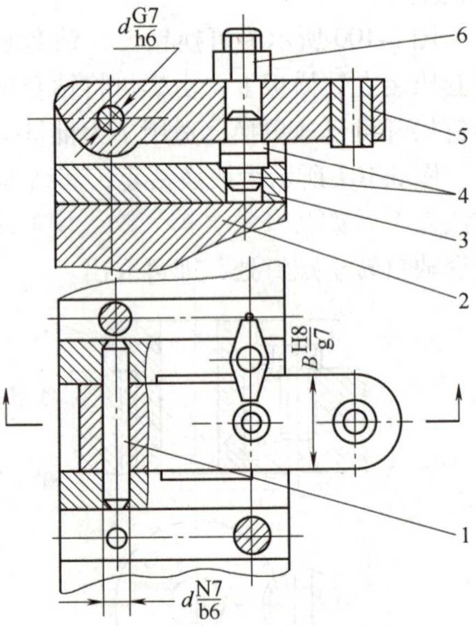

图 3-103　铰链式钻模板

1—铰链销　2—夹具体　3—铰链座　4—支承钉　5—钻模板　6—菱形螺母

3.5.3　镗床专用夹具设计

镗床夹具又称为镗模，主要用于加工箱体类工件的精密孔或孔系。

（一）镗床夹具实例

镗床夹具可分为双支承镗模、单支承镗模及无支承镗模。

1. 双支承镗模

图 3-105 所示为镗削车床尾架孔的双支承镗模，镗模的两个支承分别设置在刀具的前方和后方，镗刀杆 9 和主轴通过浮动接头 10 连接，保证被加工孔的加工精度不受机床主轴精度的影响。工件以底面槽及侧面在定位板 3、4 及可调支承钉 7 上定位，限制六个自由度。采用联动夹紧机构夹紧，即拧紧夹紧螺钉 6，压板 5、8 同时将工件夹紧。镗模支架 1 用回转镗套 2 来支承和引导镗杆。镗模以底面 *A* 安装在机床工作台上，其位置用 *B* 面找正。

2. 单支承镗模

这类镗模只有一个导向支承，镗杆与主轴采用固定连接。安装镗模时，应使镗套轴线与机床主轴轴线重合，主轴的回转精度将影响镗孔精度。根据支承相对刀具的位置，单支承镗模又可分为以下两种：

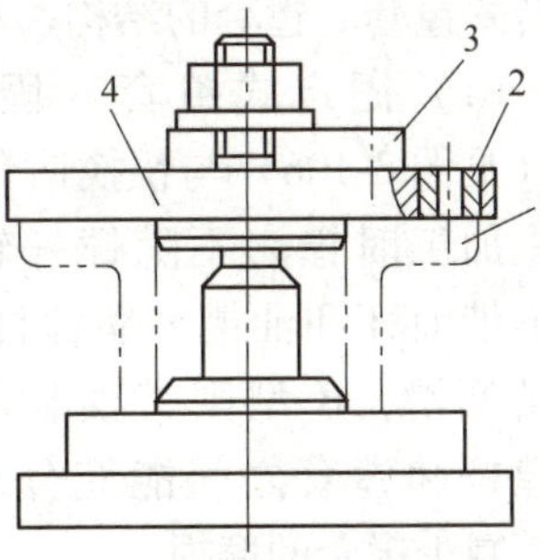

图 3-104　可卸式钻模板

1—工件　2—钻套

3—压板　4—钻模板

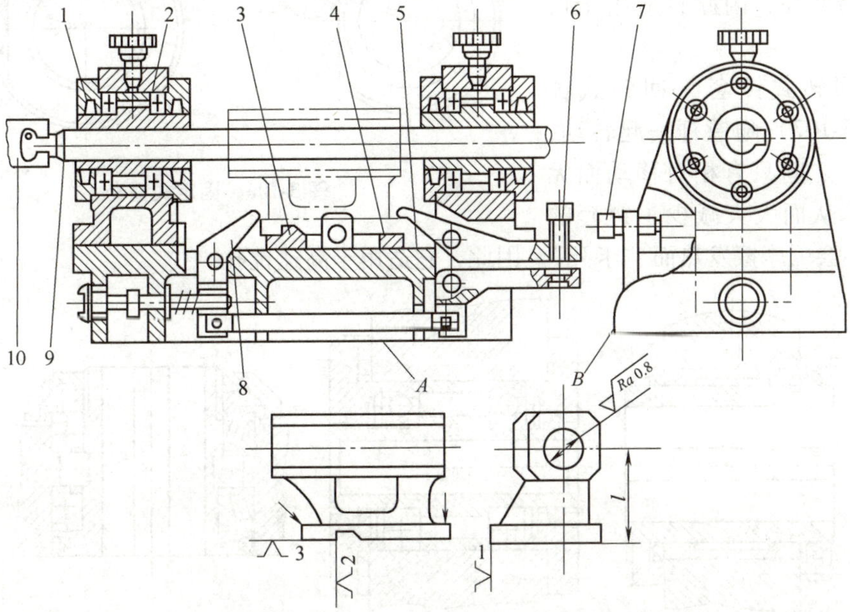

图 3-105　镗削车床尾架孔的双支承镗模

1—支架　2—回转镗套　3、4—定位板　5—压板　6—夹紧螺钉

7—可调支承钉　8—压板　9—镗刀杆　10—浮动接头

一种为前单支承镗模，镗模支承设置在刀具的前方。另一种为后单支承镗模，镗套设置在刀具的后方。

3. 无支承镗模

工件在刚性好、精度高的金刚镗床或坐标镗床上镗孔时，夹具上不设置镗杆支承，加工孔的尺寸和位置精度均由镗床保证。

（二）镗床夹具的结构特点

镗床夹具具有定位元件和夹紧装置，除此之外还有镗套、镗杆、镗模支架、浮动接头、镗模底座。

1. 镗套

镗套的结构形式和精度直接影响被加工孔的精度。常用的镗套有两类，即固定式镗套和回转式镗套。镗套的结构、材料、配合关系等可查阅有关设计手册。

（1）固定式镗套 固定式镗套（见图3-106）与快换钻套结构相似，加工时镗套不随镗杆转动。A型不带油杯和油槽，靠镗杆上开的油槽润滑；B型则带油杯和油槽，使镗杆和镗套之间能充分地润滑，从而减少镗套的磨损。

固定式镗套的优点是外形尺寸小、结构简单、精度高。但镗杆在镗套内一面回转一面做轴向移动，使镗套容易磨损，因此只适用于低速镗孔。

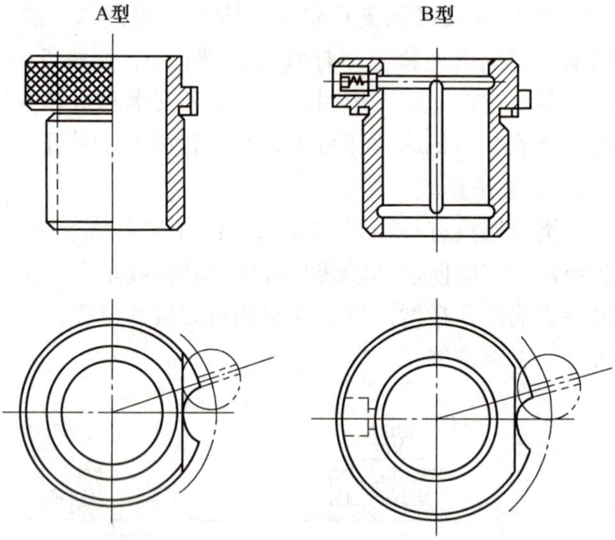

图3-106 固定式镗套

（2）回转式镗套 回转式镗套（见图3-107）随镗杆一起转动，镗杆与镗套之间只有相对移动而无相对转动，从而大大减少了镗套的磨损，也不会因摩擦发热而“卡死”。因此，它适用于高速镗孔。

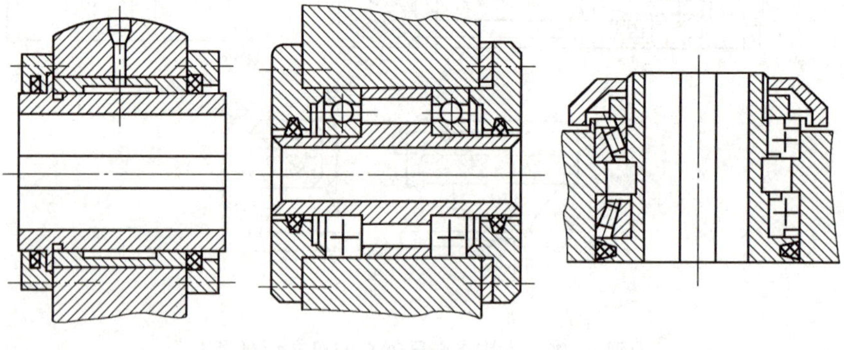

图3-107 回转式镗套

a）滑动式回转镗套 b）滚动式回转镗套 c）立式滚动回转镗套

图3-107a所示为滑动式回转镗套，其结构尺寸较小、回转精度高、减振性好、支承能力大。但需要充分润滑，摩擦面的线速度不能大于0.3~0.4m/s，常用于精加工。图3-107b所示为滚动式回转镗套，用于卧式镗孔。由于镗套与支架之间安装了滚动轴承，所以回转线速度可大大提高，一般$v>0.4$m/s，但是径向尺寸较大，回转精度受轴承精度影响。图3-107c所示为立式镗孔用的回转式镗套。它的工作条件差，受切削液和切屑的冲刷，一般设有防屑结构，并采用圆锥滚子轴承。

当工件孔直径大于镗套孔径时，需在镗套上设引刀槽，使装好刀的镗杆能顺利进入和退出。

2. 镗杆

图 3-108 所示为用于固定式镗套的镗杆导向部分结构。当镗杆导向部分直径 d<50mm 时，镗杆常采用整体式结构。图 3-108a 所示为开油槽的镗杆，镗杆与镗套的接触面积大，磨损大，若切屑从油槽进入镗套，则易出现“卡死”现象，但镗杆的强度和刚度较好。图 3-108b、c 所示为有较深直槽和螺旋槽的镗杆，这种结构可大大减少镗杆与镗套的接触面积，沟槽内有一定的存屑能力，可减少“卡死”现象，但其刚度较低。当 d>50mm 时，常采用如图 3-108d 所示的镶条式结构。镶条磨损后，可在底部加垫片，重新修磨使用。回转式镗套的镗杆引进结构设计可参阅有关设计手册。

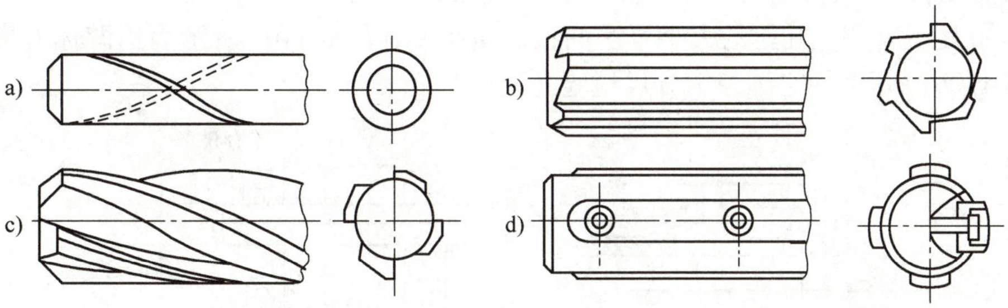

图 3-108　用于固定式镗套的镗杆导向部分结构

3. 镗模支架

镗模支架主要用来安装镗套和承受切削力，要求有足够的刚性和稳定性。在结构上一般要有较大的安装基面和设置必要的加强肋。而且支架上不允许安装夹紧机构和承受夹紧反力，以免支架变形而破坏精度。支架的典型结构和尺寸可参阅有关设计手册。

4. 浮动接头

当用双支承镗模镗孔时，镗杆通过浮动接头与机床主轴浮动连接。图 3-109 所示为连接镗杆与机床主轴的浮动接头。

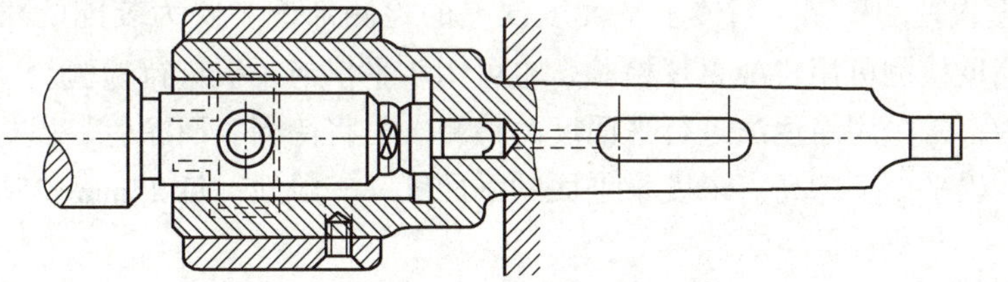

图 3-109　浮动接头

5. 镗模底座

镗模底座与其他夹具体相比要厚，且内腔设有十字形加强肋。底座的典型结构和尺寸可参阅有关设计手册。

和铣床夹具一样，镗模底座上也常设有定位键或找正面，以保证镗模在机床上安装时的正确位置。

3.6 主轴箱零件加工质量检测及分析

3.6.1 箱体零件精度检测

由箱体的一般功能及技术要求可知，箱体零件的主要检验项目包括：各加工表面的表面粗糙度以及外观检查、孔距精度、孔与平面的尺寸精度及几何形状精度、孔系的位置精度（孔轴线的同轴度、平行度、垂直度，孔轴线与平面的平行度、垂直度等）。

1. 孔的尺寸及几何形状误差的测量

（1）孔径的检测　大批量生产时，多用塞规检验；单件小批生产时，可用内径千分尺或内径百分表检验；若精度要求很高，可用气动量仪检验。

（2）孔距的检测　孔距的大小可用间接测量得到，图3-110a所示为用游标卡尺检验孔距；图3-110b所示为用心轴与千分尺检验孔距。

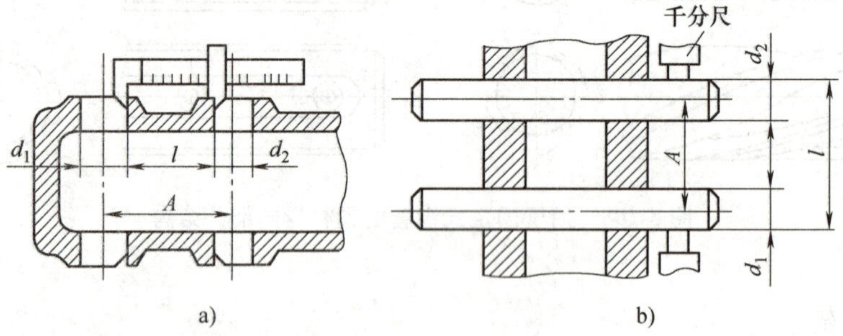

图3-110　孔距的检测

a）游标卡尺检验　b）心轴与千分尺检验

（3）孔圆度的检测　箱体较小时，可用圆度仪测量；箱体较大时，可用三角内径规测量。

2. 平面的误差检测

（1）平面度误差的检测　箱体上平面度误差的检测部位主要为装配的对合面及装配底面。平面的平面度检测可用自准直仪检验，也可用水平仪与桥板进行检验。

生产实际中，常采用涂色法进行平面度的检测。先将待测表面涂色，以标准量具或标准平面进行对研，以平面上的亮点来度量平面的平面度。一般地，每25mm×25mm内的研点应为8~10个。

（2）直线度误差的检测　平面的直线度误差可用平尺和塞尺或水平仪与桥板检验。

3. 孔的位置误差检测

箱体上孔的位置误差的测量，主要体现在孔的轴线平行度误差、同轴度误差以及垂直度误差的检测。

（1）孔的轴线平行度的检测　孔轴线平行度误差的检测可采用心轴与百分表，如图3-111所示。

（2）孔的轴线同轴度的检测　孔的轴线同轴度检验一般常用检验棒检验，如图3-112所示。

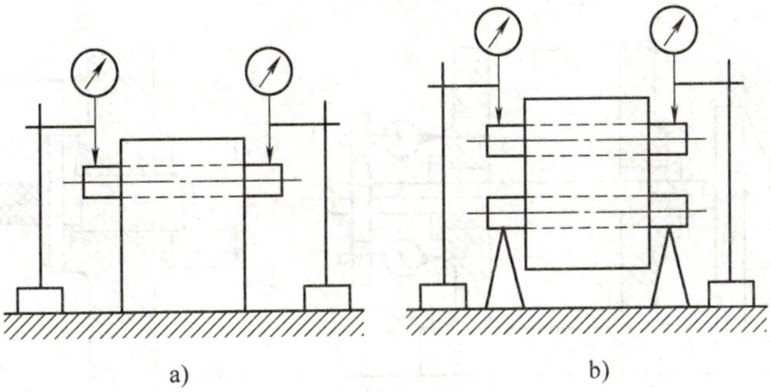

图 3-111　孔轴线平行度的检验

a）孔轴线对基面的平行度　b）孔轴线之间的平行度

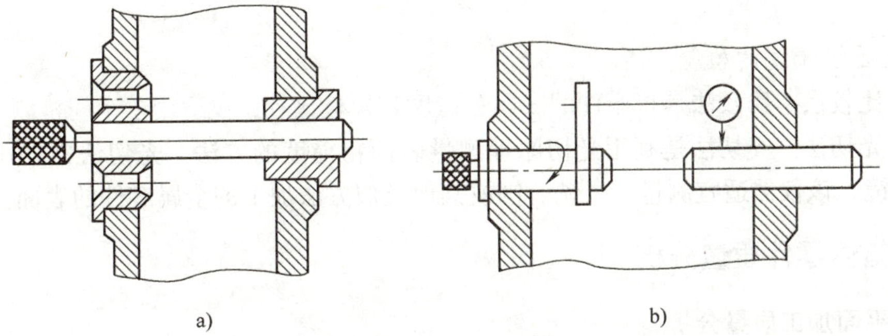

图 3-112　孔轴线同轴度的检验

a）用检验棒与检验套检验同轴度　b）用检验棒及百分表检验同轴度

（3）孔的轴线垂直度的检测

1）两孔轴线垂直度误差的检测。两孔轴线的垂直度误差常采用转换成平行度误差的方法进行检测。如图 3-113 所示的零件，测量上面孔轴线相对于左侧面孔的垂直度误差。基准轴线和被测轴线由心轴模拟，转动基准心轴，在测量距离为 L_2 的两个位置上测得的数值分别是 M_1 和 M_2，则 L_1 长度上的垂直度误差 $f=\frac{L_1}{L_2}\mid M_1-M_2\mid$。测量时被测心轴应选用可胀式心轴或与孔成无间隙配合的心轴，而基准心轴应选用可转动但配合间隙小的心轴。

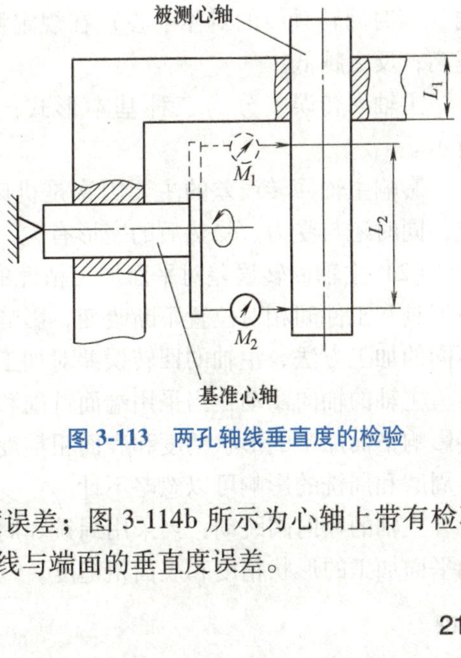

图 3-113　两孔轴线垂直度的检验

2）孔的轴线与端面垂直度误差的检测。孔轴线与端面的垂直度误差可采用百分表检验和着色法检验两种方法。图 3-114a 所示为在心轴上装百分表，旋转一周即可确定孔轴线与端面的垂直度误差；图 3-114b 所示为心轴上带有检验盘，可用着色法或塞尺检查间隙 Δ，从而确定孔轴线与端面的垂直度误差。

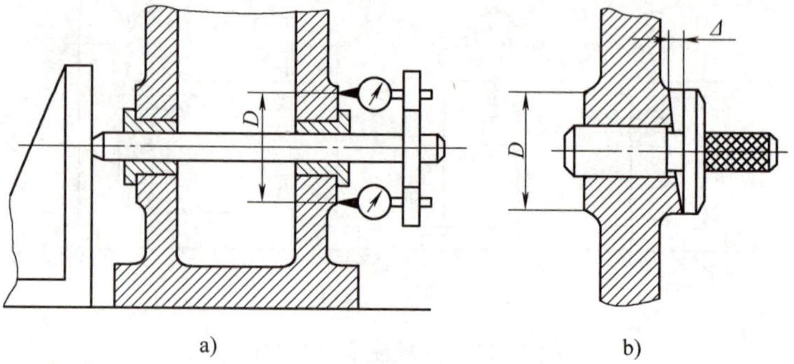

图 3-114　孔轴线与端面垂直度的检验

a）百分表检验　b）着色法检验

4. 表面粗糙度的检验

（1）比较法　比较法是将零件的表面粗糙度与样板比较，仅适用于车间检测。

（2）光切法　光切法是利用光切原理测量表面粗糙度的方法。光切法常采用的仪器是光切显微镜，该仪器适宜测量车、铣、刨或其他类似方法加工的金属零件的表面。

3.6.2　箱体零件质量分析

一、平面加工质量分析

（一）影响平面加工质量的因素

1. 主轴回转误差

（1）回转误差的概念及其影响因素　当主轴工作时，理论上其回转轴线在空间的位置应稳定不变，但实际上由于各种原因，其位置总是有些变动，使主轴在每一瞬时回转轴线的空间位置都处于变动状态。所谓回转误差，就是主轴的瞬时回转轴线相对其平均回转轴线（瞬时回转轴线的对称中心）在规定测量平面内的变动量。变动量越小，主轴回转精度越高，反之越低。

主轴回转误差分为三种基本形式：轴向窜动、径向圆跳动和角度摆动，如图 3-115 所示。

影响主轴回转误差的主要因素是机床主轴的误差、轴承的误差、与轴承配合零件的误差，同时还与受力、受热后的变形有关，对于不同类型的机床，其影响因素也各不相同。

（2）主轴回转误差对平面加工精度的影响　在切削加工过程中，机床主轴的回转误差使刀具和工件间相对位置不断改变，影响成形运动的准确性，在工件上引起加工误差。但是不同的加工方法，主轴的回转误差对加工精度的影响程度是不一样的。

主轴的轴向窜动：当采用端面铣削和端面磨削对平面进行加工时，主轴的轴向窜动将直接影响平面加工的形状精度和表面粗糙度，严重时还将影响平面加工尺寸，主轴的轴向窜动对周磨和周铣的影响可以忽略不计。

主轴的径向圆跳动：当采用周铣和周磨对平面进行加工时，主轴的径向圆跳动将直接影响平面加工的形状精度和表面粗糙度。

角度摆动：瞬时回转轴线与理论回转轴线成一倾斜角。但其交点位置固定不变动，在不同横截面内，轴心运动误差轨迹相似，它影响平面加工精度。

2. 机床导轨误差

平面加工的刨削、铣削和平面磨削，机床导轨的误差对加工精度的影响都很大，特别是龙门刨削和导轨磨削，机床的导轨误差在加工中会直接复映在被加工零件上。为了保证零件的平面加工精度，机床导轨必须具有符合加工要求的精度，并要求在加工过程中保持这种精度不变。

机床导轨的精度，不只是和导轨的原始制造精度有关，而且和机床的安装调整精度以及加工过程中机床床身热变形有很大的关系。

机床床身的热变形会改变导轨的精度，引起床身热变形的根本原因，是床身各部分存在温差，如床身上部温度较高时导轨呈现凸形，下部温度较高时导轨呈凹形。造成床身各部温差的因素较多，例如工作台与床身导轨间的摩擦热会引起导轨面温度升高，液压驱动机床和油池置于床身内时，油温会使床身下部温度升高，不同气温时床身上部和接地面下部会产生不同的温差。显然，床身的热变形是上述各种因素综合作用的结果。

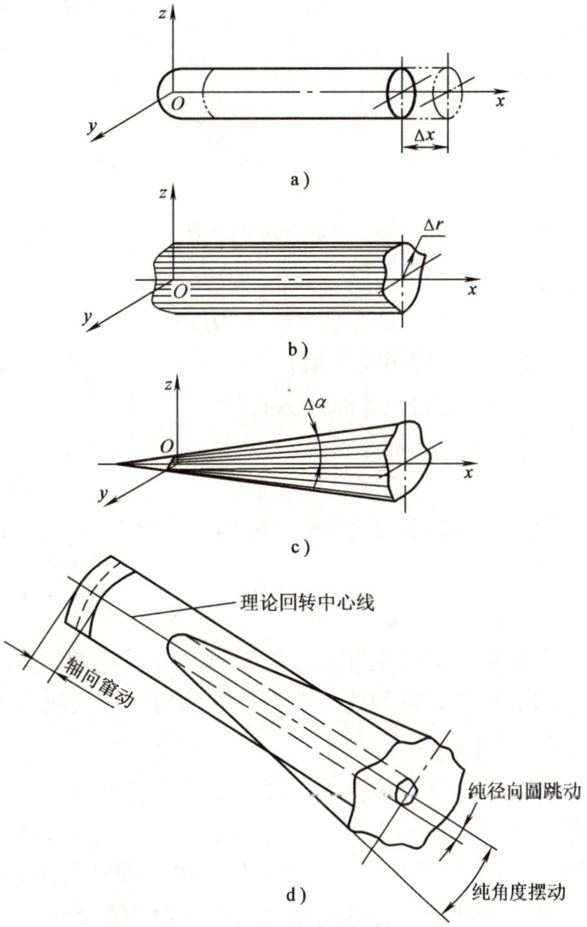

图 3-115　主轴回转误差的基本形式

a）轴向窜动　b）径向跳动　c）角度摆动　d）综合

3. 工件的热变形

当采用刨削、铣削或磨削等方法加工平面时，在切削区会产生很大的切削热，这些热量有很大部分将传入工件的加工表面，使工件受热而产生变形，由于工件的单面受热，不但尺寸有变化，几何形状也有变化。

工件单面受热后，在垂直平面内产生弯曲变形的近似计算如下：

由图 3-116 可以看出，在△abc 中：

$$\sin\frac{\varphi}{4}\approx\frac{\beta}{L/2}$$

取

$$\sin\frac{\varphi}{4}\approx\frac{\varphi}{4}$$

则

$$\beta=\frac{\varphi L}{8}$$

由于 $$L_2-L_1=\varphi R_2-\varphi R_1=\varphi\ (R_2-R_1)=\varphi H$$

故 $$\varphi=\frac{L_2-L_1}{H}=\frac{\Delta L}{H}$$

将上式代入 $\beta=\frac{\varphi L}{8}$ 中得

$$\beta=\frac{\Delta L}{8H}$$

由于 $$\Delta L=\alpha\Delta tL$$

故 $$\beta=\frac{\alpha\Delta tL^2}{8H}$$

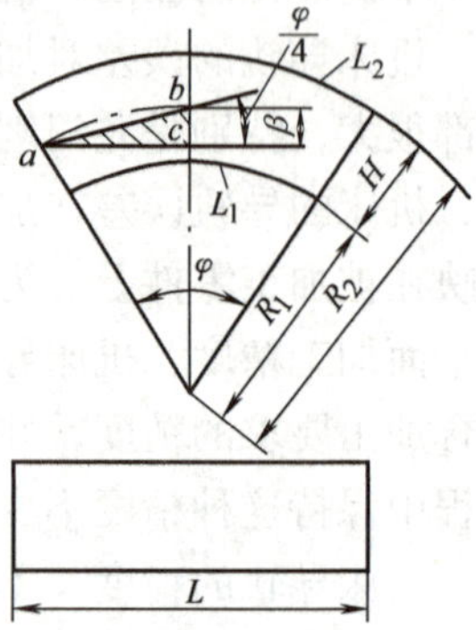

图 3-116　平面加工时的热变形

式中　β——工件热变形值；

α——材料线膨胀系数；

L——受热部分长度；

H——工件高度。

设工件受热长度为2m，高度为0.5m，当温差1℃时，则

$$\beta=\frac{1.1\times10^{-5}\times1\times2000^2}{8\times500}\text{mm}=0.011\text{mm}$$

由上例计算可见，当工件受热时（设热量的分配与工件的高度成正比），工件会产生向上凸起的变形。这种变形使工件中间部分切去较多的金属，工件冷却后中间呈凹形。

4. 工件的受力变形

机体、箱体及薄板等零件，由于结构上的特点，刚性差，在装夹时由于支承夹压不当就会产生变形。如图3-117a所示薄板工件，当磁力将工件吸向吸盘表面时，工件将产生弹性变形，如图3-117b所示。磨完后，由于弹性变形恢复，工件已磨好表面又产生翘曲。改进方法是在工件和磁力盘间垫橡皮垫（厚约0.5mm）。在工件夹紧时，橡皮垫被压缩，减少工件变形，便于将工件变形部分磨去。这样经过多次正反面交替磨削即可获得平面度较高的平面，如图3-117d、e、f所示。

（二）提高平面加工质量的途径

箱体及其他零件的平面精加工常用的加工方法有刨削、铣削和磨削。这里重点介绍这三种加工方法的质量问题。

1. 刨削

刨削是平面加工中一种最早采用的加工方法。其主要工艺特点是：万能性好，机床调整方便，刨刀结构简单。

用精细刨代替刮研已广泛使用。所谓精细刨是在精刨以后，进行时效处理，然后利用带有宽的平直刃口的刨刀（也称为宽刃刨刀），以很低的速度在工件表面上切去很薄一层金属。由于刨削力很小，工件的发热和变形也很小，因此能获得较小的表面粗糙度值（Ra1.6~0.8μm）和较高的加工精度（直线度和平面度可达0.02/1000mm），而且生产率较高。

精细刨时要保证良好的加工质量，必须满足下列要求：

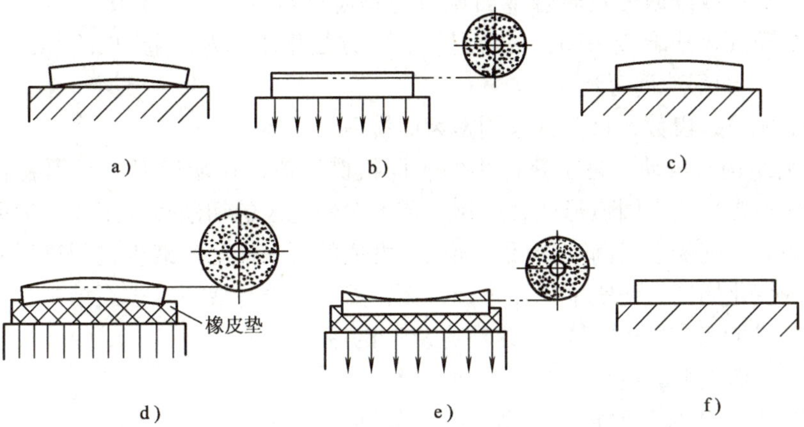

图 3-117　薄板工件磨削

a）毛坯翘曲　b）吸盘吸紧　c）磨合松开　d）磨削凸面
e）磨削凹面　f）松开

1）精细刨所采用的机床精度应调整到最佳状态，工作台的运行必须平稳，无爬行现象，换向时无冲击。

2）避免工件在装夹和加工时的变形。为了避免和减少工件在装夹时的变形，要求工件有足够的刚度和可靠的定位基面，使工件与机床工作台面或定位元件限位面接触良好。工件的夹紧力应尽可能小，为了防止工件在切削时的窜动，最好在工件的四周加挡铁。

3）细刨刀必须有足够的刚度，刀具刃磨时必须严格控制平直刃口的直线度和表面粗糙度（$Ra0.125 \sim 0.1\mu m$）。安装时要严格控制平直刃口的水平性。

4）精细刨的走刀次数根据加工余量和加工精度而定，加工余量一般为 0.1~0.16mm（根据工件大小及预加工情况而定）。第一、二次走刀为校正走刀，切深为 0.08~0.12mm。进给的大小取决于刨刀结构及几何形状，通常为 5~25mm/往复行程。切削速度为 2~12m/min。

5）为了改善表面质量，可用煤油作切削液，刨削前先将加工面均匀润湿，或在加工时连续喷射于刨刀刃口的附近。

2. 铣削

近几年来由于铣刀结构的不断改进，刀片的材质和刃磨质量的不断提高，进一步促进了铣削加工在机械制造中的应用。目前采用铣削加工平面，已经可以稳定地获得高的加工精度、生产率和低的表面粗糙度值。精铣平面时由于加工余量不大，主要应考虑下列三个问题：

（1）合理选择切削用量　铣床工作台每分钟进给量 v_f

$$v_f = fn = a_f z n$$

式中　f——铣刀每转进给量；

n——铣刀每分钟转速；

a_f——铣刀每齿进给量；

z——铣刀齿数。

使用面铣刀加工平面时，若每齿进给量太大，则加工表面粗糙；每齿进给量太小，又会加剧刀具的磨损，所以使用硬质合金面铣刀的每齿进给量不应小于0.1mm。目前由于新型刀具材料的出现（硬质合金—陶瓷复合材料、立方氮化硼、人造金刚石等），每齿进给量已达0.4~1.2mm，切削速度可达13m/min。

为了增加铣刀刀齿数，目前常采用密齿面铣刀。

（2）刀齿结构与振动　为了获得小的表面粗糙度值，在端齿刀中必须装有修光齿，修光齿的切削刃通常采用大圆弧形或直线型，前者对修光齿的切削刃与工作台运动方向平行度要求较低，而后者则要求很高。降低表面粗糙度值的另一措施是减少铣削过程的振动，为了减小铣削力的变化周期，使铣削工作平稳，面铣刀可以设计成不等齿距结构。

降低表面粗糙度值的另一措施是增大机床的刚性，特别是安装面铣刀的主轴要有足够的刚性。

（3）面铣刀主轴的合理转角　精铣时，装面铣刀的主轴不能与进给方向垂直，否则刀片和已加工面会发生“扫刀”，不仅产生热量，加速刀片钝化，而且也会使加工表面粗糙。当主轴倾斜 α 角后（见图3-118），刀盘后部刀齿和工件表面即会有一间隙，一般 $a=15'\sim30'$。但这样铣出的平面将呈中凹形，若转角甚小，则中凹量可以控制在形状公差的范围之内。

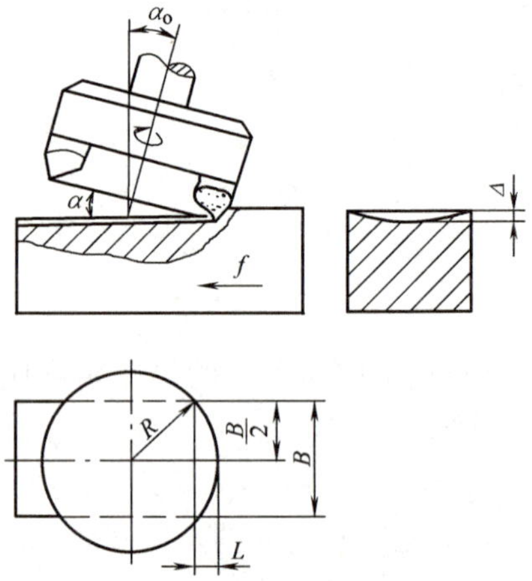

图3-118　主轴转角

3. 磨削

平面磨削的加工质量比刨和铣都高，而且还可以加工淬硬零件。生产批量较大时，箱体零件的平面常用磨削来精加工。为了提高生产率和平面间的相互位置精度，工厂还常采用组合磨削来精加工平面。提高平面磨削质量的主要途径：

1）提高工艺系统刚度，尽量减小或消除磨削加工时工艺系统振动。

2）提高机床主轴的回转精度和机床导轨的导向精度。

3）减小工艺系统热变形。影响平面磨削质量的主要因素：机床的热变形和工件的热变形。减少机床热变形的影响，主要应采取的措施是减少床身各部分的温差。如采用静压导轨可减少导轨间的摩擦热；采用冷冻机、吸热器使液压油温降低；为了消除气温的影响，精密磨削应在恒温条件下进行。减少磨削热引起的工件变形，磨削过程中应加注充分的切削液。在不便加注切削液的情况，常被迫中途停磨。为了缩短停磨时间可采用风扇吹冷，或在加工面涂酒精以快速降温。

4）正确选择磨削方式（周磨和端磨），因为平面磨削精度和表面粗糙度除了与其他因素有关外，与磨削方式也有直接关系，并应正确选用砂轮及磨削用量，因为砂轮和磨削用量选择不当会引起工件较大的热变形。

5）采用适当的装夹方式及工艺措施，减小或消除工件的受力变形（见图3-117）。

二、孔加工质量分析

镗削加工是箱体上孔及孔系的主要加工方法，因此也是箱体上孔加工质量分析的主要对象。

影响镗削加工质量的常见因素包括机床精度、夹具精度、辅具精度、镗杆各导向套配合间隙、镗杆刚度、刀具几何角度、切削用量、刀具刃磨质量、工件材质、热变形和受力变形、量具的精度、测量误差及操作方法等。在不同的镗削加工方式下，各种因素对加工精度的影响程度也不同。以下从镗削加工工艺系统受力变形和几何误差方面来分析孔加工的质量。

1. 镗孔受力变形

镗孔可以分为两类：第一类镗杆与主轴刚性连接，常见于不使用镗模的镗孔；第二类为镗杆与主轴浮动连接，常见于使用镗模的镗孔，镗杆由镗模的导向孔导向。

（1）镗杆受力变形　镗杆受力变形是影响镗孔加工质量的主要原因之一。尤其是当镗杆与主轴刚性连接采用悬臂镗孔时，镗杆的受力变形最为严重。悬臂镗杆在镗孔过程中受到切削力矩 M、切削力 F_r 及镗杆自重 G 的作用。

切削力矩 M 使镗杆产生弹性扭曲，主要影响工件的表面粗糙度和刀具寿命。作用在镗杆上的切削力 F_r 引起镗杆的挠曲变形，在加工时产生让刀，使镗杆的中心偏离了原来的理想中心，如图 3-119 所示。当切削力大小不变时，刀尖的运动轨迹仍然呈正圆形，但镗出的孔的直径减少了 $2f_F$，F_r 越大或镗杆伸出越长，则 $2f_F$ 就越大。在实际生产中，由于实际加工余量的变化和材质的不均匀，切削力 F_r 是变化的，所以刀尖运动轨迹不可能是正圆形。同理，在被加工孔的轴线方向上，由于加工余量和材质的不均匀，采用镗杆进给时，镗杆的挠曲变形也是变化的。

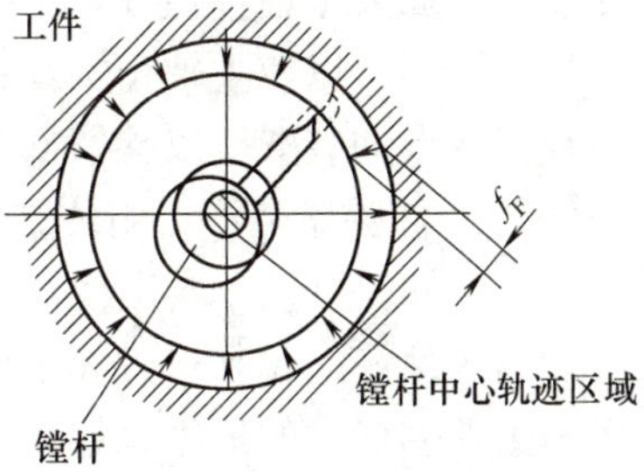

图 3-119　切削力对镗杆挠曲变形的影响

在镗孔过程中，镗杆自重 G 的大小和方向不变。因此，由自重产生的镗杆挠曲变形 f_G 的方向也不变。高速镗削时，由于陀螺效应，自重产生的挠曲变形很小；低速镗削时，自重对镗杆的作用均匀地作用在悬臂梁上，使镗杆实际回转中心始终比理想回转中心低 f_G。G 越大或镗杆悬伸越长，则 f_G 越大，如图 3-120 所示。

镗杆在每一瞬间的挠曲变形是切削力 F_r 和自重 G 产生的挠曲变形的合成。可见，在 F_r 和 G 的综合作用下，镗杆的实际回转轴线偏离了理想的回转轴线。由于材质不均匀，实际切削用量的变化，以及镗杆伸出长度的变化，镗杆的实际回转中心在加工过程中做无规律的变化，从而引起孔系加工的各种误差：对同一孔引起圆柱度误差；对同轴孔系引起同轴度误差；对平行孔系引起孔距误差和平行度误差。粗加工时，切削量较大，相应的切削力也较大，这些情况引起的误差比较显著；精加工时，切削量小，切削力也较小，这些影响也就比较小。

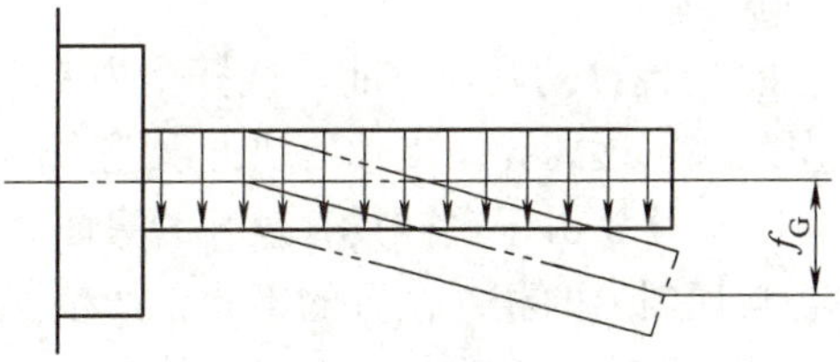

图 3-120　自重对镗杆挠曲变形的影响

因此，镗孔时必须注意提高镗杆的刚度，可采取下列措施。第一，尽可能加粗镗杆直径，减少悬伸长度；第二，采用导向装置，使镗杆的挠曲变形得以约束。此外，也可通过减小镗杆自重和减小切削力对挠曲变形的影响来提高孔系的加工精度。镗杆直径较大时，应加工成空心，以减轻重量；合理选择定位基准，使加工余量均匀；精加工时采用较小的切削用量，并使加工各孔所用的切削用量基本一致，以减小切削力影响。

（2）镗床变形　一般地，卧式镗床变形较大。镗床变形主要发生于主轴箱部分，原因是镗床主轴箱结构复杂，主轴的悬伸较长，箱体的重量较大，易使重心位置变动。

主轴箱变形主要包括主轴本身的变形、主轴轴承的变形、平旋盘变形、主轴箱壳体变形与镗杆与主轴间的接触变形。在上述变形中，主轴与轴承的变形占主轴箱总变形的绝大部分。

镗削类机床切削加工时，由于切削力是回转的，它相对于直接驱动主轴的作用力的位置是周期性变化的，二者形成的合力的大小与方向也相应发生变化，此外工件材料软硬不均，主轴圆周上各点刚度不一，因此镗床主轴变形在圆周上各点是不一样的，这加大了加工出来的孔的圆度误差。

目前，国内外在提高镗床精度与刚度、减少机床受力变形方面做了不少的工作。在设计方面，简化主轴结构，将镗床主轴部件由三层结构改为二层结构，以减少结合面数目，提高接触刚度；采用精度高而润滑性好的轴承，并对轴承预加载荷；加长主轴导向套；选择合适的支承距；加大主轴直径等。在工艺方面，应采用研磨或珩磨等方法，由各孔相互导向进行孔的光整加工，以使主轴箱轴承孔具有较高的精度与表面质量。此外，在大型镗床上还采用一些补偿变形的装置，以补偿部件的弹性变形。

（3）工件夹紧变形　箱体结构复杂、壁薄，如果夹紧力过大或夹紧力的着力点选择不适当，都会使工件产生夹紧变形。在这种状态下，虽然工件加工“合格”，但加工后撤去夹紧装置，零件恢复原状，破坏了已加工好的精度。因此，夹紧力应作用于主要定位基面上，作用于工件刚度大的地方，如箱体边缘实体或有肋板的地方。对于精度要求很高的主轴箱，如坐标镗床主轴箱，应在其他零件装配后，再进行主轴孔的精加工或光整加工，以避免其余孔在装配轴承时的变形对主轴孔产生影响。此外，孔系加工时，箱体的基准面应与夹具定位元件很好地“贴合”。因此，应对箱体基准面进行精磨或精刨，以保证它有足够的平面度与小的表面粗糙度值，从而保证箱体基准面与定位元件“贴合”，减少夹紧变形。

2. 工艺系统几何误差

镗孔时，几何误差对镗孔质量的影响很大。几何误差是指镗杆、导向系统和机床等的制造误差。

（1）镗杆的几何弯曲　镗杆受力变形引起尺寸误差的特点是，靠近镗杆导向支承的地方误差小，远离导向支承的地方误差大。但是，镗杆几何弯曲引起工件尺寸的误差并不一定有上述规律。由于镗杆具有较大的弯曲，会造成在对刀位置、镗削前端和后端时，镗杆回转中心与切削力的相对位置的不同，产生误差。如果掌握了误差产生的原因和规律，可在调整时使切削刃有意产生偏差，可以使孔的精度符合要求。当然，最好还是对镗杆做校直修复。

（2）镗杆导向系统的几何误差　采用导向装置或镗模进行镗孔时，镗杆由导套支承，镗杆的刚度较悬臂镗时大大提高。此时，镗杆外圆与导套内孔的几何形状精度及两者间的配合间隙将成为影响孔系加工精度的主要因素之一，现分析如下。

由于镗杆与导套之间存在着一定的配合间隙，在镗孔过程中，当切削力 F_r 大于重力 G 时，刀具不管在何切削位置，切削力都可以推动镗杆紧靠在与切削位置相反的导套内表面。随着镗杆的旋转，镗杆表面以一固定部位沿导套的整个内圆表面滑动。因此，导套的圆度误差将引起被加工孔的圆度误差，而镗杆的圆度误差对被加工孔的圆度误差没有影响。

精镗时，切削力很小，$F_r<G$，切削力 F_r 不能抬起镗杆。随着镗杆的旋转，镗杆轴颈以不同部位沿导套内孔的下方摆动，如图 3-121 所示。显然，刀尖运动轨迹为一个圆心低于导

套中心的非正圆，直接造成了被加工孔的圆度误差。此时，镗杆与导套的圆度误差也将反映到被加工孔上而引起圆度误差。当加工余量与材质不匀或切削用量选取不一样时，切削力发生变化，引起镗杆在导套内孔下方的摆幅也不断变化。这种变化对同一孔的加工可能引起圆柱度误差，对不同孔的加工可能引起相互位置的误差和孔距误差。这些误差的大小与导套和镗杆的配合间隙有关：配合间隙越大，在切削力的作用下，镗杆的摆动范围越大，引起的误差也就越大。

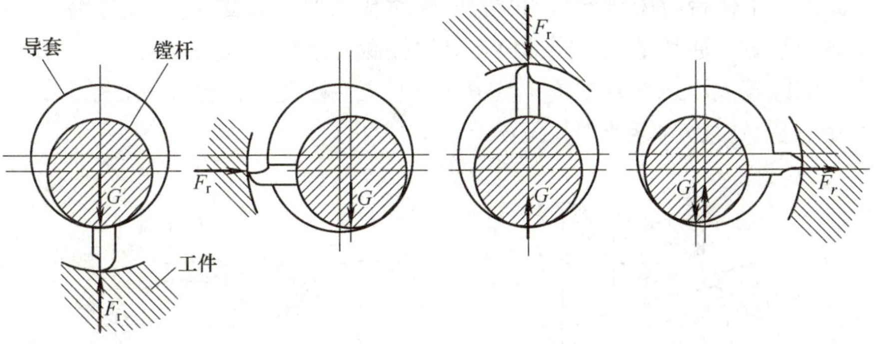

图 3-121　镗杆在导套下方的摆动

综上所述，利用导向装置进行镗孔时，为了保证孔系的加工质量，除了要保证镗杆与导套本身必须具有较高的几何形状精度外，尤其要注意合理地选择导向方式和保持镗杆与导套合理的配合间隙。在采用前、后双导向支承时，应使前、后导向的配合间隙一致。此外，还应注意合理地选择定位基准和切削用量。精加工时，应适当增加进给次数，以保持切削力的稳定，尽量减小切削力产生的影响。

3. 机床进给方式的影响

镗孔常有两种进给方式：由镗杆直接进给；由工作台在机床导轨上进给。进给方式对孔系加工精度的影响与镗孔方式有关，当镗杆与机床主轴浮动连接采用镗模镗孔时，进给方式对孔系加工精度无明显的影响；而采用镗杆与机床主轴刚性连接悬臂镗孔时，进给方式对孔系加工精度有较大的影响。

（1）悬臂镗孔、镗杆直接进给　如图 3-122a 所示，在镗孔过程中，随着镗杆的不断伸长，刀尖处的挠曲变形量越来越大，造成圆柱度误差。同理，若采用镗杆直接进给加工同轴线上的各孔，则造成同轴度误差。

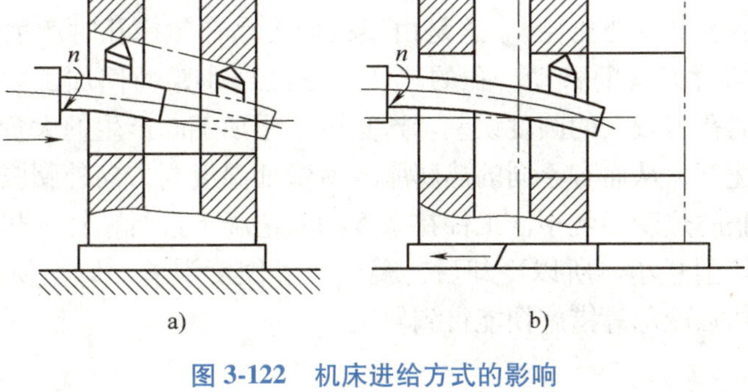

a)　　　b)

图 3-122　机床进给方式的影响

（2）悬臂镗孔、工作台进给　如图3-122b所示，在镗孔过程中，刀尖处的挠度值不变（假定切削力不变）。因此，镗杆的挠曲变形对被加工孔的几何形状精度和孔系的相互位置精度均无影响。但是，机床导轨的直线度误差会使被加工孔产生圆柱度误差，使同轴线上孔系产生同轴度误差。机床导轨与主轴轴线的平行度误差使被加工孔产生圆度误差，如图3-123所示。在垂直于镗杆旋转轴线的截面*A-A*内，被加工孔是正圆。而在垂直于进给方向的截面*B-B*内，被加工孔为椭圆，但产生的圆度误差在一般情况下是极其微小的，可以忽略不计。此外，工作台与床身导轨的配合间隙对孔系加工精度也有一定影响，因为当工作台作正、反向进给时，通常是以不同部位与导轨接触，这样工作台就会随着进给方向的改变而发生偏摆，间隙越大、工作台越重，其偏摆量越大。因此，当镗同轴孔系时，会产生同轴度误差；镗相邻孔系时，则会产生孔距误差和平行度误差。

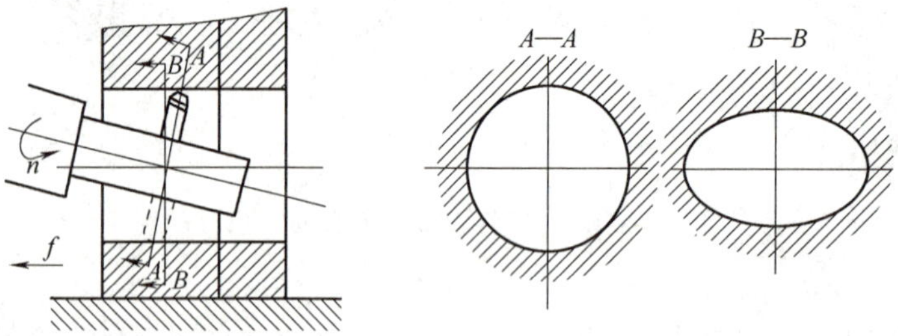

图3-123　进给方向与主轴轴线不平行

在悬臂镗孔时，镗杆的挠曲变形较难控制。比较以上两种进给方式，机床工作台进给，并采用合理的操作方式，比镗杆进给更容易保证孔系的加工质量。因此，在一般的悬臂镗孔时，特别是当孔深大于200mm时，大都采用工作台进给。但加工大型箱体时，镗杆的刚度好，而用工作台进给十分沉重，易产生爬行，反而不如镗杆直接进给快，此时宜采用镗杆进给。另外，当孔深小于200mm时，镗杆悬伸短，也可直接采用镗杆进给。

4. 箱体的内应力与热变形对加工精度的影响

若箱体铸件壁厚不匀，加强肋分布不均，或直径大的铸孔在一壁相邻很近，而另一壁并无此种孔，都会使得箱体中的金属分布不均匀，铸造内应力的影响增大。箱体加工过程中会使内应力重新分布，进而造成箱体的变形。因此，应对箱体进行时效处理。

箱体材质分布不均还会引起较大的切削热变形，尤其在工序安排不当时影响更大。例如，加工某孔时，在一次装夹下，连续进给完成该孔的粗、精加工，加工后出现孔的“倒锥”（入口处孔径小于出口处孔径）。这是由于精加工是在粗镗孔时产生的热变形还未消除的情况下进行的，随着刀具的移动，孔的热变形逐渐减小，而使加工后的孔呈现“倒锥”形。同时，精镗后的孔有较大的圆度误差。这是由于粗加工时产生的大量切削热在不同壁厚处有不同的热传导速度，从而有不同的热膨胀。薄壁处温度高，向外膨胀的热变形大；厚壁处温度低，向外膨胀的热变形就小。工件在未冷却的情况下进行精镗，热变形较大的地方比热变形较小的地方切削量小。所以冷却后，就形成了圆度误差。以上质量问题，通过采取粗、精加工分开，加强冷却等措施便能得到解决。

3.7　综合训练

一、题目

图 3-124 所示的是一减速器箱体，试对该零件进行工艺设计。

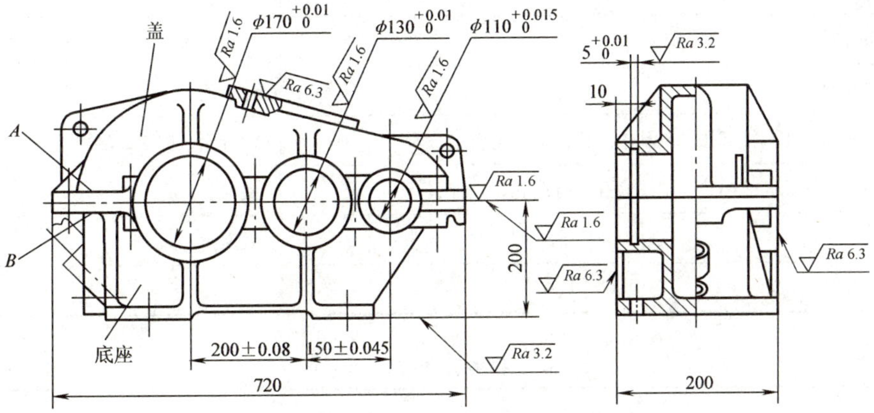

图 3-124　减速器箱体的结构简图

原始资料：零件图一张；生产纲领 5000 件/年。

二、任务

1）零件的工艺分析。

2）确定毛坯、画毛坯—零件综合图。

3）工艺规程设计。

4）制订工艺文件。

5）编写设计说明书。

三、减速器箱体的工艺过程

注：表 3-11、表 3-12、表 3-13 工艺过程仅供参考，在综合训练时应大胆创新，不应受此约束。

表 3-11　箱盖的工艺过程

序号	工序内容	定位基准
1	铸造	
2	时效	
3	油漆底漆	
4	粗铣对合面	凸缘 A 面
5	铣顶面	对合面
6	磨对合面	顶面
7	钻结合面连接孔，打沉孔，攻螺纹	对合面，凸缘的轮廓
8	钻顶面螺纹底孔，攻螺纹	对合面及二孔
9	检验	

表 3-12　底座的工艺过程

序号	工序内容	定位基准
1	铸造	
2	时效	
3	油漆底漆	
4	粗铣对合面	凸缘 *B* 面
5	铣底面	对合面
6	钻底面4孔，打沉孔，铰其中2孔，备工艺用	对合面，侧面，端面
7	钻侧面油孔，放油孔，螺纹底孔，打沉孔，攻螺纹	底面，二孔
8	磨对合面	底面
9	检验	

表 3-13　箱体合箱后的工艺过程

序号	工序内容	定位基准
1	将盖与底座对准合拢夹紧，配钻、铰二定位销孔打入锥销，根据盖配钻底座结合面的连接孔、锪沉孔	
2	拆开盖与底座、清除结合面的毛刺和切屑，重新装配箱体、打入锥销、拧紧螺栓	
3	铣两端面	底面及两销孔
4	粗镗轴承支承孔、切孔内槽	底面及两销孔
5	粗镗轴承支承孔	底面及两销孔
6	去毛刺、清洗、打标记	
7	检验	

习　题

3-1　箱体零件的结构特点及主要技术要求有哪些？这些要求对保证箱体零件在机器中的作用和机器的性能有何影响？

3-2　标准麻花钻由哪几部分组成？切削部分包括哪些几何参数。

3-3　分析钻孔、扩孔和铰孔三种孔加工方法的工艺特点，并说明这三种孔加工工艺之间的联系。

3-4　铰削加工应注意哪些问题？

3-5　镗削加工有何特点？常用的镗刀有哪几种类型？其结构和特点如何？

3-6　什么是顺铣和逆铣？各有什么特点？应用在何种条件下？

3-7　试比较平面刨削与铣削的特点有何区别？

3-8　为什么铣削的加工质量一般不太高？

3-9　对下面平面选用适宜的加工设备：

（1）加工100~300mm，$Ra=3.2\mu m$ 的矩形平面。

（2）车床的导轨面。

（3）单件小批生产箱体上 ϕ100mm 孔，Ra = 3. 2μm。

3-10　工件在夹具中定位后为什么还要求夹具在机床上定位及刀具在夹具上进行对刀和引导？

3-11　举例说明安排箱体加工顺序时，一般应遵循的主要原则。

3-12　箱体加工的粗基准选择主要考虑哪些问题？生产批量不同时工件的安装方式有何不同？

第 4 章

圆柱齿轮制造

4.1 圆柱齿轮制造概述

渐开线圆柱齿轮是机械传动中应用极为广泛的零件类型之一，齿轮零件的制造生产在机械制造领域始终占据着重要的地位。此外，现代机械制造业的飞速发展，也对齿轮的加工精度及效率提出了越来越高的要求。因此，合理地制订齿轮的加工工艺规程，不断发现和解决齿轮加工过程中出现的问题，从而有效提高齿轮加工精度及生产率，已经成为机械制造工艺中的重要任务之一。

4.1.1 圆柱齿轮的功用和结构特点

齿轮的主要功用是通过一对齿轮的啮合来传递任意两轴之间的运动和动力，是现代机械中应用最广的一类机械传动元件。

齿轮由齿圈和轮体两部分组成，在齿圈上可切制直齿、斜齿和人字齿等齿形，轮体可以制成各种不同形状，以适应各种不同场合。轮体的结构形状直接影响到齿轮加工工艺过程中各工艺因素的确定。因此，齿轮的工艺分类可以将齿轮轮体的结构形状作为依据。

在机器中，常见的圆柱齿轮有以下几类，如图 4-1 所示。

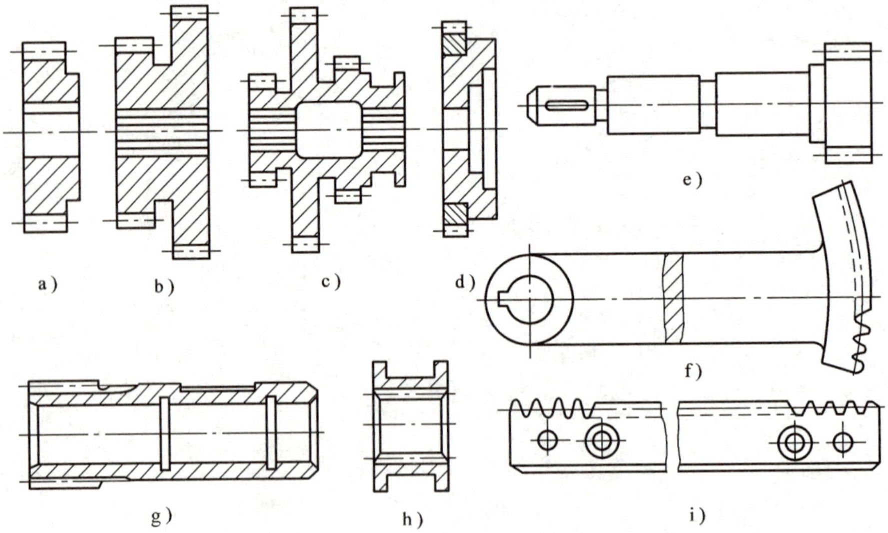

图 4-1 圆柱齿轮的结构形式

a)～c) 单联、双联和三联齿轮 d) 装配式齿轮 e) 齿轮轴 f) 扇形齿轮 g) 套类齿轮 h) 内齿轮 i) 齿条

（1）盘类齿轮（见图4-1a、b、c、d）。

（2）套类齿轮（见图4-1g）。

（3）内齿轮（见图4-1h）。

（4）齿轮轴（见图4-1e）。

（5）扇形齿轮（见图4-1f），为齿圈不完整的圆柱齿轮。

（6）齿条（见图4-1i），为齿圈半径无限大的圆柱齿轮。

4.1.2　齿轮传动的精度要求

（1）传递运动准确　要求主动轮转过一个角度时，从动轮应按给定的速比转过相应的角度。齿轮在一转中，转角误差的最大值不能超过一定的限度。

（2）传动平稳　要求齿轮传动平稳、无冲击、振动和噪声小。这就需要限制齿轮传动中瞬时传动比的变化，即一齿转角精度。

（3）载荷分布均匀　要求齿轮啮合时，齿面接触良好，接触面积较大，载荷分布均匀。避免产生应力集中，造成齿面局部磨损，影响齿轮的使用寿命。

（4）传动侧隙合理　一对相互啮合齿轮的非工作齿侧面之间必须留有一定的间隙，其作用是贮存润滑油，使工作齿面形成油膜，减少磨损。同时还可以补偿热变形、弹性变形、加工误差和安装误差等因素引起的侧隙减小等，防止卡死。侧隙应当根据齿轮副的工作条件来合理确定。

以上四项要求根据齿轮传动装置的用途和工作条件各有侧重。例如，滚齿机分度蜗轮副、读数仪表所用的齿轮传动副均对传动的准确性要求高，工作平稳性也有一定要求，而对负载的均匀性要求一般不严格。重型机械（如轧钢机）的齿轮传动，所传递的动力很大，但圆周速度不高，故要求负荷均匀分布，齿侧间隙也应足够大，而对其余两项则可放宽要求。

4.1.3　齿轮加工方法简介

在机械产品中，齿形零件有多种类型，如各种渐开线内外圆柱齿轮、锥齿轮、蜗轮、蜗杆、圆弧齿、摆线齿轮、各种齿形的花键以及链轮等，其中渐开线齿轮的加工最为常见。根据加工原理及方式的不同，渐开线圆柱齿轮的加工方法也有多种，下面逐一介绍。但是按照加工原理分，主要存在成形法和展成法两大类。

1. 成形法

成形法是采用与被切齿轮齿槽相符的成形刀具加工齿形的方法。用齿轮铣刀在铣床上加工齿轮是常用的成形法加工。常见的加工方法有铣削和拉削两种方式。

铣削的过程中，在卧式铣床上应将齿坯套在心轴上安装于分度头和尾架顶尖中，对刀并调好铣削深度后开始铣第一个槽，铣完后退出进行分度，依次逐个完成各齿槽的铣削。

铣齿加工特点如下：

1）用普通的铣床设备，且刀具成本低。

2）生产率低，每切完一齿要进行分度，占用较多的辅助时间。

3）齿轮精度低，齿形精度仅达IT9～IT11。

2. 展成法

展成法就是利用齿轮刀具与被切齿坯作啮合运动而切出齿形的方法。主要有以下分类：

（1）插齿加工　插齿加工在插齿机上进行，一把插齿刀可加工相同模数而齿数不同的齿形，不存在理论误差。插齿除适于加工直齿圆柱齿轮外，特别适合加工多联齿轮及内齿轮。插齿加工精度一般为IT7~IT8，加工表齿面粗糙度 *Ra* 值为1.6μm。

（2）滚齿加工　滚齿是目前应用最广的切齿方法，这种方法可用一把滚齿刀加工相同模数不同齿数的齿轮，滚齿精度一般为IT7~IT9，当采用高精度滚刀和滚齿机时，可滚切5级精度的齿轮。滚齿时，产生齿轮的基节偏差较小，而齿形误差通常较大。滚齿加工适于加工直齿、斜齿圆柱齿轮，齿轮加工精度为IT7~IT8，加工表面粗糙度 *Ra* 值为1.6μm。

（3）剃齿加工　剃齿是用剃齿刀对齿轮的齿面进行精加工的方法，剃齿时刀具与工件做一种自由啮合的展成运动。剃齿刀的圆周速度可以分解为沿工件齿向的切向速度和沿工件齿面的法向速度，从而带动工件旋转和轴向运动，使刀具在工件表面上剃下一层极薄的切屑。同时，工作台带动工件做往复运动，以剃削轮齿的全长。

（4）珩齿加工　珩齿的加工表面粗糙度 *Ra* 值为0.4~0.2μm。这种加工方法的主要作用是降低齿面粗糙度，生产率高，一般用于大批大量加工IT6~IT8精度的淬火齿轮。

（5）磨齿加工　磨齿是获得高精度齿轮最有效和可靠的方法，既可磨削不淬火的齿轮，又可磨削淬火的齿轮。加工精度可达IT4~IT6，*Ra*0.2~0.4μm。磨削方法分为展成磨削和成形磨削两大类。

3. 齿轮加工的其他方法

（1）齿轮滚制　此加工方法可分为利用成形法与利用展成法两种类型。利用展成法的滚制是利用齿条与小齿轮、小齿轮与大齿轮、内齿轮与小齿轮的啮合；将淬火硬化的齿条形工具、小齿轮形工具、内齿轮形工具按压于齿轮轮坯，使轮坯滚动，借塑性变形加工成齿形。利用成形法的滚制是用对应于滚制齿轮的齿轮形状的成形滚制刀具，用特殊的滚轧加工成形齿形。

（2）热间锻造　热间锻造的主要对象为直齿锥齿轮、螺旋锥齿轮及正齿轮，通常用于非铁合金材料的齿轮，可不计加热之际发生的氧化皮时，热间锻造的精度及表面粗糙度不亚于机械加工。

（3）冷间锻造　冷间锻造主要有利用锻粗或锻头法扩大齿坯尺寸的成形与减少齿坯断面的挤出成形。

（4）冲剪　玩具等不大要求精度的小型板齿轮常用冲剪法制成。

（5）普通铸造　超大型齿轮不得不用铸造方法加工。直接将熔融的金属注入铸模中，凝固后取出，直接使用或机械加工后使用。

（6）精密铸造　精密铸造有壳模法、石膏模法等。

此外，还有粉末冶金法、射出成形法等齿轮加工方法。

4. 齿形加工工艺比较

不同种类齿形加工工艺特色比较，见表4-1。

表4-1　各种齿形加工工艺比较

	加工精度	生产率	齿面粗糙度	适用范围
滚齿	通常加工IT6~IT10，最高能达到IT4	较高	较差	通用性大，常用于加工直齿、斜齿的外啮合圆柱齿轮和蜗杆

（续）

	加工精度	生产率	齿面粗糙度	适用范围
插齿	通常能加工 IT7 ~ IT9，最高能达到 IT6	较高	较好	通用性大，适于加工内外啮合齿轮（包括阶梯齿轮）、扇形齿轮、齿条等
剃齿	能加工 IT5 ~ IT7 精度齿轮	高，2~4min 便能加工一个齿轮	可达 $Ra8 \sim 10\mu m$	主要用于齿轮滚插预加工后、淬火前的精加工
珩齿	一般用于加工 IT6 ~ IT8 精度齿轮	低	可达 $Ra7 \sim 9\mu m$	多用于经过剃齿和高频感应淬火后，齿形的加工
磨齿	一般情况下能达到 IT3 ~ IT7 精度	较低	可达 $Ra7 \sim 9\mu m$	加工成本较高，多用于齿形淬硬后的精密加工

4.1.4　齿轮加工工艺过程

不同精度等级、生产批量的齿轮加工工艺方案有所不同，齿轮加工工艺过程大致可划分为如下几个阶段：

1）齿轮毛坯的形成：棒料、锻件或铸件。

2）粗加工：切除较多的余量。

3）精加工：车、滚、插齿。

4）热处理：调质、渗碳淬火、齿面高频感应淬火等。

5）齿面的精加工：精修基准、精加工齿形（磨、剃、珩、研、抛等）。

4.2　圆柱齿轮零件工艺分析

圆柱齿轮的加工工艺过程一般包括以下内容：齿轮毛坯加工、齿面加工、热处理工艺及齿面的精加工。在编制工艺过程中，常因齿轮结构、精度等级、生产批量及生产环境的不同，而采取各种不同的工艺方案。本节以典型渐开线圆柱齿轮为例介绍圆柱齿轮工艺设计的方法。

图 4-2 所示为拖拉机变速箱中倒档中间轴齿轮，其功用是传递动力和改变输出轴运动方向。请认真分析后制订此零件的机械加工工艺规程，生产批量为 5000 件/年。

4.2.1　圆柱齿轮加工精度分析

该零件为回转体零件，其最主要加工面为 $\phi62K7$ 孔和齿面，且两者有较高的同轴度精度要求，是加工工艺中需要重点考虑的问题。其次，两轮毂端面由于装配要求，对 $\phi62K7$ 孔有端面圆跳动要求。最后，两齿圈端面在滚齿时要作为定位基准使用，故对 $\phi62K7$ 孔也有端面跳动要求。这些在安排加工工艺时也需给予注意。

4.2.2　确定材料及毛坯制造方法

齿轮材料应具有一定的接触疲劳强度和弯曲疲劳强度。齿轮传动时齿面存在较大的滑动

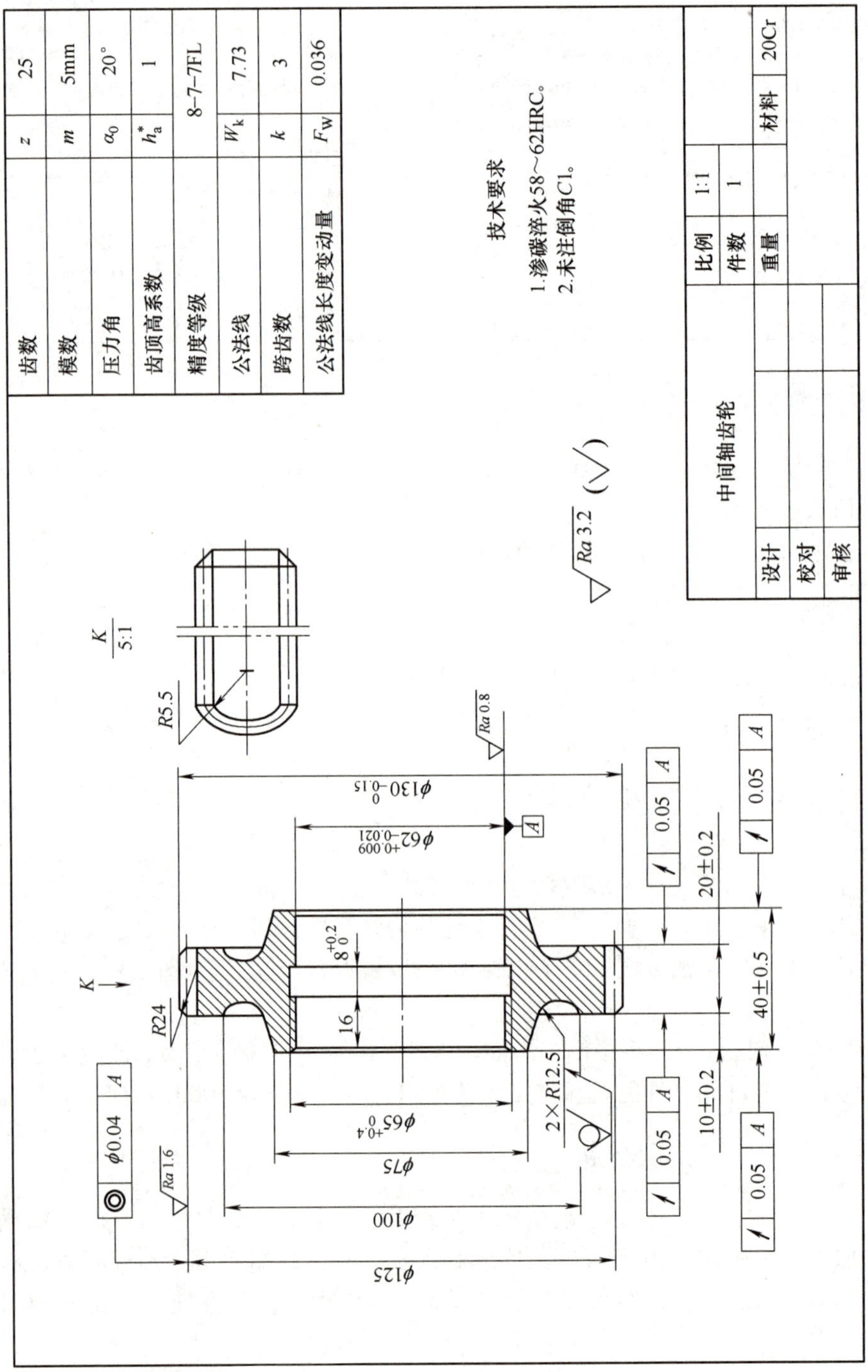

图4-2　中间轴齿轮零件图

摩擦，因此要求齿轮材料具有足够的硬度和耐磨性。此外，齿轮材料还需具有一定的冲击韧性，热处理变形小，切削性能好等要求。

速度较高的齿轮传动，齿面易产生疲劳点蚀，应选用齿面硬度较高而硬层较厚的材料；有冲击载荷的齿轮传动，轮齿易折断，应选用韧性较好的材料；低速重载的齿轮传动，轮齿易折断，齿面易磨损，应选用机械强度大，齿面硬度高的材料。

齿轮材料的种类较多，生产上主要采用 15 钢和 45 钢。对速度较高，受力较大或精度要求高的齿轮，常采用合金结构钢 20Cr、40Cr、18CrMnTi、40MnVB、20MnVB 等。目前，齿轮材料有用高强度球墨铸铁取代铸钢的趋势。对于高速而受力不大的齿轮，为了减少噪声，可用夹布胶木制造。此外，为了减少金属切削加工，可用尼龙、塑料压铸成形的齿轮。

齿轮毛坯的选择决定于齿轮材料、结构形状、尺寸规格、使用条件以及生产批量。常用的有下面几种：

1）棒料：一些不重要，受力不大而尺寸较小，结构简单的齿轮，可直接采用棒料毛坯。

2）锻坯：用于重要而受力较大的齿轮。

3）铸钢毛坯：用于直径很大或结构形状复杂的齿轮。

4）铸铁件：铸铁齿轮易加工，成本低，但抗弯强度、抗冲击和耐磨性较差，故常用于受力小、无冲击、低速的齿轮，常用牌号为 HT200。

该零件的主要功用是传递动力，其工作时需承受较大的冲击载荷，要求有较高的强度和韧性，故毛坯应选择锻件，以使金属纤维尽量不被切断。又由于年产量为 5000 件，达到了批量生产的水平，且零件形状较简单，尺寸也不大，故应采用模锻。

确定直径上总余量为 6mm，高度（轴向）方向上总余量为 5mm，绘制毛坯图，如图 4-3 所示。

4.2.3　圆柱齿轮加工工艺规程的制订

1. 确定表面加工方法

齿面加工是整个齿轮加工的关键。齿面加工方法的选择主要取决于齿轮的精度等级、生产批量、生产条件和切齿厚时所采用的热处理方法。

对于 7~8 级精度的齿轮，用滚齿或插齿能满足要求。采取滚（插）齿—齿端加工—齿面热处理—校正内孔的加工工艺方案；但对淬火齿轮，热处理前的齿形加工精度应提高一级或在淬火后珩齿。一般情况下，滚齿加工的齿轮，其传递运动准确性的精度高，而插齿加工的齿轮，其传动平稳性精度高。

6~7 级精度不淬硬齿轮可采用滚齿—剃齿。由于剃齿是用自由啮合来完成切削的，对齿轮的传递运动准确性精度提高较少，该项精度由滚齿来保证。

6~7 级精度淬硬齿轮，当生产批量较小时，可采用滚（插）齿—齿端加工—齿面热处理—修正基准—磨齿的加工工艺方案；当批量较大时，可采用滚齿—齿端加工—剃齿—齿面热处理—修正基准—珩齿的加工工艺方案。

5、6 级精度齿轮，可采用粗滚齿—精滚（插）齿—齿面热处理—修正基准—磨齿的加工工艺方案。

在选择齿面加工方法时可参考表 4-2。

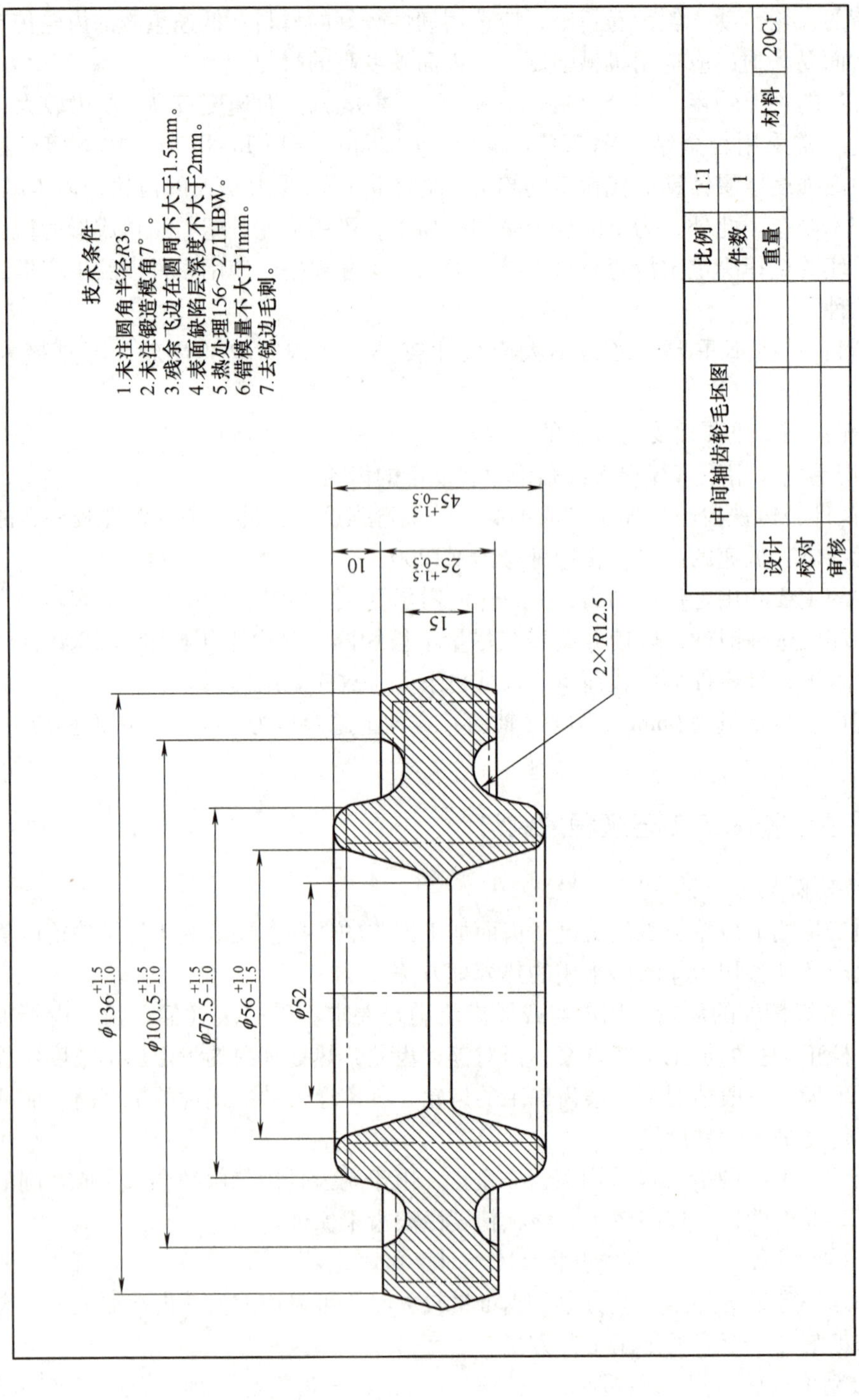

图4-3　中间轴齿轮毛坯图

表 4-2　常见齿面的加工方法

齿面加工方法		刀具	机床	精度等级	表面粗糙度值 $Ra/\mu m$	适用范围
成形法	成形铣齿	模数铣刀	铣　床	9~10	3.2~6.3	用盘形或指形齿轮铣刀加工，分度头分齿，加工精度及生产率均较低
	拉　齿	齿轮拉刀	拉　床	8~7	0.8~1.6	精度和生产率高，但拉刀制造困难，价格高，故仅在大量生产时采用，适宜拉内齿轮
	成形磨齿	砂　轮	磨齿机	5~6	0.2~0.8	适用于大批大量生产，宜磨削内齿轮和齿数极少的齿轮
展成法	滚　齿	齿轮滚刀	滚齿机	6~10	0.8~1.6	最高能达 4 级，生产率较高，通用性大，常用于加工直齿、斜齿的外口啮合圆柱齿轮和蜗轮
	插　齿	插齿刀	插齿机	5~7	0.8~1.6	最高能达 6 级，生产率较高，通用性大，适用于加工内外啮合齿轮（包括阶台齿轮）、扇形齿轮，齿条等
	剃　齿	剃齿刀	剃齿机	5~7	0.8~1.6	生产率高，主要用于齿轮滚齿、插齿预加工后，淬火前的齿形精加工
	珩　齿	珩齿机	珩齿机或剃齿机	6~7	0.4~0.6	多用于经过剃齿和高频感应淬火后的齿面加工，适用于成批生产
	磨　齿	砂　轮	磨齿机	3~7	0.2~0.8	生产率较低，加工成本高，用于齿面淬硬后的精密加工，适用于单件小批生产

因此，确定“中间轴齿轮”表面的加工方法为：

（1）ϕ62K7 孔加工　要考虑：①生产批量较大，应采用高效加工方法；②零件热处理会引起较大变形，为保证 ϕ62K7 孔的精度及齿面对 ϕ62K7 孔的同轴度精度，热处理后需对该孔再进行加工。故确定热处理前采用扩孔—拉孔的加工方法，热处理后采用磨孔的加工方法。

（2）齿面　根据精度 8-7-7 的要求，并考虑生产批量较大，故采用滚齿—剃齿的加工方法。

（3）大小端面　采用粗车—半精车—精车加工方法。

（4）环槽　采用车削方法。

2. 选择定位基准

齿轮加工定位基准的选择应符合“基准重合”的原则，尽可能与装配基准、测量基准一致，同时在整个齿轮加工过程中（如滚、剃、珩等）应选用同一个定位基准，以保持基准统一。

齿轮轴的齿坯、齿形加工与一般轴类零件加工相似，对于直径较小的齿轮轴，一般可采用两端中心孔或锥体作为定位基准，而对于直径大的齿轮轴，由于自重和切削力较大，两端中心孔不适宜作定位基准，而选用轴颈和一个端面（以轴向圆跳动较小的端平面为宜）作为定位基准。

整体带孔齿轮（或装配式齿轮的齿圈），若以齿坯内孔和端面作为定位基准，则可采用专用心轴，这种方法定位精度高，生产率也高，适用于成批生产。如果以外圆和端面作为定位基准，则无需心轴，但要求外圆的径向圆跳动小。这种方法生产率低，故适用于单件小批生产。

综上所述，为减少定位误差，提高齿轮加工精度，在加工时应满足：基准重合、基准统一的定位方式；内孔定位时，配合间隙应尽可能减小；定位端面与定位孔或外圆应在一次装夹中加工出来，以保证垂直度精度的要求。

因此，选定“中间轴齿轮”加工的定位基准如下：

（1）精基准选择　齿轮的设计基准是 ϕ62K7 孔，根据基准重合原则，并同时考虑统一精基准原则，选 ϕ62K7 孔作为主要定位精基准。为了定位稳定可靠，选一大端面作为第二定位精基准。在磨孔工序中，为保证齿面与孔的同轴度精度，选齿面作为定位基准。在加工环槽工序中，为装夹方便，选外圆表面作为定位基准。

（2）粗基准选择　着重考虑装夹方便、可靠，选一大端面和外圆作为定位粗基准。

3. 拟订加工工艺路线

齿坯加工直接影响齿轮的加工质量和生产率。它主要包括：带孔齿轮的孔加工、端面和连轴齿轮的中心孔以及齿圈外圆、端面的加工。

孔的加工主要采用三种方案：钻—扩—铰—插；钻—扩—拉—磨；镗—拉（或插）—磨。

齿坯外圆和端面主要采用车削。大批大量生产时，常采用高生产率机床（如多轴或多工位、多刀半自动机床）加工齿坯。

单件、小批生产时，一般采用普通车床加工齿坯，但必须注意将内孔和基准端面的精加工在一次安装内完成（基准端面须作记号）。

在齿轮图样的技术要求中，如果规定以分度圆弦齿厚或固定弦齿厚的减薄量来测定齿侧间隙时，应注意齿顶圆的尺寸精度要求，因为齿厚的检测是以齿顶圆为测量基准的。齿顶圆精度太低，必然使所测量出的齿厚无法正确反映出齿侧间隙的大小。所以，在这一加工过程中应注意：当以齿顶圆作为测量基准时，应严格控制齿顶圆的尺寸精度；保证定位端面和定位孔或外圆相互间的垂直度精度；提高齿轮内孔的制造精度，减小与夹具心轴的配合间隙。

由以上分析，现确定“中间轴齿轮”加工两种工艺方案见表4-3、表4-4。

表4-3　中间轴齿轮大批大量生产工艺过程

序号	工序内容	机床设备及工装
1	扩孔	立式钻床，气动自定心卡盘
2	粗车外圆，粗车一端大、小端面，一端内孔倒角	多刀半自动车床，气动可胀心轴
3	半精车外圆，粗车另一端大、小端面，另一端内孔倒角	多刀半自动车床，气动可胀心轴
4	拉孔	卧式拉床，拉孔夹具
5	精车外圆，精车一端大、小端面，一端外圆倒角	卧式车床，气动可胀心轴
6	精车另一端大、小端面，另一端外圆倒角	卧式车床，气动可胀心轴
7	车槽	卧式车床，气动自定心卡盘
8	中间检验	
9	滚齿	滚齿机，滚齿夹具
10	一端齿圈倒角	倒角机，倒角夹具

（续）

序号	工序内容	机床设备及工装
11	另一端齿圈倒角	倒角机，倒角夹具
12	剃齿	剃齿机，剃齿心轴
13	检验	
14	热处理	
15	磨孔	内圆磨床，节圆卡盘
16	最终检验	

表 4-4　中间轴齿轮小批量生产工艺过程

序号	工序内容	机床设备及工装
1	粗车一端大、小端面，粗车、半精车内孔，一端内孔倒角	卧式车床，自定心卡盘
2	粗车、半精车外圆，粗车另一端大、小端面，另一端外圆、内孔倒角	卧式车床，自定心卡盘
3	精车内孔，车槽，精车另一端大、小端面，另一端外圆倒角	卧式车床，自定心卡盘
4	精车外圆，精车一端大、小端面	卧式车床，可胀心轴
5	中间检验	
6	滚齿	滚齿机，滚齿夹具
7	一端齿圈倒角	倒角机，倒角夹具
8	另一端齿圈倒角	倒角机，倒角夹具
9	剃齿	剃齿机，剃齿心轴
10	检验	
11	热处理	
12	磨孔	内圆磨床，节圆卡盘
13	最终检验	

方案 1（见表 4-3）采用工序分散原则，各工序工作相对简单。方案 2（见表 4-4）工序相对集中，便于管理，且由于采用普通机床，较少使用专用夹具，易于实现。

考虑到该零件生产批量较大，工序分散可简化调整工作，易于保证加工质量，且采用气动夹具，可提高加工效率，故采用方案 1 较好。

4.3　圆柱齿轮齿槽加工

4.3.1　成形铣削加工

成形法是指利用与被加工齿轮齿槽法面截形相一致的刀具，在齿坯上加工出齿形。成形法加工齿轮的方法有铣削、拉削、插削及磨削等，其中最常用的方法是在普通铣床上用成形铣刀铣削齿形。

（一）成形法铣齿加工

铣齿加工是在普通铣床上用成形铣刀铣削齿形的一种方法。如图 4-4 a、b 所示，铣削时工件安装在分度头上，铣刀对工件进行切削加工，工作台带动工件做直线进给运动，加工完一个齿槽后将工件分度转过一个齿，再加工另一个齿槽，依次加工出所有齿形。铣削斜齿圆柱齿轮一般在万能铣床上进行，铣削时工作台偏转一个齿轮的螺旋角 β，工件在随工作台进给的同时，由分度头带动做附加转动，形成螺旋线运动，如图 4-4c 所示。

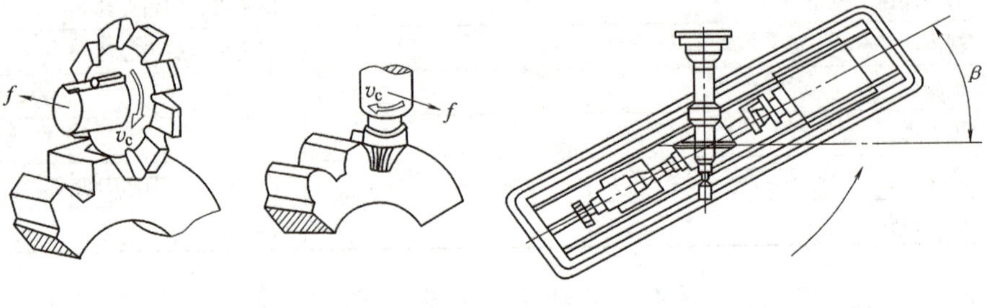

图 4-4　铣齿加工

铣齿的优点是可以在普通铣床上加工，但由于刀具存在近似误差和机床在分齿过程中的转角误差影响，加工精度一般为 IT9～IT12，表面粗糙度 Ra 值为 6.3～3.2μm，生产效率不高，一般用于单件小批量生产加工直齿、斜齿和人字齿圆柱齿轮，或用于重型机器制造业加工大型齿轮。

（二）齿轮铣刀及分类

铣削齿轮所用的刀具有模数盘形齿轮铣刀和指形齿轮铣刀。

（1）盘形铣刀　如图 4-5a 所示。它是一把铲齿成形铣刀，利用分度头可以加工直齿或斜齿齿轮。适用于模数 m 为 0.3～50mm 低精度的直齿、斜齿圆柱齿轮的加工，其生产率和加工精度都比较低，适于单件生产或修配工作中加工要求不高的圆柱齿轮。

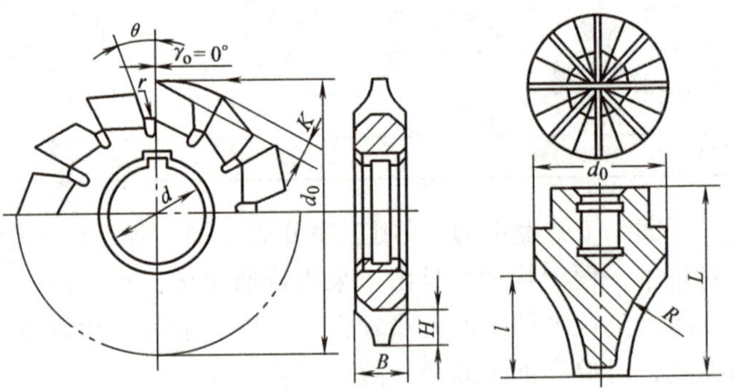

图 4-5　盘形铣刀与指形齿轮铣刀

（2）指形齿轮铣刀　如图 4-5b 所示。它是一种立铣刀。铣削时刀具旋转，工件沿齿向做进给运动。每铣完一个齿，也要借助分度头分度。这种刀具适于加工大模数（m 为 8～40mm）的直齿、斜齿齿轮，特别适用于人字齿轮。

（三）齿轮铣刀的选用

1. 铣刀刀号的选择

用铣刀加工直齿圆柱齿轮时，其截形应与工件端剖面内的齿槽廓形相同。当加工齿轮的模数、压力角相同，而齿数不同时，齿槽形状各不相同。由渐开线形成原理可知，齿数越少，则基圆越小，渐开线就弯曲得越厉害。因此，在加工不同齿数的齿轮时，就应采用不同齿形的铣刀，这样就会使铣刀的数量非常多。生产中为了减少模数盘铣刀的数量，常用一把铣刀加工模数和压力角相同、而具有一定齿数范围的齿轮。

一把铣刀可加工的齿数范围（即齿轮铣刀号数的划分依据），是按照齿廓误差不超过一定数值的原则规定的。对于 $m \leqslant 8mm$ 的通用齿轮铣刀，规定由 8 件铣刀组成一套；对于 $m > 8mm$ 通用齿轮铣刀，则有 15 件组成一套。在被切齿轮模数较大且精度较高时，一套铣刀也可由 26 件组成。每号铣刀的齿形均按所加工齿轮齿数范围内最少齿数的齿形设计齿廓，而按齿数最多的齿轮确定齿高，以获得比较有利于啮合传动的铣刀齿廓，见表 4-5。例如，6 号铣刀的齿形是按齿数为 35 的齿形设计的。当用 6 号铣刀加工齿数为 36~54 的齿轮时，使被加工齿轮除分度圆齿厚相同外，其齿顶与齿根处的齿厚均变薄，这种齿形误差对低精度齿轮是允许的。

表 4-5　盘形齿轮铣刀刀号

刀　号	1	2	3	4	5	6	7	8
加工齿轮范围	12~13	14~16	17~20	21~25	26~34	35~54	55~134	135 以上

2. 加工斜齿轮时铣刀的选择

用铣刀加工斜齿轮时，刀具是在齿轮的法剖面内进行铣削的。因此，选择铣刀号时，其模数及齿数应分别按斜齿轮的法向模数 m_n、法剖面中的当量齿数 z_v 选择。m_n 和 z_v 可由下式求出：

$$m_n = m\cos\beta$$

$$z_v = z/\cos^3\beta$$

式中　m_n——法向模数；

z_v——当量齿数；

m——斜齿轮的端面模数；

β——斜齿轮的螺旋角；

z——斜齿轮的齿数。

4.3.2　滚齿加工

（一）滚齿加工原理及应用

1. 滚齿加工原理

滚齿加工过程实质上是一对交错轴螺旋齿轮的啮合传动过程。如图 4-6 所示，其中一个斜齿圆柱齿轮直径较小，齿数较少（通常只有一个），螺旋角很大（近似 90°），轮齿很长，因而变成为一个蜗杆（称为滚刀的基本蜗杆）状齿轮。该齿轮经过开容屑槽、磨前后刀面，做出切削刃，就形成了滚齿用的刀具，称为齿轮滚刀。用该刀具与被加工齿轮按啮合传动关系做相对运动，就实现了齿轮滚齿加工。

滚齿过程如图 4-7 所示。当滚刀旋转时，在其螺旋线的法向剖面内的刀齿相当于一个齿条做连续移动。根据啮合原理，其移动速度与被切齿轮在啮合点的线速度相等，即被切齿轮的分度圆与该齿条的节线做纯滚动。设所用的滚刀为单头，被切齿轮的齿数为 z，当滚刀绕自身轴线转一转时，相当于刀齿沿法向移动一个齿距（πm_n），则被切齿轮必须转过一个齿（1/Z 转）。渐开线齿形就是在滚刀旋转运动和工件旋转运动的复合中形成的，这个复合运动称为展成运动。

显然，在滚齿加工时，滚刀的旋转与工件的旋转运动之间是一个具有严格传动关系要求的传动链。其中滚刀的旋转运动是滚齿加工的主运动。除此之外，还有切出全齿高所需的径

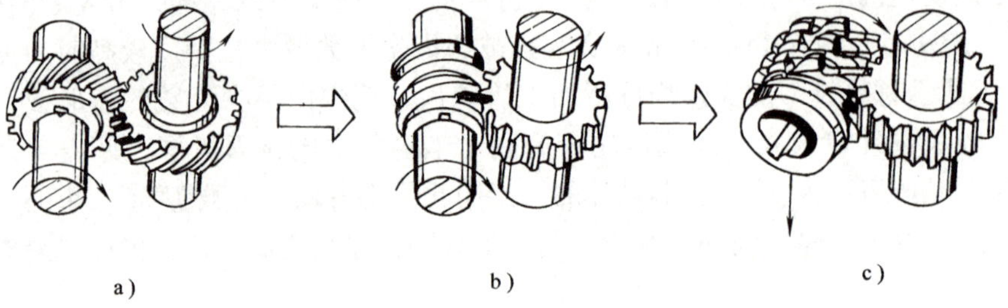

图 4-6 滚齿加工原理

a) 螺旋齿轮传动 b) 蜗杆传动 c) 滚齿运动

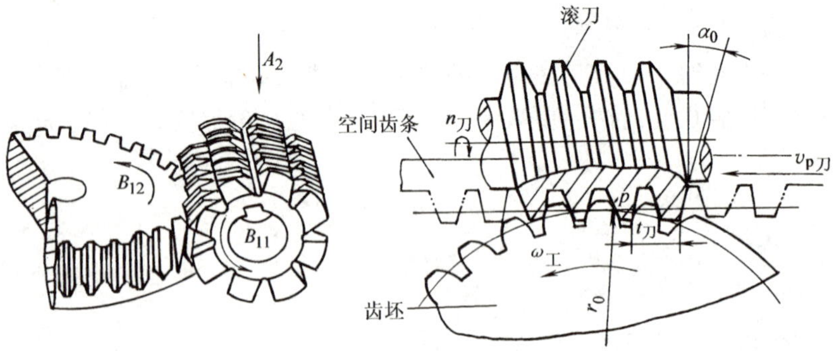

图 4-7 滚齿过程

向进给运动和切出全齿宽所需的轴向进给运动。如果是滚切斜齿轮，还需要增加一个形成齿向螺旋线的附加运动。

滚齿加工采用展成原理，适应性好，解决了成形法铣齿时齿轮铣刀数量多的问题，并解决了由于刀号分组而产生的加工齿形误差和间断分度造成的齿距误差，精度比铣齿加工高；滚齿加工为连续分度，连续切削，无空行程损失，加工生产率高；但由于滚刀结构的限制，容屑槽数量有限，滚刀每转切削的刀齿数有限，加工齿面的表面粗糙度值大于插齿加工。滚齿加工主要用于直齿、斜齿圆柱齿轮以及蜗轮的加工，不能加工内齿轮和多联齿轮。

2. 滚齿加工的应用

（1）加工直齿圆柱齿轮的传动原理　由滚齿原理分析可知，滚切直齿圆柱齿轮时所需的加工运动包括形成渐开线齿形的展成运动、形成全齿宽所需的轴向进给运动和切出全齿高所需的径向进给运动。如图 4-8 所示，展成运动由滚刀的旋转运动 B_{11} 和工件的旋转运动 B_{12} 组成；轴向进给运动是由机床刀架带动滚刀沿工件轴向的运动 A_2；径向进给运动是工作台带动工件沿工件径向间歇的进给运动。

1）展成运动传动链。联系滚刀主轴旋转和工作台旋转的传动链（刀具—4—5—u_x—6—7—工作台）为展成运动传动链，由它保证工件和刀具之间严格的运动关系，其中换置机构 u_x 用来适应工件齿数和滚刀螺旋线头数的变化。这是一条内联系传动链，它不仅要求传动比准确，而且要求滚刀和工件二者旋转方向必须符合一对交错轴螺旋齿轮啮合时相对运动方向。当滚刀旋转方向一定时，工件的旋转方向由滚刀的螺旋方向确定。

2）主运动传动链。主运动传动链是联系动力源和滚刀主轴的传动链，它是外联系传动链。主运动传动链为：电动机—1—2—u_v—3—4—滚刀。这条传动链产生切削运动，其传动链中换置机构 u_v 用于调整渐开线齿廓的成形速度，应当根据工艺条件确定滚刀转速来调整其传动比。

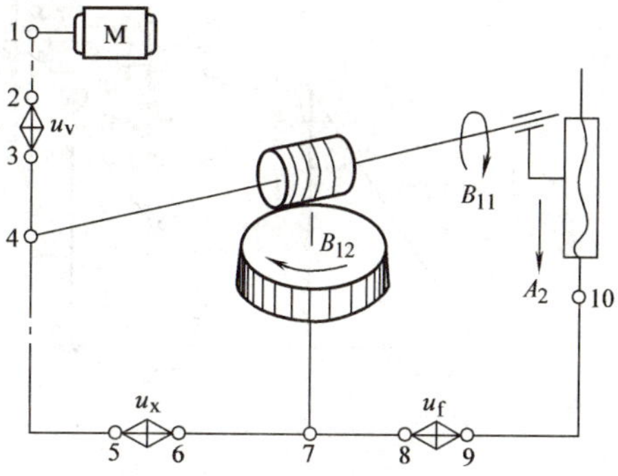

图 4-8 滚直齿圆柱齿轮传动原理图

3）轴向进给运动传动链。为了使刀架得到该运动，轴向进给运动传动链为："工件—7—8—u_f—9—10—刀架"。传动链中的换置机构 u_f 用于调整轴向进给量的大小和进给方向，以适应不同加工表面粗糙度的要求。由于刀架的轴向进给运动是简单运动，所以，这条传动链是外联系传动链。通常以工作台（工件）每转一转，刀架的位移量 f 来表示轴向进给量的大小。

（2）加工斜齿圆柱齿轮的传动原理 滚切斜齿圆柱齿轮需要两个复合成形运动，即形成渐开线齿形的展成运动和形成齿向螺旋线的运动。除形成渐开线齿形需要展成运动外，齿向螺旋线的实现也需要一个复合运动。因此，滚刀沿工件轴线移动与工作台的旋转运动之间也必须建立一条内联系传动链。要求工件在展成运动 B_{12} 的基础上再产生一个附加运动 B_{22}，以形成齿向螺旋线。图 4-9 所示为滚切斜齿圆柱齿轮的传动原理图。其中展成运动传动链、轴向进给运动传动链、主运动传动链与直齿圆柱齿轮的传动原理相同，只是在刀架与工件之间增加了一条附加运动传动链（刀架—12—13—u_y—14—15—合成机构—6—7—u_x—8—9—工作台），以保证形成齿向螺旋线。其中换置机构 u_y 用于适应工件螺旋线导程 L 和螺旋方向的变化。图 4-9a 形象地说明了这个问题。设工件的螺旋线为右旋，当滚刀沿工件轴向进给 f（单位为 mm），滚刀由 a 点到 b 点，这时工件除了做展成运动 B_{12} 以外，还要再附加转动 $b'b$，才能形成齿向螺旋线。同理，当滚刀移动至 c 点时，工件应附加转动 $c'c$。依次类推，当滚刀移动至 p 点（经过了一个工件螺旋线导程 L），工件附加转动为 $p'p$，正好转一转。附加运动 B_{22} 的旋转方向与工件展成运动 B_{12} 旋转方向是否相同，取决于工件的螺旋方向及滚刀的进给方向。如果 B_{12} 和 B_{22} 同向，计算时附加运动取+1 转，反之取-1 转。在滚切斜齿圆柱齿轮时，要保证 B_{12} 和 B_{22} 这两个旋转运动同时传给工件又不发生干涉，需要在传动系统中配置运动合成机构，将这两个运动合成之后，再传给工件。工件的实际旋转运动是由展成运动 B_{12} 和形成齿向螺旋线的附加运动 B_{22} 合成的。

（3）蜗轮加工 蜗轮滚刀加工蜗轮的原理是模拟蜗杆与蜗轮的啮合传动过程。加工蜗轮所用的滚刀与该蜗轮实际工作时的蜗杆完全相同，只是在上面做出了切削刃，这些切削刃位于原蜗杆的齿廓螺旋线上。加工时蜗轮滚刀与被加工蜗轮的相对位置、传动比也与原蜗杆与蜗轮的啮合位置和传动比相同。所以，蜗轮滚刀是一种专用刀具，每加工一种蜗轮就要设计一种专用滚刀。

由上述可知，加工蜗轮时，展成运动和主运动与加工直齿圆柱齿轮时相同。由于在蜗轮的轴向平面内蜗轮齿底部是圆弧形，滚刀轴线就在圆弧中心，所以不需要轴向进给运动。为切出全齿高，滚刀相对于蜗轮的切入运动可以有两种方式，一种是径向进给方式，另一种是切向进给方式。径向进给方式与加工直齿圆柱齿轮相同（见图 4-10a），不再赘述。这里只

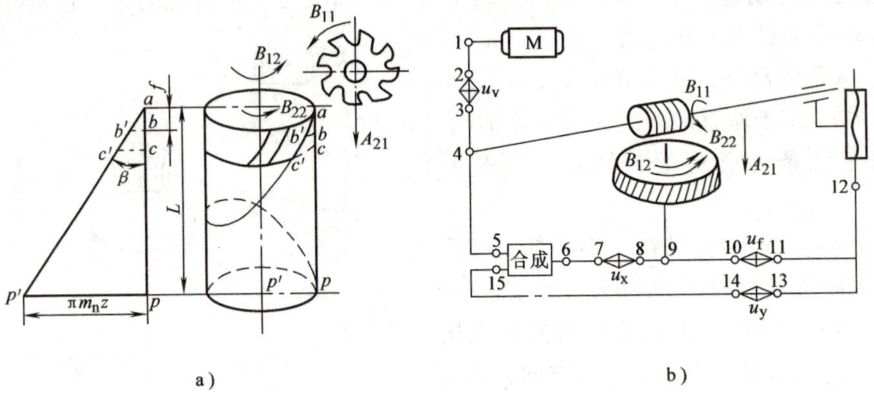

图 4-9 滚切斜齿圆柱齿轮的传动原理图

介绍切向进给的传动原理。

切向进给方式如图 4-10c 所示。为保证滚刀与蜗轮的啮合传动关系不变，必须在滚刀切向进给的同时，给蜗轮附加一个转动，保证在蜗轮的中心平面内蜗轮与蜗杆保持纯滚动的关系。因此，滚刀的轴向进给 A_{21} 与工作台的附加圆周进给 B_{22} 之间就构成了一条内联系传动链，即滚刀在切向刀架的带动下沿滚刀轴线做切向进给，这一运动通过换置机构 u_t 使工件产生一个附加转动。展成运动的圆周进给 B_{12} 与附加圆周进给 B_{22} 通过合成机构合成后驱动工作台旋转。采用切向进给时，蜗轮齿面有更多的包络切线，加工表面的表面粗糙度值小。对大螺旋升角的蜗轮，应尽可能采用切向进给。但切向进给时，需要机床有切向进给刀架。

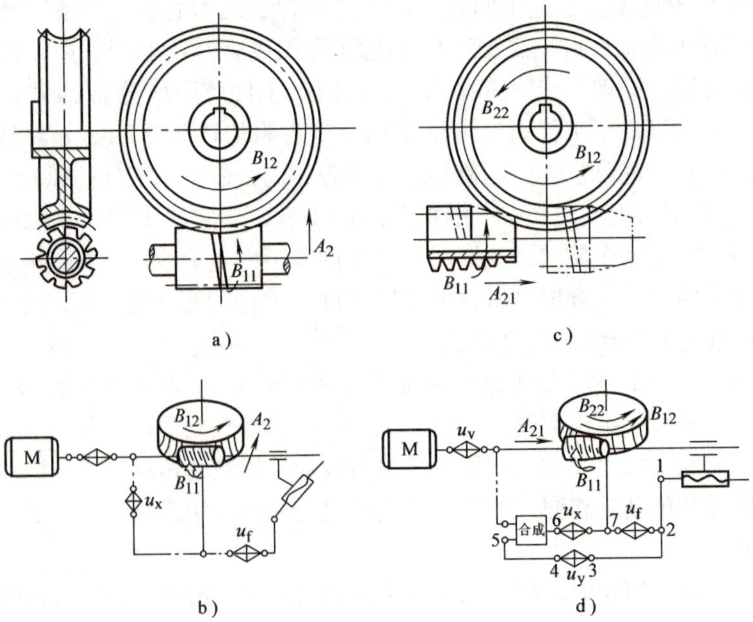

图 4-10 加工蜗轮的传动原理图

a)、b) 径向法加工蜗轮 c)、d) 切向法加工蜗轮

(4) 滚齿时滚刀的安装　在滚切直齿和斜齿圆柱齿轮时，为保证加工出的齿形的正确性，滚刀与工件的相对位置关系应符合相应的螺旋齿轮啮合的相互位置关系，即滚刀的齿形螺旋线的方向应与被加工齿轮的齿向相同。为实现这一要求，在滚刀安装时，应根据滚刀的螺旋角和工件的螺旋角大小使滚刀相对于工件端面扳动一定的角度。滚刀轴线相对于工件端面转过的角度称为滚刀的安装角。

图 4-11a 所示为加工直齿圆柱齿轮时，滚刀的安装角的调整示意图。这时安装角等于滚刀的螺旋升角 λ_f。滚刀的旋向不同，转角的方向也不同。如果使用的是右旋滚刀，则应顺时针方向扳动；反之，则逆时针方向扳动。

图 4-11b、c 所示为加工斜齿圆柱齿轮时的安装角调整示意图。这时安装角由滚刀螺旋升角和工件螺旋角决定。当二者旋向相同时，安装角为工件螺旋角与滚刀螺旋升角之差；反之为二者之和。滚刀扳动的方向为：左旋工件，顺时针方向扳动；右旋工件，逆时针方向扳动。

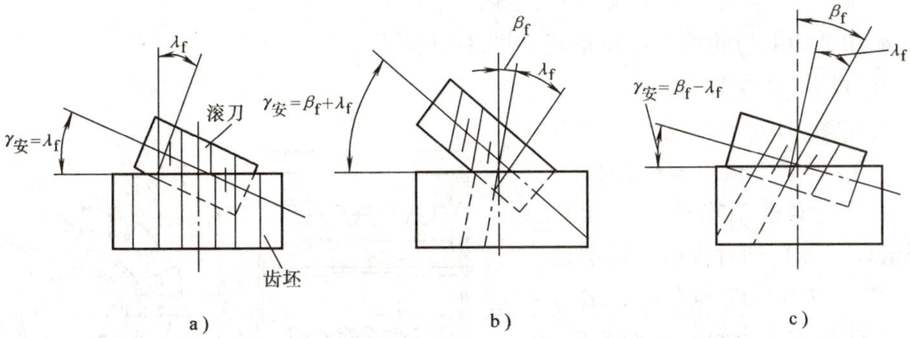

图 4-11　滚刀的安装角

(二) 齿轮滚刀

1. 齿轮滚刀的形成及类型

齿轮滚刀是一个螺旋角很大，而齿数很少（1~3 齿）、齿很长、能绕滚刀分度圆柱很多圈的交错轴斜齿轮，很像一个螺旋升角很小的蜗杆。为了形成切削刃，在蜗杆上沿轴线开出容屑槽，以形成前刀面及前角，经铲齿和铲磨，以形成后刀面与后角（见图 4-12），滚刀的各个侧切削刃则应位于蜗杆的螺旋面上。

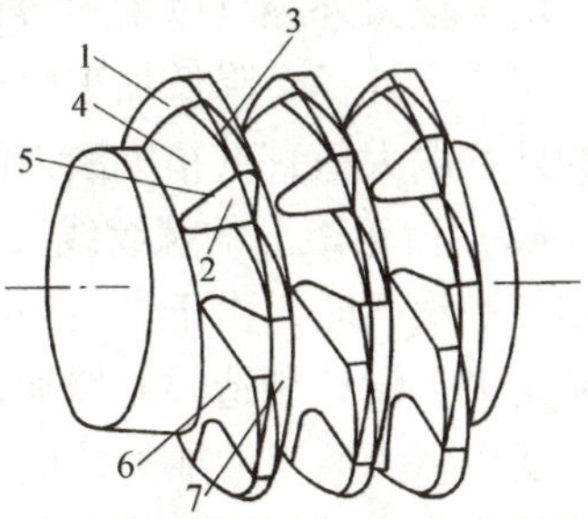

图 4-12　滚刀的基本蜗杆和切削要素

1—前面　2—顶刃　3、4—侧刃　5—顶后面　6、7—侧后面

滚刀切削刃所在的蜗杆表面，称为基本蜗杆。理论上，加工渐开线圆柱齿轮的滚刀，其基本蜗杆应为渐开线蜗杆。但是，这种滚刀的制造和测量比较困难，实际生产中通常都近似地采用阿基米德蜗杆和法向直廓蜗杆作为基本蜗杆。这两种近似设计的滚刀制造和检验都比较方便，但存在一定的齿廓误差。不过，当滚刀的模数和螺旋升角较小时，这种齿廓误差都很小，尤其是按阿基米德基本蜗杆造型的滚刀，不仅齿廓误差不大，而且误差的分布形式对被切齿轮形成一定的修缘，有利于齿轮的传动，故被普遍采用。

齿轮滚刀的类型较多。按照加工性质可分为精切滚刀、粗切滚刀、剃前滚刀、挤前滚刀、刮前滚刀和磨前滚刀等；按结构可分为整体滚刀、焊接（或粘结）式滚刀、装配式滚刀；按刀齿后刀面形状可分为铲齿（或铲磨）式滚刀、尖齿滚刀和圆磨法滚刀等；按切削部分材料可分为高速钢滚刀、硬质合金滚刀、金属陶瓷和立方氮化硼滚刀等；按制造精度的高低可分为高精度滚刀（AAA级以上）、精密滚刀（AA级）和普通精度滚刀（A、B、C级）；根据滚刀螺纹线数可分为单头滚刀和多头滚刀。此外，为了改善滚刀的切削性能，还可对齿轮滚刀的结构和几何形状作出各种各样的改进，形成全圆弧齿顶滚刀、不等齿高的滚刀、小压力角滚刀、错齿式滚刀、多段组装式滚刀、波形式滚刀、正前角滚刀和负前角滚刀等高效或专用滚刀。各种高速钢滚刀还可以进行等离子化学气相沉积（PVD）涂层，各种硬质合金滚刀也可以进行PVD涂层，以进一步提高滚刀的切削性能和使用寿命。

由于滚齿加工的效率和精度都较高，因此，齿轮滚刀是圆柱齿轮加工中应用最广泛的一种刀具。

2. 整体高速钢齿轮滚刀的结构形式和尺寸参数

最基本和常用的齿轮滚刀结构形式如图4-13所示。

齿轮滚刀的尺寸参数有：

（1）齿轮滚刀的外径 d_{a0} 与孔径 D 滚刀外径 d_{a0} 是一个很重要的结构尺寸，它直接影响其他结构参数（孔径 D、容屑槽数 z_k 等）的合理性、切削过程的平稳性、滚刀精度和寿命、滚刀的制造工艺性和加工齿轮的表面质量。滚刀的孔径要根据外径和使用情况而定。

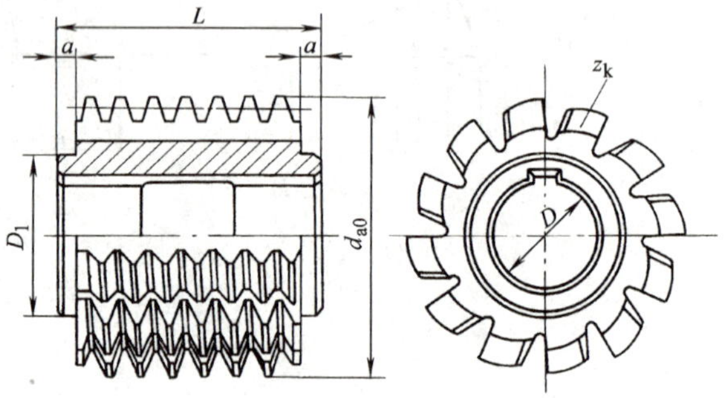

图4-13 滚刀的结构

我国制定的刀具公称尺寸标准将滚刀分为两大系列：大外径系列（Ⅰ型）和小外径系列（Ⅱ型）。前者用于高精度滚刀，后者用于普通精度滚刀。

增大滚刀外径可以增多容屑槽数 z_k，减少齿面包络误差，减小刀齿负荷，提高加工精度。但增大外径会降低加工生产率，加大刀具材料的浪费。齿轮滚刀标准规定，对高精度滚刀的外径取大值，低精度滚刀的外径取小值。通常 $d=65 \sim 160\text{mm}$。

（2）齿轮滚刀的螺纹线数 k 滚刀的螺纹线数对滚齿生产率和加工精度都有重要影响。采用多头滚刀时，由于参与切削的齿数增加，其生产效率比单头滚刀高。但由于多头滚刀螺旋升角大，设计制造误差增加，铲磨时很难保证精度，加之多头滚刀各螺纹之间存在分度误差，所以多头滚刀的加工精度较低，一般适合于粗加工。近年来，随着刀具制造精度的提高及滚齿机刚度的提高，为多头滚刀的使用创造了良好的条件，使一些多头滚刀不仅可以粗加工，也广泛应用于半精加工。

（3）齿轮滚刀的长度 齿轮滚刀的最小长度应满足两个要求：①能完整的包络出齿轮的齿廓；②滚刀两端边缘的刀齿不应负荷过重。

由以上两个要求可以定出滚刀的最小长度，同时还应考虑下列因素对长度值进行修正：①由于滚刀的刀齿是按螺旋线分布的，在滚刀两端靠近边缘的几个刀齿是不完整的刀齿，为了使它们不参加切削，应加长滚刀。②为使滚刀磨损均匀，在使用中进行轴向窜刀，应考虑轴向窜刀所必需的长度增加量。③轴台的长度是检验滚刀安装是否正确的基准，通常不小于4~5mm。

（4）齿轮滚刀的容屑槽数 z_k　容屑槽数 z_k 影响切削过程的平稳性、加工表面的质量和滚刀的使用寿命。容屑槽数 z_k 增加时，可使每一个刀齿的负荷减少，使切削过程平稳，有利于提高滚刀的使用寿命；参加包络齿轮齿廓的切削刃数也增多，被切齿面的加工质量高。但随着容屑槽数 z_k 的增多，齿背的宽度将减少，减少了滚刀的可刃磨次数，使滚刀的寿命缩短。通常，对于大直径（Ⅰ型）滚刀，其圆周齿数取 12~16 个；对于小直径（Ⅱ型）滚刀，其圆周齿数取 6~8 个。

3. 其他滚刀简介

（1）镶齿滚刀　齿轮滚刀的模数增大，滚刀的直径也增大。对于大模数滚刀，为了节省刀具材料，以及由于高速钢大件锻造困难，碳化物分布不均匀，影响刀具寿命，大都做成镶齿形式。

（2）加工硬齿面滚刀　齿轮经淬火后，因变形大，需要进行精加工。对精度要求不很高的齿轮，若采用磨削就很不经济，这时可采用加工硬齿面滚刀。这种滚刀的刀齿用硬质合金制成，顶刃背前角 γ 为−30°。用这种滚刀可加工精度低于 8 级、齿面硬度为 60HRC 左右的齿轮。

（3）剃前滚刀　用于剃齿前加工齿轮的滚刀，称为剃前滚刀。剃前滚刀应能保证被切齿轮齿面留有合理分布的剃齿余量。因此剃前滚刀的特点是：齿厚减薄，以便留有余量 Δ；齿根有修缘刃，使齿轮齿顶倒角，避免毛刺与碰伤；齿顶有凸角，使齿轮齿根处切出沉割槽，以减轻剃齿刀齿顶负荷。

4. 齿轮滚刀的使用与刃磨

（1）使用

1）选用。根据标准，滚刀端面上有下列标志：制造厂商标、模数、基本齿廓压力角、滚刀分度圆导程角、螺旋方向（右旋可省略）、精度等级、材料（普通高速工具钢可省略）、生产许可证编号及制造年份。选用时，被切齿轮的模数和基本齿廓压力角应与滚刀一致。滚刀的精度则根据齿轮工作平稳性精度决定。国家标准规定，齿轮滚刀精度分为五级：AAA、AA、A、B、C：一般情况下，AAA 级齿轮滚刀可加工 6 级齿轮，AA 级可加工 7、8 级齿轮，A 级可加工 8、9 级齿轮，B 级可加工 9 级齿轮，C 级可加工 10 级齿轮。在用齿轮滚刀加工齿轮时，应按齿轮要求的精度级，选用相应精度级的齿轮滚刀。

滚切直齿轮时一般使用右旋滚刀。滚切斜齿轮时，滚刀的螺旋方向最好与被切齿轮相同，即选用右旋滚刀切削右旋齿轮，左旋滚刀切削左旋齿轮。

2）正确安装。滚刀安装在齿轮加工机床心轴上后，要用千分表检查滚刀两端轴台的径向跳动量，使其不超过允许值，并使跳动方向与数值尽可能一致，防止滚刀轴线歪斜。

3）适时窜刀。滚刀在切齿过程中，由于各刀齿的负荷不均匀，使各齿的磨损也不均匀。为了能充分利用滚刀，应使滚刀在切削一定数量的齿轮后，沿滚刀轴线移动（手动或机动）一定距离，以提高滚刀寿命。

（2）刃磨　滚齿时，当发现齿轮齿面的表面粗糙度值 Ra 大于 3.2μm 或有光斑、声音不正常，或滚刀刀齿后刀面磨损量：精切齿时，超过 0.2~0.5mm；粗切齿时，超过 0.8~

1.0mm，就应重磨滚刀。重磨时应保证要求的精度。

（三）Y3150E 型滚齿机传动系统及调整计算

1. 机床的组成

Y3150E 型滚齿机是一种中型通用滚齿机，主要用于加工直齿和斜齿圆柱齿轮，也可以采用径向切入法加工蜗轮。能加工的工件最大直径为 500mm，最大模数 8mm。机床的外形图如图 4-14 所示。立柱 2 固定在床身 1 上，刀架溜板 3 可沿立柱导轨上下移动。刀架体 5 安装在刀架溜板 3 上，可绕自己的水平轴线转位。滚刀安装在刀杆 4 上做旋转运动。工件安装在工作台 9 的心轴 7 上，随同工作台一起转动。后立柱 8 和工作台 9 一起装在床鞍 10 上，可沿机床水平导轨移动，用于调整工件的径向位置或径向进给运动。

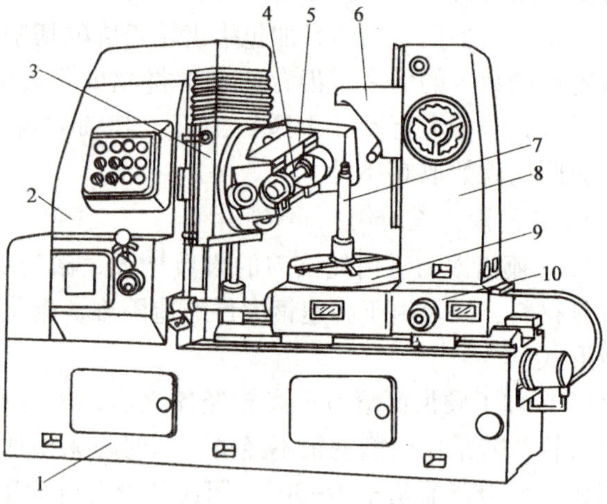

图 4-14 Y3150E 型滚齿机外形图

1—床身 2—立柱 3—刀架溜板 4—刀杆 5—刀架体 6—支架 7—心轴 8—后立柱 9—工作台 10—床鞍

2. 传动系统分析及调整计算

从滚齿原理分析可知，滚齿机的主要运动是由主运动传动链、展成运动传动链、轴向进给运动传动链和附加运动传动链组成的。此外，还有用于快速调整机床的空行程快速传动链。Y3150E 型滚齿机的传动系统图如图 4-15 所示。下面具体分析各传动链的调整计算。

（1）主运动传动链　主运动传动链的两端件是：电动机—滚刀主轴。

计算位移量是：$n_{电}$（r/min）—$n_{刀}$（r/min）

其传动路线表达式为

$$\begin{pmatrix}\text{电动机}\\ n=1430\text{r/min}\\ P=4\text{kW}\end{pmatrix}-\frac{\phi115}{\phi165}-\text{I}-\frac{21}{42}-\text{II}-\begin{bmatrix}31/39\\35/35\\27/43\end{bmatrix}-\text{III}-\frac{A}{B}-\text{IV}$$

$$-\frac{28}{28}-\text{V}-\frac{28}{28}-\text{VI}-\frac{28}{28}-\text{VII}-\frac{20}{80}-\text{滚刀主轴}$$

运动平衡式为

$$1439\times\frac{115}{165}\times u_{\text{II-III}}\times\frac{A}{B}\times\frac{28}{28}\times\frac{28}{28}\times\frac{28}{28}\times\frac{20}{80}=n_{刀}$$

式中，$\frac{A}{B}$和三联滑移齿轮变速组就是主运动换置机构 u_v。由上式可导出换置公式

$$u_v=u_{\text{II-III}}\frac{A}{B}=\frac{n_{刀}}{124.583} \tag{4-1}$$

式中　$u_{\text{II-III}}$——轴Ⅱ-Ⅲ之间的可变传动比；

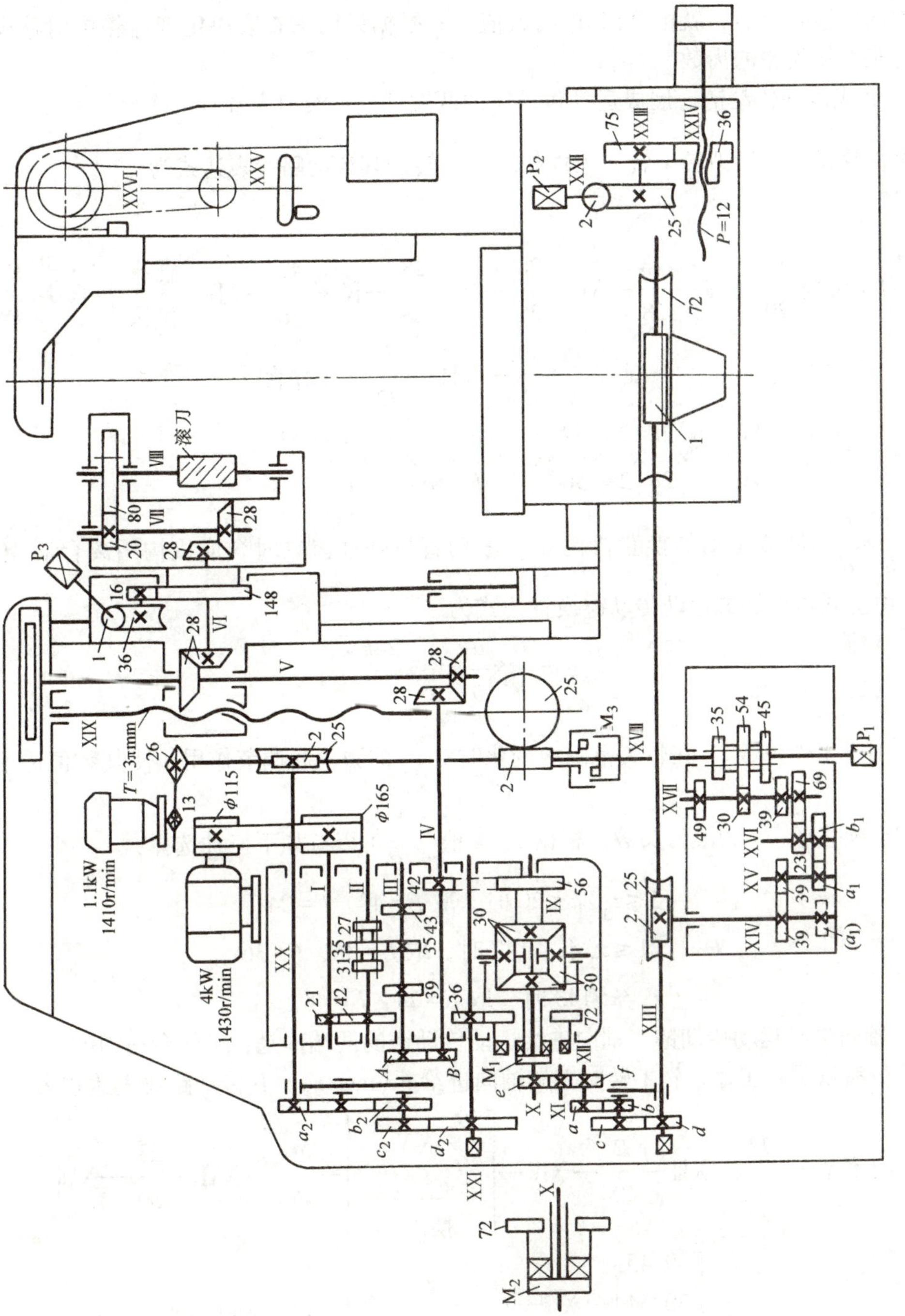

图 4-15　Y3150E 型滚齿机的传动系统图

$\frac{A}{B}$——主运动变速交换齿轮齿数比，共三种：$\frac{22}{44}$、$\frac{33}{33}$、$\frac{22}{44}$；

$n_{刀}$——滚刀主轴转速，按合理切削速度及滚刀外径计算确定。

滚刀的转速确定后，就可算出 u_v 的数值，并根据说明书查表决定变速箱中滑移齿轮的啮合位置和交换齿轮的齿数。

（2）展成运动传动链　展成运动传动链的两端件是：滚刀主轴—工作台。

计算位移量是：滚刀转1转，工件相应转$\frac{k}{z_{工}}$转。其传动路线表达式为

$$滚刀主轴—\frac{80}{20}—\text{Ⅶ}—\frac{28}{28}—\text{Ⅵ}—\frac{28}{28}—\text{Ⅴ}—\frac{28}{28}—\text{Ⅳ}—\frac{42}{56}—\text{Ⅺ}—\frac{合成}{机构}—\text{Ⅸ}—\frac{E}{F}$$

$$—\text{Ⅻ}—\frac{a}{b}\times\frac{c}{d}—\text{XⅢ}—\frac{1}{72}—工作台$$

运动平衡式：$1\times\frac{80}{20}\times\frac{28}{28}\times\frac{28}{28}\times\frac{28}{28}\times\frac{42}{56}\times u_{合1}\times\frac{E}{F}\times\frac{ac}{bd}\times\frac{1}{72}=\frac{k}{z_{工}}$

其中$\frac{E}{F}\times\frac{a}{b}\times\frac{c}{d}$为展成运动的换置机构 u_x。滚切直齿圆柱齿轮时合成机构用离合器 M_1，故 $u_{合1}=1$。由上式可得展成运动传动链换置公式为

$$u_x=\frac{E}{F}\times\frac{a}{b}\times\frac{c}{d}=\frac{24k}{z_{工}} \tag{4-2}$$

其中，$\frac{E}{F}$用于工件齿数 $z_{工}$ 在较大范围内变化时对 u_x 的数值起调节作用，使其数值适中，以便于选取交换齿轮。k 为滚刀头数。根据 $z_{工}/k$ 值，$\frac{E}{F}$可以有如下三种选择：

$5\leqslant z_{工}/k\leqslant 20$ 时，取 $E=48$，$F=24$；

$21\leqslant z_{工}/k\leqslant 142$ 时，取 $E=36$，$F=36$；

$z_{工}/k>143$ 时，取 $E=24$，$F=48$。

（3）轴向进给运动传动链　轴向进给运动传动链的两端件是：工作台—刀架。

计算位移量是：工作台转1转时刀架轴向进给 f（mm/r）。其传动路线表达式为

$$工作台—\frac{72}{1}—\text{XⅢ}—\frac{2}{25}—\text{XⅣ}—\begin{bmatrix}\frac{39}{39}\text{-XⅤ-}\\ \text{-------------}\\ 换向\end{bmatrix}—\frac{a_1}{b_1}—\text{XⅥ}—\frac{23}{69}—\text{XⅦ}$$

$$—\begin{bmatrix}39/45\\30/54\\49/35\end{bmatrix}—\text{XⅧ}—M_3—\frac{2}{25}—丝杠（P=3\pi）$$

运动平衡式：$$1\times\frac{72}{1}\times\frac{2}{25}\times\frac{39}{39}\times\frac{a_1}{b_1}\times\frac{23}{69}\times u_{\text{XⅦ-XⅧ}}\times\frac{2}{25}\times 3\pi=f$$

上式中，$\frac{a_1}{b_1}$和轴XⅦ-XⅧ之间的三联滑移齿轮是轴向进给运动的换置机构 u_f。由上式得出换置公式为

$$u_f=\left(\frac{a_1}{b_1}\right)\times u_{\text{XⅦ-XⅧ}}=\frac{f}{0.4608\pi} \tag{4-3}$$

式中 f——轴向进给量（mm/r），根据工件材料、加工精度及表面粗糙度要求等条件选定；

$\frac{a_1}{b_1}$——轴向进给交换齿轮；

$u_{\text{XⅦ-XⅧ}}$——进给箱轴XⅦ-XⅧ之间的可变传动比。

当垂直进给量选定后，可根据说明书查表确定进给交换齿轮的齿数。

（4）附加运动传动链　滚切斜齿轮时，主运动传动链和轴向进给运动传动链与加工直齿圆柱齿轮时相同。而为了形成齿向螺旋线，需要有附加运动传动链。这时采用离合器 M_2，所以展成运动传动链中 $u_{合成}=-1$。

附加运动传动链的两端件是：刀架—工作台。

计算位移是：刀架每移动一个被加工斜齿轮的导程 L（单位为 mm），工件附加转动±1转。其传动路线表达式为

$$\text{刀架}—\frac{L}{3\pi}—\frac{25}{2}—\text{XⅧ}—\frac{a_2}{b_2}\times\frac{c_2}{d_2}—\text{XX}—\frac{36}{72}—M_2—\frac{\text{合成}}{\text{机构}}—\frac{E}{F}—\text{XⅡ}—\frac{a}{b}\times\frac{c}{d}—\text{XⅢ}—\frac{1}{72}—\text{工作台}$$

运动平衡式：

$$\frac{L}{3\pi}\times\frac{25}{2}\times\frac{a_2b_2}{b_2d_2}\times\frac{36}{72}\times u_{合2}\times\frac{E}{F}\times\frac{ac}{bd}\times\frac{1}{72}=\pm1$$

上式中的 $L=\frac{\pi m_n z_{工}}{\sin\beta}$；$\frac{a_2}{b_2}\times\frac{c_2}{b_2}$是附加运动传动链的换置机构传动比 u_y。在加工斜齿圆柱齿轮时，合成机构用离合器 M_2。这时合成机构的传动比 $u_{合2}=2$。由上式可得附加运动的换置公式为

$$u_y=\frac{a_2}{b_2}\times\frac{c_2}{b_2}=\pm9\frac{\sin\beta}{m_n k} \tag{4-4}$$

上式中的“±”表示工件附加运动有不同的旋转方向，它决定于工件的螺旋方向和刀架进给运动的方向。在计算交换齿轮齿数时，“±”值可不予考虑，但在安装附加运动交换齿轮时，应按照机床说明书配加交换齿轮。

3. 运动合成机构

在加工斜齿圆柱齿轮时，展成运动和附加运动传动链要通过合成机构合成后传递给工作台。在 Y3150E 上采用了行星轮机构的速度合成机构，其结构原理如图 4-16 所示。

加工直齿圆柱齿轮时，不需要附加运动，不使用附加传动链，合成机构不必起运动合成

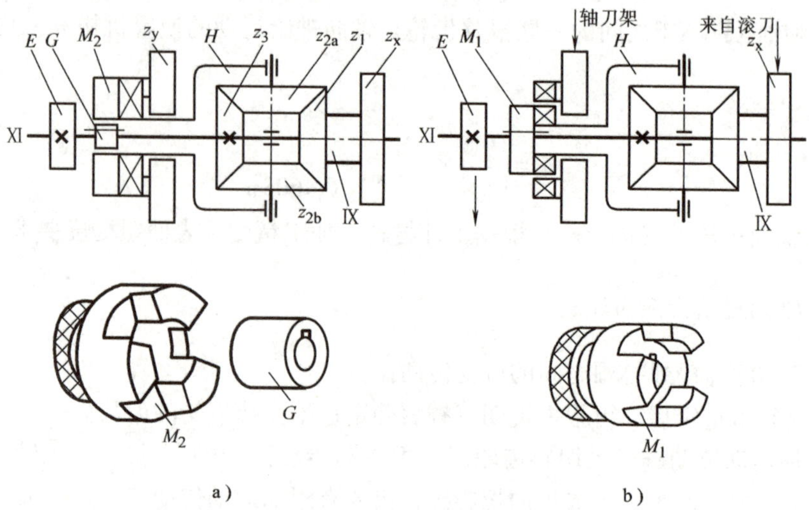

图 4-16 Y3150E 速度合成机构原理图

作用。这时，离合器 M_1 结合，行星轮 z_{2a}、z_{2b} 和中心轮 z_1、z_3 之间无相对运动，转臂 H 与轴Ⅸ、Ⅺ形成一个整体，展成运动经齿轮 z_x 直接传至齿轮 E，所以，$u_{合1}=1$（见图 4-16b）。

加工斜齿圆柱齿轮时，展成运动和附加运动需要通过合成机构叠加后传给工作台。这时，离合器 M_2 空套在轴Ⅺ上，把空套齿轮 z_y 与转臂 H 连接在一起，附加运动经过齿轮 z_y 传给转臂 H（见图 4-16a）。因而，展成运动传来的运动 n_{IX} 和附加运动传来的运动 n_H 在合成机构中叠加，输出轴的运动为 n_{XI}。三者之间的运动关系为

$$n_{XI}=2n_H-n_{IX}$$

因此，展成运动的传动比：$u_{合1}=\dfrac{n_{XI}}{n_{IX}}=-1$；

附加运动的传动比：$u_{合2}=\dfrac{n_{XI}}{n_H}=2$。

（四）数控滚齿机简介

由以上对普通滚齿机的分析可知，普通滚齿机传动系统非常复杂，传动链多且传动精度要求高，这给普通滚齿机的设计、计算及调整带来了很大困难。随着数控技术的不断发展，数控滚齿机克服了普通滚齿机传动系统复杂的缺点，实现了高度自动化和柔性化控制，大大简化了普通滚齿机机械传动。

1. 数控滚齿机的组成

七坐标立式数控滚齿机基本组成如图 4-17 所示。径向滑座 1（又称立柱）可沿 v_r 方向径向移动，垂直滑座 2 可沿 v_v 方向垂

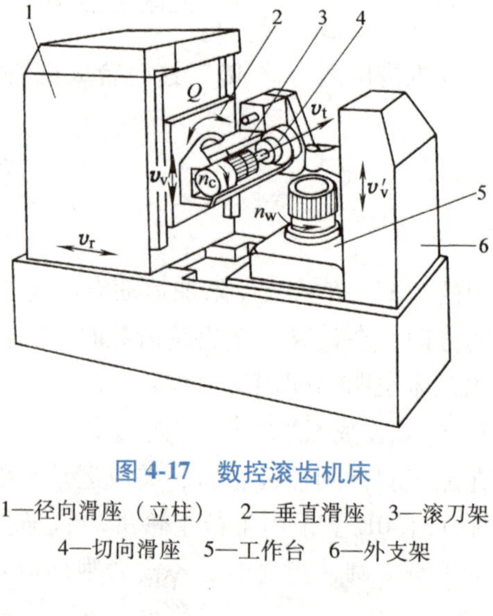

图 4-17 数控滚齿机床

1—径向滑座（立柱） 2—垂直滑座 3—滚刀架 4—切向滑座 5—工作台 6—外支架

直移动，滚刀架 3 可按 Q 方向转动，切向滑座 4 可沿 v_t方向切向移动，工作台 5 可沿 n_w方向转动，外支架 6 可沿 v_v'方向垂直升降，n_c为滚刀回转方向。这种数控滚齿机的冷却系统、液压系统及自动排屑机构全部设置于机外，工作区域全封闭，并设有油雾自动排除装置，保持加工环境的洁净，控制系统设空调，保证其性能的稳定。

2. 传动特点

数控滚齿机的传动系统示意图如图 4-18 所示。它具有以下传动特点：

1）传动系统的各个运动部分均由各自的伺服电动机独立驱动。每一运动的传动链实现了最短的传动路线，为提高传动精度提供了有利条件。数控滚齿机的加工精度可达 IT4～IT6。此外，可设置传感器监测，自动补偿中心距和刀具直径的变化，保持了加工尺寸精度的稳定性。

2）数控滚齿机的各个传动环节相互独立，完全排除了传动齿轮和行程挡块的调整，加工时通过人机对话的方式用键盘输入编程（或调用存储程序），只要把所要求的加工方式、工件和刀具参数、切削用量等输入即可，而且编程时不需停机，工作程序可以保存供再次加工时调用，存储容量可达 100 种之多。其调整时间仅为普通滚齿机的 10%～30%。

3）数控滚齿机的所有内联系传动都由数控系统完成，代替了普通滚齿机的机械传动，通过优化滚齿切入时的切削速度和进给量，加大回程速度，减少了滚齿时的基本时间（也称为机动时间）。在数控滚齿机上加工与在普通滚齿机上加工比较，其基本时间可减少 30% 左右。

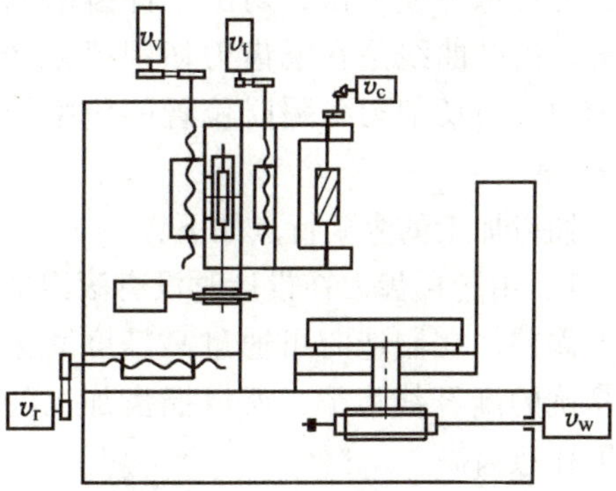

图 4-18　数控滚齿机床传动原理图

v_r—径向进给伺服电动机　v_v—垂直进给伺服电动机　v_t—切向进给伺服电动机　v_c—主运动伺服电动机　v_w—工作台伺服电动机

3. 数控滚齿机的结构特点

1）主电动机装在垂直滑座上，尽量简化主传动链的传动。

2）主轴上可安装多把滚刀，实现一次安装加工不同参数的齿轮，所以切向滑座及其行程较长。

3）滚刀可快速装卸、自动夹紧。

4）所有内联系传动都采用电传动，简化了机床结构。

5）大立柱、床身等可以设计成双重壁加强肋的封闭式框架结构，增强了机床刚性，有利于采用大切削用量滚齿，加工时无振动。

4. 数控滚齿机的控制特点

1）高度自动化和柔性化。通过编程几乎可以完成任意加工循环方式，快速换刀、自动夹紧，自动调整各传动链、优选切削用量。

2）完善的操作程序和提示功能，保证机床的宜人性，操作简单可靠，且便于多机床管理。

3）数控滚齿机的控制系统多采用模块式多微机控制，硬件和软件结构已标准化，与市场产品兼容，便于维修和扩展功能。

4.3.3　插齿加工

（一）插齿加工原理

插齿加工的原理相当于一对圆柱齿轮的啮合传动过程。其中一个是工件，而另一个是端面磨有前角、齿顶及齿侧均磨有后角的插齿刀，如图4-19所示。插齿时，插齿刀沿工件轴向做直线往复运动以完成切削主运动，在刀具与齿坯做无间隙啮合运动的过程中，在齿坯上渐渐切出齿廓。在加工的过程中，刀具每往复一次，切出工件齿槽的一小部分，齿廓曲线是在插齿刀切削刃多次相继切削中，由切削刃各瞬时位置的包络线所形成的。

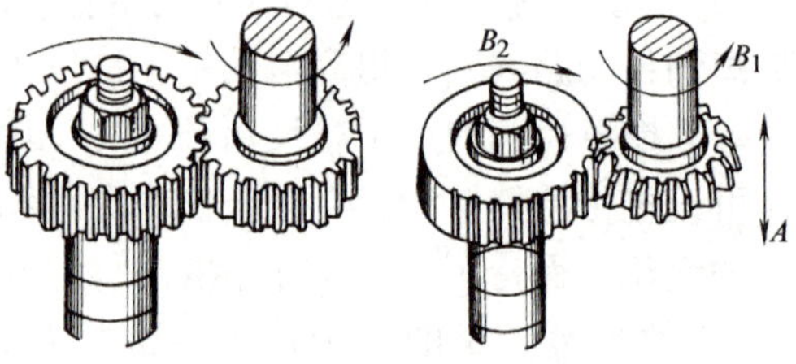

a）　　b）

图4-19　插齿加工原理及成形运动

a）直齿轮传动　b）插齿加工

插齿加工的主要特点如下：

1）由于插齿刀在设计时没有滚刀的近似齿形误差，在制造时可通过高精度磨齿机获得精确的渐开线齿形，所以插齿加工的齿形精度比滚齿高。

2）齿面的表面粗糙度值小。这主要是由于插齿过程中参与包络的切削刃数远比滚齿时多。

3）运动精度低于滚齿。由于插齿时，插齿刀上各个刀齿顺次切削工件的各个齿槽，所以刀具制造时产生的齿距累积误差将直接传递给被加工齿轮，从而影响被加工齿轮的运动精度。

4）齿向偏差比滚齿大。因为插齿的齿向偏差取决于插齿机主轴回转轴线与工作台回转轴线的平行度误差。由于插齿刀往复运动频繁，主轴与套筒容易磨损，所以齿向偏差常比滚齿加工时要大。

5）插齿的生产率比滚齿低。这是因为插齿刀的切削速度受往复运动惯性限制难以提高，目前插齿刀每分钟往复行程次数一般只有几百次。此外，插齿有空行程损失。

6）插齿可以加工内齿轮、双联或多联齿轮、齿条、扇形齿轮等滚齿无法完成的加工。

插齿机传动原理图如图4-20所示。插齿机需要两个成形运动：形成渐开线齿面的展成运动和形成齿宽的轴向切削运动。有三条主要运动传动链：主运动传动链、展成运动传动链和圆周进给运动传动链。

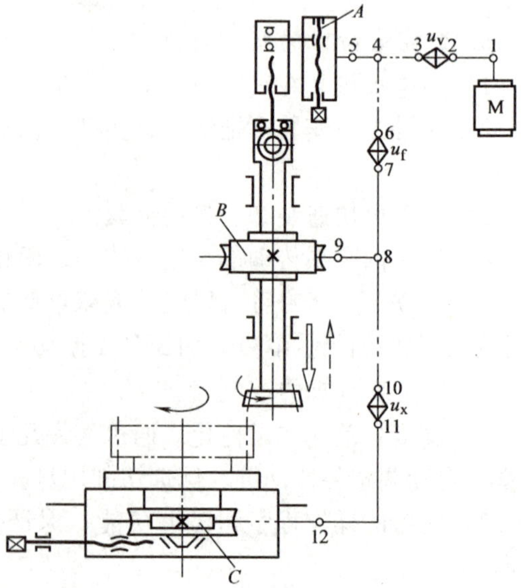

图4-20　插齿机传动原理图

插齿加工需具备如下运动：

1. 主运动

主运动是指插齿刀上下往复的直线运动。

以每分钟的往复次数来表示。向下为切削行程，向上为返回行程。每分钟往复次数可按下式计算

$$n_{刀}=\frac{1000v_c}{L}$$

式中　$n_{刀}$——每分钟往复行程次数（次/min）；

v_c——切削速度（m/min）；

L——刀具行程长度（mm）。

主运动传动链由“电动机—1—2—u_v—3—4—5—曲柄偏心盘 A—插齿刀主轴”组成。在电动机的驱动下，插齿刀做往复切削运动。改变换置机构的传动比 u_v，就可以改变插齿刀的切削速度。

2. 展成运动

插齿时，插齿刀与工件之间必须保持一对圆柱齿轮的啮合运动关系，即插齿刀每转过一个齿，工件也必须转过一个齿。插齿刀和工件为两端件，计算位移量为：插齿刀转过 $1/z_{刀}$ 转（$z_{刀}$为插齿刀齿数），工件转 $1/z_{工}$（$z_{工}$为被加工齿轮的齿数）转。

展成运动传动链由“插齿刀主轴（旋转运动）—蜗杆副 B—9—8—10—u_x—11—12—工作台主轴”组成。展成运动传动链是插齿机的主要传动链，传动链中的换置机构传动比 u_x 要根据被加工齿轮的齿数和插齿刀的齿数来调整。

3. 圆周进给运动

展成运动只确定插齿刀和工件的相对运动关系，而运动快慢由圆周进给运动来确定。插齿刀每一往复行程在分度圆上转过的弧长（mm）称为圆周进给量。圆周进给量的大小与加工生产率、刀具负荷、切削过程所形成的包络线密度等有关。圆周进给量越小，包络线密度越大，渐开线齿形的精度越高，刀具负荷越小，但是生产率越低。

圆周进给运动传动链由“插齿刀主轴（往复直线移动）—曲柄偏心盘 A—5—4—6—u_f—7—8—9—插齿刀主轴（旋转运动）”组成。改变换置机构的传动比 u_f，就可以改变插齿刀的旋转速度。

除上述成形运动外，该插齿机还有让刀运动、径向切入运动。加工时可选择一次、两次和三次进给自动循环。机床设有换向机构，可以改变插齿刀和工件的旋转方向，使插齿刀的两个切削刃能充分利用。

（二）插齿刀

1. 插齿刀的类型

插齿刀是插齿加工的刀具。插齿刀的形状很像齿轮，其模数和名义齿形角等于被加工齿轮的模数和压力角，只是插齿刀有切削刃、前角和后角。加工直齿轮使用直齿插齿刀，加工斜齿轮和人字齿轮要使用斜齿插齿刀。常用的插齿刀结构类型有三种：

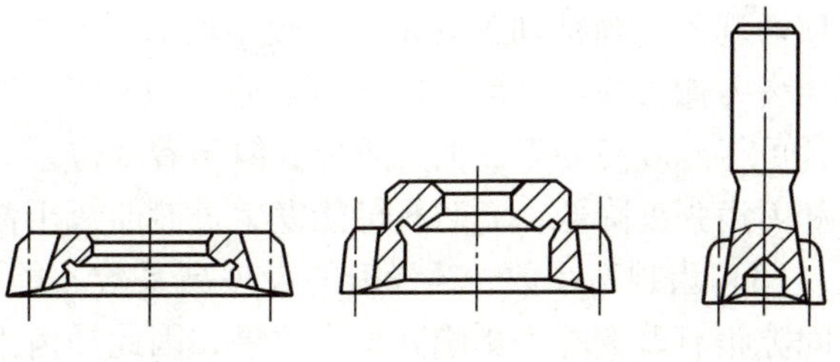

a)　　b)　　c)

图 4-21　插齿刀类型

a）盘状直齿插齿刀　b）碗状直齿插齿刀　c）锥柄直齿插齿刀

（1）Ⅰ型——盘状直齿插齿刀（见图 4-21a）　这是最常用的一种型式，用

于加工直齿外齿轮和大直径内齿轮。插齿刀的内孔直径由国家标准规定，因此不同的插齿机应选用不同的插齿刀。

（2）Ⅱ型——碗状直齿插齿刀（见图4-21b）　它和Ⅰ型插齿刀的区别在于其刀体凹孔较深，以便容纳紧固螺母，避免在加工双联齿轮时，螺母碰到工件。

（3）Ⅲ型——锥柄直齿插齿刀（见图4-21c）　这种插齿刀的直径较小，只能做成整体式，它主要用于加工较小的内齿轮。

除此之外，还可以根据实际生产的需要设计专用的插齿刀。例如：为了提高生产效率采用复合插齿刀，即在一把插齿刀上做有粗切齿及精切齿，这两种刀齿的齿数都等于被切齿轮的齿数，插齿刀转一转，就可以完成齿形的粗加工和精加工。

插齿刀一般制成三种精度等级：AA、A和B，在正常的工艺条件下，分别用于6、7和8级精度齿轮的加工。

2. 插齿刀几何特性

插齿刀的外形像齿轮。为了能够进行正常的切削，插齿刀应有前角和后角。由于插齿刀顶刃和侧刃后角的影响，其齿廓由前端面开始逐渐收缩。因此，插齿刀的本质是一个在不同端面截面上具有不同变位系数的齿轮。在垂直于其轴线的各个截面中，越接近前端面，齿廓的变位系数越大，一般都为正值；越接近后端面，齿廓的变位系数越小，一般都为负值；在前、后端面之间变位系数等于零的截面，称基本截面。基本截面到前端面的距离称为基本距离。各截面的齿廓变位系数与该截面到基本截面的距离成正比例。

插齿刀的几何特性对插齿加工的生产率、使用寿命及加工质量影响很大，其主要几何参数有直径、齿数、变位系数和齿顶高系数。

（1）分度圆直径和齿数　插齿刀的分度圆直径已形成标准系列。通常只要插齿机允许，应选用较大直径的插齿刀，这样做一方面由于切入区和齿轮的接触长度增加，有利于提高刀具寿命；另一方面由于刀具的齿数增多，每刃磨一次可加工更多的齿轮。此外刀具的直径增大时，切出的齿轮产生过渡曲线干涉的危险减少。确定分度圆直径后，即可确定刀具的齿数。

（2）变位系数　变位系数是插齿刀的重要参数，对加工质量、刀具寿命及顶刃强度都有较大的影响。为保证插齿刀具有一定的重磨次数和寿命，在设计和制造插齿刀时，要让新刀的端面齿形大于理论正确齿形，即插齿刀的端面齿形为正变位齿形。由于前角和侧刃、顶刃后角的影响，插齿刀重磨后齿形变小，逐步变为正确齿形（零变位），再继续使用时，齿形变成负变位，最后达到使用寿命。从使用角度考虑，希望最小变位系数越小越好，以使插齿刀的重磨次数多些。但最小变位系数太小会出现根切现象（当被加工齿轮齿数较少时）和顶切现象（当被加工齿轮齿数较多时）。从加工质量考虑，插齿刀的最大变位系数越大，则插齿刀侧刃的工作部分距基圆越远，其曲率半径也越大，因而在相同圆周进给量的情况下，可得到较高的表面加工质量。但随着变位系数的增大，插齿刀顶刃宽度减小，使刀具寿命和刀齿强度降低，同时有可能发生过渡曲线干涉。

（3）齿顶高系数　插齿刀的齿顶高系数不能单纯根据齿轮的参数确定，一般齿轮的径向间隙稍有改变并不影响其工作效果，因此插齿刀的齿顶高系数可以由插齿刀的最大变位系数确定。通常，当 $m<4\text{mm}$ 时，取 $h_a^*=1.25$；当 $m>4\text{mm}$ 时，取 $h_a^*=1.3$。

3. 插齿刀的选用

1）精度等级的选择：按被切齿轮的精度选择插齿刀的精度。

2）类型的选择：根据齿轮的类型和模数大小来选择。

3）插齿刀齿数及变位系数的选择。使用插齿刀加工模数相同的标准或变位外直齿轮时，要注意插齿刀齿数和变位系数对工件的影响。在工件结构和机床允许的条件下，一般应选用齿数较多的插齿刀。因为齿数越多，则在工件齿顶产生切齿干涉（被切齿轮齿顶渐开线被切除，一般称为顶切）和被切齿轮副产生啮合干涉的可能性越小，且有利于提高刀具寿命。但是，当工件齿数较少时，在工件齿根产生切齿干涉（根切）的可能性增加，故为了防止根切，对于齿数较多的插齿刀，要求插齿刀前端的变位系数要大于一定数值。

加工内齿轮时，插齿刀齿数及变位系数对工件有同样的影响。要进行不产生顶切条件的检查。

（三）Y5132 型插齿机的调整

Y5132 型插齿机的外形图如图 4-22 所示。插齿刀安装在刀架座的主轴 1 上，随主轴做上下往复运动和圆周进给运动；工件 4 装在工作台 5 上做旋转运动，并随工作台一起做径向直线运动。该机床加工外齿轮的最大直径为 320mm，最大宽度为 80mm；加工内齿轮最大直径为 320mm，最大模数为 6mm。

Y5132 型插齿机加工齿轮时需做如下调整：

1）在刀轴上安装并夹紧插齿刀。

2）在工作台上安装并检查心轴和工件。

3）选择并安装分度交换齿轮。

4）选择并安装圆周进给交换齿轮。

5）确定径向进给次数和进给量。

6）调整插齿刀冲程数。

7）调整插齿刀的行程长度和行程次数。

8）工件液压夹紧力的调整。

9）工作台位置的调整。

以上调整的具体内容可参考齿轮加工手册。

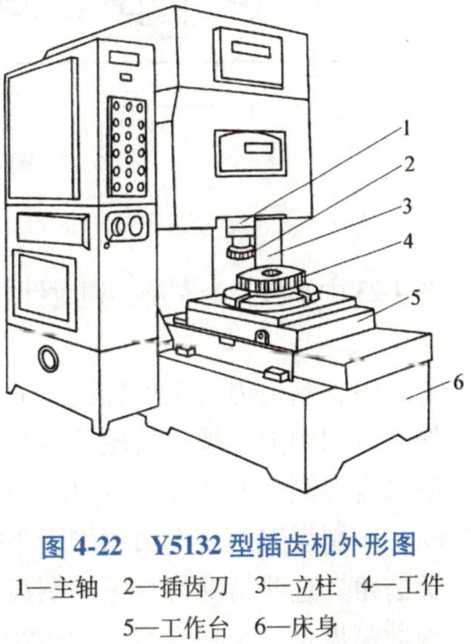

图 4-22 Y5132 型插齿机外形图

1—主轴 2—插齿刀 3—立柱 4—工件 5—工作台 6—床身

（四）其他齿轮加工方法

对于 6 级精度以上的齿轮或者淬火后的硬齿面加工，往往要在滚齿或插齿后进行热处理，再进行齿面的精加工。常用的齿面精加工方法有剃齿、珩齿和磨齿等。

4.4 圆柱齿轮精加工

4.4.1 剃齿

剃齿常用于未淬火圆柱齿轮的精加工。生产效率很高，剃齿齿轮质量好、刀具寿命长，所用机床结构简单、调整方便，因此得到了广泛应用。通常剃齿可提高齿轮精度 1～2 级，剃齿后达到 5～7 级，齿面的表面粗糙度值 Ra 一般为 1.25～0.32μm，是软齿面精加工最常用的加工方法之一。

1. 剃齿加工原理

剃齿时，剃齿刀与工件是一对无侧隙的交错轴斜齿轮啮合。盘形剃齿刀可看作是一个圆柱齿轮，在其齿侧面上做出许多小容屑槽，槽与齿侧面的交线形成切削刃。切削时，经过预加工的工件（称为剃前齿轮）装夹在心轴上，顶在机床工作台主轴上的两顶尖间可以自由转动；剃齿刀装在机床主轴上，与工件相交成一角度，带动工件旋转，两者之间没有强制的展成运动（见图4-23）。根据交错轴斜齿轮啮合特点，剃齿刀和工件在接触点的速度方向不一致，使工件的齿侧面沿剃齿刀齿侧面滑移，即在刀具和工件啮合齿面间，沿螺旋线的切线方向产生相对滑动速度，这个相对滑动速度就是切削速度。

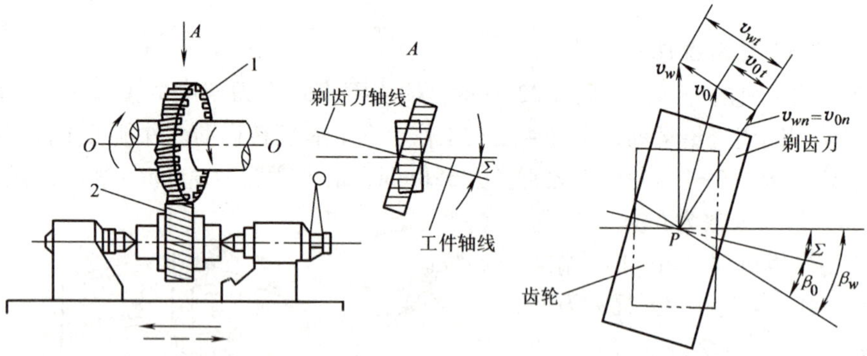

图4-23　剃齿刀及剃齿原理

1—剃齿刀　2—工件

图4-23中剃齿刀为左旋，逆时针方向转动，工件为右旋，啮合节点P的相对滑动速度为

$$v=v_{wt}\pm v_{0t}$$

上式中，剃齿刀与工件螺旋方向相同时用“+”号，相反时用“-”号。

加工时利用上述螺旋齿轮啮合齿面间的相对滑移，加上刀具与工件齿面间存在的进给压力，使剃齿刀侧面的小槽切削刃在工件齿侧面上滑移时切下极细的切屑（厚度为0.005~0.01mm）。剃齿刀的切削刃槽侧面平行于刀具端面或垂直于其齿向，其两侧切削刃分别具有正、负前角。这些情况都将影响剃齿刀的切削条件，使它不能进行连续切削，并存在挤压现象。因此剃齿是一个在滑移运动中产生切削与挤压的加工过程。

从以上分析可知，剃齿机由如下主要运动构成：

1）剃齿刀的旋转运动。

2）工件沿轴向（或切向、对角）的往复运动。

3）剃齿刀（或工件）的径向进给运动。

2. 剃齿的工艺特点及应用

1）剃齿加工效率高，一般只要求2~4 min便可完成一个齿轮的加工。剃齿加工的成本也很低，平均要比磨齿低90%，剃齿刀一次刃磨可以加工1500多个齿轮，一把剃齿刀约可加工10000个齿轮。

2）剃齿加工对齿轮的切向误差的修正能力差。因此，在工序安排上应采用滚齿作为剃齿的前道工序，因为滚齿运动精度比插齿好，滚齿后的齿形误差虽然比插齿大，但这在剃齿工序中却不难纠正。

3）剃齿加工对齿轮的齿形误差和基节误差有较强的修正能力，因而有利于提高齿轮的齿形精度。

4）剃齿刀通常用高速工具钢制造，可剃制齿面硬度低于 35HRC 的齿轮。剃齿加工在汽车、拖拉机及金属切削机床等行业中广泛应用。

4.4.2　磨齿

磨齿加工是齿轮的一种精加工方法。适用于淬硬齿轮的精加工，其加工精度可达到 4~6 级，表面粗糙度值 Ra 为 0.2~0.8μm。但磨齿加工的效率较低，机床结构复杂，调整困难，加工成本高。

磨齿加工常用的方法是展成法。常见的磨齿机有大平面砂轮磨齿机、碟形砂轮磨齿机、锥面砂轮磨齿机和蜗杆砂轮磨齿机。其中，大平面砂轮磨齿机加工精度最高，但效率较低；蜗杆形砂轮磨齿机效率较高，精度可达 6 级。

1. 磨齿原理

大平面砂轮磨齿原理如图 4-24 所示。齿轮的齿面渐开线由靠模来保证。图 4-24a 中，渐开线靠模 3 绕轴线转动，在挡块 4 的作用下，轴线沿导轨移动，因而相当于靠模的基圆在 *CPC* 线上纯滚动。齿坯 1 与靠模轴线同轴安装即可磨出渐开线齿形。图 4-24b 中，通过转动一定角度可以用同一个靠模磨削不同基圆直径的齿轮。大平面砂轮磨齿精度较高，一般用于刀具或标准齿轮的磨削。

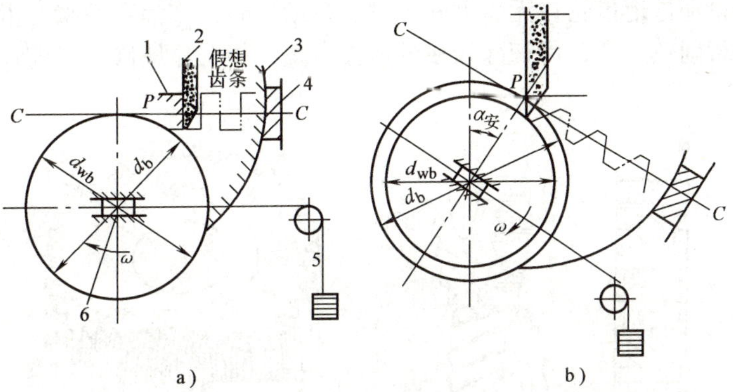

图 4-24　大平面砂轮磨齿原理

1—齿坯　2—砂轮　3—渐开线靠模　4—挡块　5—配重　6—头架导轨

碟形砂轮磨齿的工作原理如图 4-25 所示。两个碟形砂轮分别模拟与被加工齿轮相啮合的齿条的两个齿面。砂轮只做高速旋转运动，被加工齿轮的往复移动和转动实现渐开线展成运动。

图 4-25　碟形砂轮磨齿的工作原理

蜗杆砂轮磨齿的工作原理如图 4-26 所示。与滚齿加工相似，利用一对螺旋齿轮的啮合原理进行加工。把砂轮做成蜗杆形状，二者按严格的啮合传动关系运动，实现渐开线齿轮的加工。

2. 提高磨齿加工质量的措施

（1）合理选择磨齿余量　磨齿余量的大小直接影响磨齿效率和质量，它与工件材料、热处理方法、工件尺寸及磨齿用的定位基准等因素有关。

（2）选择好砂轮和磨削用量　砂轮的粒度、硬度和磨削用量等如果选择不当，不仅影响齿面质量，而且可能产生烧伤、裂纹等缺陷，其选择原则与一般磨削相同。

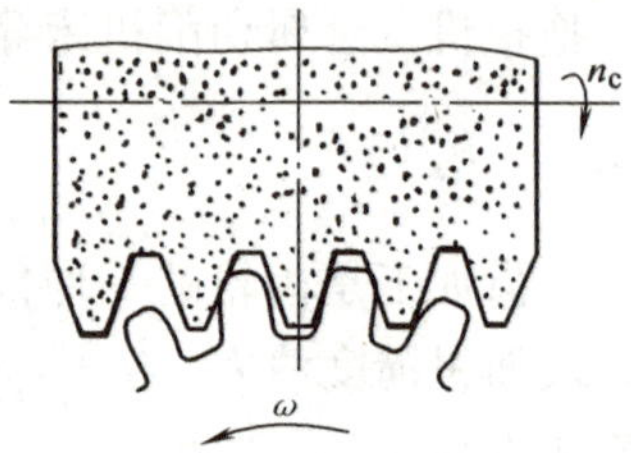

图 4-26　蜗杆砂轮磨齿的工作原理

（3）合理地进行机床的工艺调整

1）调整磨削压力角 $\alpha_{磨}$。

2）调整砂轮和被加工齿轮的啮合起点和终点的位置。

3）调整机床滚切传动链的传动精度。

4）调整砂轮座轴向运动方向对于工件轴线的平行度。

4.4.3　珩齿

1. 珩齿原理

珩齿是一种用于加工淬硬齿面的齿轮精加工方法。工作时，它与工件之间的相对运动关系与剃齿相同（见图 4-27a），所不同的是作为切削工具的珩磨轮为一个用金刚砂磨料加入环氧树脂等材料做结合剂浇注或热压而成的塑料齿轮，而不像剃齿刀有许多切削刃。在珩磨轮与工件“自由啮合”的过程中，凭借珩磨轮齿面密布的磨粒，以一定压力和相对滑动速度进行切削。当珩磨轮和被珩齿轮在有齿侧间隙下进行珩齿时，称为单面啮合珩齿，简称单面珩齿；当珩磨轮和被珩齿轮在无齿侧间隙下进行珩齿时，称为双面啮合珩齿，简称双面珩齿。双面珩齿的珩削效率高，可切除较多的珩齿余量，能明显地修正珩前精度，所以一般都采用此法。

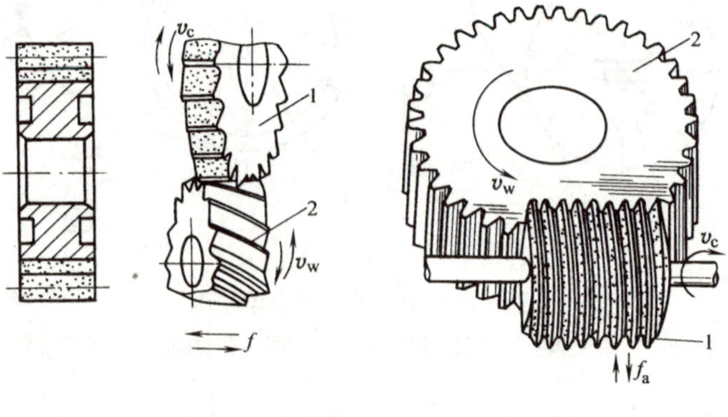

图 4-27　珩磨轮与珩齿原理图

1—珩磨轮　2—工件

珩齿余量一般不超过 0.025mm，切削速度为 1.5m/s 左右，工件的纵向进给量为 0.3mm/r 左右。径向进给量分散控制在 3~5 次纵向行程内切去齿面的全部余量。

2. 珩齿的特点

1）珩齿时由于切削速度低，加工过程为低速切削、研磨和抛光的综合作用过程，故工件被加工齿面不会产生烧伤和裂纹，表面质量好。

2）由于珩磨轮弹性大、加工余量小、磨粒粒度号大，所以珩齿修正误差的能力较差；另一方面珩磨轮本身的误差对加工精度的影响也很小。珩前的齿槽预加工尽可能采用滚齿。因为它的运动精度高于插齿，从而降低了齿面精加工工序对齿轮累积误差等进行修整的要求。

3）与剃齿刀相比，珩磨轮的齿形简单，容易获得高精度的造型。

4）生产率高，一般为磨齿和研齿的 10~20 倍。刀具寿命也很高，珩磨轮每修整一次，可加工齿轮 60~80 件。

3. 珩齿的应用

由于珩齿修正误差的能力不强，一般主要用来减小齿轮热处理后表面粗糙度值，*Ra* 一般可从 1.6μm 减小到 0.4μm 以下。7 级精度的淬火齿轮，常采用滚齿—剃齿—齿部淬火—修正基准—珩齿的齿廓加工路线。

4. 珩齿技术的发展

20 世纪 70 年代初日本开发出了蜗杆状珩轮（见图 4-27b）以及与之配套的珩齿机和珩齿技术。这种珩齿方法切削速度高、珩削能力强、生产效率高、修正误差能力强、珩磨轮使用寿命长。其缺点为加工台肩齿轮受到限制，修磨珩磨轮需要专用设备，比较麻烦。

近年来，蜗杆状珩磨轮技术有了新发展，这主要是：①机床采用多轴联动 CNC 控制，主轴转速提高至 4500r/min（日本 KF400CNC 珩齿机）。德国 LCS125CNC 珩齿机的主轴转速为 1000~10000r/min。②蜗杆状珩磨轮采用 CBN 涂层。LCS152CNC 珩齿机的珩磨轮分为两部分，右部为 CBN 蜗杆磨轮，对工件进行磨削，取得磨削精度；左部为弹性蜗杆珩磨轮，其基体用钢制造和修磨，然后涂以碳化硅或刚玉的涂层，对工件表面主要起抛光作用，使用寿命延长，无需经常修磨，从而取得高速的珩齿效率。

4.5　圆柱齿轮其他辅助加工及检验

1. 齿端加工

齿轮齿端加工有倒圆、倒尖、倒棱和去毛刺等，如图 4-28 所示。

对于轴向滑移齿轮必须倒圆或倒尖，以利于齿轮啮合。一般的齿轮均须去尖角、毛刺或锐边，可采用齿端倒棱方法，以免尖角毛刺或锐边淬硬后崩裂，影响齿轮传动精度。

用棒铣刀进行齿端倒圆如图 4-29 所示。倒圆时，高速旋转的铣刀沿圆弧做往复摆动（每加工一个齿往复摆动一次），加工完一个齿后，工件沿径向退出，分度后再接近铣刀，转入下一个齿的倒圆。

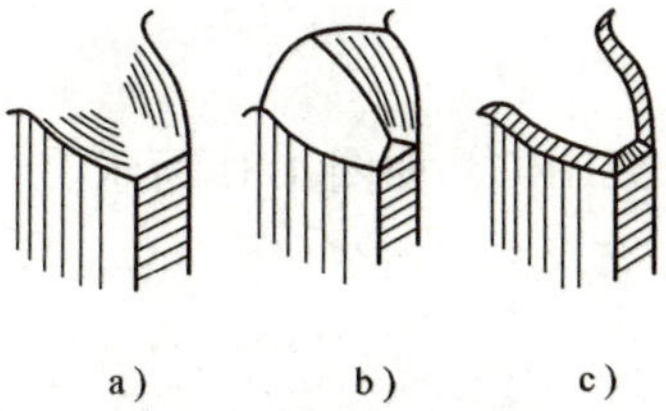

图 4-28　齿端加工方法
a）倒圆　b）倒尖　c）倒棱

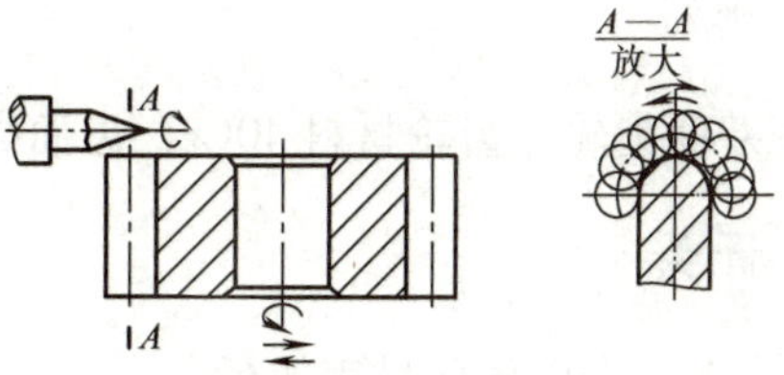

图 4-29　齿端倒圆

齿端加工工序应安排在齿面热处理之前，通常都在滚（插）齿之后进行。

2. 精基准修整

齿轮基准孔由于淬火后产生变形，因此必须对基准孔进行修整，以保证齿轮精加工的质量。以外径定心的内花键定位齿轮，通常采用花键推刀修整。

对于圆柱形内孔的修整，一般采用推孔或磨孔。推孔生产率高，常用于内孔不淬硬的齿轮；磨孔生产率低而精度高，适用于整体淬火后内孔变形大、硬度高的齿轮，以及内孔较大、厚度较薄的齿轮。磨孔时应以齿轮分度圆定心（见图4-30），这样可使磨孔后的齿圈径向跳动量较小，对以后磨齿或珩齿都比较有利。此外，还可以采用金刚镗代替磨孔来提高生产率。

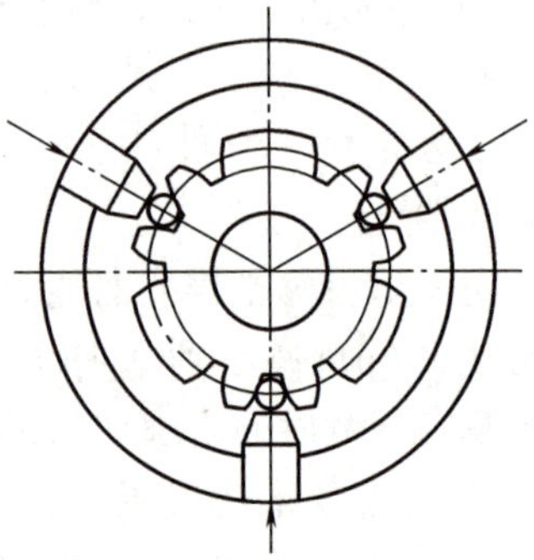

图4-30　磨内孔分度圆定心示意图

3. 齿轮加工过程中的热处理要求

在齿轮加工工艺过程中，热处理工序的位置安排十分重要，它直接影响齿轮的力学性能及切削加工性。一般在齿轮加工中进行两种热处理工序：

（1）毛坯热处理　为了消除锻造和粗加工造成的残余应力，以及改善齿轮材料内部的金相组织和切削加工性，提高其综合力学性能，在齿轮毛坯加工前后应安排预先热处理——正火或调质。

（2）齿面热处理　为了提高齿面硬度，增加齿轮的承载能力和耐磨性，常进行齿面高频感应淬火、渗碳淬火、碳氮共渗和渗氮等热处理工艺。

4. 检验

齿轮加工后应按照图样提出的技术要求进行验收，有条件时应优先采用综合检验。齿轮加工过程中的检验主要是为了及时发现问题，预防工件成批报废，因此要加强首检和抽检。具体检验情况如下：齿坯加工后应注意检查基准孔尺寸精度及端面圆跳动；切齿（滚齿、插齿）后检查留剃量（或留磨量）及齿圈径向圆跳动，抽检公法线长度偏差及其变动公差，抽查齿形及齿向精度；修孔后检验孔径及端面圆跳动；珩（或磨）齿后最好进行综合检查验收。齿轮检查的项目及抽检的百分数，应根据齿轮的重要性、工艺稳定性及检验设备的具体条件而定。

4.6　综合训练

4.6.1　题目

加工双联齿轮，齿轮材料40Cr，齿面高频感应淬火52HRC，如图4-31所示。

4.6.2　任务

1. 制订工艺规程（见表4-6）

2. 滚齿机的调整计算

使用Y3150E型滚齿机加工图4-31所示的普通双联直齿轮中齿数$z=80$的大齿轮。

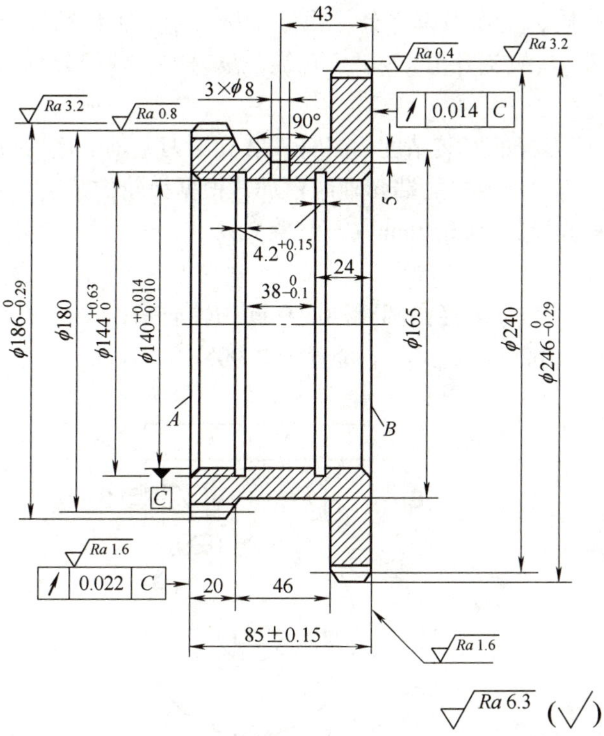

齿数	60	80
模数	3	3
压力角	20°	20°
精度等级 GB/T 10095—2008	766 KM	766 HL

图 4-31 双联齿轮图

解：齿轮加工是在机床、刀具、工件所组成工艺系统中完成的，这个系统以及调整操作等不可避免地存在误差，因此，要保证加工精度，就必须在这些方面采取措施，控制好原始误差，正确调整机床。

表 4-6 双联齿轮加工工艺规程

工序号	工序内容	定位基准	工序号	工序内容	定位基准
1	毛坯锻造		8	插齿：插齿 $z=60$	B 面和内孔
2	粗车：内外圆、A 面		9	齿端倒角，去齿部毛刺	B 面和内孔
3	热处理：正火		10	剃齿：剃齿 $z=60$	B 面和内孔
4	精车外圆 $\phi 246_{-0.29}^{0}$ mm 和 $\phi 186_{-0.29}^{0}$ mm 精车：$\phi 165$mm 半精车内孔 $\phi 138_{0}^{+0.04}$mm 精车 B 面、A 面	端面和外圆	11	热处理：齿面高频感应淬火 50~55HRC	
			12	精车内孔：$\phi 140_{-0.010}^{+0.014}$ mm 切槽	B 面和分度圆
			13	珩齿：珩齿 $z=60$	B 面和内孔
5	磨：磨 B 面 85mm±0.15mm	A 面	14	磨齿：磨齿 $z=80$	B 面和内孔
6	钻：钻油孔 3mm×ϕ8mm	B 面和内孔	15	成品检验	
7	滚齿：滚齿 $z=80$	B 面和内孔			

（1）滚刀选择与安装　滚刀本身的制造精度对被切齿轮的齿形精度和基节精度都有很大的影响，为了保证加工精度，必须正确选择齿轮滚刀的精度等级。滚刀精度等级分为 AA、A、B、C 级，分别适用于加工 7、8、9、10 级精度的齿轮。滚刀的前角为 0°，材料为高速

工具钢，法面模数 m_n 大于7的滚刀，镶硬质合金作刀齿部分。根据本例要求，工件精度为7级，选择AA级精度滚刀，法面模数为3，其螺旋升角3°20′，右旋，滚刀内、外径分别为27mm、80mm，长度为71mm。

要保证滚刀的安装精度，首先必须保证刀杆的安装精度，刀杆安装到滚刀主轴上之后应按图4-32检验刀杆在 a、b 位置的径向圆跳动，c 位置的端面轴向窜动，根据齿轮的精度（7级）的要求，应分别控制在0.010mm（a 位置）、0.015mm（b 位置）、0.010mm（c 位置）之内。刀杆安装合格后装上滚刀、刀垫和活动支架。应检查滚刀凸台 a、b 位置的径向圆跳动和 c 位置的轴向窜动（见图4-33）。a、b 两位置的径向圆跳动应在同一轴向平面内，尽量避免“对角跳动”，其值分别在0.015mm、0.020mm之内，c 位置为0.005~0.01mm。

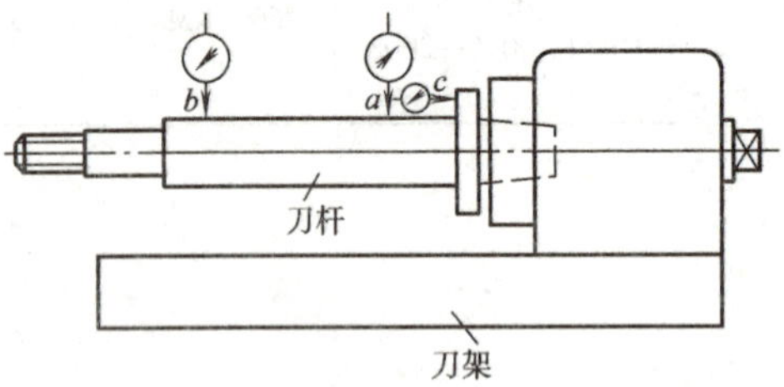

图4-32 刀杆安装精度检验

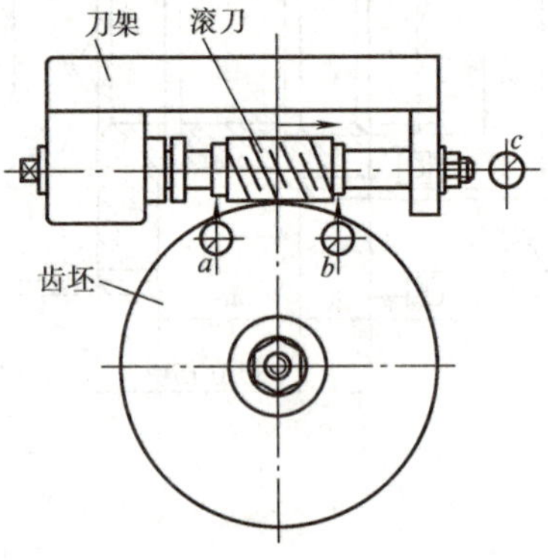

图4-33 滚刀安装精度检验

（2）夹具的安装 夹具在机床工作台上安装后，就必须检测夹具心轴上 a、b、c 三点的跳动量，如图4-34所示。a、b 之间的距离视齿轮毛坯长度（几个齿轮毛坯串联加工时视几个齿轮毛坯长度的总和）而定。当 a、b 之间的距离小于150mm时，被切齿轮为7级精度时，a 点的径向圆跳动量应小于0.015mm、b 点小于0.010mm、c 点小于0.007mm。

（3）滚刀的对中 在滚刀和工件安装之后，应进行滚刀对中，以保证被加工齿轮齿形对称。对精度不高（8级以下）的齿轮，可用试切法对中；对于精度较高的齿轮（7级以上）可以用对刀架对中（见图4-35）。

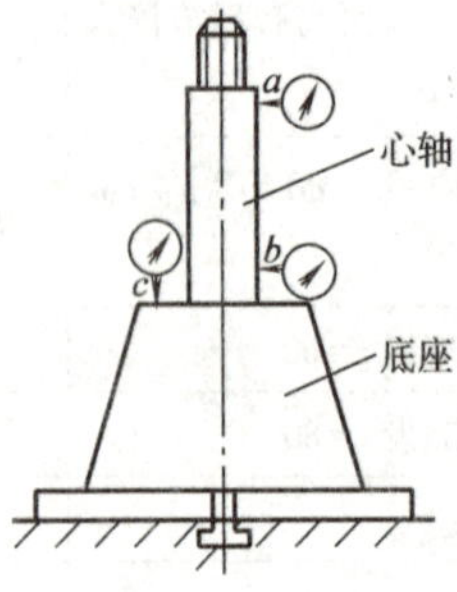

图4-34 心轴安装后的精度检验

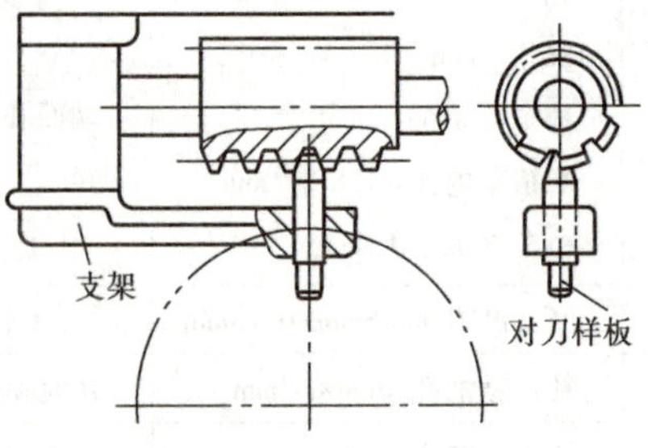

图4-35 用对刀架对中

（4）调整计算

1）调整安装角 安装角 $\gamma_{安}$ 大小为

$$\gamma_{安}=\lambda_f=3°20'$$

刀架转动的方向为顺时针方向扳动。

滚刀安装角的误差会使滚刀产生一个附加的轴向窜动，引起被加工齿轮的齿形误差。调整时，先根据刀架的刻度值来调整，然后再按刀架滑板上的游标尺做精确调整，游标尺每格读数值为 6′。滚刀刀架转角调整误差对滚切 6、7、8 级齿轮分别允许为 3′、5′、10′。

2）主运动传动链调整计算。首先要确定被加工齿轮是一次进给切出全齿高，还是两次进给切出。若采用两次进给切出，第一次进给可采用较大的轴向进给量，较低的切削速度；第二次进给用较小轴向进给量，较高的切削速度，以保证齿轮的加工精度。滚切齿轮时，总的径向进给量为 2.25mm，但是齿坯外圆的精度通常不高，以外圆为基准进行径向进给只能作为参考。加工模数较大或精度要求很高的齿轮时，采用分次切削。通常调整滚齿机时，工件是分两次切出，第一刀切出齿高量为 2mm，然后测量公法线长度或固定弦齿厚，再按它的差值切第二刀，切出全齿高，达到图样要求。用测量公法线长度确定第二次切削的径向进给量的计算方法为

$$t=1.46(L_1-L) \tag{4-5}$$

式中 t——第二次进给的径向进给量；

L_1——第一次进给后测得的公法线长度；

L——图样要求的公法线长度。

对于斜齿圆柱齿轮，公法线长度应在法向测量。

用测量固定弦齿厚确定第二次进给的径向进给量计算方法为

$$t=1.37(s_{c1}-s_c)$$

式中 s_{c1}——第一次进给后测得的固定弦齿厚；

s_c——图样要求的固定弦齿厚。

对于斜齿圆柱齿轮，固定弦齿厚同样在法向测量。

根据以上分析，滚切齿轮 $m=3$mm，采用一次径向进给。查手册，一次径向进给量为 2.25×3mm，滚切到全齿深。根据工件材料为 40Cr，滚刀材料为高速工具钢，滚刀寿命为 600min，查手册，进给的切削速度 $v_c=23$m/min（其轴向进给量 $f=1.8$mm/r）。轴向进给量的大小通常根据工件材料，齿面的表面粗糙度要求，粗、精加工情况确定，一般为 0.5～3mm/r。

计算主轴转速

$$n_{刀}=\frac{1000v_c}{\pi d}=\frac{1000\times23}{\pi\times80}\text{r/min}=91.51\text{r/min}$$

查机床使用说明书，最接近的转速为 100r/min，其变速齿轮和交换齿轮为

$$u_{\text{II-III}}=\frac{31A}{39B}=\frac{31}{39}\times\frac{33}{33}$$

3）展成运动传动链调整计算。

$$\frac{ac}{bd}=\frac{F}{E}\frac{24K}{Z}=\frac{36}{36}\times\frac{24}{80}=\frac{3}{10}=\frac{3\times10}{5\times10}\times\frac{1\times24}{2\times24}=\frac{30\times24}{50\times48}$$

工件回转方向（即展成运动方向）与滚刀的螺旋方向有关。如果选用右旋滚刀，则滚

刀回转时，要求工件逆时针方向回转；反之，如果选用左旋滚刀，则要求工件顺时针方向回转。即所谓“右逆左顺”。介轮选用时，即据此判断，如果方向不正确，就用加减惰轮来纠正。

4）轴向进给传动链调整计算。查手册获得的轴向进给量是加工直齿圆柱齿轮时的轴向进给量（而滚切斜齿圆柱齿轮是沿斜齿的螺旋线方向进给，齿槽方向的进给量要比轴向进给大些，因此应乘修正系数）。

$$\frac{a_1}{b_1}u_{\text{XⅦ—XⅧ}}=\frac{f}{0.4608\pi}=\frac{1.8}{0.4608\pi}=1.244\approx\frac{46\times39}{32\times45}$$

滚刀的轴向进给运动则可根据滚齿时顺铣或逆铣的要求，用开车试转的方法，考虑是否需要加减惰轮。

（5）需要说明的问题　各种参数是根据手册和机床使用说明书所提供的有关数据进行选择，而生产实际中的情况是多种多样的。例如，实际使用滚齿机的刚度、工件装夹的刚度、加工经验的不同等都会影响各种参数的选择。因此，应根据调整计算的原则结合实际情况综合考虑。

习　　题

4-1　加工模数 $m=3\text{mm}$ 的直齿圆柱齿轮，齿数 $z_1=26$，$z_2=34$，试选择盘形齿轮铣刀的刀号。在相同的切削条件下，哪个齿轮的加工精度高？为什么？

4-2　加工一个模数 $m_n=5\text{mm}$，齿数 $z=40$，分度圆螺旋角 $\beta=15°$ 的斜齿圆柱齿轮，应选何种刀号的盘形齿轮铣刀？

4-3　齿轮滚刀安装时，其对工件的相对位置取决于哪些因素？

4-4　齿轮滚刀安装角的大小对切削条件、刀具寿命等有何影响？

4-5　如果改变下列某一条件（其他条件不变），滚齿机上哪些传动链的换向机构应变向？

（1）加工直齿圆柱齿轮改为加工斜齿圆柱齿轮。

（2）由逆铣滚齿改为顺铣滚齿。

（3）由右旋滚刀改为左旋滚刀。

（4）由滚切右旋斜齿轮改为滚切左旋斜齿轮。

4-6　为何说插齿刀相当于一个变位齿轮？

4-7　为何剃齿的加工精度高于滚齿和插齿？

4-8　为何珩齿前齿廓的粗加工最好采用滚齿，而尽量不用插齿？

4-9　磨齿之所以有很高的加工精度，除了磨削加工固有的特点外，还有哪些原因？

4-10　在不同生产类型的条件下，齿坯加工是怎样进行的？如何保证齿坯内外圆同轴度及定位用的端面与内孔的垂直度？齿坯精度对齿轮加工的精度有什么影响？

4-11　选择齿面加工方法的依据是什么？试分析单件小批量生产类型常选用磨齿方案的理由。

第5章

变速拨叉制造

5.1 叉架类零件制造概述

在机械传动中有一类结构形状复杂而不规则的零件，这类零件种类繁多，以叉架类、连杆、异形块等作为典型代表。其作用是通过它们的移动、摆动、支承，来实现机构的多种不同功能，如齿轮的滑移变速、离合器的开合、汽车快慢档速度变换、内燃机气门的开关、轴承的特殊支承结构等。这类零件在机械传动中占据了重要的地位，尤其是叉架类零件所占比重最大，因此有效地提高其加工的质量及生产率，也是机械制造工艺中的一项重要任务。

5.1.1 叉架类零件工艺特色

1. 叉架类零件的功能及结构

叉架类零件是机器中常用的零件，主要在变速机构、操纵机构和支承结构中用于拨动、连接、支承传动零件，如拨叉、连杆、杠杆、拉杆、摇臂和支架等零件。叉架类零件的结构形状多样，差别较大，但都是由支承部分、工作部分和连接部分组成，多数为不对称零件，具有凸台、凹坑、铸（锻）造圆角及起模斜度等常见结构，如图 5-1 所示。

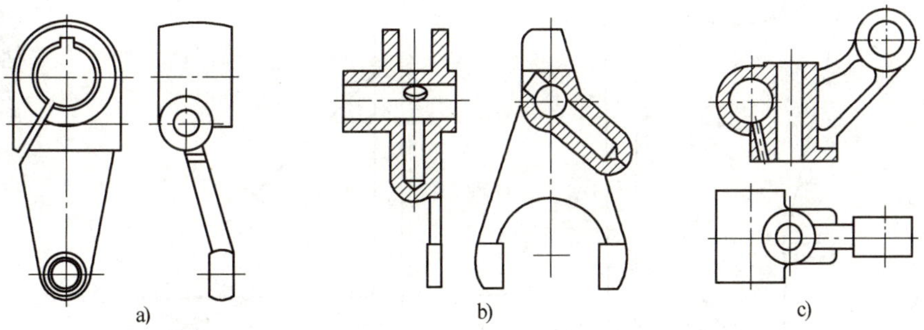

图 5-1 典型叉架类零件

a）连杆 b）拨叉 c）摇臂架

2. 叉架类零件工艺特点

叉架类零件外形复杂，不易定位，在批量生产中需要专用夹具定位以提高效率。工作表面杆身细长，弯曲刚性较差，易变形。大多数叉架类零件有 1~2 个重要的孔，其装配基准孔加工精度要求较高，孔与孔及孔与其他表面间的位置精度也有较高的要求，此外，还包括交叉斜孔及非完整孔面的加工，且工件重要加工面的表面粗糙度值一般都小于 1.6μm。

5.1.2　叉架类零件加工方法简介

1. 叉架类零件材料、毛坯及热处理

叉架类零件的材料必须具有足够的抗疲劳强度等力学性能，结构刚度要高。一般采用45钢调质处理，部分受力不大的采用球墨铸铁。钢制叉架类零件一般采用锻造毛坯，要求金属纤维沿杆身方向分布，不得有咬边、裂纹等缺陷，部分叉架类零件还需要经过喷丸处理。

2. 叉架类零件切削加工工艺简介

叉架类零件虽小，但采用的加工方法涉及很多，常用加工方法有车、铣、刨、钻、拉、磨等，一般均需用到专用夹具进行定位。刨削和铣削常用于平面的粗加工及半精加工，而磨削用于精加工，钻削及拉削常用于批量小的孔的粗、精加工，以提高效率，此外有一些尺寸较大的孔还可以在车床上加工完成。

5.2　车床变速拨叉工艺分析

车床变速拨叉位于车床变速机构中，拨动可滑移齿轮进行换档变速，使主轴的回转运动按照操作者的要求工作，获得所需的速度和转矩。如图5-2所示，零件大头的半孔与所控制

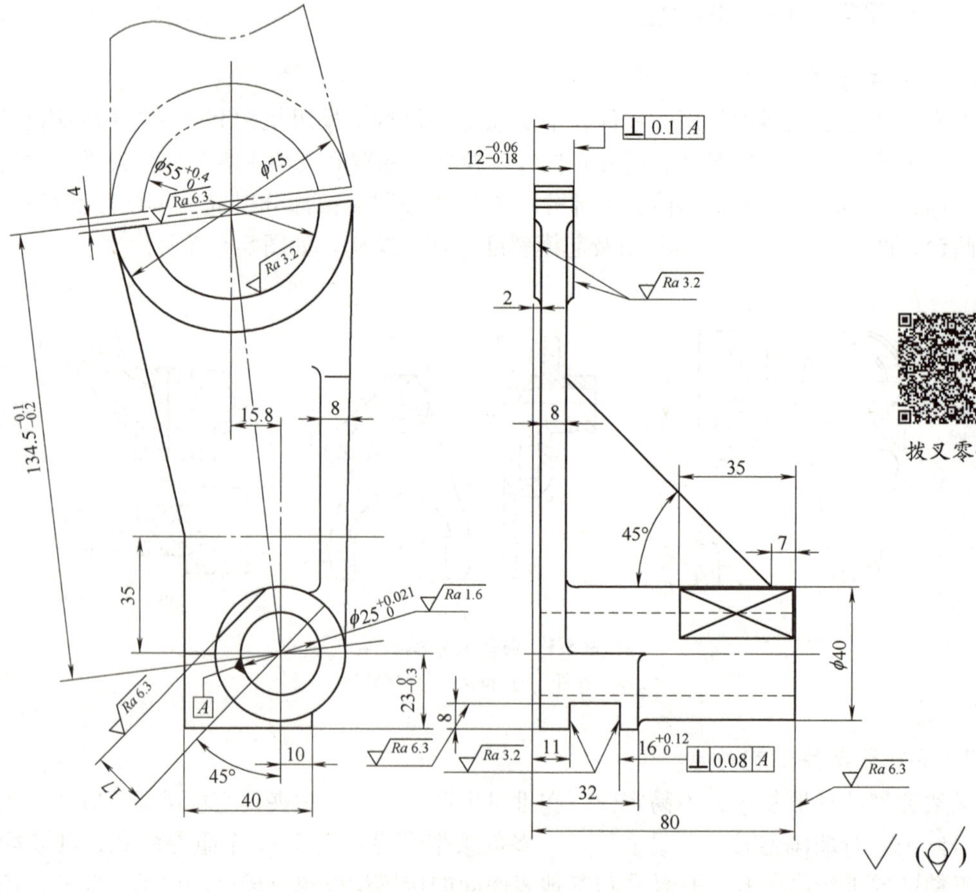

拨叉零件

图5-2　车床变速拨叉零件图

滑移齿轮的卡槽接触，小头孔与操纵机构相连，通过小头孔拨动力量拨动齿轮滑移变速。

5.2.1　车床变速拨叉工艺分析

此拨叉零件尺寸较小，结构复杂，加工精度要求较高。零件主要的加工部位有：拨叉小头孔端面、大头孔上两侧面；大小头孔以及小头孔端$16^{+0.12}_{0}$mm 的槽。拨叉的底面、大头孔上两侧面和大小头孔表面粗糙度值要求都是 $Ra3.2\mu m$，所以都需要进行精加工。此外，小头孔上部的槽需要加工，槽两侧面的中心平面对大头孔轴线有垂直度的公差要求为 0.08mm。

1. 平面的加工

底面的加工方案可确定为：粗铣——精铣（IT7～IT9），表面粗糙度值可达 $Ra6.3 \sim 0.8\mu m$，一般不淬硬的平面，精铣的表面粗糙度值可以偏小。

2. 大头孔的加工

$\phi55$mm 孔的表面粗糙度值要求为 $Ra3.2\mu m$，则选择孔的加工顺序为：粗镗—精镗，可在车床或镗床上加工完成。

3. 小头孔的加工

$\phi 25^{+0.021}_{0}$mm 的孔选择的加工方法可确定为：钻—扩—铰，表面粗糙度值可达 $Ra1.6\mu m$。

5.2.2　车床变速拨叉工艺规程的确定

图 5-2 所示的车床变速拨叉零件，材料为 HT200，硬度为 190～210HBW，单件重量大约 1.0kg，年生产量为 5000 件，分析并制订此零件工艺规程。

1. 确定毛坯的制造形式

考虑到车床在加工中的变速虽然不像其他机器那么频繁。但是，零件在工作过程中，也经常要承受变载荷及冲击性载荷，且它的外形复杂，不易加工。因此，应该选用铸件以提高生产率，保证精度，由于零件批量已达到大批大量生产的水平，而且零件的轮廓尺寸不大，故可采用金属型铸造，这样可以提高生产率，保证精度。

2. 粗精加工基准的选择

从保证孔与孔、孔与平面、平面与平面之间的相互位置精度考虑，必须保证拨叉在整个加工过程中基本上都能用统一的基准定位。从拨叉零件图分析可知，选择平面作为拨叉加工的粗基准，选零件的底平面与小头孔作为精基准。

但是仅仅用一个平面及一个孔定位来限制工件的自由度是不够的，它只限制了零件的五个自由度，如果采用典型的一面两孔定位方法，则可以满足整个加工过程中基本上都采用统一的基准进行全定位。此外，选择精基准时，还需考虑利于保证工件的加工精度且装夹方便。

3. 工艺路线的拟订

对于批量生产的零件，一般总是首先加工出统一的基准。拨叉加工的第一道工序应是加工统一的基准。具体工序是先以小头孔左端面为粗基准，粗、精加工小头孔右端面，再以右端面为精基准加工小头孔，在后续的工序安排中都是以小头孔为基准定位。后续工序安排应当遵循粗精分开和先面后孔的原则。

制订的工艺路线应当使零件的几何形状、尺寸精度及位置精度等技术要求得到合理的保证，在生产纲领已确定的情况下，可以考虑采用通用机床配以专用工具，并尽量使加工工序集中来提高生产率。除此之外，还应当考虑经济性，以降低生产成本。

表5-1所示的方案1工艺路线在工序3就将 ϕ55mm 孔锯开，在后面的工序铣 ϕ55mm 孔的两侧面的时候，加工面减少，但是 ϕ55mm 的孔变为非完整孔，这样的加工在一般的机床上是不能保证精度的，增加了加工难度，成本将会提高。表5-2所示的方案2中将 ϕ55mm 的孔到了最后才将其锯开，这样可保证 ϕ55mm 孔的加工精度较好，而且在后序加工中也可以用加工好的完整孔面作定位基准用，不仅保证了精度，还降低了成本。所以方案2为合理、经济的加工工艺路线方案。

表5-1 车床变速拨叉工艺路线方案1

工序号	工序内容
1	粗、精铣 ϕ25mm 孔上端面
2	钻、扩、铰、精铰 ϕ25mm 孔
3	切断
4	粗、精铣 ϕ55mm 孔两侧面
5	粗、精镗 ϕ55mm 孔
6	铣下平面
7	粗、精铣 16mm 槽
8	粗铣斜平面
9	检查

表5-2 车床变速拨叉工艺路线方案2

工序号	工序内容
1	粗、精铣 ϕ25mm 孔上端面
2	钻、扩、铰、精铰 ϕ25mm 孔
3	粗、精铣 ϕ55mm 孔两侧面
4	粗、精镗 ϕ55mm 孔
5	铣下平面
6	粗、精铣 16mm 槽
7	粗铣斜平面
8	切断
9	检查

5.3 车床变速拨叉工艺参数计算

工艺参数计算包括：确定机械加工余量、切削用量、工序尺寸、选择工装、确定工时定额等，它是填写工序卡片必要的前期准备工作，需要进行大量的查表及计算。这里以车床变速拨叉典型表面加工工艺参数为例，讲述拨叉类零件机械加工工艺参数中工序尺寸、切削要素、工时定额的确定方法。

5.3.1 确定机加工余量及工序尺寸偏差

1. 侧平面

根据工序要求，将其分为粗、精铣加工，确定各工步余量如下：

粗铣余量值规定为1.5~2.0mm，现取2.0mm，粗铣后尺寸公差等级为IT12。精铣余量值规定为1.0mm。

铸造毛坯的公称尺寸为(78+2+1.0)mm=81mm，铸件尺寸公差为2.0mm[+1.4mm-(-0.6m)]。

粗铣后最大尺寸为（78+1.0)mm=79mm。

精铣后尺寸与零件图尺寸相同。

2. 大头孔两侧面

根据工序要求，将其分粗、精铣加工。

确定各工步余量如下：

粗铣余量值规定为 1.5~2.0mm，现取 1.5mm，精铣余量值规定为 0.5mm。因为是两侧面，总余量加倍。

铸造毛坯的公称尺寸为（12+3+1.0）mm＝16mm，又铸件尺寸公差为 2.0mm[+1.4mm−(−0.6mm)]。

粗铣后最大尺寸为（12+1.0）mm＝13mm。

精铣后尺寸与零件图尺寸相同。

3. 大小头孔

（1）$\phi 25^{+0.021}_{0}$mm 孔加工　查表得：

钻孔的公差等级为 IT12，表面粗糙度值 Ra 为 12.5μm，尺寸公差是 0.21mm。

扩孔的公差等级为 IT10，表面粗糙度值 Ra 为 3.2μm，尺寸公差是 0.084mm。

铰孔的公差等级为 IT8，表面粗糙度值 Ra 为 1.6μm，尺寸公差是 0.043mm。

根据工序要求，小头孔分为钻、扩、铰三个工序，各工序余量如下：

确定钻 $\phi 25^{+0.021}_{0}$mm 孔工序尺寸及加工余量如下：

加工该组孔的工艺是：钻—扩—铰。

钻孔：　ϕ22mm

扩孔：　ϕ24.7mm　$2Z$=2.7mm　（Z 为单边余量 1.5~2mm）

铰孔：　ϕ25mm　　$2Z$=0.3mm　（Z 为单边余量 0.15~0.2mm）

（2）ϕ55mm 镗孔加工　其工艺路线是：粗镗—精镗。

粗镗余量值为 2.2mm；精镗余量值为 0.8mm，铸件毛坯的公称尺寸为 ϕ55mm，所以孔毛坯公称尺寸为（55−2.2−0.8）mm＝52mm，粗镗工序尺寸为 ϕ54.2mm，精镗工序尺寸为 ϕ55mm。

4. 粗、精铣$16^{+0.12}_{0}$mm 槽

槽边加工余量 $2Z$=2.0mm，槽深加工余量为 2.0mm，再选择其极限偏差：粗加工为$^{+0.43}_{0}$mm，精加工为$^{+0.12}_{0}$mm。槽的毛坯为一个整体。粗铣两边工序尺寸为$14^{+0.43}_{0}$mm；粗铣槽底工序尺寸为 6mm；精铣两边工序尺寸为$16^{+0.12}_{0}$mm，已达到其加工要求。

5.3.2　典型工序粗精加工工艺参数的确定

1. 粗、精加工 $\phi 25^{+0.021}_{0}$mm 孔

工件材料为 HT200，硬度 200HBW。孔的直径为 25mm，公差带代号为 H7，表面粗糙度值为 Ra1.6μm。加工机床选用 Z535 立式钻床，加工工序为钻—扩—铰，加工刀具分别为：钻孔——ϕ22mm 标准高速钢麻花钻，磨出双锥和修磨横刃；扩孔——ϕ24.7mm 标准高速钢扩孔钻；铰孔——ϕ25mm 标准高速钢铰刀。

（1）$\phi 25^{+0.021}_{0}$mm 钻削加工

1）确定进给量 f。查工艺手册：$f_{表}$＝0.47~0.57mm/r，由于孔深度比 l/d_0＝30/22＝1.36，k_{lf}=0.9，故 $f_{表}$＝(0.47~0.57)mm/r×0.9＝0.42~0.51mm/r，查 Z535 型立式钻床说明

书或手册，取$f=0.43\text{mm/r}$。此外，钻头强度所允许进给量$f'\leqslant 1.75\text{mm/r}$。由于机床进给机构允许的轴向力$F_{max}=15690\text{N}$（由机床说明书查出），允许的进给量$f''\leqslant 1.8\text{mm/r}$。所选进给量$f$远小于$f'$及$f''$的最大极限值，故所选$f$可用。

2）确定切削速度v、轴向力F、转矩T及切削功率$P_m$mm。查手册相关表格得

$$v_{表}=17\text{m/min},\ F_{表}=4732\text{N}$$

$$T_{表}=51.69\text{N}\cdot\text{m},\ P_{m表}=1.25\text{kW}$$

实际加工条件变化对表查数据有影响，进而对实际条件进行一定修正。

$$v'_{表}=17\text{m/min}\times 0.88\times 0.75=11.22\text{m/min}$$

因此，$n'=\dfrac{1000v'_{表}}{\pi d_0}=\dfrac{1000\times 11.22}{\pi\times 22}\text{r/min}=162\text{r/min}$

再查Z535型机床说明书，取$n=195\text{r/min}$，所以实际切削速度为

$$v=\frac{\pi d_0 n}{1000}=\frac{\pi\times 22\text{mm}\times 195\text{r/min}}{1000}=14\text{m/min}$$

此外，再对F、T进行修正后得

$$F=4732\text{N}\times 1.06\approx 5016\text{N}$$

$$T=51.69\text{N}\cdot\text{m}\times 1.06\approx 54.8\text{N}\cdot\text{m}$$

3）校验机床功率。查表计算后得切削功率$P_m=1.05\text{kW}$。
机床有效功率为

$$P_E=P_E\eta=4.5\text{kW}\times 0.81\approx 3.65\text{kW}>P_m$$

故选择的钻削用量可用，即

$$d_0=22\text{mm},\ f=0.43\text{mm/r},\ n=195\text{r/min},\ v=14\text{m/min}$$

相应地：$F=5016\text{N}$，$T=54.8\text{N}\cdot\text{m}$，$P_m=1.05\text{kW}$

4）钻削工时计算。

被切削层长度$l=78\text{mm}$。

刀具切入长度$l_1=\dfrac{D}{2}\cot k_r+(1\sim 2)\text{mm}=\dfrac{22\text{mm}}{2}\cot 120°+1\text{mm}=7.4\text{mm}$。

刀具切出长度$l_2=1\sim 4\text{mm}$，取$l_2=3\text{mm}$。

走刀次数为1。

机动时间$t_{j1}=\dfrac{L}{nf}=\dfrac{78+7.4+3}{0.43\times 195}\text{min}\approx 1.05\text{min}$。

（2）$\phi 25^{+0.021}_{0}$mm孔精加工　运用同样的方法及步骤确定扩孔及铰孔工艺参数，并归纳如下：

扩孔：$d_0=24.7\text{mm}$，$f=0.57\text{mm/r}$，$n=275\text{r/min}$，$v=21.3\text{m/min}$，$t_{j2}=0.54\text{min}$。

铰孔：$d_0=25\text{mm}$，$f=1.6\text{mm/r}$，$n=100\text{r/min}$，$v=7.8\text{m/min}$，$t_{j3}=0.52\text{min}$。

2. 粗、精铣$16^{+0.12}_{0}$mm槽

（1）粗铣16mm槽

选用双立轴圆工作台铣床X5032K，错齿三面刃铣刀铣削，确定切削深度$a_p=6\text{mm}$。

整体直齿铣刀：$z=20$，$D=100\text{mm}$。进给量$a_f=0.06\text{mm/z}$，查手册得切削速度$v=$

24m/min。

计算机床主轴转速 $n=\frac{1000v}{\pi d}=\frac{1000\times24}{3.14\times100}\text{r/min}\approx76.4\text{r/min}$。

据机床转速表选取 $n=95\text{r/min}$。

计算实际切削速度 $v=\frac{\pi Dn}{1000}=\frac{3.14\times100\times95}{1000\times60}\text{m/s}\approx0.50\text{m/s}$。

进给速度：$v_f=a_f zn=(0.06\times20\times95/60)\text{mm/s}=1.9\text{mm/s}$。

工作台每分进给量 $f_m=v_f=1.9\text{mm/s}=114\text{mm/min}$。

（2）精铣 16mm 槽　选用高速钢三面刃圆盘铣刀，切削深度 $a_p=2\text{mm}$。分析后选定进给量 $a_f=0.12\text{mm/z}$，切削速度 $v=23\text{m/min}$。

则机床主轴转速 $n=\frac{1000v}{\pi d}=\frac{1000\times23}{3.14\times100}\text{r/min}\approx73.2\text{r/min}$，选定 $n=75\text{r/min}$。

实际切削速度 $v=\frac{\pi Dn}{1000}=\frac{3.14\times100\times75}{1000\times60}\text{m/s}\approx0.40\text{m/s}$。

进给量 $v_f=a_f zn=(0.12\times12\times75/60)\text{mm/s}=1.8\text{mm/s}$。

工作台每分进给量 $f_m=v_f=1.8\text{mm/s}=108\text{mm/min}$。

（3）工时定额计算

1）粗铣槽

被切削层长度 $l=40\text{mm}$。

刀具切入长度 $l_1=0.5D+(1\sim2)\text{mm}=52\text{mm}$。

刀具切出长度 $l_2=2\text{mm}$。

走刀次数为 1。

机动时间 $t_{j1}=\frac{l+l_1+l_2}{f_m}=\frac{40+52+2}{114}\text{min}\approx0.82\text{min}$。

2）精铣槽。

被切削层长度 $l=40\text{mm}$。

刀具切入长度 $l_1=0.5D+(1\sim2)\text{mm}=52\text{mm}$。

刀具切出长度 $l_2=2\text{mm}$。

走刀次数为 1。

机动时间 $t_{j2}=\frac{l+l_1+l_2}{f_m}=\frac{40+52+2}{108}\text{min}\approx0.87\text{min}$。

本工序机动时间 $t_j=t_{j1}+t_{j2}=0.82\text{min}+0.87\text{min}=1.69\text{min}$。

5.4 变速拨叉专用夹具的设计

本章的车床变速拨叉 16H11mm 槽铣削夹具定位较为典型，下面以此专用夹具设计为例介绍叉架类夹具的设计特点。

本夹具主要用来粗、精铣车床拨叉槽 16H11。由加工本道工序的工序简图可知。粗、精铣此槽时，槽宽有尺寸要求$16^{+0.11}_{0}$mm，其深度的要求精度不是很高，槽的左右两侧面表面粗糙度值要求为$Ra3.2\mu m$。本道工序仅是对槽进行粗、精加工，因此在本道工序加工时，主要应考虑提高生产率，降低劳动强度，同时也应保证加工尺寸精度及表面质量。

1. 定位基准的选择

在进行铣槽加工工序时，ϕ25mm、ϕ55mm 两孔均已经加工出。因此工件可选用侧面及两孔作为定位基准。选择侧面作为定位基面可限制工件的三个自由度，而两工孔作为定位基面，可分别限制其他的自由度。

2. 定位方案

（1）确定要限制的自由度　按照加工要求，铣通槽时应限制五个自由度，即沿槽向移动的自由度不需要限制，但若在此方向设置一止推支承，则可起到承受部分铣削力的作用，故采用完全定位。

（2）定位方案选择　如图 5-3 所示，有三种定位方案可供选择：

方案Ⅰ：工件以 E 面作为主要定位面，用支承板和短销（与工件 ϕ25H7 孔配合）限制了工件的五个自由度，另设置一防转挡销实现六点定位。此外，为了提高工件的装夹刚度，在 C 处加一辅助支承，如图 5-3a 所示。

方案Ⅱ：工件以 ϕ25H7 孔作为主要定位基面，用长销和支承钉限制工件五个自由度，另设置一防转挡销实现六点定位，在 C 处也加一辅助支承，如图 5-3b 所示。

方案Ⅲ：工件以 ϕ25H7 孔作为主要定位基面，用长销 3 和长条支承板限制工件六个自由度，其中绕 Z 轴转动的自由度被重复限制了，另设置一防挡转销。在 C 处也加一辅助支承，如图 5-3c 所示。

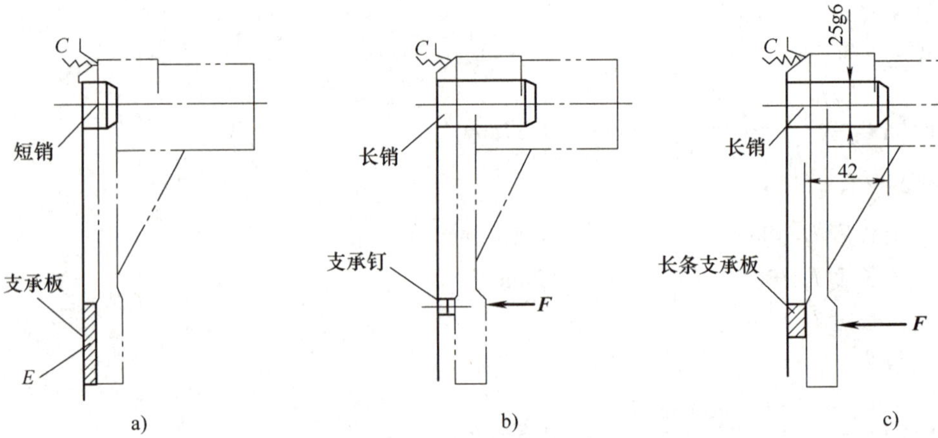

图 5-3　铣槽定位方案

（3）计算定位误差　除槽宽 16H11 由铣刀保证外，本夹具要保证槽侧面与 E 面的距离及槽的中心平面与 ϕ25H7 孔轴线的垂直度，其他要求未注公差，因此只需计算上述两项加工要求的定位误差。

1）加工尺寸（11±0.2）mm 的定位误差。采用图 5-3c 所示定位方案时，E 面既是工序基准，又是定位基准，故基准不重合误差为零。又由于 E 面与长条支承板始终保持接触，故基准位移误差也为零。因此，加工尺寸（11±0.2）mm 没有定位误差。

2）槽的中心平面与 ϕ25H7 孔轴线垂直度的定位误差。长销与工件孔的配合取 ϕ25H7/g6，则

$$\phi 25\text{g6 为 } \phi 25_{-0.020}^{-0.007}\text{mm}$$

$$\phi 25\text{H7 为 } \phi 25_{0}^{+0.021}\text{mm}$$

由于定位基准与设计基准重合，故基准不重合误差为零。基准位移误差的分析如图 5-4 所示。

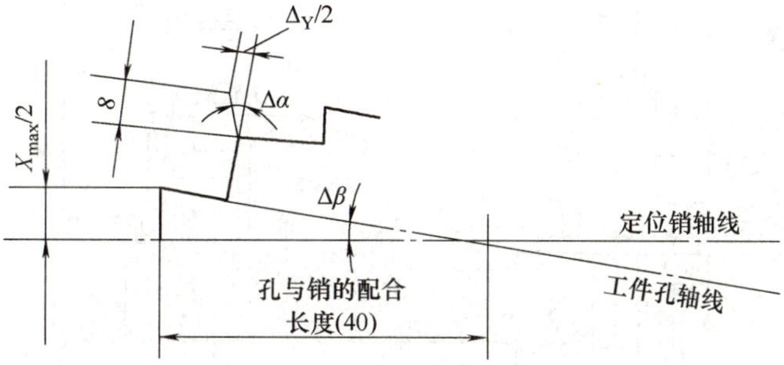

图 5-4　基准位移误差分析

$$\tan\Delta_a = (25.021-24.980)/(2\times40) = 0.0005125$$

基准位移误差：

$$\Delta_Y = 2\times8\tan\Delta_a = 2\times8\times0.0005125\text{mm} = 0.0082\text{mm}$$

已知槽的中心平面与 ϕ25H7 孔轴线的垂直度公差值为 0.08mm。定位误差 $\Delta_D = \Delta_Y = 0.0082\text{mm} < (0.08/3)\text{mm}$，故此定位方案可行。

3. 夹紧方案

根据工件夹紧的原则，除在图 5-3c 中叉口处施加夹紧力 F 外，还应在靠近加工面处增加一夹紧力，如图 5-5 所示，用螺母与开口垫圈夹压在工件圆柱的端面，而在叉口处对着支承板的夹紧机构可采用钩形压板，使结构紧凑，操作方便。

4. 对刀方案

加工槽的铣刀需两个方向进行对刀，故应采用直角对刀块，如图 5-5 所示。

5. 夹具体与定位键

为保证夹具在工作台上安装稳定，应按照夹具体的高宽比不大于 1.25 的原则确定其宽度，并在两端设置耳座，以便固定。

为了使夹具在机床工作台的位置准确，保证槽的中心平面与 ϕ25H7 孔轴线的垂直度要求，夹具体底面应设置定位键，定位键的侧面应与长销的轴心线垂直。

6. 夹具精度分析

为确使夹具能满足工序要求，在夹具技术要求制订以后，还必须对夹具进行精度分析。若本工序某项精度不能被保证时，还需要对夹具的有关技术要求做适当调整。

下面对本例中的工序要求逐项分析：

1）槽宽尺寸 16H11：此项要求由刀具精度保证，与夹具精度无关。

2）槽侧面到 E 面尺寸（11±0.2)mm：因工件以平面定位，且符合基准重合原则，所以 $\Delta_D = 0$。

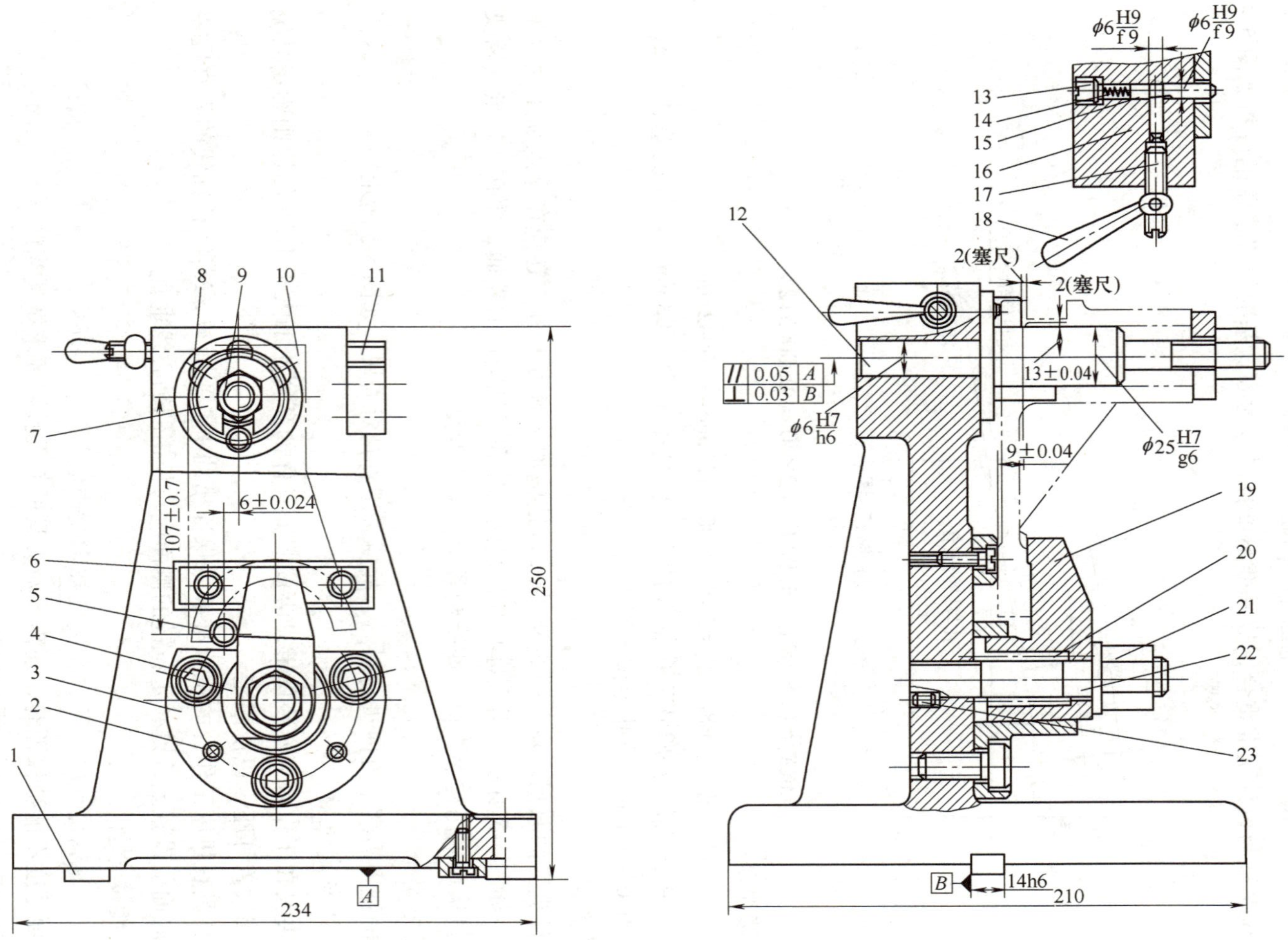

图 5-5　拨叉铣槽夹具图

1—定位键、螺钉　2—销　3—基座　4、8、13、17、23—螺钉　5—挡销　6—支承板　7—开口垫圈　9、21—螺母　10—工件
11—对刀块、螺钉、销、塞尺　12—定位心轴　14、20—弹簧　15—活动销　16—滑柱　18—手柄　19—钩形压板　22—双头螺柱

3）槽深8mm：由于工件在Z方向的位置由定位销确定，而该尺寸的设计基准为顶面。因此有定位误差，其中$\Delta_B=0.1\text{mm}$、$\Delta_Y=(\delta_d+\delta_D)/2=[(0.016+0.025)/2]\text{mm}=0.02\text{mm}$（$\delta_d$为销公差，$\delta_D$为工件孔公差）。$\Delta_D=\Delta_B+\Delta_Y=0.12\text{mm}$，尺寸8mm的公差（按IT14）为0.36mm，$\Delta_D=0.12\text{mm}=1/3\times0.36\text{mm}$，故尺寸8mm能保证。

4）槽的中心平面与$\phi25\text{H7}$孔轴线的垂直度公差0.08mm：影响该项要求的定位误差$\Delta_D=\Delta_Y=0.0082\text{mm}<(1/3\times0.08\text{mm})$（见前面定位误差分析），故垂直度公差能保证。

综上所述，该铣槽夹具能满足铣槽工序要求。

习　题

5-1　怎样确定加工余量？影响加工余量的因素主要有哪些？

5-2　确定机加工中的切削用量是指哪些内容？确定原则是什么？

5-3　加工中选择刀具时要考虑哪些因素？

5-4　叉架类零件的功能和结构特点是什么？

5-5　叉架类零件常采用的毛坯类型有哪些？

5-6　拨叉铣床夹具设计要点有哪些？

5-7　铣削专用夹具对刀装置起什么作用？有哪些结构形式？分别用于何种表面的加工？

5-8　塞尺起什么作用？简述如何使用塞尺对刀。

第 6 章

机械制造质量分析

6.1 机械制造质量分析简述

机械产品的质量与其组成的零件质量及装配质量密切相关。零件的质量由机械加工质量和零件材料的性质等因素所决定，而机械加工质量主要涵盖两个方面的内容，即加工精度和表面质量。研究机械加工质量的目的，就是要分析影响加工质量的各种因素及其存在的规律，从而找出减小加工误差、提高加工质量的合理途径。其包含以下内容：

- 机械加工质量
  - 机械加工精度
    - 尺寸精度
    - 几何形状精度
    - 位置精度
  - 机械加工表面质量
    - 加工表面几何特征
    - 加工表面层物理力学性能

6.1.1 机械加工精度的概念

机械加工精度是指零件加工后的实际几何参数（尺寸、形状和相互位置）与理想几何参数的符合程度。实际几何参数与理想几何参数的偏离程度称为加工误差。加工误差越小，加工精度就越高。所以，加工精度与加工误差是一个问题的两个提法。

生产实践证明，任何一种加工方法不管多么精密，都不可能把零件加工得绝对准确，与理想的完全相符。即使加工条件完全相同，加工出来的零件几何参数也不可能完全一样。另外，从机器的使用要求来看，也没有必要要求把零件的几何参数加工得绝对准确，只要其误差值不影响机器的使用性能，就允许误差值在一定的范围内变动，也就是允许一定的加工误差存在。

加工精度是评定零件质量的一项重要指标。零件有关表面的尺寸精度，几何形状精度和相互位置精度之间是有联系的。一般情况下，形状误差应该限制在位置公差内，位置误差要限制在尺寸公差内。尺寸精度高，相应的形状、位置要求也高。但是有些特殊功用的零件，其形状精度很高，而其位置精度、尺寸精度要求却不一定高。例如测量用的检验平板，其工作平面的平面度要求很高，但该平面与底面的尺寸要求和平行度要求却很低。

6.1.2 获得机械加工精度的方法

工件规定的加工精度包括尺寸精度、几何形状精度和表面间相互位置精度三个方面。

1. 获得尺寸精度的方法

获得尺寸精度的方法有以下四种：

（1）试切法　试切法是通过试切—测量—调整刀具—再试切，反复进行，直至符合规定的尺寸，然后以此尺寸切出要加工的表面。

（2）定尺寸刀具法　即使用具有一定形状和尺寸精度的刀具对工件进行加工，并以刀具相应尺寸所得到规定尺寸精度的方法。例如用麻花钻头、铰刀、拉刀和丝锥等刀具加工以获得规定的尺寸精度。采用定尺寸刀具法生产效率较高，加工精度与刀具的制造精度关系很大，且只能在部分加工中使用。

（3）调整法　按零件图（或工序图）规定的尺寸和形状，预先调整好机床、夹具、刀具与工件的相对位置，经试加工测量合格后，再连续成批加工工件。其加工精度在很大程度上取决于调整精度。此法广泛应用于半自动机床、自动机床和自动生产线上。

（4）主动测量法　这是一种在加工过程中采用专门的测量装置主动测量工件的尺寸并控制工件尺寸精度的方法。例如在外圆磨床和珩磨机上，采用主动测量装置以控制加工的尺寸精度。主动测量法能获得较高的加工精度，加工质量主要靠加工设备来保证。

2. 获得几何形状精度的方法

获得几何形状精度的方法通常有下列三种：

（1）轨迹法　这种方法是依靠刀具与工件的相对运动轨迹来获得工件形状的。如图 6-1 所示，图 6-1a 是利用工件的旋转和刀具在 X、Y 两个方向的直线运动的合成来车削成形表面；图 6-1b 是利用刨刀的纵向直线运动和工件的横向进给运动来获得平面。

（2）成形法　采用成形刀具加工工件的成形表面以得到所要求的形状精度的方法称为成形法。成形法加工可以简化机床结构，提高生产率。如图 6-1a 所示的 X、Y 方向的成形运动可以由成形刀具的切削刃几何形状代替；又如铣齿加工，也是用成形刀具（模数铣刀）来获得所要求的齿形的。

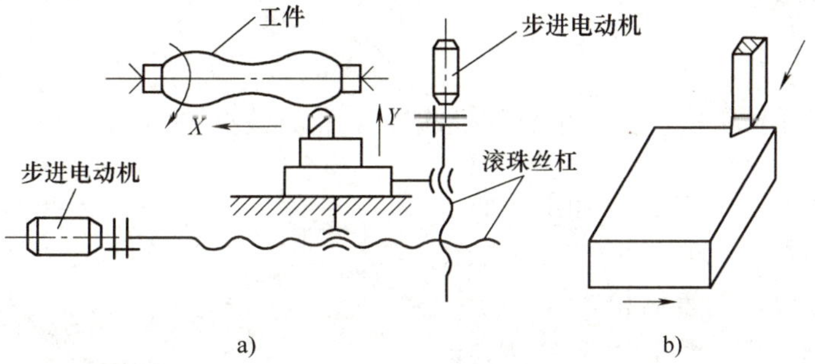

图 6-1　用轨迹法获得工件形状

（3）展成法　齿轮上各种齿形加工，如滚齿、插齿等方法大都属这种方法。

3. 获得相互位置精度的方法

工件各加工表面相互位置的精度，主要和机床、夹具及工件的定位精度有关，如车削端面与轴线的垂直度和中滑板的精度有关；钻孔与底面的垂直度和机床主轴与工作台的垂直度有关；一次安装同时加工几个表面的相互位置精度与工件的定位精度有关。因此，要获得各表面间的相互位置精度就必须保证机床、夹具及工件的定位精度。

6.1.3　影响机械加工精度的因素

在机械加工中，被加工表面的加工精度取决于工件与机床、刀具间的相互位置和运动关系。工件（通过夹具）和刀具都装夹在机床上，由机床提供运动和动力实现切削加工。这样，机床—夹具—刀具—工件就构成了一个系统，称为工艺系统。在完成任何一个加工过程中，由于工艺系统各种原始误差的存在，如机床、夹具、刀具的制造及磨损误差、工件的装夹误差、测量误差、工艺系统的调整误差以及加工中的各种力和热所引起的误差等，使工件与刀具之间正确的几何关系遭到破坏而产生加工误差。这些原始误差中，其中一部分与工艺系统的结构状况有关，一部分与切削过程的物理因素变化有关。按照这些误差的性质可以归纳为以下三个方面：

1）工艺系统的几何误差，包括原理误差、机床几何误差、刀具和夹具的制造误差、工件的装夹误差、调整误差以及工艺系统磨损所引起的误差。

2）工艺系统力效应引起的误差。

3）工艺系统热变形引起的误差。

机械加工过程中，上述各种误差因素并不是在任何情况下都同时出现的，不同情况下其影响的程度也有所不同，必须根据具体情况进行分析。

6.1.4　衡量机械加工表面质量的指标

机械零件的加工质量，除了加工精度外，还有加工表面质量，它是零件加工后表面层状态完整性的表征。

随着现代机器制造工业的飞速发展，对机器零件的要求日益提高，一些重要的零件必须在高速、高温、高压和重载条件下工作，表面层的任何缺陷不仅直接影响零件的工作性能，而且使零件加速磨损、腐蚀和失效，因而必须重视表面质量问题。零件加工表面质量包括如下两个方面。

1. 表面几何特征

加工表面的几何特征，主要由表面粗糙度和表面波度两部分组成（见图6-2）。

（1）表面粗糙度　它是指已加工表面的微观几何形状误差。现行的国家标准GB/T 1031—2009规定，表面粗糙度评定参数主要有：①轮廓算术平均偏差 Ra，②轮廓最大高度 Rz。

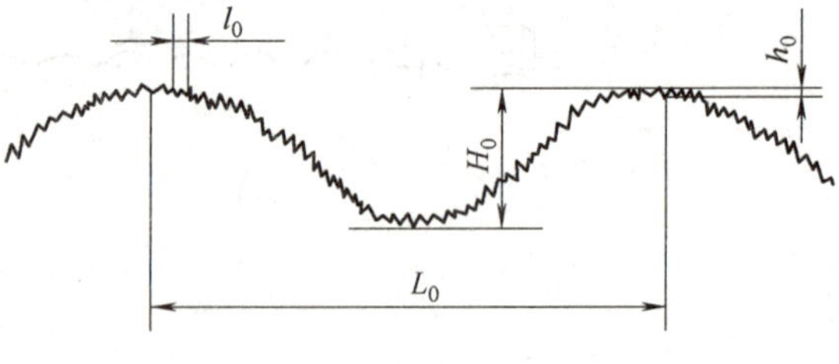

图6-2　表面粗糙度和表面波度

（2）表面波度　即介于宏观几何形状误差和表面粗糙度之间的周期性几何形状误差，其大小是以波长 L_0 和波高 H_0 表示的。表面波度主要由加工过程中工艺系统的振动引起。

2. 表面层物理力学性能

加工表面层物理力学性能的变化，主要有以下三个方面：

（1）表面的冷作硬化　它是指工件经机械加工后表面层的强度、硬度提高的现象，也称为表面层的冷硬或强化。通常以冷硬层深度 h、表面层的显微硬度 H 以及硬化程度 N 表示。其中：

$$N=\frac{H}{H_0}\times 100\%$$

式中　H_0——金属原来的硬度。

（2）加工表面层的金相组织变化　机械加工（特别是磨削）中的高温使工件表层金属的金相组织发生了变化，大大降低了零件使用性能。

（3）加工表面层的残余应力　它是指机械加工中工件表面层所产生的残余应力。它对零件使用性能的影响大小取决于它的方向、大小和分布状况。

6.2　机械加工精度

6.2.1　工艺系统几何误差对加工精度的影响

1. 加工原理误差

加工原理误差是指采用了近似的成形运动或近似的切削刃轮廓进行加工而产生的误差。例如，滚齿加工用大齿轮滚刀就有两种误差：一是切削刃轮廓近似造型误差，由于制造上的困难，采用了阿基米德基本蜗杆或法向直廓基本蜗杆代替渐开线基本蜗杆；二是由于滚刀刀齿数有限，实际上加工出的齿形是一条折线，和理论的光滑渐开线有差异，这些都会产生加工原理误差。采用近似的成形运动或近似的切削刃轮廓，虽然会带来加工原理误差，但往往可以简化机床或刀具的结构，有时反而可以得到高的加工精度，并且能提高生产率和经济性。因此，只要其误差不超过规定的精度要求，在生产中仍得到广泛的应用。

2. 机床的几何误差

机床的制造误差、安装误差、使用中的磨损等都会在加工中直接影响刀具与工件的相互位置精度，造成加工误差。一般情况下，只能用一定精度的机床加工出一定精度的工件。机床的几何误差主要包括主轴回转误差、导轨导向误差和传动链传动误差。

（1）主轴回转误差

1）回转误差的概念及影响因素。机床的主轴是安装工件或刀具的基准，并把动力和运动传给刀具或工件。因此，主轴的回转精度是机床的重要精度指标之一，它是决定加工表面几何形状精度、表面波度和表面粗糙度的主要因素。

主轴回转时，由于主轴及其轴承在制造及安装中存在误差，主轴的回转轴线在空间的位置不是稳定不变的。主轴回转误差是指主轴实际回转轴线相对理论回转轴线的“漂移”。主轴回转误差可分为三种基本形式：轴向窜动、径向跳动和角度摆动（见图 6-3a、b、c）。实际上，主轴回转运动误差的三种基本形式是同时存在的（见图 6-3d）。

影响主轴回转精度的主要因素如下：

①主轴误差。主要包括主轴支承轴颈的圆度误差、同轴度误差（使主轴轴线发生偏斜）和主轴轴颈轴向承载面与轴线的垂直度误差（影响主轴轴向窜动量）。

②轴承误差。如图 6-4 所示，轴承误差包括滑动轴承内孔或滚动轴承滚道的圆度误差，滑动轴承内孔或滚动轴承滚道的波度，滚动轴承滚子的形状与尺寸误差，轴承定位端面与轴心线垂直度误差，轴承端面之间的平行度误差，轴承间隙及切削中的受力变形等。

③主轴系统的径向不等刚度及热变形。

2）主轴回转误差对加工精度的影响。在分析主轴回转误差对加工精度的影响时，首先要注意主轴回转误差在不同方向的影响是不同的。例如当切削圆柱表面时，回转误差沿刀具与工件接触点的法线方向 Δy 对精度影响最大（见图 6-5b），反映到工件半径方向的误差为 $\Delta R=\Delta y$，而切向分量 Δz 的影响最小（见图 6-5a）。由图 6-5 可看出，存在误差 Δz 时，反映到工件半径方向上的误差为 ΔR，其关系式为

$$(R+\Delta R)^2=\Delta z^2+R^2$$

整理中略去高阶微量 ΔR^2 项可得

$$\Delta R=\Delta z^2/2R$$

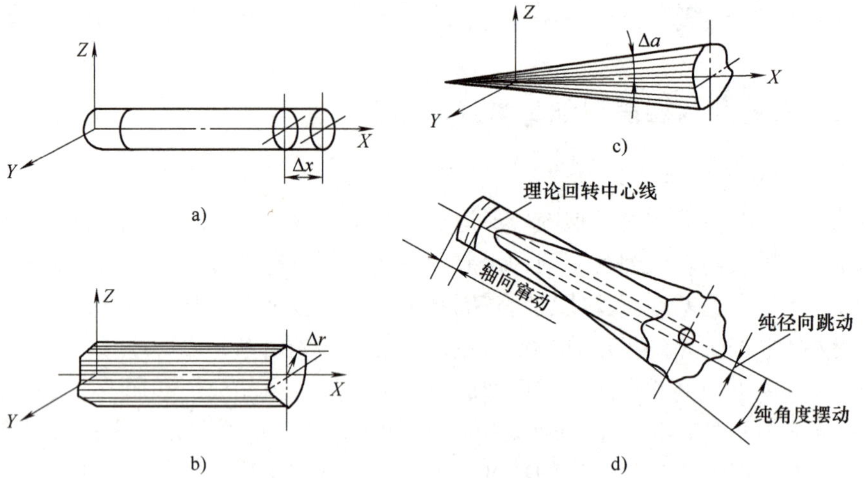

图 6-3　主轴回转误差的基本形式

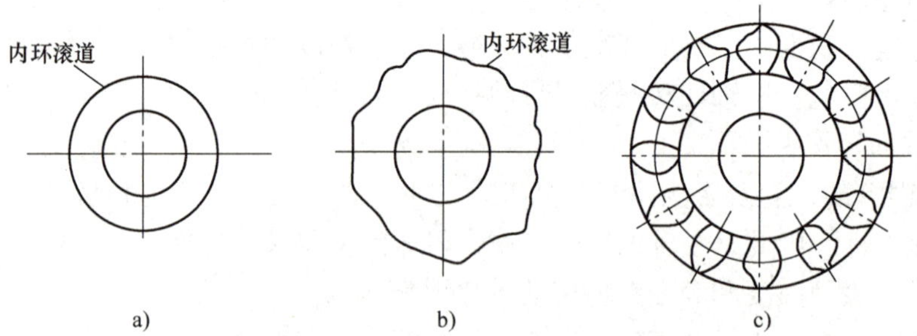

图 6-4　滚动轴承的几何误差

a）内环滚道的形状误差　b）内环滚道的波度　c）滚动体的圆度和尺寸

设 $\Delta z=0.01$mm，$R=50$mm，则 $\Delta R=0.000001$mm。此值完全可以忽略不计。因此，一般称法线方向为误差的敏感方向，切线方向为非敏感方向。分析主轴回转误差对加工精度的影响时，应着重分析误差敏感方向的影响。

其次，不同类型的机床，其主轴回转误差所引起的加工误差形式也不同。它们可以分为两大类，即工件回转类（如车床、内圆磨床和外圆磨床）和

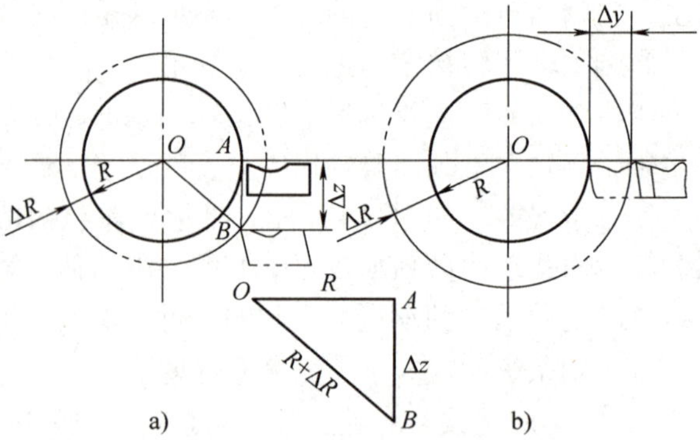

图 6-5　主轴回转误差对加工精度的影响

刀具回转类（如镗床）。

对于工件回转类机床采用滑动轴承的主轴（如车床），因切削力的方向不变，主轴回转时，作用在支承上的作用力方向也不变，因而轴承孔与主轴颈接触点的位置基本上是固定的，也就是说，主轴颈在回转时总是与轴承孔的某一段接触，如图 6-6a 所示。此时，轴承孔的圆度误差对主轴回转精度的影响较小，而主轴颈的圆度误差影响较大。

对于刀具回转类机床采用滑动轴承的主轴（如镗床），主轴与刀具一起旋转，由于切削力方向是变化的，主轴轴颈与轴承孔的接触位置也是变化的，因此轴承孔的圆度误差对主轴回转精度的影响是主要的，而主轴颈的圆度误差对主轴回转精度影响较小（见图 6-6b）。

主轴的纯轴向窜动对工件的内、外圆加工没有影响，但会影响加工端面与内、外圆的垂直度误差。主轴每旋转一周，就要沿轴向窜动一次，向前窜的半轴中形成右螺旋面，向后窜的半轴中形成左螺旋面，最后切出如端面凸轮一样的形状（见图 6-7），并在端面中心附近出现一个凸台。当加工螺纹时，主轴轴向窜动会使加工的螺纹产生螺距的小周期误差。

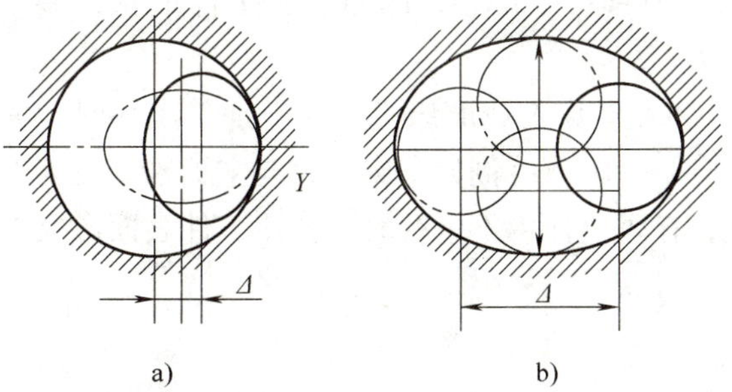

图 6-6　两类主轴回转误差的影响

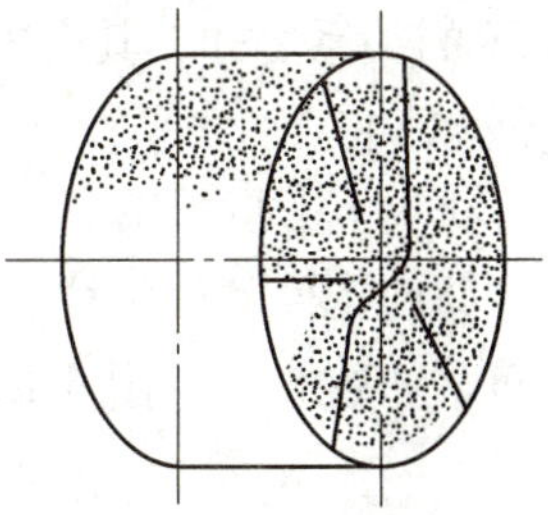

图 6-7　主轴轴向窜动对端面加工的影响

3）主轴回转精度的测量。机床主轴回转精度（包括径向圆跳动、轴向窜动和角度摆动）的测量方法，在目前的生产过程中主要是利用表测法（见图 6-8）。测量时，将精密心棒插入主轴锥孔，在其圆周表面和端部用千分表测出其跳动量。此法简单易行，但有时不能反映主轴工作状态下的回转精度，也不能把性质不同的误差区分开来。

（2）导轨导向误差　机床导轨副是实现直线运动的主要部件，其制造和装配精度是影响直线运动精度的主要因素，导轨导向误差对零件的加工精度产生直接的影响。

1）导轨在水平面内直线度误差的影响。如图 6-9 所示，车床导轨在水平方向存在误差 Δ，引起工件在半径方向上的误差 ΔR。当车削外圆柱表面时，将造成工件的圆柱度误差。

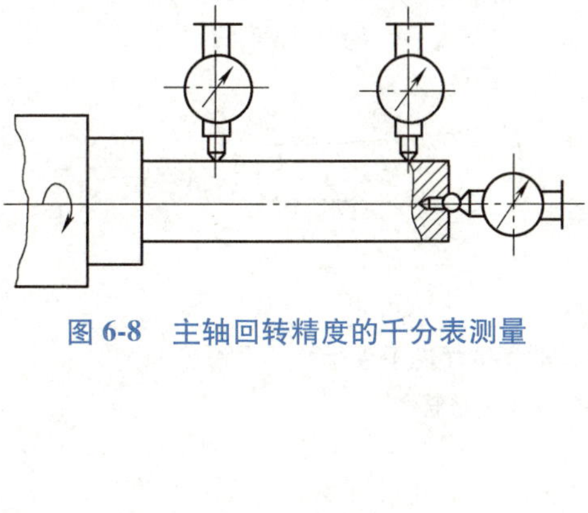

图 6-8　主轴回转精度的千分表测量

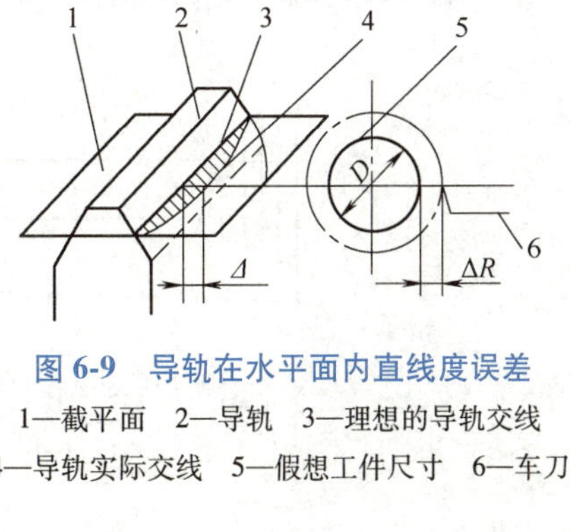

图 6-9　导轨在水平面内直线度误差

1—截平面　2—导轨　3—理想的导轨交线

4—导轨实际交线　5—假想工件尺寸　6—车刀

2）导轨在垂直面内直线度误差的影响。如图6-10所示，磨床导轨在 Y 方向存在误差 Δ（图6-10a），磨削外圆时，工件沿砂轮切线方向产生位移，此时，工件在半径方向上产生误差 $\Delta R \approx \Delta^2/2R$，对零件的形状精度影响甚小（误差非敏感方向）。但导轨在垂直方向上的误差对平面磨床、龙门刨床、铣床等将引起法向位移，其误差直接反映到工件的加工表面（误差敏感方向），造成水平面上的形状误差。

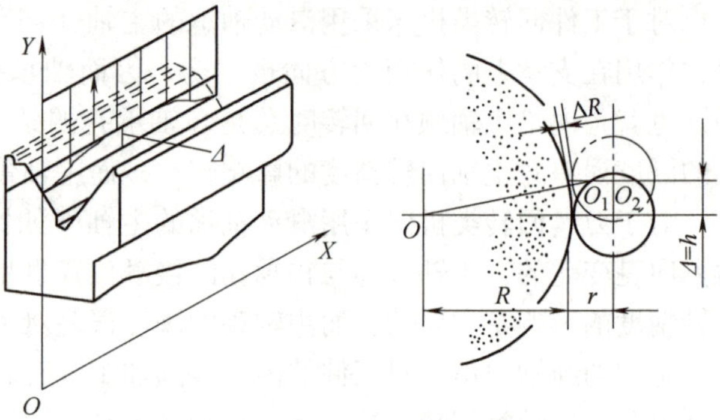

a)　　b)

图6-10　磨床导轨在垂直面内的直线度误差

3）导轨面间平行度误差的影响。如图6-11所示，车床两导轨的平行度产生误差（扭曲），使大溜板产生横向倾斜，刀具产生位移，因而引起工件形状误差。由图6-11所示的关系可知，其误差值 $\Delta y = H\Delta/B$。

4）导轨对主轴轴线平行度误差的影响。当在车床类或磨床类机床上加工工件时，如果导轨与主轴轴线不平行，则会引起工件的几何形状误差。例如车床导轨与主轴轴线在水平面内不平行，会使工件的外圆柱表面产生锥度；在垂直面内不平行时，会使工件表面形成单叶回转双曲面。如图6-12、图6-13所示。

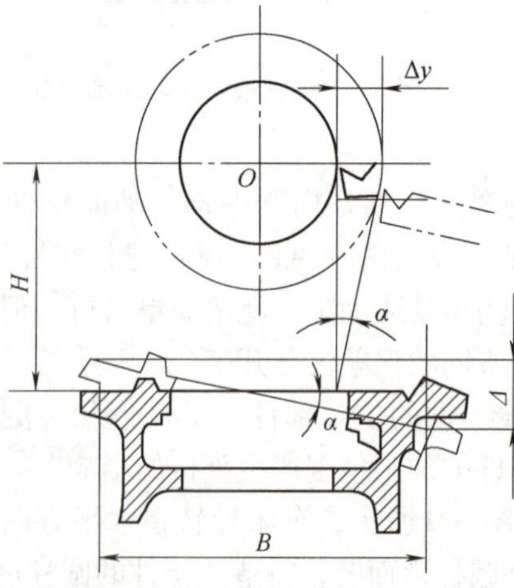

图6-11　车床导轨面间的平行度误差

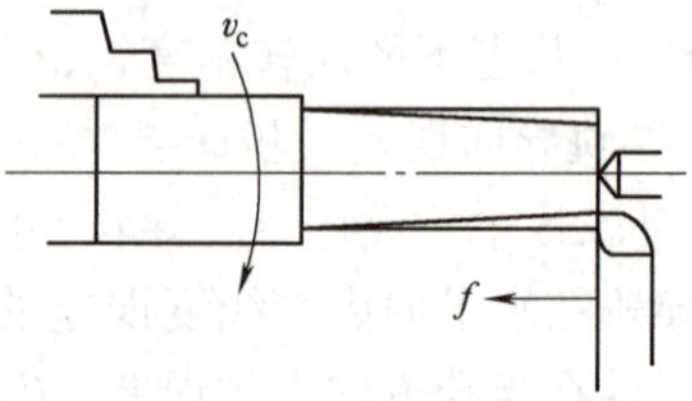

图6-12　主轴回转轴线与导轨在水平面内不平行

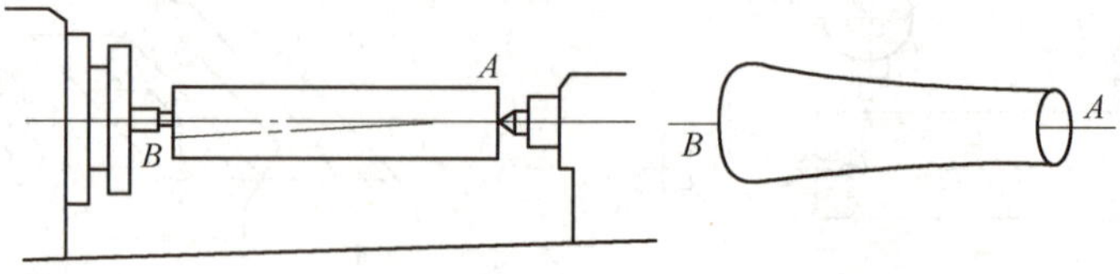

a)　　b)

图6-13　主轴回转轴线与导轨在垂直平面内不平行

a）刀尖运动轨迹　b）加工表面的形状

（3）机床的传动误差　对于某些加工方法，为保证工件的精度，要求工件和刀具间必须有准确的传动关系。如车削螺纹时，要求工件旋转一周刀具直线移动一个导程（对于单线螺纹即为一个螺距），如图 6-14 所示。传动时，必须保持 $S=iT$ 为恒值，S 为工件导程，T 为丝杠导程，i 为齿轮 $z_1\sim z_8$ 的传动比。所以，丝杠导程和各齿轮的制造误差都必将引起工件螺纹导程的误差。为了减少机床传动误差对加工精度的影响，可以采取减少传动链中的环节、缩短传动链，提高传动副（特别是末端传动副）的制造和装配精度，消除传动间隙，采用误差校正机构等措施。

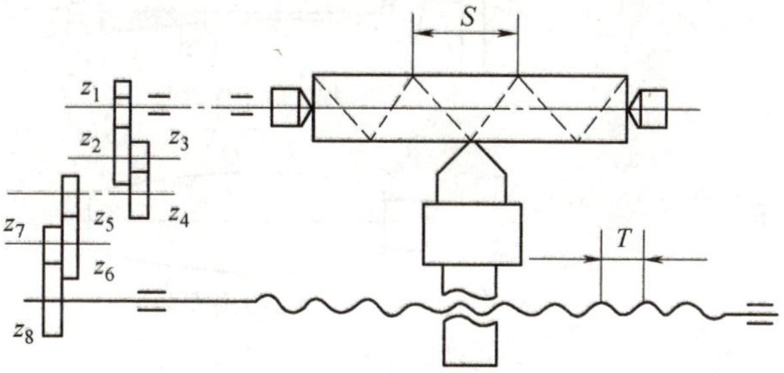

图 6-14　车螺纹的传动链示意图

3. 工艺系统的其他几何误差

（1）刀具误差　机械加工中常用的刀具有一般刀具、定尺寸刀具和成形刀具三类。

一般刀具（如普通车刀、单刃镗刀、平面铣刀等）的制造误差，对加工精度没有直接的影响，可以不予考虑。但当用这些刀具加工大直径的长工件、大平面，或在一次装刀后要加工一批工件时，刀具磨损的影响应加以注意。

定尺寸刀具（如钻头、铰刀、拉刀、槽铣刀等）的制造误差及磨损误差，均直接影响工件的加工尺寸精度。刀具在安装使用不当时也将影响加工误差。

成形刀具（如成形车刀、成形铣刀、齿轮刀具等）的制造和磨损误差，主要影响被加工工件的形状精度。在使用成形刀具时必须特别注意刀具的正确装夹。如图 6-15 所示，在车削螺纹时，由于螺纹车刀刀尖角的等分线与工件回转轴线不垂直，使螺纹的牙型角产生误差。

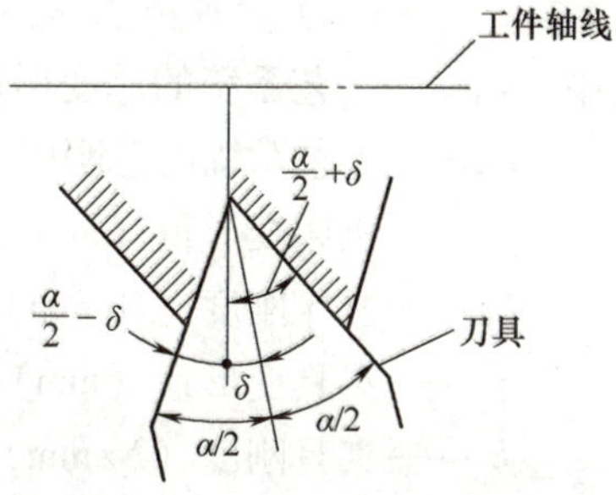

图 6-15　螺纹车刀的装夹误差

（2）夹具误差　夹具误差主要是指夹具的定位元件、导向元件及夹具体等的加工与装配误差，它对被加工工件的位置误差有较大的影响。夹具的磨损是逐渐而缓慢的过程，它对加工误差的影响不很明显，对它们进行定期的检测和维修，便可提高其几何精度。

6.2.2　工艺系统力效应对加工精度的影响

加工过程中，工艺系统的各个组成环节，在切削力、传动力、惯性力、夹紧力及重力等的作用下，会产生相应的变形（弹性变形及塑性变形）。这种变形将破坏切削刃和工件之间已调整好的正确位置关系，从而产生加工误差。例如，车削细长轴时，工件在切削力作用下的弯曲变形，加工后会形成鼓形的圆柱度误差，如图 6-16a 所示。又如，在内圆磨床上横向切入磨孔时，由于磨头主轴弯曲变形，使磨出的孔会带有锥度的圆柱度误差，如图 6-16b 所示。

由材料力学可知，任何一个受力的物体总要产生一定的变形。作用力 F 与其引起的在作用力方向上的变形量 y 的比值，称为物体的刚度 k。

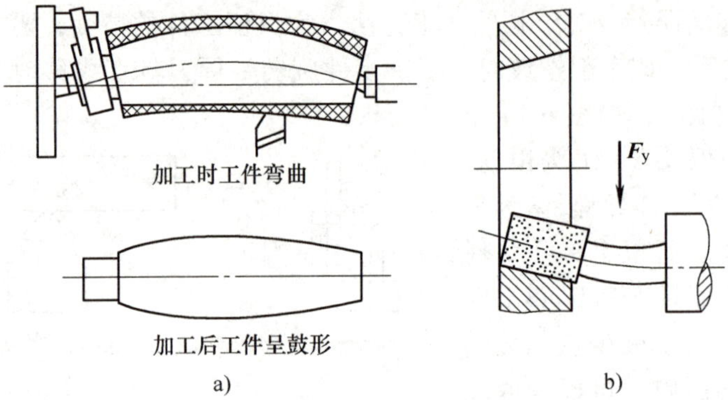

图 6-16　工艺系统受力变形引起的加工误差

$$k=F/y$$

切削加工中，工艺系统在各种外力作用下，将在各个受力方向上产生相应的变形。工艺系统受力变形，主要是研究对加工精度影响最大的敏感方向，即通过刀尖的加工表面的法线方向的位移。因此，工艺系统的总刚度 k_{xt} 定义为：零件加工表面法向分力 F_y 与刀具在切削力作用下，相对工件在该方向的位移 y_{xt} 的比值，即

$$k_{xt}=F_y/y_{xt}$$

工艺系统的总变形量应是

$$y_{xt}=y_{jc}+y_{dj}+y_{jj}+y_g$$

而 $k_{xt}=F_y/y_{xt}$，$k_{jc}=F_y/y_{jc}$，$k_{dj}=F_y/y_{dj}$，$k_{jj}=F_y/y_{jj}$，$k_g=F_y/y_g$

式中　y_{xt}——工艺系统的总变形量（mm）；

k_{xt}——工艺系统的总刚度（N/mm）；

y_{jc}——机床变形量（mm）；

k_{jc}——机床刚度（N/mm）；

y_{jj}——夹具变形量（mm）；

k_{jj}——夹具刚度（N/mm）；

y_{dj}——刀具变形量（mm）；

k_{dj}——刀具刚度（N/mm）；

y_g——工件变形量（mm）；

k_g——工件刚度（N/mm）。

计算工艺系统总刚度的一般式为

$$k_{xt}=\frac{1}{\dfrac{1}{k_{jc}}+\dfrac{1}{k_{jj}}+\dfrac{1}{k_{dj}}+\dfrac{1}{k_g}}$$

因此，当知道工艺系统各个组成部分的刚度后，即可求出工艺系统的总刚度。

用一般式求解某一工艺系统总刚度时，应根据具体情况进行分析。例如，车削外圆时，车刀本身在车削力的作用下沿切向（不敏感方向）的变形对加工误差的影响很小，可以忽略不计，这时计算式中可以省去刀具刚度一项。

1. 工艺系统受力变形引起的加工误差

（1）由于切削力着力点位置变化引起的工件形状误差

1）在车床两顶尖间车削短而粗的光轴。图 6-17a 所示为在车床上加工短而粗的光轴，由于工件刚度较大，在切削力作用下相对于机床、夹具的变形要小得多，而车刀在敏感方向的变形也很小，故可忽略不计。此时，工艺系统的变形完全取决于头架、尾座（包括顶尖）和刀架的变形。当加工中车刀处于图示位置时，工艺系统的总变形量为

$$y_{xt}=y_x+y_{dj}=F_Y\left[\frac{1}{k_{dj}}+\frac{1}{k_{tj}}\left(\frac{L-x}{L}\right)^2+\frac{1}{k_{wz}}\left(\frac{x}{L}\right)^2\right]$$

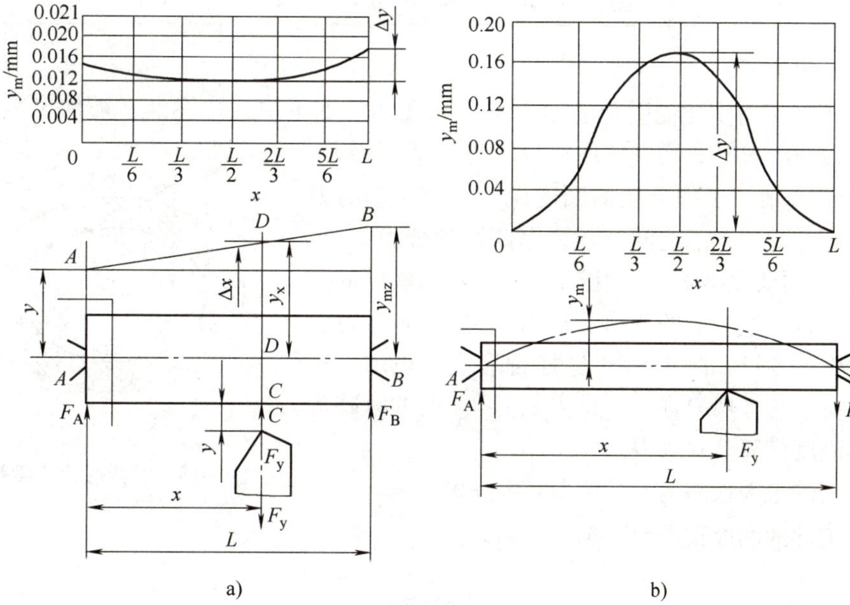

图 6-17　工艺系统变形量随着力点位置的变化而变化

从上式可以看出，工艺系统的变形量是随着力点位置变化而变化的，x 值的变化引起 y_{xt} 的变化，进而引起切削深度的变化，结果使工件产生圆柱度误差，当按上述条件车削时，工艺系统的刚度实为机床的刚度。如设 $k_{tj}=6\times10^4$N/mm，$k_{wz}=5\times10^4$N/mm，$k_{dj}=4\times10^4$N/mm，$F_y=300$N，工件长 $L=600$mm，则沿工件长度上的位移见表 6-1。

表 6-1　沿工件长度上的位移

x	0（头架处）	$L/6$	$L/3$	$L/2$（工件中点）	$2L/3$	$5L/6$	L（尾座处）
y_{xt}/mm	0. 015	0. 013	0. 0125	0. 012	0. 013	0. 014	0. 017

故工件呈马鞍形。

2）在两顶尖间车削细长轴。图 6-17b 所示为在车床上加工细长轴。由于工件细而长，刚度小，在切削力的作用下，其变形量大大超过机床、夹具和刀具的变形量。因此，机床、夹具和刀具的受力变形可以忽略不计，工艺系统的变形完全取决于工件的变形量。加工中，当车刀处于图示位置时，工件的轴线产生变形。根据材料力学公式，其切削点的变形量为

$$y_{xt}=\frac{F_y}{3EI}\frac{(L-x)^2x^2}{L}$$

如设 $F_y=300\text{N}$，工件的尺寸为 $\phi30\times600\text{mm}$，材料的弹性模量 $E=2\times10^5\text{N/mm}^2$，工件的断面惯性矩 $I=\pi d^4/64$，则沿工件长度上的变形量见表 6-2。

表 6-2　沿工件长度上的变形量

x	0（头架处）	$L/6$	$L/3$	$L/2$（工件中点）	$2L/3$	$5L/6$	L（尾座处）
y_{xt}/mm	0	0.052	0.132	0.17	0.132	0.04	0

故工件呈腰鼓形。

（2）由于切削力变化而引起的加工误差　在切削加工中，往往由于被加工表面的几何形状误差引起切削力的变化，从而造成工件的加工误差。如图 6-18 所示，由于工件毛坯的圆度误差，使车削时刀具的切削深度在 a_{p1} 与 a_{p2} 之间变化，因此切削分力 F_y 也随切削深度 a_p 的变化由 F_{ymax} 变化到 F_{ymin}。根据前面的分析，工艺系统将产生相应的变形，即由 y_1 变到 y_2（刀尖相对工件产生 y_1 到 y_2 的位移），这样就形成了被加工表面的圆度误差。这种现象称为"误差复映"。误差复映大小可以根据刚度计算公式求得。

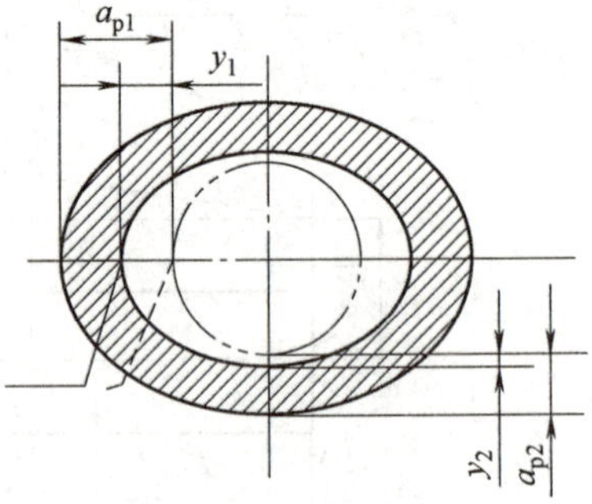

图 6-18　零件形状的误差复映

毛坯圆度的最大误差为　$\Delta m=a_{p1}-a_{p2}$

车削后工件的圆度误差为　$\Delta w=y_1-y_2$

令
$$\varepsilon=\frac{\Delta w}{\Delta m}=\frac{A}{k_{xt}}$$

式中　ε——误差复映系数；

A——径向切削力系数，$A=\lambda C_{FZ}f^{0.75}$；

λ——系数，一般取 0.4；

C_{FZ}——与工件材料和刀具几何角度有关的系数；

f——进给量（mm/r）。

误差复映系数 ε 是一个小于 1 的数，定量地反映了毛坯误差在经过加工后减少的程度，它与工艺系统的刚度成反比，与径向切削力系数 A 成正比。要减少工件的复映误差，可增加工艺系统的刚度或减少径向切削力系数（如增大主偏角、减少进给量等）。

当毛坯的误差较大，一次走刀不能满足加工精度要求时，需要多次走刀来消除 Δm 复映到工件上的误差。多次走刀总 ε 值计算如下：

$$\varepsilon_\Sigma=\varepsilon_1\times\varepsilon_2\times\varepsilon_3\times\cdots\times\varepsilon_n=\left(\frac{\lambda C_{Fz}}{k_{xt}}\right)^n(f_1\times f_2\times\cdots\times f_n)^{0.75}$$

由于 ε 是远小于 1 的系数，所以经过多次走刀后，ε 已降到很小值，加工误差也可得到逐渐减小而达到零件的加工精度要求（一般经过 2~3 次走刀即可达到 IT7 的精度要求）。

由于切削力的变化而引起加工误差还表现在：材料硬度不均匀而引起的加工误差；用调

整法加工一批工件时，若其毛坯余量不一定会造成加工尺寸的分散等。

（3）惯性力、传动力、重力和夹紧力所引起的加工误差

1）惯性力及传动力所引起的加工误差。切削加工中，高速旋转的部件（包括夹具、工件和刀具等）的不平衡将产生离心力 F_Q。F_Q 在每一转中不断地改变着方向，因此，它在 y 方向分力大小的变化，就会使工艺系统的受力变形也随之变化而产生加工误差。如图 6-19 所示，切削一个不平衡的工件，当离心力 F_Q 与切削力 F_y 方向相反时，将工件推向刀具，使切削深度增加（见图 6-19a）；当离心力 F_Q 与切削力 F_y 方向相同时，工件被拉离刀具，使切削深度减小（见图 6-19b），其结果就造成了工件的圆度误差。

在车床或磨床类机床上加工轴类零件时，常用单爪拨盘带动工件旋转。如图 6-20 所示，传动力在拨盘的每一转中，经常改变方向，其在 y 方向上的分力有时与切削力 F_y 相同，有时相反。因此，它也会造成工件的圆度误差。因此，在加工精密零件时，可改用双爪拨盘或柔性连接装置带动工件旋转。

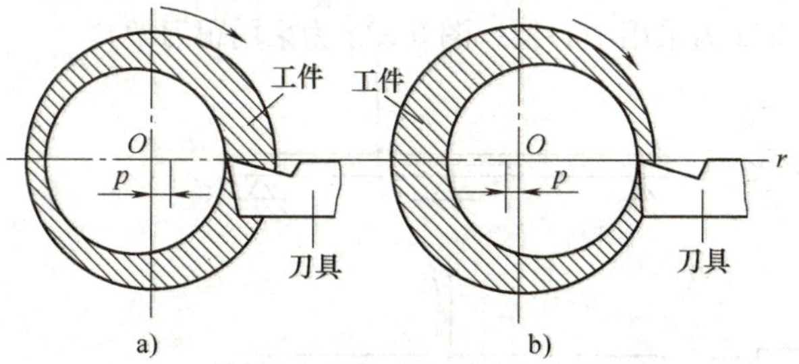

图 6-19　惯性力所引起的加工误差

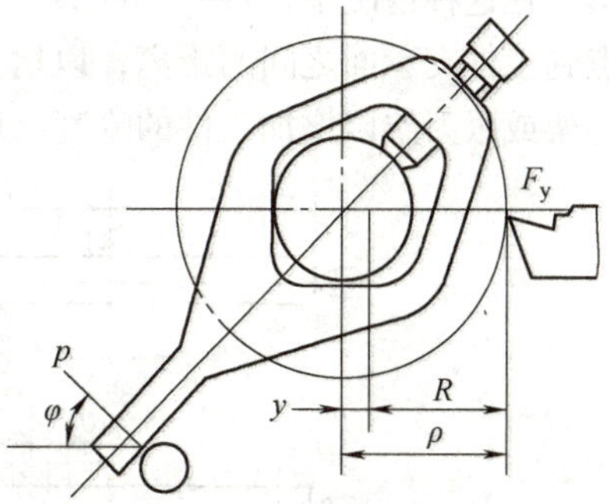

图 6-20　单爪拨盘传动力的影响

2）夹紧力和重力引起的加工误差。被加工工件在装夹过程中，由于刚度较低或着力点不当，都会引起工件的变形，造成加工误差。如图 6-21 所示，加工发动机连杆大头孔时，由于夹紧力着力点不当，使工件产生夹紧变形，造成加工后两孔中心线不平行，以及所加工大孔的轴线与定位端面产生垂直度误差。

在工艺系统中，由于零部件的自重也会引起变形，如龙门铣床，龙门刨床刀架横梁的变形，镗床镗杆下垂变形等，都会造成加工误差。

图 6-22 所示为摇臂钻床的摇臂在主轴箱自重的影响下所产生的变形，造成主轴轴线与工作台不垂直，从而使被加工的孔与定位面也产生垂直度误差。

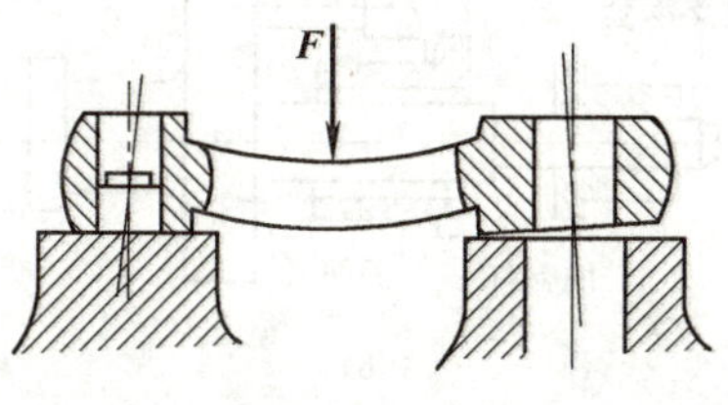

图 6-21　着力点不当引起的加工误差

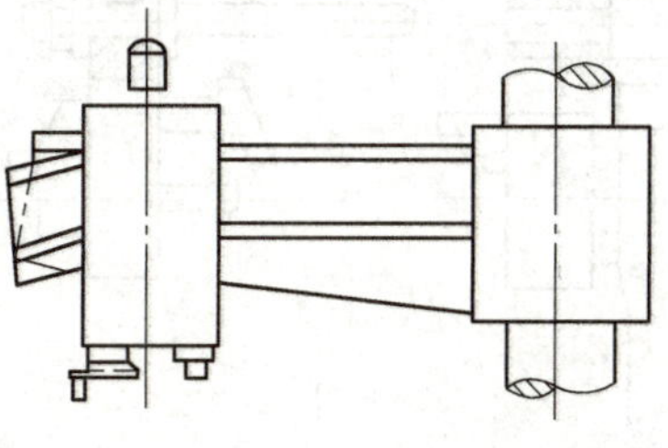

图 6-22　自重所引起的加工误差

2. 减小工艺系统受力变形的措施

减小工艺系统的受力变形，是机械加工中保证质量和提高生产率的主要途径之一。根据

生产实际情况，可采用以下几方面的措施。

（1）提高接触刚度，减小接触变形　一般部件的刚度都是接触刚度低于实体零件的刚度，所以提高接触刚度是提高工艺系统刚度的关键。常用的方法是改善工艺系统主要零件接触表面的配合质量，如机床导轨副的刮研，配研顶尖锥体与主轴和尾座套筒锥孔的配合面，研磨精密零件用的顶尖孔等，都是在实际生产中行之有效的工艺措施。通过刮研和研磨，提高配合面的形状精度，减小表面粗糙度值，使实际接触面积增加，微观表面和局部表面的弹性变形与塑性变形减少，从而有效地提高了接触刚度。

提高接触刚度的另一措施是预加载荷，这样可以消除配合面间的间隙，而且还能使零部件间有较大的实际接触面，减少受力后的变形量。预加载荷法常在各类轴承的调整中使用。

（2）提高工件刚度，减少受力变形　切削力引起的加工误差，往往是由于工件本身刚度不足或工件各个部位刚度不均匀而产生的，特别是加工叉类、细长轴等结构的零件，非常容易变形。在这种情况下，提高工件的刚度就是提高加工精度的关键。其主要措施是缩小切削力作用点到工件支承面之间的距离，以增大工件加工时的刚度。图6-23所示为车削细长轴时采用中心架或跟刀架以增加工件的刚度（图6-23a为采用中心架，图6-23b为采用跟刀架）。

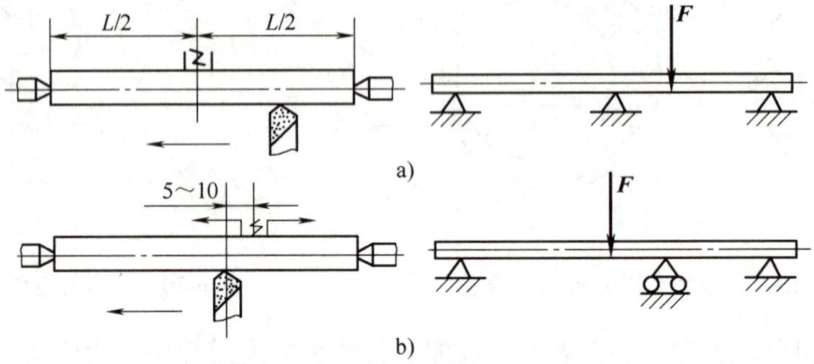

图6-23　增加支承提高工件刚度

（3）提高机床部件刚度，减少受力变形　在切削加工中，有时由于机床部件刚度低而产生变形和振动，影响加工精度和生产率的提高，所以加工时常采用一些辅助装置以提高机床部件的刚度。图6-24a所示为在转塔车床上采用固定导向支承套，图6-24b所示为采用转动支承导向套，并用加强杆与导向套配合以提高机床部件刚度的示例。

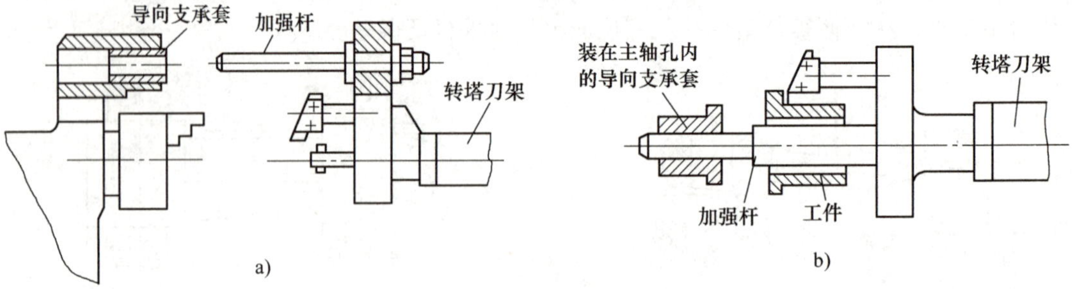

图6-24　提高部件刚度的装置

（4）合理装夹工件，减少夹紧变形　对于薄壁零件的加工，夹紧时必须特别注意选择适当的夹紧方法，否则将会引起很大的形状误差。如加工薄壁套筒时，夹紧前，薄壁套筒内外圆都是正圆，用自定心卡盘夹紧后，套筒由于弹性变形而成为三棱形（见图 6-25a）。镗孔后内孔成正圆形（见图 6-25b）。松开自定心卡盘后，工件由于弹性恢复，使已镗的孔成为三棱形（见图 6-25c）。为减少加工误差，应使夹紧力沿圆周均匀分布，可采用开口过渡环（见图 6-25d）或采用专用卡爪（见图 6-25e）。

3. 工件内应力对加工精度的影响

工件的内应力是指零件在没有外加载荷的情况下，仍然残存在工件内部的应力。具有内应力的工件，处于一种不稳定的状态中，即使在常温状态下内应力也在不断地变化，直至内应力全部消失为止。在内应力变化的过程中，工件可能产生变形，使原有的精度逐渐丧失（严重时会导致产生裂纹）。为了减小或消除内应力对工件加工精度的影响，必须对内应力产生的原因进行研究，以寻求减小或消除内应力的方法。

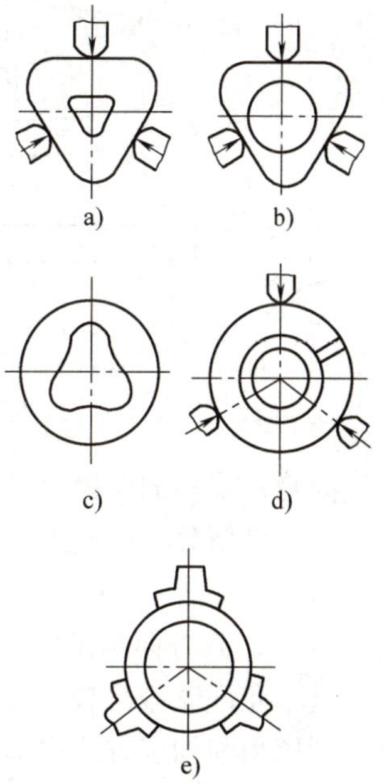

图 6-25　零件夹紧变形引起的加工误差

（1）内应力的产生

1）毛坯制造过程中产生的内应力。在铸、锻、焊等毛坯的生产过程中，由于工件各部分的厚薄不均，冷却速度不均匀而产生内应力。毛坯的结构越复杂，各部分的壁厚越不均匀，散热条件差别越大，则毛坯内部产生的内应力也越大。具有内应力的毛坯在短时间内是看不出什么变化的，内应力暂时处于相对平衡状态。但当条件变化后，这种暂时的平衡状态便被破坏，内应力就要重新分布，工件就明显地出现变形。

图 6-26 所示为一个内外截面厚薄不同的铸件在浇注后的冷却过程中产生内应力的情况。当铸件冷却时，由于壁 1 和壁 2 比较薄，散热较易，所以冷却较快；壁 3 较厚，散热较慢。当壁 1 和壁 2 从塑性状态冷却至弹性状态（约 620℃）时，壁 3 的温度还比较高，尚处于塑性状态。这时，壁 1 和壁 2 冷却收缩时，壁 3 不起牵制作用，铸件内部未产生内应力。但当壁 3 冷却至弹性状态时，壁 1 和壁 2 的温度已降低很多，收缩速度变得很慢，而这时壁 3 收缩较快，就受到了壁 1 和壁 2 的阻碍。此时，壁 3 受到拉应力，而壁 1 和壁 2 则受到了压应力，形成了相对平衡的状态（见图 6-26a）。如果在铸件壁 2 上开一个缺口，则壁 2 的压应力消失，原来的应力相对平衡被破坏，工件的内应力要重新分布，这时在壁 1 和壁 3 的内应力作用下，壁 3 收缩，壁 1 膨胀，工件发生弯曲变形（见图 6-26b），直至内应力重新分布到新的相对平衡为止。

2）冷校直引起的内应力。细长的轴类零件，如光杠、丝杠、曲轴、凸轮轴等在加工和运输中很容易产生弯曲变形，因此，大多在加工中安排冷校直工序，这种方法简单方便，但会带来内应力，引起工件变形而影响加工精度。图 6-27 所示为冷校直和引起内应力的情况。

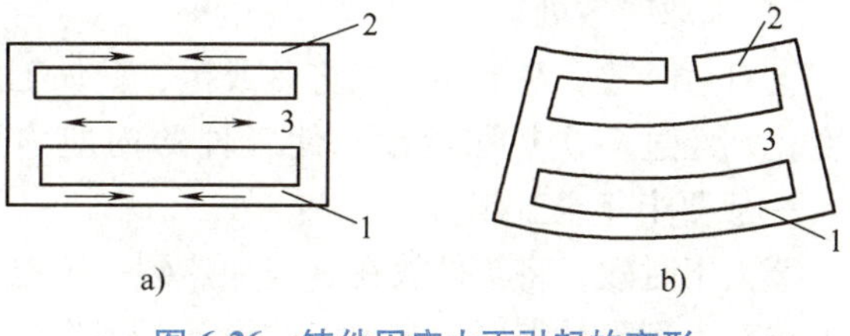

图 6-26　铸件因应力而引起的变形

在弯曲的轴类零件（见图 6-27a）中部施加压力 F，使其产生反弯曲（见图 6-27b），这时，轴的上层 AO 受压力，下层 OD 受拉力，而且使 AB 和 CD 产生塑性变形，为塑性区，内

层 *BO* 和 *CO* 为弹变区（见图 6-27b）。如果外力加得适当，在去除外力后，塑变区的变形将保留下来，而弹变区的变形将全部恢复，应力重新分布，工件就会变形而成为图 6-27c 所示的形状。

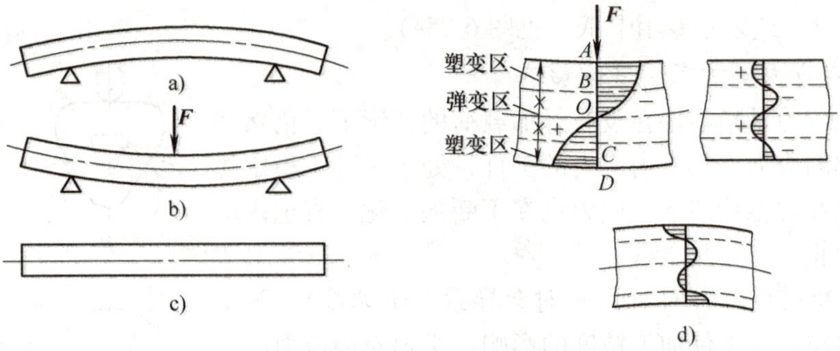

图 6-27　冷校直轴类零件的内应力

但是，零件的冷校直只是处于一种暂时的相对平衡状态，只要外界条件发生变化，就会使内应力重新分布而使工件产生变形。例如，将已冷校直的轴类零件进行加工（如磨削外圆）时，由于外层 *AB*、*CD* 变薄，破坏了原有的应力平衡状态，使工件产生弯曲变形（见图 6-27d），其方向与工件的原始弯曲一致，但其弯曲度有所改善。因此，对于精密零件的加工是不允许安排冷校直工序的。当零件产生弯曲变形时，如果变形较小，可加大加工余量，利用切削加工方法去除其弯曲度，这时要注意切削力的大小，因为这些零件刚度很差，极易受力变形；如果变形较大，则可用热校直的方法以减小内应力，但操作比较麻烦。

3）工件切削时引起的内应力。工件在进行切削加工时，在切削力和摩擦力的作用下，使表层金属产生塑性变形，体积膨胀，受到里层组织的阻碍，故表层产生压应力，里层产生拉应力。此外，切削热也会使工件产生内应力。金属在切削时，如果表层温度超过弹性变形范围，则会产生热塑性变形；切削后，表层温度下降快，冷却收缩也比里层大，当温度降至弹性变形范围内，表层收缩受到里层的阻碍，因而产生拉应力，里层将产生平衡的压应力。

在大多数情况下，热的作用大于力的作用，特别是高速切削、强力切削、磨削等，热的作用占主要地位。磨削加工中，表层拉力严重时会产生裂纹。

（2）减少或消除内应力的措施

1）合理设计零件结构。在设计零件结构时，应尽量缩小零件各部分厚度尺寸的差异，以减少铸、锻毛坯在制造中产生的内应力。

2）采取时效处理。

①自然时效。在毛坯制造之后或粗、精加工之间，让工件停留一段时间，利用温度的自然变化，经过多次热胀冷缩，使工件的内应力逐渐消除。这种方法效果好，但需要时间长（一般要半年至五年）。

②人工时效。将工件放在炉内加热到一定温度，再随炉冷却以达到消除应力的目的。这种方法对大型零件需要一套很大的设备，其投资和能源消耗较大。

3）合理安排工艺过程。安排机械加工工艺时，把粗、精加工分开在不同的工序中进行，使粗加工后的残余应力有一定时间重新分布，以减少对精加工的影响。当加工大型工件时，粗、精加工往往在一道工序中完成，这时应在粗加工后松开工件，让工件自由变形，然后再用较小的夹紧力夹紧工件进行精加工。

6.2.3　工艺系统热变形引起的加工误差

在机械加工过程中，工艺系统在各种热源的影响下，常产生复杂的变形，破坏了工件与刀具的相对位置精度，造成了加工误差。据统计，在某些精密加工中，由于热变形引起的加工误差占总加工误差的 40%~70%。热变形不仅降低了系统的加工精度，而且还影响了加工效率的提高。为了减少热变形的影响，常常需要花费很多时间进行预热或调整机床。特别是高效率、高精度和自动化加工技术的发展，使工艺系统热变形问题更为突出，已成为机械加工技术进一步发展的重要研究课题。

引起工艺系统热变形的热源大致可分为两类：内部热源和外部热源。内部热源包括切削热和摩擦热，外部热源包括环境温度和辐射热。

切削热是由切削过程中，切削层金属的弹性变形和塑性变形，以及刀具与工件、切屑间的摩擦所产生的。它由工件、切屑、刀具、夹具、机床、切削液及周围介质传出。车削加工时，大量的切削热被切屑带走，传入该工件的热量占据 10%~30%，传入该刀具的约占据 10%。孔加工时，由于大量的切屑滞留在孔中，散热条件不好，使大量的切削热传入工件，其热量占 50%以上。磨削加工时，由于切屑很小，带走的热量也少，大约有 80%的热量传给工件，使其加工表面温度达 800~1000℃，这不仅影响工件的加工精度，还会影响加工件的表面质量（脱碳或烧伤）。切削热是刀具和工件热变形的主要热源。

摩擦热主要是机床和液压系统中运动部件产生的，如电动机、轴承、齿轮传动副、导轨副、液压泵、阀等运动部件均会产生摩擦热，这是机床热变形的主要热源。

工艺系统的外部热源，主要是环境温度的变化和热辐射的影响较大，对大型精密工件的加工影响比较显著。

工艺系统受各种热源的影响，其温度会逐渐升高。与此同时，它们也通过各种传热方式向周围散发热量。当单位时间内传入和散发的热量相等时，则认为工艺系统达到了热平衡。图 6-28 所示为一般机床工作时的温度和时间曲线。由图可知，机床开动后温度缓慢升高，经过一段时间温度升至 T_m 便趋于稳定。由开始升温至 T_m 的这一段时间，称为预热阶段。当机床温度达到稳定值后，则被认为处于热平衡阶段，此时温度场处于稳定，其热变形也就处于稳定。处于稳定温度场时引起的加工误差是有规律的，因此精密及大型工件应在工艺系统达到热平衡后进行加工。

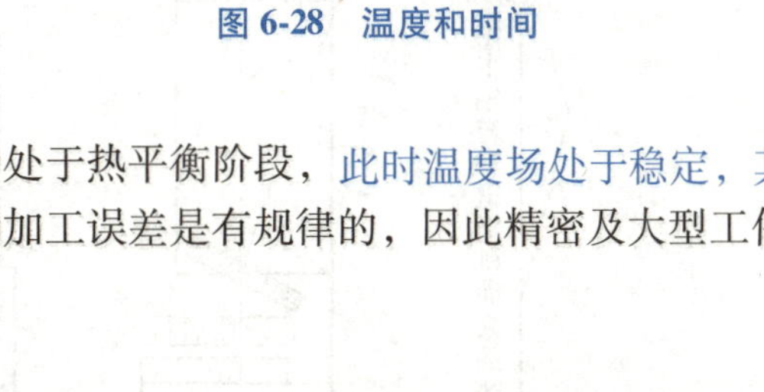

图 6-28　温度和时间

1. 机床热变形引起的加工误差曲线

工艺系统受各种热源的影响，各部分温度会发生变化，由于热源分布的不均匀和机床结构的复杂性，机床各部分将发生不同程度的热变形，破坏了机床原有的几何精度，从而引起了加工误差。

车床类机床的主要热源是主轴箱中的轴承、齿轮、离合器等传动副的摩擦使主轴箱和床身的温度上升，从而造成了机床主轴抬高和倾斜。图 6-29 所示为一台车床在空转时，主轴温升与位移的测量结果。主轴在水平方向的位移只有10μm，而垂直方向的位移却达到180~200μm。这对于刀具水平安装的卧式车床的加工精度影响较小，但对于刀具垂直安装的自动车床和转塔车床来说，对加工精度的影响就不容忽视了。图6-30所示为几种机床热变形的趋势。

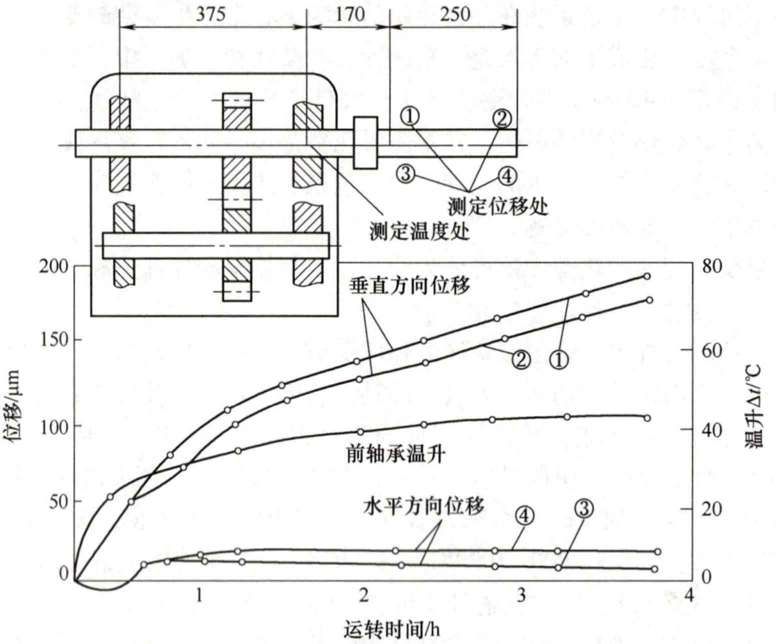

图6-29　车床主轴箱热变形

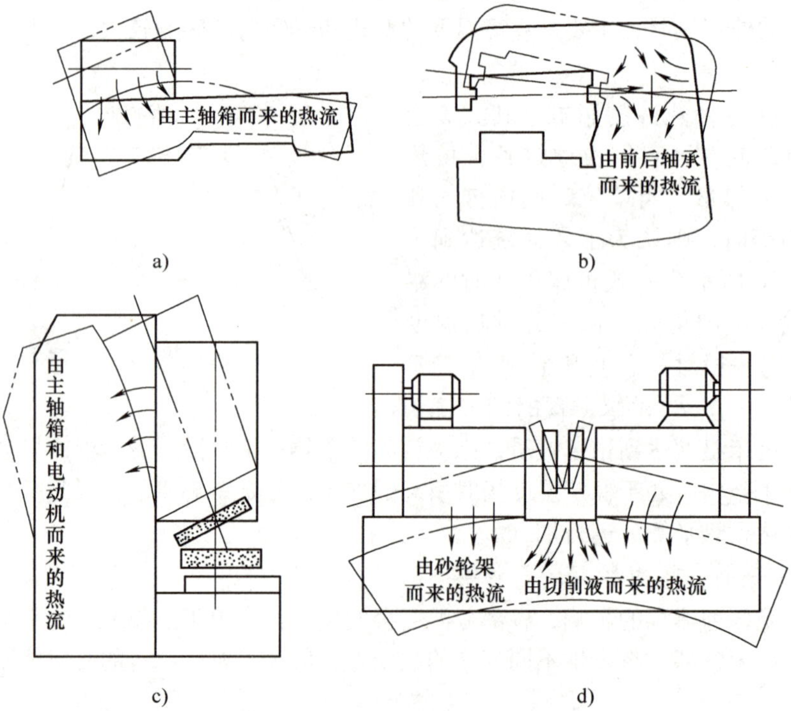

图6-30　几种机床的热变形趋势

a）车床　b）铣床　c）立式平面磨床　d）双端面磨床

2. 工件热变形引起的加工误差

在切削加工中，工件的热变形主要是由切削热引起的，有些大型精密零件同时还受环境温度的影响。由于加工方法、工件材料和结构尺寸等的不同，工件受热变形情况和对加工精度的影响也不同。

轴类零件在车削或磨削时，一般是均匀受热，温度逐渐升高，其直径也逐渐胀大，胀大部分将被刀具切去，待工件冷却后则形成圆柱度和直径尺寸的误差。

细长轴在顶尖间车削时，热变形将使工件伸长，导致工件的弯曲变形，加工后将产生圆柱度误差。

床身导轨面的磨削，由于单面受热，与底面产生温差而引起热变形，使磨出的导轨产生直线度误差。

薄圆环磨削，如图 6-31 所示，虽近似均匀受热，但磨削时磨削热量大，工件质量小，温升高，在夹压处散热条件较好，该处温度较其他部分低，加工完毕工件冷却后，会出现棱圆形的圆度误差。

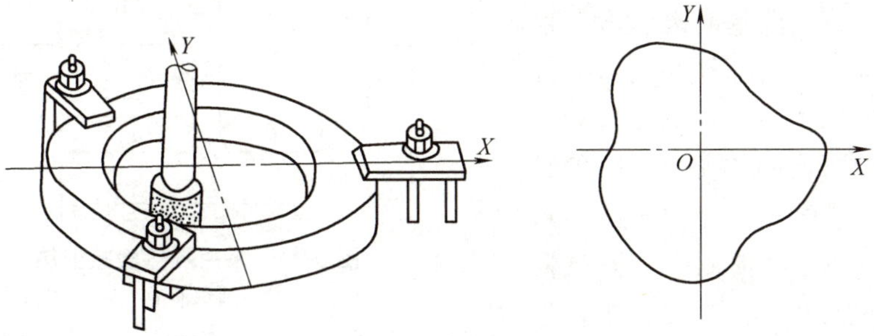

图 6-31　薄圆环磨削时热变形的影响

当粗、精加工时间间隔较短时，粗加工时的热变形将影响到精加工，工件冷却后将产生加工误差。例如，在一台三工位的组合机床上，通过钻—扩—铰孔三个工位顺序加工套件。工件的尺寸为：外径 ϕ40mm，长 40mm，铰孔后内径 ϕ20H7，材料为钢材。钻孔时的切削用量为：$n=310$r/min，$f=0.36$mm/r。钻孔后温升竟达 107℃，接着扩孔和铰孔。当工件冷却后，孔的收缩量已超过精度规定值。因此，在这种情况下，一定要采取措施，否则将出现废品。

应当指出，在加工铜、铝等线膨胀系数较大的有色金属时，其热变形尤其明显，必须引起足够的重视。

3. 刀具热变形引起的加工误差

切削热虽然大部分被切屑带走或传入工件，传到刀具上的热量不多，但因刀具切削部分质量小（体积小），热容量小，所以刀具切削部的温升大。例如，当用高速钢刀具车削时，刃部的温度达 700～800℃，刀具热伸长量可达 0.03～0.05mm，因此对加工精度的影响不容忽略。图 6-32 所示为车削时车刀的

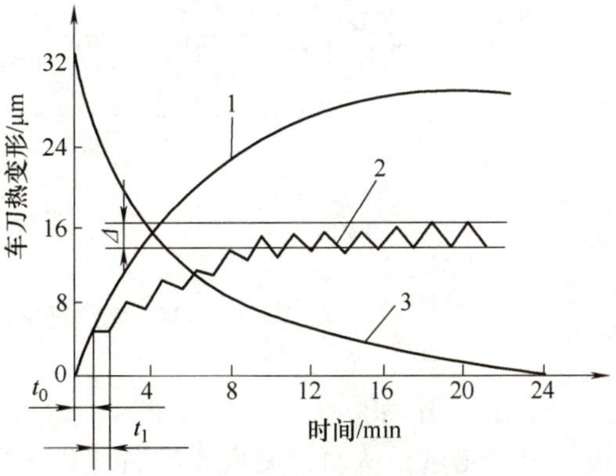

图 6-32　车刀热变形曲线

热变形与切削时间的关系曲线。当车刀连续车削时，车刀变形情况如曲线1所示，经过10~20min即可达到热平衡，此时车刀变形的影响很小；当车刀停止切削后，车刀冷却变形过程如曲线3所示；当车削一批短小轴类零件时，加工过程因装卸工件而时断时续，车刀进行间断切削，热变形在Δ范围内变动，其变形过程如曲线2所示。

4. 减少工艺系统热变形的主要途径

（1）减少发热和隔热　切削中内部热源是机床产生热变形的主要根源。为了减少机床的发热，在新的机床产品中凡是能从主机上分离出去的热源，一般都有分离出去的趋势，如电动机、齿轮箱、液压装置和油箱等已有不少分离出去的实例。对于不能分离出去的热源，如主轴轴承、丝杠副、高速运动的导轨副、摩擦离合器等，可从结构和润滑等方面改善其摩擦特性，减少发热，例如，采用静压轴承、静压导轨、低黏度润滑油、锂基润滑脂等，也可以用隔热材料将发热部件和机床大件分隔开来。图6-33所示为在磨床砂轮架3和滑座6之间加入隔热垫5，使砂轮架上的热传不到滑座中；在快进液压缸7与进给丝杠副9之间使用隔热联轴器8，以防进给液压缸中油温的变化影响丝杠。

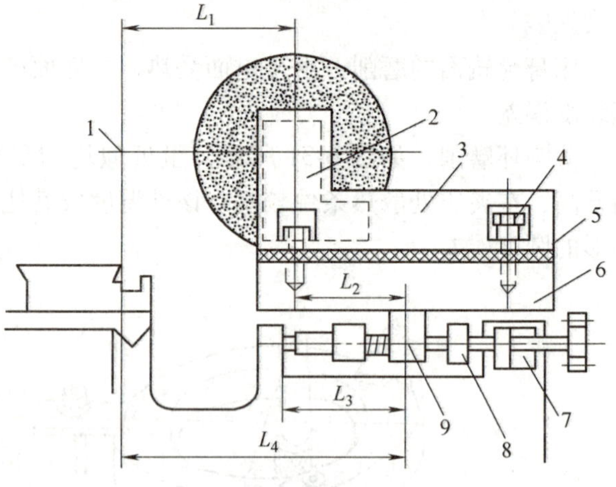

图6-33　采用隔热板减少热变形

1—工件中心　2—轴承油池　3—砂轮架　4—螺钉　5—隔热垫　6—滑座　7—快进液压缸　8—联轴器　9—丝杠副

切削过程中，切屑和切削液也是使工艺系统产生热变形的重要因素。对切削传出的热，可采用及时清除、切削液冷却或在工作台上装隔热板来减少它的影响。精密加工中可采用恒温切削液，如S7450型螺纹磨床采用恒温切削液淋浴工件（见图6-34），机床的空心母丝杠也通过恒温油，以降低工件与母丝杠的温差，提高加工精度的稳定性。

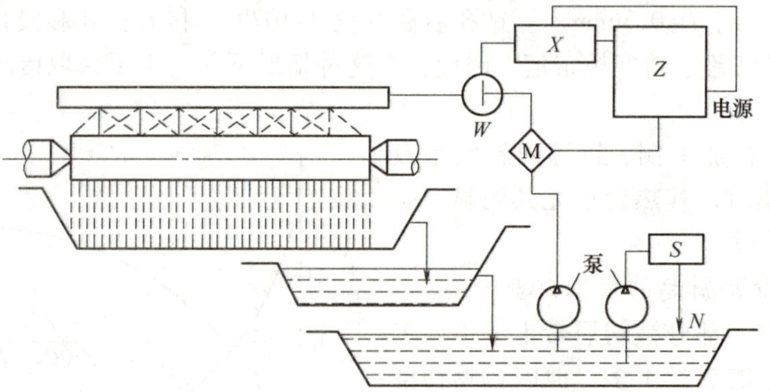

图6-34　螺纹磨床工件淋浴恒温控制系统

（2）加强散热能力　为了消除机床内部热源的影响，可以采用强制冷却的办法，吸收热源发出的热量，从而控制机床的温升和热变形，这是近年来使用较多的一种方法。图6-35所示为一台坐标镗床采用强制冷却的试验曲线。曲线1为没有采用强制冷却时的情况，机床运转 6h 后，主轴中心线到工作台的距离产生了 190μm（垂直方向）的热变形，且尚未达到热平衡。曲线 2 为采用了强制冷却后，上述热变形减小到 15μm，且不到 2h 机床就达到了热平衡，可见强制冷却的效果是非常显著的。

目前，大型数控机床、加工中心都普遍使用冷冻机对润滑油和切削液进行强制冷却，以提高冷却的效果。

（3）用热补偿法减少热变形的影响　单纯地降低温升有时并不能收到满意的效果，可采用热补偿法使机床的温度场比较均匀，从而使机床产生均匀的热变形以减少对加工精度的影响。图 6-36 所示为平面磨床采用热空气加热温升较低的立柱后壁，以减小立柱前后壁的温度差而减少立柱的弯曲变形。图中热空气从电动机风扇排出，通过特设的管道引向防护罩和立柱的后壁空间。采用这种措施后，工件端面平行度误差可降低为原来的 1/3～1/4。

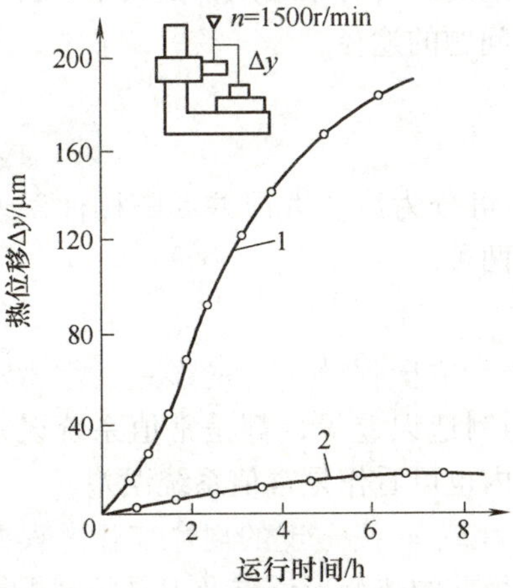

图 6-35　采用强制冷却的试验曲线

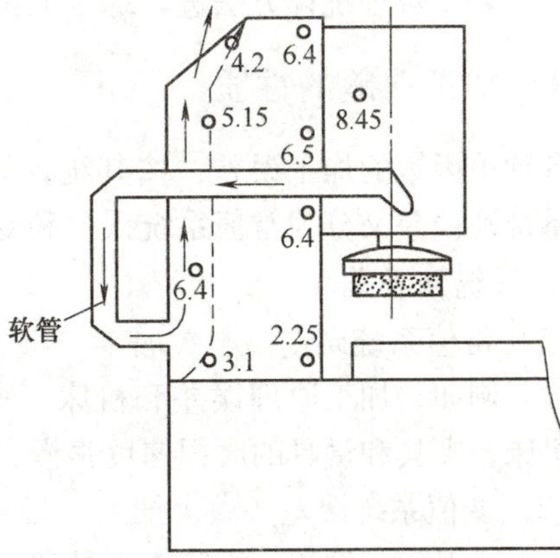

图 6-36　均衡立柱前后壁的温度场

（4）控制温度的变化　环境温度的变化和室内各部分的温差，将使工艺系统产生热变形，从而影响工件的加工精度和测量精度。因此，在加工或测量精密零件时，应控制室温的变化。

精密机床（如精密磨床、坐标镗床、齿轮磨床等）一般安装在恒温车间，以保持其温度的恒定。恒温精度一般控制在±1℃，精密级为±0.5℃，超精密级为±0.01℃。

采用喷油冷却整台机床是一种控制温度变化的先进方法。图 6-37 所示为对机床的喷油冷却示意图，它是将机床及周围的工作地封闭在一个透明的塑料罩内，喷嘴连续对机床的工作区域喷射恒温油液（20℃），油液不仅带走热量，同时

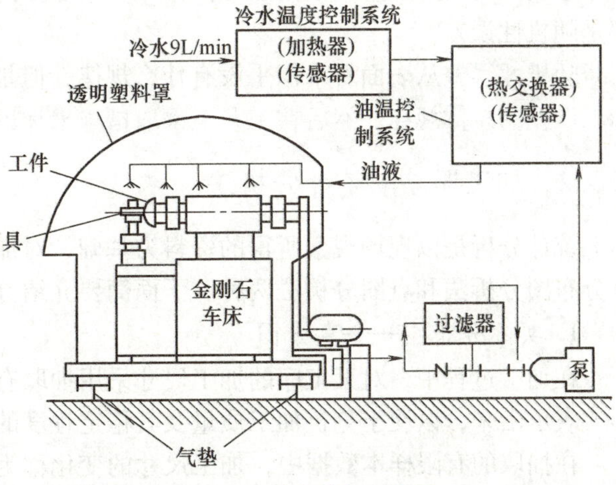

图 6-37　喷油冷却示意图

也带走了切屑和灰尘。油液回收经过滤后输送到热交换器中，温度降至20℃后再继续使用。这种方法可使工作环境温度控制在±0.01℃。

采用机床预热也是一种控制温度变化的方法。由热变形规律可知，热变形影响较大的是在工艺系统升温阶段，当达到热平衡后，热变形趋于稳定，加工精度就容易控制。因此，对精密机床特别是大型精密机床，可在加工前预先开动，高速空转，或人为地在机床的适当部位附设加热源预热，使它达到热平衡后再进行加工。基于同样原因，精密加工机床应尽量避免较长时间的中途停车。

6.3　加工误差的统计分析

生产实际中，影响加工精度的因素往往是错综复杂的，有时很难用单因素来分析其因果关系，而要用数理统计方法进行综合分析来找出解决问题的途径。

6.3.1　加工误差的性质

各种单因素的加工误差，按其统计规律的不同，可分为系统性误差和随机性误差两大类。系统性误差又分为常值系统误差和变值系统误差两种。

1. 系统性误差

（1）常值系统误差　顺次加工一批工件，其大小和方向保持不变的误差，称为常值系统误差。例如，加工原理误差和机床、夹具、刀具的制造误差等，都是常值系统误差。此外，机床、夹具和量具的磨损速度很慢，在一定时间内也可看作是常值系统误差。

（2）变值系统误差　顺次加工一批工件，其大小和方向按一定的规律变化的误差，称为变值系统误差。例如，机床、夹具和刀具等在热平衡前的热变形误差及刀具的磨损等都是变值系统误差。

2. 随机性误差

在加工一批工件中，其大小和方向不同且不规律地变化的加工误差，称为随机性误差。例如，毛坯误差（余量大小不一、硬度不均匀等）的复映、定位误差（基准面精度不一、间隙影响）、夹紧误差（夹紧力大小不一）、多次调整的误差、残余应力引起的变形误差等，都是随机性误差。

随机性误差从表面看来似乎没有什么规律，但是应用数理统计的方法可以找出一批工件加工误差的总体规律，然后在工艺上采取措施来加以控制。

6.3.2　加工误差的统计分析法

统计分析是以现场观察所得的资料为基础，对加工精度进行分析研究的一种方法，主要有分布图分析法和点图分析法两种。下面简要介绍分布图分析法。

1. 实际分布图——直方图

在加工过程中，对某工序的加工尺寸采用抽取有限样本数据进行分析处理，用直方图的形式表示出来，以便于分析加工质量及其稳定程度的方法，称为直方图分析法。

在抽取的有限样本数据中，加工尺寸的变化称为尺寸分散；出现在同一尺寸间隔的零件数目称为频数；频数与该批样本总数之比称为频率；频率与组距（尺寸间隔）之比称为频率密度。

以工件的尺寸（很小的一段尺寸间隔）为横坐标，以频数或频率为纵坐标表示该工序加工尺寸的实际分布图称为直方图，如图 6-38 所示。

直方图上矩形的面积=频率密度×组距(尺寸间隔)= 频率

由于所有各组频率之和等于 100%，故直方图上全部矩形面积之和等于 1。

例如，磨削一批轴径为 $\phi50^{+0.06}_{+0.01}$mm 的工件，表 6-3 为实测后的尺寸，直方图如图 6-38 所示。

表 6-3　轴径误差实测值　　（单位：μm）

44	20	46	32	20	40	52	33	40	25	43	38	40	41	30	36	49	51	38	34
22	46	38	30	42	38	27	49	45	45	38	32	45	48	28	36	52	32	42	38
40	42	38	52	38	36	37	43	28	45	36	50	46	38	30	40	44	34	42	47
22	28	34	30	36	32	35	22	40	35	36	42	46	42	50	40	36	20	16	53
32	46	20	28	46	28	54	18	32	33	26	46	47	36	38	30	49	18	38	38

由图 6-38 可知，该批工件的尺寸分散范围大部分居中，偏大、偏小者较少。

要进一步分析研究该工序的加工精度问题，必须找出频率密度与加工尺寸间的关系，因此，必须研究理论分布曲线，这样将使问题大大简化。

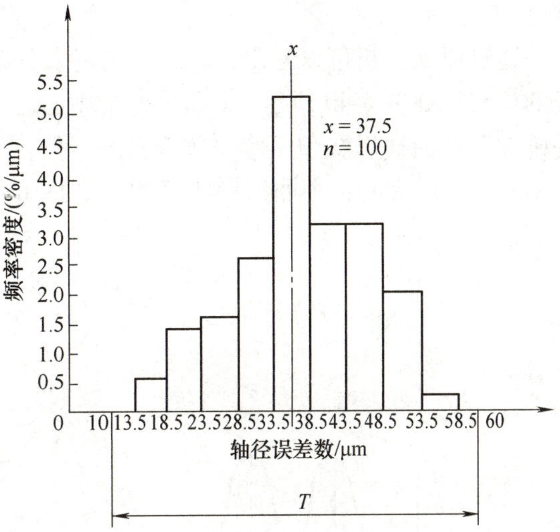

图 6-38　直方图

2. 理论分布图

（1）正态分布曲线　大量的试验、统计和理论分析表明：当一批工件总数极多，加工的误差是由许多相互独立的随机因素引起的，而且这些误差因素中又都没有任何特殊的倾向，其分布是服从正态分布的。这时的分布曲线称为正态分布曲线（即高斯曲线），如图 6-39 所示。其函数表达式为

$$\phi(x) = \frac{1}{\sigma\sqrt{2\pi}} e^{-\frac{1}{2}\left(\frac{x-\bar{x}}{\sigma}\right)^2}$$

式中　$\phi(x)$——分布的概率密度（相当于分布图上的频率密度）；

$\bar{x}$——工件尺寸的平均值；

σ——标准差，$\sigma = \sqrt{\frac{1}{n}\sum_{i=1}^{n}(x_i - \bar{x})^2}$；

n——样本工件的总数。

从正态分布图上可以看出下列特征：

1）曲线以 $x=\bar{x}$ 直线左右对称，靠近 $\bar{x}$ 的工件尺寸出现概率较大，远离 $\bar{x}$ 的工件尺寸概率较小。

2）$\bar{x}$ 所对的正偏差和负偏差，其概率相等。

3）分布曲线与横坐标所围成的面积包括了全部零件数（即100%），故其面积等于1；其中 $x-\bar{x}=\pm3\sigma$（即在 $\bar{x}\pm3\sigma$）范围内的面积占了99.73%，即99.73%的工件尺寸落在 $\pm3\sigma$ 的范围内，仅有0.27%的工件在范围之外（可忽略不计）。因此取正态分布曲线的分布范围为 $\pm3\sigma$。

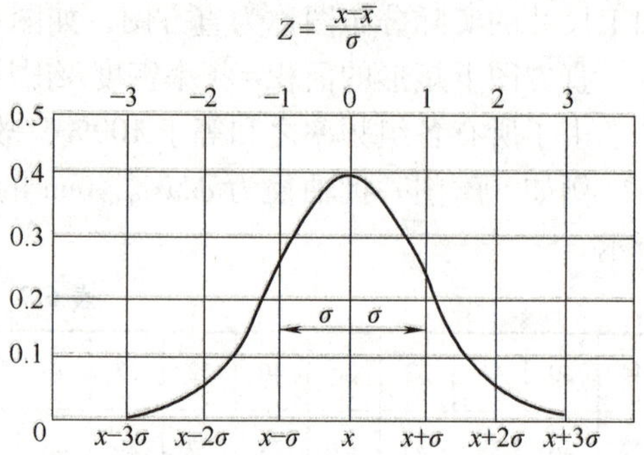

图 6-39　正态分布曲线

$\pm3\sigma$（或 6σ）的概念在研究加工误差时应用很广，是一个重要的概念。6σ 的大小代表某加工方法在一定条件下（如毛坯余量，切削用量，正常的机床、夹具、刀具等）所能达到的加工精度，所以在一般情况下，应该使所选择的加工方法的标准偏差 σ 与公差带宽度 T 之间具有下列关系：

$$6\sigma \leqslant T$$

但考虑到系统误差及其他因素的影响，应当使 6σ 小于公差带宽度 T，方可保证加工精度。

通过以上分析可以看出，$\bar{x}$ 和 σ 是正态分布曲线的两个重要的特征参数。$\bar{x}$ 确定分布曲线的位置，如图6-40所示，$\bar{x}$ 和公差带中心之间的差值 $\Delta_{系常}$ 反映常值系统误差的大小，而 σ 是确定分布曲线形态和尺寸分散范围的参数，如果 $\bar{x}$ 保持不变，当 σ 值减小时，则曲线形状陡峭；σ 值增大时，则曲线形状平坦，如图6-41所示，它反映了随机性误差对工件尺寸的影响。

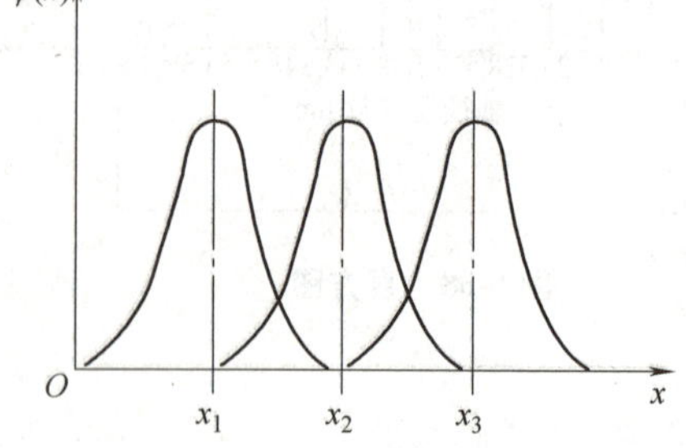

图 6-40　σ 相同，X 对曲线位置的影响

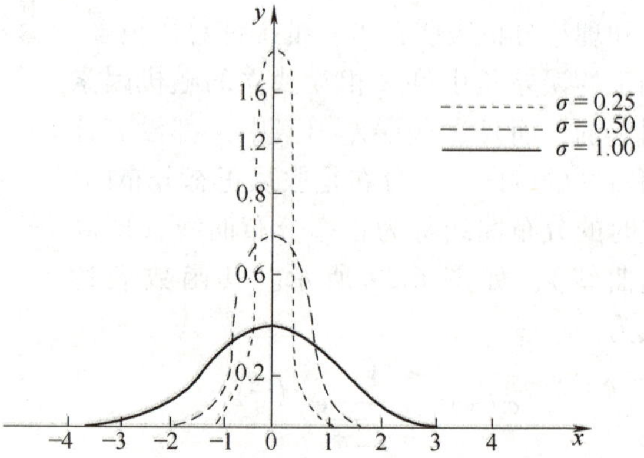

图 6-41　σ 值对分布曲线的影响

（2）非正态分布　工件的实际分布，有时并不接近正态分布。例如，将在两台机床上分别调整加工出的工件混在一起测定，得图6-42所示的双峰曲线。实际上是两组正态分布曲线（如虚线所示）的叠加，也即随机性误差中混入了常值系统误差。每组有各自的分散范围和标准差 σ。

又如，在活塞销贯穿磨削中，如果砂轮磨损较快而没有补偿的话，工件的实际尺寸分布将成平顶分布，如图 6-43 所示。它实质上是正态分布曲线的分散中心在不断地移动，也即在随机性误差中混入变值系统误差。

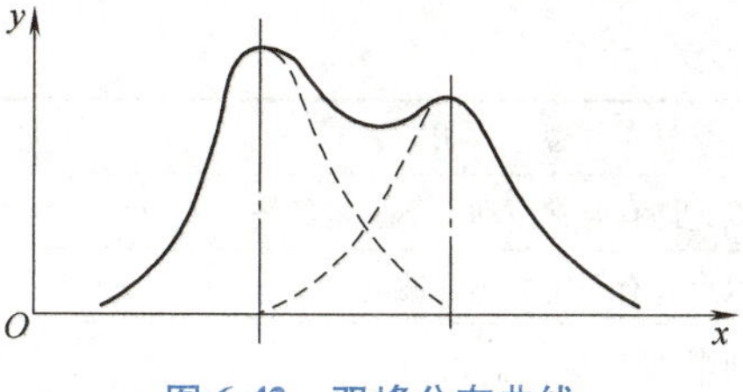

图 6-42 双峰分布曲线

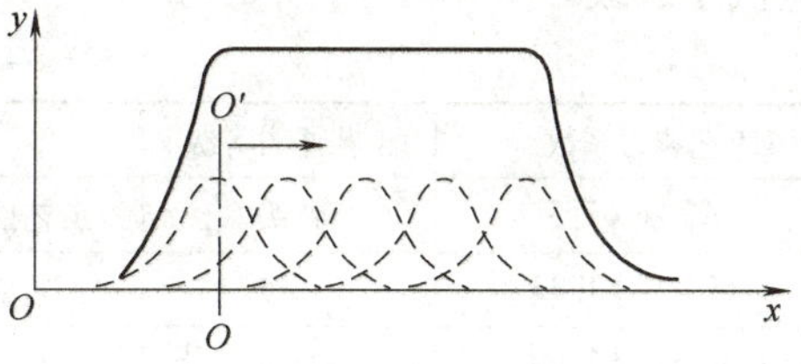

图 6-43 平顶分布曲线

再如，用试切法加工轴径或孔时，由于操作者为了避免产生不可修复的疵品，主观的（而不是随机的）使轴径宁大勿小，使孔径宁小勿大，则它们的尺寸就成为偏态分布，如图 6-44a 所示。当用调整法加工，刀具热变形显著时，也呈偏态分布，如图 6-44b 所示。

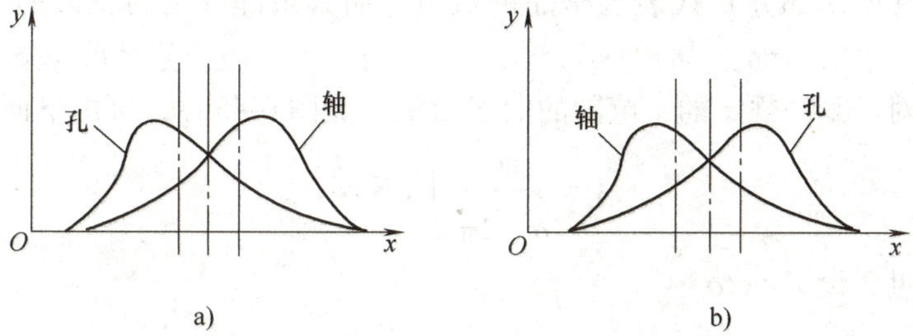

图 6-44 偏态分布

3. 分布图分析法的应用

（1）判别加工误差的性质　如前所述，假如在加工过程中没有变值系统误差，那么其尺寸分布就服从正态分布，这是判断加工误差性质的基本方法。如果实际分布与正态分布基本相符，加工过程中没有变值系统误差（或影响很小），这时就可进一步根据 $\bar{x}$ 是否与公差带中心重合来判断是否存在常值系统误差。如实际分布与正态分布出入较大，可根据直方图初步判断变值系统误差是什么类型。

（2）确定各种加工方法所能达到的精度　由于各种加工方法在随机性因素影响下所得的加工尺寸的分散规律符合正态分布，因而可以在多次统计的基础上，为每一种加工方法求得它的标准偏差 σ 值。然后，按分布范围等于 6σ 的规律，即可确定各种加工方法所能达到的加工精度。

（3）确定工艺能力及其等级　工艺能力即工序处于稳定状态时，加工误差正常波动的幅度。由于加工时误差超出分散范围的概率极小，可以认为不会发生分散范围以外的加工误差，因此可以用该工序的尺寸分散范围来表示工艺能力。当加工尺寸分布接近正态分布时，工艺能力为 6σ。

工艺能力等级是以工艺能力系数来表示的，即工艺能满足加工精度要求的程度。

当工序处于稳定状态时，工艺能力系数 C_P 按下式计算：

$$C_P = T/6\sigma$$

式中　T——工件的尺寸公差。

根据工艺能力系数 C_P 的大小，工艺能力共分为五级，见表6-4。一般情况下，工艺能力不应低于二级。

表6-4　工艺能力等级

工艺能力系数	工艺能力等级	说　明
$C_P>1.67$	特级	工艺能力过高，可以允许有异常波动，不一定经济
$1.67\geqslant C_P>1.33$	一级	工艺能力足够，可以允许有一定的异常波动
$1.33\geqslant C_P>1.00$	二级	工艺能力勉强，必须密切注意
$1.00\geqslant C_P>0.67$	三级	工艺能力不足，可能出现少量不合格品
$C_P\leqslant 0.67$	四级	工艺能力差，必须加以改进

（4）估算疵品率　正态分布曲线与 x 轴之间所包含的面积代表一批零件的总数100%，如果尺寸分散范围大于零件的公差 T，则将有疵品产生。如图6-45所示，在曲线下面至 C、D 两点间的面积（阴影部分）代表合格品的数量，而其余部分则为疵品的数量。当加工外圆表面时，图的左边空白部分为不可修复的疵品，而图的右边部分为可修复的疵品。加工孔时，恰好相反。对于某一规定的 x 范围的曲线面积（见图6-45b），可由下面的积分式求得

$$A=\frac{1}{\sigma\sqrt{2\pi}}\int_0^x \mathrm{e}^{-\frac{x^2}{2\sigma^2}}\mathrm{d}x$$

为了方便起见，设 $Z=x/\sigma$

所以

$$\phi(Z)=\frac{1}{\sqrt{2\pi}}\int_0^x \mathrm{e}^{-\frac{Z^2}{2}}\mathrm{d}Z$$

正态分布曲线的总面积为

$$2\phi(\infty)=\frac{1}{\sqrt{2\pi}}\int_0^\infty \mathrm{e}^{-\frac{Z^2}{2}}\mathrm{d}Z=1$$

在一定的 Z 值时，函数 $\phi(Z)$ 的数值等于加工尺寸在 x 范围的概率。各种不同 Z 值的 $\phi(Z)$ 值可以查阅有关手册。

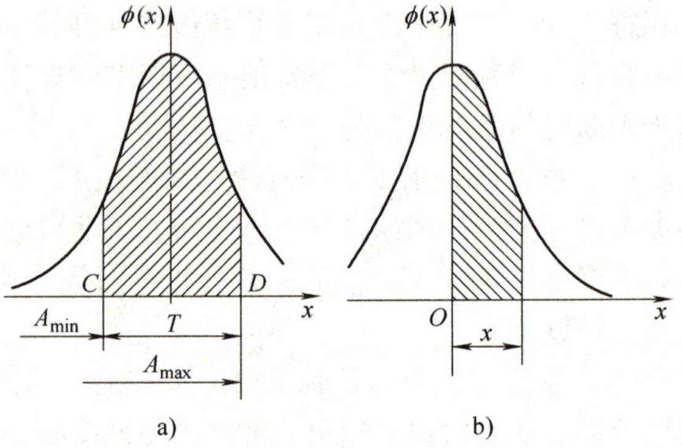

图6-45　利用正态分布曲线估算疵品率

4. 分布图分析法的缺点

用分布图分析加工误差有下列主要缺点：

1）不能反映误差的变化趋势。加工中随机性误差和系统性误差同时存在，由于分析时没有考虑工件加工的先后顺序，故很难把随机性误差与变值系统误差区分开来。

2）由于必须等一批工件加工完毕后，才能得出分布情况，因此不能在加工过程中提供控制精度的资料。

6.4　机械加工表面质量

6.4.1　机械加工表面质量对零件使用性能的影响

在零件的机械加工中，加工表面产生的微观几何形状误差和表面层物理力学性能的变化，虽然只发生在很薄的表面层，但它们都影响机器零件的使用性能，从而进一步影响机器的使用性能和使用寿命。

1. 表面粗糙度的影响

（1）表面粗糙度影响零件的耐磨性　当两个零件的摩擦表面接触时，实际上只有占名义接触面积很小一部分的凸峰顶部接触。在外力作用下，凸峰接触部分就产生了很大的压强，且表面产生弹性变形、塑性变形及剪切现象，即产生了接触面磨损。

（2）表面粗糙度影响零件的配合性质　对于有相对运动要求的配合零件，由于磨损会使零件的尺寸发生变化，影响零件的配合性质。如零件的表面粗糙度选择不当时，会使零件的磨损速度加快，装配时所得到的合理间隙便迅速增大，一台新设备很快就失去正常的工作能力。

（3）表面粗糙度影响零件的疲劳强度　在交变载荷作用下，零件的表面凹凸不平、划痕和裂纹等缺陷会引起应力集中现象，在微观的低凹处的应力易于超过材料的疲劳极限而出现疲劳裂纹。

（4）表面粗糙度影响零件的抗腐蚀性　化学腐蚀是由于在加工表面的凹谷处易积聚腐蚀性介质而产生的化学反应。腐蚀性介质一般在表面凹谷处，特别是在表面裂纹中作用最严重。腐蚀的过程往往是通过凹谷处的微小裂纹向金属层内部进行的，因此，表面粗糙度值越大，就越容易被腐蚀。

2. 表面冷作硬化的影响

机械加工过程中都会产生不同程度的冷作硬化现象，使零件表面层硬度增加，脆性增大，抗冲击的能力下降。冷硬层一般能提高零件的耐磨性和疲劳强度，但并不是冷作硬化程度越高越好。当冷作硬化现象达到一定程度后如果再提高冷作硬化程度，会使零件表面产生裂纹，其耐磨性和疲劳强度反而会下降。因此机械加工中应注意不使其产生过度的冷作硬化。

3. 表面残余应力的影响

加工过程中所产生的表面残余应力，有拉应力和压应力之分。若表面层的残余应力为压应力，则能部分抵消交变载荷施加的拉应力，阻碍和延缓疲劳裂纹的产生或扩大，从而可以提高零件的疲劳强度。若表面层的残余应力为拉应力，则容易使零件在交变载荷作用下产生裂纹，从而大大降低零件的疲劳强度。

6.4.2　影响加工表面质量的工艺因素及提高表面质量的工艺方法

1. 影响加工表面粗糙度的因素

（1）切削加工中影响表面粗糙度的因素及改善的工艺措施　机械加工中，表面粗糙度的决定因素可归纳为两方面：一是几何因素，主要指切削刃和工件相对运动轨迹所形成的残留面积；二是物理因素，主要指加工过程中在工件表面产生的积屑瘤、鳞刺和振动等。

降低表面粗糙度值的工艺措施有如下几个方面：

1）选择合理的切削用量。适当地减少进给量 f、选择合适的切削速度 v 以及合适的切削深度 α_p 均可以降低加工表面粗糙度值。

2）选择适当的刀具几何参数。增大刃倾角 λ_s、减少刀具的主偏角 k_r 和副偏角 k_r' 以及增大刀尖圆弧半径 r_ε 有利于降低表面粗糙度值。

3）改善工件材料的性能。采用热处理工艺以改善工件材料的性能是减小其表面粗糙度值的有效措施。例如，对工件进行正火或回火处理后再加工，工件材料金属组织的晶粒均匀，粒度细，加工时能获得较小的表面粗糙度值。

4）选择合适的切削液。切削液的冷却和润滑作用均对减小加工表面的粗糙度值有利，其中更直接的是润滑作用。如在铰孔时用煤油（对铸铁工件）或用豆油、硫化油（对钢件）作切削液，均可获得较小的表面粗糙度值。

5）选择合适的刀具材料。不同的刀具材料，由于化学成分的不同，在加工时刀面硬度及刀面粗糙度的保持性，刀具材料与被加工材料金属分子的亲合程度，以及刀具前后面与切屑和加工表面间的摩擦系数等均有所不同。实践证明，在相同的切削条件下，用硬质合金刀具加工所获得的表面粗糙度值要比用高速钢刀具的小。

6）防止或减小工艺系统振动。机械加工过程中，在工件和刀具之间常常产生振动。产生振动时，工艺系统的正常切削过程便受到干扰和破坏，从而使零件加工表面出现振纹，降低了零件的加工精度和表面质量。为了减少振动对机械加工表面质量的影响，可采取减小或消除振源的激振力、隔振、提高工艺系统的刚度及增大阻尼等措施。

（2）磨削加工中影响表面粗糙度的因素及其改善的工艺措施　磨削加工表面粗糙度的形成与磨削过程中的几何因素、物理因素和工艺系统振动等有关。从纯几何角度考虑，可以认为在单位加工面积上，由磨粒的刻划和切削作用形成的刻痕数越多、越浅，则表面粗糙度值越小。影响磨削加工表面粗糙度有如下因素：

1）磨削用量。提高砂轮速度 $v_{砂}$、降低工件速度 $v_{工}$、选择较小的磨削深度 α_p 可以使磨后的表面粗糙度值变小。由于磨削深度对加工表面粗糙度有较大的影响，在精密磨削加工的最后几次走刀总是采用较小的磨削深度。

2）砂轮。选择适当粒度的砂轮，对加工表面粗糙度有影响，砂轮越细，磨削表面粗糙度值越小。但砂轮不宜太细，一般磨削所采用的砂轮粒度号都不超过80号，常用的是40~60号；在磨削过程中经常精细修整砂轮工作表面，也有利于降低工件的表面粗糙度值。

此外，切削液的成分和洁净程度、工艺系统的抗振性能等对加工表面粗糙度的影响也很大，也是不容忽视的因素。

2. 影响加工表面物理力学性能的因素

（1）加工表面层的冷作硬化　在切削或磨削加工过程中，若加工表面层产生的塑性变形使晶体间产生剪切滑移，晶格严重扭曲，并产生晶粒的拉长、破碎和纤维化，引起表面层的强度和硬度提高的现象，称为冷作硬化现象。

表面层的硬化程度取决于产生塑性变形的力、变形速度及变形时的温度。力越大，塑性变形越大，产生的硬化程度也越大。变形速度越大，塑性变形越不充分，产生的硬化程度也就相应减小。变形时的温度影响塑性变形程度，温度升高则硬化程度减小。各种加工方法加工钢件后表面层的冷作硬化情况见表 6-5。

表 6-5　各种加工方法形成的表面层的冷作硬化情况

加工方法	冷硬程度 N(%)	冷硬深度 h/μm	加工方法	冷硬程度 N(%)	冷硬深度 h/μm
	平均值	平均值		平均值	平均值
车削	120~150	30~50	滚齿与插齿	160~200	120~150
端铣	140~160	40~100	外圆磨中碳钢	140~160	30~60
圆周铣	120~140	40~80	外圆磨淬硬钢	125~130	20~40
钻孔和扩孔	160~170	180~200	研磨	112~117	3~7

表面层冷作硬化程度受到刀具、切削用量以及被加工材料等多方面因素的影响。为了降低表面层冷作硬化程度，可采取如下措施：

1）合理选择刀具的几何参数，采用较大的前角和后角，并在刃磨时尽量减小其切削刃口圆角半径。

2）使用刀具时，应合理限制其后面的磨损程度。

3）合理选择切削用量，采用较高的切削速度和较小的进给量。

4）加工时采用有效的切削液。

（2）表面层的金相组织变化　机械加工过程中，在加工区由于加工时所消耗的能量绝大部分转化为热能而使加工表面出现温度的升高。当温度升高到超过金相组织变化的临界点时，就会产生金相组织变化。磨削加工切削速度高，切削时产生大量的切削热。这些热量部分由切削带走，很小一部分传入砂轮，若冷却效果不好，则很大一部分将传入工件表面。因此，磨削加工是一种典型的易于出现加工表面金相组织变化的加工方法。

影响磨削加工时金相组织变化的因素有工件材料、磨削温度、温度梯度及冷却速度等。当磨削淬火钢时，若磨削区温度超过马氏体转变温度而未超过其相变临界温度，则工件表面原来的马氏体组织将产生回火现象，转化成硬度降低的回火组织（索氏体或贝氏体），称为回火烧伤；若磨削区温度超过相变临界温度，由于切削液的急冷作用，使工件表面最外层会出现二次淬火的马氏体，而其下层因冷却速度较慢仍为硬度降低的回火组织，称为淬火烧伤。若不用切削液，进行干磨时超过相变的临界温度，由于工件冷却速度较慢使磨削后表面硬度急剧下降，则产生了退火烧伤。

此外，对一些高合金钢，如轴承钢、高速工具钢、镍铬钢等，由于其传热性能特别差，在不能得到充分冷却时，常易出现相当程度的金相组织变化，并伴随出现极大的表面残余拉应力，甚至产生裂纹。零件加工表面层的烧伤和裂纹将使它的作用性能大幅度下降，使用性能也可能数倍、数十倍地下降，甚至根本不能使用。

（3）表面层的残余应力　工件经机械加工后，其表面层都存在残余应力。残余压应力可提高工件表面的耐磨性和受拉应力时的疲劳强度，残余拉应力的作用正好相反。若拉应力值超过工件材料的疲劳强度极限时，则使工件表面产生裂纹，加速工件的损坏。引起残余应力的原因有下面三个方面：

1）冷态塑性变形引起的残余应力。工件经机械加工后，已加工表面受到强烈的冷塑性变形，其中以刀具后面对已加工表面的挤压和摩擦产生的塑性变形最为突出，此时基体金属受到影响而处于弹性变形状态。切削力去除后，基体金属趋向恢复，但受到已产生塑性变形的表面层的限制，恢复不到原状，因而在表面层产生了残余压应力。

2）热态塑性变形引起的残余应力。工作加工表面在切削热作用下产生热膨胀，此时基体金属温度较低，因此表面产生热压应力。当切削过程结束时，表面温度下降，由于表层已产生热塑性变形并受到基体的限制，故而产生残余拉应力。切削温度越高，热塑性变形越大，残余拉应力也越大，有时甚至产生裂纹。磨削时产生的热塑性变形比较明显。

3）金相组织变化引起的残余应力。切削时产生的高温会引起表面层的金相组织变化。不同的金相组织有不同的密度，马氏体密度$\rho_{马}=7.75g/cm^3$，奥氏体密度$\rho_{奥}=7.96g/cm^3$，铁素体密度$\rho_{铁}=7.88g/cm^3$。以淬火钢磨削为例，淬火钢原来的组织中为马氏体，磨削加工后，表层可能产生回火，马氏体变为接近珠光体的贝氏体或索氏体，密度增大而体积减小，产生残余拉应力。如果表面温度超过Ac_3线，冷却又充分，表面层的残余奥氏体转变为马氏体，体积膨胀，产生残余压应力。

（4）减小残余拉应力、防止表面烧伤和裂纹的工艺措施　当零件表面具有残余拉应力时，其疲劳强度会下降，为此，应尽可能在机械加工中避免或减小残余拉应力。在磨削加工过程中，产生残余拉应力、烧伤和裂纹的主要原因是磨削区的温度过高。为降低磨削区温度，可从减少磨削热的产生和加速磨削热的传出这两条途径入手，其具体措施如下：

1）合理选择磨削用量。减小磨削深度可以减少工件表面的温度，故有利于减轻烧伤。增加工件速度和进给量，由于热源作用时间减少，使金相组织来不及变化，因而也能减轻烧伤，但会导致表面粗糙度值增大。一般采用提高砂轮速度和较宽砂轮来弥补。

2）合理选择砂轮并及时修整。若砂轮的粒度越细、硬度越高时自砺性差，则磨削温度也升高。砂轮组织状态紧密时，磨屑堵塞砂轮，易出现烧伤。

砂轮钝化时，大多数磨粒只在加工表面挤压和摩擦而不起切削作用，使磨削温度升高，故应及时修整砂轮。

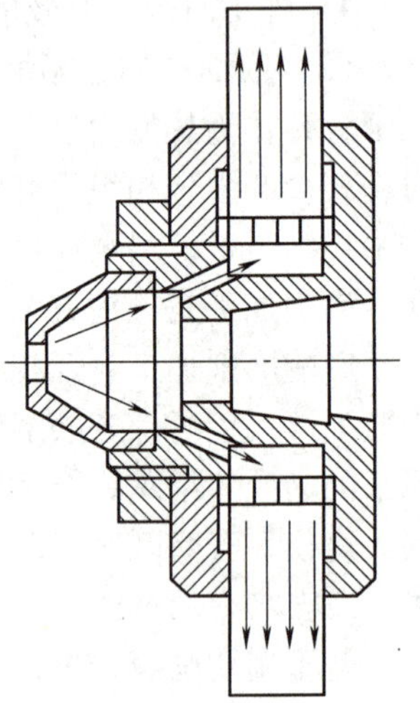

图6-46　内冷却砂轮结构

3）改善冷却方法。采用切削液可带走磨削区的热量，避免烧伤。常用的冷却效果较差，由于砂轮高速旋转时，圆周方向产生强大气流，使切削液很难进入磨削区，因此不能有效地降温。为改善冷却方法，可采用图6-46所示的内冷却砂轮。切削液从中心通入，靠离心力作用，通过砂轮内部的空隙从砂轮四周的边缘甩出，因此切削液可直接进入磨削区，冷却效果甚好，但必须采用特制的多孔砂轮，并要求切削液经过仔细过滤以免堵塞砂轮。

习　题

6-1　试述主轴回转精度对加工精度的影响。

6-2　车床床身在垂直平面内与水平平面内的直线度对车削内外圆表面的加工误差有什么影响？各影响程度有什么不同？

6-3　试分析在车床加工时，产生下述误差的原因？

1）在自定心卡盘上镗孔时，引起内孔与外圆不同轴，端面与外圆不垂直（见图 6-47）。

2）试分析在车床上镗锥孔或钻锥孔时，由于刀尖装得高于或低于工件轴线，将会引起什么样的误差。

6-4　加工误差根据它的统计规律可分为哪些类型？各有何特点？试举例说明。

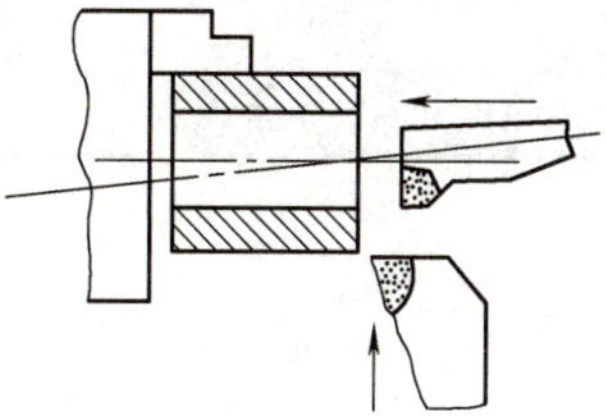

图　6-47

6-5　工件产生残余应力的主要原因有哪几方面？为了减小残余应力的影响，在工艺方面应采取哪些措施？

6-6　正态分布曲线有何特点？如何根据这些特点去分析加工精度？

6-7　在切削加工中，减小工件表面粗糙度值的工艺措施有哪些？

6-8　在磨削加工中，造成工件表面烧伤的原因是什么？应如何防止？

第 7 章

机械装配基础

机器装配是机器制造过程中的最后工艺环节，它将最终保证机械产品的质量。如装配工艺制订不合理，即使机器所有零件都合乎质量要求，也不能装配出合格产品。不同生产类型的产品，只有选择适当的装配方法，才能高效率、高质量、低成本地完成装配任务。

7.1 机械装配概述

1. 装配的概念

任何机器都是由若干零件、组件和部件组成。按规定的技术要求，将零件、组件和部件进行接合，使之成为半成品或成品的工艺过程称为装配。把零件、组件装配成部件的过程称为部件装配，零件、组件和部件装配成为最终产品的过程称为总装配。

装配是机械制造过程中的最后一个阶段。为了使产品达到规定的技术要求。装配不仅是零件、组件、部件的装配与连接等过程，还应包括调整、检验、试验、油漆和包装等工作。

机器的质量是以机器的工作性能、使用效果、可靠性和寿命等综合指标评定的。这些指标除与产品结构设计和材质选择的正确性有关外，还取决于零件的制造质量（包括加工精度、表面质量和热处理性能等）和机器的装配质量。机器的质量最终是通过装配质量来保证的，若装配工艺不当，即使零件的制造质量都合格，也不一定能够装出合格的产品。反之，零件的制造质量不十分良好，只要在装配中采取合适的工艺措施，也能使产品达到规定的技术要求。因此，装配工艺对保证机器的质量起着十分重要的作用。

目前，在多数工厂中，装配的大部分工作靠手工劳动完成，所以，选择合适的装配方法，制订合理的装配工艺规程，不仅是保证机器装配质量的手段，也是提高产品生产效率、降低制造成本的有力措施。

2. 装配工作的基本内容

（1）清洗　机械产品一般都比较精细，其精度要求都在毫米以下。任何微小的脏物、杂质都会影响产品的质量，尤其是对于轴承、密封件、精密偶件、相互接触或相互配合的表面以及有特殊清洗要求的零件，稍有杂物就会影响产品的质量。所以，装配前对零件进行清洗是非常重要的一环。

零件的清洗方法有擦洗、浸洗、喷洗和超声波清洗等。清洗液一般用煤油、汽油、碱液及各种化学清洗液。清洗工艺的要点就是根据工件的清洗要求、工件的材料、生产批量的大小及油污、杂质的性质和粘附情况，正确选择清洗方法、清洗液和清洗时的温度、压力、时间等参数。此外，还应注意使清洗过的零件具有一定的防锈能力。

（2）连接　将两个或两个以上的零件结合在一起的工作称为连接。连接方式一般有可拆卸和不可拆卸两种。

可拆卸连接在装配后可以很容易拆卸而不致损坏任何零件，且拆卸后仍可重新装配在一起。常见的可拆卸连接有螺纹连接、键连接和销连接等。

不可拆卸连接在装配后一般不再拆卸，如果拆卸会损坏其中的某些零件。常见的不可拆卸连接有焊接、铆接和过盈连接等。

（3）校正、调整与配作　在产品的装配过程中，尤其是在单件小批量生产的情况下，某些装配精度并非是把有关零件直接连接起来就能达到要求，还需要进行校正、调整或配作才行。

校正是指产品中相关零、部件间相互位置的找正，找平并通过各种调整方法以保证达到装配精度要求。

调整就是调节相关零件的相互位置，除配合校正所做的调整之外，还有各运动副间的间隙，如轴承间隙、导轨间隙、齿轮齿条间隙等的调整。

配作是指配钻、配铰、配刮、配磨等在装配过程中所附加的一些钳工和机加工工作。对于连接两零件的销钉孔，必须待两零件的相互位置找正后再一起钻铰销钉孔，然后打入定位销钉，这样才能确保其相互位置正确。

（4）平衡　对于转速高、运动平稳性要求高的机器（如精密磨床、内燃机、电动机等），为了防止在使用的过程中因旋转件质量不平衡产生的离心惯性力而引起振动，装配时必须对有关旋转零件进行平衡，必要时还要对整机进行平衡。

平衡的方法分为静平衡和动平衡，对于长度比直径小很多的圆盘类零件，一般采用静平衡；而对于长度较大的零件，如机床主轴、电动机转子等则要用动平衡。

对旋转体的不平衡量可采用下述方法纠正：①用钻、铣、磨、锉、刮等方法去除质量；②用补焊、铆接、胶接、喷涂、螺纹连接等方式加配质量；③在预设的平衡槽内改变平衡块的位置和数量（如砂轮的静平衡）。

（5）验收试验　产品装配好后应根据其质量验收标准进行全面的验收试验，各项验收指标合格后才能涂装、包装、出厂。产品不同，其验收技术标准也不同，验收试验的方法也就不同。

除上述装配工作外，油漆、包装等也属于装配工作。

3. 装配的组织形式

在装配过程中，应根据产品的结构特点、装配要求、产量大小等因素合理确定装配的组织形式。装配工作组织得好坏对装配效率的高低、装配周期的长短均大有影响。

（1）固定式装配　固定式装配即产品固定在某一工作地装配。装配时产品不移动，对时间的限制较松，校正、调整、配作较方便，但产品装配周期较长，效率较低，工人的技术要求也较高。它一般用于单件小批生产的产品、装配精度要求很高的产品以及重型而不便移动的产品装配。

（2）移动式装配　移动式装配，是将产品或部件置于装配线上，通过连续或间歇的移动使其顺次经过各装配工作地以完成全部装配工作，有固定节奏和自由节奏两种方式。

移动式装配的特点是较细地划分装配工序，广泛采用专用设备及工装，生产率高，对工人技术水平要求较低，质量容易保证，多用于大批大量生产。

4. 装配精度

装配精度是装配工艺的质量指标，可根据机器的工作性能来确定。正确地规定机器和部件的装配精度是产品设计的重要环节之一，不仅关系到产品质量，也影响产品制造的经济性。装配精度是制订装配工艺规程的主要依据，也是选择合理的装配方法和确定零件加工精度的依据。所以，应正确规定机器的装配精度。

对于一些标准化、通用化和系列化的产品，如通用机床和减速器等，它们的装配精度可根据国家标准、部门标准或行业标准来制订。

对于没有标准可循的产品，其装配精度可根据用户的使用要求，参照经过实践考验过的类似部件或产品的已有数据，采用类比法确定。

对于一些重要的产品，其装配精度经过分析计算和研究后才能确定。

归纳起来，装配精度包括零部件间的配合精度和接触精度、距离精度、位置精度和相对运动精度等。

（1）零部件间的配合精度和接触精度　零部件间的配合精度是指配合面间达到规定的间隙或过盈的要求，它影响配合性质和配合质量。例如：轴和孔的配合间隙或配合过盈的变化范围。

零部件间的接触精度是指配合表面、接触表面和连接表面达到规定的接触面积与接触点的分布情况。它影响接触刚度和配合质量，如导轨接触面、锥体配合和齿轮啮合处等，均有接触要求。

（2）距离精度　距离精度是指相关的零部件的距离尺寸精度，如车床主轴与尾座的等高性精度、钻模夹具中钻套孔中心到定位元件工作面的距离尺寸等。此外，距离精度还包括配合面之间的配合间隙或过盈量、运动副的间隙要求（如导轨间隙、齿侧间隙）等。

（3）相互位置精度　装配中的相互位置精度是指相关零部件的平行度、垂直度、同轴度及各种跳动等。例如台式钻床主轴轴线对工作台台面的垂直度、车床主轴的径向圆跳动等。

（4）相对运动精度　相对运动精度指相对运动的零部件在运动方向和运动速度上的精度。运动方向上的精度主要是产品相对运动部件之间的平行度、垂直度等，如牛头刨床滑枕往复直线运动对工作台面的平行度、车床主轴轴线对床鞍移动的平行度等。运动速度上的精度是指内传动链的传动精度，即内传动链首末两端件的实际运动速度关系与理论值的符合程度。

5. 装配精度与零件精度的关系

机械及其部件都是由零件组成的，装配精度与相关零、部件制造误差的累积有关。显然，装配精度取决于零件，特别是关键零件的加工精度。例如卧式车床尾座移动对床鞍移动的平行度，主要取决于床身导轨 A 与 B 的平行度（见图7-1）；又如车床主轴锥孔轴线和尾座套筒锥孔轴线的等高度（A_0），主要取决于主轴箱、尾座及座板的 A_1、A_2 及 A_3 的尺寸精度（见图7-2）。

另一方面，装配精度又取决于装配方法。对于装配精度要求较高的，如果完全靠相关零件的制造精度来直接保证，则零件的加工精度要求将会很高，给加工带来较大困难。在生产中，常按经济精度来加工相关零部件，而在装配时则采用一定的工艺措施（如选择、修配和调整等），从而用不同的装配方法来保证装配精度。例如，车床主轴锥孔轴线与尾座套筒锥孔轴线的等高度（A_0）要求（见图7-2）很高（0.06mm），而要使主轴箱1、尾座2及尾

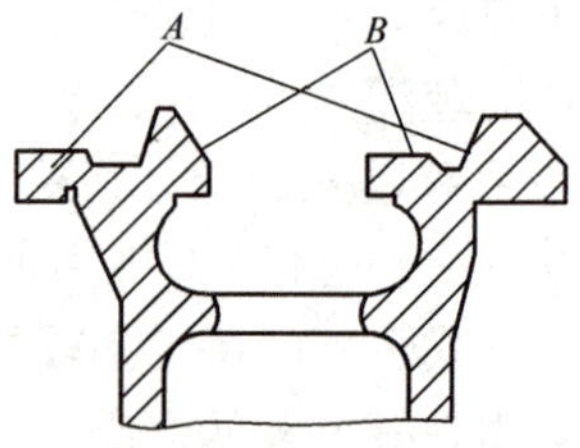

图7-1　尾座对床鞍的移动精度由床身导轨单件保证

A—溜板移动导轨　B—尾座移动导轨

座底板 3 的有关尺寸 A_1、A_3、A_2 的误差累积不大于 0.06mm 却很难，也很不经济。此时，可通过在装配时适当地修配尾座底板 3 来保证装配精度。这样做虽然增加了装配的劳动量，但从整个产品制造的全局分析，仍是经济可行的。

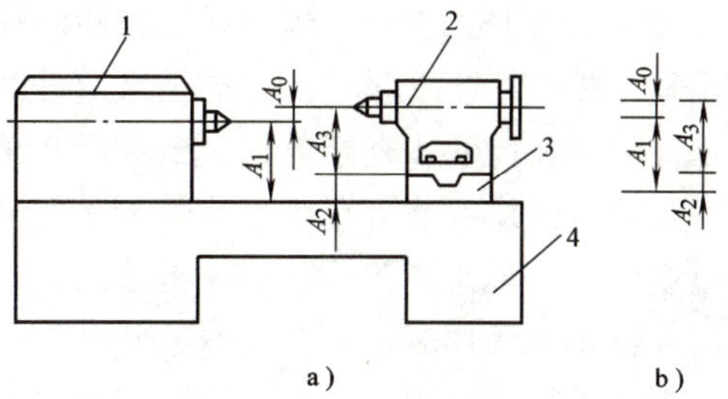

图 7-2　主轴与尾座套筒锥孔轴线等高度

1—主轴箱　2—尾座　3—尾座底板　4—床身

因此，一个产品的质量好坏取决于三个方面：一是产品结构设计的正确性，二是组成零件的加工质量，三是装配质量。零件的加工精度是保证装配精度的基础，而装配精度并不完全依赖于零件的加工精度，产品质量最终要通过装配工艺来保证。为保证机械的装配精度，应从产品结构、机械加工及装配等方面进行综合考虑，选择适当的装配方法并合理地确定零件的加工精度。而装配尺寸链分析是进行综合分析的有效手段。

7.2　装配尺寸链

1. 装配尺寸链的基本概念

产品或部件的装配精度与构成产品或部件的零件精度有着密切关系。为了定量地分析这种关系，将尺寸链的基本理论用于装配过程，即可建立起装配尺寸链。装配尺寸链是产品或部件在装配过程中，由相关零件的尺寸或位置关系所组成的封闭的尺寸系统，即由一个封闭环和若干个与封闭环关系密切的组成环组成。将尺寸链画出来就成了尺寸链简图。装配尺寸链虽然起源于产品设计中，但应用装配尺寸链原理可以指导制订装配工艺，合理安排装配工序，解决装配中的质量问题，分析产品结构的合理性等。

装配尺寸链是尺寸链的一种。它与一般尺寸链相比，除有共同的特点外，还具有如下独特的特点：

1）装配尺寸链的封闭环一定是机器产品或部件的某项装配精度，因此，装配尺寸链的封闭环是十分明显的。

2）装配精度只有机械产品装配后才能测量。因此，封闭环只有在装配后才能形成，不具有独立性。

3）装配尺寸链中的各组成环不是仅在一个零件上的尺寸，而是在几个零件或部件之间与装配精度有关的尺寸。

2. 装配尺寸链的建立

装配尺寸链的建立是在装配图上，根据装配图精度的要求，找出与该项装配精度有关的零件及其有关的尺寸，按照封闭与环数最少的原则去组成尺寸链。其步骤是确定封闭环、查找组成环和画出尺寸链图，如图 7-3 所示。

（1）封闭环的确定　在装配尺寸链中，封闭环定义为装配过程最后形成的那个尺寸环。而装配精度是装配后所得到的尺寸环，所以装配精度即封闭环。如图 7-3 所示，传动轴在两个滑动轴承中转动，为避免轴端和齿轮端面与滑动轴承端面的摩擦，因此在轴向要有一定的间隙。这一间隙是装配过程最后形成的一环，也是装配精度的要求，所以它是封闭环 A_0。

（2）组成环的查找　组成环的查找就是要找出相关零件及其相关尺寸。其方法是从封闭环出发，按逆时针或顺时针方向依次寻找相邻零件的相关尺寸，直至返回到封闭环。值得注意的是：并不是所有相邻零件相关尺寸都是组成环，例如图 7-3 中零件箱盖及其尺寸对间隙 A_0 并无影响，所以它不是组成环。

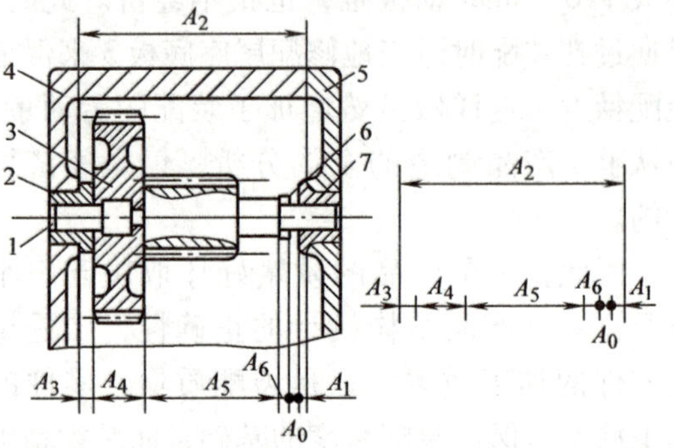

图 7-3　某齿轮箱的装配尺寸链

1—齿轮轴　2—左轴承　3—大齿轮　4—传动箱体　5—箱盖　6—垫圈　7—右轴承

在装配尺寸链中，由于零件是组成机器的最小单元，如果在一个零件上出现两个尺寸为组成环，则该零件上就有工艺尺寸链的问题，这时应先解工艺尺寸链，将所得到的封闭环再进入装配尺寸链，例如图 7-3 中的组成环 A_5。当然，某一零件某一尺寸也可能是该零件工艺尺寸链的封闭环，例如图 7-3中轴承座的尺寸 A_1、A_3 等。

3. 画出尺寸链图

画尺寸链图时，应以封闭环为基准，从其尺寸的一端出发，一一把组成环的尺寸连接起来，直到封闭环尺寸的另一端为止，这就是封闭的原则。

画出尺寸链图后，便可容易地判断出哪些组成环是增环，哪些组成环是减环。增、减环的判别原则是：当其他组成环尺寸不变时，该组成环的尺寸增加使封闭的尺寸也增加的为增环；该组成环的尺寸增加使封闭环的尺寸减小的为减环。

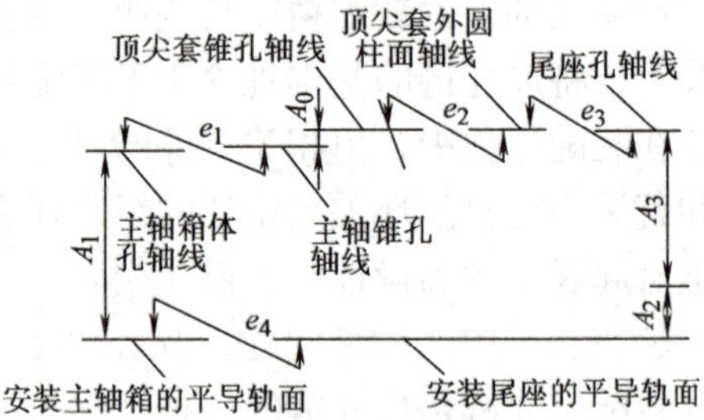

图 7-4　车床主轴与尾座套筒轴线等高装配尺寸链

在建立装配尺寸链时应注意以下原则：

（1）简化原则　建立装配尺寸链时，在保证装配精度的前提下，可忽略那些影响较小的次要因素，以使装配尺寸链的组成环适当简化。

例如，图 7-2a 所示为车床主轴与尾座中心线等高示意图。影响该项装配精度的因素如下（见图 7-4）：

A_1——主轴锥孔轴线至床身平导轨距离；

A_2——尾座底板厚度；

A_3——尾座顶尖套锥孔轴线至尾座底板距离；

e_1——主轴滚动轴承外圈的外圆与内圈的内孔的同轴度误差；

e_2——尾座顶尖套锥孔与外圆同轴度误差；

e_3——尾座顶尖套与尾座孔配合间隙引起的向下偏移量；

e_4——床身上安装主轴箱和尾座的平导轨间的高度差；

由于 e_1、e_2、e_3、e_4 的数值相对 A_1、A_2、A_3 的误差值小得多，故装配尺寸链可简化为图 7-2b 所示的结果。但在精密装配中，应计入对装配精度有影响的所有因素，不可随意简化。

（2）最短路线原则　在组成装配尺寸链的有关零件中，应使每个零件以最少数量的尺寸参加尺寸链。对于线性尺寸链来说，应是每个零件只能有一个尺寸参加装配尺寸链。参加了装配尺寸链的尺寸就是该零件的设计尺寸，在标注零件尺寸时，应直接标出该尺寸。

（3）精度原则　当装配精度要求高时，组成环中除了长度尺寸环外，还会有几何公差环和配合间隙环。

（4）方向性原则　在同一装配结构中，当不同的位置方向都有装配精度要求时，应按不同方向分别建立装配尺寸链。例如图 7-5 所示的蜗杆副传动结构，为保证正确啮合要同时保证蜗杆轴线与蜗轮中间平面的重合精度 A_0、蜗杆副两轴线间的距离精度 B_0 和蜗杆副两轴线间的垂直度精度 C_0，这是三个不同位置方向的装配精度，因而需要在三个不同方向分别建立尺寸链。

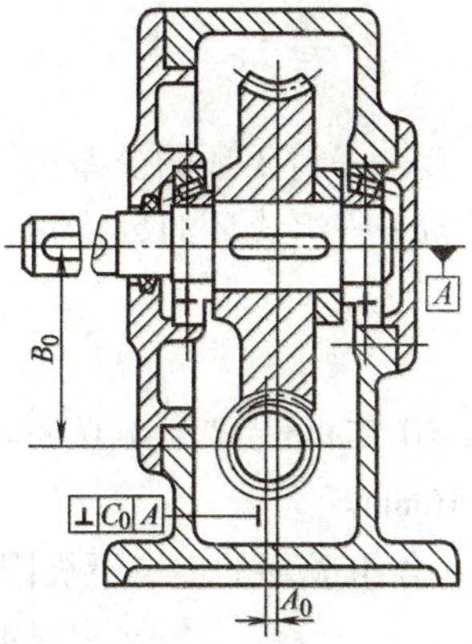

图 7-5　蜗杆副传动结构的三个装配精度

A_0—蜗杆轴线与蜗轮中间平面的重合精度

B_0—蜗杆副两轴线间的距离精度

C_0—蜗杆副两轴线间的垂直度精度

4. 装配尺寸链的计算方法

装配尺寸链的应用包括两个方面：其一，是在已有产品装配图和全部零件图的情况下，由已知的组成环的公称尺寸、公差及偏差，求封闭环的公称尺寸、公差及偏差。然后与已知条件相比，看是否满足装配精度的要求，验证组成环的公称尺寸、公差及偏差确定得是否合理。这种应用称为“正计算”；其二，在产品设计阶段，根据产品装配精度要求（封闭环），确定组成环的公称尺寸、公差及偏差，然后将这些已确定的公称尺寸、公差和偏差标注到零件图上，这种应用方法称“反计算”。但无论哪一种应用方法，装配尺寸链的计算方法只有两种，即极值法和概率法，常用的是极值法。

装配尺寸链的极值法计算所应用的公式与工艺尺寸链的计算公式相同。

在装配尺寸链中封闭环是装配的最终要求，当封闭环公差确定后，组成环越多，则每一环的公差就越小。所以在装配尺寸链中应尽量减少尺寸链的环数，即最短尺寸链原则。

例 7-1　一只对开齿轮箱如图 7-6 所示，根据使用要求间隙 A_0 在 1～1. 75mm 范围内，已知各零件的有关公称尺寸 A_1 = 101mm，A_2 = 50mm，A_3 = A_5 = 5mm，A_4 = 140mm，求各环尺寸偏差。

解：

1）绘尺寸链图，并确定增、减环。A_1、A_2 为增环，A_3、A_4、A_5 为减环。

2）封闭环的公称尺寸及公差

$$A_0 = (\overrightarrow{A_1}+\overrightarrow{A_2}) - (\overleftarrow{A_3}+\overleftarrow{A_4}+\overleftarrow{A_5})$$
$$= (101+50)\text{mm} - (5+140+5)\text{mm}$$
$$= 1\text{mm}$$

$$T_0 = 1.75\text{mm} - 1\text{mm} = 0.75\text{mm}$$

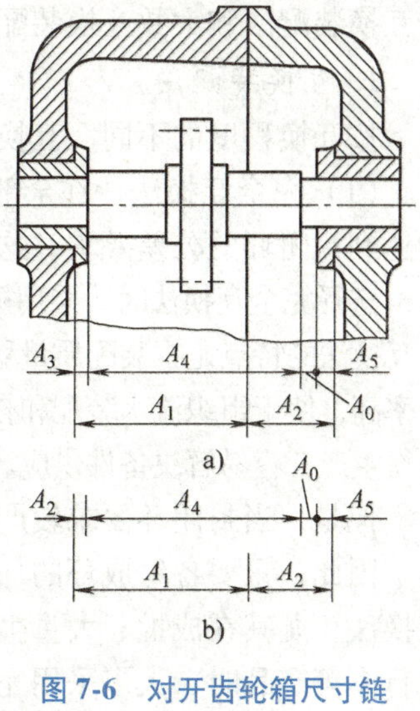

图 7-6　对开齿轮箱尺寸链

3）各组成环的公差。首先算出组成环的平均公差，然后再根据各组成环尺寸大小，结构的工艺特点及加工的难易程度，对各组成环的公差进行调整。

组成环的平均公差 T_{av}

$$T_{av}=\frac{T_0}{m}$$

式中 T_0——封闭环的公差；

m——组成环的数目。

所以

$$T_{av}=\frac{0.75}{5}\text{mm}=0.15\text{mm}$$

$T_1=0.22\text{mm}$、$T_2=0.16\text{mm}$、$T_3=T_5=0.075\text{mm}$，把其减小的公差加在 A_1 和 A_2 上，即 $T_4=0.16\text{mm}$。

4）各组成环的上、下极限偏差。根据入体原则

$$A_1=101^{+0.22}_{\ \ 0}\text{mm} \qquad A_2=50^{+0.16}_{\ \ 0}\text{mm}$$

$$A_3=A_5=5^{\ \ 0}_{-0.075}\text{mm} \qquad A_4=140^{\ \ 0}_{-0.16}\text{mm}$$

5）验算

$$\begin{aligned}ES_0&=(\overrightarrow{ES_1}+\overrightarrow{ES_2})-(\overleftarrow{EI_3}+\overleftarrow{EI_4}+\overleftarrow{EI_5})\\&=(0.22+0.16)\text{mm}-(-0.075-0.16-0.075)\text{mm}\\&=0.69\text{mm}\end{aligned}$$

$$EI_0=(\overleftarrow{EI_1}+\overleftarrow{EI_2})-(\overrightarrow{ES_3}+\overrightarrow{ES_4}+\overrightarrow{ES_5})=0\text{mm}-0\text{mm}=0\text{mm}$$

验算结果符合装配精度的要求，即计算正确。如果不符，则需按上述步骤再进行调整，直至符合为止。

7.3 保证产品装配精度的方法

机械制造过程中，常用的达到装配尺寸链封闭环要求的方法有：互换装配法（包括完全互换装配法和大数互换装配法）、选配法、修配法和调整法等，现分述如下。

1. 互换装配法

按互换程度的不同，互换装配法有完全互换装配法和大数互换装配法两种。

（1）完全互换法 在全部产品中，装配时各组成环不需要任何挑选或修配，装入后即能达到封闭环的公差要求，这种装配方法称为完全互换法。

选择完全互换法时，采用极值公差公式计算。常用的有两种方法：等公差法与等精度法。完全互换法的特点是：装配质量稳定可靠，对装配工人的技术要求较低，装配工作简单、经济、生产率高，便于组织流水装配和自动化装配，又可保证零、部件的互换性，便于组织专业化生产和协作生产，容易解决备件供应。因此，完全互换法是比较先进和理想的装配方法。

但是，当封闭环要求较严和组成环的数目较多时，会提高零件的精度要求，加工比较困难。因此，只要各组成环的加工在技术上有可能，且经济上合理时，应该尽量优先采用完全互换法，尤其在成批、大量生产时更应如此。例如，大批大量生产汽车、拖拉机、缝纫机和自行车等产品时，大多采用完全互换法。

（2）不完全互换法　不完全互换法是指在绝大数产品中，装配时的各组成环不需要挑选或修配，装入后即能达到封闭环的公差要求。不完全互换法是采用概率法求解，也有等公差与等精度两种方法。不完全互换法的特点和完全互换装配法的特点相似，只是互换程度不同。由于不完全互换法采用统计公式计算，因而对组成环的公差，尤其是在环数较多，组成环又呈正态分布时，扩大的组成环公差最显著，因而对组成环的加工更为方便。但是，理论上会有 0.27%的产品超差。当放大组成环公差所得到的经济效果超过废品的损失后，一般多采用不完全互换法。

不完全互换法常应用于生产节拍不是很严格的成批生产中。例如，机床和仪器仪表等产品中，封闭环要求较低的多环尺寸链应用较多。

除采用上述“等公差”法外，也有采用“等精度”法的。该法使各组成环都按同一公差等级制造，由此求出平均公差等级系数，再按尺寸查出各组成环的公差值，最后仍需适当调整各组成环的公差，由于“等精度”法计算比较复杂，计算后仍要进行调整，故“等精度”法用得不多。

2. 选配法

在成批或大量生产的条件下，若组成环的零件数目不多，而装配精度要求很高时，可采用选配法进行装配。采用这种方法时，组成环零件按经济加工精度加工，然后选择合适的零件进行装配，以保证规定的装配精度。选配法又分为三种。

（1）直接选配法　此法是由装配工人从许多待装零件中，凭经验挑选合适的零件装配在一起，保证装配精度。这种方法的优点是简单，但是工人挑选零件的时间较长，而装配精度在很大程度上取决于工人的技术水平，不宜用于大批大量流水线上的装配。

（2）分组装配法　分组装配法是先将组成环的公差相对于互换装配法所求之值增大若干倍，使其能较经济地加工；然后，将各组成环按其尺寸大小分为若干组，各对应组进行装配，从而达到封闭环公差要求。由于分组装配法中，同组零件具有互换性，所以它又称为分组互换法。分组装配法采用极值公差公式计算。

分组装配法可降低对组成环的加工要求，而不降低装配精度。但是分组装配法增加了测量、分组和配套工作。当组成环较多时，这种工作就变得非常复杂。所以，分组装配法适用于成批、大量生产中封闭环公差要求很严、尺寸链组成环很少的装配尺寸链中。例如，精密偶件的装配、精密机床中精密件的装配和滚动轴承的装配等。

现以图 7-7a 所示发动机中活塞销 1 与活塞销孔的配合精度为例，说明分组装配法的计算方法。

装配技术要求中规定，活塞销与活塞销孔在冷态装配时，应有 0.0025~0.0075mm 的过盈量，即最大过盈量 Y_{max} 和最小过盈量 Y_{min} 分别为

$$Y_{max}=D_{min}-d_{max}=-0.0075\text{mm}$$

$$Y_{min}=D_{max}-d_{min}=-0.0025\text{mm}$$

式中　D_{max}——活塞销孔的最大直径；

D_{min}——活塞销孔的最小直径；

d_{max}——活塞销的最大直径；

d_{min}——活塞销的最小直径。

因此，封闭环的公差 T_0——过盈公差为

$$T_0=|Y_{max}-Y_{min}|=|-0.0075-(-0.0025)|mm=0.0050mm$$

若采用完全互换法装配，则销与销孔的平均极值公差 $T_{av}=0.0025mm$（当销与销孔的公称尺寸为 28mm 时，其公差等级为 IT2），显然制造这样精度的销与销孔既困难又不经济。

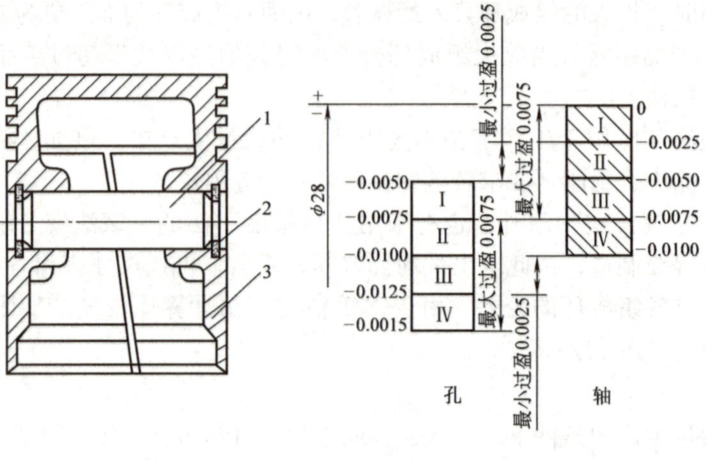

a）　　　　b）

图 7-7　活塞销与活塞销孔的配合

a）装配关系　b）分组尺寸公差带图

1—活塞销　2—卡簧　3—活塞

在实际生产过程中，采用分组装配法。先将销与销孔的公差在同方向都放大到四倍，由 0.0025mm 放大到 0.010mm，即

$$d=28_{-0.010}^{\ 0}mm$$

$$D=28_{-0.015}^{-0.005}mm$$

这样，活塞销可用无心磨床加工，活塞销孔可用金刚镗床加工。然后，用精密量具测量尺寸，并按尺寸大小分成四组，涂上不同的颜色加以区别，或装入不同的容器内，再按各对应组进行装配，达到过盈量的要求。具体分组情况如图 7-7b 和表 7-1 所示。

表 7-1　活塞销和活塞销孔的分组尺寸　（单位：mm）

组别	活塞销直径 $d=28_{-0.010}^{\ 0}$	活塞销孔直径 $D=28_{-0.015}^{-0.005}$	配合情况		标志颜色
			最小过盈	最大过盈	
Ⅰ	$\phi 28_{-0.0025}^{\ 0}$	$\phi 28_{-0.0075}^{-0.0050}$	-0.0025	-0.0075	浅蓝
Ⅱ	$\phi 28_{-0.0050}^{-0.0025}$	$\phi 28_{-0.010}^{-0.0075}$			红
Ⅲ	$\phi 28_{-0.0075}^{-0.0050}$	$\phi 28_{-0.0125}^{-0.0100}$			白
Ⅳ	$\phi 28_{-0.0100}^{-0.0075}$	$\phi 28_{-0.0150}^{-0.0125}$			黑

正确采用分组装配法的关键，是保证分组后各对应组的配合性质和配合公差满足设计要求。同时，对应组内相配件的数量要配套。为此，应满足以下条件：

1）配合件的公差应相等，公差要向同方向增大，增大的倍数应等于分组数。从图 7-7b

中可知本实例满足要求。

2）由于装配精度取决于分组公差，故配合件的表面粗糙度和形状公差均需与分组公差相适应，不能随尺寸公差增大而放大。表面粗糙度和形状公差一般应小于分组公差的 50%。因此，分组法的组数不能任意增加，它受零件表面粗糙度和形状公差的限制。

3）为保证对应组内相配件的数量要配套，相配件的尺寸分布应相同，如同为正态分布或同方向的偏态分布，否则将产生剩余零件。若产生剩余零件，在实际生产中常常专门生产一些与剩余件配套的零件，以解决积压剩余件的问题。

（3）复合选配法　该法是分组装配和直接选择装配的复合形式。它是将组成环的公差相对于互换法所求之值增大，零件加工后预先测量、分组，装配时工人将在各对应组内进行选择装配。因此，这种方法吸取了前两种方法的特点，既能提高装配精度，又不必过多增加组数。但是，装配精度仍然要依赖工人的技术水平，工时也不稳定。这种方法常用于相配件公差不等时，作为分组装配法的一种补充形式。例如，发动机的气缸与活塞的配合多采用本法。

3. 修配法

在成批生产中，若封闭环公差要求严，组成环又较多时，用互换装配法势必要求组成环的公差很小，增加了加工的困难，并影响加工经济性。用分组装配法，又因环数多会使测量、分组和配套工作变得非常困难和复杂，甚至造成生产上的混乱。在单件小批生产时，当封闭环公差要求较严，即使组成环数很少，也会因零件生产数量少而不能采用分组装配法。此时，常采用修配法来达到封闭环公差要求。

修配法是将尺寸链中各组成环的公差相对于互换装配法所求之值增大，使其能按该生产条件下较经济的公差制造，装配时去除补偿环（预先选定的某一组成环）部分材料以改变其实际尺寸，使封闭环达到其公差与极限偏差要求。补偿环（或称修配环）是用来补偿其他各组成环由于公差放大后所产生的累积误差。因修配法是逐个修配，所以零件不能互换。修配法通常采用极值法公差公式计算。

（1）修配方法　实际生产中，修配的方式较多，常见的有以下三种：

1）单件修配法。在装配时，选定某一固定的零件作为补偿环，用去除补偿环的部分材料，从而达到封闭环要求的方法称为单件修配法。如图 7-8 所示的装配关系中，床身与压板之间的间隙 A_0 是靠修配压板的 C 面或 D 面来改变尺寸 A_2 而保证的。A_2 为修配环。装配时须经过多次试装、测量、拆下修配 C 面或 D 面，最后保证装配间隙 A_0 要求。

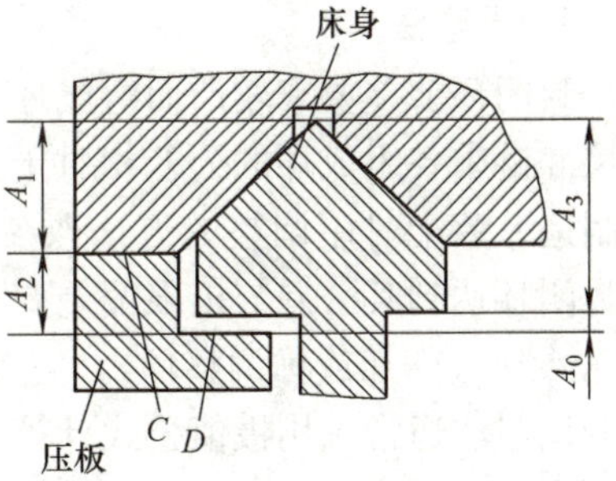

图 7-8　机床导轨间隙装配关系

2）合并修配法。将两个或两个以上零件合并在一起当作一个补偿环进行修配的方法，称为合并修配法。它能减少尺寸链的环数，有利于减少修配量。

图 7-2 所示顶尖等高度要求的装配尺寸链常用合并修配法。它是把尾座和底板的配合面分别加工好，并配刮横向小导轨，然后把零件装配为一体，以底板的底面为定位基准镗削加工套筒孔，此时 A_2 和 A_3 合并为 A_{23}，减少了尺寸环的环数，减少了修配量。

合并修配法虽有上述优点，但是由于要合并零件，对号入座，给加工、装配和生产组织工作带来了不便。因此，这种方法多用于单件小批生产中。

3）自身加工修配法。在机器制造中，有一些装配精度是在机器总装时用自己加工自己的方法来保证的，这种修配方法称为自身加工修配法。例如平面磨床装配时自己磨削自己的工作台面，以保证工作台面与砂轮轴平行；牛头刨床在装配时，可用自刨法加工工作台面，使滑枕与工作台面平行。

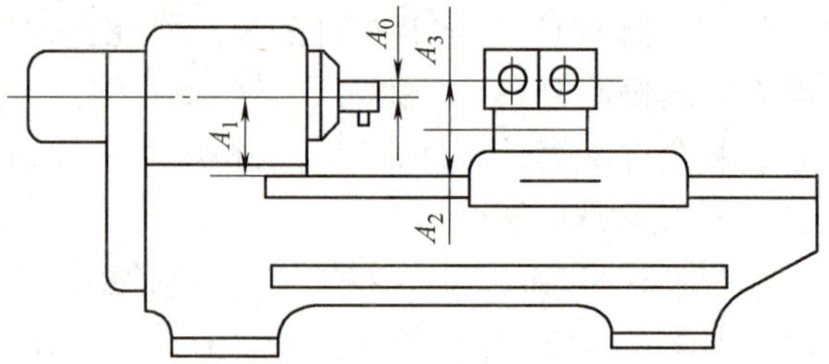

图 7-9　转塔车床的自身加工修配法

如图 7-9 所示的转塔车床，在装配后利用在车床主轴上安装的镗刀做切削运动，转塔做纵向进给运动，依次镗削转塔上的六个刀具安装孔。经加工，主轴轴线与转塔各孔轴线的等高度、同轴度要求就可方便地达到。若再在主轴上安装一个可以自动径向进给的专用刀具还可以分别加工转塔上的六个平面，以保证孔与端面的垂直度。此外，平面磨床装配时自己磨削自己的工作台面，以保证工作台面与砂轮轴平行；牛头刨床、龙门刨床等总装时，用自刨工作台平面的方法来达到滑枕或导轨与工作台平面的平行度要求；立式车床装配时对自己工作台面的“自车”以保证立式车床主轴相对工作台面的垂直度要求；万能铣床总装时，为了保证刀杆支架孔对主轴轴线的同轴度要求，可采用一专用对支架锥孔进行修整。自身加工修配法效果理想，加工也较为方便，但必须是具有切削能力的产品才能采用，所以常用于成批生产的机床制造中。

（2）修配环的选择　采用修配法来保证装配精度时，正确选择修配环节很重要。修配环一般应按下述要求选择：

1）尽量选择结构简单、重量轻、加工面积小、易加工的零件。

2）尽量选择容易独立安装和拆卸的零件。

3）修配件修配后不能影响其他装配精度。因此，不能选择并联尺寸链中的公共环作为修配环。

4. 调整法

封闭环公差要求较严而组成环又较多的装配尺寸链，也可用调整法达到要求。调整法是将尺寸链中各组成环的公差相对于互换法所求之值增大，使其能按该生产条件下较经济的公差制造，装配时用调整的方法改变补偿环（预先选定的某一组成环）的实际尺寸或位置，使封闭环达到其公差与极限偏差要求。一般以螺栓、斜面、挡环、垫片或孔轴配合中的间隙等作为补偿环（或称调整环），它是用来补偿其他各组成环由于公差放大后所产生的累积误差。调整法通常采用极值公式计算。

常见的调整法有以下三种：

（1）可动调整法　此法即通过改变调整零件的位置来保证装配精度。用此法装配的产品或部件，在结构设计时就设有可调节的余量与结构，在装配时进行调整。常用的调整件有螺栓、楔铁、挡环等。因此，可动调整法在实际生产中应用较广泛。图 7-10 所示为一可动调整的装配实例。其中图 7-10a 是通过螺钉调整轴承间隙，图 7-10b 是通过调整套筒的位置来保证它与齿轮的轴向位置要求，图 7-10c 是用调整螺钉使楔块上下移动来调整丝杠和螺母的间隙。

可动调整法不需拆卸零件，调整方便，能获得比较高的装配精度，而且还可以补偿产品在使用过程中由于磨损和变形等因素所引起的误差，使设备恢复原有精度。所以，在一些传动机构或易磨损机构中，常用可动调整法。但是，可动调整法中因可动调整件的出现，削弱了机构的刚性，因而在刚性要求较高或机构比较紧凑而无法安排可动调整件时，就常采用其他调整法。

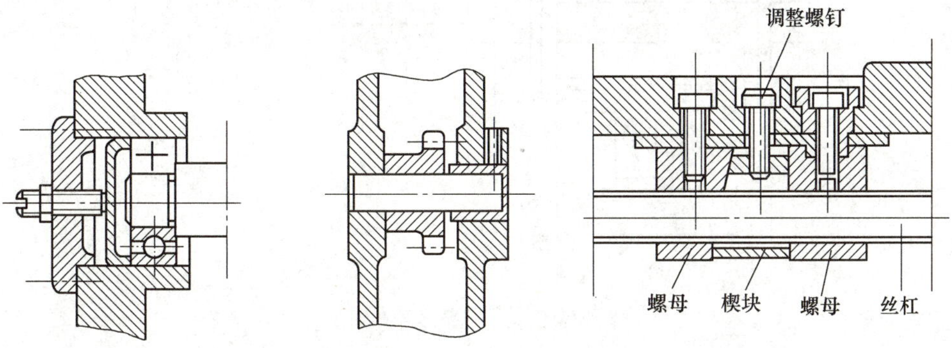

a)　　b)　　c)

图 7-10　可动调整的装配示例

（2）固定调整法　采用调整的方法改变补偿环的实际尺寸，使封闭环达到其公差与极限偏差要求的方法，称为固定调整法。补偿环要形状简单，便于拆装，常用的补偿环有垫片、挡环、套筒等。改变补偿环实际尺寸的方法是根据封闭环公差与极限偏差的要求，分别装入不同尺寸的补偿环。例如，补偿环是减环，因放大组成环公差后使封闭环实际尺寸较大时，就取较大的补偿环装入；反之，当封闭环实际尺寸小时，就取较小的补偿环装入。为此，需要预先按一定的尺寸要求制成若干组不同尺寸的补偿环，供装配时选用。

如图 7-11a 所示的车床主轴大齿轮装配图，按照装配的技术要求，当隔套（A_2）、齿轮（A_3）、垫圈（固定调整件 A_k）和弹性挡圈（A_4）装在轴上以后，齿轮的轴向间隙 A_0 应在 0.05~0.2mm 范围内。图 7-11b 所示是尺寸链简图，其中 $A_1=115\text{mm}$、$A_2=8.5\text{mm}$、$A_3=95\text{mm}$、$A_4=2.5\text{mm}$、$A_k=9\text{mm}$。如果采用完全互换法进行装配，则各组成环的平均公差为

$$T_{av}=\frac{T(A_0)}{5}=\frac{0.2-0.05}{5}\text{mm}=0.03\text{mm}$$

显然按这样小的公差制造零件是不经济的。如果将 A_2、A_3及 A_4按经济精度加工，装配时暂不装入调整环 A_k，装配后出现“空位”，而空位尺寸 A_s 将随 A_1~A_4 各环尺寸的变化而变化。“空位”尺寸 A_s 包括封闭环 A_0和调整环 A_k两个环。由于封闭环的要求是确定的，其公差 T（A_0）又远小于“空位”尺寸的变动范围 T_s。为了使调整环进入“空位”尺寸后能保证封闭环的要求，调整环的尺寸应随着“空位”尺寸的变化而变化。因此，调整环应是一个变量。

（3）误差抵消调整法　误差抵消调整法是在装配过程中调整组成环误差的方向，使其误差得以正负抵消或转移到对装配精度影响不大的方向上，以获得较高的装配精度的方法。此法的实质与可动调整法类似。所不同的是补偿环是矢量，且多于一个。常见的补偿环是轴承件的跳动量、偏心量和同轴度等。

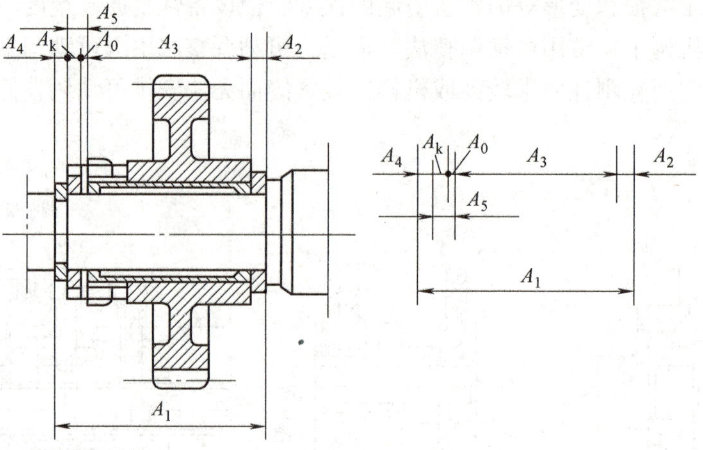

图 7-11　固定调整法装配示例

如图 7-12a 所示的车床主轴，装配时调整前后轴承的内环与其滚道的偏心量 e_1 和 e_2，使二者处于主轴轴线的同一侧，就可以使主轴前端的径向圆跳动达到最小。图中 e_1为后轴承的偏心量，e_2为前轴承的偏心量，e_3为主轴锥孔对其轴颈的偏心量，Δ 为最后检测到的主轴径向圆跳动。从图中可看出，当前后轴承偏心同向、前轴承偏心量小于后轴承偏心量时可使主轴前端的径向圆跳动量较小。图 7-12b 所示为有数个钻套孔的钻模板，可通过调整其上各衬套内外圆偏心量 e 的方向（如使 e_2垂直于 L_2、e_3垂直于 L_1 等）使各孔中心距误差最小等。

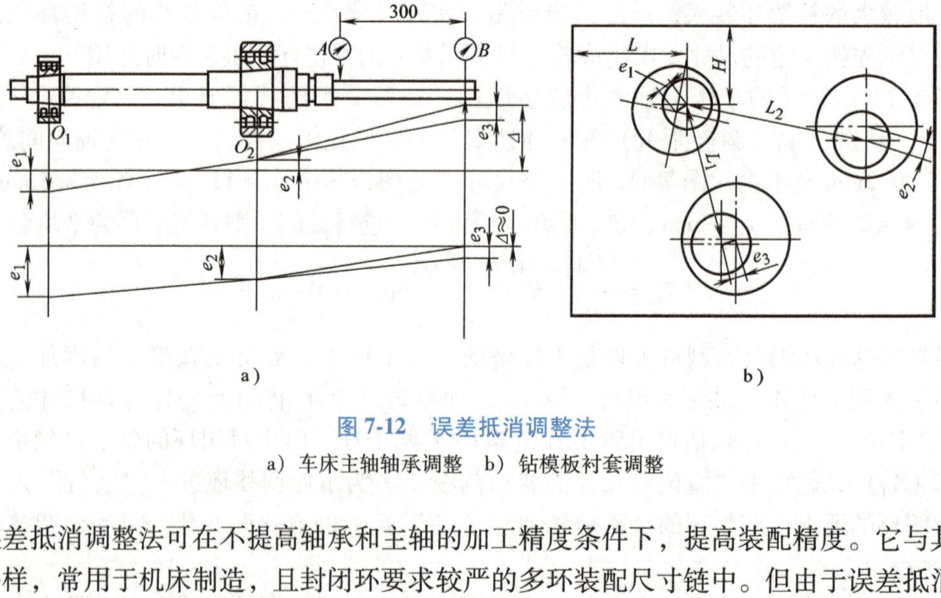

图 7-12　误差抵消调整法

a）车床主轴轴承调整　b）钻模板衬套调整

误差抵消调整法可在不提高轴承和主轴的加工精度条件下，提高装配精度。它与其他调整法一样，常用于机床制造，且封闭环要求较严的多环装配尺寸链中。但由于误差抵消调整法需事先测出补偿环的误差方向和大小，装配时需技术等级高的工人，因而增加了装配时和装配前的工作量，并给装配组织工作带来一定的麻烦。误差抵消调整法多用于批量不大的中小批生产和单件生产。

机器装配方法的选择是由许多因素决定的。主要有：机器结构特点与技术要求、生产类型、批量大小、生产条件、装配组织形式等，应根据工厂具体情况综合分析才能确定。为便于分析，将以上各种装配方法的工艺特点及应用范围列于表7-2中。

表7-2 各种装配方法的工艺特点及适用范围

装配方法	工艺特点	适用范围
完全互换法	1）零件完全互换，装配时对零件不需选择 2）装配简单，生产率高，便于组织流水作业 3）对零件加工精度要求较高	适用于零件数目较少、批量较大、而且零件可用经济加工精度制造时，如汽车、拖拉机、缝纫机及中小型柴油机的部分零部件
分组互换法	1）同组内零件可以互换 2）配合精度很高，当零件加工公差放大几倍后，可以按经济加工精度制造 3）增加对零件的测量、分组、储存和运输等工作量 4）各组配合零件数目不可能相同，为避免库存积压，应在加工时采取适当的调整措施	适用于成批、大量生产中零件数目很少，而装配精度较高，但又不便采用调整法装配时，如中小型柴油机的活塞与缸套，活塞销孔与活塞销，滚动轴承的内外圈及滚子等
修配法	1）零件可按经济精度加工，通过修配可以达到很高的装配精度 2）由于增加装配过程中的手工装配和机械加工，因而工时不易预定，不便于组织流水作业	适用于单件小批生产中，装配精度要求高的场合。如六角车床主轴对刀架刀具孔进行“自镗”，分度蜗轮与工作台装配后精加工齿形，以及车床尾座垫板的修配等
调整法	1）零件可按经济精度确定加工公差，可获得较高、甚至很高的装配精度 2）采用定尺寸调整件时，操作比较方便，可用于流水作业 3）装配质量在一定程度上取决于工人的技术水平	适用于必须采用分组互换法之外的其他各种装配场合，如机床主轴的径向跳动和齿轮副的齿距累积误差的调整，滚动轴承调整间隙的间隔套、垫圈和锥齿轮调整啮合间隙的垫片等

7.4 产品装配工艺规程的制订

装配工艺规程是指导装配生产的主要技术文件，也是设计装配流水线或自动线、装配生产计划和装配准备工作的主要依据。装配工艺规程对保证装配质量、提高装配生产效率、减轻装配工人的劳动强度、缩小装配占地面积以及降低生产成本等，都有重要的作用。

1. 制订装配工艺规程的基本原则和原始资料

（1）制订装配工艺规程的基本原则　制订装配工艺规程的基本原则是，在保证产品装配质量的前提下，尽量提高劳动生产率和降低成本。具体要求如下：

1）保证产品装配质量。从机械加工和装配全过程达到最佳效果的前提下，选择合理和可靠的装配方法。

2）提高生产率。合理安排装配顺序和装配工序，尽量减少装配工作量，特别是手工劳动量，提高装配机械化程度，缩短装配周期，满足装配规定的进度计划要求。

3）减少装配成本。要减少装配生产面积，减少工人的数量和降低对工人技术等级要求，减少装配投资等。缩短装配周期，提高装配效率，也能降低成本。

（2）制订装配工艺规程所需的原始资料

1）产品的装配图样及验收技术标准。产品的装配图样应包括总装配图样和部件装配图样，并能清楚地表示出零、部件的相互连接情况及其联系尺寸；装配精度和其他技术要求；零件的明细栏等。为了在装配时对某些零件进行补充机械加工和核算装配尺寸链，有时还需要某些零件图样。

2）产品的生产纲领。生产纲领决定了产品的生产类型。生产类型的种类及其划分方法见第一章。不同的生产类型致使装配的组织形式、装配方法、工艺过程的划分、设备及工艺装备专业化或通用化水平、手工操作量的比例、对工人技术水平的要求和工艺文件的格式均有不同。各种生产类型的装配工艺特征见表7-3。

表7-3　各种生产类型的装配工艺特征

装配工艺特征	生产类型		
	单件小批生产	中批生产	大批大量生产
产品生产重复（专业化）程度	产品经常变换，很少重复生产	产品周期重复	产品固定不变，经常重复
组织形式	采用固定式装配或固定流水装配	重型产品采用固定流水装配，批量较大时采用流水装配，多品种平行投产时采用变节拍流水装配	多采用流水装配线和自动装配线，有间歇移动，连续移动和变节拍移动等方式
装配方法	常用修配法，互换法比例较少	优先采用互换法，装配精度要求高时，灵活应用调整法和修配法（环数多时）以及分组法（环数少时）	优先采用完全互换法，装配精度要求高时，环数少时用分组法，环数多时用调整法
工艺过程	工艺灵活掌握，也可适当调整工序	应适合批量的大小，尽量使生产均衡	工艺过程划分很细，力求达到高度均衡性
设备及工艺装备	一般为通用设备及工艺装备	较多采用通用设备及工艺装备，部分是高效的工艺装备	宜采用专用、高效设备及工艺装备，易于实现机械化和自动化
手工操作量和对工人技术水平的要求	手工操作比重大，需要技术熟练的工人	手工操作比重较大，需要有一定熟练程度的技术工人	手工操作比重小，对操作工技术要求较低
工艺文件	仅有装配工艺过程卡	有装配工艺过程卡，复杂产品要有装配工序卡	有装配工艺过程卡和工序卡
应用实例	重型机械、重型机床、汽轮机和大型内燃机等	机床、机车车辆等	汽车、拖拉机、内燃机、滚动轴承、手表和缝纫机等

3）现有的生产条件。主要包括现有的装配工艺条件，车间的作业面积，工人的技术水平以及时间定额标准等。

2. 装配工艺规程的内容

概括起来制订装配工艺规程包括以下几部分内容：

1）产品分析，根据装配图分析尺寸链，在弄清零件部件相对位置与尺寸关系的基础上，并根据生产规模合理安排装配顺序和装配方法，编制装配工艺系统图和工艺规程卡片。

2）确定生产规模，选择装配的组织形式。

3）计算装配时间定额。

4）确定各工序装配技术要求，制订质量检查的方法和工具。

5）确定装配时零部件的输送方法及所需的设备和工具。

6）选择或设计装配过程中所需的工具、夹具和专用设备。

3. 制订装配工艺规程的方法和步骤

制订装配工艺规程大致可以分五步，每步的内容及安排方法介绍如下。

（1）进行产品分析　产品的装配工艺与产品的设计有关，必要时应会同设计人员进行分析。

1）分析产品图样，掌握装配的技术要求和验收标准。即所谓的读图阶段。

2）对产品的结构进行尺寸分析和工艺分析。尺寸分析就是对装配尺寸链的分析和计算，对装配尺寸链及其精度进行验算，并确定保证达到装配精度的装配方法。工艺分析就是对装配结构的工艺进行分析，确定产品结构是否便于装配拆卸和维修。即所谓的审图阶段。在审图中发现属于设计结构上的问题时，及时会同设计人员加以解决。

3）研究产品分解“装配单元”的方案，以便于组织平行、流水作业。

一般情况下装配单元可划分五个等级：零件、合件、组件、部件和机器。

零件是构成机器和参加装配的最基本单元。大部分零件先装成合件、组件和部件后再进入总装配。

合件是比零件大一级的装配单元。下列情况属于合件。

①若干个零件用不可拆卸连接法（如焊、铆、热装、冷压、合铸等）装配在一起的装配单元。

②少数零件组合后还需进行加工，如齿轮减速器的箱体与箱盖、发动机中连杆与连杆盖等，都是组合后镗孔。零件对号入座，不能互换。

③以一个基准和少数零件组合成的装配单元，如图 7-13a 所示。

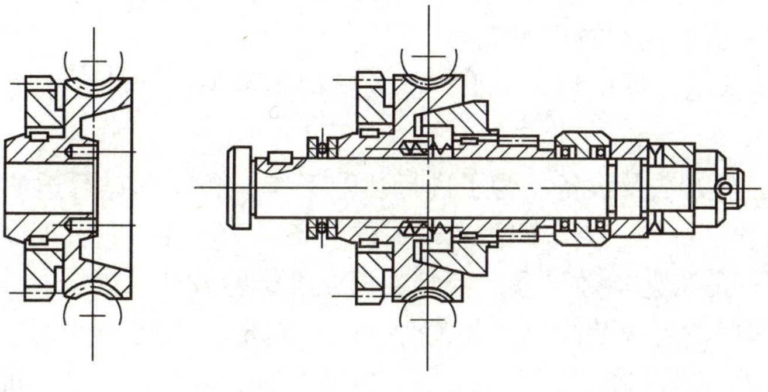

a）　　b）

图 7-13　合件和组件示意图

a）合件　b）组件

组件是一个或几个合件与若干个零件组合而成的装配单元。图 7-13b 所示即属于组件，其中蜗轮与齿轮为一个先装好的合件，阶梯轴为一个基准零件。

部件是一个基准零件和若干个零件、合件和组件组合而成的装配单元。

机器是由上述各装配单元组合而成的整体。

图 7-14 表示装配单元划分的方案，称为装配单元系统示意图。从图中可以看出，同一级的装配单元在进入总装前互相独立，可以同时平行装配。各级单元之间可以流水作业。这对组织装配、安排计划、提高效率和保证质量均是十分有利的。

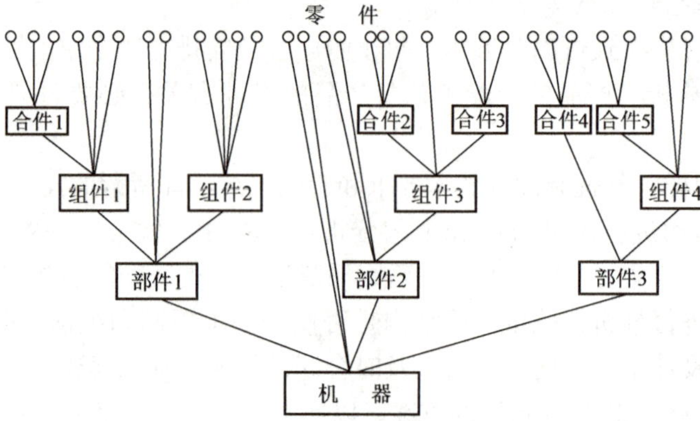

图 7-14　装配单元系统图

（2）确定装配的组织形式　装配的组织形式根据产品质量、尺寸和重量的大小分固定式和移动式两种。固定式是工作地点不变。移动式又分间歇和连续移动，其工作地点是随着小车或运输带而移动的。单件小批，尺寸大，重量大的产品用固定装配的组织形式，其余用移动装配的组织形式。

装配的组织形式确定后，装配方式、工作地点的布置也就相应确定。工序的分散与集中以及每道工序的具体内容也根据装配的组织形式而确定。固定式装配工序集中，移动式装配工序分散。

（3）拟定装配工艺过程　装配单元划分后，各装配单元的装配顺序应当以理想的顺序进行。这一步中应考虑的内容有以下几项：

1）确定装配工作的具体内容。根据产品的结构和装配精度的要求可以确定各装配工序的具体内容。

2）确定装配工艺方法及设备。为了进行装配工作，必须选择合适的装配方法及所需的设备、工具、夹具和量具等。当车间没有现成的设备、工、夹、量具时，还应提出设计任务书和外购清单。所用的工艺参数可参照经验数据或经试验或计算确定。

3）确定装配顺序。各级装配单元装配时，先要确定一个基准件先进入装配，然后根据具体情况安排其他单元进入装配的顺序。如车床装配时，床身是一个基准件先进入总装，其他的装配单元再依次进入装配。

从保证装配精度及装配工作顺利进行的角度出发，安排的装配顺序为：先下后上，先内后外，先难后易，先重大后轻小，先精密后一般。

4）确定工时定额及工人的技术等级。目前装配的工时定额都根据实践经验估计。工人的技术等级并不作为严格规定。但必须安排有经验的技术熟练的工人在关键的装配岗位上操作，以把好质量关。

（4）编写工艺文件　装配工艺规程设计完成后，须以文件形式将其内容固定下来就是工艺文件，也称为工艺规程。其主要包括的内容有：装配图（产品设计的装配总图），装配工艺系统图，装配工艺过程卡片或装配工序卡片，装配工艺设计说明书等。

装配工艺规程中的装配工艺过程卡片和装配工序卡片的编写方法与机械加工的工艺过程卡和工序卡基本相同。在单件小批生产中，一般只编写工艺卡，对关键工序才编写工序卡。在生产批量较大时，除编写工艺过程卡外还需编写详细的工序卡及工艺守则。

在装配单元系统图上，补充工序内容、操作要点等文字注解后，就成为工艺系统图，如图 7-15 所示。它对指导装配，分析和编制工艺规程均十分有利。

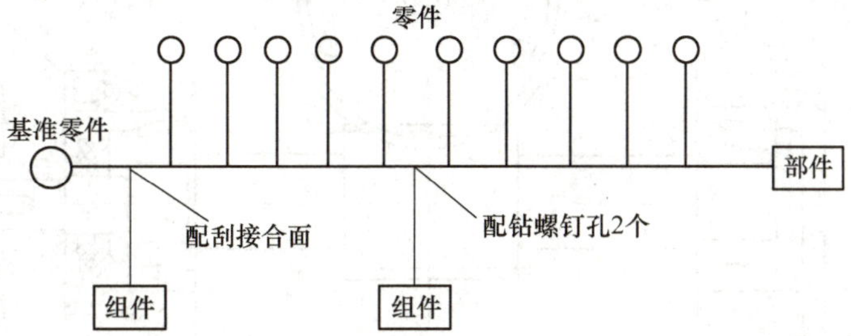

图 7-15　装配工艺系统图

（5）制订产品检测与试验规范　产品装配完毕，应按产品技术性能和验收技术条件制定检测与试验规范。它包括：

1）检测和试验的项目及检验质量指标。

2）检测和试验的方法、条件与环境要求。

3）检测和试验所需工艺装备的选择或设计。

4）质量问题的分析方法和处理措施。

4. 制订装配工艺过程注意事项

1）预处理工序在前。如零件的清洗，倒角，去毛刺和飞边等工序要安排在前。

2）先下后上。先装配机器下部的零部件，再装处于机器上部的零部件，使机器在整个装配过程中其重心始终处于稳定状态。

3）先内后外。使先装部分不成为后续作业的障碍。

4）先难后易。先装难于装配的零部件，因为开始装配时活动空间较大，便于安装、调试、检测及机器翻转。

5）先重大后轻小。一般先安装体积、重量较大的零部件，后安装体积、重量较小的零部件。

6）先精密后一般。先将影响整台机器精度的零部件安装调试好，再装一般要求的零部件。

7）安排必要的检验工序，特别是对产品质量和性能有影响的工序，在它的后面一定要安排检验工序，检验合格后方可进行后继装配。

8）电线、油管的安装工序应合理地穿插在整个装配过程中，不能疏忽。

5. 减速器装配实例

图 7-16 所示为蜗轮与锥齿轮减速器装配简图，它具有结构紧凑、工作平稳、噪声小、传动比大等特点。减速器的运动由联轴器传入，经蜗杆传至蜗轮。蜗轮的运动借助于轴上的平键传给锥齿轮副，最后由安装在锥齿轮轴上的圆柱齿轮传出。

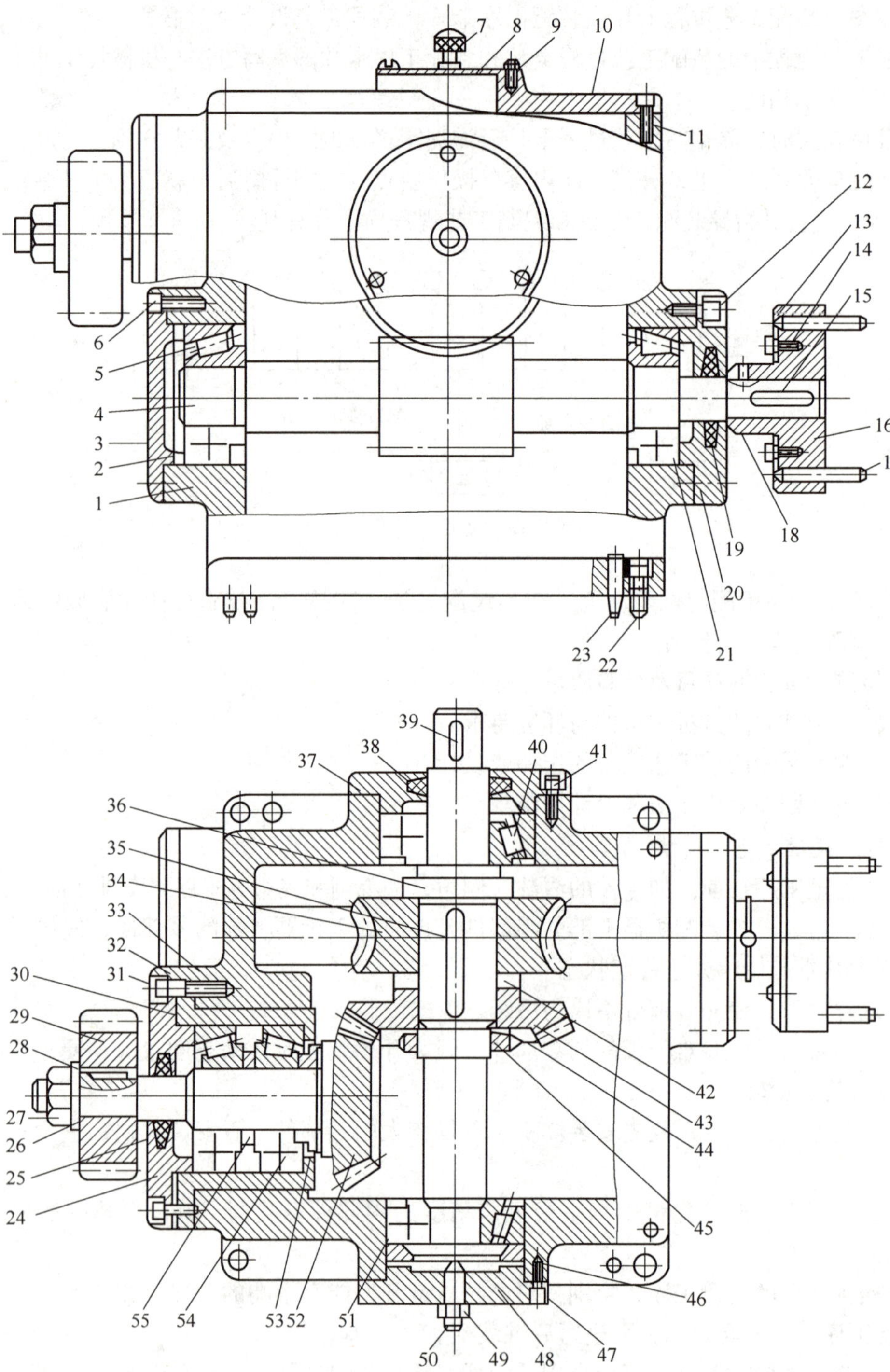

图 7-16　减速器总装配图

1—箱体　2、32、33、42—调整垫圈　3、20、24、37、48—轴承盖　4—蜗杆轴　5、21、40、51、54—轴承　6、9、11、12、14、22、31、41、47、50—螺钉　7—手把　8—盖板　10—箱盖　13—环　15、28、35、39—键　16—联轴器　17、23—销　18—防松钢丝圈　19、25、38—毛毡　26—垫圈　27、45、49—螺母　29、43、52—齿轮　30—轴承套　34—蜗轮　36—蜗轮轴　44—止动垫圈　46—压盖　53—垫　55—隔圈

（1）减速器装配技术要求

1）零件和组件必须正确安装在规定位置上，不得装入图样未规定的垫圈、衬套之类的零件。

2）固定连接件必须保证将零件或组件牢固地连接在一起。

3）旋转机构必须能灵活地转动，轴承间隙合适，润滑良好，润滑油不得有渗漏现象。

4）各零件的轴线之间应有正确的相对位置。

5）啮合零件，如蜗杆副、齿轮副必须符合图样规定的技术要求。

（2）减速器的装配工艺过程

1）零件清洗，整形和补充加工（配钻、配攻等）。

2）零件预装，即相配零件应先试装。

3）组件装配。

4）总装配及调整。

（3）减速器装配工艺规程

1）轴承套组件装配工艺卡，见表 7-4。

表 7-4　轴承套组件装配工艺卡

<table>
<tr><td colspan="4" rowspan="2">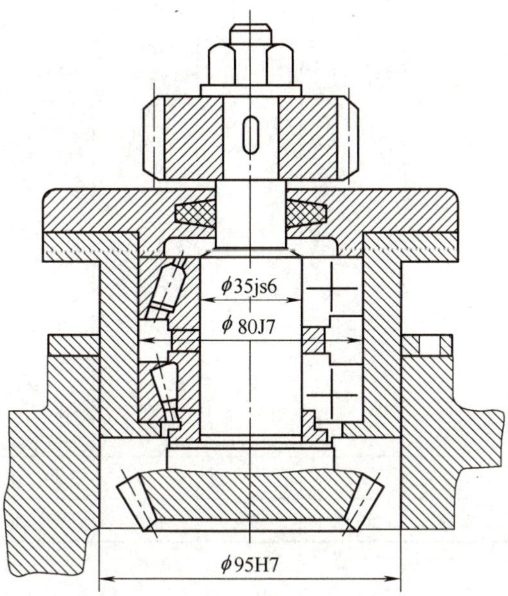
</td><td colspan="5">装配技术要求</td></tr>
<tr><td colspan="5">1. 装配时，各装入零件应符合图样要求
2. 组装后锥齿轮应转动灵活，无轴向窜动</td></tr>
<tr><td colspan="2" rowspan="2">工厂</td><td colspan="2" rowspan="2">装配工艺卡</td><td>产品型号</td><td colspan="2">部件名称</td><td>装配图号</td><td></td></tr>
<tr><td></td><td colspan="2">轴承套</td><td></td><td></td></tr>
<tr><td colspan="2">车间名称</td><td>工段</td><td>班组</td><td>工序数量</td><td colspan="2">部件数</td><td colspan="2">净重</td></tr>
<tr><td colspan="2">装配车间</td><td></td><td></td><td></td><td colspan="2"></td><td colspan="2"></td></tr>
<tr><td rowspan="2">工序号</td><td rowspan="2">工步号</td><td colspan="2" rowspan="2">装配内容</td><td rowspan="2">设备</td><td colspan="2">工艺装备</td><td rowspan="2">工人等级</td><td rowspan="2">工序时间</td></tr>
<tr><td>名称</td><td>编号</td></tr>
<tr><td>I</td><td>1</td><td colspan="2">锥齿轮与衬垫的组件装配
以锥齿轮为基准，将衬套套装在轴上</td><td></td><td></td><td></td><td></td><td></td></tr>
</table>

（续）

工序号	工步号	装配内容	设备	工艺装备		工人等级	工序时间
				名称	编号		
Ⅱ	1	轴承盖与毛毡的组件装配 将已剪好的毛毡塞入轴承盖槽内					
Ⅲ	1	轴承套与轴承外圈的组件装配 用专用量具分别检验轴承套孔及轴承外圈尺寸	压力机				
	2	在配合面上涂上机油					
	3	以轴承套为基准，将轴承外圈压入孔内至底面					
Ⅳ	1	轴承套组件装配 以锥齿轮组件为基准，将轴承套分组件套装在轴上	压力机				
	2	在配合面上加油，将轴承内圈压装在轴上，并紧贴衬垫					
	3	套上隔圈，将另一轴承内圈压装在轴上，直至与隔圈接触					
	4	将另一轴承外圈涂上油，轻压至轴承套内					
	5	装入轴承盖分组件，调整断面的高度，使轴承间隙符合要求后，拧紧轴承盖上螺钉					
	6	安装平键，套装齿轮、垫圈，拧紧螺母，注意配合面加油					
	7	检查锥齿轮转动的灵活性及轴向窜动					

									共 张
编号	日期	签章	编号	日期	签章	编制	移交	批准	第 张

2）减速器总装配工艺卡，见表7-5。

表7-5 减速器总装配工艺卡

	装配技术要求
减速器总装配（见图7-16）	1. 零部件必须正确安装，不得装入图样未规定的垫圈等其他零件 2. 固定连接件必须保证将零部件紧固在一起 3. 旋转机构必须转动灵活，轴承间隙合适 4. 啮合零件的啮合必须符合图样要求 5. 各零件轴线之间应有正确的相对关系

（续）

<table>
<tr><td colspan="2" rowspan="2">工厂</td><td colspan="2" rowspan="2">装配工艺卡</td><td>产品型号</td><td colspan="2">部件名称</td><td>装配图号</td><td></td></tr>
<tr><td></td><td colspan="2"></td><td></td><td></td></tr>
<tr><td colspan="2">车间名称</td><td>工段</td><td>班组</td><td>工序数量</td><td colspan="2">部件数</td><td colspan="2">净重</td></tr>
<tr><td colspan="2">装配车间</td><td></td><td></td><td></td><td colspan="2"></td><td colspan="2"></td></tr>
<tr><td rowspan="2">工序号</td><td rowspan="2">工步号</td><td colspan="2" rowspan="2">装配内容</td><td rowspan="2">设备</td><td colspan="2">工艺装备</td><td rowspan="2">工人等级</td><td rowspan="2">工序时间</td></tr>
<tr><td>名称</td><td>编号</td></tr>
<tr><td rowspan="5">Ⅰ</td><td>1</td><td colspan="2">将蜗杆组件装入箱体</td><td rowspan="5">压力机</td><td rowspan="5"></td><td rowspan="5"></td><td rowspan="5"></td><td rowspan="5"></td></tr>
<tr><td>2</td><td colspan="2">用专用量具分别检查箱体孔和轴承外圈尺寸</td></tr>
<tr><td>3</td><td colspan="2">从箱体孔两端装入轴承外圈</td></tr>
<tr><td>4</td><td colspan="2">装上右端轴承盖组件，并用螺钉拧紧，轻敲蜗杆轴端，使右端轴承消除间隙</td></tr>
<tr><td>5</td><td colspan="2">装入调整垫圈和左端轴承盖，并用百分表测量间隙确定垫圈厚度，然后将上述零件装入，用螺钉拧紧。保证蜗杆轴向间隙为 0.01~0.02mm</td></tr>
<tr><td rowspan="6">Ⅱ</td><td>1</td><td colspan="2">试装
用专用量具测量轴承、轴等相配零件的外圈及孔尺寸</td><td rowspan="6">压力机</td><td rowspan="6"></td><td rowspan="6"></td><td rowspan="6"></td><td rowspan="6"></td></tr>
<tr><td>2</td><td colspan="2">将轴承装入蜗轮轴两端</td></tr>
<tr><td>3</td><td colspan="2">将蜗轮轴通过箱体孔，装上蜗轮、锥齿轮、轴承外圈、轴承套、轴承盖组件</td></tr>
<tr><td>4</td><td colspan="2">移动蜗轮轴，调整蜗杆与蜗轮正确的啮合位置，测量轴承端面至孔端面距离，并调整轴承盖台肩尺寸（台肩尺寸 $=H_{-0.02}^{0}$）</td></tr>
<tr><td>5</td><td colspan="2">装入蜗轮轴两端轴承盖，并用螺钉拧紧</td></tr>
<tr><td>6</td><td colspan="2">装入轴承套组件，调整两锥齿轮正确的啮合位置（使齿背平齐），分别测量轴承套肩面与孔端面的距离以及锥齿轮端面与蜗轮端面的距离，并调好垫圈尺寸，然后卸下各零件</td></tr>
<tr><td rowspan="2">Ⅲ</td><td>1</td><td colspan="2">最后装配
从大轴孔方向装入蜗轮轴，同时依次将键、蜗轮、垫圈、锥齿轮、带翅垫圈和圆螺母装在轴上。然后箱体轴承孔两端分别装入滚动轴承及轴承盖，用螺钉拧紧并调整好间隙。装好后，用手转动蜗杆时，应灵活无阻现象</td><td rowspan="2">压力机</td><td rowspan="2"></td><td rowspan="2"></td><td rowspan="2"></td><td rowspan="2"></td></tr>
<tr><td>2</td><td colspan="2">将轴承套组件与调整垫圈一起装入箱体，并用螺钉紧固</td></tr>
</table>

（续）

<table>
<tr><th rowspan="2">工序号</th><th rowspan="2">工步号</th><th colspan="3" rowspan="2">装配内容</th><th rowspan="2">设备</th><th colspan="2">工艺装备</th><th rowspan="2">工人等级</th><th rowspan="2">工序时间</th></tr>
<tr><th>名称</th><th>编号</th></tr>
<tr><td>Ⅳ</td><td></td><td colspan="3">安装联轴器及箱盖零件</td><td></td><td></td><td></td><td></td><td></td></tr>
<tr><td>Ⅴ</td><td></td><td colspan="3">运转试验
清理内腔，注入润滑油，连上电动机，接上电源，进行空转试车。运转30min左右，要求传动系统噪声及轴承温度不超过规定要求以及符合其他各项技术要求</td><td></td><td></td><td></td><td></td><td></td></tr>
<tr><td></td><td></td><td></td><td></td><td></td><td></td><td></td><td></td><td></td><td>共　张</td></tr>
<tr><td>编号</td><td>日期</td><td>签章</td><td>编号</td><td>日期</td><td>签章</td><td>编制</td><td>移交</td><td>批准</td><td>第　张</td></tr>
</table>

习　　题

7-1　什么叫机器装配？它包括哪些内容？在机器产品的生产中起什么作用？

7-2　机器产品的质量是以什么综合评定的？其性能和技术指标是什么？

7-3　机器产品的装配精度与零件的加工精度、装配工艺方法有什么关系？

7-4　什么叫装配尺寸链？

7-5　保证产品精度的装配工艺方法有哪几种？各用在什么情况下？

7-6　什么是装配单元系统图？其作用是什么？

第8章 现代制造技术及生产管理

8.1 信息化制造技术与绿色高效生产

8.1.1 成组工艺及 CAPP

一、成组技术（Group Technology）

（一）成组技术的基本概念

成组技术是自20世纪50年代以来，首先在机械制造业中迅速发展起来的一项新技术，它开始是为了解决在小批量、多品种的工件产品生产中不能够有效利用高效率的专用机械设备来组织生产的矛盾，而产生的一种科学的生产组织形式，即成组加工工艺。随着计算机数控技术的发展，以及自动控制技术与成组技术理论的相互融合，使得成组技术迅速地在产品的标准化设计、生产作业计划管理、计算机辅助工艺规程设计（CAPP）、计算机辅助制造（CAM）等技术领域内得到应用和发展，成为现代化工业生产的一种科学基础技术。

在专业化的大规模生产中，曾经广泛地采用由组合机床等高效率的专用设备所组成的生产作业线、流水线和自动线进行生产，这种生产组织形式的生产效率极高。但对于中、小批量产品的生产，就无法很好地利用这些高效专用设备。为了能够使小批量、多品种的工件生产实现大批量的高效率专业化生产，20世纪50年代由苏联的米特洛万诺夫利用工件的相似性原理，将工件按加工要素、工装夹具及所需机床设备的相似情况进行归类分组，并把同一分组的工件进行统一集中，以扩大生产的批量，再以较专业化的生产形式来组织高效生产加工，由此产生了“成组加工”生产方式和成组技术基础理论。

1. 成组加工概念

成组加工是指利用工件的相似性原理对工件进行归类分组，并利用高效生产加工手段对同一组工件进行生产加工的工艺方法，也称为成组加工工艺。

2. 成组技术

利用工件的成组原理进行工件参数统计、编码归类、建立标准化数据库及其技术管理软件，进而完成工件生产的专业化、自动化设计、加工、生产管理等工作的管理技术。

3. 零件的相似性

大量的统计数字表明，不同的机械产品，尽管其用途和功能、形状各不相同，但其组成零件中有近70%都具有结构、材料和加工工艺的相似性，零件的这一特性称为零件的相似性。

成组技术正是利用了零件在结构、材料和加工工艺等方面的相似性原理，将零件按照其某一特征的相似性原理进行分类、组合，并按照标准化设计、制造原则对该分类组的典型零件进行标准化的工艺设计及专业化生产，而同组的其他零件也可以在此基础上由标准工艺稍加调整演化出各自的具体工艺，以获得理想的经济效益。

（二）成组技术的基本原理

成组技术的基本思路是把不同工作对象中的相似要素，加以科学的归类和分组，通过分析和概括，针对这些要素建立解决问题的相应数据库及数学模型和程序软件，以达到快速处理和自动控制的目的。对成组加工工艺而言，就是把不同工件按其结构和工艺上的相似性进行归类分组，即把生产产品中外形不同、尺寸不同、但加工工序内容大致相同，加工要素（例如外圆、内孔、空刀槽、螺纹等）相似的不同工件划归同一个工艺组，这样就把工件加工的批量由原来的单件、小批量累计成为同一工艺组的中批量、大批量，进而可以采用高效生产方式组织生产，解决了高效设备投资大，不适于小批量工件加工的矛盾。

成组加工工艺的生产组织，是针对这个工艺组中概括了各种相同要素而形成的所谓综合零件来进行的，这个综合零件可以是一个实际零件，而一般为一个假想零件。图 8-1 所示为十个不同零件所构成的一个工艺组，尽管它们外形各不相同，但都是由相似的工序内容及加工要素所组成的，其组成要素分别为外圆、圆锥、外沉割槽、断面、内孔、台肩、内空刀槽、内螺纹等，由这些相同要素产生出此组的综合零件 *A*，如图 8-1 所示。然后针对零件 *A* 来具体决定生产的组织结构形式，包括：设备的配备、刀具、工艺装备的配备、切削用量、加工精度范围、工作地及生产工人配备等各个方面，这样，加工零件 *A* 的生产单元就具有了较为专一的加工能力，同时也具备了足够的生产批量，就可以用较高效率的专用设备来装备这个生产单元，使得各个小批量的工件也能够进行准专业化的高效加工。

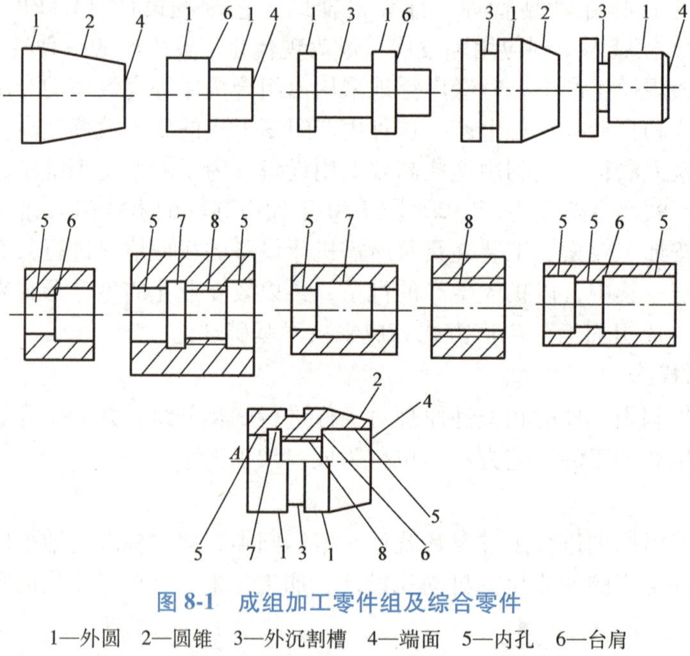

图 8-1　成组加工零件组及综合零件

1—外圆　2—圆锥　3—外沉割槽　4—端面　5—内孔　6—台肩

7—内空刀槽　8—内螺纹

（三）成组加工中的分组编码系统

在成组加工技术中对不同工件的归类分组要借助于统一的分类编码系统，零件分类编码系统就是用字符（数字、字母和符号）对零件各个有关特征进行描述和标识的一套特定规则和依据。

所谓对零件进行编码，就是按照分类编码规则对零件的各项特征用规定的字符来进行描述和标识。对零件的编码过程就是对零件进行分类的过程，通过对零件的编码，可以使得原来那些显得杂乱无章、特点模糊不清的零件关系变得调理化、明晰化，为后续处理提供条件。

世界上应用于成组技术的编码系统已有近百种，其中应用于成组加工的著名编码系统有：苏联的米特洛万诺夫（Mitrofanov）系统，德国的奥匹兹（Opitz）系统以及日本的KC—2、KK—1~3 系统等，美国的成组技术应用起步较晚，大多数大企业使用了荷兰的 MI-CLASS 编码系统。我国于 1980 年成立了成组技术研究会，1982 年 10 月，机械工业系统用机床零件编码系统 JCBM—1 正式定稿；1985 年，机械工业部批准“机械工业成组技术零件分类编码规则 JLBM—1 系统”作为指导性技术文件公布试行，使我国的成组技术应用跨入了标准化的轨道。

图 8-2 所示为德国奥匹兹编码系统的基本结构：它由九位十进制数字代码所组成，前 5 位码为主码，表示零件的形状，又称为形状代码；后 4 位为辅码，分别表示零件的尺寸、材料、原始形式和精度，也称为辅助代码。每个码位内又有 10 个特征码（0~9），分别表示零件的 10 种特征。

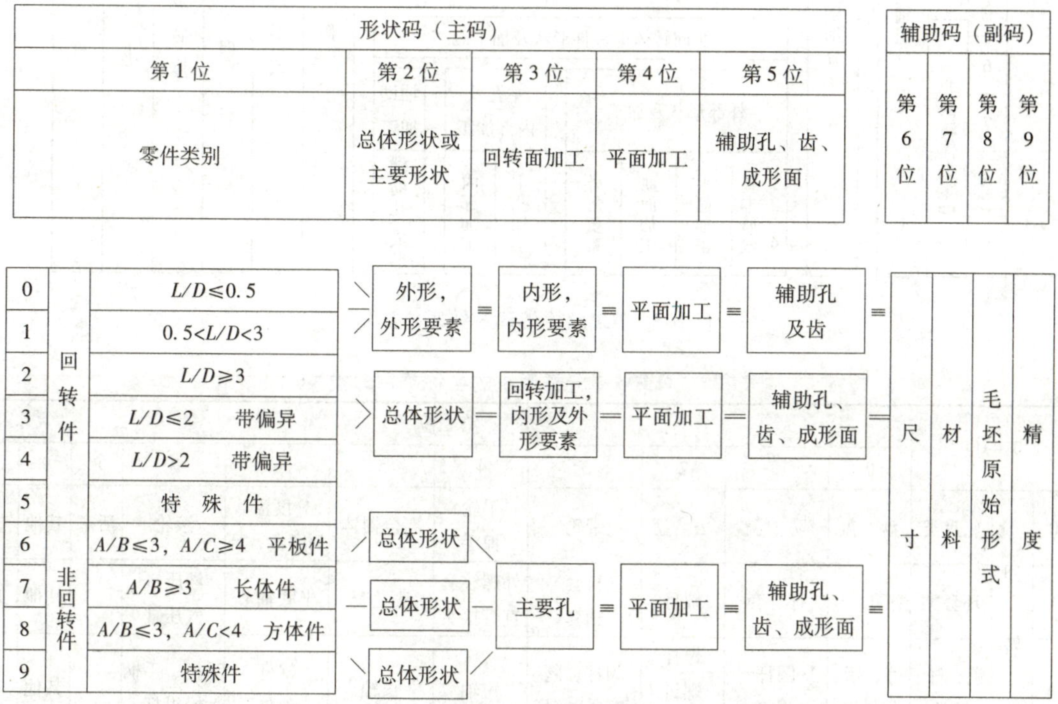

图 8-2　奥匹兹编码系统的基本结构

图 8-3 所示为我国机械工业部于 1982 年 9 月组织了 14 个单位制定的 JLBM-1 零件分类编码系统。它采用了九位主码（1~9 位）和六位辅码（10~15 位）的混合式编码结构，其中前两位表示零件的粗类别（回转类、非回转类两大类共 10 小分类）和名称细分类（10 个分类），主要反映零件的功能和主要形状，通过名称类别可以方便设计检索和分组分类；第

3~9 位码表示零件的形状及加工特征，用来说明零件外部形状、内部形状、平面、端面及其加工特征；第 10~15 位辅助码用来表示零件的材料、毛坯、热处理、主要尺寸和精度等信息。其编码结构与奥匹兹系统的结构较相似。表 8-1~表 8-4 给出了 JLBM—1 系统的部分有关内容，供参考查阅。

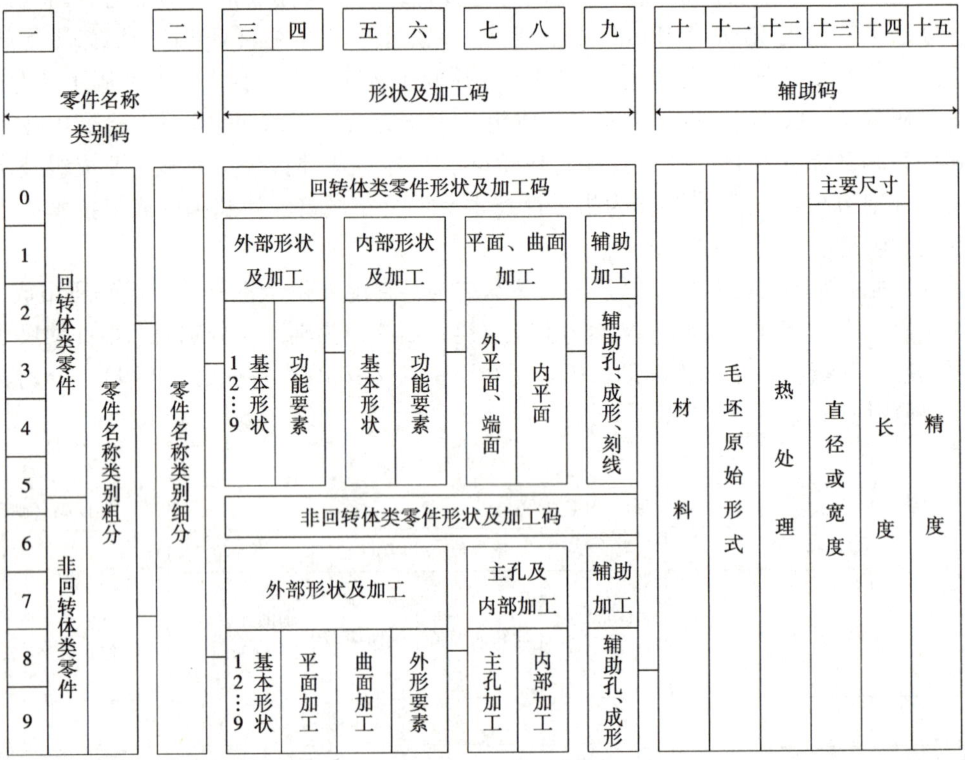

图 8-3　JLBM-1 编码系统基本结构

表 8-1　JLBM-1 分类系统的名称类别分类表

第一位			第二位 0	1	2	3	4	5	6	7	8	9	
0	回转类零件	轮盘类	盘、盖	防护盖	法兰盘	带轮	手轮 捏手	离合器体	分度盘、 刻度盘，环	滚轮	活塞	其他	0
1		环套类	垫圈、片	环、套	螺母	衬套 轴套	外螺纹套 直管接头	法兰套	半联轴节	液压缸 气压缸		其他	1
2		销、杆、 轴类	销、堵、 短圆柱	圆杆 圆管	螺杆 螺钉 螺栓	阀杆、阀 芯、活塞杆	短轴	长轴	蜗杆 丝杠	手把、手柄 操纵杆		其他	2
3		齿轮类	圆柱外 齿轮	圆柱内 齿轮	锥齿轮	蜗轮	链轮 棘轮	螺旋锥 齿轮	复合齿轮	圆柱齿条		其他	3
4		异形件	异形盘套	弯管接头 弯头	偏心件	弓形件 扇形件	叉形接头 叉轴	凸轮 凸轮轴	阀体			其他	4
5		专用件										其他	5

（续）

第一位			第二位 0	1	2	3	4	5	6	7	8	9	
6	非回转类零件	杆条类	杆、条	杠杆 摆杆	连杆	撑杆 拉杆	扳手	键 镶(压)条	梁	齿条	拨叉	其他	6
7		板块类	板、块	防护板、 盖板、门板	支承板 垫板	压板 连接板	定位块 棘爪	导向块(板) 滑块(板)	阀块 分油器	凸轮板		其他	7
8		座架类	轴承座	支座	弯板	底座 机架	支架					其他	8
9		箱壳体类	罩、盖	容器	壳体	箱体	立柱	机身	工作台			其他	9

表 8-2 JLBM-1 分类系统回转件分类表（第三~九位）

码位	三		四		五			六		七		八		九		
特征项号	外部形状及加工				内部形状及加工					平面、曲面加工				辅助加工(非同轴线孔、成形、刻线)		
	基本形状		功能要素		基本形状			功能要素		外(端)面		内面				
0	单一轴线	光滑	0	无	0	无轴线孔		0	无	0	无	0	无	0	无	
1		单向台阶	1	环槽	1	无加工孔		1	环槽	1	单一平面 不等分平面	1	单一平面 不等分平面	1	均布孔	轴向
2		双向台阶	2	螺纹	2	通孔	光滑 单向台阶	2	螺纹	2	平行平面 等分平面	2	平行平面 等分平面	2		径向
3		球、曲面	3	1+2	3		双向台阶	3	1+2	3	槽、键槽	3	槽、键槽	3	非均布孔	轴向
4		正多边形	4	锥面	4	不通孔	单侧	4	锥面	4	花键	4	花键	4		径向
5		非圆对称截面	5	1+4	5		双侧	5	1+4	5	齿形	5	齿形	5	倾斜孔	
6		弓、扇形或4、5 以外的	6	2+4	6	球、曲面		6	2+4	6	2+5	6	3+5	6	各种孔组合	
7	多轴线	平行轴线	7	1+2+4	7	深孔		7	1+2+4	7	3+5 或 4+5	7	4+5	7	成形	
8		弯曲、相交轴线	8	传动螺纹	8	相交孔 平行孔		8	传动螺纹	8	曲面	8	曲面	8	机械刻线	
9	其他		9	其他	9	其他		9	其他	9	其他	9	其他	9	其他	

表 8-3 JLBM-1 分类系统非回转件分类表（第三～九位）

码位	三			四			五			六		七				八			九			
特征	外部形状及加工											主孔及内部形状							辅助加工（辅助孔、成形）			
项号	总体形状			平面加工			曲面加工			外形要素		主孔加工及要素				内部平面加工						
0	板条	无弯曲	轮廓边缘由直线组成	0		无	0		无	0	无	0			无	0		无	无			0
1	板条	无弯曲	轮廓边缘由直线和曲线组成	1		一侧平面及台阶平面	1	回转面加工	回转面加工	1	外部一般直线沟槽	1	无螺纹	单一轴线	光滑、单向台阶或单向不通孔	1	主孔内	单一轴向沟槽	均布孔	单方向	圆周排列的孔	1
2	板条	无弯曲	板或条与圆柱体组合	2	双向平面	两侧平行平面及台阶平面	2	回转面加工	回转定位槽	2	直线定位导向槽	2	无螺纹	单一轴线	双向台阶双向不通孔	2	主孔内	多个轴向沟槽	均布孔	单方向	直线排列的孔	2
3	板条	有弯曲	轮廓边缘由直线或直线+曲线组成	3	双向平面	直交面	3		一般曲线，沟槽	3	直线导轨定位凸起	3	无螺纹	多轴线	平行轴线	3	主孔内	内花键	均布孔	多方向	两个方向配置孔	3
4	板条	有弯曲	板或条与圆柱体组合	4	双向平面	斜交面	4		简单曲面	4	1+2	4	无螺纹	多轴线	垂直或相交轴线	4	主孔内	内等分平面	均布孔	多方向	多个方向配置孔	4
5	块状			5		两个两侧平行平面（即四个面需加工）	5		复合曲面	5	2+3	5	有螺纹		单一轴线	5	主孔内	1+3	非均布孔		单个方向排列的孔	5
6	箱壳座架	有分离面		6		2+3 或 3+5	6		1+4	6	1+3 或 1+2+3	6	有螺纹		多轴线	6	主孔内	2+3	非均布孔		多个方向排列的孔	6
7	箱壳座架	无分离面	矩形体组合	7		六个平面需加工	7		2+4	7	齿形、齿纹	7	有其他功能要素（功能锥、功能槽、球面、曲面等）	单一轴线		7		异形孔	成形		无辅助孔	7
8	箱壳座架	无分离面	矩形体与圆柱体组合	8		斜交面	8		3+4	8	刻线	8	有其他功能要素（功能锥、功能槽、球面、曲面等）	多轴线		8		内腔平面及窗户平面加工	成形		有辅助孔	8
9	其他			9		其他	9		其他	9	其他	9			其他	9		其他	其他			9

表 8-4 JLBM-1 分类系统材料、毛坯、热处理、主要尺寸、精度分类表

码位	十	十一	十二	十三				十四			十五		
项号	材料	毛坯原始形式	热处理	项号	主要尺寸/mm 直径或宽度（D 或 B）			长度（L 或 A）			项号	精度	
					大型	中型	小型	大型	中型	小型			
0	灰铸铁	棒材	无	0	≤14	≤8	≤3	≤50	≤18	≤10	0	低精度	
1	特殊铸铁	冷拉材	发蓝	1	>14～20	>8～14	>3～6	>50～120	>18～30	>10～16	1	中等精度	内外回转面加工
2	普通碳钢	管材（异形管）	退火、正火及时效	2	>20～58	>14～20	>6～10	>120～250	>30～50	>16～25	2	中等精度	平面加工
3	优质碳钢	型材	调质	3	>58～90	>20～30	>10～18	>250～500	>50～120	>25～40	3	中等精度	1+2

（续）

码位	十	十一	十二	十三				十四			十五		
项号	材料	毛坯原始形式	热处理	项号	主要尺寸/mm						项号	精度	
					直径或宽度（*D* 或 *B*）			长度（*L* 或 *A*）					
					大型	中型	小型	大型	中型	小型			
4	合金钢	板材	淬火	4	>90～160	>30～58	>18～30	>500～800	>120～250	>40～60	4	高精度	外回转面加工
5	铜和铜合金	铸件	高、中频感应淬火	5	>160～400	>58～90	>30～45	>800～1250	>250～500	>60～85	5		内回转面加工
6	铝和铝合金	锻件	渗碳+4或 5	6	>400～630	>90～160	>45～65	>1250～2000	>500～800	>85～120	6		4+5
7	其他有色金属及其合金	铆焊件	渗氮处理	7	>630～1000	>160～440	>65～90	>2000～3150	>800～1250	>120～160	7		平面加工
8	非金属	铸塑成形件	电镀	8	>1000～1600	>440～630	>90～120	>3150～5000	>1250～2000	>160～200	8		4 或 5 或 6 加 7
9	其他	其他	其他	9	>1600	>630	>120	>5000	>2000	>200	9	超高精度	

图 8-4 所示为应用 JLBM—1 分类系统对一铸铁压盖进行编码的实例。

当应用成组技术进行零件的工艺设计时，首先产生该工艺组的综合零件（也称为复合零件）、典型零件，即包含了同组零件的全部加工要素的零件（它也可能是一个虚拟零件），然后按照标准化原则及参数来设计该综合零件的工艺过程，即为该零件组的成组工艺，其他任意一个零件的加工工艺只要从中去掉那些不必要的工序内容即可，如图 8-5 所示。这就给工艺设计的标准化提供了极大的方便，减轻了大量繁琐而重复的设计工作，也避免了工艺设计人员的设计随意性，减少了出错误的几率。

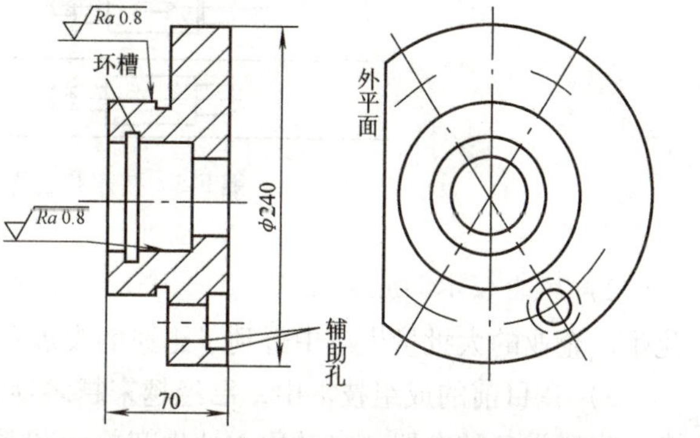

图 8-4　JLBM—1 分类系统编码实例

图 8-6 所示为一种车床用成组夹具，应用它可以对结构相似而尺寸规格不同的成组零件进行安装。它可以通过更换或调整几个个别的元件来满足不同零件的安装定位要求。由图可以看出，只要更换 KH1～KH5 几个元件就能够满足长度或者内径不同的零件的安装需要。

（四）成组技术的应用发展情况

成组技术发展至今，已经不光是改变多品种、小批量工件生产加工落后状态的一项卓有成效的组织技术措施，它在企业生产活动的产品设计、毛坯制造、工艺工装管理及生产作业管理等各个方面都获得了成功的应用，随着数字技术的快速发展，成组技术与数字技术相互融合，已经表现出了十分诱人的发展前景，主要表现在以下几个方面：

1）成组技术的应用已经大大超出了加工工艺的范畴，而更多地扩展到了从产品的设计、毛坯制造、到工艺规程的制订、加工参数的优化设计和高效自动化生产管理，扩大到了整个生产系统，成为协调和优化整个生产过程十分重要的手段。

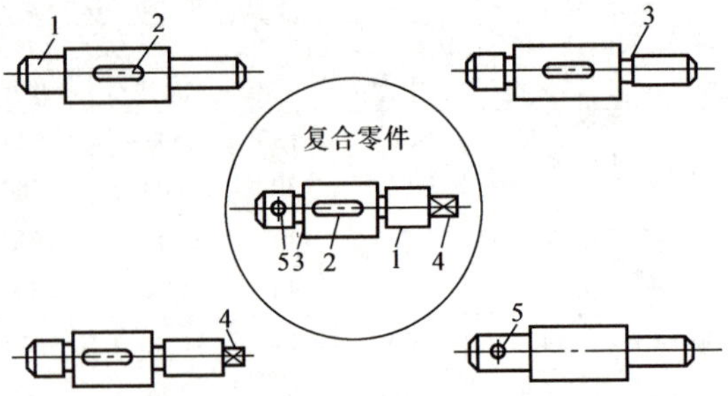

零件图	工艺过程
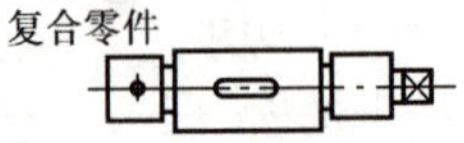	C1–C2–XJ–X–Z
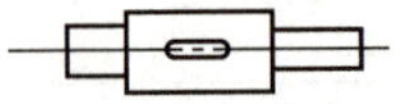	C1–C2–XJ
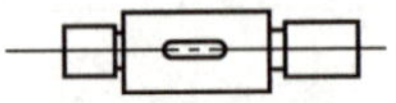	C1–C2–XJ
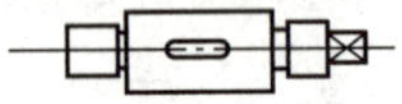	C1–C2–XJ–X
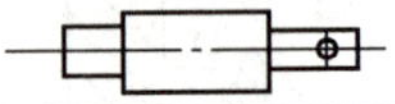	C1–C2–Z

图 8-5 按照综合零件进行工艺设计

2）成组技术的应用已经超出了中、小批量生产的规模范围的界限，而在各类大型专业化生产企业的大批量生产中得到了迅速的发展和应用。

3）在目前的成组技术中，已经越来越多地应用计算机技术来进行零件的分组编码和检索、生产设备的布置、自动化柔性生产单元和系统的建立、各个机床生产负荷的均衡调配、产品及工装等物流的安排、工序过程的自动化管理及优化控制全过程。成组技术与计算机技术的结合，已经成功地实现了计算机辅助工艺规程设计 CAPP 和计算机辅助制造 CAM，产生了柔性制造系统 FMS 和计算机集成制造系统 CIMS 等现代自动化的无人化生产组织形式。

二、计算机辅助工艺规程设计 CAPP

1. CAPP 的概念

CAPP 是计算机辅助工艺过程设计（Computer Aided Process Planning）的简写，又称为计算机辅助工艺规程设计或计算机辅助工艺设计，它是借助于计算机技术和成组技术快速生成标准而科学规范的工艺规程的高效工艺设计手段，是通过向计算机输入被加工工件的原始数据、加工条件和加工要求，通过人机对话，使计算机自动地生成或调用经过优化的标准工艺规程的一种自动设计方法。

2. CAPP 的应用特点

利用计算机进行工艺规程的自动设计可以大幅度地提高工艺设计的工作效率，并保证了工艺设计的科学性和设计质量，避免了工艺规程设计上的主观性和随意性，也避免了由于工序设计人员的生产经验不足或冗长繁琐计算所造成的设计差错。CAPP 可以有效缩短工艺准备时间，加快新产品的开发和生产，并为制订科学的劳动工时定额和材料消耗定额，为提高生产的科学管理水平提供科学的依据。此外，CAPP 还是连接计算机辅助设计 CAD 和计算机辅助制造 CAM 的中间环节，可以在生成工艺规程的基础上通过人机对话直接生成 NC 加工程序，并指挥机床进行切削加工。所以 CAPP 又是进一步开发集成生产系统 ICMS 和柔性制造系统 FMS 的基础。目前，各国已经开发了许多较为成功的 CAPP 系统。有些 CAPP 系统能够进行动态仿真，模拟显示加工过程，以便校验工艺规程和加工走刀路线。

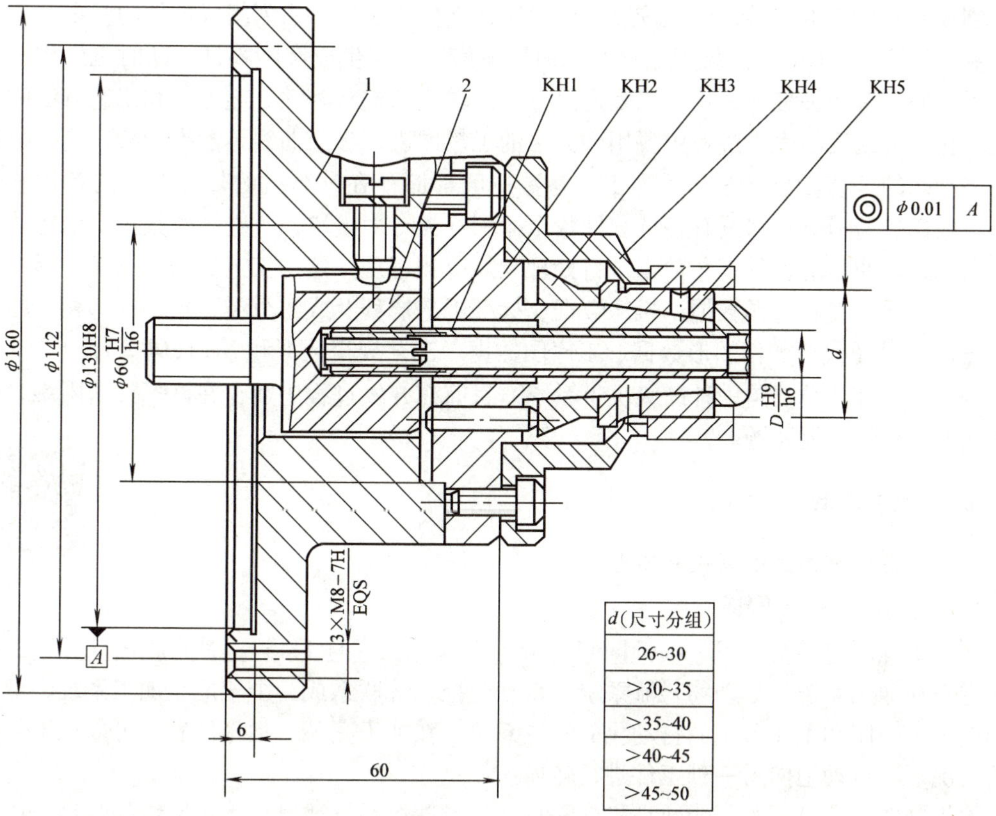

图 8-6　车床用成组夹具

3. 常用的 CAPP 类型

目前的各种 CAPP 系统的工作原理，可以大体划分为派生型、创成型、综合型、交互型和智能型等几种类型，而技术发展比较成熟的主要有派生型和创成型两大类。

（1）派生型 CAPP　派生型 CAPP 又称变异型 CAPP，它是建立在成组技术基础上的 CAPP 系统。根据成组技术原理，在计算机中建立了各种典型工件的工艺组数据库，在设计一个新零件的工艺规程时，只要将零件的有关参数信息输入计算机，计算机会自动根据零件的结构进行编码搜索，并检索调用对应的标准工艺，然后通过简单的人机对话，对个别工序及参数进行调整修改，即可派生出该工件的工艺规程。

由于一般新产品的开发中，大约占80%的零件都是在原有参照产品的基础之上设计出来的，利用派生型CAPP原理可以快速地生成新产品的绝大多数零件的工艺规程，节省了大量的设计时间，并保证了新工艺规程设计的科学性和标准化。所以，应用派生原理来生成新工艺规程的CAPP技术已经越来越成熟，应用十分广泛。

（2）创成型CAPP　创成型CAPP基本上不是以原有工艺规程为基础，在计算机中也没有预先存储的“典型标准工艺规程”可以调用，而是在计算机数据库中收集了大量的工艺参数和工艺方法，存储了大量的优化决策逻辑。CAPP系统在工作时，只要直接读入零件有关信息，然后综合这些信息，自动进行逻辑判断和决策，在没有人工干预的情况下，创生出一个新的工艺规程。

创成型CAPP工作时，首先按照零件的体元素描述法把一系列组成零件的基本几何形体情况输入计算机，CAPP系统根据这些几何形体信息自动生成实际零件，同时也生成了有关这个零件的所有相关参数，接下来是通过自动逻辑判断进行相关工艺参数和工艺方法的决策生成，在工艺规程的生成过程中要用到大量的工艺图表、参数曲线等静态参数，同时也将产生许多动态的工艺参数。这一系列工艺参数一般都储存在计算机的外存储器的各种软件包中，一般创成型CAPP都具有各种软件数据库和各类专用模块，一些高档数据库中还建有工艺数据库，以便于对各种工艺数据进行处理和规范化管理。这些工艺数据库通常包括材料数据、刀具数据、夹具量具数据、机床数据、标准工艺规程及成组分类数据和一些相关的动态工艺设计数据（包括零件图形数据、工序图数据、工艺规程数据和NC代码等）。

创成型CAPP系统是一种高级决策系统，目前在开发过程中还存在许多技术困难，是深入研制CAPP的重要课题。

8.1.2　柔性制造技术

一、柔性制造系统的有关基本概念

1. 柔性制造系统FMS

所谓柔性制造系统（Flexible Manufacturing System，简称FMS），是指利用计算机控制技术，把自动加工系统、自动物料流系统、自动监控系统联系成一个智能型加工系统，形成没有固定加工顺序和工作节拍的自动化的制造系统。在加工完某一批零件后，可以在不停机调整的情况下，自动地向另一种工件进行转换。

柔性制造系统是由若干台数控机床和自动物料储运系统通过计算机网络相联系，以实现网络内所有资源的动态平衡和优化使用，可以自动地调节和适应成组零件的混合加工。FMS的柔性一般应体现出以下几点：

1）能够加工同组不同型的较宽零件带，包括不相似的零件。

2）能够适应各种零件批量的变化和零件品种的混合。

3）能够迅速对零件的设计和工艺变化作出相应的响应。

4）适应生产计划和作业计划的突然变化。

5）系统本身易于重新配置和扩展。

柔性制造系统是一个复杂的投资较大的自适应智能制造系统，它是在柔性加工系统（Flexible Machining System）基础上发展起来的，它的基本构成思路是利用数控机床能够自动加工零件的基本功能，再配备各种自动输送装置、自动清屑和清洗装置、托盘自动交换装置和刀具更换系统、监测系统，形成一个能够适应一系列零件加工的自动加工制造系统。它的发展前身是柔性制造单元（Flexible Manufacturing Cell，FMC）。

2. 柔性制造单元 FMC

柔性制造单元 FMC 是一种根据一定的零件族由一台或者数台数控机床所组成的自动化生产集合。传统的数控加工中心就是典型的单台机床 FMC，它由有限的零件储备及装卸、刀具自动交换功能系统组成，由一名操作工人负责，属于传统的一对一方式生产。例如，对于主要加工箱体类零件的 FMC，一般是以一台镗、铣加工中心为核心来组成生产单元；对于主要加工轴类零件的 FMC，则以数控车削中心为核心，再辅助配备数控车床和数控磨床来组成 FMC。由于成组技术的发展及高效加工的要求，目前的典型 FMC 都配备有工件输送装置或者托盘自动交换装置。图 8-7 所示为一个由单台数控加工中心所组成的典型 FMC 结构。它通过托盘自动交换装置完成工件的自动装卸或者不同工件的加工转换，通过刀库和换刀机械手自动完成刀具的交换，生产效率非常高。

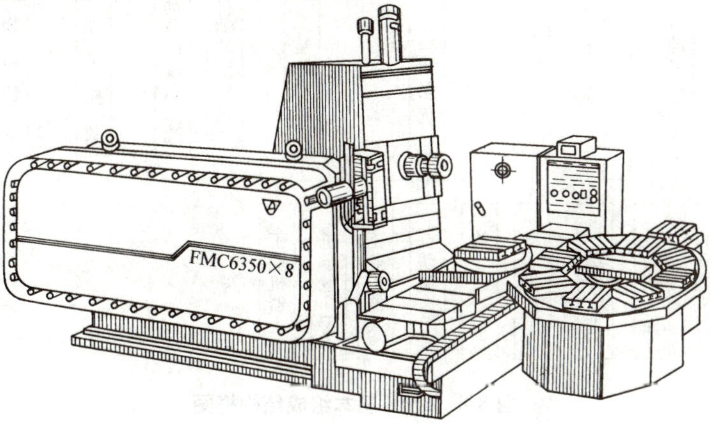

图 8-7　典型 FMC 结构

与 FMS 不同，FMC 中的工件、刀具等物料流向往往是固定的，提前设定好的，而且单元的自我决策能力、自动化程度、柔性调整和调度能力、各机床设备间的生产负荷平衡能力等都远不如 FMS。

二、柔性制造系统的基本组成

柔性制造系统一般由计算机控制系统、自动加工系统、物料流控制配送系统和自动监视系统四大部分所组成。图 8-8 所示为 FMS 基本组成结构框图。图 8-9 所示为一个典型 FMS 系统及其主要设备组成示意图。

1. 自动加工系统

自动加工系统一般由一台或者几台数控加工中心为切削加工核心，并配以其他数控机床和必要的加工辅助设备（如刀具更换装置、工件装卸装置、自动清屑及零件清洗装置等）所组成，它是完成切削加工的基础硬件系统。

2. 物料流系统

物料流系统一般由自动化仓储库、缓冲站、自动装卸和输送系统、托盘交换和输送装置、刀具交换输送系统等所组成。它是各个工作单元之间相互联系的纽带。

在FMS中的物流系统与传统自动线和FMC的工件输送有很大的不同，它不按固定的生产节拍来强行输送工件，它完全根据整个系统的工作需要来统一调度物流，输送小车运送的可以是工件、刀具，也可以是夹具等工装设备，各个切削加工点或工位都设有缓冲站。大多数FMS中的工件多提前在工件装卸站装夹到托盘的夹具上，然后由物料传送系统送往加工工位进行等候；FMS中的刀具系统一般较庞大，除了各个加工中心具有单元刀库外，FMS中还备有中央刀库，以便随时对各个单元用刀具进行自动补充。

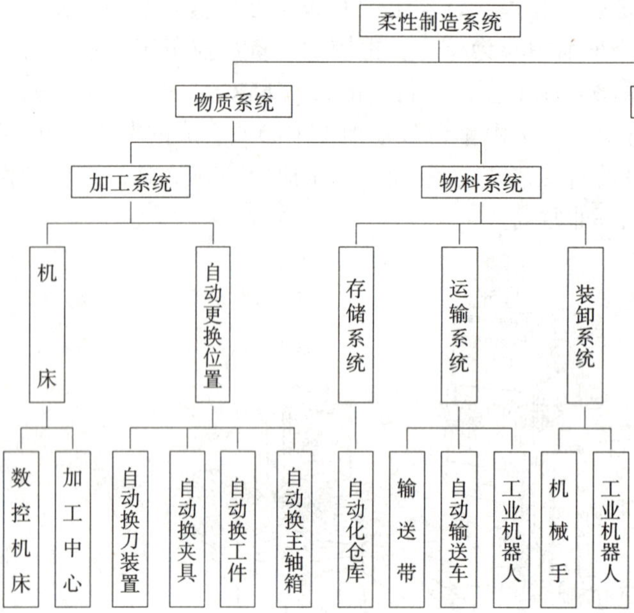

图8-8　FMS基本组成结构框图

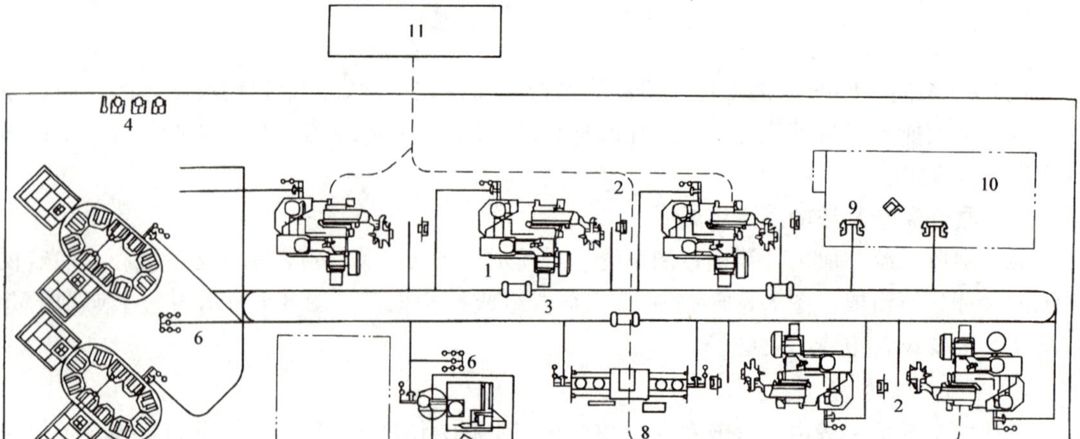

图8-9　典型FMS系统示意图

自动化立体仓库是FMS物流系统中的重要存储部分，一般的自动化立体仓库多半设置在 FMS 系统的一侧，其主要功能是根据计算机系统的指令及时准确地发送和存储物料，并随时提供各种物料的库存情况。

3. 自动监控系统

自动监控系统主要完成对系统各部的实时监控作用，包括对刀具、工件等物流的运行情况的监测和实时控制作用。

4. 计算机控制系统

整个 FMS 系统由中央计算机统一进行指挥和调度，自动完成高效生产的控制工作。整个控制系统是一个计算机网络系统，所有的受控制单元都与这个控制网络相连接，接受中央计算机的统一调度。中央计算机实行分层、分级管理，在车间生产管理层，计算机主要完成生产计划管理和加工过程控制，计算机控制系统一般是把各种控制任务分成相互独立的功能模块或者功能单元，由专门的应用模块软件系统去控制，其中包括任务管理模块、作业计划模块、运行控制模块、NC 数据管理模块、工况数据模块、质量控制与管理模块、系统自诊断和维护模块、人机交换控制模块等，而中央计算机则把这些模块的工作加以集成和协调，完成统一高效自动化生产的指挥和调度。

8.1.3　信息化制造技术应用软件

中国已成为全球制造业的中心，中国是制造业大国，但还不是强国。因此，国家确定了通过信息化带动工业化的国策，推动制造企业实施制造业信息化。

制造业信息化将信息技术、自动化技术、现代管理技术与制造技术紧密结合，可以改善制造企业的经营、管理、产品开发和生产等各个环节，提高生产效率、产品质量和企业的创新能力，降低消耗，带动产品设计方法和设计工具的创新、企业管理模式的创新、制造技术的创新以及企业间协作关系的创新，从而实现产品设计制造和企业管理的信息化、生产过程控制的智能化、制造装备的数控化以及咨询服务的网络化，全面提升我国制造业的竞争力。

信息化制造技术的推广主要体现在信息化制造技术软件的应用领域，这类软件主要有设计制造信息化（CAD/CAM）及生产管理信息化（ERP）两大类，这些软件应用在信息化制造发展进程中起着重要作用。

1. CAD/CAM 应用软件

CAD/CAM 即计算机辅助设计与制造，其含义是指产品设计和制造人员根据产品设计和制造流程，在计算机系统的支持下，进行设计和制造的一项技术。一般讲，一个完整的 CAD/CAM 系统是由计算机、外围设备及附加生产设备等硬件和控制这些硬件运行的指令、程序即软件组成。

（1）CAD/CAM 技术的应用现状　CAD/CAM 技术在 20 世纪 50 年代起源于美国，经过近几十年的发展，其技术和水平已经到达了相当成熟的阶段。日本、法国、德国也相继在机械制造、航空航天、汽车工业、建筑化工等行业中广泛使用 CAD/CAM 技术，CAD/CAM 技术在发达国家已经成为国民经济的重要支柱。

（2）常见 CAD/CAM 软件分类及功能　CAD/CAM 软件实现了 CAD、CAE（计算机辅助工程分析）、CAPP（计算机辅助工艺过程设计）、CAM、PDM（产品数据管理）和 PPC（生产计划与控制）等技术的高度集成，能实现设计制造及生产管理的一体化。这类高档的 CAD/CAM 软件，典型的有 Creo、CATIA、UG 等国外公司开发的软件。中、低档 CAD/CAM 软件只具备部分功能，但是由于成本低、实用性强，易学易用，所以大部分企业都具备应用条件。近些年，国内软件公司也致力于此类软件开发，出现了一批适合本国制造企业需求的优秀软件，例如 CAXA 机械制造工程师、CAXA—CAPP 软件等。常见 CAD/CAM 应用软件见表 8-5。

表 8-5 常见 CAD/CAM 应用软件

软件名称	软件介绍
UG (Unigraphics)	该软件是集成化的 CAD/CAE/CAM 系统，是当前国际、国内最为流行的工业设计平台之一。其主要模块有数控造型、数控加工、产品装配等通用模块和计算机辅助工业设计、钣金设计加工、模具设计加工、管路设计布局等专用模块
Creo	该软件开创了三维 CAD/CAM 参数化的先河，采用单一数据库的设计，是基于特征、全参数、全相关性的 CAD/CAE/CAM 系统。该软件包含了零件造型、产品装配、NC 加工、模具开发、钣金件设计、外型设计、逆向工程、机构模拟、应力分析等功能模块
CATIA	该软件是最早用于航空业的大型 CAD/CAE/CAM 软件，目前 60%以上的航空业和汽车工业都使用该软件。该软件是最早实现曲面造型的软件，它开创了三维设计的新时代。目前 CATIA 系统已发展成为从产品设计、产品分析、NC 加工、装配和检验到过程管理、虚拟动作等众多功能的大型软件
Solidworks	该软件具有极强的图形格式转换功能，几乎所有的 CAD/CAE/CAM 软件都可以与 Solidworks 软件进行数据转换，美中不足的是其数控加工功能不够强大（可以采用 SolidCAM）。该软件具有产品设计、产品造型、产品装配、钣金设计、焊接及工程图等功能
Mastercam	该软件是基于 PC 平台集二维绘图、三维曲面设计、体素拼合、数控编程、刀具路径模拟及真实感模拟功能于一身的 CAD/CAM 软件，该软件尤其对于复杂曲面的生成与加工具有独到的优势，但其对零件的设计、模具的设计功能不强
Cimatron	该软件是一套集成 CAD/CAE/CAM 的专业软件，它具有模具设计、三维造型、生成工程图、数控加工等功能。该软件在我国得到了广泛的使用，特别是在数控加工方面更是占有很大的比重
CAXA 制造工程师	该软件是我国自行研制开发的全中文、面向数控铣床与加工中心的三维 CAD/CAM 软件，它既具有线框造型、曲面造型和实体造型的设计功能，又具有生成二至五轴的加工代码的数控加工功能，可用于加工具有复杂三维曲面的零件
CAXA—CAPP	CAXA—CAPP 系统，是面向企业工艺部门工艺设计与管理应用的解决方案，为企业级工艺业务管理、工艺数据管理和工艺设计提供强大的支撑平台。满足各类制造企业、各种工艺周期、各种工艺阶段、各种工艺角色、各种工艺类型的工艺设计和管理需求。它包括工艺图表、工艺路线、材料定额、工时定额、工装管理、工艺管理、工作流、红线批注、电子签名、汇总报表、项目管理、变更管理、编码管理、ERP 集成等

2. ERP 软件

企业管理软件是面向企业的，能够帮助企业管理者优化工作流程，提高工作效率的信息化系统。企业管理软件重视系统功能的全面性，流程的可控性，技术的先进性，系统的易用性。

(1) 常见企业管理软件简介　最常见的企业管理软件系统包括 ERP（企业资源计划）、

CRM（客户关系管理）、HR（人力资源）、OA（办公自动化），财务管理软件系统，进销存等。

ERP——Enterprise Resource Planning 企业资源计划系统，是指建立在信息技术基础上，以系统化的管理思想，为企业决策层及员工提供决策运行手段的管理平台。

CRM——客户关系管理系统通过集合最新的信息技术，包括 Internet 和电子商务、多媒体技术、数据仓库和数据挖掘、专家系统和人工智能、呼叫中心等，为企业提供了一个业务自动化的解决方案。该方案要求企业从“以产品为中心”的模式向“以客户为中心”的模式转移，通过深入的客户分析来满足客户需求，并通过完善的客户服务，保证实现客户的终生价值。

HR——人力资源管理系统通过人力资源规划、招聘与配置、培训与开发、绩效管理、薪酬福利管理、劳动关系管理六大模块，让企业 HR 更好地进行人力资源的发展和规划，更加充分地利用员工的价值。系统重点是实现人力资源部门在员工素质管理、薪资管理、绩效考核等方面的需求。

OA——Office Automation 的缩写，即利用技术的手段采用 Internet/Intranet 技术，基于工作流的概念，使企业内部人员方便快捷地共享信息，高效地协同工作；实现迅速、全方位的信息采集、信息处理，为企业的管理和决策提供科学的依据，提高企业办公的效率，进而实现办公的自动化处理。

财务管理软件——以会计业务为基础，在此基础上扩充其他的一些财务操作，如总账管理、生产财务报表等。

进销存——进销存系统是采用先进的计算机技术而开发的，通过集进货、销售、存储多个环节信息于一体，提供订单、采购、销售、退货、库存、往来发票、往来账款、业务员等的管理，帮助企业处理日常的进销存业务，实现企业对采购（进）→入库（存）→销售（销）过程的动态高效管理。

（2）ERP 应用软件简介　所有以 ERP 理论思想为产品设计基础的，涵括企业财务、物流、供应链、生产计划、人力资源、设备、质量管理等各类资源管理的软件操作系统，都可以统称为 ERP 软件。

国内外有很多 ERP 软件，国外最顶端的 ERP 软件当属 SAP 公司的 SAP ERP 软件了，它以其功能强大、开放性强、设计思路与流程严谨稳居全球 ERP 软件之首；其次，德国的 ORACLE-ERP、丹麦的 AxaptaERP 等都是世界顶尖级 ERP 产品。近几年国产 ERP 软件也在蓬勃发展之中，其中用友的 ERP 软件位居国内 ERP 软件之首，其次，航信软件填补了本土 ERP 市场的一大技术空白。用友财务软件只是用友 ERP 产品的其中一个模块，有关企业各项管理如生产计划、物资管理、质量管理、设备管理、人力资源管理等均有其相应的模块可供使用。

（3）ERP 带来的效益　据美国生产与库存控制学会（APICS）统计，使用一个 MRPII/ERP 系统，平均可以为企业带来如下经济效益：使一般用户的库存投资减少 1.4~1.5 倍，库存周转率提高；企业的准时交货率提高，这就使销售部门的信誉大大提高；有了及时准确的生产计划信息，缩短了采购时间和节省了采购费用；计划也作了改进，能够做到及时与准确，生产线上的停工待料现象将会大大减少；库存费用下降，劳动力的节约，采购费用节省，必然会引起生产成本的降低，管理人员减少，生产能力提高 10%~15%。此外，近年来

ERP市场的飞速成长也显示出了它的巨大发展潜力。

（4）ERP推广的制约因素

1）ERP系统不是简单的应用软件，企业往往需要一段时间去修改、适应，才能将其更好地融入到日常业务的运作当中。具体对每个企业来说，其所需要的时间是不一样的，短则需要两三个月，长则需要两三年甚至更久。在这期间，ERP系统的应用与企业的实际利益产生冲突时，企业管理者难免更倾向于眼前的利益，更在意这段时间当中企业的损失，即使企业能顺利度过与ERP系统的磨合期，用户仍需要进行ERP系统的修改、安装及运维工作。这对中小企业来说，不仅增加了IT成本的投入，也会使得ERP系统的推广受阻。

2）ERP系统的开发者与使用者沟通不足也是影响其推广应用的因素。在系统售出后，模块设计是否符合用户要求，软件选型是否适合企业实际，这类基本信息双方很难得到快速、便捷的确认。沟通缺失，信息不畅导致了系统升级速度减慢，减缓了ERP系统自身发展的脚步。

3）ERP系统中的数据安全隐患也阻碍了企业深入推广ERP系统的进程。由于技术缺失等问题，用户实施ERP系统的硬件载体一旦发生事故，造成数据丢失，对一个企业来说将是沉重的打击。大多数企业由于自身规模的限制，在硬件、技术以及人才方面的投入有限，在技术上无法做到实时、大规模、异地备份，在一定程度上阻碍了ERP的发展。

由于以上因素的存在，目前市场上还没有多数企业公认的成熟EPR软件，正是这一原因，此生产管理领域的信息化技术发展存在较大空间。

8.1.4　绿色制造及高效生产

资源、环境、人口是当今人类社会面临的三大主要问题。特别是环境问题，其恶化程度与日俱增，对人类社会生存与发展造成严重威胁。随着全球环境问题的日益恶化，人们对环境问题的研究越来越重视。环境问题已构成21世纪人类生存和发展所面临的重大挑战。

机械制造行业是创造人类财富的支柱产业，但同时又大量消耗掉人类社会的有限资源，并且是造成当前环境污染问题的主要根源之一，为此，机械行业实施可持续发展战略已势在必行。绿色制造正是基于这一点而产生和发展起来的，是机械行业的发展趋势，或者说绿色制造是21世纪制造业的可持续发展模式。

1. 传统制造业已不适应可持续发展的要求

传统制造业一般是纯粹从经济效益的角度去实施制造过程的，在设计产品时着力考虑产品的功能与品质，制造产品时片面追求高效率与低成本。不断涌现的新颖高效的先进制造技术推动了制造业的快速发展，产品更新换代周期不断缩短，加速了材料的消耗和工艺装备的淘汰；同时也产生了更多的废弃物，从而使人类赖以生存的环境不堪重负，严重制约了社会经济及人类文明的可持续发展。目前在环境保护方面，制造业存在以下问题：

（1）废旧或闲置设备回收和再利用率低　近年来，由于数控机床、加工中心及FMS\CIMS的应用，大多数传统机床在工厂逐步被摒弃，如何改造这些旧设备成了摆在我们面前的一大课题。

（2）能源和原材料消耗大　目前，我国制造业工艺水平不高，少部分企业缺乏环保意识。落后的制造工艺使得能源与原材料的消耗很大。

（3）产品的回收利用率极低　长期以来，传统的生产模式是按照“生产—流通—消费—废弃”的开式循环。制造业的生产基本上不考虑废弃产品的回收利用，特别是机械制造业的回收利用率更低。

（4）制造过程中产生的废弃物得不到无公害处理　许多企业在产品制造过程中注重的是如何以最低的成本高效地生产出产品，而很少关心加工过程中使用的工具及原材料等对环境的污染。高能耗、重污染的工艺仍然在生产中得到广泛的应用，而先进的环保型工艺由于成本较高而被搁置，企业不愿在治理废弃物方面有所花费。因此，在企业获得较高利润的同时，人类生存的环境却遭到了前所未有的破坏。

2. 绿色制造的关键技术

绿色制造是一个综合考虑环境影响和资源消耗的现代制造模式，其宗旨是使产品在开发设计→生产制造→使用维修→废弃后，以及回收处理的整个生命周期中，资源与能源利用率最高、废弃物最少以及对环境的负面影响最小，并使企业经济效益和社会效益协调优化。绿色制造是通过绿色生产过程（包括绿色设计、绿色材料、绿色工艺、绿色包装及绿色管理等）生产绿色产品，因而从产品设计到工艺、工装都与传统制造有着本质的区别。

从“大制造”的概念来讲，制造的全过程一般包括：产品设计、工艺规划、材料选择、生产制造、包装运输、使用和报废处理等阶段。如果在每个阶段都考虑到有关绿色的因素，就会产生相应的绿色制造技术。

（1）绿色设计　传统的产品设计很少考虑环境属性，在其使用寿命结束后，回收利用率低，资源浪费严重，毒性物质严重污染生态环境，形成一个“从摇篮到坟墓”的过程。绿色设计是从可持续发展的高度审视产品的整个生命周期，注重消除潜在的、对环境的负面影响，力求形成“从摇篮到再现”的过程。

（2）绿色材料选择　绿色产品首先要求构成产品的材料具有绿色特性，即在产品的整个生命周期内，这类材料应有利于降低能耗，环境负荷最小。宝马（BMW）公司生产的Z1型汽车，其车身全部由塑料制成，可在20分钟内从金属底盘上拆除，车上的门、保险杠和前、后、侧面的操纵板都由通用公司生产的可回收利用的热塑性塑料制成。福州某科学技术研究所与福建省某测试技术研究所已成功研制出由可控光塑料复合添加剂生产的一种新型塑料薄膜，这种薄膜在使用后的一定时间内即可降解成碎片，溶解在土壤中被微生物吃掉，从而起到净化环境的作用。在汽车和电子工业中，最常用的是含铅和锡的焊料。但是铅的毒性极大，所以近年来已经在油漆、汽油和其他诸多产品中限制或禁止使用。

（3）清洁生产　要想为绿色制造做出贡献，需从绿色制造工艺技术、绿色制造工艺设备与装备等入手：改进工艺，提高产品合格率；采用合理工艺，简化产品加工流程，减少加工工序，谋求生产过程的废料最少化，避免不安全因素；减少产品生产过程中的污染物排放，如减少切削液的使用等。

（4）绿色包装　现代商品的营销有五大要素，即产品、价格、渠道、促销和包装。而在重视环境保护的世界氛围里，消费者更是对商品包装提出了“4R1D”原则：Reduce（减少包装材料消耗），Reuse（包装容器的再充填使用），Recycle（包装材料的循环利用），Recover（能源的再生）以及De-gradable（包装材料的可降解性）。

（5）绿色处理技术　将废弃的产品中有用的部分再合理地利用起来，既能节约资源，又可有效地保护环境。如此一来，整个制造过程也会形成一个闭环的系统，最能有效减轻对环境的危害，这也正是与传统制造过程开环特性最不同的一点。上海交通大学就针对汽车开展了可回收性绿色设计技术的研究，与Ford公司合作，研究中国轿车的回收工程问题。

3. 绿色制造技术的发展趋势

近年来，绿色制造的研究非常活跃，研究内容体系也正在形成；其研究发展趋势可归纳为以下几个方面。

（1）全球化 制造业对环境的影响往往是超越空间的，人类需要团结起来，保护我们共同拥有的唯一的地球。ISO14000系列标准的陆续出台为绿色制造的全球化研究和应用奠定了很好的基础。近年来许多国家要求进口产品要进行绿色性认定，要有“绿色标志”。特别是有些国家以保护本国环境为由，制定了极为苛刻的产品环境指标来限制国际产品进入本国市场，即设置“绿色贸易壁垒”。绿色制造将为我国企业提高产品绿色性提供技术手段，从而为我国企业消除国际贸易壁垒进入国际市场提供有力的支撑，这也从另外一个角度说明了全球化的特点。

（2）社会化 绿色制造涉及的社会支撑系统首先是立法和行政规定问题。立法问题现在已越来越受到各个国家的重视。企业要真正有效地实施绿色制造，必须考虑产品寿命终结后的处理。

（3）集成化 当前，绿色制造的集成功能目标体系、产品和工艺设计与材料选择系统的集成、用户需求与产品使用的集成、绿色制造的问题领域集成、绿色制造系统中的信息集成、绿色制造的过程集成等集成技术的研究将成为绿色制造的重要研究内容。绿色集成制造技术和绿色集成制造系统将可能成为今后绿色制造研究的热点。

（4）并行化 绿色设计今后仍将是绿色制造中的关键技术。绿色设计今后的一个重要趋势就是与并行工程的的结合，从而形成一种新的产品设计和开发模式绿色并行工程。

（5）智能化 绿色制造的决策目标体系是现有制造系统TQCS（即产品上市时间T、产品质量Q、产品成本C和为用户提供的服务S）目标体系与环境影响E和资源消耗R的集成，即形成了TQCSRE的决策目标体系。优化这些目标，是一个难以用一般数学方法处理的十分复杂的多目标优化问题，需要用人工智能方法来支撑处理。

（6）产业化 绿色制造将导致一批新兴产业的形成。除了目前大家已注意到的废弃物回收处理装备制造业和废弃物回收处理的服务产业外，另有两大类产业值得特别注意：绿色产品制造业和实施绿色制造的软件产业。

8.2 机械零件的精密加工技术

所谓精密加工是指加工精度和加工表面质量达到很高精度的加工工艺，不同的制造技术发展时期的精密加工，其具体技术参数指标有所不同，在20世纪60年代时，一般加工精度为100μm，精密加工精度为1μm，超精密加工精度为0.1μm；90年代，一般加工精度达到了5μm，精密加工为0.05μm，超精密加工精度达到了0.005μm；进入21世纪，一般加工精度已经达到了1μm，精密加工衡量水平为0.01μm，超精密加工已经达到了0.001μm（即1nm）甚至Å级（读作埃级）的水平，为了进一步对超精加工进行细分，常把毫微米级（即纳米级1nm）加工水平称为微细加工，而再高一级的精度就是亚毫微米级（即

0.1nm 级，Å 级）接近于分子级，到了机械加工的理论最小界限（晶体材料的机械加工精度理论极限是 1.42~5.25Å）。

超精加工和微细加工技术已经成为目前尖端科学发展的关键技术之一，英国某公司把飞机发动机叶片的加工精度由 60μm 提高到 12μm，则发动机的压缩效率从 89%提高到了 94%；美国 MX 导弹的制导陀螺仪精度提高一个数量级，其命中精度由原来的 500m 精确到了 50m。超精加工技术现在已经被广泛应用于航天技术、微电子技术、遥感遥测技术和射电天文技术等尖端科学领域，成为现代制造技术的前沿技术。

精密和超精密加工技术目前主要包括精密和超精密磨削、精密和超精密切削、精密研磨与抛光、微细加工技术和纳米加工技术。

一、精密与超精密磨削

1. 高精度磨削有关概念

磨削加工是目前大多数工件精加工和获得高质量表面的传统工艺手段，经过淬硬的工件其精加工更是如此，对于不同的磨削质量要求，其磨削机理和磨削规律、磨削参数会有很大的不同，所以，我们在这里对如下几种磨削工艺加以定义：

1）工件表面经加工后其表面粗糙度值 Ra 达到 0.2~0.8μm 的磨削工艺称为普通磨削。

2）工件表面粗糙度 Ra 值达到<0.16μm 的磨削称为高光度磨削。

3）工件表面粗糙度 Ra 值达到 0.16~0.04μm 的磨削称为精密磨削。

4）工件表面粗糙度 Ra 值达到 0.04~0.02μm 的磨削称为超精密磨削。

5）而工件表面粗糙度 Ra 值达到≤0.01μm 的磨削称为镜面磨削。

2. 超精密磨削机理及磨削参数

在超精密磨削加工领域，要获得高精度表面，除了必须具备高刚度的机床、工艺系统、强劲而稳定的砂轮系统、平稳而精细的微细进给系统等基本条件外，磨削工艺参数的合理选择、砂轮的合理选择及精细修整是极其重要的。

（1）超精磨削表面的形成机理　超精密磨削表面的产生要借助于砂轮相对于工件精细而严格的相对运动，而更为重要的是砂轮工作表面的精细修整，所谓砂轮的精细修整是指用极细小的纵向修整进给率和很小的切深来修整砂轮，砂轮上硬而脆的磨粒表面经金刚石修整笔的撞击切割，产生极微细的破碎，因而使得每一粒外露的磨粒上都产生等高的微细切削刃，如图 8-10 所示，这种切削刃称为“微刃”。用这种布满微刃的砂轮对工件进行精细磨削，可以得到 Ra0.02μm 的精细表面。

用砂轮表面的微刃进行磨削时，开始的刃口比较锋利，切削作用较强，随着磨削的进行，微刃开始钝化，微刃间的等高性得到进一步的改善，砂轮表面逐渐趋于光滑，微刃的切削作用开始减弱，而磨粒的摩擦抛光作用逐渐增强，经过多次的光磨后，材料表面被反复地滑擦、碾平，形成了光滑的抛光表面。所以，这种超精密磨削加工表面的切削作用是极小的。得到超精密磨削表面的关键是砂轮的微刃和半钝状态微刃的摩擦抛光作用。

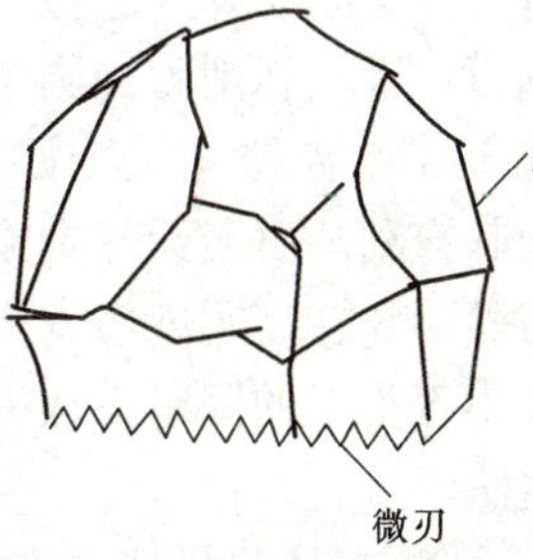

图 8-10　磨粒的微刃

（2）磨削参数　为了得到理想的微刃，砂轮的粒度可以选得稍微粗一些，80号粒度就可以了。为了维持较理想的半钝微刃状态，应考虑选用低脆性、高韧性的刚玉砂轮。

砂轮速度一般控制在14~30m/s范围内；工作台纵向进给速度为0.06~0.25mm/r；由于超精密磨削的余量都很小，在0.01mm以内，所以横向进给一般取0.0025mm/单程，光磨次数一般取5~10次即可。

3. 镜面磨削机理及磨削参数

要想进一步得到镜面质量，还是要借助于微刃的光磨抛光作用。与超精密磨不同的是，镜面磨削中的微刃要求更为细致，在砂轮工作表面上，微刃的分布要求更为均匀一致，所以，镜面磨削中采用的砂轮粒度更细、磨料硬度更软。由于镜面磨削中主要依靠半钝微刃对工件的挤压抛光和熨光作用，所以要求砂轮的磨粒相互之间要具有一定的退让性，以保证磨粒之间的微刃等高性，所以常选用含有石墨填充剂的树脂砂轮或橡胶结合剂砂轮，使砂轮结合剂具有一定的弹性。

镜面磨削主要是借助于砂轮与工件表面间反复的挤压抛光，所以要求砂轮与工件之间要保持一定的磨削压力，类似于抛光和研磨工艺中的研磨压力一样。另外，镜面磨削强调反复光磨，所以，一般的光磨次数都在20~30次以上。

镜面磨削中的磨削参数基本上与超精磨相同，只是砂轮选择要更细、更软，稍有弹性。

二、精密和超精密切削

1. 精密和超精密切削的应用情况

在精密和超精密切削中，加工精度直接受到加工方法、加工设备条件、工件材料、切削刀具、测量技术等条件的制约。根据超微量切削原则，如果要达到0.1~0.01μm的加工精度，切削刀具必须具备能够切除0.01μm以下的切削厚度的极其锋利的切削刃，也就是说，切削刃的最小钝圆半径ρ应该小于0.01μm。这样小的切削刃钝圆半径值，一般的硬质合金是很难达到的，硬质合金的颗粒大小一般有数微米，即使经过再精细的研磨，硬质合金切削刃的ρ值也很难小于1μm。目前的超精密切削加工中的刀具材料主要是金刚石刀具。被切削的材料主要有各类铝合金、无氧铜和其他铜合金、脆性陶瓷、硅晶体材料、铁氧体、非电解镀镍层等，加工的零件对象主要有计算机磁盘、录像机磁头、复印机硒鼓、激光打印机的多面棱镜、红外反射镜、制导陀螺仪、激光反射镜等。其加工精度一般为0.1~0.01μm，表面粗糙度Ra值达到0.02~0.005μm。

2. 金刚石刀具

精密和超精密切削中使用的刀具材料目前主要是金刚石。目前工业应用中的金刚石刀具主要有天然金刚石和人造金刚石两种。人造聚晶金刚石价格虽便宜一些，但性能远比不上天然金刚石，因其切削刃钝圆半径很难达到$\rho<1\mu m$。超精密切削中应用的天然金刚石颗粒一般在0.5~1.5克拉（1克拉=0.2g）左右，其切削刃钝圆半径ρ可以精研到0.05~0.01μm。刃口极其锋利。由于天然金刚石单晶体呈各向异性，不同晶格方向上的物理性能差异很大，切削刃需要开在高硬度值方向上，所以刀具在制造和研磨时需要进行仔细地选向和定向。金刚石在小刀头上的固定方法有机械夹固法（对较大颗粒）、粉末冶金烧结固定法、粘结或钎焊固定法。

3. 超精密切削机床条件

精密和超精密切削加工对机床的精度要求较高，目前的超精密切削机床一般都采用空气轴承主轴结构（主轴的振摆量在 0.5μm 以下），导轨采用再循环滚动体结构、液体静压或气浮导轨结构，进给驱动丝杠副采用滚动或气、液静压丝杠副驱动。机床运动的定位精度可达 1~3μm。为了满足微量切削的要求，机床配备有微量进给装置，以实现 0.01μm 以下的微量进给要求。可控微量进给机构一般有机械或液压传动式、弹性变形式、热变形式、流体膜变形式、磁致伸缩式和电致伸缩式，技术比较成熟的是弹性变形式和电致伸缩式微量进给机构。

超精密切削加工要求极平稳的高速切削条件，由于刀具的硬度和耐磨性很高，所以切削速度的提高不会对刀具寿命形成很大的制约，金刚石刀具的切削速度一般在 1000~2000m/min 内，所以切削加工应选用主轴的高速区域。对切削刃寿命影响最大的是工艺系统的振动，在振动条件下，切削刃很容易产生微细的崩碎刃，所以工作时应注意避开主轴转速的激振区。另外，由于金刚石刀具在高温条件下化学性不稳定，所以工作时一般应注意进行强制风冷。

4. 超精密切削的工作环境条件

超精密切削加工需要有一个极为稳定的工作环境，在极精密的加工过程中，人的走动、说话、咳嗽甚至呼吸和人的体温都会对加工区带来干扰，在加工过程中，一般不允许操作者进入加工区，更不允许用手或身体去接触机床。

机床及工作区除了需要进行恒温控制外，还要注意进行严格的除尘处理，工作区域的尘埃密度及颗粒度会严重影响超精密加工的表面质量，落入加工表面的尘埃会把工件表面拉毛，使工作表面失去光泽。一般空气尘埃的分布中，1μm 以下的小尘埃占绝大多数，而在超精密加工区内，要求空气中颗粒度 0.3μm 以上的尘埃密度在 $10^2/m^3$ 以下，即达到百级的净化程度。一般环境的尘埃度多在百万级（$10^6/m^3$）以上，要达到百级净化程度需要逐级提高。净化间多为套间结构，由走廊、恒温室、风浴室、预备间、锁气间、净化间到工作区，要进行多级净化。

三、精密研磨与抛光

1. 研磨与抛光机理

研磨和抛光是一种较为传统的精加工工艺手段，传统的研磨抛光是完全靠微细磨粒的机械作用去除被研磨材料的，磨粒被碾压得越细小，机械去除作用越小，所获得的研磨加工表面质量越高。传统的研磨方法分为干研、湿研和悬浊液中研磨三种方法。

（1）研磨加工机理　传统研磨加工是利用附着或嵌压在研具上的磨粒及游离于研具和工件之间的磨粒，借助于研具与工件的相对运动产生细微的切削、挤压、滑擦作用，将两个相对运动表面间的高点接触突起部分擦研掉，从而把研具的表面形态复映到工件上去的精细加工方法。研磨加工中的机械作用主要有两种情况：一种是嵌压在研具上的磨粒对工件的滑擦、耕犁作用；一种是游离于两表面间的磨粒在挤压滚动过程中的滚轧切削作用，在研磨压力的作用下，磨粒被不断碾碎、细化，使得两表面间的复映精度越来越高，最后得到精细加工表面。

研磨加工要求在研磨初期，大颗粒磨粒不对工件发生大的损伤，同时又要追求一定的研磨效率，对不同的工件材料，在研磨用量、研磨剂、研磨压力等参数选用上有所不同。

（2）抛光加工机理　抛光加工是在抛光盘上加一定的抛光剂，在一定的抛光压力和高速运动过程中，借助于极细微（1μm 以下）的磨粒和抛光液在高温、高压条件下所产生的机械化学作用，使工件表面不断地产生化学反应，并将化学生成物不断抛擦掉的过程。所以抛光加工要求抛光盘质地要软些，工作面要具有弹性，对磨粒具有良好的嵌容性，抛光盘工作面一般多用沥青、石蜡、合成树脂、人造革等材料制作。由于抛光加工伴随着高温，容易使工件产生热变形和表面变质层，故在对电子陶瓷材料和集成电路基片的加工中都有很严格的加工参数要求。

2. 研磨加工方法

（1）手工研磨　传统研磨工艺多是通过手工研磨，利用手工研具和简单的机械传动方式来进行研磨。图 8-11 所示为一种对轴类零件进行研磨的手工研磨工具。进行研磨时，在工件表面上涂一层研磨剂，套入研磨套，螺钉 5 和 7 用来调节研磨压力，当工件轴被机械带动回转时，手持手柄 6，沿着工件的纵向平稳往复移动，来研磨工件的外圆。

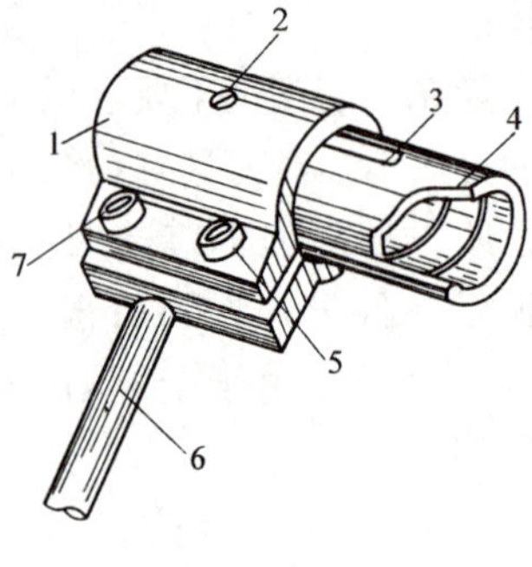

图 8-11　手工研磨工具

1—夹套　2—螺孔　3—凹坑

4—研磨套　5、7—螺钉　6—手柄

研磨平面时，一般是在高磷铸铁平研盘或聚氨酯研具上进行。由于研磨加工是一种形状复映加工，所以要求研具加工表面精度要高，研磨盘要磨损均匀，工件表面上的每一个工作点运动行程要相等，且轨迹不重合。图 8-12 所示为常用的研磨运动轨迹。

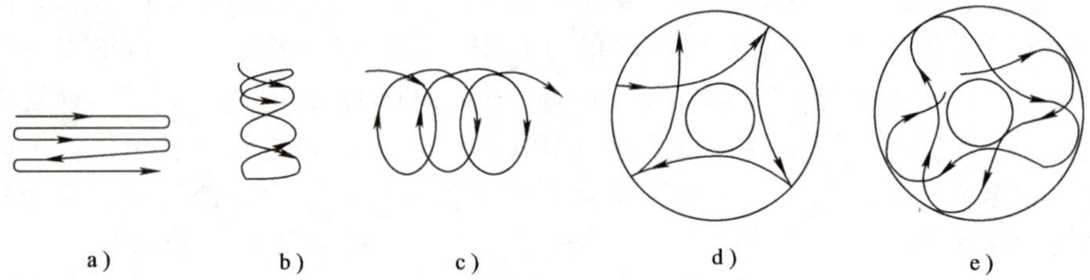

图 8-12　常用的研磨运动轨迹

（2）机械研磨　图 8-13 所示为一种双面研磨机的结构原理图，工作时，工件 6 被放置在隔离辐板 2 的隔离槽中，上研盘通过钢球 K 被螺杆 7 压紧，可以通过螺杆 7 来调节研磨压力；下研磨盘 3 做驱动回转，在摩擦力作用下，工件在两摩擦盘之间作复杂的行星滚动（轨迹如图 8-13c 所示），上研盘在工件摩擦力作用下做随动转动，每隔一段时间，把工件调头换位，多次重复，以保证均匀研磨。

（3）研磨参数　研磨精度及表面粗糙度在很大程度上与研磨前道工序的加工质量有关，所以要求前工序的尺寸精度和形位精度要严格控制。研磨加工余量一般很小，多在 0.01～0.02mm 以下，若要求的表面粗糙度 *Ra* 值为 0.02～0.08μm 时，一般需要分 2～3 次研磨；若要求 *Ra* 值为 0.01μm 以下，则需要进行 4～5 次研磨。

研磨剂由磨料、研磨液和辅料混合而成，常用磨料有白刚玉、绿色碳化硅、金刚石微粉等，碳化硅主要用于研磨硬质合金、铸铁等脆性材料，而对于半导体硅片及光学玻璃的精研和抛光可以采用氧化铬和氧化铈，粒度选择对于普通研磨一般粗研用 200～400#粒度；半精研用 400～800#粒度；精研和抛光常用 1000#以上的粒度，或者采用微粉；在精密研磨和超精密研磨中多采用 W28～W3.5。

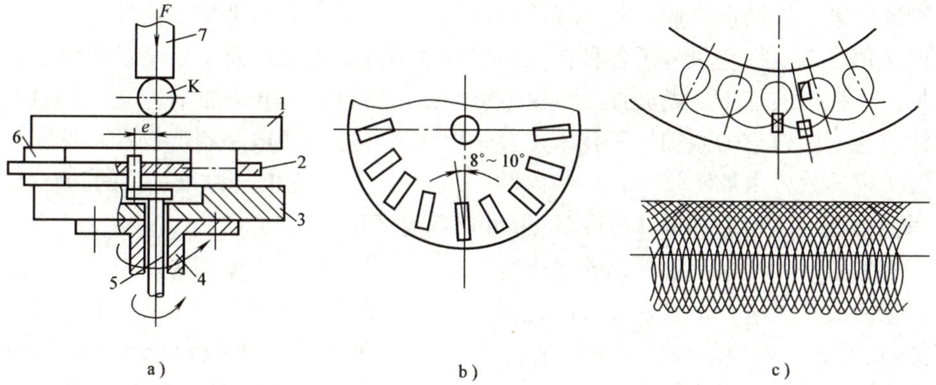

图 8-13　双盘研磨机原理

1、3—研磨盘　2—隔离辐板　4—底座　5—偏心轴　6—工件　7—螺杆

常用研磨液一般采用煤油和机油按 1∶1 的比例混合，为了加速研磨氧化，提高研磨速度，可以在研磨液中加 2.5%的硬脂酸或油酸。

研磨压力和研具的运动速度是两项主要的研磨用量。手工研磨时，研具的运动速度在研磨平面时可取 30～100m/min，研磨内外圆时取 20～70m/min，速度过大会增大表面粗糙度值，不利于顺利精研。研磨压力一般控制在 12～40N/cm^2，粗研时可取得稍高些，以提高生产率，但表面粗糙度值会增大。

3. 超精密研磨

超精密研磨精度可达 0.1μm，表面粗糙度值 *Ra* 可达 0.1～0.006μm。但研磨工艺较为复杂。半导体硅片、石英晶体、高级测量平晶、光学镜头和压电陶瓷等现代晶体材料和高精度零件的最终加工常采用超精密研磨。在超精密研磨中，磨料都为微粉级，W1～W1.5，切除过程为微量去除，在一些新型超精密研磨中，甚至可以达到分子级和原子级去除水平。

超精密研磨都在恒温±0.5℃的恒温室内进行，工件在进入研磨加工之前需要提前在恒温室内放置 12h。为了避免由于研磨温升而产生热变形和表面变质层，新型超精密研磨多在恒温研磨液中进行，借助于水波作用，利用游离的微细磨料的悬浮冲击作用，可以得到极高的镜面质量。

新型的机械-化学抛光加工在对蓝宝石和集成电路硅片表面的研磨中使用了可以形成边界摩擦润滑薄膜状态的胶态二氧化硅研磨液，利用研磨液的凝胶化作用使得微细磨料对工件表面产生轻微的机械刷除作用，得到了极高质量的表面和高的研磨抛光效率。

4. 研磨加工注意事项

1）研磨加工要求研磨运动轨迹均匀、不重复。

2）研磨盘应具有很精密的工作表面，并具有微孔结构，以便嵌容微粉磨料。

3）当把研磨和抛光工序合一时，应在研磨剂中加进一定量的化学活性剂。

4）高精度研磨时，应避免粗颗粒的磨粒和尘埃混入，以防拉伤轨迹表面。

四、微细加工技术与纳米级加工技术简介

微细加工技术是指现代制造业中对微小零件的生产加工技术，在医疗、生物工程、微电子工程中已经显现出极广阔的应用前景。微细加工技术和纳米技术将会发展成为仅次于计算机芯片制造的第二大制造产业，其市场价值可达600亿美元。微细加工技术是一个很大的题目，从广义角度来说，它包含了各种传统的超精密级加工方法以及一些全新的加工方法，例如化学加工、超声波加工、微波加工、激光加工、光刻加工、电铸加工、电子束加工等新型加工方法，这里所讨论的微细加工技术主要是指随半导体集成电路制造技术而发展起来的电子束、离子束、激光束加工技术，即常说的“三束技术”，它们是微细加工的基础技术。

1. 电子束加工（Electron Beam Machining 简称 EBM）

电子束加工是利用电子束的高能量密度来进行钻孔、切槽、光刻等加工。电子是非常小的粒子，它的质量虽小，却具有极高的能量（高达几百万电子伏），一束电子束可以被聚焦到1~2μm的直径，可以达到极高的能量密度（达10^9W/cm^2），如此高能量密度的粒子束冲击到工件表面时，与材料原子相互碰撞，在几分之一微秒时间内产生极大的热能，使得工件被冲击的局部迅速气化、蒸发成为雾状粒子而飞散，达到加工的目的。这是电子束的热效应。利用电子束的热效应可以对材料进行钻孔、切割、焊接、淬火等加工。

如果用密度很低的电子束来照射某些高分子材料，会使这些高分子材料发生化学性质变化，这就是电子束的化学效应，利用这一效应可以在半导体硅片上进行电子束光刻。将电子束聚焦到1μm以内，直接在集成电路硅片的光致抗蚀剂涂层上进行扫描曝光，并把未经扫描曝光的涂层部分腐蚀掉，即制成了所需的电路；或者利用电路图形投影版，把电子束作为光源，可以在硅片涂层上产生缩小的曝光图形。利用这种方法可以在硅片上得到0.01~0.1μm宽度的微细线路。

电子束加工有很多特点：利用电子束的极高能量，可以直接对各种脆、硬、韧性金属材料和非金属材料、半导体材料、热敏材料以及易氧化金属材料等进行无应力加工；可以加工长径比达几十倍的深孔；电子束可以进行极其微细的聚焦，进行极微细加工；可以通过磁场和电场对电子束进行强度、束径、位置的迅速准确地控制，适于加工狭缝、异形孔、不通孔、弯孔、图形、型腔等；加工效率高，速度快。

2. 离子束加工（Ion Beam Machining，IBM）

离子束加工是指在真空条件下，将氩（Ar）、氪（Kr）、氙（Xe）等惰性气体通过离子源产生离子束，经过集束、聚焦、加速后射到被加工的表面上，来实现所需加工的目的。

原子是由原子核和围绕原子核转动的各层轨道上的电子组成的，呈中性。原子被电离后，若失去了外层电子就变成带正电荷的正离子（阳离子），若获得多余的电子就变成带负电荷的负离子（阴离子）。离子具有比电子大得多的质量，例如，一个氩离子的质量是电子质量的7.2万倍。所以，被加速后的离子具有远比电子大得多的动能（可以高达百亿电子伏）。质量大、动能高的离子束在一定入射角条件下冲击工件的加工表面时，对工件材料的表面原子、分子产生弹性碰撞，并迅速将能量传递给对方，致使一部分原子、分子被抛出工件表面，这称为离子束溅射。材料的溅射率与离子束的入射角有很大关系。

当入射角为0°（即离子束与表面垂直）时，溅射率最低，此时高能离子会深入到材料内部一定深度，并在那里进行能量交换，被置换成为原子；若控制离子能量，使它打入工件浅表层，使工件材料的化学成分、结构、性能发生变化，就形成了离子注入加工，用这种方法可以对半导体材料进行掺杂，如在单晶硅中注入磷、硼等杂质，制作晶体管、集成电路、太阳能电池等。还可以利用离子注入对金属材料表面进行强化处理。

当入射角接近60°时溅射率最高，可以用来对陶瓷、硅片、金刚石刀具材料进行原子、分子级的加工，对大规模集成电路芯片进行图形的刻蚀加工。

由于离子束的能量能够被集成电路的抗蚀剂充分吸收，所以用离子束对集成电路图形进行光刻的曝光灵敏度要比电子束高出一个量级，所以集成电路的制作多采用离子束来曝光。

把离子束加速后打到某种靶材上，可以把靶材的原子和分子溅出来，再把靶材原子和分子打到工件的表面，可以对工件进行表面溅射镀膜加工。这种镀膜比电镀和蒸镀的附着力要强得多，效率也高，属于一种干式镀附工艺。如在表壳上离子镀氮化钛，在硬质合金刀具表面镀氮化钛，在金属或非金属表面镀附金属化合物薄膜、合金薄膜和氧化薄膜等，都是利用了离子束的溅射镀膜技术。

3. 激光束加工（Laser Beam Machining，LBM）

激光除了具有一般光的反射、折射、绕射和干涉等共性外，还具有强度高，亮度大，方向性好等特点，常用它的热效应来进行加工。由于激光具有非常好的单色性、相干性、方向性，虽然从激光器中发出的光通量并不大，但进入激光器谐振腔的光都是以固定波长，固定方向发射，所以聚焦后可以获得极大的功率密度。在理论上，其焦点处的功率密度可达 $10^7 \sim 10^{11}$ W/cm^2，将材料放在焦点上，温度将被加热到 10000℃。当能量密度极高的激光束聚焦照射到工件表面时，照射区域的温度会迅速升高，能使任何高硬度、高强度的材料在千分之几秒的极短时间内急剧熔化和蒸发气化并通过强烈的气化冲击波将熔化物溅出，所以激光常用来打孔、切割、焊接和进行材料的表面改性处理。被加工的材料包括各类脆、硬材料、玻璃、石英晶体、金属、木材、布匹、纸张等。利用激光束的高能量对柴油机高压喷油嘴、化纤喷丝头、金刚石拉丝模、钟表宝石轴承等进行小孔或异形孔加工，孔径可达 $\phi1 \sim \phi0.01$mm，深径比达 50~100。激光刻录技术则是利用激光的高能热效应在光盘的金属镀膜上打出宽 0.4μm、深 0.1μm 的微细信息坑，信息轨迹线为 1.6~1.8μm 螺距由内向外发展的螺旋线。

4. 纳米级加工技术简介

纳米级加工技术是纳米技术的一个部分。纳米技术一般是指有关纳米级（0.1nm~100nm）的材料、设计、制造、测量、控制及微型产品的技术。纳米技术目前主要包括纳米级测量技术、纳米级精度的加工（原子、分子的去除、移迁和重组）、纳米材料、纳米生物学等几方面的技术。

纳米级加工与传统机械加工有很大的不同，要达到 1nm 的加工精度，加工的最小单位必须是在亚微米级，由于原子间的距离为 0.1~0.3nm，纳米级加工的物理实质就是要切断原子间的结合，达到去除原子和分子的目的。物质是以共价键、金属键、离子键或分子结构的形式组合而成，其结合能量密度是很大的。表 8-6 给出了几种材料的原子结合能量密度，要切断原子间的结合需要 $10^5 \sim 10^6$ J/cm^3 的能量密度，而传统的切削加工中能量密度都较小，实际上只是利用了原子、分子或晶体之间的连接缺陷来进行分离加工的，应用传统的加工方法要切断原子结合是相当困难的，必须利用电子、离子、光子等基本能子量来进行加工。如何对基本能子进行有效的控制，以达到原子级的去除，是实现原子去除的加工关键。近年来纳米级加工技术有了很大的突破，如用电子束对超大规模集成电路进行光刻，已经能够达到 0.1μm 线宽的加工；离子刻蚀已经实现了微米级和纳米级表层材料的去除；利用扫描隧道显微技术已经可以实现单个原子的去除、迁移、增添和重组。

表 8-6　几种材料的原子结合能量密度

材料	结合能/$J \cdot cm^{-3}$	备注	材料	结合能/$J \cdot cm^{-3}$	备注
Fe	2.6×10^{3}	拉伸	SiC	7.5×10^{5}	拉伸
SiO_2	5×10^{2}	剪切	B_4C	2.09×10^{6}	拉伸
Al	3.34×10^{2}	剪切	CBN	2.26×10^{8}	拉伸
Al_2O_3	6.2×10^{5}	拉伸	金刚石	$5.64\times10^{8}\sim1.02\times10^{7}$	晶体的各向异性

随着纳米级加工技术的不断发展，各种微型机件和机电系统也开始研制成功，纳米级器件和微型机械的开发研究已经成为各国微型机械发展的热门课题。

8.3　机械零件的特种加工技术

特种加工是用来泛指那些不使用刀具和磨料的加工，或使用刀具或磨料的同时还必须利用热能、化学能、电化学能、光能等能量去除材料的新颖的加工方法，如电火花加工、电解加工、超声波加工、激光束加工、液体喷射加工、挤压珩磨加工、化学加工和各类复合加工等工艺方法。

目前，特种加工技术在各类难加工材料的加工，例如耐热钢、不锈钢、硬质合金、钛合金、陶瓷、金刚石等高强度、高硬度、高韧性的难加工材料加工方面，对复杂型腔、型面（如模具型腔、涡轮机叶片、喷油嘴微孔等）工件的加工，已经成为了主要的甚至是唯一的加工方法。表 8-7 所示为目前常用的部分特种加工方法的大致分类情况。其中的三束加工已经在超精密加工中讨论过，这里主要讨论电火花加工、线切割加工和超声波加工技术。

表 8-7　常用特种加工方法的分类

主要能量形式	加工方法	表示符号	对工件材料的适用性
电、热能	电火花加工	EDM	任何导电材料
	电火花线切割加工	WEDM	
	电子束加工	EBM	任何材料
	等离子弧加工	PAM（C）	
电、化学能	电解加工	ECM	任何导电材料
电、化学、机械能	电解磨削	ECG	
	电解珩磨	ECH	
电、机械能、光、热能	离子束加工	IBM	任何材料
	激光加工	LBM	
声、机械能	超声加工	USM	任何硬脆材料
化学能	化学加工（铣削）	CHM	与化学溶剂作用的材料
光、化学能	光化学加工	PCM	
液流、机械能	水射流切割（水刀）	WJC	任何材料
	磨料喷射加工	AJM	

一、电火花加工（Electrical Discharge Machining，EDM）

1. 电火花加工基本原理

电火花加工工艺有许多类型，应用最为普遍的是电火花型腔加工、电火花穿孔和电火花线切割加工，无论哪种电火花加工都是把工件和工具电极作为两个电极浸入电介质溶液（工作液）中，并在其间施加脉冲电压，当两个电极间的距离很小时，极间的电介质被击穿，产生火花放电，利用火花放电所产生的瞬间高温使表层工件材料熔化和气化，达到加工的目的。图 8-14 所示为一种电火花成形加工的原理图，工件 6 与工具电极 4 浸入工作液 5 中，并由专门的脉冲电源 1 在二者间施加脉冲电压，主轴 2 上装有自动调整火花放电间隙的自动进给机构，当工件与工具电极间的距离缩小到电离击穿程度时，会在极间最小间隙或绝缘强度最低处产生火花放电，在放电爆炸力的作用下，熔化的金属材料被抛离表面并被液体介质冷凝后由间隙中冲走。击穿脉冲结束后，电介质会消电离并快速恢复绝缘，等待下一个脉冲的到来。放电过程不断地重复进行，工件材料表面被不断蚀除，自动进给机构不断地自动进给以维持正常的放电间隙，这样，工具电极的形状就被复映到了工件上。

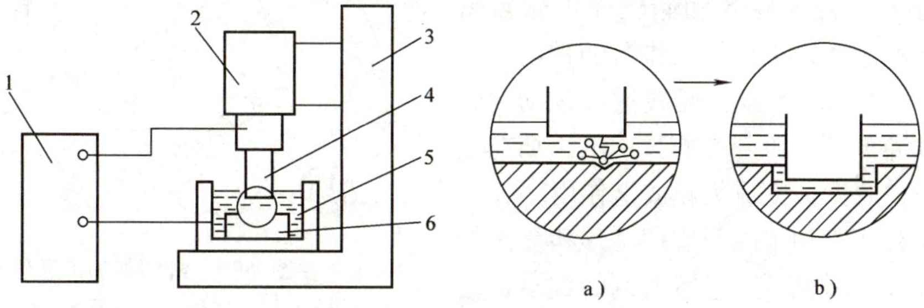

图 8-14　电火花成形加工原理图

1—脉冲电源　2—主轴　3—进给机构　4—工具电极　5—工作液　6—工件

2. 电火花加工基本工艺参数

（1）脉冲电源　在电火花加工中，火花放电必须在不断的瞬间放电中蚀除材料，所以需要放电延续时间极短的脉冲电源，一般为 $10^{-7}\sim10^{-3}$s。

由于火花放电是在工件和工具电极之间进行，为了减少工具电极的损耗，加快工件的蚀除，一般电火花加工的电源应选择直流脉冲电源，目前都采用新型的低电极损耗脉冲电源。

（2）工具电极材料　由于电火花加工中工具电极与工件并不接触，所以可以用较软的电极材料来加工高硬度的导电金属材料及半导体材料。目前，工具电极多采用阴极铜、铜-钨电极或石墨电极，当采用钢制电极时，电极要作正极，工件作负极。以减少电极的损耗。

（3）工作液　电火花加工中工作液的作用是形成击穿放电通道、冷却并抛出电蚀物、快速消电离恢复绝缘、冷却工件及电极。目前主要采用油类介质作工作液，在粗加工中一般采用介电性能好的机油，精加工中采用黏度小、渗透性好的煤油作工件液。

（4）加工精度　电火花加工中，影响加工精度的参数很多，电火花加工精度一般可达 0.01~0.05mm，放电间隙粗加工一般可达 0.5mm，精加工可达 0.01mm（单面）。由于“二次放电”现象和电极尖角电蚀作用，较深的型腔加工会使工件的侧壁产生上大下小的斜度，减小斜度的办法一是强化工作液的循环，二是加强工作液的消电离作用。表面粗糙度与脉冲能量大小及生产率有很大关系，采用强脉冲加工时，表面粗糙度值较大，而采用较弱的脉冲进行精加工时，生产效率很低。一般情况下，电火花加工的粗加工时表面粗糙度值可达 $Ra80\mu m$。半精加工达 $Ra10\mu m$，精加工可达 $Ra2.5 \sim 1.25\mu m$。

（5）电火花加工特点及应用　由于电火花加工是一种非接触性电蚀加工，所以可以利用较软的电极材料来复映各种难加工材料，例如硬质合金、耐热合金、淬火钢、不锈钢、磁钢和金属陶瓷类材料等；由于加工时不产生切削力，所以可以加工各种刚性很差的薄壁类、弹性类、狭深类工件；利用电极的形状复映作用，可以对不贯通的不通孔、型孔、型腔进行加工，所以，电火花加工非常适合于模具制造业中对各种复杂型腔模、冲模、挤压模、压铸模进行加工。

二、电火花线切割加工（Wire Cut EDM，WEDM）

电火花线切割加工简称为“线切割”，它是利用一根很细的线电极在与工件发生电蚀的过程中，相对于工件进行切割运动，来完成复杂曲线型面加工的工艺方法。图8-15所示为一种线切割加工的原理图。工具电极4是一根0.02~0.15mm的钼丝，穿过工件5上预先开出的穿丝小孔，经导轮3和储丝筒1张紧带动，完成走丝运动；工件经工作台的带动，可以在 X、Y 两个方向上进行曲线插补运动，完成进给。脉冲电源6所产生的脉冲电压加在电极钼丝和工件之间，完成火花放电作用。

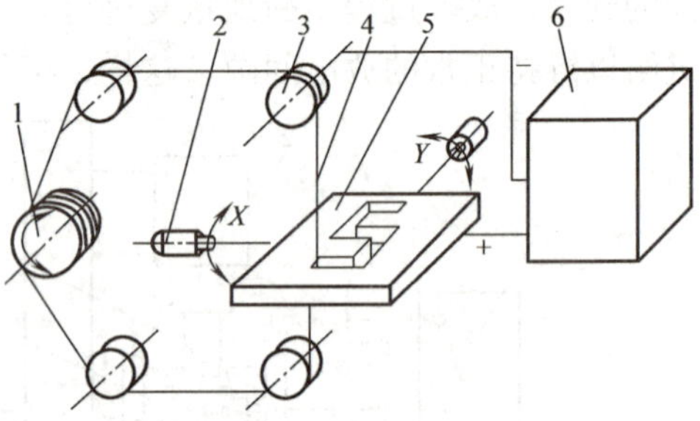

图8-15　线切割加工原理

1—储丝筒　2—工作台　3—导轮　4—工具电极　5—工件　6—脉冲电源

电火花线切割加工由于省掉了形状复杂的成型电极，大大降低了工艺装备制造成本，缩短了生产准备时间；可以加工很微细的窄逢、异形孔和复杂的型腔；由于蚀除量很小，所以加工效率很高。电火花线切割在各种冲模和挤压模、弯曲模、拉丝模、塑料模、冷拔模、粉末冶金模等带有锥度的模具制造中发挥了相当重要的作用。

三、电解加工（Electrolytic Machining，ECM）

电解加工是利用金属工件在电解液中产生“阳极溶解”的作用原理来进行加工的，图8-16所示为电解加工原理图。工件3接在直流电源的正极上，称为工件阳极；工具电极接电源的负极，称为工具阴极，两极间通过的电解液在直流电压作用下，会对工件阳极产生电解腐蚀，一般极间电压为10~25V，电解液采用质量分数为10%~20%的NaCl或 $NaNO_3$ 水溶液，由0.5~2MPa的输送压力从两电极之间高速流过，把电解蚀物冲走，两电极间隙一般保持0.05~1mm左右。开始加工时，由于工具电极的外形与工件不相同，电极与工件间隙小的地方电场强度高，电流密度大，电解液流速也高，此处的工件材料被溶解的就快，而间隙大的地方溶解速度就慢，如图8-16b所示，工件电极不断地向工件进给，一直到工具电极的形状完全被复映到工件上，如图8-16c所示。

电解加工的生产效率很高，可以一次进给，直接成形，进给速度可高达0.3~15mm/min，加工效率是电火花加工的5~10倍，适用于大批大量加工；利用电解腐蚀作用，可以对高强度、高硬度、高韧性等难加工材料（如硬质合金、淬硬钢、不锈钢、耐热合金、钛合金等）进行加工；可以一次性完成复杂的三维型面（如滑键孔、炮管膛线、叶片曲面、锻模型腔和薄壁异性件）；表面质量高，加工表面无加工应力层和毛刺、飞边，表面粗糙度值可达

Ra1.25~0.2μm；而且工具阴极基本上不损耗，可以长期使用，所以，电解加工较适合于大批大量生产。但电解液的腐蚀性较大，对设备和工艺装备有较大腐蚀作用，易污染环境。

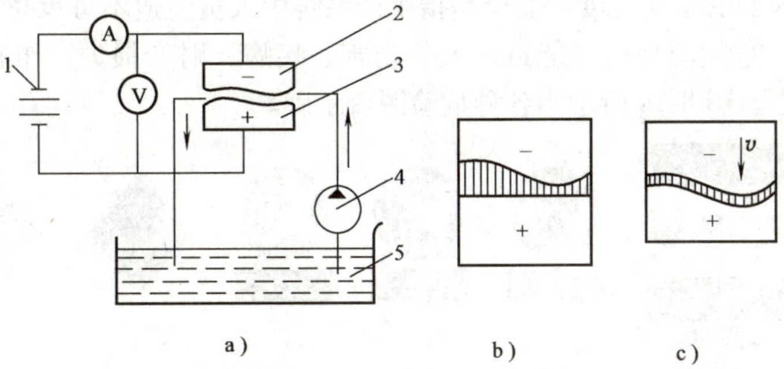

图 8-16　电解加工原理图

1—电源　2—工具电极　3—工件　4—液压泵　5—电解液

利用电解腐蚀原理还可以对工件进行电解抛光、电解珩磨、表面刻印和去毛刺等加工。

四、超声波加工（Ultrasonic Machining，USM）

频率超过 16kHz 的振动波称为超声波，加工用的超声波频率范围为 16~25kHz。超声波加工原理是利用超声波的超高频振动带动磨料悬浮液，对工件进行冲击、抛光、摩擦，使得工件局部材料被振溃成为粉末，达到加工的目的。超声波加工原理如图 8-17 所示。超声波发生器 7 通过换能器 5 产生 16kHz 以上的轴向振动，变幅杆 4 把振幅放大到 0.05~0.1mm 左右，迫使工具振动头 3 做超声振动，这一振动带动了工作液中的悬浮磨料以很大的加速度不断地撞击工件表面，把工件材料击碎成粉末，当振动头与工件间的距离很小时，还可以产生很强的高压液体冲击波，促使磨料压入材料的裂缝中，强化了加工过程。超声波可以加工任何材料，但从冲击加工效果来看，它更适合于加工脆硬材料，特别是电火花加工无法加工的非导电材料，如宝石、陶瓷、玻璃及各种半导体材料。超声波加工的精度可以达到 0.01mm，表面粗糙度值可达 Ra0.1μm 的水平。

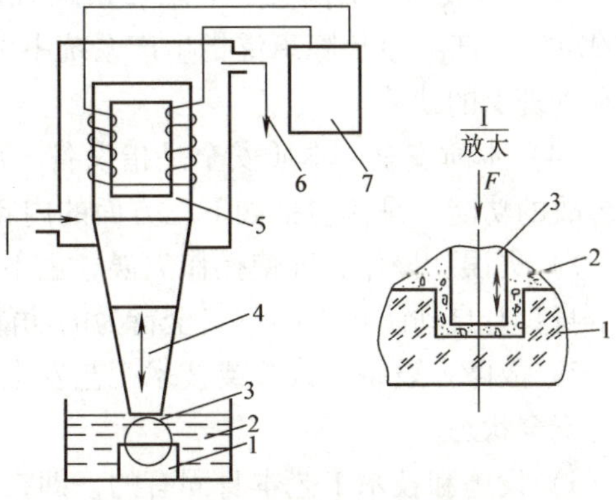

图 8-17　超声波加工原理

1—工件　2—工作液　3—工具振动头　4—变幅杆　5—换能器　6—冷却液　7—超声波发生器

8.4　机械产品的安全生产及管理

8.4.1　安全文明生产基本知识

一、安全生产

安全生产是为预防在生产过程中发生人身、设备等各类事故，保护工作人员在生产中的安全而采取的各种措施。

1. 安全生产的基本概念

（1）安全与危险　安全与危险是相对的概念。危险是指系统中存在导致发生不期忘后果的可能性超过人们的承受程度。安全是指生产系统中人员免遭不可承受危险的伤害。

（2）危险源　危险源是指可能造成人员伤害、疾病、财产损失、作业环境破坏或其他损失的根源或状态。图 8-18 所示为各种危险源警示牌。

图 8-18　危险源警示牌

（3）事故与事故隐患　事故是指造成人员死亡、伤害、职业病、财产损失或者其他损失的意外事件。事故隐患泛指生产系统中可导致事故发生的人的不安全行为、物的不安全状态和管理上的缺陷。

（4）本质安全　本质安全是指设备、设施或技术工艺含有内在的能够从根本上防止发生事故的功能。具体包括如下三方面的内容：

1）失误。操作者即使操作失误，也不会发生事故或伤害，或者说设备、设施和技术工艺本身具有自动防止人的不安全行为的功能。

2）故障。设备、设施或技术工艺发生故障或损坏时，还能暂时维持正常工作或自动转变为安全状态。

3）设施和技术工艺本身固有的，即在它们的规划设计阶段就被纳入其中，而不是事后补偿的。

本质安全是安全生产预防为主的根本体现，也是安全生产管理的最高境界。实际上由于技术、资金和人们对事故的认识等原因，到目前还很难做到本质安全，只能作为全社会为之奋斗的目标。

2. 安全生产方针

建设工程施工安全生产必须坚持“安全第一、预防为主”的基本方针。要求在生产过程中，必须坚持“以人为本”的原则。在生产与安全的关系中，一切以安全为重，安全必须排在第一位。必须预先分析危险源，预测和评价危险、有害因素，掌握危险出现的规律和变化，采取相应的预防措施，将危险和安全隐患消灭在萌芽状态，施工企业的各级管理人员应坚持“管生产必须管安全”和“谁主管、谁负责”的原则，全面履行安全生产责任。

3. 安全生产的三级教育

新作业人员上岗前必须进行“三级”安全教育，即公司（企业）、项目部和班组三级安全生产教育。

1）企业的安全生产培训教育的主要内容有：安全生产基本知识，国家和地方有关安全生产的方针、政策、法规、标准、规范，企业的安全生产规章制度，劳动纪律，施工作业场所和工作岗位存在危险因素、防范措施及事故应急措施，事故案例分析。

2）项目部的安全生产培训教育的主要内容有：本项目的安全生产状况和规章制度，本项目作业场所和工作岗位存在危险因素、防范措施及事故应急措施，事故案例分析。

3）班组安全培训教育的主要内容有：本岗位安全操作规程，生产设备、安全装置、劳动防护用品（用具）的正确使用方法，事故案例分析。

4. “三违”现象

（1）违章指挥　企业负责人和有关管理人员法制观念淡薄，缺乏安全知识，思想上存有侥幸心理，对国家、集体的财产和人民群众的生命安全不负责任。明知不符合安全生产有关条件，仍指挥作业人员冒险作业。

（2）违章作业　作业人员没有安全生产常识，不懂安全生产规章制度和操作规程，或者在知道基本安全知识的情况下。在作业过程中，违反安全生产规章制度和操作规程，不顾国家、集体的财产和他人、自己的生命安全，擅自作业，冒险蛮干。

（3）违反劳动纪律　上班时不知道劳动纪律，或者不遵守劳动纪律，违反劳动纪律进行冒险作业，造成不安全因素。

5. “三不伤害”

三不伤害是指“不伤害自己、不伤害别人、不被别人伤害”。首先确保自己不违章，保证不伤害到自己，不去伤害到别人。要做到不被别人伤害，就要有良好的自我保护意识，要及时制止他人违章。制止他人违章既保护了自己，也保护了他人，同时也保护了别的许多人。

二、文明生产

文明生产是指生产的科学性，要创造一个保证质量的内部条件和外部条件。内部条件主要指生产要有节奏，要均衡生产，物流路线的安排要科学合理，要适应于保证质量的需要；外部条件主要指环境、光线等有助于保证质量。生产环境的整洁卫生，包括生产场地和环境要卫生整洁，光线照明适度，零件、半成品、工夹量具放置整齐，设备仪器保持良好状态等。没有起码的文明生产条件，企业的质量管理就无法进行。

1. 车间文明生产

车间文明生产，是指车间职工在一个既有良好而愉快的组织环境，又有合适而整洁的生产环境中劳动和工作。车间文明生产的内容是比较广泛的，它包括：执行厂纪厂规，抓好劳动纪律，合理组织生产，严格工艺纪律，优化工作环境，按标准化作业，规范工作秩序等。

（1）执行厂纪厂规，抓好劳动纪律　所谓厂纪厂规，也就是企业根据国家的法令而制订的行政规章制度。它具有强制性和约束力。企业对违反规章制度的职工，可以按照规定给予必要的纪律处分和经济制裁，这是厂纪厂规的一般作用。但是，从企业的角度来看，企业内的各项规章制度都是为了优化其生产组织环境而制订的。因此，车间主任首先应该以身作则、带头执行。同时，要求车间其他人员严格遵守。

劳动纪律是厂纪厂规的重要组成部分，是人们从事集体性，协作性劳动所不可缺少的条件。作为一个劳动者，理应严格遵守并认真执行。劳动纪律的主要特征是：要求每位职工都能按照规定的时间、程序和方法完成自己承担的任务，以便保证生产过程有步骤地进行，使企业的各项任务得以顺利完成。

车间劳动纪律的基本内容主要由组织管理，技术工艺和考勤三个方面组成。车间为了实现预定的目标，应该认真地抓好劳动纪律这一环，它是实现车间目标完成生产任务的有力保障。

（2）合理组织，均衡协调生产　所谓均衡生产通常是指企业及其各个生产环节（车间、工段、班组）在每个相等的时间（旬、周、月）内，都能按照计划进度完成相等的或递增的工作量，并根据期量、品种和质量标准、均衡地完成计划规定的任务。

为了使生产活动达到均衡与协调的目的，从企业内部来看，在技术基础方面，要搞好生产技术准备工作，推行全面质量管理工作，并加强设备的维修和保养；在计划管理方面，要搞好生产任务与生产能力、劳动力、原始材料等多方面的综合平衡工作；在生产管理方面，要建立起强有力的生产指挥系统，合理组织生产过程和完善生产组织形式，充分发挥各个环节的作用。

（3）严格工艺纪律、贯彻操作规程　工艺纪律是企业职工在执行各项工艺管理制度和工艺文件时所必须严格遵循的规定。同时，它也是帮助职工掌握生产技术，使企业建立正常的生产秩序和提高产品质量的重要保证措施。

严格执行工艺纪律，认真贯彻操作规程，是保证产品质量的重要前提。如果没有严格的工艺纪律，则产品质量就失去了有力的保障措施。所以，应当把工艺纪律有效地纳入岗位责任制或经济责任制加以考核。概括地讲，也就是我们执行工艺纪律要严肃认真地贯彻工艺操作规程。

（4）优化工作环境、改善生产条件　整洁而优美的工作环境，可以振奋职工的精神，从而提高工作效率，防止产品质量的受损；而工作场地的合理布局和整齐布置，并保持清洁，又能够使人们感到心情舒畅，有利于职工工作积极性的充分发挥。

车间生产环境内的温度、湿度、含尘量、噪声干扰和采光通风等都要做到合乎人体健康的需要和适合于生产的需要；同时还应当考虑调和工具箱（柜）与机器的色彩。同时还应要求每个职工养成良好的卫生习惯，爱护环境卫生，不随地吐痰、不乱扔烟头、纸屑和其他杂物，垃圾废品送往指定的地点。

（5）按标准化作业　规范工作秩序标准化作业的核心是文明生产。所谓标准化，也就是制订和贯彻以标准为主要内容的有组织的活动过程。但是这种过程并不是一次能完成的，而是不断循环、螺旋上升的。这样，每完成一次循环，标准的水平就向上升高一步。

按照标准化要求从事文明生产工作是为了使企业的各项工作规范化，秩序化和科学化。具体讲，也就是要使日常的管理工作有据可查有标准可依。管理工作标准化是组织和管理企业生产经营活动的依据和手段。

企业的生产经营活动过程，是一个具有内部和外部相互联系的有机体。因此，只有按照科学的管理标准进行生产组织和管理，才能较好地实现生产经营目标，提高经济效益。

（6）协调人际关系，上下合理衔接　整个生产经营活动过程，自始至终离不开协作和分工。为了使目标根据计划要求得以实现，并做到均衡地生产，就应当使各个工序之间能够上下左右衔接，人际关系融洽。为此，对各个生产环节的要求是：必须贯彻“把方便留给别人，把困难留给自己”的精神，认真负责地对待用户或下道工序的信息反馈和对工作质量提出的要求，从而树立起下道工序（或用户）提出的要求就是本工序（或岗位）努力奋斗的目标，使整个生产过程实现人际关系协调，上下左右衔接。

2. “5S”生产管理

“5S”是指在生产现场中对人员、机器、材料、方法等生产要素进行有效地管理，这是日本企业一种独特的管理办法。因为（“整理、整顿、清扫、清洁和素养”）这 5 个词日语中罗马拼音的第一个字母都是 S，所以简称为“5S”，以其为内容的活动，称为“5S”活动。

1955 年，日本的“5S”宣传口号为“安全始于整理，终于整理整顿”。当时只推行了前两个 S，其目的仅为了确保作业空间和安全。后因生产和品质控制的需要而又逐步提出了 3S，也就是清扫、清洁、修养，从而使应用空间及适用范围进一步拓展，到了 1986 年，日本关于 5S 的书籍问世，从而对整个现场管理模式起到了冲击的作用，并由此掀起了“5S”的热潮。

日本式企业将“5S”运动作为管理工作的基础，推行各种品质的管理手法，第二次世界大战后，产品品质得以迅速地提升，奠定了经济大国的地位，而在丰田公司的倡导推行下，“5S”对于塑造企业的形象、降低成本、准时交货、安全生产、高度的标准化、创造令人心旷神怡的工作场所、现场改善等方面发挥了巨大作用，逐渐被各国的管理界所认识。随着世界经济的发展，“5S”已经成为工厂管理的一股潮流。

根据企业进一步发展的需要，有的公司在原“5S”的基础上又增加了节约（Save）及安全（Safety）这两个要素，形成了“7S”；也有的企业加上习惯化（Shiukanka）、服务（Service）及坚持（Shikoku），形成了“10S”。但是万变不离其宗，所谓“7S”“10S”都是从“5S”衍生出来的。

“5S”的内容包括：整理、整顿、清扫、清洁、素养五个方面的要求，如图 8-19 所示。但是其具体内容并非以上五个词那般简单，要做好“5S”也并不是那么简单，下面我们就详细介绍一下 5S 的详细内容。

图 8-19　“5S”的组成

（1）整理（Seiri）　比如，在装满工具的工具盒中翻找一把你需要的扳手，那么这种翻找动作就是一种浪费。对生产现场的现实摆放和停滞的各种物品进行分类，区分什么是现场需要的，什么是现场不需要的；其次，对于现场不需要的物品，要坚决清理出生产现场。对于车间里各个工位或设备的前后、通道左右、厂房上下、工具箱内外，以及车间的各个死角，都要彻底搜寻和清理，达到现场无不用之物。坚决做好这一步，是树立好作风的开始。效率和安全始于整理！

整理的目的如下：

1）改善和增加作业面积。

2）现场无杂物，行道通畅，提高工作效率。

3）减少磕碰的机会，保障安全，提高质量。

4）消除管理上的混放、混料等差错事故。

5）有利于减少库存量，节约资金。

6）改变作风，提高工作情绪。

（2）整顿（Seiton） 整顿就是将整理后的状态可视化并使之易于维持，把需要的人、事、物加以定量、定位。整顿要做到：物品的摆放位置和状态，任何人都能一目了然，做到“易于寻找，易于归位”是整顿的关键。物品“用完之后，放回原位”，并且应该把这点作为规定来执行。

整顿活动的要点如下：

1）物品摆放要有固定的地点和区域，以便于寻找，消除因混放而造成的差错。

2）物品摆放地点要科学合理。例如，根据物品使用的频率，经常使用的东西应放得近些（如放在作业区内），偶尔使用或不常使用的东西则应放得远些（如集中放在车间某处）。

3）物品摆放目视化，使定量装载的物品做到过目知数，摆放不同物品的区域采用不同的色彩和标记加以区别。所有工作都要有明确的管理责任人，在工作中，所有人都会不自觉地尽量避开费时费力的麻烦事，减少自己的工作难度和责任。因此我们要制订规则，同时这个规则要易于执行和确认。不要制订无法遵守的规则。

（3）清扫（Seiso） 清扫就是将现场变得整洁，使心情变得清爽。把工作场所打扫干净，设备异常时马上修理，使之恢复正常。生产现场在生产过程中会产生灰尘、油污、铁屑、垃圾等，从而使现场变脏。脏的现场会使设备精度降低，故障多发，影响产品质量，使安全事故防不胜防；脏的现场更会影响人们的工作情绪，使人不愿久留。因此，必须通过清扫活动来清除那些脏物，创建一个明快、舒畅的工作环境。

清扫活动的要点如下：

1）自己使用的物品，如设备、工具等，要自己清扫，而不要依赖他人，不增加专门的清扫工。

2）对设备的清扫，着眼于对设备的维护保养。清扫设备要同设备的点检结合起来，清扫即点检；清扫设备要同时做设备的润滑工作，清扫也是保养。

3）清扫也是为了改善。当清扫地面发现有飞屑和油水泄漏时，要查明原因，并采取措施加以改进。

（4）清洁（Seiketsu） 整理、整顿、清扫之后要认真维护，使现场保持完美和最佳状态。清洁是对前三项活动的坚持与深入，从而消除发生安全事故的根源，创造一个良好的工作环境，使职工能愉快地工作。

清洁活动的要点如下：

1）车间环境不仅要整齐，而且要做到清洁卫生，保证工人身体健康，提高工人劳动热情。

2）不仅物品要清洁，而且工人本身也要做到清洁，如工作服要清洁，仪表要整洁，及时理发、刮须、修指甲、洗澡等。

3）工人不仅要做到形体上的清洁，而且要做到精神上的“清洁”，待人要讲礼貌、要尊重别人。

4）要使环境不受污染，进一步消除混浊的空气、粉尘、噪声和污染源，消灭职业病。

（5）素养（Shitsuke） 素养是管理者管理能力的晴雨表。所谓素养就是要切实遵守应该遵守的规则。

素养即努力提高人员的修身，养成严格遵守规章制度的习惯和作风，这是“5S”活动的核心。没有人员素质的提高，各项活动就不能顺利开展，开展了也坚持不了。所以，抓“5S”活动，要始终着眼于提高人的素质。

8.4.2　企业生产管理及企业文化

一、企业生产管理

1. 企业生产管理的内容

生产管理是对生产系统的设计、运行与维护过程的管理，它包括对生产活动进行计划、组织与控制。

生产系统的设计包括产品或服务的选择和设计、生产设施的定点选择、生产设计布置和工作设计等。生产系统的设计对其运行有先天性的影响，其设计得好坏将直接影响到该系统的设计运行的绩效，甚至决定着一个企业的兴衰。

生产系统的运行，主要是在现行的生产系统中，组织如何适应市场的变化，按用户的需求，生产合格产品和提供满意服务。生产系统的运行涉及生产计划、组织与控制三个方面。计划方面解决生产什么、生产多少和何时生产，包括预测市场需求，确定提供产品或服务的种类与数量，编制生产作业计划等。组织方面解决如何合理组织本企业的劳动者、劳动资料和劳动对象和信息等生产要素，使有限的资源得到充分而合理的利用。控制方面解决如何保证系统按计划运行，包括生产进度控制、质量控制、物质消耗与库存控制以及成本控制等。

2. 企业生产管理的目标

（1）保证实现企业的经营　组织生产过程按计划要求高效运行，全面完成产品品种、质量、产量、成本、交货期和环保与安全等各项要求。

（2）有效利用企业的制造资源　不断降低物耗，降低生产成本，缩短生产周期，减少在制品，压缩占用的生产资金，以不断提高企业的经济效益和竞争能力。

（3）适应市场、环境的迅速变化　要努力提高生产系统的应变能力，使企业根据市场需求不断推出新产品，并使生产系统适应多品种生产，能够快速地调整生产，进行品种更换。

如果用一句话来概括生产管理的目标，那就是：高效、低耗、灵活、准时地生产合格产品或提供满意服务。

3. 企业生产管理的基本问题

（1）如何保证和提高质量　质量包括产品的使用功能、操作功能、安全性能和保全性能等多方面含义。这些特性在企业生产管理中相应地转化成为产品的设计质量、制造质量和服务质量问题。

（2）如何保证适时、适量地将产品投放市场　在现代化大生产中，生产所涉及的人员、物料、设备、薪酬等资源成千上万，如何将全部生产要素在它们需要的时候组织起来，筹措到位，是一项十分复杂的系统工程，也是生产管理所要解决的一个重要问题。

（3）如何才能使产品价格既为顾客所接受，同时又为企业带来利润　它涉及人员、物料、设备、能源、土地等资源的合理配置和运用，涉及生产率提高，还涉及资金的运营和管理问题。归根结底，它可以归结为一个问题，即如何努力降低生产运作成本。

（4）如何提供独具特色的附加服务　对于产品制造企业而言，随着产品的技术含量、知识含量的提高，在产品销售过程和顾客的使用过程中，所需要的附加服务越来越多。当制造产品的技术水平基本一样时，企业通过提供独具特色的附加服务，就有可能赢得独特的竞争优势。对于服务业企业来说，在基本服务之外提供附加服务，也会赢得更多的客户。一些跨国公司（如IBM、索尼等）就是十分重视提供优良的服务吸引了大量的消费者，我国的企业（如海尔）也是大打服务牌，赢得了消费者的青睐。

（5）如何保护环境和合理利用资源　企业在生产对社会有用的产品的同时，也会对环境造成污染。当今，保护我们共同生存的环境，合理获取、节约利用资源，保持可持续发展已经是人类所面临的重大课题，企业对此也责无旁贷，为了实现保护环境和合理利用资源的目标，企业应当在生产运作管理中注意兼顾经济效益、社会效益和生态效益，合理开发和利用资源。

二、企业文化

1. 企业文化简介

企业文化是指在一定的社会经济条件下通过社会实践所形成的并为全体成员遵循的共同意识、价值观念、职业道德、行为规范和准则的总和。

正如毛泽东主席所说，“没有文化的军队是愚蠢的军队，而愚蠢的军队是不能战胜敌人的”。一家企业何尝不是一支军队呢？企业要生存、想发展、求辉煌能没有文化吗？可见，企业文化的意义是不言而喻的。

2. 企业文化的作用

企业文化是企业之魂，对外是企业的一面旗帜，对内是一种向心力。因此，一个企业真正有价值、有魅力、能够流传下来的东西，就是它的企业文化。良好的企业文化是企业生存与发展的基础和动力，是企业在商品经济和市场竞争的大时空中久盛不衰的重要因素，也是企业管理的灵魂。它具有以下功能：

（1）导向功能　即把企业职工引导到企业所确定的目标上来。企业提倡什么，崇尚什么，职工的注意力必然转向什么。

（2）约束功能　成文的或约定俗成的厂规厂纪以及厂风厂貌、人际关系，对每个职工的思想和行为都起着约束作用。这种约束作用不是硬约束，而是软约束，一种由内在心理约束而起作用的对行为的自我管制。

（3）凝聚功能　企业文化是一种粘合剂，使得整个企业团结一致。这是企业文化所确立的共同价值和信念所起的作用。

（4）融合功能　企业文化能潜移默化员工的思想、性格、情趣。一个新员工进入企业后，通过耳濡目染，将自觉或不自觉地接受企业的共同理想和价值观念，从而把自己自然地融合到集体之中。

（5）辐射功能　企业文化一旦形成，不但对本企业产生越来越大的影响，而且必将对社会也产生一定的影响。

3. 企业文化的内容及核心

企业先天文化是基础，后天文化是关键，打好基础，做好关键性工作实际上就等于做好了企业文化工作。

企业先天文化包括企业主文化、员工文化。企业主的文化素质、从业经验、道德品质和价值追求等在企业先天文化中占有绝对统治地位，由此构成了以企业主文化为核心的先天文化。企业先天文化推动企业塑造后天文化，企业后天文化促进企业先天文化脱胎换骨，这二种文化相互作用、相互影响和相互制约，使企业后天文化逐步过渡到真正意义上的企业文化。

企业文化是一种以人（员工）为核心的文化。建设企业文化就是做好人的工作，要做好人的工作，还得有一种发展人的机制和一套发展人的制度，这些机制、制度事关企业文化建设成败。我们要把企业文化建设各项工作和各个目标按规划、分步骤，全面渗透到企业管理的方方面面、角角落落，这就需要灵活的经营机制和健全的管理制度。只有这样，我们的企业才能文化起来，企业的员工才能更加热爱企业，并积极努力工作，为企业创造更大的效益。因此，创建优秀的企业文化是企业管理的最高境界。

习　题

8-1　试论述精密和超精密加工的概念、特点及重要性。

8-2　分析金刚石刀具精密切削的机理、条件和应用范围。

8-3　超硬磨料砂轮精密和超精密磨削的特点如何？

8-4　超硬磨料砂轮的修整方法有哪些？

8-5　简述磁性研磨的特点和应用场合。

8-6　比较闭式砂带磨削和开式砂带磨削的特点和应用场合。

8-7　精密加与超精密加工的发展途径有哪些？

8-8　成组技术的基本原理是什么？

8-9　零件分类编码系统有什么功用？

8-10　常见的信息化制造技术应用软件有哪些，哪些是你曾经学习应用过的？

8-11　柔性自动化加工的概念和特点如何？

8-12　加工中心主要由哪些部件构成？

8-13　什么叫柔性制造系统（FMS）？

8-14　计算机集成制造系统（CIMS）的概念和应用前景如何？

8-15　绿色制造技术有哪些？简述其发展趋势。

8-16　何为特种加工？与传统的切削加工相比有何特点？常见的有哪几种？

8-17　试述电火花加工的原理。

8-18　电火花加工有哪些优缺点？

8-19　为什么电火花加工一般都要在液体介质中进行？常见的工作液有哪些？

8-20　简述电火花线切割加工的原理和应用。

8-21　电解加工有哪些优缺点？在机械制造中有何应用？

8-22　电解磨削与电解加工有何区别？

8-23　何谓超声波加工？试述其加工原理及应用。

8-24　试述激光加工的原理和特点。

8-25　简述安全文明生产的重要性。

8-26　企业文化在生产及管理中的重要作用是什么？如何达到企业管理的最高境界？

参考文献

[1] 张兆隆. 机械制造技术 [M]. 北京：北京理工大学出版社，2011.

[2] 陈晓英. 异形件制造 [M]. 2版. 北京：机械工业出版社，2016.

[3] 姚荣庆. 箱体制造 [M]. 2版. 北京：机械工业出版社，2017.